美学与艺术研究

第8辑

主编　邹元江　张贤根

美学与美术学的当代性 · 中国美学 · 西方美学

艺术美学 · 博士论坛 · 学术访谈 · 图书评论 · 学术信息

WUHAN UNIVERSITY PRESS
武汉大学出版社

目　　录

美学与美术学的当代性

中国美学

西方美学

艺术美学

博士论坛

学术访谈

图书评论

学术信息

美学与美术学的当代性

现代艺术中的美

邓晓芒

经常听人们谈论说，现代艺术已经不再关心美的问题了。说这种话的人，有不少也是艺术家。还有的美学家认为，美学以往只谈美的问题，而忽视了丑的问题，所以有必要建立一门“丑学”，用来解读现代艺术。这些说法听起来似乎有理，但其实似是而非，因为他们都没有搞清一个最根本的问题：什么是美？

一、什么是美？

美的本质问题是一个自古希腊以来无数哲学家和美学家都在议论纷纷而莫衷一是的问题。雅典最有智慧的哲学家苏格拉底曾经和希庇阿斯讨论什么是美，希庇阿斯说，这还不知道？美就是一个漂亮的小姐。苏格拉底问，那还有其他美的东西，难道都不是美的吗？希庇阿斯就承认，美也是一匹漂亮的母马，一个漂亮的汤罐……苏格拉底就说，我问的是美本身是什么，而不是问什么东西是美的。希庇阿斯就答不上来了。其实苏格拉底自己也不知道，他先是说美是合适，后来又说美在效用，又说美就是善，最后的结论居然是：“美是难的。”

倒是毕达哥拉斯从数学和音乐的角度确定了美就是和谐。这个观点一直延续到今天，从中发展出对称、均衡、多样统一、黄金率、完整、鲜明等一系列法则，这些法则都是客观事物的法则，即客观美学；艺术则要求对这些美的事物进行惟妙惟肖的模仿，这就是亚里士多德开创的模仿论美学。到了近代，这一古典主义原则虽然在康德和黑格尔等一些大哲学家那里从客观事物的关系深入到了人的内心，如康德认为美就在于人的各种认识能力的自由协调活动，黑格尔认为美是理念的感性显现，但其实都还是“和谐说”的一种变体。

进入现代艺术，上述对美的本质的定义几乎都遭到了颠覆，黑格尔提出的“艺术衰亡论”是一种预示，理念的感性显现从古希腊的双方和谐一体变成分道扬镳，感性显现走向形式主义的碎片化，理念走向神秘主义的宗教，这就是艺术的衰落。不论客观事物的和谐还是主观心灵的和谐，都不再是现代艺术所要表现的。但现代艺术中丧失了美，将导致人类真、善、美的三位一体价值体系缺少一维而失去平衡。因此，如何应对现代艺术的革命性变革，而提出新的适合于更广阔的美学现象的定义，是摆在当前美学家面前的任务。

但是，全世界的哲学家和美学家们自从 20 世纪下半叶以来对于美的本质问题集体噤声，都自称为“反本质主义”；这就导致中国的美学家们由于没有了追随的对象，也纷纷对美的本质保持沉默。恰好中国古代也没有探讨美的本质的传统，所以中国美学界这样做也更加理直气壮。21 世纪以来，美学由于失去了基本概念的探讨而处于奄奄一息的状态，顶多有些零打碎敲的小问题，再没有高屋建瓴的体系。面对现代艺术，我们不能赞一词。

二、我的美学观

我的美学观其实是很草根的，是从我个人对文学艺术从小到大一直保持着的兴趣爱好中萌生出来的。我年轻的时候自学哲学，学到一定程度，忽然想用哲学思维方式来解决一个长期困惑的问题：到底什么是美？是什么在打动我、吸引我，让我在艺术作品中感到极大的享受？当时的想法很简单，就是要找出一个能够解释一切美感现象的结构模式，这个结构模式就是美的本质，或者说是美的本质结构。

从哲学上说，美不可能是客观事物的一种属性，否则就可以用物理、化学或者其他科学来作出定量检测了；凭直觉我认为，离开美感，美什么都不是，美的本质必须从美感中寻找。经过对自己的美感反复的内省，我最初想到的美的本质定义是：美肯定是一种情感，但不是一般的情感，而是寄托在一个对象上，又从对象上再感到的情感，所以美就是一种共鸣的情感，或“对情感的情感”。那是 1978 年，我为此写了一篇 3 万字的《美学简论》，在朋友圈中传阅。1979 年，我考上了武汉大学哲学系的硕士研究生，经过进一步的哲学训练，我把我的美的定义修改得更加哲学化了：美是对象化了的情感，艺术是情感的对象化，美感是从对象化了的情感中感到的共鸣，审美活动则是一种传情活动。这其实还是当初那个定义，但借助于哲学术语，不再那么草根，而是具有了逻辑的严密性。

我又对情感作了更严格的规定，什么是情感？不是一切情绪激动都可以叫作情感，有些情绪激动是下意识的、无对象的，只有那种有对象的情绪才可以称为情感，如爱、恨、怜悯，都是指向一个对象的，因而也是有意识的。而由本能、疾病或环境等因素导致的下意识的情绪波动则不能叫情感，只能叫情绪。当然这只是汉语的区分，在外语中没法区别开来，emotion、sentiment、feeling，都没有严格区分这两层意思。所以美学做到深处和细微处，只能用汉语来做。而情绪和情感的区别在我的美的定义中是最具关键性的。

但有意识的情感在审美活动中，本身也带有无意识的情绪，这不是本能带来的，而是由精神的享受所激发起来的，如神清气爽、痛快淋漓的感觉，甚至不自觉地、手舞足蹈地打拍子(如听音乐时)，还有对某种情感对象的精神性的感觉，如“通感”(见图1)。我把这种高级的情绪称为“情调”。对于有艺术修养的人，情调有时候可以在一定程度上脱离情感而相对独立地起作用，这就是我们在艺术欣赏中经常遇到的“打动人”的“第一印象”，未经反省，我们觉得那后面蕴含着深意，包藏着一个情感世界，不知不觉地趋之若鹜。传情主要是传达情调，这正是现代艺术所极力追求的审美效果。但情调的这种相对独立的作用最终还是立足于精神性的情感之上，并不能完全脱离情感，否则就成了低级的情绪。

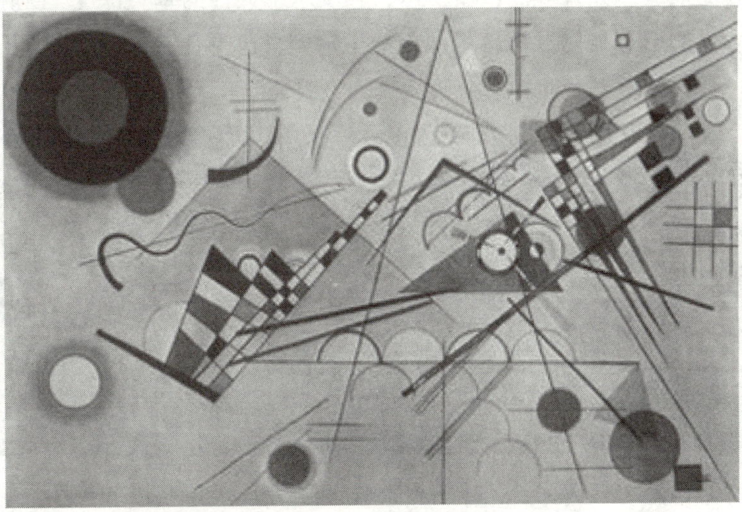

图1 [俄]康定斯基：“抽象绘画是一种视觉的音乐”(儿童的梦幻)

三、现代艺术中美的特点

用我的美学观和我对美的新的定义，我们不但可以顺理成章地解释古典艺术，而且可以透彻地解释现代艺术。现代艺术不再是那种直白的情感传达，而是致力于传达情调。但这种情调并不等同于本能和生理上的情绪，而是最终由情感引发并且建立在情感之上的，所以仍然是精神性的，它是更高层次的、形而上的感动，甚至可以提升为“人生感”和“世界感”，常常有宗教背景。所以黑格尔说现代艺术衰亡的结果是走向宗教，也有一定的道理。

因此，现代艺术和传统艺术不同，它对观众有更高的要求，因而往往是小众的艺术，只有一部分人能够欣赏。其实传统艺术也有“阳春白雪”和“下里巴人”之分，如传统“文人画”就不是人人都能欣赏的。但现代艺术更是个人化色彩浓厚，在艺术趣味上更具有超前性。它既是对观众艺术口味的一种训练或磨砺，同时也只在具有某一特殊艺术趣味的一小批人中得到欣赏。即使某些经过专业训练的艺术评论家，如果气质不合，也可能对某些作品无法欣赏。

因此现代艺术是对人类艺术趣味的一种精致化、丰富化和深刻化。现代艺术致力于从各个不同民族文化的情调中吸取营养，从小孩子和原始人类那里倾听精神的形式，如高更(见图2)，甚至从疯狂、梦幻和性格乖戾的人身上展示人性深处的痕迹，如凡·高(见图3)，它展示了人性的垂直深度、无限可能性和多种多样的形态，使欣赏者更深刻地了解到自己是什么人和可能是什么人。

图2 [法]高更:《我们从哪里来？我们是谁？我们到哪里去?》

看高更的画，总让我们想起海德格尔晚期的天、地、神、人一体。在宁静质朴的生存状态后面，有神圣的天光照耀着。所以那些人的表情才如此安详自在、心安理得。缺乏宗教的一维，你很难理解他画中的寓意。

图3 ［荷］凡·高：《星空》

凡·高也是如此，只不过他不是宁静安详的，而是躁动不安的，他的上帝是一位匪夷所思的创造者，他画的不是上帝创造的成品，而是创造的过程。他对《星空》的解释是："我一定要画一幅在多星的夜晚的丝柏树。……然而我的脑子里已经有了这幅作品：一个多星的夜晚，基督是蓝色的，天使是混杂的柠檬黄色。"

当然，现代艺术也是社会历史的产物，每个现代艺术品和艺术家都要结合当时的时代精神和时代背景才能得到准确的理解。弥漫于一个时代的氛围在另一个时代也许就烟消云散了，但每个时代都是从前一个时代发展过来的，每个时代都能够激发起对以往时代的回忆，其实也是对人性的成长过程的回忆。我们今天还能欣赏古希腊的雕塑，就像欣赏人类童年时代的单纯，尽管今天已经没有人再去创作那样风格的雕塑了，但这并不妨碍某些艺术家把这种单纯融化在自己的具有现代思想的作品中。

今天每个人的精神生活中都积淀着整个传统，它就是生长着的人性。《米罗的维纳斯》是人类童年时代对人的美的发现和惊叹（见图4）；罗丹的《欧米哀尔》则是饱经沧桑的老人对残酷人生的悲叹(见图5)，它表现的不是一个妓女，而是人，是人生的象征。你可以想象，米罗的维纳斯到年老色衰的时候就是欧米哀尔，她们其实就是同一个人的青春时代和老年时代，是人生的开始和终局。今天我们还能欣赏《米罗的维纳斯》；但你抱着人类童年的眼光是绝对欣赏不了《欧米哀尔》的，也欣赏不了蒙克的《呼号》(见图6)。

图4 《米罗的维纳斯》

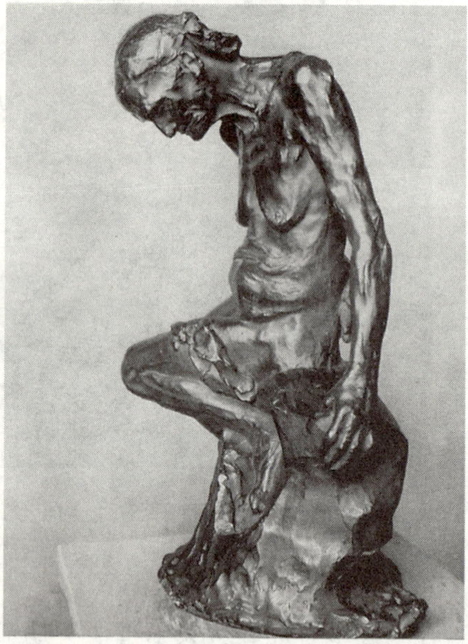

图5 [法]罗丹：《欧米哀尔》(又译《老妓女》)

图6 [挪威]蒙克：《呼号》(也译作《呐喊》，世纪末的恐慌——上帝死了！)

四、现代艺术与美的关系

按照我对美的上述定义，我们可以说，现代艺术正如传统艺术一样，所要表现的主题仍然是美。因为现代艺术仍然要把艺术家自身的情感，连同这情感所带有的情绪或情调，表达在一个对象上，并且通过这个对象使这种情感和情调在人们心中造成共鸣。所以，只要现代艺术在观众中造成了情感或情调的共鸣，它就是美的。通俗地说，你的情感和情绪情调被它所打动，它就是美的。

印象派、表现派、立体派更多地表现某种情绪，但不是本能的情绪，而是某种世界感的情调，带有对这个世界的爱和惊讶，于一般的世俗情感上反倒看不出有什么触动了。它们的情感是形而上的，具有抽象性。塞尚的《静物》表现的是物体的永恒性，他热爱这个宁静的世界，对一切浮躁和喧嚣感到无法忍耐(见图7)。他画的那些人物也都是那么本分、安静，甚至看起来有些木讷，但忠实可靠。

图7 [法]塞尚:《静物》

毕加索说："我的每一幅画中都装有我的血，这就是我的画的含义。"他的漫长的一生画风多变，这种变化反映了他的生活的色调给他带来的世界感。蓝色时期是他对世界感到忧郁的时期；粉红色时期则是爱情初次袭来的时期；原始主义和立体主义时期是对世界的本原有种追根溯源的好奇，想要以全视角的眼光来看这个世界的时期，如黑人面具及《阿威农的少女》(见图8)；以及当人类的愚蠢和疯狂对这本原结构造成破坏时发出的抗议，如《格尔尼卡》(见图9)。他解释说："物品被移位，进入了一个陌生的世界，一个格格不入的世界。我们就是要让人思考这种离奇性，因为我们意识到我们孤独地生活在一个很不使人放心的世界。"

图8 [西]毕加索：《阿威农的少女》

图9 [西]毕加索：《格尔尼卡》

但现代艺术中同样也是鱼龙混杂，充斥着赝品。如何辨别？我的标准是，看它是不是表现了人类的情感，以及附着于这种情感上的精神性的情调，而不是只表现了人的动物性的情绪。比如说，有的作品表现爱情，而有的只表现了色情。表现爱情和表现色情如何区别？表现爱情的作品，无疑里面也可能、有时也需要包含一定的色情的因素，但这种色情的因素是经过了爱的净化的，是以精神性的爱情作为自己的分寸和度的。

例如罗丹的《吻》就是如此(见图 10)，那两个男女形象在激烈的狂吻中仍然是有分寸的，他们的身体隔开一定的距离，增之一分则太多，减之一分则太少；太多则减少了情感的强度，太少则偏于色情。爱情作为精神性的情感，是以对于对方人格的尊重为前提的，具有对象意识；情欲或色情则没有这个前提，它只是尽量地寻求发泄。一个人缺少这种精神教养，则会把一切表现男女关系的作品都看作色情，甚至去为那些伟大的作品穿上裤子。他们只有在作品的色情因素中才能引发本能的激动。

图 10　[法]罗丹：《吻》

也许有人会认为，现代艺术就是要展示丑恶，而不是从丑里面看出美来。

如果真有这样的艺术，那就会导致对艺术的践踏和扼杀，可称之为“反艺术”。法国艺术家杜尚1917年把一个从建材市场买来的小便池命名为“泉”，送到美国独立艺术家展览会上展出，这被称为“改变了西方现代艺术进程”的大事件。两年后，他又在达·芬奇的《蒙娜丽莎》上加上两撇大胡子，这一“作品”据说也“成了西方绘画史上的名作”。我认为这种事绝不能算作艺术，而只能算是艺术事件；这些“作品”也不是艺术作品，而只是艺术主张的符号。没有人去认真研究它们的“创作手法”，因为根本没有创作。

可以称作艺术品的是他的《下楼的裸女》(见图11)，虽然意思是对毕加索等的立体主义的颠覆(未来主义)，但毕竟是他自己画出来的，表达了他有关万物运动不息的世界感。然而他所做的许多“装置艺术”都只不过是宣传自己的某个观念的道具，没有任何美感可言。国内20世纪90年代有一段盲目跟风时期，出了很多不知所云的垃圾。

图11　[法]杜尚：《下楼的裸女》

还有一种倾向则是过度解释。现代艺术需要解释，但并不是过度解释。过度解释的典型例证是海德格尔，例如他对凡·高的《农鞋》(见图12)的著名的诗化解读：

从鞋具磨损的内部那黑洞洞的敞口中，凝聚着劳动步履的艰辛。这硬邦邦、沉甸甸的破旧农鞋里，积聚着那寒风料峭中迈动在一望无际永远单调的田垄上的步履的坚忍和滞缓。皮制农鞋上粘着湿润而肥沃的泥土。暮色降临，这双鞋在田野小径上踽踽而行。在这鞋具里，回响着大地无声的召唤，显示着大地对成熟的谷物的宁静的馈赠，表征着大地在冬闲的荒芜田野里朦胧的冬眠。这器具浸透着对面包的稳靠性的无怨无艾的焦虑，以及那战胜了贫困的无言的喜悦，隐含着分娩阵痛时的哆嗦，死亡逼近时的战栗。这器具属于大地，它在农妇的世界里得到保存。①

图 12　[荷]凡·高：《农鞋》

这段描写被无数的人引用和咀嚼，其实跟凡·高没有什么关系，与凡·高画的《农鞋》也没有什么关系。有人考证，这其实根本不是什么农鞋，更不是“农妇”的鞋，而是凡·高自己的鞋；还有人说，这双鞋其实是凡·高和他相依为命的兄弟的象征。无论如何，即使是农妇的农鞋，这段话作为对这幅画的解读来看，也是发挥过度了。我曾经在中国美术学院 2002 年 10 月于杭州召开的第五届现象学年会上对海德格尔这段话进行了戏仿，我以这种方式解读杜尚

① [德]海德格尔：《艺术作品的本源》，参见《林中路》，孙周兴译，上海译文出版社 1997 年版，第 17 页。

的《泉》，用来说明只要有足够的诗人热情，对任何事物都可以过度解释：

> 从小便池的底部那黑洞洞的出水口中，凝聚着人类新陈代谢的艰辛。这垢积斑斑、沉渣泛起的陈旧小便池里，积聚着那寒风料峭中奔波在高耸入云、永远单调的摩天大楼之间的步履的急促和仓皇。陶瓷的池边留下了潮湿而难闻的尿迹。暮色降临，这小便池在洗手间里寂寞而立。在这洁具里，回响着大地在忙碌的城市喧嚣里朦胧的躁动。这器具浸透着对股票的稳靠性的无怨无艾的焦虑，以及那度过了熊市的无言的喜悦，隐含着破产时的哆嗦、跳楼前的战栗。这器具属于大地，它在男人的世界里得到保存。①

当时我在会上读了这段戏仿的文字，引起哄堂大笑。我当然不是要嘲笑海德格尔，我只是要嘲笑那些把对海德格尔的借题发挥当作对艺术作品的评论的流行做法。如果真正要从艺术上评论这双"农鞋"，我就会这样评论：它是凡·高那艰难的艺术探索的象征，多年来，它陪伴着主人走过了泥泞的小路和雨雪风霜，已经磨损得破旧不堪，但主人仍然舍不得扔掉它，也不愿意换一双新的，画中每一个笔触都浸透了作者的温情和眷恋，和对自己立足的大地的执着。这大地不是什么出产谷物的田野，而是凡·高特有的世界感，他不想放弃。

至于行为艺术，如果没有一种情感的形而上的支撑，也会变得无聊。我们天天都在行为中，什么是日常行为，什么是带有艺术性的行为，什么又是哗众取宠或广告行为？不太容易区分。我曾在巴黎街头经历过一次真正的行为艺术，有人把自己全身涂成雪白，一动不动地站在街边，陡然一看好像一尊大理石雕像。巴黎到处都是雕像，我最初并没注意，只觉得这尊雕像有点不同，不是立于高台上，而是就站在路边。但是就在即将擦肩而过的时候，"雕像"突然动了一下，把我吓了一大跳，便和朋友一起大笑。但看那位艺术家，眼神中却带着忧郁。我一下想起了黑格尔对希腊雕像的评论：静穆的哀伤。为什么哀伤？因为那些希腊的神们不得不被束缚在有限的人体形象中，这是对神性的一种贬低和屈辱。

---

① 邓晓芒：《凡·高的"农鞋"》，参见《中西文化视域中真善美的哲思》，黑龙江人民出版社2004年版，第494页。

那是1998年，行为艺术还没有普及全世界，现在这种东西已经到处泛滥，不足为奇了。现在一讲行为艺术，就是裸体、搞怪，为了一点小小的理由，环保啊，关爱动物啊，防病啊，就上街，或者以性解放来宣泄压抑，我不太认同这是艺术，如果不是炒作的话，顶多是宣传，相当于街头活报剧。鲁迅讲一切艺术都有宣传作用，但并非一切宣传都是艺术。能否将所宣传的理念变成震撼人心的情感共鸣才是关键。

结　　论

综上所述，在现代艺术中，只要运用上面的美和艺术的本质定义作为审美标准，就有可能结束目前艺术“脱美”和失范的乱象，使艺术和科学、道德一起，成为人类超越自身的动物性而走向真善美三位一体的人性理想的不可或缺的桥梁。

（作者单位：华中科技大学哲学系）

生态文明时代城市发展的哲学思考①

陈望衡

一种新的文明——生态文明，已经在地球上露出曙光。生态文明是在工业文明中培育并在对工业文明的批判中产生的。这种培育与批判，既复杂，又深刻，不仅严重影响并重铸现今人类的生产方式、生活方式，还严重影响并重铸着人类精神、灵魂。城市是当今人类主要的生产环境和生活环境，居住着地球上的多数人类。两种文明的碰撞在这里体现得最为突出与严重。人类从来没有像今天这样对城市怀着极为复杂的情绪，一方面，向往着城市，依恋着城市，享受着城市；另一方面却又诅咒着城市，逃避着城市，甚至提出要毁灭城市。城市到底出了什么样的问题，让人们将各种复杂的感情倾注于城市？所有这一切就其本质来说，均是两种文明冲突的体现。

一、城市批判

毋庸讳言，工业文明较之农业文明是一种更为进步的文明，工业文明创建于城市，也集中于城市，从某种意义上讲，工业文明就是城市文明。

工业文明城市的重要贡献主要有三，第一，创造了巨大的财富。人类的财富现在都集中于城市，人类的财富也主要由城市所创造，相比较而言，农村所创造的财富在工业社会所占比重较轻。第二，大幅度地提升了科学技术的水平。城市相对而言集中了地球上最优秀的人群，这些最优秀的人士在城市除了从事商业、政治以外，还从事着科学技术和教育工作，因此，几乎一切科学技术都在城市进行创造。欧美不少地方，一所或几所大学，一所或一群科研机

① 本文系笔者在2016年第十一届全国城市发展与规划大会(2016年8月16—18日，长沙)上的发言稿。

构，便形成了一座城市。第三，加速了全球化的进程。全球化开始于商业贸易，而商业贸易是以城市为基点的，是城市与城市之间的交流、沟通。城市分属于不同的国家，而商业是全球的，为了追逐各自的利益，国家大门不能不打开。可以说，没有工业文明就不可能有全球化，而没有工业文明的城市，也不可能实现全球化。

有利必然有弊，工业文明城市虽然给人类带来了巨大的利益，同时也带来了巨大的弊病：

第一，人口过于集中化。随着城市化的进程，70%甚至80%以上的人口会进入城市。根据世界银行数据，2020年，中国的城市化率会达到60%。各行各业的人员纷纷往城市流动，城市人口大量集中。在中国，北京、上海、重庆、武汉、广州均是人口超过1000万的大城市。

城市中人口的如此集中所带来的弊病是显而易见的，首当其冲的是生活。城市最遭人诟病的是出行难，其实，住更困难，不只是住的房子很小，还有个人所拥有的自然空间很小。人群的高密度诱发各种生理的、心理的疾病，激发各种各样的社会矛盾，催生各种各样无法想象的偶然性，从而让人对城市既充满着希望又充满着恐惧。

第二，城市过于文明化。城市过于文明化所带来的突出问题主要有两点，第一点是环境破坏。首先是空气质量问题，比如中国近一半地区上空经年出现的灰霾；其次是热岛效应，城市变热了；再次是内涝；最后是垃圾难以做到无害化处理。凡此种种，让城市变得不适宜人类居住了。第二点是资源的巨大浪费和破坏。所有的文明都是用自然资源换来的。过于文明化，不只会让人异化，还会造成地球资源枯竭。众所周知，资源枯竭对于地球上的生命是极大的威胁。

第三，生活方式过于趋同化。工业文明追求高效率、高产量，生产必然是批量性的，与之相关，产品必然是标准化的。标准化的产品必然导致标准化的生活。人们在享受标准化生活所带来的各种便捷的同时，也抱怨这种生活方式简单，缺乏惊喜，缺乏美感，缺乏创造。

第四，生活方式过于理性化。工业文明究其实质是技术文明，技术源于科学，科学源于理性。工业文明中，人文理性往往屈服于科技理性。人文本是人生存之目的，科技本是人生存之工具。二者健康的关系，应该是目的主宰工具，然而，在工业文明时代，工具理性僭越目的理性，成为社会的主宰。工业文明时代，城市是科技理性的大本营。长期生活在这样的环境中，人不可避免地也都成了工具。与之相应，城市中的生活方式也就不能不高度理性化了。

理性不是坏事，但理性化所导致的机械化、工具化，同样是可怕的。

城市的过于文明化，以及生活方式的趋同化、理性化都会导致人性的异化与肢体的退化。

常说人一半为天使一半为魔鬼，天使意为文明，魔鬼意为野蛮。野蛮指人的动物性。人来源于动物，基本的生存属性与动物没有区别。人与动物的区别，一在精神上，人比动物聪明；二在肢体上，人的肢体的某些部分特别是手比动物灵巧。然而，由于工业文明，人基本上从繁重的劳动中解放出来了，虽然人的大脑的某些方面的功能特别是与信息处理相关的功能更为发达，但与体力劳动相关的某些功能则没能得到充分运用。一个突出的现象是，灵巧的手指已经不需要去做繁难精细的工作了，日常生活中，简单地击打键盘、滑动手机就够了。长此以往，手指必定会退化。

工业文明的主题是向自然开战。开战的武器是科学与技术。如罗马尼亚哲学家塞尔日·莫斯科维奇所说："科学的口头禅是'支配''征服'，让自然像战败国一样屈从或干脆消灭。"但结果是"在同自然的'斗争'中，人类虽然赢得了几次战役，但却永远也赢不了这场战争"①。作为向自然开战的指挥部，城市最为充分地享受征服自然的战胜品，同时也最大地领受自然对人类的灾难性的报复。于是乎，一座本该给人带来幸福的城市，成为一种社会的溃疡、人身上的癌细胞。这种社会的溃疡、人身上的癌细胞，很难治疗与对付。

现在我们人类在呼唤第三种文明，就是生态文明；同时也在呼唤第三种城市，即生态文明的城市。

二、城市解构

生态文明时代的城市是通过工业文明城市的解构而实现的，工业文明城市的解构，主要体现三个方面：

第一，城市由大变小。工业文明时代的城市，朝着大的方向发展。之所以需要大，是因为需要整合更多的资源，最后目的是对自然进行更大规模的掠夺，以获取更多的财富。美国、英国等先进的资本主义国家都曾走过城市由小

① ［法］塞尔日·莫斯科维奇：《还自然之魅：对生态运动的思考》，生活·读书·新知三联出版社2005年版，第10页。

变大的过程。中国作为后起的工业文明大国，其城市化的进程中，城市由小变大，更是非常突出。像上海、武汉、重庆这样的老城市，其城区面积和人口较之30年前均翻了数倍。为了将城市做得更大，除了将原来的城市扩大之外，还在建城市圈，即将周边的城市连成一个整体。

生态文明时代的城市，不是朝着大的方向发展，而是朝着小的方向发展，不是增肥而是瘦身。信息化的今天，城市其实不需要做得很大，而是要做得很强。更重要的是，生态文明时代，人们的价值导向发生重大变化，不是财富越多而好，而是生活质量越高越好。财富固然是影响生活质量的指标之一，但不是唯一的指标，更不是决定性的指标。如果从生活质量的维度来看城市，大城市未必优于小城市。

第二，城市由集中变成分散。工业文明的城市关系，基本上是向中心集中。全国有一个或几个中心城市。其他城市按级各自成为相应级别的中心。于是，全国就在大大小小的诸多中心。城市也许仍然存在级别，但级别不足以使它成为中心，城市之间打破中心的各种联系更为重要，于是，全国的城市群构成一种复杂而又自由的网状关系。如果说工业文明时代的城市谓为“众星拱月”，那么生态文明时代的城市应该是“满天星斗”。

第三，城乡互动。按照生态文明的理论，人类已经存在的几大文明中，农业是生态与文明结合得较好的生产方式和生活方式。农业的基本性质是人工种植作物和豢养动物。农作物和豢养的动物是有自己本性的，不会主动地按照人的需要生长，是人在尊重自然规律的前提下，为作物与豢养的动物创造了某种客观环境，让作物与豢养的动物既按照自己的本性生长，同时又切合人的需要。农业生产虽是人工的劳作，却又是自然的过程，是人的意志与自然意志的统一，这种统一具有生态与文明共生的意义。生态文明建设在某种意义上是对农业文明的回归。这种回归不是倒退，更不是复旧，而是螺旋式的上升，是否定之否定的发展与超越。

就人类的生活环境来说，农村环境比较符合人性，农村拥有较多的大自然，特别是原生态的大自然，可以满足人亲近大自然的本性。农业劳动具有脑力与体力相结合的特点，同样也比较符合人性。当然，农业生产繁重的体力劳动、落后的生活方式又是违背人性的，但这些在工业文明的帮助下完全可以得到改进。

在工业文明城市由大变小、由集中到分散的解构过程中，一个重要现象是，城中人纷纷去郊区或乡村居住，工作环境与生活环境分离。既然人可以由城迁入乡，设置在城中的机构又为什么不可以迁往乡下呢？于是，城市中的部分企业、机构、学校也迁往乡下。城市疏朗了，瘦身了，健康了。迁往乡下的人们，还有各种企事业单位也相应地获得诸多益处，特别是获得了乡下优秀的自然环境。乡下优秀的自然环境不仅可以疗治某些城市疾病，还可以增加创造的灵感，提高工作的效率，更重要的是，能让人获得在城里难以获得的某种审美享受，有利于人的全面发展与人性的全面复归。

在城市部分功能向乡村迁徙的同时，乡村的部分功能也向城市迁徙。最为突出的是，城市农业的兴起。城市农业在先进的资本主义国家已经不是新闻，当然，它确有待发展，有待提高。城市农业主要是为城市服务的，为提高城市人的生活质量与生活品位服务，为提高城市环境的生态质量及美学质量服务。从某种意义上说，农业进城是克服城市人性异化、改造城市结构的重要手段。美国学者多罗泰·伊姆伯特在他的《公民们，向农场出发》一文中说："农业活动，无论是种植的是庄稼还是树木，都能够修复城市，从而为其可持续发展创造可能——它可以将闲置或废弃的地块转化成具有公共投资价值的地块。"都市农业自有城市以来就存在着，农业文明时代的城市不消说，就是工业文明时代的农村也不可能将农业彻底排除在外，如罗泰·伊姆伯特所说，"1940 年，卢森堡花园朝向法国参议员的花坛就被改造为菜地；最近白宫草坪种植芝麻其实并非新鲜事，很久以前它还被用于放羊。"①

工业城市的产业主体是工业与商业，即使有一点农业，也只是用来点缀的，是工业文明生活方式的一种补充与调剂。然而，在生态文明的时代，农业的进城，则具有极其重要的社会意义，从根本上促使工业城市的解体。首先是城市中的产业结构，它就不只是工业与商业为主体，而是工业、商业与农业联合为主体。城市的生态将发生重大变化，人与自然的关系将变得和谐。城市发展框架以及景观风貌相应也会发生重大变化。

农业进城是当代城市发展的新尝试，巴黎、纽约均有这方面的项目。主要做法之一是改造废弃的工厂、城区做农场，之二是让微型农业进入市民家庭。值得强调的是，生态文明时代进入城市的农业的主要功能是维护或创造最好的城市生态，它不仅不能造成城市污染，还要能清除城市污染。此种农业绝对不是现有的农业。具体应是什么样的农业进入城市，有待进一步的研究与探索。

---

① [美]莫斯塔法维、[美]多尔蒂：《生态都市主义》，江苏科学技术出版社 2014 年版，第 262~263 页。

中国现在正在进行城乡一体化的重要改革，这个改革的方向是对的，但如何做，尚有待进一步探讨。本文提出了一种模式——城乡互动。城乡互动有两面，一面是让生态农业进城。生态农业的重点不在农业而在生态。既然目的不在产业，而在生态，所以，生态农业的进城主要是为城市掺沙子，掺生态沙子，而不是将城市变成大农场。城乡互动的另一面是城市文明下乡，将城市部分人口、部分功能带到乡下去，从而既在产业上也在生活方式上改变乡村相对落后的状况。这种文明下乡有一个前提，就是不仅不能破坏乡村的生态状况，而且在某种意义还有助于乡村生态状况的改进。如果以掺沙子为喻，城市文明下乡，也是掺沙子，掺的是文明的沙子。这文明不仅是工业文明的优良成分，也有生态文明的成分。城市文明下乡，从本质上来说不是将乡村变成城市，乡村主体产业仍然是农业，与此相关，乡村环境仍然是不同于城市的环境。相对于城市，乡村拥有更多的自然、更多的田野。乡村住房不一定要由街道来组织，住宅不像城市那样集中、错落有致。乡村生活仍然是一种不同于城市的生活，它以农事来统率，忙闲不均，节奏有快有慢，总之，更为自由，更为个性化，更为自然化。城市生活是交响乐，农村生活是散文诗。

从人类文明史发展来看，工业文明的兴起与乡村衰落取同一步调，农民们纷纷进城是工业文明突出的社会现象，生态文明兴起，城市中的人们又纷纷地走出城市，回到乡村。这一否定之否定的现象耐人寻味，它折射出文明进程中前一文明与后一文明之间的辩证关系。

三、生态进城

生态城市的建设在中国最主要的办法是：生态技术进城。生态技术分两类：除污技术与增绿技术。前一种技术含义是清楚的，后一种技术说的“增绿”不能只是理解为绿化，凡通过技术的手段，恢复或提升城市生态的做法均属于此类。“海绵城市”“绿色城市”“花园城市”“低碳经济”“城市微循环”等均为生态技术进城。这种做法，仰仗的是科学技术，试图以文明的力量实现生态，因而实质仍然是文明霸权的体现。

我这里提出的另一种思路是“原始生态进城”。我说的原始生态进城，主要是为城市保护与培植荒野。原始生态进城的“进”并不是从城外向城内移入，而是在城中开掘、生发。具体做法之一是尽力保护城市现有荒野；之二是适度恢复城市荒野。

要做到这点，首先在观念上要充分认识到荒野的价值与地位。美国学者、著名的生态伦理学家罗尔斯顿说：“荒野在历史上和现在都是我们的‘根’之所在。”①他说的“根”，不只是指生命之本，还指生态之本。保住了荒野，就是保住了我们的根，保住了生态文明建设的可能与希望。

中国的城市显然是过度了，几乎所有的城市全部翻新一遍，而且城区面积都成倍数地扩大。在所谓“寸土寸金”的观念影响下，只要有一块空地，更不要说是美丽的湖泊或是山林，人们总是千方百计地要将它开发出来。最可怕的是房地产开发，城市中的荒地几乎全被用作建房地，鳞次栉比的高楼拔地而起，犹如森林一般。有些城市为了开发房地产，将山岭让出来还嫌不够，还去填湖面、填湿地。武汉号称“百湖之市”，20 世纪 50 年代，有湖 130 余面，如今不到 30 面。大部分的湖被填掉盖房了。之前武汉连降大雨，水没有地方可排，城市内涝了。内涝最厉害的地方，是当年湖泊的遗址。人们说这是大自然讨账来了。

其次是所谓的旅游开发或者说景观开发，城中的荒野，包括山林、湿地、河湖甚至城市的荒洲，人们总是千方百计地要将它开发成公园，美其名曰美化城市，实际上是为了旅游，而旅游就是为了赚钱。

经过如此折腾，在中国，城区几乎没有荒地了。目前迫切要做的，第一，要对城市的空地做一个生态性的调查，按生态保护的程度分出等级，要尽量将这些尚未开发的土地保护起来。生态最好的地区不仅不再做开发，还要严格地限制人员进入，杜绝任何人工的不良干预，让它成为真正的荒地。就是已经进入开发的土地，也要根据情况，尽量地减少生态破坏。城市中的湖泊、河流除了必要的整治外，最好让其荒着。第二，要返城于荒野。要有目的地拆除城市部分建筑，不要再盖房，也不要都建设成公园，最好让其荒着。

20 世纪后期，我曾经著文，提出“将山水纳入城市”②。我说，工业文明将山水移出城市，生态文明建设要将山水纳入城市，当时我说的将山水纳入城市，更多的还是人造山水：造湖，凿水，种树，栽花等。现在看来，不够妥当。一个明显的道理：人造的自然不一定是生态的，只有强调保护与恢复荒野，才能保证它是生态的。

---

① ［美］霍尔姆斯·罗尔斯顿：《哲学走向荒野》上册，吉林人民出版社 2005 年版，第 221 页。

② 陈望衡：《将山水纳入城市》，载《风景名胜》1995 年第 1 期。

现在有一种理论很时髦，就是“景观都市主义”。景观都市主义打着景观的牌子，将城市中所有的山水包括荒野景观化、艺术化。这似是重视环境美化，殊不知景观化有可能破坏生态。现今人们形成的审美观来自农业文明和工业文明，我生怕人们以原有的审美观来处置生态现象，将某些生态现象当作丑，给处理了。基于此，生态文明城市的景观建设，不能以固有的美丑观为标准，而要更多地考虑到生态，以生态的维护为第一标准。

“园林”是人类打造的理想的生活环境，园林较之其他生活环境的突出优点是拥有较多的自然山水、动植物。虽然如此，进入园林的自然都是文明化了的，因此，从本质上看，园林是人类文明改造自然的产物。生态文明时代也需要园林，但园林的性质有了一些改变。生态在园林中的地位突出了，不是文明，而是生态成为园林的灵魂。我提出“生态园林主义”，在“园林”前加上“生态”的修饰词，意在防止园林建设过程中文明的体现——园艺对生态的破坏。

一个非常现实的问题是，在城市绿化中，人们总是力图为城市植上美丽的树、美丽的花，殊不知，那些人们通常视为美丽的树、美丽的花不一定适应这座城市的地理与气候；而那些适应当地地理与气候的树木花草，按传统的审美观，却又未必最漂亮。到底要选哪样树木花草呢？答案是明确的。当地的动植物无疑是首选。

美国园林家玛莎·舒瓦兹说：“人类与生态系统以及动植物栖息地共享的都市景观塑造了我们作为个体的身份，并成为城市的意象。它可以堕落、丑陋，也可以在它的多样和美丽中发光。它能够决定地球本身的健康，确立一个城市的宜居性，支撑城市的经济，保证市民的健康与幸福。”①他这里说到要容许生态现象中的“堕落、丑陋”存在，说这些生态现象“堕落、丑陋”，基于的是工业文明或农业文明的审美观。如果按生态文明审美观，它未必是“堕落、丑陋”的。

基于此，构建新的审美观——生态文明审美观十分重要。在新的审美观尚未构建的情况下，要有一颗宽容的心来对待生态现象，它也许不那么赏心，不那么悦目，但它是生态的，是有利于人生存的，那就应该让它存在，逐步地适应它。我将这种宽容称为“生态宽容”。生态宽容是生态审美的前提。

荒野与文明存在着对立，似是不和谐，但其实这也是一种和谐。和谐有两

① ［美］莫斯塔法维、［美］多尔蒂：《生态都市主义》，江苏科学技术出版社 2014 年版，第 525 页。

种，一种是交感和谐，即关系物融合为一体、你中有我、我中有你的和谐；另一种为守界和谐，即关系物保持着个体的独立性，不交感，不融合，但存在张力，相互作用。守界和谐重在守界，只有守界，才能真正地保护荒野。

两种生态进城——生态技术进城和原生态进城。两种都重要，但相比而言，后者更重要。前者只是治标，后者才是治本。生态技术从本质上看仍然是工业文明，生态技术进城实质是工业文明的内部调整，不能从根本上治愈工业文明所造成的城市之癌，而原生态进城，则是从根本上提升城市的生命活力、生态活力，以生态自身之力消灭城市之癌。

四、生态乐居

农业文明时代已经有了城市，由于与农业文明相应的社会制度多为封建主义，城市通常为封建主的居住地，这样的城市可以称为"王城"。这种城市，以防御为主，突出的标志是有城墙。与工业文明相应的社会制度为资本主义，资本主义重视资本的运作，以工商业为社会的经济基础。与之相应，工业文明的城市，其主要功能不在政治上，而在经济上。这样的城市应称为"商城"。

生态文明时代，城市的功能发生了变化，它不再主要是体现行政级别的"王城"，也不主要是工商业集中的"商城"，而主要是最适合于人生活的"生态文明城"，简称"生态城"。

农业文明时代人的主题是生存，对于环境的要求为"宜居"；工业文明时代人的主题为发展，对于环境的要求为"利居"；生态文明时代人的主题是人的全面发展，是生活质量的高品位，是幸福，与之相应，对于环境的要求是"乐居"。

环境美学的主题是生活，生活的最高品格是乐居。乐居是一个普适性很强的概念，不同的时代均有"乐居"，因此，乐居可以看作是环境美的重要功能①。但对于农业文明、工业文明来说，乐居只是众多生活方式之一，不具有时代的代表性。生态时代虽然也有各种不同的"居"，但代表时代的生活方式是乐居。为了突出生态文明时代乐居的本质，我们可以称之为"生态乐居"。

一般的乐居，决定于三点：一是人与自然的和谐；二是人与人之间的和谐；三是个人身心之间的和谐。这种和谐虽然含有生态的因素，但没有得到强

① 陈望衡：《环境美学》，武汉大学出版社2007年版，第112页。

调，甚至没有得到发现。

生态乐居不仅需要具备一般乐居的三个条件，还需要强调并突出生态和谐。生态和谐以生态的平衡为基础，生态平衡是客观的、自然的，当它提升到生态和谐的高度时，这种生态平衡就透出人文的意义，它是宜人的，也是利人的，同时也是乐人的。正因为它是乐人的，它于人就不仅是功利的，而且是超功利的，不仅是理性的，而且是感性的，是理性与感性相统一的。一种新的美——生态文明美焕发出灿烂的光辉。

生态乐居以生态公正为前提，以生态平衡为杠杆。衡量人的生活质量高不高，首要标准不是人自身活得好不好，而是人与其他生物的关系处理得好不好。换句话，人的生活质量首先决定于生态质量——生态平衡的质量。生态乐居突出地表现为人与自然关系的全面和谐。

实现生态乐居的主体是人。生态是客观的，不以人的意志为转移，不会也不可能偏私于人，生态活动具有适人与不适人的两重性。人为了更好的生存，径直说，为了乐居，人首先是要尊重生态规律，二是要充分发挥人的主观能动性，寻取人的利益与生态利益最大的公约数。在这个过程中，一方面，人的生活向着生态平衡方向发展；另一方面，生态运动向着宜于人生存的方向而生成。其最终成果，于人是乐居，于生态是平衡；而就两者关系来说，是生态与文明的共生。

当代超过百分五十的人类居住于城市，更重要的是城市对于文明进程拥有巨大的领导力。在考虑城市发展问题时，我们不能将生态文明建设居于首要地位。作为继工业文明之后新的人类文明，也许现在它还没有真正到来，但它已是海平面上可以遥望桅杆的巨轮，伴着澎湃的涛声，那激昂的汽笛已经响彻云霄。在这样的时刻，我的关于生态文明时代城市发展的哲学思考，虽然没有裹风挟雷的力量，但我希望它能够给人们以未雨绸缪的启示。

（作者单位：武汉大学哲学学院）

编辑范式的变更与当代艺术生态的转向

——以《美术思潮》和《美术文献》为例

陈　晶

盛于20世纪80年代中期的“新潮美术”，是80年代具有代表性的艺术现象之一。湖北的“新潮美术”，是在中国思想解放运动的背景下展开的，它既是这场运动的产物，也推进了思想解放的进程，因此，“新潮美术”注定了它超越美术运动本身的意义。在这场运动中，不仅创作空前活跃，作品极为高产，来自批评家和创作者本人的文章、争论、宣言也空前纷繁，更加凸显了“新潮美术”对理论的兴趣和倚重。在这个过程中，美术刊物以及围绕其周围的青年理论家成为新时期美术理论与批评发展的相辅相成的两支力量。进入90年代，美术刊物在艺术生态中依旧十分重要，但对当代艺术的关注呈现出明显不同的角度与兴趣。美术刊物既是新思想传播的媒介，也是新生理论力量的聚集平台；既是当代艺术进程的记录者，也是艺术史建构的参与者。因此，本文选择湖北具有样本意义的两份刊物《美术思潮》《美术文献》进行考察，以期从其编辑范式的变更，管窥20世纪八九十年代当代艺术生态的变迁。

一、从《思潮》渐起到《文献》延续

在“文革”后的美术发展历程中，陆续恢复正轨以及接连创刊的美术刊物起到了至关重要的作用，作为信息交流和理论争鸣的重要媒体，美术刊物承担了解放思想、革旧鼎新的重要职责。

1979年，《美术译丛》《世界美术》等专门介绍西方美术思想和美术作品的刊物相继创刊；《美术》《江苏画刊》等杂志也纷纷进行改革，刊登国外美术作品，开展学术争鸣讨论，正面关注和介绍在中国美术界产生重大影响的现象和事件，这对新时期美术的发展都是意义深远的。这一时期，对西方文艺思想和

美术资讯的引进与译介并不仅仅止于开阔视野的价值，更兼具了拨乱反正的意义，蕴含了中国知识分子在长时间的闭目塞听之后对知识自由的追求。正是因为如此，相关的哲学、美学、美术理论研究的学术著述拥有了极为广泛的、来自不同学科领域的受众群。

1985 年创刊的《美术思潮》，正是以上述历史情境为前提，顺应美术思想的进一步开放，在新潮美术运动方兴未艾的情境下诞生的。这本刊物在湖北出现，并非偶然。在 20 世纪 80 年代一直担任湖北省美术院院长并主持湖北省美协(时名为中国美术家协会武汉分会，下同)工作的周韶华一直主张“创新”“横向移植”，他在 1985 年撰写的《刘国松的艺术构成》是大陆较早介绍研究台湾现代艺术、讨论形式语言的专著。而通过兴办刊物来传播信息、讨论争鸣，鼓动湖北美术理论的研究热情，是当时湖北省美协的重要工作方式，从《湖北美术家通讯》复刊到编辑内部刊物《美术理论文选》，至 1984 年 10 月，周韶华以湖北省美术家协会主席团的名义宣布由彭德主持创办一份美术理论刊物。《美术思潮》顺理成章，翌年元月，试刊号发行。

《美术思潮》的创刊对湖北的新潮美术运动无疑具有重要意义，随后的两年，以该刊为中心，武汉吸引了一大批活跃的美术新生力量的目光。翻开仅仅 22 期的《美术思潮》，今天为学界熟知的名字俯拾皆是，从时任主编的彭德按出场顺序拟出的一串长长的名单中，我们可以看到皮道坚、鲁虹、严善錞、邓平祥、朱青生、谭力勤、费大为、陈云岗、尚扬、邵宏、贾方舟、孙永、王广义、陈池瑜、殷双喜、许江、陈绍华、郭线庐、黄专(白荆)、王林、杨小彦、韩书力、戴恒扬、李松、邹跃进、陈丹青、栗宪庭(胡村、李家屯)、李公明、黄河清、牟群、黄永砯、戴士和、顾雄、李小山、成肖玉、谷文达、刘子建、王璜生、王鲁豫、潘跃昌、孙建平、高名潞、唐庆年、张晓凌、杭间、吴少湘、王小箭、舒群、陈孝信、张强、徐建融、郑胜天、范景中、孙津、丁宁、吕品田、刘伟冬、刘春冰、丁方、吴山专、毛旭辉、樊波、卢辅圣、刘骁纯、王明贤、赵冰、张蔷、任戎、孔长安、金中群、周彦、李正天、水天中、王川、盛军等①。这份名单在今天几乎就是中国艺术创作和理论研究的中坚力量，但在当时他们都还相当年轻，多为在校研究生和青年教师，从中可见《美术思潮》确乎奉行其前卫性、青年化、非名人化、非区域性的宗旨，主编彭德解释了青年化的原因：“在美术界，青年人的阵地奇缺。在传统阵地中，他们

① 彭德：《〈美术思潮〉始末记》，载《美术文献》2009 年第 4 期。

面临着不去迎合就只能自动弃权的两难选择。一些有朝气、有才智、有锋芒、有远见的美术青年不是被埋没就是被异化。”①由此，我们更能看到这份刊物明确的宗旨和强烈的使命感。

1987年，《美术思潮》受命停刊，与另两本杂志合并为《艺术与时代》，因为编辑思路完全不同，原来聚集在《美术思潮》周围的作者纷纷散去。

通过编辑刊物对新的创作现象予以关注，重启于1993年，这一年的10月，湖北美术家协会和湖北美术出版社联合策划创办了《美术文献》，创刊号主题为“中国流”，第二辑主题为“后具象”，这样主题式的编辑体例便一直延续下来，20多年持续关注和推介中国当代艺术家、艺术创作与艺术现象，成为产生广泛影响的当代艺术刊物。创刊人员除了主办方湖北美术家协会和湖北美术出版社的领导外，彭德、鲁虹、刘明、祝斌、吕唯唯、吴国权等都与《美术思潮》和“85新潮”有着直接关系。显而易见，《美术文献》具有《美术思潮》的延续意义，但是，尽管主创人员有重叠，两份杂志的基本体例和主要内容却已显著相异，这使人们感觉到从20世纪80年代跨进90年代，时代已然翻页。

二、编辑范式的差异

范式(paradigm)的概念是美国科学哲学家托马斯·库恩(Thomas Samuel Kuhn)提出的，按既定的用法，范式就是一种公认的模型或模式。可以理解为一个工作群体共同秉承的认识论和方法论。这里借用库恩的“范式”来指编辑集团的共同信念，它外现为编辑的栏目、体例，内在依据是刊物的编辑思路、立场、态度，以及由此形成的学术导向。

1.《美术思潮》：偏好理论研究的编辑范式

因为每期的责任编辑是特邀的，具有流动性，所以，《美术思潮》的栏目经常有较大变化，但是“理论探讨”栏目一直置于重要位置，此外艺术家创作谈也是每一期都给予大版面篇幅的，通常选择具有争鸣性的艺术家和艺术事件。综观所有的文章目录，可以看到杂志编辑的思路，一是热点争鸣，例如对全国第六届美展，该刊既刊发了美展金牌作者谈艺录，又发表了《中央美术学院师生关于第六届全国美展座谈纪要》《艺术权威与艺术价值》(孙永)、《一个

---

① 彭德：《蓦然回首话思潮》，载《美术思潮》1987年第6期。

创作时代的终结》(高名潞)等一系列质疑文章，对六届美展进行正反两方面观点的展现和理论的剖析。二是旗帜鲜明地对探索性艺术进行推介，对初露锋芒的谷文达、黄永砯等都做过专题性阐释，编辑了《当代青年艺术群体专辑》，介绍了“红色·旅”“池社”“红色幽默”“新具象”“新野性”“北方艺术群体”“湖北青年美术节”等。三是对理论性的强调，《美术思潮》“不遗余力地给这一代美术理论家提供阵地，并从他们身上寻找出路”，从目录名单上看，这本刊物的编辑和作者几乎囊括了后来20世纪90年代美术理论研究的中坚力量。不仅优先发表文章，还设专栏推介优秀的美术理论家，先后介绍了范景中、水天中、郎绍君、高名潞等。不唯如此，在创刊的当年，编辑部从捉襟见肘的经费中拿出一部分设立了美术理论年奖，奖励美术理论人才，张志扬、陈丹青、鲁萌、谷文达、李小山、朱青生、成肖玉、邓萍祥、殷双喜、陈云岗、谭力勤、王林等中青年画家、理论家获奖。四是积极地引进、介绍或运用与西方现代艺术密切相关的理论和研究方法。《美术思潮》重视理论研究的立场和哲学性的偏好，在1986年改为双月刊后更加明显，发表了一系列从文化、哲学的角度来阐释美术问题的文章。大约出于“意在促进中国美术从古典形态走向现代形态”的办刊宗旨，才积极地刊发引进、介绍或运用与西方现代艺术密切相关的理论和研究方法的文章。譬如1985年第4期刊发了王林的《论艺术的形式系统：比较艺术和语言作为交际工具的性质》，其分析艺术形式系统的生成，明显受到了“符号学”的影响。同期发表的陈云岗的《前喻文化的先声——美术理论教学反馈的思考》，涉及“未来学理论”，所发表的文章中涉及的西方理论还包括“系统论”“信息论”“图像学”“符号学”“阐释学”“模糊理论”等。显然，西方现代美术理论的引介对新潮美术创作显现出重要的引领作用，对当时求知若渴的美术界具有打开视野的意义。

《美术思潮》的理论定位和哲学性偏好，以及为鼓励“开拓型青年理论家”因此“不求其完备”的编辑思想，使文章的学术深度和可读性受到一些影响。一些文章堆砌一知半解之术语，争相运用各种西方理论，但因缺乏深入的研究，而使理论的运用有失于牵强、生硬和晦涩，甚至显得故弄玄虚。马鸿增曾撰文批评了这一现象：《美术思潮》上刊发的“相当一部分论文中存在程度不同的未经充分消化西方新理论而急于套用的倾向，又不大注意语言文字的可读性和相对稳定性，致使文多生涩，词不达意，甚而令人产生装腔作势的反感”①。这个评价是客观的。同时，由于经费的短缺，《美术思潮》的印刷“像地下刊物

---

① 马鸿增：《当代美术理论报刊散论》，载《美术》1988年第11期。

一样粗糙”，这都在一定程度上制约了《美术思潮》的影响力。但是，作为一份地方美协创办的新杂志，在短时间内获得了全国性的影响，这不能不说这本刊物是有鲜明个性和价值的。香港杂志《九十年代》曾派人采访《美术思潮》编辑部，随后该杂志开辟“中国美术界新锐的冲击”栏目，称《美术思潮》《江苏画刊》《中国美术报》为“两刊一报”。

2.《美术文献》：重视现象梳理的编辑范式

相对于《美术思潮》，《美术文献》的编辑体例相对稳定，关注的重点是发现并记录新的艺术创作、艺术现象，同时发掘推介青年新锐艺术家。《美术文献》从第一辑起便拟定了独特的编辑思路：每辑设立学术主题，由批评家任学术主持撰写主题词，选择艺术家予以推介。刊载艺术家作品、自述、艺术家年表、答问录、图式背景等资料。《美术文献》的编辑核心是每期设立学术主题，这也是最见功力的工作，《美术文献》的首任主编彭德认为：“《美术文献》的特征，首先在于它的体例……这套综合体例使《美术文献》成为可视、可读、可鉴、可藏的名人录。”①这样的体例正是符合其刊名，突出“文献”的特点和价值。不同于《美术思潮》对理论争鸣的强调，《美术文献》将重点转向美术家个案的研究与记录，“述而不作”，对中国当代美术现象进行观察和记录，为研究和撰写中国当代美术史积累文献性资料。

因为强调可收藏、可查阅的资料性，《美术文献》在文风上回归平实朴素，不再刻意涉足哲学理论，文章立足于艺术本身，类型也多是批评文章和艺术家自述，内容主要表现为图式的分析、经验的交流。美术刊物的读者群大部分是艺术创作实践者，作为这个生态环境中的主要角色，艺术家的阅读方式在很大程度上影响刊物的编辑范式。《美术思潮》的编辑思路满足当时艺术家们对理论的热情探索；而在90年代艺术市场的冲击下，艺术家对创作过程、创作经验的关注，远远超越了对理论根源的探究，对图式的新冲击变得更为敏感，对画坛新动向更为热切，因此《美术文献》突出图像信息，用较多版面展示艺术家作品。相对于对《美术思潮》“文多生涩，词不达意，甚而令人产生装腔作势的反感”的诟病，《美术文献》显然更加强调可读性，尽量避免集中出现大篇幅文字，甚至推出“集评”“推介词”这种短平快且信息量大的文体。《美术文献》

---

① 彭德：《累石为阵，聚米成山——〈美术文献〉二十周年赞》，载《美术文献》2014年第11~12期。

显然意识到了读图时代的到来，杂志提供的内容必须是悦读而有吸引力的。

《美术文献》对本土艺术家的宣传推广作用是显著的，傅中望、魏光庆、肖丰、石冲、冷军、袁晓舫、郭正善、聂干因、张广慧、钟孺乾等一批重要的湖北当代美术家在这里被较早地进行推介，并进行学术梳理。基本每期都推介湖北本地或湖北籍艺术家，但刊物的视野也不拘于湖北一地，而是在整个中国当代艺术的进程中寻获艺术现象或艺术主题，从俯瞰的视域中去选择代表性的艺术家，对艺术家个体的观察也因此被放在了艺术发展的坐标系上。这样的方式事实上延续了《美术思潮》的态度，立足本土，又不拘于一隅，唯有如此，才能真正将湖北当代艺术纳入全国的艺术版图中。开放的视野、客观资料的积累和学术性主题的划定，这样的编辑立场，必然使《美术文献》成为这一段艺术史写作的重要文献，事实上，刊物对艺术家的选择、归类以及有效的宣传、推介，已经在基础梳理的层面上参与了当代艺术史的写作。

三、艺术生态与权力话语的变迁

1. 理论清谈向批评话语的转向

毋庸讳言，《美术思潮》的迅速崛起，是20世纪80年代理论热潮高涨的直接产物，正如彭德所意识到的：“在中国近现代美术史上，没有哪一代美术家像今天青年画家这样普遍注重理论的学习。”“出现在1985年的自发的美术群体，其倡导人差不多都是该群体擅长理论思维的人物，这种情形更进一步激起了青年画家涉足理论的兴趣。”①文艺青年对理论思辨的普遍热衷，这是《美术思潮》产生和持续的土壤。彼时，武汉尤其是武昌人文思想氛围浓郁，武汉大学、华中师范大学、湖北美术学院以及湖北省社会科学院都在武昌，相距不远，恢复高考后的院系建设使各文化单位聚集了一批知识结构相近、志趣相投的青年教师和研究生，他们之间交往频繁，聚会高谈一时蔚然成风。在彭德、皮道坚等人的回忆文章中都提到萌萌（鲁萌）的家庭文化沙龙。各界学者聚集在这位具有诗人气质的女学者的客厅中，形成自然的思想碰撞，其中美术界人士以及与美术界交往密切的就有十余人。1984年，湖北青年美学学会这样的学术团体应运而生。这是由张志扬、张玉能发起的青年学术研讨活动，成员包

① 彭德：《走向现代的中国美术》，载《文艺研究》1987年第5期。

括哲学家张志扬、陈家琪、邓晓芒、朱正临、彭富春，社会心理学家谢小庆，文学评论家易中天、张玉能、孙文宪、王幼平、鲁萌，作曲家汪申申，美术界有皮道坚、彭德等人，与上述文化沙龙多有交叉。《美术思潮》杂志主编彭德对这个文化群体的重视，也确实使这个文化圈大量地参与到《美术思潮》中来，必然为《美术思潮》带来哲思的气质。

《美术思潮》产生的影响力与20世纪80年代的多数文化现象有着相似之处，粗糙、青涩、带着移植和模仿的痕迹，但充满躁动的活力。如同油画《父亲》、机场壁画、张蔷歌曲，它们所受到的热捧远远超越了自身艺术性的范畴，而是一代青年精神追求的出口。同样，对《美术思潮》的评价也超出了单纯的媒体评价标准。作为80年代思想解放思潮的一个呼应，《美术思潮》对西方美术理论的热情介绍，虽然不免仓促、良莠不齐，但在特定的历史情境下，它成为追求精神自由的文化表征，这使它瑕不掩瑜，成为一个时代的文化地标。

从思潮的引领者转向文献的记录，从阐释理论、引领思潮转向客观记录，为美术史写作积累素材，两个刊物的编辑范式转变显示了从20世纪80年代迈向90年代批评家与艺术家之间所产生的微妙而深刻的关系变化。80年代高涨的理论研讨，带有着浓重的启蒙主义色彩。参与其中的批评家与艺术家都自觉担负着共同推动中国新艺术发展的使命感。在全国思想解放的大浪潮中，这样的使命感便落实到对美术理论尤其是西方现代主义以来的前沿理论的接受与传播上。因此，美术刊物努力承担着启蒙者和指路人的角色，《美术思潮》的编辑意图在这一点上表现得十分明显。

20世纪90年代的《美术文献》仍然保持着发展新艺术的使命和情怀，但是褪去了启蒙主义的热情，代之以一种中性、客观的态度记录和推荐新艺术的发生发展。《美术文献》先后以敏锐的触角关注推介了主题为“中国流”“后具象”“九十年代彩墨画”“想象性油画”等美术现象，事实上，大多数主题内容作为一个具有学术判断的艺术展览，都是可以成立的。在纷繁的当代艺术群像中寻找显著或隐隐成型的艺术现象，并进行理论的梳理阐述。这样的编辑范式决定了刊物绝无可能坐等投稿，而必须按照主题要求去组织内容，这要求杂志编辑对当代艺术创作有着相当深入的了解，并在当代艺术界有着通达的人际网络，而这样的编辑思路显然符合批评家的视野，并且具有策展文案主题阐释的意味。与之相应的，必然是对担任学术主持的批评家地位和权力话语的凸显。而杂志本身的立场，则隐藏在对出镜者的选择背后。

综上可见，两本具有延续意义的刊物，伴随艺术生态的变迁，从理论引领的姿态转换为主题策划、梳理艺术现象的角色。这与批评家个人从理论清谈向策展人身份的转化现象是相伴随的。所以我们可以看到，20 世纪 90 年代的美术编辑或者开始活跃于展览策划活动，或者与展览机构保持密切的合作。例如皮道坚、鲁虹、殷双喜、刘明、冀少峰，等等。在《美术文献》担任过学术主持的 60 人名单中，几乎覆盖了中国 20 世纪 90 年代以来的大多数批评家，他们中几乎所有人都策划过美术展览，其中皮道坚、鲁虹、冀少峰、贾方舟以及当时年轻一代的朱其、皮力、伍劲、吴鸿、何桂彦、鲍栋、蓝庆伟、杭春晓、盛葳、鲁明军、严舒黎、崔灿灿、付晓东等更是相当专业的策展人或独立策展人。在这本杂志中，理论的话语已被弱化，批评的权力大为彰显。

2. 信息与图像丰裕时代的袭来

《美术思潮》几乎不发表作品，一方面是出于经费的紧张，另一方面也是强调对理论的倚重，希望能够完全以文字内容吸引读者，多少流露出编辑者颇为自信的清高。《美术思潮》也确实实现了自己的预想，在印刷粗糙、几乎无插图的简陋枯燥的阅读体验中，完全靠文章的内容和传递的精神气质获得影响力。时隔十年，《美术文献》的设计、印刷精致了，每一期杂志就如同专题的展览，大量刊登大彩页的作品图片，包括一些细节特写的清晰呈现，模拟着观看展览的视觉体验。在读图时代，视觉的美好体验，使图像的地位不断提高，以图证史、图像转向等观点被广泛地接受，所以图像在今天不再是文字的点缀和图解，而成为一种具有独立历史意义的文献。进入 20 世纪 90 年代，恐怕已经没有任何一家美术刊物敢于轻视图像的意义和价值。

《美术文献》创立的时候是中国信息爆炸开始的前夜，不同于 20 世纪 80 年代的知识饥渴，90 年代中期各种信息开始向人们涌来，信息的获取不再困难，而信息的梳理、判断变得更加重要。更为根本的变化在于市场经济的到来，社会充斥着寻求机会、追逐成功的气氛，艺术圈更热衷的是“信息”“状况”和生效的图式，而沉浸于哲学之思的群体已大大收缩。哲学、美学从广泛的大众涉足，回归到专业领域内的讨论，美术界的兴趣也逐渐回归到自身对视觉主导的关注。

可以说《美术思潮》更加典型地代表了 20 世纪 80 年代美术界的思想状态，这个时代哲学和理论在美术界备受尊崇，与之相应的媒体编辑则可以更加重视文字，甚至忽略图像。进入 90 年代，普遍的形而上学热情已经被形而下的兴趣——如何进行具体的个人创作所取代，人们在眼花缭乱的图像、样式中寻求更强烈的视觉冲击，汲取可资借鉴的图式或经验。因此，《美术思潮》的理论争鸣无法重来，取而代之的是《美术文献》突出创作者和艺术作品的档案式的记录与梳理。

3. 传播生态的转化

20世纪80年代，经历“文革”思想禁锢后的人们对新鲜的知识表现出异乎寻常的渴望，这样的情景催生出纸质媒体的黄金时代，绝大多数人了解西方世界、建立新的知识结构是通过书籍和刊物。图书出版和报刊的传播实际上成为思想解放运动的具体推进途径，书籍在经典知识的系统性建构上占据优势，而报刊则在周期、信息量、传播速度等方面更胜一筹。这个时期的媒体传播生态可以说是纸质媒体一枝独秀，电视和互联网传播还远远未显现出威胁力，受众数量庞大的纸媒不仅传递信息和观点，而且发起的话题常常产生巨大的反响，形成某个领域内的广泛而持续的讨论，因此具有显著的文化导向性。例如《美术》发起的关于形式美的讨论，《江苏画刊》发起的关于中国画前途的讨论，都成为一时的争鸣热点，影响深远。因此，这一时期有影响力的刊物，基本上都有自己非常鲜明的定位和气质。

在相对单一的传播生态中，美术刊物编辑作为当时艺术家、理论家、读者之间的枢纽，掌握着大量的资源和珍贵文献，对中国美术发展动向有着最及时和全面的了解。他们多是理论研究出身，在学术判断上有敏锐的洞察力，因此，重要美术刊物的主编和编辑具有举足轻重的话语权，他们对文章和作品的选择对艺术的走向产生直接的影响，可以说，美术编辑正是以这样的方式参与到中国当代艺术的格局建构之中。

刊物背后除了编辑和作者团队，还集聚着相对稳定的读者群，他们同声相应、同气相求，往往对某一类刊物忠诚度很高，通过书信互动，或者直接聚会讨论，带动着共同的思想共鸣和共振。《美术思潮》便集聚了一批数量可观的志同道合者，前文已列举部分名字，正是这些编辑、作者、读者，共同关注一本刊物的成长，一起推动了新生力量的壮大。这样以一本刊物为中心，常常形成一个具有某种文化属性的群体。在适宜的社会文化环境中又形成一种围绕刊物自身的相互滋长的生态环境，这不仅仅是地处武汉的《美术思潮》的状态，也是20世纪80年代美术刊物的生态共性。

20世纪90年代后期，艺术市场的发展推动中国进入展览时代，相对于80年代的美术编辑，90年代策展人对艺术作品的话语权有过之而无不及，受到了前所未有的重视。由于拥有丰富的资源和对艺术界的敏感，美术编辑转而成为策展人是自然且便利的。第一代批评家、策展人多半就是当年的美术编辑。如此一来，杂志刊物这样的传统纸质媒体平台，面临着展览平台的强大挑战。90 年代后期，以展览为核心的新的艺术生态蓬勃兴起，对传统媒体的影响力具有明显的蚕食态势。这促使美术刊物向模拟展览的方向靠拢，在满足视觉愉悦的同时，其实已蕴藏了纸媒的危机。纸张与文字的结合适合于思想的慢读，适合于反刍式的掩卷而思。当纸媒放弃思想的阵地，以视觉和信息发布为己任，便预示了颓势。随着各类美术馆的相继建立，艺术市场的蓬勃发展，各种不同层面的展览每天都在轮番登场，举办一个展览，以及去参观一个展览已非难事。而进入 21 世纪后，互联网和智能手机的普及，自媒体第一时间的迅速传播对纸媒更是雪上加霜。这加速了纸媒向实体活动的发展。进入 21 世纪，许多美术刊物都积极组织艺术活动、策划画展，报刊媒体成为一个美术活动平台并且风生水起，但其本身的传播价值则被一再弱化。2003 年，由《美术文献》衍生成立了“美术文献艺术中心”，就昭示了这种重心的转移。

“文献”接替“思潮”，两本刊物先后坚守当代中国美术领域，名副其实。刊名之变准确反映出刊物定位和编辑范式的改变，也折射出当代艺术生态的变化。从 20 世纪 80 年代进入到 90 年代，美术刊物从讨论思潮到梳理现象，从阐述理论到直观作品，从文字阅读到图像阅览，《美术思潮》的哲学理想在《美术文献》上已经落实到了对艺术作品本身的兴趣。以赛亚·伯林(Isaiah Berlin)曾经说过，“除非一个事件、一个人的性格，这一或那一制度、群体以及一个人的活动，被解释为它在这样一个模式中的必然后果(这个图式越大，即越全面，它就越可能是一个真实的图式)，否则，就没有提供什么解释——因此也就没有什么历史的叙述”①。所以，透过某种范式的共同性和必然呈现的结果，我们得以反观历史的叙述：两本具有延续意义的刊物，它们的编辑范式变更与艺术生态变迁相印证，这种转变也因此具有了历史的意义。20 世纪 80 年代以降的 30 年，是当代中国艺术风云际会的时代，两本美术刊物恰逢其时，以各自的角度和方式见证了中国现代艺术从启蒙主义时代迈向消费主义的领地。

(作者单位：湖北美术学院美术学系)

---

① [英]以赛亚·伯林：《历史的不可避免性》，参见以赛亚·伯林《自由论》，胡传胜译，译林出版社 2003 年版，第 116 页。

关于汤显祖的画像问题

邹元江

2016年是汤显祖逝世四百周年。对中国学界和演艺界而言则是难得一见的"汤显祖年"。不难发现，从去年中央各大媒体到地方各主要报刊上出现的汤显祖画像，几乎无一例外的是一个头扎雷巾、身着宽袍、颜容富态的汤显祖形象。显然这是值得商榷的。其实，稍微了解一点汤显祖生平事迹的人并不难发现，汤显祖的画像从他在世时起就有三幅，并且其中有一幅一直流传至今，但可以肯定的是，并不是报刊媒体上出现的这一幅。

汤显祖留下的第一幅画像应当是他在南京为官时由熊墨川所画的。汤显祖《熊墨川写真秣陵更二十年许赠之二首》诗云：

> 高馆秋深拂素缣，端相无定邈何嫌。要知清远楼中客，海月松云是一纤。
>
> 石城秋水忆精神，玉茗闲云更写真。定解与人添鬓雪，若为花得带中银。①

"秣陵"是秦代南京的名称。汤显祖于明万历十二年(1584年)7月从北京启程，携原配夫人吴氏和新纳的妾傅氏，经过两千几百里的运河旅程，在8月中秋节的前5天到他将任职的南京太常寺报到，3日后到国子监拜谒孔子，正式开始了他在南京陪都的仕途人生(这一年他已经35岁)，直到万历十九年(1591年)他上奏《论辅臣科臣疏》，激烈抨击朝政，被贬谪，5月16日启程赴任广东徐闻县典史，汤显祖在南京任职、生活了近七年的时光。从"写真秣陵更二十年"来看，汤显祖最早的画像应当是在他40岁前后。20年后，已辞官

① 徐朔方笺校：《汤显祖集全编》三，上海古籍出版社2015年版，第1122页。

在故乡清远楼玉茗堂“添鬓雪”的汤公，愈加感慨作为“闲云野鹤”的他才“更写真”。

汤显祖留下的第二幅画像究竟画于何时，何人所画，都已难考。唯有汤显祖《浔阳送画者》一诗存世：

> 气骨高寒足自知，飒来湓口照鬓眉。惊呼顾凯相临取，五老峰头雪霁时。①

“浔阳”是今江西九江的古称。这位来自浔阳的“送画者”为汤显祖所画的显然是晚年的汤公肖像，这位画师有画圣顾恺之的传神写照的本事，尤其将汤公的“气骨高寒”的神态和“雪霁”般鹤发表现了出来。

汤显祖留下的第三幅画像作于万历三十六年(1608年)，汤公时年59岁。这幅画像缘于汤显祖曾任县令的遂昌县百姓对他的怀念。万历二十一年(1593年)汤显祖被“量移浙江遂昌知县”，在这个位于浙西南万山群壑中的贫瘠小县里，他一任五年，将此处作为他实现政治抱负的实验场。他简政爱民，扶持农桑，抑制豪强，除虎患、建书院，甚至除夕遣囚度岁，元宵纵囚观灯，用得民和，“一时醇吏声为两浙冠”。为了颂扬汤显祖的斐然政绩，遂昌士人百姓在万历二十六年(1598年)他挂冠而去十年之际(万历三十六年)，派画师徐侣云专程赴千里之外的汤显祖故乡抚州临川为他写生，所绘画像先悬挂在遂昌相圃书院专门为此所设的生祠内，后被移至县城义学中供人瞻仰。关于这一点汤显祖曾在《十年后，平昌士民赍发徐画师来画像以祠，遣之四首》诗及多通尺牍中言及此。诗云：

> 好手高情徐侣云，大儿能似李将军。神明妙处今何有？欲遣丹青混使君。
>
> 雪残寒日映江干，画到归鸿目送难。恰忆清华旧山水，五弦容易不曾弹。县有清华阁。
>
> 地僻汪楼有雁闻，长林归梦雪纷纷。心知远意宜丘壑，县社何由画陆云？

---

① 徐朔方笺校：《汤显祖集全编》三，上海古籍出版社2015年版，第1303页。

偶尔朝坛竟不还，吏民相问好容颜。都应画与江湖意，阔落双凫云影间。①

尺牍曰：

生去平昌十余年……乃为生绘像立祠，此是贵乡笃谊。如生薄德，何以承之。然生在平昌四年，未尝拘一妇人，非有学舍城垣公费，未尝取一赎金。此又可质之父老子弟而无择言者也。②

平昌祀我，我以何祀平昌也？③

与此相佐证的是，万历二十年进士、处州知府郑怀魁写有《遂昌相圃汤侯生祠记》，曰：

……明平昌令前祠部郎临川汤公，讳显祖，字义仍，学者所称若士先生者也。掌祀卿曹，屈居宰县。中撄逆鳞于龙颔，终杀长羽于鸿仪。……夫其目空尘寰，胸苞法像，探索颐隐，读人间未见之书，穷极高深，垂身后不朽之业。故能贞教靡倦，𢥞如百昌之鼓惠风；乐善无私，沛若百川之归巨海。宏开艺圃，高揭射堂，士有列次，以居之邑籍闲田而饩之。……于戏！行可质天地鬼神，而时逢事拙；文能安民人社稷，则学古功伟。……④

汤显祖也专门撰有《谢郑辂思郡伯为作相圃生祠画像记》以致谢，曰：

不佞少学为文，薄成影响之用。长习为吏，空以木强为理。烹小鲜而

① 徐朔方笺校：《汤显祖集全编》二，上海古籍出版社 2015 年版，第 966~967 页。

② （明）汤显祖：《与门人叶时阳》，参见徐朔方笺校《汤显祖集全编》四，上海古籍出版社 2015 年版，第 1937 页。徐朔方笺：叶时阳，名梧。遂昌人。曾以汤显祖之介，受业于黄汝亨、岳元声。见《遂昌县志》卷八。时阳，《县志》作于阳。

③ （明）汤显祖：《与门人时君可》，参见徐朔方笺校《汤显祖集全编》四，上海古籍出版社 2015 年版，第 1937 页。

④ 清雍正《处州府志》卷十七。郑怀魁，字辂思，龙溪人。万历二十三年进士。汤显祖遂昌告归后任处州知府。

觉扰，候单凫而不复。此亦无所短长之效，固宜罔攸进退之利。已而吏民矜其悾悾之忠，人士采其揭揭之义，固存得一之愚，用著在三之厚。……浚仪画像，谁与施其神明。……读至“行可质天地鬼神”，不觉涕从，何以得此；誉以“文能安民人社稷”，徒令汗浃，无所承之。①

清康熙五十一年(1712年)冬，遂昌知县缪之弼依众议集资主持建造了遂昌遗爱祠②，并将汤公这幅肖像从义学中请出高悬于祠中神龛正中。之后历任遂昌知县都对遗爱祠加以修缮，直到今日，该祠尚存一面在门额上书有“遗爱祠”字迹的门墙。自1712年建祠至民国前，每逢春分秋分祭祀礼仪，历任县官都会亲率僚属和县学生员同社会名流到遗爱祠汤公像前顶礼膜拜，设供上香，久之已成为遂昌的一大习俗。令人遗憾的是，在祠内悬挂了300多年的汤公这幅绢本画像，在清末民初军阀混战中不幸失传，从此下落不明。庆幸的是，清“道光戊戌(1838年)初夏江都陈作霖敬摹”的汤公这幅画像流传了下来。这幅摹本画像应当是与徐侣云的画像最接近的，而与上引的文献记载中汤显祖的其他两幅画像相去较远。熊墨川写真秣陵汤显祖画像是汤公晚年看到的自己20年前在南京时的写真画像。这个可能已失传的画像中，可以肯定的是汤公的面庞是很年轻的。这与陈作霖摹本略显苍老消瘦的汤公画像不符。而浔阳送画者描绘汤公所“临取”的“雪霁”般鹤发画像也与陈作霖摹本中头戴毡帽的汤显祖形象有较大出入。或许浔阳送画者的汤公画像还在陈作霖所摹的徐侣云的画像之后，即描绘的是汤显祖生命最后几年苍凉衰老的面貌。

应当指出的是，徐朔方是最早注意到汤显祖的三幅画像存世史实的。徐先生在汤显祖《十年后，平昌士民赍发徐画师来画像以祠，遣之四首》诗后笺曰：

作于万历三十六年(一六〇八)戊申，家居。五十九岁。此诗记为汤氏画像而有年代可考，早于此者为本书卷一八《熊墨川写真秣陵》(一六·三五)所记，时在南京任官，本书卷二一《浔阳送画者》(一七·一二五)亦为写真作，年代无考。今所传清道光十八年戊戌(一八三八)江都陈作霖摹本可能所依据之真本即为以上三者之一，与汤氏及其友人所述形象略

① 徐朔方笺校：《汤显祖集全编》四，上海古籍出版社2015年版，第1944~1945页。
② 缪之弼写有诗《遂昌县遗爱祠记》和《重修汤临川祠》。

同，弥足珍贵。四十年前承俞平伯先生赠以摄影一件，今俞老已归道山，原画不知是否仍在人间，为之慨然。①

显然，徐先生所说“陈作霖摹本可能所依据之真本即为以上三者之一”虽然大体不错，但依笔者以上的分析，陈作霖摹本更接近徐侣云的汤显祖画像是理据充分的。

非常庆幸的是，正是由于俞平伯将他1950年所藏的陈作霖摹本赠予徐朔方，徐侣云的画像中的汤显祖的神态才得以流传下来，由此也可通过这幅画像中汤公清癯瘦削的面庞和百姓日常的毡帽冠戴印证文献对汤显祖的描述。俞平伯在“道光戊戌(1838年)初夏江都陈作霖敬摹”的汤显祖画像上题诗曰：

玉茗风弦四百年，丹青摹写尚如前。
……

既然是陈作霖“敬摹”，自然是“尚如前”。即敬摹的前画像当是先悬挂于遂昌相圃书院生祠、后悬挂于遗爱祠中的徐侣云画师所画之像。曾批点汤显祖《牡丹亭》的万历二十三年(1595年)进士王思任(1574—1646年)曾亲见这幅画像，并撰有《题汤若士小像》诗一首，曰：

西江两堕碧霞莲，秀骨文心拔尽天。
若较庐山真面目，神情清远更临川。

诗下云：

匡庐万八千丈，玉茗六十七年，豫章之贵抉破鸿濛矣。叔宁至越，以先生小像索题，人琴忽涕，恍是遂昌仙令晤玄都观也。

“叔宁”即汤显祖第三子开元。可知汤显祖去世十余年后，几与汤显祖同时代的王思任曾是最早见过徐侣云汤公画像的人之一。王思任之所以目睹汤公三子所持的徐侣云汤公画像就“人琴忽涕”，其根源就是“恍是遂昌仙令晤玄都

① 徐朔方笺校：《汤显祖集全编》二，上海古籍出版社2015年版，第967页。

观也”。可知，王思任看见的就是遂昌人士徐侣云所画的汤显祖画像。① 王思任诗中“秀骨文心拔尽天”“神情清远更临川”两句，也完全可以佐证陈作霖的汤显祖画像摹本非常接近当年徐侣云画师的画像。②

（作者单位：武汉大学哲学学院）

① 如果真是汤显祖三子以其父小像向王思任“索题”，那徐侣云的汤显祖画像就有可能还有别的摹本传世，即汤开远向王思任“索题”的汤显祖画像。

② 此幅画像见徐朔方先生著《汤显祖评传》扉页，南京大学出版社 1993 年版。

时间意识与中国美学

范明华

中国古代是非常重视时间的。中国古人出于经济、政治和日常生活的需要，很早就创立了自己的天文学体系，并且至少在商代就发明了用于划分、计算和记录时间的历法。① 在天象观察和历法的基础上，中国古代发展出了一种非常系统且独具特色的时间文化。这种文化不仅表现在农业生产当中，而且也表现在祭祀礼仪、政治制度、军事行为、医药养生、建筑工艺、日常生活以及历史记述等方面。从这些方面，我们可以看出中国古人对于“时”或时间的高度重视。在中国古代的一些早期文献中，可以找到关于“时”即时间的大量论述，如《尚书·皋陶谟》中说：“敕天之命，惟时惟几。”《尚书·尧典》中说：“百姓昭明，协和万邦。黎民于变时雍。乃命羲和，钦若昊天，历象日月星辰，敬授人时。”《诗经·我将》中说：“畏天之威，于时保之。”《诗经·公刘》中说：“于时处处，于时庐旅，于时言言，于时语语。”在《尚书》和《诗经》中，“时”即时间被赋予了人文的意涵（古人称之为“时义”），它一方面是“天”的基本属性，代表了“天”的神圣与威严；另一方面是“天”之所“命”，即“天”对万物和人事的规定，是万物生长的条件和人类行为必须遵守的法则。在古人的思想中，“时”或时间不仅是自然变化的表征，同时也是经济组织和社会管理的依据以及社会与个人事业兴旺发达的保障。

中国古代发达的天文学说、历法体系和时间文化，既规定和规范了中国人的群体生活，同时也在心理上或在思想情感上造就了中国人特有的时间意

① 民国学者常乃惪说：“古代科学之最发达者为天文学，盖因其与农业有关也。《尧典》命官，第一就是羲和，可见其时对于天文极为注重。”（常乃惪：《中国的文化与思想》，中华书局2012年版，第25页）著名中国哲学史家侯外庐说：“我们据卜辞中的主要观念而言，一个是时的观念之成立，即殷人已创造三分法的时历（周人为四分法）。”（侯外庐：《中国古代思想学说史》，辽宁教育出版社1998年版，第21页）

识——包括对时间性质的理解，对时间变化的感知和态度，以及对时间及其变化意义的领悟。在中国古代，“时”或时间并不只是一个抽象概念，也不仅仅只是作为时间概念的工具性表达(如历法和计时工具上的刻度)，而同时包括了对时间变化的文化认知、价值评判和感性经验。换句话说，它是与自然变化、社会生活(包括历史)和个体生命紧密相关的。可以说，这是一种“有意味的”、价值化了的时间观念。这种观念带有特定的文化指向，并且因为同个体生命的关联而具有了美学上的意义。

这样一种建立在农耕文明基础上的、丰富的时间意识在工业和信息时代已经变得越来越淡薄。由于工具理性的盛行，工业和城市的发展，生活节奏的不断加快，时间管理的定量化和精细化，传统农业和乡村的逐渐消失，以及现代科技、交通和通讯的发展，人们的生产和生活可以不再依赖于自然的时间变化或不受季节变化的影响，这在一定程度上造成了人事活动与自然的疏离，同时也造成了时间与生活的疏离，削弱或淡化了人们对时间的感性经验和意识。现代人所理解的“时间”，是一种理性化、抽象化、概念化、工具化甚至数字化了的时间，这种时间，不再关联于自然的物候和气象，也不再关联于人的历史和文化。它在本质上是与人作为生命有机体的存在和作为有限个体的生活经验无关的。从这个意义上说，现代人的时间观念是片面的。在这种片面的时间观念中，时间脱离了直接的身体经验，而变成了抽象的“时间表”，变成了可以被精确计算的片段和瞬间，变成了一连串抽象的数字，甚至变成了日历上的时间标示或计时工具(如钟表)上的刻度。

时间被理性化、抽象化、概念化、工具化甚至数字化，其结果是时间意义——包括它的文化意义和个体生命意义的丧失，以及生命体验、历史记忆和想象的匮乏。因此，在时间概念越来越精确、时间观念似乎越来越强的今天，我们却有一种“时间意识”越来越淡薄、时间感觉越来越单调、时间体验越来越贫乏的困惑。在“客观的时间”越来越明晰的同时，“主观的时间”——具有特定文化意义的、带有喜悦、忧伤、期待、向往等主观色彩的时间——却越发趋于消失。

相比之下，中国古代的“时间”则是一种具有人文内涵的时间观念。这种观念常被内化为一种时间意识，并影响到古代中国人对自然和艺术的审美评价。从这个意义上说，中国传统美学也可以说是一种以生命体验为起点、以生命境界创造为目标的时间性美学。笔者认为，从时间或时间性的角度去理解中国的美学和艺术(包括中国人的审美或艺术思维方式)，可能比从空间或空间性的角度去理解中国的美学和艺术(包括中国人的审美或艺术思维方式)，更能准确地揭示和说明中国美学和艺术的特点。比如在对“美”的理解上，中国古代与西方早期就有很明显的差别。西方早期，包括古希腊罗马和中世纪时期，对“美”的规定，大多离不开“比例”“对称”“安排”“形式”这样一些同“空间”有关的概念。而中国古代的思想家则认为美是“和”，是“自然”，“和”的概念来源于时间性的艺术——音乐，而“自然”的概念则来源于对非人为的、变动不居的自然现象的感悟，这两者都可以说是一种时间性的概念。又比如中国绘画美学中讲的“气韵”，也显然是一个带有时间性质的概念，宗白华将它翻译为“生命的节奏”①，而“节奏”是动态的、时间性的。在中国古代，占主导地位的审美观念是以变化及变化中的秩序为美或以“生气”“生机”“生活”“生理”“生意”为美。中国古代思想家很少从抽象静止的神、上帝、绝对理念或先验理性的角度去谈美，也很少从比例、对称、安排等所谓“形式”的角度去谈美，而更多的是认为美就存在于变化着的自然和生命之中，就存在于主体与对象的交感互动之中。因此，虽然时间与空间不能分离，但就整个中国美学的发展走向来说，对“时间”的意识显然比对“空间”的意识具有更为重要和深刻的影响。

一、中国古代哲学思想中的时间意识

“时”即时间，一般来说是中国古代天文学或中国古代文化中各个不同领域的常用概念，同时也是中国古代哲学的基本概念。虽然，中国古代缺乏对时间本身的哲学思考，也没有关于时间的物理学研究，但却有着非常丰富的关于时间意义和价值的论述。在中国古人的思想中，时间并没有从有关经验现象中剥离开来，而是与天地变化、日月运行、四季更迭、人间秩序、生命现象(生死现象)和生命体验等联系在一起的。因此它侧重的不是对时间本身的思考，而是对时间意义和价值的思考。

在中国古代哲学有关宇宙、社会及人生的思想当中，有一种突出和强调时间意义和价值的思想意识或思想倾向。在中国古代哲学思想中，一个主导的观念就是把一切事物都当成一种时间之物来看待，无论是宇宙、社会还是人生，都被看作是一种时间性的存在，而且认为它们的意义就发生和存在于时间的变

① 宗白华：《艺境》，北京大学出版社1987年版，第118页。

化之中。重视时间，突出时间的意义，可以说是中国古代哲学思想的一贯传统。从这个意义上说，中国哲学乃是一种具有历史性的思想，或者说是一种历史性的哲学(不等于“历史哲学”)，它的许多重要的哲学命题和概念看起来都像是历史经验和教训的总结。在中国古代，与自然主义并行不悖的，还有一种历史主义。或者说，与自然理性同时成长起来的，还有历史理性。

首先，中国古代哲学中的“道”“理”“气”“自然”“阴阳”“五行”等概念所指称的，都不是抽象不变的物质或精神实体，而是具有时间性和历史性的本体性、功能性存在。中国古代哲学中所说的“道”既是天地万物运行变化的轨迹，同时也是历史经验和惯例的总结。换句话说，它作为中国人从自然和历史中接受的“命令”、法则和尺度，乃是自然秩序和历史经验的双重体现。无论“道”是在何种意义上被使用，它都具有时间的特性和向度。与古希腊时期各种指称宇宙本体的概念相比，中国先秦哲学家所说的“道”是时间性的存在。① 而在古希腊人的哲学中，无论是毕达哥拉斯的“数”，还是德谟克利特的“原子”，或是柏拉图的“理式”和亚里士多德的“形式”，都不具有时间性。在古希腊人的宇宙观当中，时间是没有地位的。同样，中国古代哲学中所说的“理”也具有时间的特性和向度。宋人罗大经在《鹤林玉露》中曾总结出一个观点，叫作“活处观理”，他说：“古人观理，每于活处看。故诗曰：‘鸢飞戾天，鱼跃于渊。’夫子曰：‘逝者如斯夫，不舍昼夜。’又曰：‘山梁雌雄，时哉时哉！’孟子曰：‘观水有术，必观其澜。’又曰：‘源泉混混，不舍昼夜。’明道不除窗前草，欲观其意思与自家一般。又养小鱼，欲观其自得意，皆是活处观看。故曰：‘观我生，观其生。’又曰：‘复其见天地之心。’学者能如是观理，胸襟不患不开阔，气象不患不和平。”②由此可知，中国哲学中的“道”与“理”，实质上是“生生之道”“生生之理”。至于“气”，更是一种具有流动变化性质的存在物。此外，中国哲学中所说的“自然”，也并不是今人所说的“自然界”，而是老子《道德经》中所谓“飘风不终朝，骤雨不终日”之类自我生灭变化的本然状态。而所谓“阴阳”“五行”等，也不是构成宇宙的、静止的结构元素，而是相互生克的动力系统。

---

① 历史学家余英时说，先秦诸子所说的“道”，具有两个特点：一是历史性，二是人间性。这两个特点说明“道”与当时的政治生活有密切的关联，而未引向宗教神学的思辨，同时也突出了历史在中国古代文化的重要地位(参见余英时：《士与中国文化》，上海人民出版社 2003 年版，第 32~33 页)。

② (宋)罗大经：《鹤林玉露》卷之三乙编。

其次，中国古代哲学所理解的“宇宙”“天地”“乾坤”“世界”等概念，也都具有时间的特性和向度。而且，由于“天”所具有的先在地位，时间也因此成为一种主导的因素。关于“宇宙”，陆德明《经典释文》引汉初字书《三苍》说：“四方上下曰宇，往古来今曰宙”，“宇”指的是空间，“宙”指的是时间。“宇宙”一词的含义就是空间和时间。“天地”或《周易》中的“乾坤”一词，在古汉语中，是与“宇宙”同义的。但若将它拆开来讲，则“天”或“乾”具有时间的属性，“地”或“坤”具有空间的属性。《周易·乾·彖传》谓：“大哉乾元，万物资始，乃统天。……大明终始，六位时成，时乘六龙以御天”，又《周易·坤·彖传》谓：“至哉坤元，万物资生……含弘光大，品物咸亨。”从《周易》的观点看来，时间与日月的运行有关，也就是与天有关①，空间与万事万物的存在或生存有关，也就是与地有关。此外，后出的“世界”一词也具有时空一体且以时间为主导的意义。“世界”的“世”，本义为植物叶片由萌芽到衰落的过程，象征植物的生长周期，暗含时间的意义。古人又以 30 年为“一世”，代表人生的一代，有世代更替的时间意义。“界”的本义是土地或国土的边界，代表空间的范围。“世界”作为一个词组出自佛典，在佛教中，“世”指前世、今世和来世，或过去、现在和未来，代表时间；“界”即境界，指感官和心灵所及的范围和层次(尘境和法境)，代表空间。因此总的来说，在古汉语中，“宇宙”“天地”“乾坤”“世界”都具有超出个体视域和生命，从而可以诉诸想象的意义。②

在中国古人的宇宙观念中，宇宙是由“天”所支配的，所谓“天有时”，“天”被认为是时间性的存在，因此也可以说，在中国古人关于宇宙的构想中，空间是被时间统帅的，如上引《周易·乾·彖传》中关于“乾”的功能的描述。从这个意义上说，中国人的宇宙观可以说是一种时间主导的宇宙观或时间性的宇宙观。中国古代哲学视野下的宇宙图景，并不是各种实体的聚集，而是一个时间的流程。宇宙间的一切事物同时也就是处在时间变化之中的事物。这种时间主导的宇宙观的形成，与中国早期社会的农业生产和天象崇拜有密切的关

① 故《周易》有“观乎天文，以察时变”的说法，见《周易·贲卦·彖传》。

② 在中国古代，用来指称宇宙的常用词是“天”或“天地”。相比之下，“宇宙”“乾坤”“世界”等词的使用频率要低得多。至于“自然”，通常指的是自然而然，与今人所谓“自然界”不同。此外，还有一个经常提到的词即“造化”，“造化”被认为是天地的生化功能，它代表的不是宇宙的实体，而是宇宙之间万物生长、化育的过程，实质上也可以理解为一个时间的流程。

系。由于与人类生活尤其是经济生活关系紧密的历法是根据天象(日、月、星)的变化来制定的(太阳历、太阴历、岁星纪年法等)，因此，时间被认为是天的属性(时间的神圣性、宗教性、政治性、伦理性等也由此而来)。而在天地的系统中，天又被认为是先在的一方，因此，中国古代的天地观或宇宙观，就成了以时间为主导的宇宙观。

同时，在天人合一或以人合天的思维模式之下，尊天、顺天、合天实际上也就等于尊时、顺时、合时。尊时、顺时、合时被认为是经济发展、社会和谐、政治昌明、生活顺利和事业成功的基本保障。因此在这个意义说，对时间的重视(崇天思想的具体化)，不仅成就了中国古代以时间为主导的宇宙观，而且也成就了中国古人以时间为主导的人生观(中国人重视祖先和历史就是明证。另外，俗话所谓“人生在世”，便有以时间来规定人生的意义。“世”是一个时间概念，“人生在世”首先是把人的生存理解为一个时间历程)。

最后，就具体的哲学派别而言，重视时间及其意义是中国古代所有哲学派别的共同看法。中国先秦时期的各种思想派别，包括儒家、墨家、道家、法家、兵家、农家、阴阳家等在内，都无一例外地重视时间对于宇宙、社会和人生的意义。

以影响最大的儒道两家为例，在先秦儒道两家的著述中，有关“时”和“时义”的论述可谓俯拾即是。

比如儒家，在它的创始人孔子的对话中，就有很多关于时间的感叹和议论，比如他说：“天何言哉，四时行焉，百物生焉，天何言哉?”(《论语·阳货》)又说：“道千乘之国，敬事而信，节用而爱人，使民以时”(《论语·学而》)，“履时以象天，依鬼神而制义”(《孔子家语·五帝德》)，“礼之所以象五行也，其义四时也”(《孔子家语·本命解》)，“夫寝处不时，饮食不节，逸劳过度者，疾共杀之……喜怒以时，无害其性，虽得寿焉，不亦可乎?”(《孔子家语·五仪解》)

儒家的时间观念在《周易》和《礼记》两书中表现得最为明显。《周易》的宇宙观是典型的、时间性的宇宙观，“时”的概念贯穿于《周易》思想的始终。比如它说：“广大配天地，变通配四时”，“日月得天，而能久照；四时变化，而能久成。”(《周易·恒·彖传》)又说：“时止则止，时行则行，动静不失其时”(《周易·艮·彖传》)，“随时之义大矣哉!”(《周易·随·彖传》)像《周易》一样，《礼记》一书中也有很多关于时间的论述，如：“礼也者，合于天时，设于地财，顺于鬼神，合于人心，理万物者也。是故天时有生也，地理有宜也，人官有能也，物曲有利也”，“故作大事，必顺天时”(《礼记·礼器》)，“凡举大事，毋逆大数，必顺其时，慎因其类”(《礼记·月令》)，等等。

儒家的时间观念有一个突出的特点，即它一般是从实践或实用的角度来看待时间的，它注重的是时间对人事活动的规范意义，尤其是时间的政治、伦理意义(如“节”的概念，它既指时间意义上的节律、节气、节日等，也指行为有节、节以制度、节用以爱人，等等)。但同时，它也注重时间的生命意义，比如《礼记》中的“天时有生也”。儒家一方面把时间看作是天的属性和法则，看作是天地生万物的条件和保障，另一方面又把时间看作是人的日常行为及社会制度所必须遵循的秩序与规范。

正是在这个意义上，方东美先生把儒家称为“时际人”(Time-man)。① 他认为儒家是把一切的秘密都安放在时间上：“儒家……把世界的一切秘密展开在时间的变化历程中……儒家若不能把握时间的秘密，把一切世间的真相、人生的真相在时间的历程中展现开来，使它成为一个创造过程，则儒家的精神就没有了。”②

与儒家相比，道家的时间观念稍有不同，但对时间及其意义的重视则是一致的。司马谈在《论六家要旨》中说：“道家使人精神专一……与时迁移，应物变化。……圣人不朽，时变是守。”③中国哲学史家陈鼓应认为，道家其实也是“贵时主变”的。在先秦道家的文献中，可以找到大量关于时间和时变的论述，比如《老子》中说：“居善地，心善渊，与善仁，言善信，正善治，事善能，动善时。”马王堆帛书《黄帝四经·经法》中说：“天地无私，四时不息。”又说：“天时不作，弗为人客。”《管子·白心》中说，“以时为宝”“时变是守”。《管子·宙合》中说：“圣人之动静，必因于时，时则动，不时则静。”④

这种“时变是守”的思想在《庄子》中有很多发挥。庄子主张“应时而变”，如《庄子·天运》中说：“故礼义法度者，应时而变者也。”但相对而言，庄子一派的思想与黄老道家和管子一派稷下道家的思想有些不同，他的时间观念也比较特别，即庄子是在主张超越生死、超越时空的基础上谈论时间的。从表面上看，庄子一方面说“应时而变”，另一方面又好像有不重视时间的倾向。因此，方东美先生称道家特别是庄子学派的道家为“太空人”(Space-man)，认为他们

① 方东美：《原始儒家道家哲学》，中华书局 2012 年版，第 170 页。

② 方东美：《原始儒家道家哲学》，中华书局 2012 年版，第 38 页。

③ (汉)司马迁：《史记·太史公自序》。

④ 陈鼓应：《道家的人文精神》，中华书局 2012 年版，第 10~11 页。

“了解时间的不重要”。① 但这也只是表面现象。与儒家主要是以实践或实用的态度看待时间，并注重时间的政治、伦理意义不同的是，庄子主要是从游戏或超越的态度——即他所谓“用心如镜”“不将不迎”“虚己以游世”的态度来应对时间的变化。庄子所要把握的不是时间的政治或伦理的意义，而是时间对于个体生命的意义。比如他说：“人生天地之间，如白驹过隙，忽然而已。注然勃然，莫不出焉；油然漻然，莫不入焉。已化而生，又化而死。生物哀之，人类悲之。”（《庄子·知北游》）庄子从时间变化中所看到的，是生命的有限与虚无，是生命有限与时间无限的矛盾。

因此，庄子并不是认为时间不重要，而只是要求换一种态度去看待时间，即他主张把时间变化包括四季更迭、生死相续等，理解为一种人力无法干预和改变的自然现象或过程。故他一方面主张顺应时间的变化，另一方面又认为只有超越时间的变化所带来的限制才能获得心灵的安宁与精神的解放。换句话说，庄子并不是不重视时间和时间变化，而是强调要对时间变化采取理智的、静观的、无所谓、无所为的态度，反对拘泥于有限的时间或短暂的当下，或在有限的时间或短暂的当下寻找人生在世的终极意义。在这方面，他有很多论述，比如《庄子·养生主》中说：“安时而处顺，哀乐不能入也。”《庄子·德充符》中说：“命物之化而守其宗也”；“日夜相代乎前，而知不能规乎其始者也。故不足以滑和，不可入于灵府”。《庄子·大宗师》中说：“凄然似秋，暖然似春，喜怒通四时，与物有宜而莫知其极。”《庄子·刻意》中说：“圣人之生也天行，其死也物化。静而与阴同德，动而与阳同波。”《庄子·知北游》中说：“四时有明法而不议”，“阴阳四时运行，各得其序”，等等。

二、时间意识对中国人思维与审美方式的影响

如上所述，在中国古代哲学的宇宙观和人生观中，时间和时间的意义都具有突出的地位。绵延无穷而变化有序的时间，是中国古代哲学家观察宇宙和人生，进而探究宇宙和人生价值的基本立场或出发点。

这种重视和强调时间及时间意义的思想，一方面造就了中国人注重现世取向和内向超越的价值理想，以及重历史（尚“古”）、重祖先（法“先王”）、重世间（“经世致用”）的历史理性、实用理性和顺时而变的生活智慧，另一方面也

① 方东美：《原始儒家道家哲学》，中华书局2012年版，第38~39页。

造就了中国人注重直觉经验和内心感悟的思维方式及审美方式。

首先，重视和强调时间及时间意义，这种思想倾向既可以解释中国人追求现世生活的价值取向，也可以解释余英时所说的中国哲学追求“内向超越”的思想特点。所谓“现世取向”，所谓“内向超越”，都同时间的此岸性和内在性有关。

中国古代思想是一种带有“此岸性”或“人间性”的、以生命为本位的思想，中国古代没有“外向超越”的宗教，没有“世界二分”“灵肉二元”的看法，也没有脱离具体现象或日常生活的、由绝对的“道”“理”构成的抽象世界。① 其所谓“天人合一”“体用不二”之类的说法，都是要把思想的目标定位在人生或人伦日用之上。因此，中国古代思想的出发点和归终点都是人生在世的现实生活。而这样一种价值取向，是与中国古人非常注重时间及时间意义的观念密不可分的，因为时间具有不同于空间的性质，时间的一维性和流动性将把人的思想引向变动不居的过程和随物迁移的生活及历史，而不是漫无边际的外部世界或静止不动的、带有空间性质的精神境域。虽然，中国古代也有明确的空间观念，而且不乏关于空间的思想，但相对来说，在时间和空间这两者当中，中国人似乎更重视的是时间，而不是空间。②

但另一方面也应当指出，凡能称为人类思想的东西，都必定有其超越现实的一面，中国古代的思想也不例外。这种“超越”，据余英时的看法，在西方表现为“外向超越”，而在中国则表现为“内向超越”。“内向超越”的特点之一是不存在“彼岸”世界或抽象的概念世界如柏拉图的“理念”世界之类的设定，换句话说，它虽然是“超越”的，但同时也是人间性的。如《周易·系辞上传》

① 本文使用的“外向超越”和“内向超越”采自余英时的著作，关于这两个概念的具体内涵可参看其所著的《天人之际》(中华书局 2014 年版，第 196~227 页)。关于中国古代思想是以生命为本位而不是以宗教为本位，没有“世界二分”“灵肉二元”的看法，可参考方东美的《人生哲学讲义》(中华书局 2013 版，第 79~80 页)。至于中国古代不存在脱离具体现象或日常生活的“道”“理”，则已有诸多学者指出，兹不一一列举。

② 与此相反，古代和近代的西方人则更重视空间。关于这一点，方东美先生论述最详，他说：“西方可以说在法国的柏格森(Bergson)，英国的怀特海(Whitehead)之前，不注重‘时间’观念，只从科学的观点，把宇宙任何现象，安排于空间的坐标系统中，向前后左右发展也好，都只表现诸多‘空间的向度’，而在每个空间中只是形成一线，这些左右上下的线，表现‘并存的点’的空间关系，而没有时间的先后。西方几何学的观念，也就是物质科学的观念中的空间关系的构成，都是同时的，换言之，是定着在永恒上。时间上没有变迁发展。”(方东美：《原始儒家道家哲学》，中华书局 2012 年版，第 38 页)

中所说的："形而上者之谓道，形而下者之谓器。"其"道"的超越性与"器"的经验性、现实性是密不可分的，所以它说："一阴一阳之谓道。继之者善也，成之者性也。仁者见之谓仁，知者见之谓知，百姓日用而不知。"又如禅宗的"心外无佛""佛在心中""即心即佛""一念即佛地""烦恼即菩提""在家即出家""尘尘是道""平常心是道""劈柴担水无非妙道""穿衣吃饭长养圣胎"①，以及它所认为的成佛可以当下觉悟，瞬间解脱，可以不用苦行，不用念经，只要心里放得下，就可以"酒肉穿肠过，佛祖心中留"，都完全是这种以"内向超越"为特征的、主张出世而不离世的中国人特有的想法。这种"超越"，实质上是一种精神转变或态度转换，其落脚点仍然是现实的人生。所以冯友兰在总结中国哲学的基本特点时说，中国哲学中有"入世"与"出世"两种倾向，但这两种倾向并不构成对立，而是互相补充，即出世而不离世，"这使得中国人对于入世和出世具有良好的平衡感"②。

本文认为，中国古代思想中这种"内向超越"之所以具有在超越现实的同时仍然落实于现实的特点，是与中国人重视时间及时间意义因而重视现世生命存在的思想有关的。而且，这种"超越"不但表现出"向内转"(转向内心，通过内心的功夫实现精神或态度的转换)和"向下转"(落实到现实生活，在现实生活中实现人生的目标、价值和理想)的趋向，而且也表现出"向回溯"(回到历史的开端，回到生命的原点)的趋向，从而表现出更明确的时间性特征。

如前所说，"道"作为"内向超越"的目标，本身就是一个时间性的或历史性的存在。比如儒家所倡导的"道"是"仁道"或"人道"，但同时也是所谓"先王之道"。因此，其"超越"的方式，是通过"尽心""至诚""主敬"等内心活动("功夫")彰显"仁道"，而这个"仁道"也就是"古道"或"先王之道"。因此，对"仁道"的彰显必定引向对"古道"或"先王之道"的、历史性的回溯。同样，道家所谓的"道"也具有时间性的特征。姑且不说老子所谓"执古之道以御今之有"(《老子》第十四章)是一种带有明确时间指向的看法，就是主张超越时间限制的庄子，其对时间的"超越"也仍然可以看做是一个"时间性的事件"。道家的"超越"，包括老子在内，通常指的是"返回"，这既包括对历史的追踪，也包括精神意义上的"回溯"，如老子说的"归根""返本""复初""抱朴""反者道

① 禅宗的这些说法以及类似的说法很多，可参见《六祖坛经》《马祖语录》《祖堂集》《古尊宿语录》《五灯会元》等禅宗典籍。

② 冯友兰：《中国哲学简史》，北京大学出版社1996年版，第19~20页。

之动”，庄子说的“游乎天地之一气”“游于无有者”“游乎万物之所终始”“游乎万物之祖”“游心于物之初”“上与造物者游，而下与外死生、无终始者为友”，等等①，从外在生活的层面上看，是返回原始、自然的生活状态②，而从内在心灵的层面上看，则是返回无知无欲、虚灵不昧、如“婴儿之未孩”(《老子》第二十章)般的心灵状态。这种“超越”尤其是庄子的“安时处顺”式的超越，是建立在对人生在世的时间经验基础之上的，因此它不是向“上界”或彼岸超越，而是通过不断超越当下的世俗生活，自觉置身于无限的宇宙时间以回归生命的本源或生命本身。这种“超越”在本质上是人间性的，同时也可以说是历史性的；是时间性的，而非空间性的。

其次，重视和强调时间及时间意义，这种思想倾向既影响到中国人思维的方向或精神超越的路径，同时也影响到中国人的思维方式，继而影响到中国人的审美方式。

张岱年在《中国哲学大纲》一书中曾列举出中国古代哲学的六大特色，其中之一是“重了悟而不重论证”。他说：“中国思想家认为经验上的贯通与实践上的契合，就是真的证明。能解释生活经验，并在实践上使人得到一种受用，便已足够；而不必更作文字上细微的推敲。可以说，中国哲学只注重生活上的实证，或内心之神秘的冥证，而不注重逻辑的论证。”③

中国哲学的这种“重了悟而不重实证”的特色，就其作为一种非科学、非逻辑的思维方式来说，是带有强烈的美学色彩或艺术色彩的。在中国古代，哲学与美学和艺术，可以说是互为表里的，即如方东美所说：“西洋人探求宇宙，用科学方法，印度人用逻辑，而中国人则透过艺术以了解宇宙。……在中国可以说：‘透过艺术看宇宙，透过哲学看艺术。’不懂中国哲学去欣赏中国艺术(文学、绘画)，是白费工夫的。”④在中国古代，美学上的诸多概念如“气”“道”“理”“和”“自然”“真”“意”“境界”等均来自哲学，而高级的艺术则通常被认为是宇宙和人生之“道”或“理”的表达。同时，哲学所通达的最高目标虽说是抽象的“道”或“理”，但它所成就的境界则常常是以“和”“自然”“真”

① 庄子的这些说法，出自《庄子》中的《大宗师》《应帝王》《达生》《山木》《田子方》《天下》等篇。

② 这种原始、自然的生活状态，即《老子》第八十章所描述的“小国寡民”社会，或《庄子·胠箧》中所称赞的“至德之世”。

③ 张岱年：《中国哲学大纲》，中国社会科学出版社1982年版，第8页。

④ 方东美：《人生哲学讲义》，中华书局2013年版，第89~90页。

“乐”等为基本特征的审美境界。可以说，在中国古代，哲学与美学和艺术之间是相通互补的，这种相通互补不仅表现在观念的相通和境界的趋同上，而且更主要的是表现在思维方式的类同上。

像中国古代哲学一样，中国古代美学和艺术实际上也是以上文所说的“内向超越”为旨归的。其超越的方式就是建立在内心反省基础上的“了悟”。自先秦以来，中国各家各派哲学所采取的致思方式都可以说离不开“心”上的功夫。而这种“功夫”通常又带有非科学、非逻辑的特点，如孟子的“尽心”“放心”，老子的“涤除玄鉴”“味无味”，庄子的“心斋”“坐忘”以及后来禅宗所说的“直了”“顿悟”，等等，都非科学和逻辑所能匡廓。同样，在中国古代美学和艺术理论中，也有一种强调内省“工夫”或重视内心“感”“悟”的传统。作为一种审美活动方式或艺术思维方式，或作为一种对审美活动和艺术创作特征的理解，它被反复提出和强调，如中国美学和艺术理论中经常提到的“妙悟”“心悟”“神悟”“玄悟”“颖悟”“深悟”“远悟”“清悟”“感悟”“玄解”“妙解”“妙通”“妙契”“会心”“神会”“神遇”“默识”“独照”“意求”“心取”“直寻”等概念即是明证。而且至少自唐代以后，这种以“妙悟”为核心范畴的、对审美活动和艺术创作心理特征的解释，便成为中国美学和艺术理论中的一种主要看法，如唐代虞世南《笔髓论》中的“书道玄妙，必知神遇，不可以力求也；机巧必须心悟，不可以目取也”，唐代符载《观张员外画松图》中的“夫道精艺极，当得之于元(玄)悟，不得之于糟粕”，宋代严羽《沧浪诗话》中的“大抵禅道在妙悟，诗道也在妙悟。……唯妙悟乃为当行，乃为本色”，等等，都是非常典型的说法。①

中国古代哲学和美学及艺术理论之所以强调“了悟”或“妙悟”，有许多原因。其中，最重要的一个原因是本文所说的中国古代思想中对时间及其意义的高度重视。对时间及其意义的重视，一方面决定了哲学、美学和艺术所追求的“道”“理”本身就具有难以通过科学和逻辑去予以把握，或通过理性的语言去予以描述的变动性、灵活性与非确定性；另一方面也决定了此三者的思维方向和路径必定转向内心的体察、反省与直觉。换句话说，时间的一维性或流动性决定了中国哲学、美学和艺术的思维方向不可能停留在对外部世界的视觉感知和空间认识上(尽管这也很重要)，而必定把注意的焦点转向主体自身作为存

① 由于一直强调审美与艺术活动的“妙悟”性质，因此中国古代美学和艺术理论始终反对把真正的艺术创作等同于工匠的制作，而且也不存在把审美和艺术看作是一种认识或科学，如鲍姆嘉通把审美当成“感性认识”或达·芬奇、康斯太勃尔等人把绘画(艺术)当成“科学”之类的看法。

在者的内心体验。而且，时间也不像空间那样可以单凭视觉去感知，人对时间存在的意识和确认，多半依赖的是记忆和联想——或者说它是通过记忆和联想而获得的。在中国古代思想中，与空间相联系的视觉并不具有突出的意义。这与西方古代思想不同。在西方古代，比如在柏拉图的思想中，虽然人的感觉总的来说是被视为人性构成中的“低级”部分，但是就在这被称为“低级”部分的人性构成中，视觉也具有比听觉、味觉、嗅觉、触觉等更为“高贵”的地位。因为视觉与光、空间、结构、“形式”(本义为“形状”)相关联，而“形式”又与“理性”相关联。我们从西方的古典艺术如古典绘画中可以看出，对光、空间、结构和形式的描绘成为最受关注的焦点，而“理性”则成为其艺术创作的核心价值和基本依据。相反，中国则更重视味觉这样的身体感觉以及联想和想象的作用，而且在中国美学和艺术理论中，我们可以看到对“形似”的一贯反对。在中国古代的艺术中，比如在中国绘画中，虽然也有对光、空间、结构和形式(形状)的描绘，但却不是真正的关注焦点。中国艺术更关注的是变化和节奏，以及由变化和节奏所带来的时间性的内心体验。而且，在中国艺术中，即便是对光、空间、结构和形式(形状)的描绘，也通常带有“随机应化”的特点和“似有还无”的意味。从审美经验上说，中国艺术更看重的不是直接的视觉感受，而是超出视觉感受之上的联想和想象。比如中国古代山水画的空间，这种空间从根本上来说并不是一种直接的视觉空间，而是一种想象性的和体验性的空间，也即时间化的空间，或如北宋画家郭熙在《林泉高致》中所说的“可望可行、可游可居”的空间。

总的来说，对时间及其意义的突出，决定了中国哲学、美学和艺术的关注点是时间。而且其对空间的认识也必定包含时间的维度，或与对时间的意识相关联。而时间意识，本质上是一种“近取诸身”的、从外部“返回”自身的意识。这种意识，并非单纯的理性认识，而只能是中国古人所说的、具有浓厚美学意味乃至具有“神秘的冥证”色彩的“了悟”或“妙悟”。

三、时间意识在中国古代文学艺术中的表现

在中国古代思想中，“时”与“时义”不可分割，时间被赋予了各种各样的意义，包括宗教的、政治的、伦理的和审美的意义。中国古代哲学中的“时”的概念，不仅包括对时间本身(时间的自然属性)的认识，而且也包括对时间的各种文化意义和价值属性的界定。它所指代的并不是一种纯粹的物理事实，

而是一种与人的生命和生活直接攸关的现象，即一种有意义、有价值的存在。换句话说，它既是一系列自然变化的表征，同时也是承载着丰富文化信息的载体和象征。它是理性的，同时也是感性的；它是自然现象，同时也是文化现象。从这个意义上说，时间也可以说是一种承载和寄寓着中国人思想情感的意象存在。

时间之所以具有审美的意义，除上面所说的时间所带来的思维方式上的特点之外，还有两个重要原因，即：

首先，人的生命存在本身就是时间性的。人的生命是由时间构成的，时间的流逝也就是生命的流逝，在时间与空间两者之间，真正与人类生命直接攸关的是时间，而不是空间。时间既赋予生命的一切，又夺走生命的一切。它是一种创生的力量，也是一种毁灭的力量，而空间则不过是使生命得以寄存和呈现的场所。对人而言，时间其实就是人的生命和历史。时间所产生的审美意味本质上是一种生命意味和历史意味。在对时间中的事物进行审美观照的同时，我们也常滋生出对人世沧桑的情感体验，相应地体验到时光的流逝、人生的短暂、宇宙的无限、命运的无常、生活的无奈、人情的冷暖、奋斗的艰辛等说不尽的意味。在人的生命历程中，时间的无限与人生的有限形成对比，并关涉到人对自身存在的意识和经验。在审美经验中，对时间及其变化的意识，有两个指向，一是指向变化中的事物，一是指向个体的存在。因此，由这种经验所滋生的情感和想象既关涉到具体的事物，也关涉到个体的生命，即它一方面是周遭事物的无穷变化，另一方面是个体生命的有限存在，这两者构成了人生在世的内在矛盾。这种矛盾所激发的基本情感是悲剧性的。因为在现实的层面，这个矛盾是无法破解的，同时也是永恒的。

其次，人的审美活动不只是空间性的，而且也是时间性的，或者说，一切审美活动都包含着对时间的经验在内。在审美活动中，时间与人的知觉、记忆、联想、想象直接相关并且直接影响到知觉、记忆、联想、想象的深度或“纵深”，而知觉、记忆、联想、想象的深度又在一定意义上决定了审美体验的深度。可以说，那种缺乏时间维度、仅仅诉诸当下感觉的审美活动是短暂的、肤浅的。

像在中国哲学中一样，时间意识在中国文学艺术中也得到了突出的强调和表现。这种表现在一定意义上造就了中国文学艺术和美学的基本特征。一般来说，在中国文学艺术作中，时间意识是通过两种方式而得到表现的：即一是时间秩序的表现，二是时间意象的表现。具体来说，包括三个方面，即：

第一，在文学艺术作品的形式构成上，强调变化或节奏和韵律的优先地位。

就形式构成来说，我们可以从时间和空间的角度将文学艺术作品的形式分为时间形式和空间形式两个类别，并相应地把文学艺术的众多门类分为时间艺术和空间艺术两个类型。就具体的、个别的文学艺术作品而言，则时间形式即落实为动态的节奏和韵律，而空间形式则落实为静态的结构。在中国文学艺术中，尽管也可以区分出时间艺术和空间艺术两个门类，但对节奏和韵律的重视，则是所有文学艺术门类的共性，即这种重视节奏和韵律的想法，不仅表现在音乐和舞蹈等所谓“动态”的时间艺术之中，而且也表现在书法、绘画、建筑等所谓“静态”的空间艺术之中。在音乐、舞蹈等时间艺术中，时间表现为特定时长范围内的动态序列，而在书法、绘画、建筑等空间艺术中，时间则表现为特定空间范围内的动态结构(节奏化的空间结构)。比如中国绘画，本为空间艺术，其空间构成应为表现的重心。但受中国古代以时间为主导的宇宙观的影响，中国绘画中的空间又同时带有动态的、时间性的特点。① 清代画家石涛在《苦瓜和尚画语录·了法章第二》中说，山水画要体现“乾旋坤转之义”。所谓“乾旋坤转之义”，就是要在画面中表达出天地阴阳变化的秩序、节奏和过程。在中国古代画论中，绘画空间的这种时间性特点有时也被解释为“生气贯注”或“气脉相连”。如清代画家沈宗骞说：“天下之物，本气之所积而成。即如山水，自重岗复岭，以至一木一石，无不有生气贯乎其间。是以繁而不乱，少而不枯，合之则统相联属，分之则各自成形。”②这种“生气贯注”或“气脉相连”的画面构成，既可以说是“结构”，也可以称之为“节奏”。③ 所以，清代画家王原祁就明确指出：“声音之道，未尝不与画通。音之清浊，犹画之气韵也；音之品节，犹画之间架也；音之出落，犹画之笔墨也。”④在中国绘画中，带有空间特点的“结构”固然不可或缺，但进一步表现带有时间意味或能唤起时间感觉的“节奏”才是最根本的，或者说，它的结构，本来就应当是动

① 中国绘画中的“形”也是如此，它不是静止的“形”，而是与“势”相连的、动态的“形”。

② (清)沈宗骞：《芥舟学画编》卷二《山水》，参见王伯敏、任道斌《画学集成》(明—清卷)，河北美术出版社 2002 年版，第 604 页。

③ 宗白华称之为“时间的空间化”和“空间的时间化”。

④ (清)王原祁：《雨窗漫笔》，参见王伯敏、任道斌《画学集成》(明—清卷)，河北美术出版社 2002 年版，第 604 页。

态的、节奏化的、“一气运化”的结构。因此，中国画家所表现的境界，总的来说是以流动而有序即动态的和谐为其根本特征的。

而这种特征的形成，正是与中国古代以时间为主导的宇宙观念直接相关，即如宗白华所说：“中国古代农人的农舍就是他的世界。他们从屋宇得到空间观念。从‘日出而作，日落而息’(《击壤歌》)得到时间观念。空间、时间合成他的宇宙而安顿着他的生活。他的生活是从容的，是有节奏的。对于他空间时间是不能分割的。春夏秋冬配合着东西南北。这个意识表现在秦汉的哲学思想里。时间的节奏(一岁，十二个月二十四节气)率领着空间方位(东西南北等)以构成我们的宇宙。所以我们的空间感觉随着我们的时间感觉而节奏化了、音乐化了。”①在中国绘画中，空间的构成或结构，是与时间密不可分的。中国绘画的空间是一种在郭熙所说的“可望可行、可游可居”的视野下所造就的游离空间和弥散空间，而非西方文艺复兴时期画家达·芬奇在其《论绘画》中所称的、基于焦点透视的“锥体空间”(线性空间)。

第二，在文学艺术作品的形象塑造上，重视时间景象的审美价值。

在具体的文学艺术作品中，时间意识的直接表现通常是借助于对具有明确时间特征的景物或景象的描绘来实现的。中国美学中所说的“意象”“情景”，本质上是处在变化之中，也即处在时间之中的“意象”或“情景”。换句话说，即中国文学艺术所要表现的，实质上是一种时间之象或时间之景。如钟嵘《诗品》中说：“若乃春风春鸟，秋月秋蝉，夏云暑雨，冬月祁寒，斯四候之感诸诗者也。”②又如刘勰《文心雕龙》中说：“岁有其物，物有其容；情以物迁，辞以情发。”③在文学艺术作品中，对于时间景象的描绘，是唤起时间意识、表达时间意味的中介。比如在中国山水画中，这种时间景象的描绘就曾受到中国画家的特别重视和反复强调。对于中国画家来说，山水画所要解决的不只是空间问题，而且也包括时间问题，或者说，中国山水画中并不只有“空间意象”，而且同时还有“时间意象”的存在。在对具体景物的描绘中，中国画家所提出的审美要求是要在画面中既能见出“咫尺千里”的空间变化，又能见出早晚不同、阴晴不同、四时不同的时间变化。这种时间意象与空间意象共同构成了中国山水画的艺术形象。从历代画论和实际的绘画作品中可以看出，中国山水画

① 宗白华：《艺境》，北京大学出版社 1987 年版，第 209 页。

② (南朝梁)钟嵘著，陈延杰注：《诗品·序》，人民文学出版社 1958 年版，第 4 页。

③ (南朝梁)刘勰著，范文澜注：《文心雕龙注》(下册)，人民出版社 1958 年版，第 693 页。

所描绘的景物是所谓“四时之景”，也就是处在时间变化之中的景物。如传为王维所著的《山水论》中说：“早景则千山欲晓，雾霭微微，朦胧残月，气色昏迷。晚景则山衔红日，帆卷江滨，路行人急，半掩柴扉。春景则雾锁烟笼，长烟引素，水如蓝染，山色渐青。夏景则古木蔽天，绿水无波，穿云瀑布，近水幽亭。秋景则天如水色，簇簇幽林，雁鸿秋水，芦鸟沙汀。冬景则借地为雪，樵者负薪，渔者倚岸，水浅沙平。”又如郭熙所著的《林泉高致》中说：“真山水之云气，四时不同：春融怡，夏蓊郁，秋疏薄，冬黯淡。……真山水之烟岚，四时不同：春山澹冶而如笑，夏山苍翠而如滴，秋山明净而如妆，冬山惨淡而如睡。”①或如石涛所著的《苦瓜和尚画语录》中所说：“四时之景，风味不同，阴晴各异……古人寄景于诗，其春曰：‘每同沙草发，长共水云连。’其夏曰：‘树下地长荫，水边风最凉’。其秋曰：‘寒城一以眺，平楚正苍然。’其冬曰：‘路渺笔先到，池寒墨更圆’……”②所有这些论述，事实上都是在强调时间景象所唤起的丰富联想和想象，以及时间因素在具体景物描绘中所具有的特殊情感价值。

第三，在文学艺术作品的意蕴表达上，突出时间意味的审美表现。

时间的美学价值，不仅体现在文学艺术作品的形式构成和形象塑造上，而且更深刻地体现在其意蕴的表达上。在中国古代文学艺术作品的意蕴构成中，时间意味是其最基本的构成要素。与中国哲学家尤其是儒家哲学家侧重于从群体生活的角度看待时间相比，中国文学艺术家则主要是从个体生命的角度来看待时间。而时间的个体生命意义，比起哲学家所阐发的时间的政治、伦理意义等群体生活意义来说，具有更为动人的、感性的力量。

在中国古代文学艺术作品中，时间意义的揭示有着不同的路径。从创作者的人生态度来讲，对待时间的变化一般有两种态度：一种是移情的态度，另一种是静观的态度。相应地，对时间变化及其意味的艺术表现，也有两种不同的方式：移情的方式(移情的表现)和静观的方式(静观的表现)。

所谓移情的态度，就是一种将时间变化“主观化”、情感化甚至情绪化的态度。在这种态度的观照之下，文学艺术作品中所表现出来的时间意象通常带有某种让人伤感的悲剧色彩，或者说，它与中国人的悲剧意识是相通的。在由

① (宋)郭熙：《林泉高致·山水训》，参见王伯敏、任道斌《画学集成》(六朝—元朝)，河北美术出版社 2002 年版，第 294 页。

② (清)石涛：《苦瓜和尚画语录·四时章第十四》，参见王伯敏、任道斌《画学集成》(明—清卷)，河北美术出版社 2002 年版，第 306 页。

这种态度所成就的艺术境界当中，作为个体的人通常是渺小的、孤独的，甚至是悲苦的、无奈的。其中所表现的时间情感有时带有某种准宗教的色彩，它既是一种因时间的流逝而带来的伤感，同时也是一种对人生根本意义的不断追问。

这种时间意象和境界在中国文学艺术中，尤其是在中国古代的伤时、伤别、伤逝、怀古、感旧、咏史等诗词中有大量的描写和表现，如《诗经·小雅·采薇》："昔我往矣，杨柳依依。今我来思，雨雪霏霏。"《楚辞·远游》："惟天地之无穷兮，哀人生之长勤，往者余弗及兮，来者吾不闻，步徙倚而遥思兮，怊惝怳而乖怀。意荒忽而流荡兮，心愁凄而增悲。"《古诗十九首》："人生天地间，忽如远行客"，"生年不满百，长怀千岁忧"。庾信《枯树赋》："昔年种柳，依依汉南。今看摇落，凄怆江潭。树犹如此，人何以堪。"陈子昂《登幽州台歌》："前不见古人，后不见来者。念天地之悠悠，独怆然而涕下。"张若虚《春江花月夜》："江畔何人初见月？江月何年初照人？人生代代无穷已，江月年年望相似。不知江月待何人，但见长江送流水。"刘禹锡《乌衣巷》："朱雀桥边野草花，乌衣巷口夕阳斜。旧时王谢堂前燕，飞入寻常百姓家。"赵嘏《江楼感旧》："独上江楼思渺然，月光如水水如天。同来玩月人何在？风景依稀似去年。"韦应物《淮上遇洛阳李主簿》："结茅临古渡，卧见长淮流。窗里人将老，门前树已秋。"崔护《题都城南庄》："人面不知何处在，桃花依旧笑春风。"李煜《相见欢》："林花谢了春红，太匆匆。无奈朝来寒雨，晚来风。"李清照《武陵春》："物是人非事事休，欲语泪先流。"

而所谓静观的态度，则是一种将时间变化"客观化"、非情感化或理智化的态度。在这种态度的观照之下，文学艺术作品中所表现出来的时间意象通常是安定的、闲适的、宁静的甚至空寂的。在由这种态度所成就的艺术境界当中，作为个体的人通常是安静的、闲适的、自在的和自足的。

如上所述，时间无限与人生有限的矛盾在现实生活中是无法解决和调和的。但是，人的求生意志又促使人试图去解决这一矛盾。这种解决是精神层面的。其中，宗教就是一种普遍的解决方式。但宗教的解决方式通常是以否定个体的生命存在为前提的。而在中国，则似乎采取的是一种较为温和的方式，即一方面肯定个体生命的价值，另一方面又试图扬弃生命有限所带来的困扰；试图在有限中达到无限，认为只有突破当下时间段的局限，才能把握到时间的意义，或者说，必须从"有"过渡到"无"，才能领悟到时间和生命的本质。这种对时间和生命本质的领悟，可以说是一种带有"喜剧意味"的时间体验，同时也与中国人追求"内向超越"的人生哲学有关。

由于这种态度是以超越“有限”或“当下”为前提的，因此所谓静观的态度，也可以说是一种从反面看待时间的态度，或者说它的基本特点是以一种超然的、静止的、不动或不变的心态去观照时间的流动与变化，并在这种观照中把握住时间的生命意义，以求得内心的宁静与精神的安顿。如《庄子》中所说的：“水静犹明，而况精神！圣人之心静乎！天地之鉴也，万物之镜也。”(《庄子·天道》)在这种心如止水明镜的观照当中，观照者的心中似乎有一种时间静止的错觉，即在这里，时间仿佛是中止了、停滞了。

但必须指出的是，从反面观照和表现时间的变化，仍然是属于时间体验的范围，而不是对空间的体验。在哲学的意义上说，也就是余英时所说的与“外向超越”相对应的“内向超越”，这种“超越”并不具有超世间的、宗教的意义(超世俗不等于超世间)。比如，道和禅的“境界”虽为静，或虽以超越当下生活世界为前提，但它不过是换了一个角度来看时间和变化，并因这种态度的转换而从心理上主动扬弃了时间所带来的负面情感或悲剧性情感罢了。如宋代唐庚《醉眠》诗中所言“山静似太古，日长如小年”，其中的静如“太古”、长如“小年”的内心感受，就仍然是一种时间体验而非空间体验。而且，只有珍视生命的人，才会希望时间永恒，才会有出世而不离世的想法。反之，视此岸为累赘，视生命为无意义的人，是不会有山静日长之类想法的。他可能也会幻想永恒，但这永恒是与此岸无关的宗教幻想。

从美学上说，中国古人一方面强调要在时间的流程中领悟生命的机趣，而另一方面又强调要在时间的静止(超越)中领悟生命的本质。中国文学艺术一方面通过有节奏感的形式来表现变化中的自然，或通过自然和人事的变化来表现人的生命情感，揭示出个体生命的意义(或无意义)，另一方面则又通过相对静止的景象来表现虚静、超然、快乐的心境。换句话说，中国文学艺术家一方面着力表现时间的变化，另一方面则又着力表现时间的永恒。

这后一种表现方式，与道教和佛教所追求的生命永恒和内心安宁的人生理想及宗教理想有密切的关系。它主要表达的是一种试图通过超越时间变化以获得内心安宁的人生态度，而非感物而动、随物迁移的情感体验。

在中国文学艺术(如诗词、绘画和音乐)中，有一种追求闲适、淡泊、虚静、空寂、幽远、萧条、荒寒、苍古之境的审美追求。这种审美追求所表现的即是基于静观态度的时间意象和境界。这种时间意象和境界在中国古代文学艺术、尤其是诗词中也有许多描写和表现，如王维《终南别业》中的“行到水穷处，坐看云起时”，吕岩(洞宾)《七言律诗》之一中的“落魄红尘四十春，无为无事信天真。……桑田改变依然在，永做人间出世人”，苏轼《送参寥师》中的“欲令诗语妙，无厌空且静。静故了群动，空故纳万境。阅世走人间，观身卧云岭”，程颢《秋日偶成二首》中的“闲来何事不从容，睡觉东窗日已红。万物静观皆自得，四时佳兴与人同”，以及《三国演义》中所引明代杨慎《临江仙》中的“滚滚长江东逝水，浪花淘尽英雄。是非成败转头空。青山依旧在，几度夕阳红。白发渔樵江渚上，惯看秋月春风。一壶浊酒喜相逢。古今多少事，都付笑谈中”，等等。其中，杨慎词中的“都付笑谈中”，便是一种静观的态度，它所引出的时间意味或生命意味，就带有超然物外的喜剧色彩。

总之，中国文学艺术对时间意味的表现，主要包括移情的表现和静观的表现两种方式。这两种方式不一样，但并不是对立的，而是互补的。中国美学一方面崇尚真情或深情，另一方面又主张无情或忘情；一方面倡导入世，另一方面又追求“超尘”“脱俗”(出世)，这两者，或者说这两种方式和进路，一张一弛，一动一静，一实一虚，正好共同构成了中国文学艺术家对时间经验和在世意义的完整叙述。

（作者单位：武汉大学哲学学院）

美学价值的开放传递新载体

——当代设计创新

潘长学

当代设计愈来愈推崇创新。就当代设计创新的现状而言，其动力主要源自对社会、经济、技术快速发展的回应，既有对现有设计问题进行的改进，又有对新生活方式的诉求提出的新产品规划，包含着设计师个人艺术设计才能、经验的创造。设计目标与设计价值的多元使设计思维缺少系统性和明确的方向性。而引入美学的视域，从美学价值的开放传递载体层面思考当代设计创新，也许可以给我们提供一条新的思路。以道观器，当代设计创新的方向进路才能豁然显亮。形而上的美学价值之“道”落实在具体的设计形器之中，也能焕发新的引导力与推动力。

当今国家层面在提倡“工匠精神”和“中华美学精神”，需要我们注意的是，当代的“工匠”显然不同于传统的工匠，而应该是明“道”的“哲匠”，以设计造物的全过程去传达美学价值；中华美学精神，也不是标本式的古物陈列，而应是活泼的生命，回应着当代的社会问题。作为美学价值开放传递载体的当代设计创新，既回应着传统美学的古老智慧，又启迪着当代美学的新知。

一、作为美学价值载体的设计

中西美学对设计各有抑扬。在很长时间里，设计被排斥在旧的艺术之外，被视工匠之事、雕虫之学；在人文科技社会，设计则被赋予了人文色彩，超越形而下的技术器物层面，进入形而上的道域，成为寄予生活哲学的人文精神和美学价值的载体。这一思路显然构成了本文的前见。

造物概念的设计，在中国古代主要表现为“观象制器”的“技”的活动。中国古代对这一活动的思考主要集中在哲学上的道器论中。《周易·系辞下》云：

“形而上者谓之道，形而下者谓之器。”区分了精神层面的道和物质层面的器。后世对于道、器关系的认识不同，形成了器体道用、道体器用、道不离器、道器统一等观念①。其中因为价值判断的不同，又有崇道黜器和尚器轻道两种观念的分歧。早期的设计，如礼器，是当时社会规范、人文精神的重要载体。而随着礼器的衰落，以及以道自任的士人群体的崛起，崇道黜器观念逐渐成为中国传统中对设计的主要理解。明清以降，道器相依、制器显道等观念逐渐抬头，出现了王船山“据器而道存，离器而道毁”“尽器，则道在其中”(《周易外传·卷二·大有》)等道器统一之说。近代以来，中国营造学社等针对传统社会“道器分途”“重士轻匠”的现象，也提出了“哲匠”概念去融合道器。

而西方从古希腊到文艺复兴的很长一段时间里，艺术“都表示技巧，也即制作某种对象所需要的技巧”②，与工艺、设计等混同不分，都是美学思考的重要对象。直到德国古典美学将功利、欲念、目的等因素从美中排除出去，美和艺术被视为超功利的、自律的、精神性的文化活动，从而与具有功利目的、物性因素明显的设计相分离。美学主要考虑艺术问题，设计被美学所忽视。而近代以来，科学技术的进步不断推动着社会的变革，“物”“艺”的精神需求也推动着工业生产及商品的形式变化，日常生活越来越多地呈现出新的美学特征，成为美学的重要研究领域。在日常生活多元、丰富、审美化的过程中，当代工业设计、环境设计、视觉设计、信息艺术设计等设计活动起到了巨大的推动作用。设计的美学价值越来越引起人们的注意，设计也对美学提出了新的要求，如威尔什所说，“美学已经失去作为一门仅仅关于艺术的学科的特征，而成为一种更宽泛更一般的理解现实的方法。”③

不管是中国的道器一律观念，还是西方美学与设计的紧密互动，都把设计从物质层面提升到了精神层面，使得设计成为美学价值的重要载体。设计不仅在风格上呈现出不同的审美趣味，从而与不同的美学旨趣相呼应；更重要的是，不同的设计理念具有明显的价值诉求，直接与不同的美学价值互为表里。当代设计越来越多地介入社会、回应现实问题，设计理念的重要性也愈显突出，从美学价值层面思考当代设计创新，既是传统的赓续，也是新时期的潮流

① 张立文：《中国哲学范畴发展史(天道篇)》，中国人民大学出版社 1988 年版，第 392~422 页。

② ［波］瓦迪斯瓦夫·塔塔尔凯维奇：《西方六大美学观念史》，刘文潭译，上海译文出版社 2006 年版，第 13 页。

③ 彭锋：《西方美学与艺术》，北京大学出版社 2005 年版，第 299 页。

所向。

二、中西美学的主要价值诉求

中西方不同的美学形态具有不同的审美旨趣和价值诉求，构成了我们思考和认识当代设计创新的前提。下面我们选择与本文主题相关的美学形态，立其大者，对其价值诉求进行简要概括。

（一）中国主要美学形态的价值诉求

中国美学主要有儒家美学、道家美学、禅宗美学三家，分别着眼于社会、自然和心灵，展开对美和艺术的思考，构成了中国美学的基本框架。

儒家美学的价值诉求落脚在社会，要求审美和艺术合乎道德，助益于社会和谐、人我和谐。孔子所处的是一个礼崩乐坏的时代，其一生致力于恢复“郁郁乎文哉”的礼乐传统、重建社会秩序和道德人心。这一出发奠定了儒家美学的基本价值诉求，强调以善约美、以善为美。如孔子批评“尽美矣，未尽善也”的《武》乐，赞赏“尽美矣，又尽善矣”的《韶》乐，提倡尽善尽美的美善相亲。“里仁为美”“先王之道斯为美”等命题更是径直地以善为美。由此出发，儒家美学强调美和艺术必须服务于社会伦理，“成人伦、助教化”。如孔子称赞《诗》三百“思无邪”、《关雎》“乐而不淫，哀而不伤”，批评“郑风淫”，开创了后世以道德评价文艺的滥觞；强调审美和艺术对于人性的完善作用，如“兴于诗、立于礼，成于乐”的君子人格养成和“温柔敦厚，《诗》教也”的诗教传统等。儒家美学将美和艺术放到了人伦日用的现实活动之中，将美学价值落实到了社会秩序、道德人心的安顿上。

道家美学的价值诉求落脚在自然，要求审美和艺术合于道、合于自然，助益于自然之和、天人之和。“道”是道家美学的核心范畴。老子说“人法地，地法天，天法道，道法自然”(《道德经 · 二十五章》)。道是人的规定，是一切价值的根本源头。道的特点是大象无形、大音希声、“淡乎其无味，视之不足见，听之不足闻，用之不足既”(《道德经 · 三十五章》)。所以，人应该遵从道的规定，“为无为，事无事，味无味。”《庄子》继承了《老子》的思路，认为“天地有大美而不言，四时有明法而不议，万物有成理而不说”(《庄子 · 知北游》)。这种大美“朴素而天下莫能与之争美”，“澹然无极而众美从之”，是最高的美。所以，人不要去干涉、打破天的自然自在，而应该以人合天、顺应自然，所谓“圣人者，原天地之美而达万物之理，是故至人无为，大圣不作，观于天地之谓也”（《庄子·知北游》）。由此出发，道家美学贬黜“以人助天”的人力、人工、人技、人巧的价值，而强调自然本身的美学价值，主张天放、法天贵真，尊重自然的真性，不去干预、伤害自然的本真之美，开始推崇“清水出芙蓉，天然去雕饰”的素朴、恬淡、清新、自然之美。

禅宗美学的价值诉求落脚在心灵，要求审美和艺术必须合乎心灵的自在，助益于心灵的觉悟和解脱。禅宗特别强调“心”的作用，有“佛心宗”之称。六祖慧能告诫弟子“我心自有佛，自佛是真佛。自若无佛心，向何处求佛”（《坛经·般若品》）。特求心的觉悟，一念迷则佛是众生，一念觉则众生是佛，讲究直指人心的顿悟成佛。而觉悟的契机不再是宗教苦修，觉悟所向也不再是彼岸净土，而是“佛法在人间，不离世间觉”。青青翠竹、郁郁黄花即是法身般若，穿衣吃饭、砍柴挑水无非真谛妙道。后世高僧大德更是提出了法法是心、尘尘是道、直指便是、远命便乖的思路①，宣扬“春有百花秋有月，夏有凉风冬有雪，若无闲事挂心头，便是人间好时节”（《五灯会元·卷三·大珠慧海禅师》）。饥来即食、困来即眠，走向了适意、自在的潇洒之境。审美和艺术上欣赏“活泼泼地”动静一如的空灵意境，反对住心观静、心若死灰的枯木禅，彻底走向了心灵的解脱和大自在。

（二）西方主要美学形态的价值诉求

西方美学体大虑周、源流甚夥，我们择其要者区分出古典美学、现代主义美学、后现代主义美学三种形态。

西方古典美学的最高价值是“美”。柏拉图《大希庇阿斯篇》中对于“美是什么”的发问，提出了西方古典美学的核心问题。在其漫长的历史上产生了关于“美”的种种定义，影响最为广泛的两种定义被塔塔尔凯维奇归纳为“二重美”：“一重是形式之美，二重是适当之美。”②美在形式的理论可以追溯到古希腊的毕达哥拉斯学派，并一直延续到 20 世纪的形式主义美学，是西方古典美学史上影响最为深远的理论。虽然对“形式”的理解不尽相同，但都以形式解释美，强调形式之于美的价值；“美在效用”说可以追溯到古希腊的苏格拉底，苏格

① 陈望衡：《中国古典美学二十一讲》，湖南教育出版社 2007 年版，第 112 页。

② ［波］瓦迪斯瓦夫·塔塔尔凯维奇：《西方六大美学观念史》，刘文潭译，上海译文出版社 2006 年版，第 165 页。

拉底对美、善和有用性等而视之，认为任何一件东西如果能很好地实现它在功用方面的目的，它就同时是善的又是美的，这就是把功能和合目的性看作美的前提。后世的功利主义美学观念，如法国古典主义学者对“适当性”的论述，启蒙时期休谟对美有很大一部分起于便利与效用的观念的论述等，都肇端于此，这种观念更看重目的、功能、效用等之于美的价值。

现代主义美学的主要价值诉求是人性的救赎和社会的批判。工业革命以来，人类的社会结构、生存境遇发生了天翻地覆的变化，逐渐进入现代性阶段。现代性带来的人的异化和社会的异化，成为现代主义美学的主要出发点。早在德国古典美学时期，席勒以审美的“游戏冲动”沟通“感性冲动”和“理性冲动”，康德以《判断力批判》作为《纯粹理性批判》和《实践理性批判》的桥梁，都注意到了美和艺术在弥合感性和理性裂痕、完善人性上的作用。这在现代主义美学中成为一大潮流，如存在主义美学对于艺术在本真存在与沉沦、疏离与非疏离、异化与非异化中的作用的分析，精神分析美学的升华学说等，强调的都是审美和艺术的人性救赎、人性完善价值；现代主义美学的社会批判价值诉求以法兰克福学派为代表，如马尔库塞和阿多诺都看到了现代社会中人的异化和工具化，源于资本主义社会借助科技的进步和统治制度的完善对人的全面统治。从而强调审美和艺术的自主性、否定性和批判性，主张艺术和审美掀起文化革命，对资本主义社会异化进行批判和抵抗，给人提供新的感性、新的生活方式。

后现代主义美学主要源自对现代主义美学的反叛。现代主义美学建基在人的主体性上，是精英性的，对审美和艺术有自律性、超越性、批判性的预设。而后现代主义美学从解构主义开始，就一步步宣告了“人的终结”、作者的死亡，主体走向衰落，伴随而来的就是价值的虚无和意义的缺失。所以，后现代主义美学首先走向了虚无主义，对理性及建基其上的社会规范进行颠覆、解构、反叛，在艺术和审美上玩世不恭、戏谑、喧闹和狂欢；同时，后现代主义美学也走向了感官主义、享乐主义，审美和艺术追求感官刺激和娱乐化。高等文化、精英文化和商业文化、大众文化的界限消失，审美和艺术与商业、技术、市场、大众等现代主义批判的对象结合在一起，失去自主性和批判性。伊格尔顿概括说“后现代主义是一种文化风格，它以一种无深度的、无中心的、无根据的、自我反思的、游戏的、模拟的、折中主义的、多元主义的艺术反映这个时代性变化的某些方面”①。后现代对传统美学价值的解构，创造了一种

① ［英］特里·伊格尔顿：《后现代主义的幻象》，华明译，商务印书馆2000年版，第1页。

与现代主义美学中心论的、精英的、批判的、超越的价值相对的、多元的、感性的、平等的、大众化的价值观念。

(三)当代美学热点及其价值诉求

第一，日常生活美学。随着社会大生产带来的物质高度丰裕，消费文化盛行，追求新生活方式使我们的日常生活越来越多地呈现出审美化特征，日常生活美学逐渐成为当代美学的热点。根据萨特威尔的界定，日常生活美学“主要指对由非艺术对象和事件产生的审美经验的美学研究，它建立在破除美的艺术与通俗艺术、艺术与手工艺、审美经验与非审美经验之间的一系列区分的基础上”①。这些区分是现代主义美学的重要特征，日常生活美学则突破了樊篱，把美学从对艺术的狭隘关注中解放出来，扩展到日常生活领域，强调艺术与生活的联系。现代主义美学看重审美的非功利性及其对日常生活的间离和否定，而日常生活美学则将美学价值落脚在日常生活的“美化”。日常生活的审美化呈现出两种现象，一方面显现为商业社会文化工业生产的“平均美”，即商业为迎合最广大受众而按照美的一般标准生产的标准化、模式化、平均化的美。这种“平均美”，一度缺乏精神深度和文化个性；同时缺乏对受众的感受力、感悟力的要求以及对受众的调动，受众只是被动的接受者，一定程度上滋生了审美的平庸、懒惰和同质化问题。另一方面，受商业的驱动，也包含社会整体价值能力的提升，通过个性化设计引领调动社会文化与审美的活力，包括人的情感与社会责任的借用。

第二，生态美学。生态美学的兴起，是近代工业文明以来生态危机、环境恶化的产物。与之相关的还有环境美学。环境包括自然环境以及人类活动影响或构建的环境，与生态的概念不尽一致。不过，关于环境的鉴赏归根到底都可以命名为“生态的审美”②。所以这里我们以生态美学发论。生态美学旨在重新思考人与自然的关系，寻求人与自然的和谐共生，将自然生态的整体价值纳入到审美之中。传统美学更重视艺术和人类的价值，如黑格尔对艺术美和自然美的轩轾：“艺术美高于自然。因为艺术美是由心灵产生和再生的美，心灵和它的产品比自然和它的现象高多少，艺术美也就比自然美高多少。”③自然美被

---

① 彭锋：《西方美学与艺术》，北京大学出版社 2005 年版，第 286 页。

② [加]艾伦·卡尔松：《环境美学》，杨平译，四川人民出版社 2006 年版，第 149 页。

③ [德]黑格尔：《美学》第一卷，朱光潜译，商务印书馆 1991 年版，第 4 页。

认为缺乏价值，或者根本在美学的视域中消失。传统美学对自然的有限欣赏也主要是自然的形式美。而生态美学的兴起，则将自然生态的平衡纳入到美学价值的考量中，关注的不再仅仅是自然的形式层面，而更多的是生态的“善”，以生态系统的“善”来理解和规定美，乃至产生了自然全美的概念，如约翰·穆尔所言：“只要自然景色是未开发的，没有一处自然景色是丑陋的。”①以自然生态决定和衡量美，超越了人类中心主义的价值观念，树立了一种生态主义的美学价值观。

三、当代设计创新的特征

(一)从“产品功能”到“个人体验”

随着工业革命的发展，西方工业化设计所创作的对象都是表层和所谓的“表层下设施”的分割。设计开始越来越多地关注到真实世界的挑战，设计创新也成了解决社会问题和引领新一轮产业革命的发动机。具有浓郁德国设计风格的“形式追随功能”设计理念的提出开启了现代设计的阀门。大批量的机械化生产让设计师沉迷与产品功能的探索。“功能至上”的原则把设计与美学和体验完全割裂开。然而计算机的出现才短短50年，互联网产生也才30多年，但给个人的生活带来了极大的变化。在这个情境中，设计不单单作为“产品功能”的传递者，设计需要去关注产品功能的新奇感、个人的安全健康以及对人性的关爱。从产业革命的发展至今，设计先后经历了风格变化、注重功能、社会管理、用户体验等不同发展阶段。设计创新开始涉及更多的“软层面”，这里的“软层面”指的是非物质领域。如今，设计创新思维结合技术思维，给用户体验的发展以新的可能性。设计师需要在需求、功能和体验之间取得平衡。“个人体验”已经成为设计创新成果评价的重要因素之一。

社会心理学的分析都已经表明，产品交互过程中只有产品功能设计迎合用户的情感体验才能实现用户的使用满意度和愉悦性。因此，功能和体验的相遇与融合，出现了产品价值的概念，继而成为设计有情感的、有价值的产品的关键。有时候，设计师在对有关产品的外观和功能进行创意和决策时，往往会忽

---

① ［加］艾伦·卡尔松：《环境美学》，杨平译，四川人民出版社2006年版，第18-112页。

视用户个体的反应。用户在特定环境中通过和产品的互动，在产品操作过程中产生新奇感和满足感，或者一个特定的情境来诠释设计创新的价值。因此，设计师需要在设计过程中有效应对用户情感体验问题。

（二）从“满足需求”到“社会责任”

社会经济由满足需求的大批量生产向定制化的服务型经济转型，在这个过程中，社会经济要求设计学者发挥越来越大的作用。设计师开始承担经济转型背景下的“社会责任”。我们需要响应《为真实的世界设计》作者帕帕奈克的倡导：设计师应该跳出市场环境的条条框框，转向为人类社会提供需要的人性化关怀的社会道德设计。① 包容性设计大师马戈林（Margolin）也曾提到：我们要改变设计的方向，面向残疾人、穷人、老年人以及其他社会弱势人群。

设计应承担的社会价值还体现在其他方面，例如人本设计、社会性设计或者包容性设计。在这些问题中，设计创新聚焦于社会问题、社会影响和社会变革。设计创新引领设计价值从“满足需要”的标准到“社会责任”的标准过渡。此外，需要注意的是，设计创新的概念能够支撑以社会责任目的为驱动整体创新，而并不是单单依靠自由市场、工业技术或者经济发展所驱动的创新。② 例如 ofo、Linkedin、Uber 这样的在社会责任驱动下的设计创新企业积极承担了更多的社会使命。设计师应该了解自身在社会创新中所承担的“责任角色”这一概念。设计创新的发展需要直面设计所带来的社会问题，即需要强调设计创新的走向，强调设计创新是为了提供设计问题解决策略。从这个意义上说，通用设计、参与式设计、可持续设计、服务设计、女权主义设计、富有社会责任感的设计和协同设计是该领域的研究重点。

像“由社会设计”或者“为社会设计”这样的概念，确实已经为设计创新铺平了道路。当代设计的价值诉求离不开重视边缘群体社会需求的传统，离不开重视生态发展目标下发展中地区的社会环境的传统，也离不开关注残疾人、穷人、老年人以及其他社会弱势人群，进入次边缘领域。无论当代设计的价值诉求是受到设计实践的刺激，如响应性和包容性设计模型，还是受到设计创新理论方法的鼓舞，都应该把设计创新中对社会责任的关注融入设计价值诉求的评价标

① ［美］维克多·帕帕奈克：《为真实的世界设计》，周博译，中信出版社 2013 年版，第 269 页。

② 路甬祥：《设计的进化与面向未来的中国创新设计》，载《全球化》2014 年第 6 期。

准中。同时向社会领域开放技术和设计创新都很有价值，并且应该予以支持。

(三)从“创意”到“创新”

设计过程就是将物质世界所遇场景与人类思维的引导原则进行类比。换言之，设计师是在现有的物质产品中找到存在的问题并加以改进。基于某些具体产品的优化过程可以定义为“创意”的过程。随着气候变化、能源危机等问题接踵而至，设计的介入不单单是某一个产品创意的催化剂，我们需要思考设计怎么驱动社会创新。从这个意义上讲，当代设计创新的特征就是从“创意”到“创新”演变的过程。“创新”的过程是设计思维破茧成蝶的过程，需要设计师站在更高的角度去思考问题。设计特征从“创意”到“创新”的转变让设计直接面对现实世界的问题。① 例如中国的环境、城乡发展差距、健康、医疗等，都有设计创新的用武之地。但是在这个过程中，仅依靠某一个学科是不能解决问题的，设计需要整合不同学科知识进行重新组合。与以往的设计职责不同，当代的设计师需要考虑更多、更复杂的问题。

设计创新是个迭代的过程，设计创新不仅仅是解决问题，也需要去发现问题。通过向不同学科领域渗透，设计正呈现出许多新的特征，设计从“创意”单个狭隘的领域进入到“创新”领域。除了在专业方面的理解外，设计创新已发展成为发现问题、解决问题和改善体验的新途径。如在产品设计中，批量生产的生活用品是我们所关注的。设计师受到产品物理环境的局限，设计思维必须遵循传统的产品造型逻辑，创意的出现也只是停留在产品造型和功能层面。因而设计学科的发展也应该顺势创新，这里既包括传统意义上的创意设计，也包括创新企业甚至是对社会创新的再次定义。社会、经济和科技的快速发展促使设计主动调整自己的使命，从产业发展的驱动者转换为社会创新的引领者。

四、当代设计创新与美学价值

现代设计的发展历程就是设计理念逐渐凸显的过程。一方面，当代设计创新越来越多地介入社会问题、现实问题，谋求助益人类更美好地生活；另一方面，丰富多样的新兴设计实践也对设计理念在广度、深度和复杂度上提出了更

① 娄永琪：《一个针灸式的可持续设计方略：崇明仙桥可持续社区战略设计》，载《创意与设计》2010 年第 4 期。

高的要求。这些趋势自然推动了当代设计创新走向美学的视域。当代设计创新不仅与传统的美学价值多有互动，而且在自己的实践过程中，与不同的美学价值产生了深度的融合。

（一）当代设计创新与美学价值的互动

“设计创新”强调设计师要打破不同学科之间的壁垒，用创新思维引导设计。① 美学成为当代设计创新寻求智慧启迪的重要领域。不同美学形态的价值诉求和当代设计创新的价值诉求有很多相通之处，这些共同的价值诉求把设计创新和美学联系在一起，二者在社会、自然和人文等维度都产生了频繁的互动。

从社会角度看，传统设计更多强调产品的功能实用、外形美观等价值向度，而当代设计创新越来越强调设计的社会价值维度，关注社会问题和挑战，将设计扩展到了如何维护公共秩序、改善社会关系、承担社会责任、助益社会协同等更好地服务社会的方向上来。这在某种程度上，与中西方强调审美和艺术的社会价值的美学形态产生了共鸣。中国的儒家美学思考审美与艺术时，始终以社会价值为根本旨归，强调美和艺术必须服务于社会伦理、社会规范、人性道德等，助益于社会、人我的和谐，成为当代设计创新一个重要的理论前见。例如在医疗行业中，设计创新最初关注的重点是类似于手术刀产品的创新设计，而现在设计创新关注的是怎么通过设计的介入去改善医患关系，这就是“道不远人”“以器载道”思想的当代发生。另外，当代设计创新不是社会问题被动的反映者，同时也是主动的引领者。当代设计逐渐从产业链下游角色变成产业链上游角色。设计从“模仿追踪”的角色转变为“引领社会创新”，主动对社会的问题发出声音，引领社会发展。这与西方现代主义美学以来，对审美和艺术社会批判价值的期许相呼应。不过，当代设计创新追求的社会之和的价值诉求，也突破了传统美学的和谐观念。传统美学的和谐观念是建立在社会阶层的等级秩序之上的和谐，而当代设计创新追求的和谐则淡化了等级秩序色彩，更多的是普遍人性论意义上的公民社会的和谐，蕴含着对工业时代以来社会统治、人性异化的批判与修正。

从自然角度看，中国古代设计就重视“天人合一”“道法自然”的设计思想。当代设计创新中的绿色设计、低碳设计等潮流也体现出对东方智慧的回归趋势。“道法自然”“自然”等观念进入到当代设计理念之中。现代主义设计强调

① 马谨：《延伸中的设计与“含义制造”》，载《装饰》2013 年第 12 期。

“功能至上”的设计原则，在工业革命的背景下，资本主义大生产出现了生产过度、资源浪费等现象。在环境恶化、生态危机的背景下，美国设计师帕帕奈克在60年代末出版了《为真实的世界设计》一书，开始呼吁人们关注自然和社会可持续发展。当代设计创新越来越重视生态环境、能源资源的问题。中国道家美学强调以人合天、从自然出发去理解和规定美的价值诉求，与当代设计创新诉求中的永续发展观念多有相合之处，虽然我们今天理解的“自然”概念与传统不尽一致。传统的“自然”更多是高于人的一个价值存在，更多是自然如此、自然而然的意味。而当代设计创新讲的“自然”则是人生活在其中的一种有机环境，跟生态美学讨论的自然较为一致。生态美学本身是近代工业文明以来生态危机、环境恶化的产物，亟待解决的就是人与自然的平衡问题。生态美学将自然生态本身的价值、生态的“善”纳入到审美之中，这与当今绿色设计、低碳设计的设计价值观念是一致的，都是强调保护生态环境，避免对自然的无限索取导致的生态失衡。

从人文角度看，技术的变革改变了我们的经济和生活方式，相应地对社会人文层面也有了新的要求。① 一方面，传统设计更多强调产品对人安全、健康需要的现实满足，当代设计创新则关注到了深层次的人性层面，提倡人性的关爱和完善。比如当代设计创新对传统设计中不受重视的边缘人群的关注，加大了设计对特殊人群需求的关注，出现了专门为留守儿童、孤寡老人、残障人士等进行的设计，强调设计中的“关怀”理念。这与现代主义美学对人性救赎的价值诉求是一脉相承的，落脚点都在利用审美和艺术对人性的关注和完善。当代设计创新很重要的一个价值就是借助于设计师的想法和实践让这种人文关怀落脚于现实生活之中。另一方面，当代设计创新逐渐走向多元主义的价值观。设计经历着从精英主义设计向大众设计转变，当代设计创新也不再仅仅局限于精英主义范畴，而开始向大众领域延伸。这与后现代主义美学对现代主义美学精英化的、一元的、中心主义的价值观念的反叛相呼应，都指向了多元、平等的价值观念。当今设计越来越强调小批量或分众，强调产品的多元化等，都是这一价值观念的直观反应。

（二）当代设计创新与美学价值的融合

当代设计创新并不以简单地完成需求为目标，也不仅仅是问题导向，而是

---

① 郝卫国：《环境艺术概论》，中国建筑工业出版社2007年版，第65页。

在人-社会-环境系统下的新型生活方式与美学价值的构筑。传统设计的功能满足、问题导向等，都是分别在人、社会、环境的某一个层面着力，为人设计、为社会设计或者为环境设计。而当代设计创新，倾向于将人-社会-环境看作一个完整的系统，在此系统下谋求构筑一种新型的生活方式。这自然导向了当代设计创新与美学价值的深度融合。下面从理论和实践两个维度来探讨美学价值和当代设计创新的融合。

美学思考审美和艺术的价值问题时，有其独特的理论模型和问题意识，可以借鉴到当代设计创新的理论构架和方向探索之中。如中国传统的儒家美学、道家美学、禅宗美学，分别着眼于社会、自然和心灵，展开对美和艺术的价值问题的思考；西方美学从形式和功能、人性和社会、一元和多元、生活和艺术等框架阐述不同的美学价值观念，都是非常完备的理论模型，有其独特的致思路径。当代设计创新在致思方向上可以借鉴、融合这些美学价值诉求。美学价值理论更多关注于“软”的方面，即“非物质化”的考量；设计创新理论更多关注于“硬”的方面，即“物质化”的考量。① 因此两者观点可以互相补充、相互借鉴，让美学价值融入设计创新中。比如日常生活美学的一些价值指向：生活的趣味与满足感、生活的丰富性与便利性、美好生活的可持续性、美好社会的一致性等，与当今设计创新就有了非常深入的融合，产生了一种对微观设计美学价值的强调。当代设计非常青睐更简单的结构、更低廉的价格、更巧妙的材料，在这些方面谋求设计创新，致力于打造一种微观设计的美学价值，不同于传统设计理念一元论的、单一的、宏大的、消费主义的价值指向，而是追求生活的丰富性、趣味性、便利性，致力于美好生活的可持续性、美好社会的一致性等。可以说，当代设计创新和美学都在社会发展中寻找适合自身的角色，在很多层面都形成了具有共性的价值评判标准。设计也因此以一种全新的姿态开始引领社会创新。

对于当代设计创新的实践而言，其价值意义的高低多寡，很大程度上取决于其所蕴含的美学价值。当代设计创新需要具备整合不同学科理论的能力。设计在整合的过程中需要考虑到整个社会系统、文化生活、经济发展，设计创新必须具备水平能力和垂直能力。这要求其突破器物和技术的层面，而谋求更高的美学价值的诉求和突破。设计师应该加大实践层面的探索，寻找设计创新与

① ［英］安东尼·吉登斯：《现代性的后果》，田禾译，译林出版社 2000 年版，第 153 页。

美学在实践层面融合的机会。如歌诗达邮轮导视创新设计中，设计师不仅对邮轮室内空间导视布局进行再设计，同时把美学元素融入到设计中。设计师在邮轮休息大厅导视设计中创新性的利用灯光指引，抛开固化的设计指示牌，设计师希望寄托于灯光的美学装饰引导旅客正确的行为路径。这是在设计实践中，美学和设计创新融合得很好的案例。再比如现在非常流行共享设计理念，近几年出现了很多的共享单车，设计师从节能环保角度出发，突破性地找到了整合社会资源让人们共享的思路，引发了人们在选择交通工具出行方面的变革。这一思路很好地融合了传统美学强调审美和艺术的道德维度、助益社会人我和谐的价值向度。随着社会经济的不断发展，医疗、城乡差距、教育、环境污染等问题都进入了当代设计创新的视野。要解决这些复杂的社会问题，仅依靠设计一门学科很难完成，需要整合不同学科的优势，美学价值与设计创新的结合为突破这些社会问题提供了很好的切入点。

从理论和实践两个维度可以看出，当代设计在不断探索美学价值诉求和设计创新更好的融合。深入思考设计创新与美学价值的融合，将为设计师提供设计突破的方向，让当代设计创新更好地回应当代社会的价值诉求。

结　　语

反观设计史上的众多变革，并不是简单的“新设计”取代“旧设计”的过程。设计变革是设计师在设计探索中的表达方式。当今社会，设计创新与社会问题的结合越来越密切，设计师用创新设计来回应现实社会问题，在客观上也扩大了设计应用的范围。当代设计创新不再是单一的、封闭的技艺系统，而走向了更高的美学价值层面，使得设计越来越接近其本来的价值：为人类创造更美好的生活。需要指出的是，设计创新是一个不断变化的过程，是会迭代发展的，并不会停留在某个创新点就戛然而止。同样，中西美学的价值诉求也是不断变迁的，我们可以发现当代设计创新与美学在价值观层面有很多一致的地方，二者在变动之中也在不断地对话、互动乃至融合。就当代设计创新来说，引入美学价值的视域，可以为未来设计师提供了更开阔的致思进路。而且，设计创新要发挥更大的作用，重构社会关系，应对社会中新的复杂问题，也必须把美学价值融合到设计实践之中，以美学价值为突破谋求设计创新。

（作者单位：武汉理工大学艺术与设计学院）

潘诺夫斯基论艺术史研究的目的①

刘　耕

以艺术为对象的研究，有着悠久的历史。但艺术史成为一门成熟的学科，却是近代以来的事情。艺术史研究的目的何在，各派的艺术史家也有不同的见解。他们在这一根本问题上的分歧，使艺术史研究发展出不同的方法和流派。这一方面促使艺术史研究呈现出异彩纷呈的面貌，另一方面也容易造成人们对艺术学科性质的迷惑和误解。因此，回溯艺术史学科发展的历史，探讨艺术史研究的基本目的何在，对当前艺术史学科的发展来说颇为重要。在艺术史学科的发展史中，潘诺夫斯基有着重要的位置。本文主要围绕他的艺术史理论展开。

一、艺术史发展轨迹

早在古希腊时期，哲学家就开始思考艺术的问题了。不过他们的艺术概念”τέχνη”，并不同于18世纪以来的“art”或“fineart”的概念。在古希腊，τέχνη(techne)一词主要指技艺，它包括一切“可凭专门知识来学会的工作”②，“音乐、雕刻、图画、诗歌之类是‘艺术’手工业、农业、医药，骑射、烹调之类也还是‘艺术’。”③

柏拉图从技艺中区分出来一类技艺，包括诗歌、绘画、音乐、戏剧，雕塑等。这一类技艺比较接近后世的艺术，以模仿(μίμησις-mimesis)为本质，它们在知识性和实用性上都不及其他技艺。在柏拉图看来，事物分为三层，以床为

---

①　本文受到国家社科基金艺术学青年项目“中国艺术史研究方法研究”(2014CA03807)资助。

②　朱光潜：《西方美学史》，商务印书馆2011年版，第50页。

③　朱光潜：《西方美学史》，商务印书馆2011年版，第50页。

例，第一层是床的理念(idea)，第二层是木匠所造的床，第三层才是画家画的床。画家作为模仿者，他的作品只是对影像的模仿，和真理隔着两层。而“悲剧诗人既然是模仿者，他就像所有其他的模仿者一样，自然地和王者或真实隔着两层”①。

模仿的艺术不仅与真理相距甚远，而且还容易对城邦人民的心灵造成不好的影响。它歪曲神和英雄的形象，制造错误的意见，挑起不当的情欲。因此，柏拉图在《理想国》中要将这样的艺术家赶出城邦。

不过，柏拉图的艺术理论中，也存在另一个维度，即灵感说。灵感说解释的是艺术创作中情感和迷狂的来源。在《伊安篇》中柏拉图认为诗人作诗所依靠的并不是智慧，而是神灵所赐的灵感。在《斐德若篇》中，柏拉图讲述了一个关于灵魂轮回的神话，他将诗神的顶礼者，爱智慧的哲人视作最高贵的灵魂，而以摹仿为手段的诗人或其他模仿艺术家，则只能落到第六流的灵魂。柏拉图在《伊安篇》《斐德若篇》《会饮篇》等篇章中揭示的艺术和神明以及灵魂之间的关系，似乎又揭示出艺术的另一种可能性，即艺术作为通往真理和最高存在的一种方式。

亚里士多德对模仿则持更中性的态度。在他看来，模仿是人的天性，并能给人带来愉悦之感。不同的模仿艺术有不同的媒介、对象和表达方式。亚里士多德还肯定了艺术的真理性。在他看来，诗和历史的差别在于“前者记述已经发生的事，后者描述可能发生的事。所以，诗是一种比历史更富哲学性，更严肃的艺术。因为诗倾向于表现带普遍性的事，而历史则倾向于记载具体事件”②。

柏拉图和亚里士多德都是从哲学的角度抽象地阐释艺术的本质，而非关心艺术具体的历史演变进程。不过，他们的理论已奠定了艺术史研究的两个基本方向：一个方向不重视艺术和真理与存在之间的关系，更关注艺术自身的技术标准和形式语言；另一个方向则将艺术视作理念的显现，视作表达真理和道德的媒介，更关注艺术背后的精神世界。后世的基督教艺术观大大发展了这一方向。陈平提到，11世纪的絮热，就将五颜六色的宝石和充满光照的华美教堂视作上帝神圣性的一种体现。他通过对色彩与光的观照，获得对上帝的神秘

① [古希腊]柏拉图：《理想国》，郭斌和、张竹明译，商务印书馆1986年版，第392页，597e。

② [古希腊]亚里士多德：《诗学》，陈中梅译注，商务印书馆1996年版，第81页。

体验。

文艺复兴时期，随着艺术家地位的上升，记录艺术家生平事迹和作品的传记越来越流行。在这些传记中，艺术研究逐渐指向历史，艺术史家开始关注艺术在历史之中的演变，关注当代的艺术家与前人的联系和区别，逐步形成某种意义上的艺术谱系观。这些著作中的代表，即是瓦萨里的《名人传》。

《名人传》虽然仍是一部艺术家的传记总集，但比起以往的传记，瓦萨里有意识地以明确的线索将艺术家个人的故事串联起来，从而使整部著作具备了宏观的艺术史特征。陈平在《西方美术史学史》中提道："他构建了一种历史发展模式，合乎逻辑地将分散的事实归入宏大的发展体系之中，这在16世纪是无与伦比的。可以说瓦萨里所追求的是要建立一种可以展示美术发展历程的平台或框架，这正是他去世几百年之后人们称作'科学'或'美术史'的东西。"① 瓦萨里以生物循环论来描述艺术史的发展，认为艺术像生命一样存在诞生、成长、衰老、死亡的过程，从开端走向辉煌，又从辉煌走向毁灭。他关注艺术的创作规律和形式原则，并以此对艺术史进行分期。在他看来，文艺复兴的艺术史可分为三个阶段。它是如何逐渐克服技术和形式的难题，从而画出最优美自然的事物的历史。瓦萨里为艺术的批评提出了标准。除逼真这一重要标准外，瓦萨里也强调艺术的理想性，并归纳出规则、秩序、比例、赋形和风格这五个准则。

瓦萨里对艺术和政治、社会的关系关注得不够。在他笔下，凸显的是艺术自身的发展规律，而非背后的观念史和精神史脉络。而且，瓦萨里还欠缺形式和风格分析的必要手段，因此对艺术史进程和艺术家谱系的判断也存在着许多不足。但通过瓦萨里的努力，艺术作为人类文明中一个特别的领域，已呼唤着更专门的历史研究。

两个多世纪以后的温克尔曼，在瓦萨里的基础上，大大推进了艺术史的研究。如果说美术史的诞生要归功于瓦萨里，那么艺术史学科的建立，却得益于温克尔曼的研究。温克尔曼既发现了艺术史和文化、政治、社会、自然等要素间的关系；又基于风格学的原则，对艺术史进行更细致的划分。他使艺术史摆脱了艺术家的传记叙述，成为一门有着自己研究范式的学科。在《古代美术史》中，他提道："美术史的目标是要将艺术的起源、进步、转变和衰落，以及各个民族、时期和艺术家的不同风格展示出来，并要尽可能地通过现存的古代文物来证明整个美术史。"

---

① 陈平：《西方美术史学史》，中国美术学院出版社2008年版，第37页。

从这段话中，我们可以理解，在温克尔曼看来，艺术史研究的目的是揭示艺术发展的规律，以及艺术的不同风格。艺术作为一个整体，而非单个的艺术家或作品，是艺术史研究的根本对象。但这种研究，又不脱离具体的艺术家和艺术品。现存的文物是对整体的艺术史的证明。

温克尔曼对古希腊艺术的研究，体现出追求整体性和系统性的艺术史研究倾向。他将当时凌乱复杂的古希腊文物置于一个框架之下，将古希腊艺术分为四种风格，即“远古风格、宏伟风格、优美风格和模仿者的风格”。他以考古研究，佐证他对风格演变的叙述。他的艺术史研究，具备实证科学的特征，提出假设，并通过经验材料加以证实。

温克尔曼的艺术史研究，还包含着复兴古典主义艺术的理想。他曾说：“希腊杰作有一种普遍和主要的特点，这便是高贵的单纯和静穆的伟大。正如海水表面波涛汹涌，但深处总是静止一样，希腊艺术家所塑的形象，在一切剧烈情感中都表现出一种伟大和平衡的心灵。”他的艺术研究，向当时人揭示了古典艺术的优美和崇高，呼唤人们把目光从媚俗的洛可可艺术转向古典艺术，提升自己的心灵。复兴过往时代的艺术价值，提升艺术家和观众的趣味，也就成了艺术史的重要意义。事实上，温克尔曼对希腊艺术史的研究，恰恰推动了欧洲新古典主义艺术的发展。

而德国古典哲学参与到艺术的研究中，则为艺术史的发展奠定了更丰富的理论基础。鲍姆嘉通首先提出了美学这个概念，将它视作一门研究人类低级认识能力——感性的科学。康德将人的认识能力划分为知性、理性和判断力。其中判断力对应的是愉快和不愉快的情感。审美鉴赏与判断力相关。在审美鉴赏中，人的想象力和知性处于自由游戏的状态，从而获得一种愉悦。美是无概念、无利害、无目的的，具有一种形式的合目的性。康德关于美的分析，导向一种形式主义的美学——美与审美对象的内容和道德性无关，只与对象的形式有关。康德在艺术理论中区分了机械的艺术和审美的艺术，后者又分为快适的和美的艺术。“艺术只有当我们意识到它是艺术而在我们看来它却又像是自然时，才能被称为美的。”①好的艺术似乎摆脱了人为规则的限制，就如同自然的产物。自然通过天才为艺术提供规则。而“天才就是给艺术提供规则的才能(禀赋)”②。天才体现出独创性、典范性，充满灵感的鼓舞。“美的艺术只有

① [德]康德：《判断力批判》，邓晓芒译，人民出版社2002年版，第159页。
② [德]康德：《判断力批判》，邓晓芒译，人民出版社2002年版，第160页。

作为天才的作品才是可能的。”①从康德的理论出发，艺术史就是天才艺术家不断为艺术提供规则的历史。这种规则却无法以概念和公式的方式来成为规范，而只能作为艺术家追随（而非仿造）的典范。艺术家指望在对典范的学习中，激起自然赋予自身的天才禀赋。当然，如果他身上并没有这种禀赋，那么他就无法创造出美的艺术。

区别于康德美学的形式主义倾向，黑格尔则将艺术看作绝对精神发展历程的重要阶段，看作理念的感性显现。他将艺术史融入他的历史哲学中，艺术史成为具有普遍意义的哲学的历史的一个部分。在黑格尔看来，绝对精神的发展经历三个阶段，而人类文化发展也有三个阶段，其中艺术比起宗教和哲学，处于第一阶段。在艺术内部，也分三个阶段，即象征性艺术、古典艺术和浪漫主义艺术。三个阶段中，绝对精神逐渐摆脱物质的束缚，回到自身。而随着绝对精神的历程，艺术最终将让位于更精神性的宗教和哲学，走向自我的终结。

康德对艺术史的演进过程并不关心，但他的理论则指向了一条围绕艺术形式、围绕天才及其规则展开的艺术史之路。当然，康德也提到艺术之美和道德理念之间的关系，但在他看来，这种关系也主要和艺术合目的性的形式有关。

黑格尔对艺术史的叙述，则是为他的精神哲学体系服务的，因此，其中不乏背离历史的断言。但值得称道的是，黑格尔将艺术史和人类的精神史贯通起来，将艺术史的研究推进到哲学思辨的高度。他大大提升了艺术史研究的深度和意义。从此，艺术史不再局限于艺术家和作品所构成的艺术世界内部，而是参与到对人类整体精神生活的解释中。艺术史不只记录艺术技法和风格的转变，更揭示着文明和社会历史的发展。精神史的图示是决定艺术类型和风格发展的更高因素。

由康德和黑格尔的分歧，我们可以看到，在柏拉图和亚里士多德时期已经出现的两种艺术研究的倾向，在德国古典哲学中，得到了进一步的发展。一种倾向更关注艺术家和艺术形式自身的演变逻辑，可称之为内部研究；另一种倾向更关注艺术所处的历史阶段和社会文化环境对艺术的影响，可称之为外部研究。

黑格尔之后的19世纪，艺术史发展更趋繁盛。鲁莫尔和黑格尔持不同的艺术史观念，他认为风格是“艺术家成功地适应于材料的内在要求”。这给予了“风格”某种唯物主义的解释。他更关心对艺术的直观研究，关注艺术家如

① ［德］康德：《判断力批判》，邓晓芒译，人民出版社2002年版，第161页。

何在作品本身中处理材料，从而呈现出形象。

而重要的艺术史家布克哈特也重视艺术和文化、历史的关系。但不同于黑格尔的历史决定论和概念化的历史叙事，他更关心艺术如何和具体的历史和文化事实发生联系。他的名作《意大利文艺复兴时期的文化》，就体现出这样一种新的研究方法。在该作中，他全面探讨了意大利文艺复兴时期政治、社会和文化的方方面面：第一篇中，他阐述了意大利的政治情况以及各国的政治制度；第二篇中，他阐述了这种国家和制度下个人的觉醒和发展；第三篇中，他阐述了古典文化的复兴与人文主义的兴衰；第四篇中，他阐述了意大利人发现世界和自身的兴趣；第五篇中，他阐述了意大利的社会阶层、各阶层的社交活动，以及节日庆典；第六篇中，他阐述了意大利人的道德和信仰状况。这些叙述勾画出文艺复兴时期意大利人生活的宏阔画卷。虽然他并没有专门讨论这些社会生活的要素和文艺复兴艺术风格的关系，但读者已可从中把握到人文主义艺术得以萌发的土壤和氛围——分裂的状态带来各国统治者对政治策略和文化艺术的重视，个体的觉醒带来了表现自我的冲动，自然美的发现和人性格及外貌的发现，产生了文学艺术中丰富的描写……在布克哈特笔下，艺术史再次逾越了传统所限定的范围，得以全面呈现一个时代、一个民族的精神和生活世界。

布克哈特从外部研究的方向，扩宽了艺术史的视野；而 19 世纪后期维也纳艺术史学派的李格尔，又沿内部研究的方向，从艺术内部分析形式和风格的变化规律。他认为形式有着自身的逻辑，它遵循“艺术意志”。在形式的逻辑背后，有复杂的心理和认知基础。维也纳艺术史学派的另一个代表人物德沃夏克，则关注精神史和艺术主题之间的关系。

沿着形式主义艺术史的道路，沃尔夫林将风格分析推进到了系统性和全面性的高度。在《美术史的基本概念》中，沃尔夫林提出了一种美术史的目的，这种“美术史主要把风格设想为一种表现，是一个时代和一个民族性情的表现，而且也是个人气质的表现”①。不过，在沃尔夫林看来，“以品质和表现作为对象的分析绝不能详尽无疑地论述各种事实。这里有第三个因素——也就是这项研究的关键因素——即再现的方式。每一个艺术家都在自己面前发现某些视觉的可能性，并受到这些可能性的约束。然而并非任何时候都存在一切可

① ［瑞士］沃尔夫林：《美术史的基本概念》，潘耀中译，北京大学出版社 2011 年版，第 39 页。

能。视觉本身有自己的历史，而揭示这些视觉层次应该被视为美术史的首要任务。”①在这里，沃尔夫林明确提出了不同的美术史目的——分析视觉自身的历史。这样他就和自己的老师布克哈特的艺术史研究走向了不同的方向。

为了分析视觉风格的发展，沃尔夫林提出了五对概念，分别是“从线描方法到涂绘方法的发展”“从平面到纵深的发展”“从封闭的形式到开放的形式的发展”“从多样性到同一性的发展”“主题的绝对的清晰和相对的清晰”。这五对概念的转化“表现出一种理性的心理过程，从实在的、塑形的感知到纯视觉的、涂绘的感知的转化，遵循着一种合乎自然规律的逻辑，而且是不可逆转的。同样，从构造的到非构造的，从严格遵守规则到灵活对待规则的转化，也是不可逆转的”②。风格就沿着这条不可逆转的自然规律演变。

陈平提道：“沃尔夫林将注意力集中于形式分析和风格描述，在很大程度上牺牲了社会文化背景和作品的题材意义，也使艺术创造的主体缺席，同时也遭到了来自各方面的非议。”③但沃尔夫林满足于自己的艺术史只停留在对可感知形式的分析上。

与形式主义艺术史的研究目的不同，图像学则更“强调对美术作品题材、象征意义与文化意义的研究”④。图像学研究分为“图像志”（iconography）和“图像学”（iconology）。

阿比·瓦尔堡在图像学研究的发展中居功甚伟。吴琼在《“上帝住在细节中”——阿比·瓦尔堡图像学的思想脉络》一文中提道：“‘好邻居’原则正是瓦尔堡的工作方式……所谓‘好邻居’，就是当你有一个疑难——比如艺术史上的疑难——需要解决的时候，答案往往不在你想要找的那本书上，而可能在与之相邻的那本书中。当然，相邻的那本书一般不是艺术史的书，而是哲学史、宗教史、语言史、神话甚或关于魔法与占星术的书，这些书围绕某一中心理念或主题被组织在一起，形成了一个相互差异又相互毗邻的互补的世界。”⑤通过

① ［瑞士］沃尔夫林：《美术史的基本概念》，潘耀中译，北京大学出版社 2011 年版，第 40 页。

② ［瑞士］沃尔夫林：《美术史的基本概念》，潘耀中译，北京大学出版社 2011 年版，第 48 页。

③ 陈平：《西方美术史学史》，中国美术学院出版社 2008 年版，第 170 页。

④ 陈平：《西方美术史学史》，中国美术学院出版社 2008 年版，第 177 页。

⑤ 吴琼：《“上帝住在细节中”——阿比·瓦尔堡图像学的思想脉络》，载《文艺研究》2016 年第 1 期。

“好邻居原则”，瓦尔堡得以越过艺术史为自身划定的学科界限，为图像确立互文性语境。瓦尔堡特别注重图像的细节研究，认为细节揭示出图像隐秘的意义。瓦尔堡建立了一种图像学叙事的模式，“以时间和空间作为经纬，以人类宇宙观的投射和自我认知作为焦点，以图像和文字作为社会或文化记忆的媒介，瓦尔堡建构了一个各界面相互交叉叠置的人类学-图像学艺术史叙事。”①

在瓦尔堡的图像学研究中，图像不仅记录和承载着历史，更揭示着人类文明深层的心理和认知结构。通过图像学和人类学的方式，艺术研究得以和其他学科相互补充，指向文明的整体性。贡布里希说：“瓦尔堡想重新考察一个问题：我们的文化对古代世界到底有着什么样的记忆。”②他试图追寻古代文明的意义。

二、艺术与理念

此前，笔者已简要勾画了潘诺夫斯基之前艺术史发展的轨迹。下面，笔者就具体分析潘诺夫斯基对艺术史研究目的和意义的观点。

在1924年出版的《理念：艺术理论中的一个概念》③导言中，潘诺夫斯基说：“柏拉图确立了美的形而上学意义和价值，他的理念论对于再现性艺术的美学来说越来越重要；然而，他却无法给予再现性艺术以完全的公正。”④这正是柏拉图艺术理论的复杂之处，既肯定艺术对“理念”的再现，又质疑艺术的真理性。

但潘诺夫斯基又提到，认为柏拉图哲学是“反对艺术”的或“笼统地否认画家或雕塑家展现‘理念’的能力”的观点，可能曲解了柏拉图的本意。他注意到柏拉图在谈到再现性艺术时，区分了两种艺术家，一种是饱受抨击的“模仿性再现”的实践者——他们仅仅知道如何改变物质世界的可感外观；另一种艺术家则试图通过限制于经验事实中的活动，在他们的作品中正确反映理念。这类

① 吴琼：《“上帝住在细节中”——阿比·瓦尔堡图像学的思想脉络》，载《文艺研究》2016年第1期。

② ［英］贡布里希：《贡布里希汉译文集：艺术与人文科学》，浙江摄影出版社1989年版，第2页。

③ 此书的德文版最先出版。*Idea*：*Ein Beitrag zur Begriffsgeschichte der alteren Kunsttheorie Leipzig*，Berlin：B. G. Teubner，1924.

④ Panofsky，Erwin，*Idea*：*a Concept in Art-Theory*，Columbia：University of South Carolina Press，1968，p. 3.

艺术家的劳动甚至可以作为立法者的范式。① 他们是“诗性的”或“神启的”画家。潘诺夫斯基引用柏拉图《理想国》第六卷中的文字，说明这样的画家“在工作过程中大概会不时向两个方向张望，向一个方向看正义、美、节制，等等，向另一个方向看他们努力在人类中描画出来的它们的摹本，用各种方法加上人的肤色，使它像人，再根据荷马也称之为像神的那种特性——当它出现于人类时——作出判断。”②

潘诺夫斯基揭示了柏拉图艺术观的另一个维度，肯定了艺术家在反映理念上的能力。不过，在许多人看来，柏拉图的哲学对艺术是漠然的和不熟悉的。“几乎所有后世的哲学家，特别是普罗提诺，都将柏拉图对于模仿艺术的各种批判，理解为对再现性艺术的谴责。”③柏拉图将理念和艺术关联，他关心的是艺术的真理性，而非艺术自身的形式和特质；艺术的责任是将可见世界还原为不变的、统一的、永恒的理念，为此可以抛弃艺术的个性和原创性。他的理论和那种将再现性艺术视作一种独特的心智领域的美学是相悖的。在柏拉图看来，辩论家可能更能揭示理念世界，而非艺术家；哲学用语言的方式，比艺术更能通往知识。柏拉图的艺术理想，其实与古埃及的艺术相符合。后者不仅恪守公式，也拒斥对视觉感知的任何屈从。

不过，潘诺夫斯基指出，16世纪的莫兰顿对柏拉图的理念则持有不同的意见。他说：“柏拉图将他的理念视作一个完美的简洁的概念，正如古希腊画家阿佩利斯在他心中拥有最美的人体形象。”④在潘诺夫斯基看来，这一解释是对柏拉图和亚里士多德的一种调和。在莫兰顿的解释下，理念不再是超越可感世界、超越人类理智的形而上学实体，而是存在于人类心灵中的观念；理念也可以完美地在艺术活动中显现自身。画家，而不是辩论家，成为我们讨论理念时需谈及的对象。莫兰顿的“理念论”，使艺术获得了表达“理念”的优先权。从此艺术理论越来越多地受理念论的影响；而“理念”也逐渐成为一种特殊的艺术概念。

---

① Panofsky，Erwin，*Idea：a Concept in Art-Theory*，Columbia：University of South Carolina Press，1968，p. 3.

② ［古希腊］柏拉图：《理想国》，郭斌和、张竹明译，商务印书馆1986年版，第254页，501B。

③ Panofsky，Erwin，*Idea：a Concept in Art-Theory*，Columbia：University of South Carolina Press，1968，p. 4.

④ Panofsky，Erwin，*Idea：a Concept in Art-Theory*，Columbia：University of South Carolina Press，1968，p. 6.

因此，潘诺夫斯基高度肯定莫兰顿的解释在艺术史上的位置。但这种解释并非凭空出现，而是在古罗马的西塞罗处就有其理论渊源。“西塞罗认为：古典的遗迹自身，已经将柏拉图的‘理念论’转变成反对柏拉图艺术观的武器。这成为文艺复兴的基础。”①

潘诺夫斯基在该书第二章具体阐述了西塞罗等人的“理念论”。他认为，在 *Orator* 中，西塞罗比较了完美的演说家和演说家的“理念”，后者我们只能想象，却无法在经验中遭遇。西塞罗的这一理念，和艺术再现的对象相似。艺术再现的对象，也只能存在于艺术家的心中，而无法被我们的视觉体验到。我们可以想象比世间伟大的雕塑家的作品还要完美得多的作品。艺术家根据心中所想象的完美形象而创作，而非仅仅模仿某个具体的人物。原本不能向我们的感官呈现的想象的形式——理念，通过模仿的方式，凭借种种完美和崇高的形象，得以被表达出来。

柏拉图的理念是永恒的，只能由我们的理性来通达。在西塞罗的思想中，艺术则已成为表达理念的方式。艺术不是对欺骗性的外观的模仿，也不是通往某个形而上学实体的道路。“在艺术家的心中，栖居着一个美的典型。作为创造者，艺术家可以将他心灵的目光倾注于美之上。”②艺术家的作品，创造出一种美。这种美虽不能完全比拟艺术家心中的完美典型，却超越了感性真实，也超越了智性的真理。

这是一种柏拉图思想的转向，它要求转变柏拉图关于艺术本质和理念本质的观念。古罗马时期，艺术和艺术家的地位逐渐提升，艺术鉴赏和艺术批评开始繁荣，收藏家的热情亦被激起，艺术的内在价值得到了足够的尊重。关于艺术也有了两种不同的观点。一种观点认为艺术比自然要低等。艺术仅仅模仿自然，最多达到“以假乱真”的程度。另一种观点则认为艺术要高于自然，艺术所创造的美的形象，超越了自然的真实。“艺术家不仅是自然谦卑的模仿者，也是一个独立的竞争者。通过艺术家的创造力，艺术改进了自然的不完美之处。”③凭借想象力，艺术家超越模仿的藩篱，创造超出世间可朽物的崇高形象。

---

① Panofsky, Erwin, *Idea: a Concept in Art-Theory*, Columbia: University of South Carolina Press, 1968, p. 7.

② Panofsky, Erwin, *Idea: a Concept in Art-Theory*, Columbia: University of South Carolina Press, 1968, p. 13.

③ Panofsky, Erwin, *Idea: a Concept in Art-Theory*, Columbia: University of South Carolina Press, 1968, p. 15.

西塞罗的理念论揭示出：艺术再现的对象，已从外在的可感的事实，转向内在的、精神的图像。而从哲学上，“现实和理念在人类的意识中找到了定位。在其中，这两者融合成一个整体。”①而早在亚里士多德哲学中，艺术作品的创造，就是由形式产生实体的过程。艺术和自然的“生成”的区别在于，艺术的“形式”存在于人类的心灵中。

西塞罗调和了亚里士多德和柏拉图的理念。然而，这种调和仍存在着问题。理念——心灵中的意象究竟是什么，依然悬而未决。西塞罗的理念仅仅是认知的类。塞涅卡否认理念有更高的完美性；而新柏拉图主义者则为这种完美性寻找形而上学的基础。

在塞涅卡看来，“艺术家的对象究竟是他眼前的现象，还是他心中的观念，已不再是关乎价值和伦理心念的问题，而是事实的问题。”②

塞涅卡提到，斯多亚主义者将艺术理解为质料，将艺术家理解为原因。艺术家将形式赋予质料。而亚里士多德则有质料因、动力因、形式因、目的因的四因说。目的因是整个作品的终极目的。塞涅卡以青铜雕塑为例说明，青铜是质料因，画家是动力因，雕塑的形式是形式因。而目的因则是这雕塑为何要被创造出来，比如利益的、名誉的、宗教的原因。但在这四因之外，柏拉图的哲学还加上了第五因，即模板——理念。神自身具有一切事物的模板、数、标准，以及理念。神创造世界万物，理念即是万物的模板。

但塞涅卡认为，当画家面对某个对象时，他心中产生了关于这一对象的理念。理念作为他创作的模板，他按照模板为作品赋予形式。理念是外在于作品的，而形式则内在于作品。理念先于作品的创作。在塞涅卡这里，理念不是柏拉图思想中那个超验的永恒的模板，不具有“完美性”，它只是自然在心灵中的对应物。

新柏拉图主义者普罗提诺却不同意塞涅卡降低“理念”地位的观点。他从形而上学上保证了艺术家的“理念”作为完美而崇高的典型。他批判针对模仿艺术的攻击，认为：“艺术家不是仅仅再生产可见物，他们回到原则上。自然也在这些原则上找到了自己的根源。”③艺术拥有美，能弥补自然的不足。

---

① Panofsky，Erwin，*Idea：a Concept in Art-Theory*，Columbia：University of South Carolina Press，1968，p. 17.

② Panofsky，Erwin，*Idea：a Concept in Art-Theory*，Columbia：University of South Carolina Press，1968，p. 19.

③ Panofsky，Erwin，*Idea：a Concept in Art-Theory*，Columbia：University of South Carolina Press，1968，p. 26.

在普罗提诺的思想中，理念被艺术家的心灵所领悟，同时有其形而上的有效性和客观性。艺术家心中的观念和自然的原则一致。从艺术形而上学的角度，它们具有超自然和超个体的存在性。“菲迪阿斯的心中不仅包含宙斯的理念，更包含宙斯的本质。”①灵魂产生理念，也将它纯粹的无形的思想投注于有形的世界中。自然的美是理念的光芒透过质料而照耀，而艺术的美也依赖于理想的形式向物质的投射。艺术为无形式之物赋予形式。在亚里士多德的思想中，形式也比物质更高等，形式更接近于神。但亚里士多德的物质和普罗提诺不同。普罗提诺认为物质是邪恶的，是非存在的，物质和形式处在不断的斗争中。可见之物的美，仅仅是由于我们能从中辨认出思想之物。美不在于个体，而在于多样统一，在于对理念的分有。一个建筑的美，仅仅由于我们在想象中抛开一切石料，只保留它内在的“相”(eidos)。

潘诺夫斯基认为，普罗提诺关于视觉艺术持一种“诗学的”或“神启的”观念，这种观念认为：“艺术有一种崇高的任务，即将‘相’投射于抵抗性的物质之上。”②在潘诺夫斯基看来，这一任务并不能实现。

“神启的”观念还认为，艺术作品只是“未实现也不可能实现的‘智性之美’的迹象，‘智性之美’和最高的善是同一的。通向观照这智性之美的道路，存在于隐藏的神庙中”③。这条路是艰难的，人们需要从追求行为的美，一直上升到观照美的灵魂；而那些只沉迷于物质之美的人，灵魂则将沉溺于深渊之中。这样它其实消解了“可见之美”的意义，对艺术来说是危险的。

潘诺夫斯基总结道：“柏拉图式的攻击，批评艺术将人的心灵之眼诱捕于感性的图像中，从而阻碍了心灵观照理性；普诺提诺式的辩护，则要艺术将人的心灵之眼从感觉图像引向理念世界，同时遮住人的视域。”④前者剥夺了艺术的精神性和象征性蕴意，后者则剥夺了艺术永恒的有效性和自我的充实性。要解决这一理论上的两难困境，必须放弃理念论的形而上学观点。

在全书的其他章节中，潘诺夫斯基进一步讨论了“理念论”在中世纪、文

---

① Panofsky, Erwin, *Idea: a Concept in Art-Theory*, Columbia: University of South Carolina Press, 1968, p. 27.

② Panofsky, Erwin, *Idea: a Concept in Art-Theory*, Columbia: University of South Carolina Press, 1968, p. 29.

③ Panofsky, Erwin, *Idea: a Concept in Art-Theory*, Columbia: University of South Carolina Press, 1968, p. 31.

④ Panofsky, Erwin, *Idea: a Concept in Art-Theory*, Columbia: University of South Carolina Press, 1968, p. 32.

艺复兴、矫饰主义、古典主义等时期和艺术流派中的发展。总的来说，潘诺夫斯基在此书中要澄清“理念”这一艺术史重要概念的意义史。他关注观念史和艺术史之间的密切关系，重视艺术史的哲学基础。只有从哲学上确立艺术的本质、目的和意义，才能理解艺术在人类精神大厦中的位置。在他看来，艺术并不是对事物表象的模仿，艺术可以表达“理念”。但艺术所表达的理念，并不是外在于心灵的超验实体，也不是心中的抽象概念。艺术的理念来自心灵对世界的审美和想象，它的显现恰恰要在艺术的活动、质料的赋形中实现。

可以说，在这本早期著作中，潘诺夫斯基通过对西方理念论的梳理，已经明确了自己艺术史研究的基本倾向和理论前提。和沃尔夫林等人对视觉艺术自身逻辑的关注相比，潘诺夫斯基更关注的是作为观念史的艺术史。哲学以逻辑和抽象概念的方式表达真理，而艺术所表达的理念，以个体化的形象，不仅显现出世界的真理，更表现出超越具体事物的美。而艺术史研究则可以揭示出艺术背后理念世界的变化。从这个意义上说，艺术史和哲学史都是对人类精神史的叙述。

三、图像学的方法及运用

但艺术史对精神的揭示和哲学史不同，它有其自身的方式。在 1939 年出版的《图像学研究：文艺复兴时期艺术的人文主题》中，潘诺夫斯基详细阐述了图像学的方法。在继承瓦尔堡方法的基础上，潘诺夫斯基将图像学进一步系统化和理论化了，提出了图像意义的三个层次。可以说，在潘诺夫斯基这里，图像学的方法才真正确立。

这本书中，导言部分是对图像学的方法论的阐释，具体的章节部分则是运用图像学方法解读艺术作品的实例。

潘诺夫斯基在开篇即指出：“图像志是美术史研究的一个分支，其研究对象是与美术作品的‘形式’相对的作品的主题与意义。”意义和形式是有区别的，图像志更关心意义，形式的分析往往也是为意义的解读提供基础。

潘诺夫斯基以日常经验为例说明，像脱帽致意这种最简单的举动，在视觉世界中身体变化之“形式”之外，也有三层意义。把这一事件理解为“绅士脱帽”，是“事实意义”。识别出脱帽者的心情和态度，是“表现意义”，这种解读通过移情实现。但这两个意义都属于“自然意义”。而将脱帽理解为“致意”，则属于“第二性或程式(conventional)意义”，这意义的解读需要依赖于传统和习俗。第三层意义则是由行为传达出行为者的个性。潘诺夫斯基说，虽然仅仅依据脱帽这个行为并不能“对此人构造出一幅心理肖像，但如果综合了大量的相同观察，并将我们对他所处的时代、民族、阶级、知识传统的一般了解联系起来加以考察，我们就能够构造出这种心理肖像。”①这第三层意义就是“内在意义”或“内容”，它是本质性的，是其他两层意义的表现前提。

和日常经验相似，艺术作品也有三个意义层次，即：

第一，“第一性或自然的主题”。“这种被视为第一性或自然意义载体的纯粹形式世界，可称之为艺术母题的世界。而对这些母题的逐一列举，则是对艺术作品的前图像志描述。”②对这一层次的解读要辨识艺术的形式，如线条色彩等，以及它再现的事物和这些事物所交织的情感氛围。

第二，“第二性或程式主题”。我们通过艺术史的惯例，来阐释母题和母题的组合(构图)。图像和主题关联在一起，是第二性意义的载体。图像的组合构成需要被解读的故事。“对图像、故事和寓意的认定，属于狭义图像志的领域。”③在他看来，沃尔夫林的形式分析其实已经涉及内容，是对母题和构图的分析，而非严格意义上的形式分析。

第三，“内在意义或内容”。这是作品所关涉的更深层的意义和哲理。潘诺夫斯基称：“这些原理揭示了一个民族、一个时代、一个阶级、一个宗教和一种哲学学说的基本态度，这些原理会不知不觉地体现在一个人的个性之中，并凝结于一件艺术品里。”④潘诺夫斯基渴望在一件艺术品中探索民族和时代的宏大精神。在他看来，通过构图方法和图像志意义是可以阐明艺术品背后的精神世界的。正如达·芬奇的《最后的晚餐》也可被视作他个性的体现，以及意大利文艺复兴盛期文化的标记。对深层意义的解读，属于“深义图像志”或“图像学”的阶段。

前两个意义层次的正确研究，是“深义图像志”研究展开的必要条件。但

---

① [美]欧文·潘诺夫斯基:《图像学研究：文艺复兴时期艺术的人文主题》，戚印平、范景中译，上海三联书店2011年版，第2页。

② [美]欧文·潘诺夫斯基:《图像学研究：文艺复兴时期艺术的人文主题》，戚印平、范景中译，上海三联书店2011年版，第3页。

③ [美]欧文·潘诺夫斯基:《图像学研究：文艺复兴时期艺术的人文主题》，戚印平、范景中译，上海三联书店2011年版，第4页。

④ [美]欧文·潘诺夫斯基:《图像学研究：文艺复兴时期艺术的人文主题》，戚印平、范景中译，上海三联书店2011年版，第5页。

这两个层次的研究，仍须借助正确的方法。许多时候，我们无法只凭借日常经验做出正确的“前图像志分析”，而需借助“风格史”的控制原则，解读某一对象和事件在具体历史条件中的意义。而“狭义图像志”的分析，则须以更多知识的掌握为前提，但文献知识的使用又不是随意的，而须和作品结合加以鉴别，通过类型史(即主题和概念在不同历史条件下被对象和事件所表现的方式)加以修正。

在图像学解释中，我们要理解艺术家创作所依据的基本原理，还需要借助特殊的心智能力，潘诺夫斯基称之为“综合直觉”。综合直觉依赖于主观和非理性的判断，需要被修正和控制。“综合直觉同样需要通过洞察人类心灵的一般倾向和本质倾向在不同历史条件被特定主题和概念所表现的方式来加以矫正。这就是一般意义上的文化征象史，或卡西尔所说的文化象征史。”在这一研究中，艺术史家要广泛征引艺术品产生时代的哲学、政治、宗教等材料，正如其他学者也应征引艺术史材料一样。在这里，潘诺夫斯基实际延续了瓦尔堡的“好邻居原则”。为解读意义，人文学科应打破狭隘的学科藩篱，在相邻的领域中寻找相关性的证据。因为从探索内在意义或内容的角度来看，人文学科的目的和意义是相同的。

在图像志和图像学研究中，潘诺夫斯基特别注重通过对历史过程的洞察，来修正主观的判断。他称这些历史过程的综合为传统。艺术的解读离不开传统赋予的语境。

总之，在潘诺夫斯基看来，这三个层次的研究，看似彼此独立，其实融合为一个有机的整体，共同揭示出艺术作品的多重意义。

在阐释了图像志和图像学的方法论后，潘诺夫斯基就以这一方法进入到文艺复兴的具体研究之中，探讨文艺复兴时期的时代精神和艺术史的图像之间的复杂意义关系。他指出了一条重要的线索，即古典主题与古典母题的分离和重获统一。但重获统一并不是古典的简单再生，而是有其新的艺术追求。

在古典的再生中，一种广泛的方法，是对古典的图像进行再解释，为其赋予世俗的或基督教的观念。复活的古典传统，也会将中世纪的传统融入其中。这样从观念和形式上，复活的“古典艺术”都已是某种全新之物。潘诺夫斯基称之为“拟形态”。正如近代艺术中的“时间老人”形象有其独特的组合，但这种组合在古典时期表现“时间”观念的作品中却无法找到。这一特定形象的形成，有多重来源：第一，农神克洛诺斯被理解为“时间”的意义变化；第二，中世纪，作为土星的萨图恩(克洛诺斯)与老迈、贫困、死亡，以及灾难等联系在一起，并在受阿拉伯影响的占星术的画像中被表现成病态的老人；第三，源于文献资料的神话志插图中萨图恩形象和吞噬婴儿以及阉割组合，变得令人恐惧和忌讳。在这些因素下，彼特拉克诗的插图中开始出现类似于后世"时间老人"形象的图像，展示时间的破坏力，同时采用了古典式的健壮裸体。母题和主题在新的图像组合中统一，而这一图像又迅速和其他诸多主题关联起来，获得更丰富的意义，如"时间"和"死亡"，和"真理"等主题的联系。而伴随着哲学史、思想史和艺术史的演变，"时间"的意义也随之演变，成为宇宙普遍力量和人类命运的体现。

潘诺夫斯基提道："时间老人的形象演变有两点意味深长。其一，它证明中世纪的各种特征早已侵入乍看之下外表纯粹的古典形象；其二，它说明了依据单独的图像志解释与依据内在的或本质意义的解释的相互关系。"①从对"时间老人"的解读中，我们可以弄清楚潘诺夫斯基是如何成功运用图像学方法的。在这里，潘诺夫斯基关注的并不只是近代"时间老人"这一图像的解读，而是关注它的历史性，即母题和主题的组合和变化是如何在历史中逐步实现的。图像不是一个现成的系统，而是不断从传统中汲取融合各种元素，适应时代精神的要求而生成和更新。通过这一历史过程的还原，才揭示出图像和传统的关系，以及图像的深层意义。正如"时间老人"，"通过融合'时间'拟人像和令人恐怖的萨图恩形象，才形成了'作为破坏者的时间'，并因此为'时间老人'这一类型赋予了种种新意。"②图像志和本质意义不是互相独立的，而是互相配合的。两者的关系在历史中得到澄清。

其他图像的解读中，潘诺夫斯基对图像学方法的运用侧重点不同。比如对《盲目的丘比特》的解读中，他首先从文献史上揭示了爱神意义的演变过程，指出早期丘比特并没有盲目之意，亦没有蒙眼之母题。"盲目"的出现，源自中世纪以来神圣之爱和世俗之爱(感官之爱)的对立，丘比特被和"感官之爱"联系在一起，增加了令人讨厌的特征，包括爱的"盲目性"。"他的盲目是由于'正如恋爱曾光顾富翁与穷人，美者与丑者一样，丘比特并不介意他前往何处。他被称为瞎子，因为人们因他而失明，因为没有什么比被情爱与物欲所左

① [美]欧文·潘诺夫斯基：《图像学研究：文艺复兴时期艺术的人文主题》，戚印平、范景中译，上海三联书店2011年版，第89页。

② [美]欧文·潘诺夫斯基：《图像学研究：文艺复兴时期艺术的人文主题》，戚印平、范景中译，上海三联书店2011年版，第89页。

右的人那样更盲目的了。”①这一段话解释了“盲目的丘比特”的寓意，因为爱情和欲望本身就是盲目的。这一形象和恋爱中的狂热及非理性关联；又因为盲目，和同样盲目的死神或命运关联。在这些寓意的要求下，丘比特的形象也逐渐发生变化，出现了“带爪的小恶魔”和“持弓遮眼的少年”等形象，后者在文艺复兴时期大量出现，使用也颇为随意。不过，当表现感官之爱和精神之爱的对立时，它的特殊寓意又会再度浮现。文艺复兴时的新柏拉图主义者反对爱神的盲目性，受他们的影响，和柏拉图的爱合二为一的新爱神出现，战胜了盲目的对手。

在对“盲目的丘比特”的解释中，潘诺夫斯基其实遵循的是从“观念”到“图像”的方法，先解释图像背后宗教和哲学寓意的变化，再由此解释图像自身的变化。主题构成了母题新的形式和组合的内在根源。

这一方法在后两章中体现得更明显。潘诺夫斯基在这两章中超出单个图像的寓意，讨论一个时代的哲学精神——“新柏拉图主义”和艺术图像间的关系，即深义图像志方面的研究。

“新柏拉图主义者”如菲奇诺融合柏拉图哲学和基督教，构建起自己的宇宙体系。这一体系中，人类具有肉体、低级灵魂和高级灵魂，低级灵魂和肉体保持密切关系，包括生殖、外在知觉、内在知觉诸能力。高级灵魂具有理性和知性。“‘理性’比‘知性’更接近于‘低级灵魂’，依据某种逻辑法则，为想象力所赋予的各种形象确定秩序。”②“‘知性’不仅与‘神的智性’建立联系，而且还参与其中。”③自然界中，只有人具备理性，它使人有能力向高低两方面转化。因此“人的这一地位是高贵的，同时又是不确定的”④。爱的观念在菲奇诺哲学中非常重要，他区分了两种维纳斯，一种代表天上之爱，另一种代表人类之爱。两种爱都值得尊重，但如果连对“可见之美”都缺乏爱，而是沉溺于感官享乐中，那就是一种堕落。菲奇诺将“人类之爱”和可见之美关联，肯定

---

① ［美］欧文·潘诺夫斯基：《图像学研究：文艺复兴时期艺术的人文主题》，戚印平、范景中译，上海三联书店2011年版，第107页。

② ［美］欧文·潘诺夫斯基：《图像学研究：文艺复兴时期艺术的人文主题》，戚印平、范景中译，上海三联书店2011年版，第138页。

③ ［美］欧文·潘诺夫斯基：《图像学研究：文艺复兴时期艺术的人文主题》，戚印平、范景中译，上海三联书店2011年版，第138页。

④ ［美］欧文·潘诺夫斯基：《图像学研究：文艺复兴时期艺术的人文主题》，戚印平、范景中译，上海三联书店2011年版，第139页。

了它的高贵性，也从哲学上保证了“可见之美”有被赞颂和表现的合法性。“那些有别于‘低级冲动’但又容许对可见或可触摸之美产生强烈愉悦的崇高之爱的赞歌，也必将诉诸一种静雅或渴望精雅的社会趣味。”①

新柏拉图主义关于爱的理论，得到了其形象化的表现。正如在《圣爱与俗爱》中，提香将智性之美和视觉之美和谐融合，塑造出两个维纳斯的形象，其中裸体女子代表更高级的原理。这又与新柏拉图主义影响下，裸体发展为“真理”和“本质”的体现相关。提香还创作了其他关于爱之主题的绘画，如一些婚姻图、寓意图，还有美惠三女神等。

而米开朗基罗的艺术风格，也受到新柏拉图主义的影响。“他的人物形象的那种超个人乃至超自然的美感……来自于一种忘我状态的痴迷，或闪耀着神性迷狂的兴奋。这种美反映出同时也被反映出他的新柏拉图主义信念，即：欢娱的心灵在个体形式与精神特质这面‘镜子’中见到并赞美的只能是一道不可言状的圣光反射的壮丽映像。这道圣光是灵魂将入尘世前所享受的光芒，是在降入尘世后的不断回忆与憧憬……”②

在潘诺夫斯基看来，米开朗基罗是为寻求能表现个人对人类生活和命运的经验的视觉形式，而从新柏拉图主义中寻求理论的帮助。在教皇尤利西斯二世的陵墓设计中，米开朗基罗改变了以往陵墓纪念碑的形式，尘世和天国不再泾渭分明，他的雕塑的布局，展现出一种柏拉图主义哲学上的升天。整座陵墓展现出精神的胜利，既是人类理性战胜物质和欲望的束缚，亦是永恒力量对可朽生命的拯救。在朱利亚诺和洛伦佐两位公爵的陵墓中，米开朗基罗则展现出“灵魂经过新柏拉图主义宇宙的若干阶段，升入了天堂”③的神圣化过程。陵墓中一系列雕像反映出尘世生活的悲惨，而两位公爵则被表现为不死灵魂，分别代表行动者和静思者，以不同的方式通向神圣。

他的伽倪墨得斯素描则象征着“神性迷狂”或者说“爱情迷狂”。这幅作品是米开朗基罗送给他倾心的青年的，与此同时，他还赠与了《提堤俄斯》。这两幅图构成了米开朗基罗式的圣爱与俗爱的对比。“柏拉图式的求爱者总是将

---

① [美]欧文·潘诺夫斯基：《图像学研究：文艺复兴时期艺术的人文主题》，戚印平、范景中译，上海三联书店 2011 年版，第 148 页。

② [美]欧文·潘诺夫斯基：《图像学研究：文艺复兴时期艺术的人文主题》，戚印平、范景中译，上海三联书店 2011 年版，第 184 页。

③ [美]欧文·潘诺夫斯基：《图像学研究：文艺复兴时期艺术的人文主题》，戚印平、范景中译，上海三联书店 2011 年版，第 206 页。

具体的情感对象等同于形而上学的理念，并赋予这一对象一种近乎于宗教的崇高性，让他自己觉得与他自己创造的神并不般配。”①而米开朗基罗正是这样对待他倾心的青年。

他的其他一些作品，同样体现了新柏拉图主义的倾向，如《孩子们的酒神节》中对人类更低领域生活的描绘，它和伽倪墨得斯素描中知性向着更高领域的飞升截然相反。如《梦》中，青年被天使从七宗罪中唤醒，重返知性的崇高。又如《射手》中，展现自然欲望如何转化成对美的有意识的渴望。

潘诺夫斯基认为，在米开朗基罗后期作品中，并不存在任何世俗主题。他展现的是精神与自然的矛盾冲突，以及精神的最终胜利，他解决了“基督教与古典的二元性”问题。这种解决方式，得益于新柏拉图主义的哲学。这种哲学，肯定了人类之爱和可见之美在通往神圣之路上的意义，因而允许古典式的图像表达；它又对尘世生活持警惕态度，推崇灵魂在知性的引导下向天国飞升，因而和基督教的神圣之路并不相悖。但这只是一种“让步”而非最终的解决。

另一种解决方式，有待主观意识的解放。这与西方主体性哲学的逐步建立相关。不过，潘诺夫斯基对这一方式不无批判，他认为：“这种主观的释放却自然地把基督教信仰与古典人性一起推向崩溃的边缘，其种种后果在今天的世界依然处处可见。”②在这里，我们可以看到他对于文艺复兴的深切缅怀。

从这部著作可以看出，在艺术史图像的具体解读中，潘诺夫斯基其实包含着更大的野心。他要解释的是“文艺复兴”的实质——古典的复兴究竟意味着什么。他通过不同的图像，说明了古典的复兴，其实并不是古典的简单再现；而是在古典传统基础上，经历漫长的母题和主题演变，又融合了中世纪的宗教和哲学，而创造出的类似古典又不同于古典的新的图像，承载着不同于古典和中世纪宗教与哲学的新精神。正如文艺复兴表现的“时间”和“爱”，既不同于古典时期，又不同于中世纪，它结合和更新了前两者的思想要素，并通过新的图像得以呈现。而新柏拉图主义，更不是对柏拉图哲学的简单重复叙述，而是经历了基督教的洗礼后对柏拉图哲学的改造。在潘诺夫斯基看来，文艺复兴其实解决了古典和中世纪的冲突，在艺术中实现了精神对世俗生活的超越。

---

① ［美］欧文·潘诺夫斯基：《图像学研究：文艺复兴时期艺术的人文主题》，戚印平、范景中译，上海三联书店2011年版，第224页。

② ［美］欧文·潘诺夫斯基：《图像学研究：文艺复兴时期艺术的人文主题》，戚印平、范景中译，上海三联书店2011年版，第234页。

在图像学方法的运用中，潘诺夫斯基特别重视艺术的内在意义或内容，重视艺术体现的时代精神和哲学。此书中他大量运用观念史来解释艺术史，“时间”“爱”“神圣之爱”和“世俗之爱”“灵魂”“理性”与“知性”“美”“迷狂”“不朽”等宗教和哲学观念，构成了此书解释艺术的理论源泉。这和他在《理念：艺术理论中的一个概念》一书中展现出的理论兴趣是一致的。在前述关于理念的阐述中，潘诺夫斯基揭示出对理念的两种理解间的矛盾。似乎在新柏拉图主义的思想中，这种矛盾已经被调解，艺术表现可见之美，却又可以将精神带向更崇高的境界，带向“神的永恒世界”。

正如这部书的副标题“文艺复兴时期艺术的人文主题”所言，这本著作，其实是通过图像来揭示更深邃的“人文主题”，即揭示人的精神生活和命运。皮耶罗绘画展现对“原始生活”的缅怀，“时间老人”展示时间的破坏性和人类命运，“盲目的丘比特”展示“世俗之爱”和“感官冲动”的盲目性，而受新柏拉图主义影响的提香绘画，却又给予了世俗之爱和神圣之爱以和谐的融合；米开朗基罗则宣扬人类精神经由世俗之爱到神圣之爱的历程，最终可获得对自然的胜利，实现自身的永恒……这些图像一起揭示出作者并未在书中直接点名的“主题”：人类如何通过“爱”——对可见之美的爱，对天国之美的迷狂，超越自己“可朽”的命运，获得永恒和不朽，实现对自然的战胜。

四、艺术史与人文学科

在1955年出版的《视觉艺术的意义》一书的导言《作为人文学科的艺术史》中，潘诺夫斯基更集中地表达了他对艺术史研究目的和意义的看法。在全文开篇，他就引用了一段关于康德的轶事。康德在临终前，对一位来拜访他的物理学家说：“人文的感觉还没有离开我。”这句话一说，两人几乎都涕泪横流。对于康德来说，“humanitat”这个概念“意味着人对自证和自律原则自尊而悲剧的意识，对比人对疾病衰老的屈从以及其他一切‘可朽性’的方面”①。

潘诺夫斯基提到，“humatitas”有两层含义，它们分别来自于人和比人更低的存在的对比，以及人和比人更高的存在的对比。前者意味着一种价值，后者意味着一种限定。人性处于神性和兽性之间。而人文主义一方面坚持人性的尊

① Panofsky, Erwin, *Meaning in the Visual Arts*, Chicago: University of Chicago Press, 1982, p. 1.

严和价值(理性与自由)，另一方面承认人性的不足(犯错与软弱)。它产生了两个基本态度，即责任和宽容。

人文学者反对权威，但尊敬传统。人类通过符号和建构，记录意义和思想，而人文学者则研究这些记录。人文学者致力于将各种散乱的人类记录转化为文化宇宙，它和自然科学的学者致力研究的自然宇宙相似，也是一个时空结构。而且，这正如自然科学学者的研究受科学理论的支配；人文学者对历史的研究受到一般历史概念的支配。

就艺术史研究而言，艺术品不仅为审美体验而创作，还包含“意图”，它是意义交流的媒介。同时，艺术品还有其形式，它是观念和形式的统一。“对观念和形式的强调愈接近平衡状态，作品揭示的内容愈有力。”

潘诺夫斯基认为，人文科学和自然科学的基本差别在于，自然科学家在处理自然对象时可直接展开分析，而人文科学家处理人类行动和作品时却须“从事带有主观性和综合性的心理活动：他必须在内心重新体验人类的行动，重新创造人类的作品”。文人学者关心的不是对象的物质存在，而是其意义，这种意义需要通过“复现”，通过学者的“再体验”，才能够被理解。

艺术史家一方面对材料进行考古分析，另一方面却要进行直觉的审美再创造，两者互为关联，共同形成“有机情境”。艺术史家在研究中，能意识到情境，并努力通过多方面的材料和知识来重构这一情境，他的审美经验在研究中逐步与考古材料相吻合。而风格，则是艺术意图的证明。为揭示意图，艺术史家在研究中假定“情境”，艺术家在情境中面对“表现方式”的抉择，而风格特征即是他对于“一般艺术问题”的特定解决方案。

艺术史家与鉴赏者不同，后者主要关注审美再创造的过程，将历史概念置于次要地位。

艺术史和艺术理论也不同，艺术理论关注建立艺术科学的基本概念，而艺术史在其研究也会用一般理论概念的术语重构艺术意图。这样艺术史也会对艺术理论的发展作出贡献。潘诺夫斯基在这里，其实对以往忽视艺术作品和历史情境的美学和艺术哲学研究提出了批评，他指出：“如果没有历史的例证，艺术理论依旧是一幅关于抽象的共相世界的粗陋图式。”①不过，他也指出了美学和艺术理论对艺术史的重要性，如果艺术理论家能够借助艺术作品来建立一般

① 曹意强等：《艺术史的视野：图像研究的理论、方法与意义》，中国美术学院出版社 2007 年版，第 15 页。

概念体系，那么他就会对艺术史的发展作出贡献。“如果没有理论定向，艺术史依旧是一堆散乱的个体。”①

艺术史是一门人文科学，那么人文学科的意义究竟何在？潘诺夫斯基提到，人文科学本身似乎并没有什么用处，它只关注往昔。那么，我们为何要从事这门无用之学，为何关注往昔？

事实上，就“用处”而言，无论是人文科学还是自然科学，对应的都是沉思的生活，都没有什么实际的用处。但它们对于生活的影响却是深远的。至于“往昔”，尽管我们都关注现实，但把握现实，却要超越时间意义上的“现在”。哲学、数学、自然科学构建起不受时间限制的法则，而人文科学则“让失去生命的东西获得新生，要不然，这些东西仍旧会处于僵化状态”②。“人文科学进入一个时间已经自动停息的领域，并且努力使时间重新运转。”③自然科学把动态的、转瞬即逝的现象化作静止的法则，人文科学却“赋予静态的记录以勃勃的生机”。两者作为科学的共同特征，都是不屈从于“实用”的目的，如果没有人文科学和自然科学，那么人性可能会滑向蛮性的深渊，只剩下为欲望服务的东西。而从拉丁语的词源学上讲，自然科学是一种心灵财富，它的理想大致在于精通。而人文科学是一种心灵活动，其理想近于智慧。

此文最后，潘诺夫斯基并未赘述“关注往昔”、复现往昔的意义何在，而是引用了菲奇诺的信，说明历史为人赋予道德和智慧。

在这篇文章中，潘诺夫斯基是站在整个人文学科，站在“人文”这一概念的高度上，来谈论艺术史的目的和意义的。“人文”关系到人的“尊严”和“限度”，而“人文学科”通过对人类各种记录的研究，解读出其中的意义，恰恰能够使我们了解人曾经的崇高和卑微，了解人性在不同历史情境下的真实呈现。这样人们才能真正认识自己，以及作为人的“可能性”，如何实现人的价值和尊严，而不向更低的层次滑落。

而艺术史作为人文学科中的一种，它研究的是人类各种记录中特别的一种，即艺术品。通过艺术情境的设立，艺术史家还原出作者的意图，并在更一

① 曹意强等：《艺术史的视野：图像研究的理论、方法与意义》，中国美术学院出版社2007年版，第15页。

② 曹意强等：《艺术史的视野：图像研究的理论、方法与意义》，中国美术学院出版社2007年版，第16页。

③ 曹意强等：《艺术史的视野：图像研究的理论、方法与意义》，中国美术学院出版社2007年版，第16页。

般的艺术概念中对其进行解释。由此，艺术史将已经成为陈迹的艺术品上的艺术精神向人们复现出来。否则，艺术将不过是一堆留存下来的故物，而失去了其曾经的生命力。艺术史呈现出艺术家独特的生命和心理状态，乃至整个时代的哲学、宗教等态度。而这都是人文学者的“文化宇宙”中重要的部分。通过艺术史，而非单纯的艺术鉴赏，人们得以追复艺术背后那曾经丰富的意义世界。

潘诺夫斯基特别强调人文学科的“无用性”，这种“无用”，恰恰意味着人超出“动物”的那个部分，意味着人不须屈从于外在目的的自我提升和追求。它们的“用”，其实在于让人成为“更好的人”。如果人类忽视人文科学，抛弃对往昔的那种尊重，遗忘人性曾经达到的美好，而是沉浸在物欲中不能自拔。

在潘诺夫斯基身上，我们可以看到一种德国古典哲学式的思想气质。正如黑格尔在绝对精神的辩证发展中为艺术找到了位置，潘诺夫斯基也关心艺术和艺术史在人类历史中的根本目的和意义。他在《理念》一书中，试图回答柏拉图以来艺术的本体和意义这一不无争议的难题。他在《图像学研究：文艺复兴时期艺术的人文主题》中，关心艺术对“时间”“爱”以及“灵魂”等终极问题的表达。他在《作为人文学科的艺术史》开篇讲述康德的故事，引出“humanitas”这一概念，旨在强调艺术史和人文，和人的“自我实现”间的关系。我们将这三部著作联系起来，可总结潘诺夫斯基对于艺术史目的和意义的看法：艺术在可见之美中呈现“理念”——人类精神所创造的理想的、超越表象世界却又并非抽象概念的“意象”。艺术史的目的，是通过图像学等方法，结合传统，揭示出艺术的表层和深层意义，特别是解读出艺术背后的时代精神和哲学宗教观念。这种解读，实际上让已成为陈迹的精神重又恢复生机，进入当代人的心灵世界和文化宇宙中。可以说，艺术史的根本意义，是将传统的价值复现在当代，使人能够延续古人曾经的努力，不断超越人性的弱点，向着更完美的自我迈进。在这一点上，潘诺夫斯基的艺术史，和康德黑格尔的美学和艺术哲学的意义是相近的。不过，不同于哲学家，潘诺夫斯基的“艺术史”目的虽宏大，但却是基于艺术的具体事实来实现的，而非通过抽象的思辨。

潘诺夫斯基以题材和意义为中心的艺术史研究，和沃尔夫林等人大异其趣。图像学将形式风格和意义联系起来，也可以说是内部研究和外部研究的一种沟通。但这一种艺术史范式，也引来了其他学者的许多批评。如贡布里希说：“潘诺夫斯基代表了我经常批评过的艺术史中的德语传统。我曾经表明，这一传统可以追溯到黑格尔的历史哲学，这一传统喜欢运用时代精神和民族精神等概念，这一传统宣称，一个时代的所有具体显示即它的哲学、艺术、社会结构等是一种本质、一种同一精神的表现。结果每一时代都给看成了包含了一切的整体。持有这种信念的艺术家用了极渊博的知识和机智来论证这类相互联系的存在。潘诺夫斯基也喜欢用其超众的才智和知识来建立这种联系。"①时代的一切未必构成一个具备同一精神的整体，具体的艺术作品也未必就和所谓的精神整体相关。但即便潘诺夫斯基艺术史研究的目的和意义并不能完全实现，它也让艺术史具备了超越自身的价值。沃尔夫林的形式分析，也许只限于视觉艺术内部。潘诺夫斯基的图像解读，却可为哲学史、宗教史等提供可以参考的思想资源，并可以向对艺术形式缺乏了解的人们阐释艺术作品的意义。这也许正是图像学的独特魅力。

（作者单位：武汉大学哲学学院）

① 曹意强等：《图像学研究：文艺复兴时期艺术的人文主题》，中国美术学院出版社2007年版，第10页。

周韶华山水画的范式突破及重构

屈行甫

对于变革中国画者，突破文人画的范式和重构山水画是一体两面。没有针对文人画的变革，任何突破都将沦为空谈。民国时期对“四王”等文人画家的批判正是抓住了这点，猛烈地抨击陈旧的传统。周韶华对此深表赞同：“新文化运动的最大功绩是搅动了封建文化的一潭死水，使凝固不变的保守观念受到冲击，推动了现代艺术的不断发展。”①20 世纪山水画变革的任何突破都与对文人画的改造密不可分，这是徐悲鸿、林风眠等中西融合派，以及李可染、石鲁等传统延续型所坚持的做法。对于周韶华来讲也是如此，而且更关键的是在前人所不及的维度闯出一片天地来。他认为：“艺术上的创新与突破，要在前所未有的艺术空白点上进行，要有文化针对性地进行，要拟出文化进取的目标，去做前人没有做或前人未达到之事，这样变革才能生效。”②这就是周韶华的特点，绝不在前人所建立的框架里求安身之地，他要做的是开拓性的工作。

为此，周韶华提出了突破传统山水画范式的主张——“隔代遗传”和“横向移植”，冀以实现“图式换型、语言转换”，在勾连、融合的基础上，创造出当代的新山水画。隔代遗传是对传统的发掘，横向移植是横向的借鉴、吸收，为什么是这两者呢？在周韶华看来，“在当代中国画坛上，凡能独树一帜的，都兼有中西两个方面的文化修养，并能把古代传统与现代精神结合起来，进行直的和横的立体合成，东西方艺术熔铸一炉并统一于民族美学基础之上”③，这

---

① 周韶华：《横向移植与隔代遗传》，参见刘骁纯《周韶华全集》第 7 卷，湖北美术出版社 2010 年版，第 39 页。

② 周韶华：《横向移植与隔代遗传》，参见刘骁纯《周韶华全集》第 7 卷，湖北美术出版社 2010 年版，第 39 页。

③ 周韶华：《横向移植与隔代遗传》，参见刘骁纯《周韶华全集》第 7 卷，湖北美术出版社 2010 年版，第 39 页。

与20世纪改造中国画的潮流是一致的，体现出周韶华对山水画演变趋势的清晰认识。

隔代遗传和横向移植，与全方位观照的基调是一脉相承的，都是民族、传统的价值取向，这是如何都不能改变的基本原则。康有为、陈独秀等人也只是批判沦为末流的文人画，对元代之前的绘画是十分赞赏的；徐悲鸿力主以西方学院派写实改造中国画，强调素描教学法的至高无上，但最终也没有完全排斥绘画传统，在一定程度上还是继承了传统的笔墨程式；林风眠受西方现代派影响很深，在创作技法、形式语言上表现出明显的西化，但精神还是东方式的。周韶华的看法更为坚定，更注重艺术的文化归属和独立品格，他认为“一切艺术的观照都要受到民族性的制约，中国画的审美观照的民族性，是艺术生命的本原。中国画的民族性是艺术生成的母胎”①。也许就是因为这样，周韶华将隔代遗传放在横向移植之上，前者比后者更为根本，意义更重大。

一、范式突破之隔代遗传

所谓隔代遗传“就是把旧的与新的作间隔嫁接，这就要跳过元明清以近的传统，把借鉴的触角伸向宋代和晋魏六朝以远，驰骋于汉唐秦楚，上溯春秋殷周，直至仰韶文化的活水源头，把传统文化的精华与现代精神结合起来”②。“间接嫁接”就是要“间断线性历史”③，“悬搁”一家独大的文人画写意笔墨传统，打破传统文人画八百年来对山水画发展的限制，以更宽广的传统作为创作的根基。但他是有选择性的，也就是他说的“优化选择”，就是选取传统中辉煌灿烂的部分，改变文人画羸弱的气势，使山水画的趣味更加多样化。隔代遗传是说不是每个时代都是文化的巅峰期，有的时代是不行的，所以要跨越。比如，从元以后，中国画一直在重复，抄袭甚至是合法化的，包括一些大家如清朝的“四王”，他们的画往往是“仿某某”，认为这是天经地义的。艺术是可以

① 周韶华：《横向移植与隔代遗传》，参见刘骁纯《周韶华全集》第7卷，湖北美术出版社2010年版，第41页。

② 参见《美术思潮》1985年第3期。《周韶华全集》第7卷《呼唤大美》中又表述为“所谓隔代遗传，就是把传统的与现代的作间隔跳跃连接，这就是要跳过元明清以近的传统，把借鉴的触角伸向宋、唐和六朝、晋、魏以远，驰骋于汉、秦、楚、春秋、周、殷，直至仰韶文化的活水源头，把传统文化的精华与现代精神结合起来”。

③ 邹元江：《范式的突破与重构——周韶华中国画的审美视域》(摘要)，参见刘骁纯《周韶华全集》第8卷，湖北美术出版社2010年版，第155页。

学习的，但要创造自己的辉煌，而过去艺术被同一化了。艺术是最讲个性的，同一的、定式的、同质化是最不利于艺术发展的。

隔代遗传就是要深入更广的传统中去，从这点看，周韶华打破了独尊文人画的“小传统”，倡导了一种广义的传统观，即“大传统”，自仰韶文明，经由夏商周，至秦汉魏晋，再至唐宋。传统是由这些丰富多彩的文化形态组成的。文化形态之间既有延续，又有不同，正是他们共同孕育了民族传统的文化精神，隔代遗传就是要遗传这种民族精神，然而，文人画传统造就的文化心理，阻碍了当代人的视野，接续被遗忘已久的“前文人画”传统，谈何容易。不过，有着不凡的人生经历的周韶华显然没有被吓到，明知山有虎，偏向虎山行，他就是要寻找民族文化的“活水源头”。对此，他有清醒的认识：“所谓追根，就要追到中国美学思想的哲学基础之根；所谓溯源，不能不溯到我国艺术的光辉起点。”①危险也是机遇，周韶华以坚强的毅力去探源，黄河是他的第一站，因为黄河素有“中华母亲河”之称，象征着中华文明的起源。所以，“大河寻源”追寻的就不是黄河在地理位置上的源头，而是文化之源，随后的长江之行也是探源的历程，“如此去上下五千年，纵横数万里，感悟宇宙大生命，从大千世界中间求道，领会那含元抱真的元气，以使现代山水画具有一种吞吐古今的气度和文化意蕴，并努力以超迈的新形态与消极遁世的遗风诀别。”②黄河、长江寻源奠定的是民族文化精神的基调——生命不息、创造不止、雄浑博大，对仰韶文化、荆楚文化、汉唐文化的探求又丰富、深化了其内涵。仰韶文明处于公元前5000年至前3000年的新石器时代，以奇诡无羁的彩陶艺术在中国文化史上书写了浓重的一笔。彩陶纹饰的生动表现，线性的奔放不羁，彰显了远古祖先惊人的感受、想象和体验，“天真稚拙、淳朴豪放、气魄宏大”③的精神品质，《梦溯仰韶》系列作品就是受仰韶文化的启发创作的。周韶华身处湖北，对荆楚之地的古代楚国文化也十分赞赏，楚艺术体现出的浪漫、自由的个性激发了他的创作热情，在吸收漆器艺术的造型、色彩的基础上，创作了以“荆楚狂歌”为主题的系列山水画。此外，汉代画像石、雕塑的宏伟壮阔以及唐代洞窟壁画的漫天飞舞也深刻影响着周韶华，他的《汉唐雄风》系列就是对“汉唐气象”的阐释。

① 周韶华：《追根溯源，探索未来》，参见周韶华《大河寻源》，四川美术出版社1987年版，第18~19页。

② 周韶华：《山水画与“道法自然”》，载《美术观察》1998年第11期。

③ 周韶华：《大河寻源》(上)，载《美术》1983年第3期。

从隔代遗传看周韶华对山水画的变革，虽然也是借古开今，但与20世纪的绝大部分山水画家如潘天寿、傅抱石等不同，他超出了自晋唐始的山水画历史，另谋新的出路。“近八百年来文人画的势头如此之大，以致席卷了一切试图创新超越的思想，走到了它的极端。什么事情到了尽头，到了顶点，就应思考‘山外有山，天外有天’，开辟更为广阔的多条线路。只有咬破文人画的茧子，展开双翅，才能飞向含弘光大的蓝天。”①但是，隔代遗传不是文化拔根，不是不要文人画的传统，而是跳过它，“民族传统的精华，不是文人画所能包括的”②。在文人画之外，还有更多的文化资源可发掘、资借。

二、范式突破之横向移植

对于周韶华这样有志于创新山水画的人来讲，仅仅借助本土文化的资源，纵向的吸收采纳，是不能满足他的。“在创新问题上，要解放思想，反对保守，放开眼睛看世界，对西方艺术的成就要广征博采，勇当革新派。”③因此，当他思考成熟之时，就毫不犹豫地提出了横向移植的主张，即“不单考虑到当代艺术的民族化，而且还要考虑到当代艺术的世界因素，我这里主要是指把东西方艺术的两条线要接上头，进行移花接木和杂交、渗透、糅合、搅拌，当然这不仅仅指在中国画中注入西洋画的因素，还包括吸收各种姐妹艺术因素和民间艺术因素，还包括现代科学技术给予我们的启示以及新材料新工具可能提供的一切手段”④。民族文化与世界元素，二者相比,前者是首要的、更根本的,用20世纪中国画界常用的一个词说,就是“中体西用”。与隔代遗传具有很强的文化针对性不同，周韶华对西方绘画、其他部门艺术的横向吸纳就显得不受拘束，游刃有余。欧洲的油画、水彩画、版面、建筑都在周韶华的视野之内，抽象派、表现主义等流派都为他所用。20世纪80年代他创作的《大河寻源》等系列作品吸收了西方艺术的“象征”精神，被西方学者称为“新东方象征主义”的代表⑤，

① 刘骁纯：《周韶华全集》第7卷，湖北美术出版社2010年版，第43页。

② 周韶华：《追根溯源，探索未来》，参见周韶华《大河寻源》，四川美术出版社1987年版，第27页。

③ 周韶华：《学画偶记》，参见周韶华《大河寻源》，四川美术出版社1987年版，第11页。

④ 周韶华：《大河寻源》，四川美术出版社1987年版，第176页。

⑤ 刘骁纯将之称为“古典风格的象征艺术”，参见刘骁纯：《周韶华的意义》，载《国画家》1999年第6期。

20世纪80年代的绘画开始注重大结构、大块状的运用，趋于现代风格，抽象、构成意味愈来愈浓。

对于选择民间艺术来丰富中国画的表现形式，周韶华认为“是为找到形式语言转换的另一突破口。针对过去人们不把民间艺术视为正统主流的偏向，这种被遗忘被忽略的空间，恰恰是艺术创新的处女地。再者，民间艺术所蕴含着浓厚的民族文化特征，具有精神自由和情感恣肆的优点，正合艺术的本质是追求生命力的表现”①。民间艺术是文化的另一种形态，是独立于文人画传统的又一艺术系统，虽然之前不受重视，但它那截然不同的风格、审美趣味，可以作为对文人画的补充，尤其是在当今寻求中国画新突破的情况下。比如，年画、剪纸所体现出的富有生机的生活趣味，对生命的赞赏正是文人画所缺少的，齐白石在民间雕刻的熏陶中，拓宽了眼界，创作出形神兼具、有勃勃生命力的花鸟画。周韶华对民间艺术钟爱有加，并发掘、提炼、融合民间艺术的精华，在此基础上创造新的图像符号，并将其母题移植到中国画中去，可以说，“拿民间艺术元素充实中国画是给中国画造血”②，以此来赋予中国画新的生命是他的不二选择。

周韶华对民间美术的借鉴和吸收，是对文人画所体现的士大夫的审美趣味的疏离和反叛。文人画的创作主体是学养深厚的士人，张彦远的讲法很有代表性，“自古善画者，莫非衣冠贵胄、逸士高人，振妙一时，传芳千祀，非闾阎鄙贱之所能为也。”③这种观点影响深远，从士大夫的角度来看，画工、匠人、手艺人是不值一提的，他们创作的画工画、工艺画自然难登大雅之堂，也是文人所不屑于染指的。而周韶华不拘泥、不刻板，以新思维、新视角照亮了被士大夫褊狭的审美心理所遮蔽了的领域，殊为难得。

总的来讲，隔代遗传主张突破小传统，建立大传统，是要在传统与现代之间寻求结合点；提出横向移植是要寻求中西艺术的契合点，二者关注的问题也是整个20世纪中国画变革过程中讨论的焦点，而且古今之争、中西之争总是交错在一起的，中国画的现代化不单是怎样对待传统的问题，更是如何吸收外来文化的问题，后者比前者更为凸显，占据着更重要的位置。然而，改革派如

① 周韶华：《国风归来》，参见刘骁纯《周韶华全集》第5卷，湖北美术出版社2010年版，第28页。

② 周韶华：《国风归来》，参见刘骁纯《周韶华全集》第5卷，湖北美术出版社2010年版，第28页。

③ 张彦远：《历代名画记》，上海人民美术出版社1964年版，第25页。

徐悲鸿、林风眠、刘海粟以及后来的现代水墨派等，总是以西方某些派别的艺术来融汇中国画，以此来实现中国画的现代化，并期望“将现代中国画纳入世界性的现代思潮”①，但是“中国主流艺术显然有自己的‘现代’标准和分寸”②。可以说，他们的尝试和努力是错位的，而周韶华则通过隔代遗传找到了现代中国画的根基，在新的基础上吸纳西方艺术和其他门类艺术的一切可以利用的元素，“突破了‘中西融会’‘中西结合’的原有格局”③，进而“创造出一种既有饱满的东方文化神韵，又有现代风采的新型山水画”④。这种新的现代山水画是以“大美”作为其审美趣味的，这是对现代山水画的定位。而传统山水画向现代转型的路径问题则是周韶华的创作实践所面临的问题，他的解决办法是“线条与块面融合，水墨与色彩融合，章法与现代构成融合”⑤。这既是机遇，又是挑战，在不断的思考和尝试中，周韶华坚持着他对“大美”的追求。

三、重构山水画“大美”的追求

“大美”是中国古典美学中的一个重要范畴，最早由庄子提出，语出《庄子·知北游》“天地有大美而不言”，天地之间的美是“道”的显现，《老子》中讲“道大，天大，地大，人亦大”，因此“大”不是体量上的大。从“道”的角度来看，“大”有三层涵义：一是至高至极，也就是本源性的“大”；二是整全、浑全的，与“大制不割”同义；三是没有边界的，是完全的充实。相应地，“大美”也就具备了“道”的品格，首先，道无为而无不为，寂寞虚无，所以“大美”是冲淡、淡泊、太和，所以讲“不言”，这是庄子讲“大美”最基本的意思，后来被中国美学理论广泛吸收。司空图《二十四诗品》中“冲淡”的观念，苏轼“寄至味于淡泊”的提法都受到了庄子“大美”思想的影响。其次，道“素”“朴”，是谓“大全”，因此“大美”就是朴素、浑全，是本原的状态。苏轼对“天工”与“天全”的推崇、计成对园林“天趣”的追求，都或多或少地体现了庄子的影响。

---

① 刘曦林：《中国画三度论争的思考》，载《美术》2000年第4期。

② 刘曦林：《中国画三度论争的思考》，载《美术》2000年第4期。

③ 陈孝信：《天地大美、时代象征——周韶华山水画艺术简论》，参见刘骁纯《周韶华全集》第3卷，湖北美术出版社2010年版，第14页。

④ 周韶华：《我的艺术观与方法论》，参见刘骁纯《周韶华全集》第7卷，湖北美术出版社2010年版，第47页。

⑤ 周韶华：《我的艺术观与方法论》，参见刘骁纯《周韶华全集》第7卷，湖北美术出版社2010年版，第46页。

最后，道冲盈含容，真气内聚，造就了“大美”雄浑、博大的境界，如司空图对“雄浑”的描述：“大用外腓，真体内充。反虚入浑，积健为雄。”①

相比之下，周韶华的“大美”理论②似乎与庄子的观念差别很大，他说：“我把《乐记》中讲的‘大乐与天地同和’、与天地人合一的整体把握以及整体和谐的思想作为大美的理论支柱。”③庄子的“大美”也讲和，不过是冲和、太和，是“人的生理生命、心理生命和天地生命的大融合”④，落脚点在人的心灵的内部和谐，代表的是传统道家哲学的和谐思想，而“大乐与天地同和”则是传统儒家和谐观的典型表达，其价值指向与庄子的“大美”明显不同。“大乐”之“大”，也不是体量之大，它是指音乐的本体，是根源性的“大”，这是与庄子“大美”之“大”内涵相通之处。但是，它的落脚点既不是人自身的和谐，也不是音乐的和谐所反映的宇宙间生命的“大和”，而是它的社会功能，也就是在“乐合同，礼别异”层面上讲的社会中人与人关系的协调、调和，可以说是另一种“大美”，一种有伦理道德意蕴的和谐。

周韶华的“大美”观内涵丰富，包容、整合了多方面的观念。首先，他吸收了孟子“我善养吾浩然之气”“至大至刚”“充实之谓美”的观念。在周韶华看来，“艺术创造是心灵的闪光，是内气的勃发，是超常的灵魂力量、人格力量、知识力量和情感力量的集中表现。”⑤一方面，艺术是对创作主体精神的升华，而主体是影响中国画品格的决定性因素。士大夫羸弱、萎靡的精神气质是阻碍中国画转型的绊脚石。“浩然之气”就是对文人画的创作主体的精神输血，进而“提高主体的精神境界、人生境界”⑥。另一方面，人品决定画品，二者是相匹配的。创作者的气质决定着作品的气象。因此，周韶华推崇孟子，在中国画的表现中引入了阳刚大气的精神。这是文人画遗失已久的品质。其次，他

① 朱良志：《中国美学名著导读》，北京大学出版社 2006 年版，第 121 页。

② 在《感悟中国画学体系》中，周韶华的观点又发生了一些变化，他认为庄子讲的“大美”是“气包洪荒的天地大美，是天地的内在本质，也是大美的最深根源”（周韶华：《感悟中国画学体系》，湖北美术出版社 2014 年版，第 23 页）。

③ 周韶华：《呼唤大美》，参见刘骁纯《周韶华全集》第 7 卷，湖北美术出版社 2010 年版，第 30 页。

④ 朱良志：《中国美学十五讲》，北京大学出版社 2006 年版，第 318 页。

⑤ 周韶华：《呼唤大美》，参见刘骁纯《周韶华全集》第 7 卷，湖北美术出版社 2010 年版，第 49 页。

⑥ 周韶华：《追寻大美，建构盛世文化——周韶华访谈》，参见刘骁纯《周韶华全集》第 7 卷，湖北美术出版社 2010 年版，第 31 页。

融入了生命不息、创造不止、雄浑博大的民族文化精神。用周韶华的话讲，这是大美的“文化底蕴”，因为现代中国画的建构“不是简单的重复和小修小补，不仅是以独立的人格和自由的创造为核心”①，而且还“要以主体文化母语为命脉，才能打破现状，站立在时代前沿，注入新的艺术元素”②。没有它，中国画转型就没有文化针对性。再次，因为周韶华是军人出身，多年的革命斗争经历，对他的艺术观产生了深刻的影响。他后来讲“残酷的斗争很能磨炼人，最主要的是锻炼出我不畏艰险的意志和人格力量。革命不是请客吃饭……后来遇到许多麻烦事，如果没有这种锻炼，恐怕是很难挺得住的”③。革命英雄主义的情结促使他不怕艰难困苦，去争取探索“大美”精神的胜利。

多元观念的融合形成了周韶华的“大美”④观，即“大视野、大思维、大格局、大气象的综合表现，是一种超时空的艺术观”⑤。这是一种极具整合力的艺术观念，“大美”就是打破现有艺术思维的限制，以不受局限的视野观照古今中西，超越时空的隔阂，所以周韶华讲“包容性、整合性、超越性与和谐性是中华文化精神的内核，也是我的大美观的美学本质”⑥。看得出，大美不仅是一种艺术观，也是一种美学追求，提出大美的出发点和落脚点是为了实现中国画的现代转型，因为“转型的核心是呈现现代语境和彰显大美”⑦。“大美”观直接针对的就是文人画注重的个体内心的情趣，这里暂且不论周韶华做得如何，在反叛文人画趣味的同时，他意图提出新的审美趣味。提出“大美”也是对文人画审美价值的改造，传统文人画的创作立足于个体生命的心灵安顿，而在周韶华看来，现代山水画是为了“高扬生生不息的中华文化精神”⑧。

---

① 周韶华：《感悟中国画学体系》，湖北美术出版社 2014 年版，第 34 页。

② 周韶华：《感悟中国画学体系》，湖北美术出版社 2014 年版，第 34 页。

③ 周韶华：《大海回响区——〈大海之子〉创意的萌生》，参见刘骁纯《周韶华全集》第 7 卷，湖北美术出版社 2010 年版，第 125 页。

④ 周韶华提出的“大美”与中国古典美学范畴“壮美”以及西方美学范畴“崇高”都是不同的。理论基础不同，表现出的形态也不同。

⑤ 周韶华：《追寻大美，建构盛世文化——周韶华访谈》，参见刘骁纯《周韶华全集》第 7 卷，湖北美术出版社 2010 年版，第 59 页。

⑥ 周韶华：《追寻大美，建构盛世文化——周韶华访谈》，参见刘骁纯《周韶华全集》第 7 卷，湖北美术出版社 2010 年版，第 30 页。

⑦ 周韶华：《追寻大美，建构盛世文化——周韶华访谈》，参见刘骁纯《周韶华全集》第 7 卷，湖北美术出版社 2010 年版，第 30 页。

⑧ 周韶华：《追寻大美，建构盛世文化——周韶华访谈》，参见刘骁纯《周韶华全集》第 7 卷，湖北美术出版社 2010 年版，第 30 页。

周韶华认为大美的建立有三个重要的因素："一是创作主体对上下五千年的中华文化包括民间文化有观照力；二是对外来文化有融合力；三是对当代美术有建树力。这三力之合，才能体现大美的完整文化内涵。"①前两者是对隔代遗传和横向移植的实践，后者是现代中国画的创新点所在。那么，周韶华的山水画实践是怎样的呢？其新的突破在哪呢？这将是下节要考察的重点问题。

四、建构现代意象新水墨体系

比起其他传统延续型画家，周韶华对山水画(主要是文人画)传统的批评更为彻底。但是，他对文人画"小传统"的悬置并不意味着对"大传统"的遗弃。传统内在的东西是永远有生命力的，而现代山水画是要从历史的辉煌中再创新的辉煌。这种观点与傅抱石、李可染、陆俨少等人大致相同，但又有一些区别。后者"基本上延续了传统中国画的规范，坚持以笔墨为主要语言方式(包括材料工具以及对材料工具使用的基本方法、技巧)"②。而周韶华显然已经超出了文人画的图式规范。他追求"意象新水墨"的呈现，开拓了当代山水画的新疆土。当然，这得益于他对中国画传统的研习，并以中华元典精神来建构中国画的本体。

(一)意象本体的建构

中国画的本体一直是周韶华关注的主要问题。早在提出"横向移植"与"隔代遗传"的观点时，他就强调了本体的重要性，"遗传也好，移植也好，都必须在艺术本体上解决勾连与融合的问题。无非是图式换型、语言转换，解题方案不能离开艺术本体语言这个基本点，这是我自己始终守住的最基本的立足点。"③周韶华的这种认识平实而不失深刻，抓住了艺术创新中最紧要的关节点，那么什么才是他所认为的艺术本体呢？考察周韶华艺术理论的演变，看得出他对这一问题的看法是不断深化和逐渐明确的。在1984年的《再论全方位观

① 周韶华：《追寻大美，建构盛世文化——周韶华访谈》，参见刘骁纯《周韶华全集》第7卷，湖北美术出版社2010年版，第31页。

② 郎绍君：《以复古为革新——艺术演进的一种方式》，载《文艺研究》2011年第3期。

③ 周韶华：《追寻大美，建构盛世文化——周韶华访谈》，参见刘骁纯《周韶华全集》第7卷，湖北美术出版社2010年版，第39页。

照》中，提示到了“意象神韵”一词，在2007年的《走进中国画美学思想的深处》中，认为“意境创造是中国画的灵魂”，但语焉不详。在2014年出版的《感悟中国画学体系》一书中，周韶华正式提出“中国画的本体是意象造境体系”，并有详尽的阐发，至此，他的艺术本体论建构形成体系。虽然，他的观点表达存在着模糊不清的地方，有些看法值得商榷，甚至理论内部有些许矛盾之处，但其正面的价值不容否定。纵观20世纪的传统延续型画家及理论家，对变革山水画用功甚多，不可谓不成功，在理论建构上，或师法古人，或学习西方，但一直没有形成一个体系性的理论形态，更遑论立足于传统，承袭中华文化精神的本体论了。

那么对于周韶华来讲，“意象造境体系”的观点是如何形成的呢？这就要归功于他对中华元典精神的考察。“元典”一词出自当代学者冯天瑜，他在《中华元典精神》中认为“那些具有深刻而广阔的原创性意蕴，又在某一文明民族的历史上长期发挥精神支柱作用的书籍方可称之为‘元典’”①。元典既是文化之源，又是文化的脊梁，在中国传统文化的历史中，可以称为元典的有《诗》《书》《礼》《易》《乐》《春秋》这“六经”。周韶华对冯天瑜的认同，赞同元典精神的提法，正是基于他们对元典相通的看法，亦即“元典深刻的哲理和富于人民性的思想，是启迪中国文化人的无尽源泉。此外，元典的经世观念、变易精神则为各个历史转折关头的革新者所借重”②。中国画的本体问题就是周韶华所面临的战略问题，在这个问题上，他认为“中国画学的艺术本体基因要素是从元典中分离出来的，中国意象水墨又是中国元典要素的复合体”。周韶华对中国画本体的阐发是从元典出发的，他最为推崇的是《周易》，因为它是中国传统思想的源头。传说伏羲画八卦，文王演六十四卦，周公撰爻辞，孔子作《易传》，从而形成了一整套完整的卦爻辞与卦爻象符号体系，象征着天地之间的事和物。他认为“意象”的概念是由《周易》发端的，准确地讲是因“象”而起的，“当以‘立象尽意’与‘形而上之道’合成为中国画学的意象理论之源。”③这么讲是有道理的。一方面，因为象是《周易》基本的元素，有爻象和卦象，创立象的目的就是为了表达宇宙间的万事万物，正所谓“圣人有以见天下之赜，而拟诸其形容，象其物宜，是故谓之象”④。所以讲“立象以尽意”是意象

① 冯天瑜：《中华元典精神》，上海人民出版社1994年版，第515页。

② 冯天瑜：《中华元典精神》，上海人民出版社1994年版，第91页。

③ 周韶华：《感悟中国画学体系》，湖北美术出版社2014年版，第8页。

④ 黄寿祺、张善文：《周易译注》，上海古籍出版社2004年版，第508页。

论的源头，合乎义理和学界的普遍认识。一方面，周韶华关于“形而上之道”的提法，则是吸收了老子“道”哲学的精神。老子赋予了“道”本体论的内涵，并将象提升到道的层面，所谓“执大象，天下往”。大象超越了物象、易象，与道齐名，“成为可以指称形而下世界和形而上世界，并且足以沟通这两个世界的符号系统”①。大象是对易象的深化，而道论既为意象论的构建提供了本体论的支撑，又深刻影响了中国的艺术观，周韶华对此也深表赞同，他认为“这是中国画学的根性思维，在技法中也无不渗透着哲理化的对道的思维”②。

在周韶华看来，对中国古典美学中“意象”“意境”的阐发是为“意象新水墨”提供理论的支撑。虽然传统文化的资源丰富多姿，但经历过多次的文化批判和外来文化的冲击，纵观当代中国画界，传统中国画的精神已流失许多，画家及理论家对传统已经有了隔膜，更多的是西方学术话语的流行。20 世纪上半叶，只有少数的学者如宗白华、朱光潜、邓以蛰等人关注意象理论，其中以宗白华的观点最具代表性，点出了中国艺术意境的特征，他讲“以宇宙人生的具体为对象，赏玩它的色相、秩序、节奏、和谐，借以窥见自我的最深心灵的反映；化实景而为虚境，创形象以象征，使人类最高的心灵具体化、肉身化，这就是‘艺术境界’。艺术境界主于美”③。20 世纪 80 年代以后，李泽厚、叶朗、汪裕雄、王振复等学者对意象、意境等范畴进行了多层面的考察，周韶华就是在他们的基础上展开了对意象的重新阐发，目的是为建构中国画的本体努力，为此，他提出了一个新的词汇“意象造境”，认为它是“中国画意象特征的核心话语”④，那么意象造境是什么呢？即“天地人和大化，也是作者天地情怀的心境彰显”⑤。他还讲“刘勰的‘神与物游’是意象造境的基本观照方式”⑥。究其实，“神与物游”就是周韶华全方位观照论在中国美学中的落实，他把“神与物游”解释为“由作者走进宇宙人生，聆听大千世界的回声，与自然神会，入乎其内，出乎其外，在‘至大无外，谓之大一；至小无内，谓之小一’的宇宙洪荒中作超以象外和‘象外之象’的天地间神游的领会”⑦。与全方

① 汪裕雄：《意象探源》，安徽教育出版社 1996 年版，第 159 页。

② 周韶华：《感悟中国画学体系》，湖北美术出版社 2014 年版，第 17 页。

③ 宗白华：《中国艺术意境之诞生》，参见宗白华《美学散步》，上海人民出版社 1981 年版，第 70 页。

④ 周韶华：《感悟中国画学体系》，湖北美术出版社 2014 年版，第 56 页。

⑤ 周韶华：《感悟中国画学体系》，湖北美术出版社 2014 年版，第 56~57 页。

⑥ 周韶华：《感悟中国画学体系》，湖北美术出版社 2014 年版，第 56 页。

⑦ 周韶华：《感悟中国画学体系》，湖北美术出版社 2014 年版，第 57 页。

位观照相比，二者是相通的，都是对天、地、人的融合，这也体现了周韶华美学思想的连贯性。而意象造境则是他的“大美”观念的转化，是这种超时空艺术观对意象的渗透，给意象注入了宇宙大化的生命精神，因此意象艺术所呈现的是人与世界融为一体，天、地、人共生的境界，也是在天地间吞吐的主体精神的表达。

（二）意象新水墨的探索

对于自己的艺术探索的目标，周韶华在1997年写成的《我的艺术观和方法论》中说：“中国画的革新是寻求传统水墨画现代转型，建立起中国的独树一帜的理论体系和形式语言体系。”①那么现代中国画是怎样的呢？在《感悟中国画学体系》中，周韶华以“意象新水墨”作为他的追求，并力图使之成为“中国当代艺术主流形态”②。在不断的创作和理论思考的过程中，他对中国画转型的推进不断具体化、深化，意象新水墨就是现代中国画的表现形态，是周韶华深思熟悉后得出的最终结论。在形式语言的探索上，他保持了与理论探索的同步，在力倡中国画的现代转型时，周韶华指出：“我在战略上通过黄河、长江、大海三大‘战役’与上下五千年的大传统贯通，在方法上通过线条与块面融合，水墨与色彩融合，章法与现代构成融合，解决中国画的现代性问题，真正实现中国画向现代转型。”③这就体现了全方位观照观念的精神，也是隔代遗传和横向移植在创作上的落实。

在黄宾虹、李可染等人的基础上，周韶华继续探索笔墨线条与块面结构融合的可能性。对于他来讲，西画的块面结构是非常值得期待的，可以吸收过来用以丰富中国画的线条表现。周韶华在融入块面时，注意到“西画的块面时立体写实的，必须与意象的中国画的结构相融合，特别要强化写意性、抽象性、象征性和文化性，才能把握住变革的灵魂”④。所以，为了画面结构的整体感，周韶华“依势布局，依势结构，让立体写实的大块面转化为平面结构并隐藏在

① 周韶华：《我的艺术观与方法论》，参见刘骁纯《周韶华全集》第7卷，湖北美术出版社2010年版，第46页。

② 周韶华：《感悟中国画学体系》，湖北美术出版社2014年版，第6页。

③ 周韶华：《我的艺术观与方法论》，参见刘骁纯《周韶华全集》第7卷，湖北美术出版社2010年版，第46页。

④ 周韶华：《我的艺术观与方法论》，参见刘骁纯《周韶华全集》第7卷，湖北美术出版社2010年版，第47页。

画面的深处，让线站在前台，让意象活现”①。与李可染对传统山水画笔墨线条书写性特征的弱化相比，周画“粗线条、大块面、富于激情”的结构形式②，可以说是对传统笔法墨法的反叛。在这点上，周韶华比李可染走得更远。③ 但他并没有倒向西方，而是坚持文化本位，只是他所中意的是雄强、大气的气质，而不是文人画所欣赏的含蓄蕴藉的品位。

对于色彩与水墨的融贯，周韶华的做法是，首先，改变了传统山水画留白的传统。从中国古典美学的角度看，所谓空白处不是空无，不是死寂的一片，它是与实处相对应的虚白，是整个画面的气口，有了它，整个画面才能气韵生动，正所谓“虚实相生，无画处皆成妙境”。而突破大面积留白的程式，以大块的黑色或白色来构织画面，其实，在周韶华的创作中，不只是单纯的黑白色，他运用了暗红、红黑的块色，建立了多彩的世界，改变了“知白守黑”的传统布局。其次，更重要的是，周韶华尝试打破“色不碍墨，墨不碍事”的观念和创作原则，在水墨还未干时，撞进一些矿物色，使之与墨相互融合，等完全干时，色墨混为一体，则呈现出特殊的肌理效果来，这就是他的“撞墨撞粉法”。明清之际的花鸟画界已经出现过“撞粉”“撞色”的技法，张大千的泼墨破彩也有相撞相融的因素在，但周韶华与之有明显的不同，主要表现在他吸收了水彩画的染色技巧，以及对水的巧妙使用，在墨色相撞的过程中，充分利用水的流动性，用水来打破色与墨、浓与淡的比例与布局，以此“墨破色，色破墨，浓破淡，淡破浓，打破了固有的成见，改变了以往的水墨画整体关系，改变了水墨画的固定样式”④。

在章法与构成的融合方面，周韶华从西画构图中吸取灵感。现代西方画讲究构成，以视知觉理论为基础，侧重于将画面中的各组成要素依照某种规则形式组合成具有视觉冲击力、张力感的新结构。他借鉴的主要是平面构成的观念，就是将现有的构成元素进行分解、组合，从而构成新的有规律、有秩序的张力结构形式。另外，为了彰显“大美”的审美境界，周韶华跳过自水墨画兴

① 周韶华：《我的艺术观与方法论》，参见刘骁纯《周韶华全集》第7卷，湖北美术出版社2010年版，第47页。

② 鲁虹：《开拓水墨画发展的新空间——周韶华的艺术探索及其意义》，载《美术研究》2011年第3期。

③ 对于李可染、周韶华等人的是非功过，后面笔者会有相应的讨论。

④ 周韶华：《我的艺术观与方法论》，参见刘骁纯《周韶华全集》第7卷，湖北美术出版社2010年版，第47页。

起之后的构图观念，追溯汉唐石刻艺术的大气格局，先秦青铜器的稚拙气象，以及仰韶彩陶、楚漆器的富有生命感的艺术符号，在中华文明的大传统中寻求适应现代构成的结构元素。在创作中，他的想法是取势为上，依据构成的原则，更多地选取传统文化中可用的符号和材料，并在此基础上达到整体结构的呈现。他“把取势求势作为主导，把力度作为一幅画的魂魄，依势布局，依势作画”①，根据画面需要，充分发挥想象力。比如《黄河魂》，在构造黄河的大气磅礴气势时，为了强化画面的视觉张力，满足境界表现的需要，周韶华将东汉的镇墓神兽放置在滚流不息的黄河水之前，可谓相得益彰，气象表现与情感抒发的效果都达到了。在后来的《汉唐雄风》《荆楚狂歌》中，他更为得心应手地选取画像石、历史人物等，或直接拼贴，或挪移并置，并根据画面布局，进行色彩、笔墨方面的处理和调整，如此配合，既突出了视觉效果与张力美感，又呈现了有东方审美品质的“大美”。

以上三方面是建立意象新水墨的战术要点，为的是最终创新的形式系统，这也是意象新水墨“新”的所在。用他的话讲，重中之重是创造属于自己的“形式语境符号”②，并且“从方法论到理论思维都毫不含糊地坚定明确地执着追问，并且恒定地坚持，寂寞求道”③。事实上，通过不停地摸索和尝试，在《大河寻源》至《世纪风》等诸多系列的作品中都体现了周韶华独特的形式语言。

概而言之，从更为宏观的视角看来，作为倡导山水画现代转型的重要人物，周韶华通过他的创作及与之匹配的观点传达了山水画在新的历史阶段面临的选择和解题方案，那就是：在东西文化并立和融合的复杂情形下，用东方文化的价值观重塑东方美，建构贯通古今，融会中西和面向未来的“意象新水墨”。这是周韶华值得称赞的地方。不过，纵观周韶华的意象新水墨，存在着一些“瑕疵”，这也是他经常被诟病的地方：画得没有说得好。尽管他不承认，还为自己辩解：“只要是新的探索，开始就不会那么完美无缺，总是有点带着

---

① 周韶华：《我的艺术观与方法论》，参见刘骁纯《周韶华全集》第7卷，湖北美术出版社2010年版，第49页。

② 周韶华特别强调“语境”一词，与其他人的理解不同，他认为“经过主体的具体感受、体验、理解和升华了的语境，具有强烈的主体色彩。语境是由主体情感与血液浇灌的充满了人性的语言”(周韶华：《感悟中国画学体系》，湖北美术出版社2014年版，第227页)。所以，周韶华的绘画形式语言独具个性，画家的主体性得到了最大程度的彰显。

③ 周韶华：《感悟中国画学体系》，湖北美术出版社2014年版，第226页。

遗憾走向光明的。”①但不可否认，周韶华在技巧的熟练运用比如对笔墨的锤炼就不够，画面的形式语言还有稚拙的痕迹，有时线条过于粗犷而经不起推敲，可玩味的意趣不多。在笔者看来，作为一位革新型的画家，周韶华是值得肯定的，而这些细节问题还不足以影响学界对周韶华在山水画转型方面的贡献的评价。

（作者单位：武汉大学哲学学院）

① 周韶华：《与鲁虹君夜谈》，参见刘骁纯《周韶华全集》第 7 卷，湖北美术出版社 2010 年版，第 87 页。

经济审美化现象探析

古　怡

德国当代美学家沃尔夫冈·韦尔施主要使用"全球审美化""经济基础审美化""物质审美化"等概念来诠释当今世界的审美化现象。他认为，我们生活的这个现实世界正经历着深刻的全球审美化的进程。① 这个所谓审美化进程就是指过去非审美的东西转变成审美的或被理解为审美的。我们看到，通过审美设计活动，现实世界正越来越多地被设计因素、审美因素所装扮：从城市空间到门户把手，从俊男靓女到每一块铺路石。艺术和审美活动已走出传统象牙塔般的神圣领域而充塞在日常生活之中。世界的"审美化"图景表明：日常生活已成为被装点上艺术品格的日常生活，而现实已成为被裹上一层精美糖衣的现实。当然，在这种又称之为"日常生活审美化"的现象背后，审美设计活动的作用无疑不容小觑。与此同时，我们应该看到，这种审美化的根源与目的，大多还是出于经济目的的考量。因为只要与审美和艺术关联，商品会得以事半功倍的销售。这种经济与美学的联姻，正越来越得到经济学家和美学家们的认同。他们认为，"日常生活审美化"是对体验经济时代的一种描述。② 甚至认为，我们就处在一个体验经济的时代③。在这个体验经济时代，审美化被作为一种策略来促进经济的发展，同时，在经济活动的诸多环节的审美化又拓展着审美的领域。

一、作为经济策略的审美化

"审美化"成为一种经济策略，有着经济发展的内在要求。这在于审美因

① ［德］沃尔夫冈·韦尔施：《重构美学》，陆扬等译，上海世纪出版社 2006 年版，第 3 页。

② 叶朗：《美学原理》，北京大学出版社 2009 年，第 313 页。

③ 叶朗：《美学原理》，北京大学出版社 2009 年，第 314 页。

素在当代经济发展中拥有了越来越突出的价值。所谓的经济审美化，就是指在经济活动所包括的生产、销售与消费的全过程，审美因素都起到重要主导作用。尽管人类经历过长达5000年的设计文明史，但审美因素在经济活动中起到越来越重要的作用，则还是非常晚的。20世纪之前的设计史基本上是一部服务于权贵的设计史。设计的目的在于表达权贵的品位，以利于与大众相区分，并且更多的是出于阶级统治的政治考量；此时的设计无关市场无关销售。

进入20世纪，社会生活与时代的巨变，致使设计的对象由少数权贵转向大众；特别是市场结构的变化引起了设计内涵的巨大变化。伴随新世纪来临的是工业机器生产的发展，工业企业首先是注重功能主义的产品生产；然后是注重开发实用与审美并重的产品。在市场竞争中，设计首次作为一种因素在经济活动中被需要。而随之风行的商业主义则逐渐把设计转变为促销工具。由此，传统工业企业由主要注重产品的功能性开发转而注重开发功能与审美相结合的产品，审美设计也因而成为企业拥有更多卖方市场份额的法宝。

进入20世纪60年代，生产的标准化与规模化带来的是一个产品日益丰盛的买方市场的经济社会结构。社会产品的极大丰裕乃至过剩又使得销售与美学密切关联。与此同时，消费主义文化促成了一个“消费者社会”的形成。① 消费者日益试图通过对商品和服务的消费活动本身来满足需求与欲望，而不再满足于对商品和服务的实际功能的自然需要上。在此，非必要的产品反而逐渐成为主要的消费品。消费不再仅仅与经济学的需要与满足相关，消费本身成为审美的体验与满足。这也就意味着所谓“体验经济”的时代的到来。与传统注重商品的使用价值和交换价值的购买不同，现在的消费者更愿意购买具有文化与审美价值的产品，甚至愿意购买一种精神享受、一种审美体验，正如他们在品牌追逐中所体验的那样。

在对这种“体验经济”的考察中，经济学家认识到，这是一种区分于传统经济的新型经济形态。传统的农业经济和工业经济都是围绕产品的功能性和服务性而展开的经济形态；而20世纪六七十年代以来的“体验经济”则是一种注重功能性和审美性、物质产品与审美体验相结合的经济形态。简而言之，这是一种注重经济与美学联姻的经济形态，它把审美化作为经济发展的一种基本策略。当然，在传统古典美学看来，审美无疑是无关经济活动的。这在于审美往

① [法]让·鲍德里亚：《消费社会》，刘成富等译，南京大学出版社2008年版，第2页。

往被认为是对功利性、现实性的一种超越；审美甚至在德意志浪漫主义者那里被认为是反抗功利主义的资本主义社会的重要工具。但是，当代审美活动的实际情形和资本主义的当代发展形态却让我们见证了“经济审美化”的现实。这就是审美因素已成为当代经济增长的基本动力。

“体验经济”，又被称为审美经济、美学经济。它就是要利用美学知识和审美因素来促进经济发展。早在资本主义工业化时期已出现以工业设计为代表的审美设计，并在20世纪50年代以来的后工业化时期出现了文化产业的转型。这理应被视为在20世纪以来美学逐步影响经济的进程。但是，经济审美化趋势被认为最早出现于20世纪六七十年代的资本主义经济发展中，这在于审美在此已成为影响经济的重要因素，已演变为经济发展的重要动力。在“体验经济”的形态，从产品的设计，到生产到销售，乃至到消费的全过程都呈现出了审美化的现象。在产品设计与规划中，不再是一般的形式美化，而是要求更多的文化内涵，并能保持一种文化品位的不断创新。在生产中，体验经济形态要求生产活动的设计性、技术性以及风格化。强调产品的文化属性不再如以往是由“浅层”的表面装饰就可以达到的；而是要在更深层的生产过程中被凝聚。在流通与销售中，运用审美营销来关注情感和享乐的领域，而不再关注理性与功能；销售的主旨则在于创造一个不断变换的、具有吸引力和排斥力的审美空间。

二、生产的深层审美化

在《重构美学》一书中，韦尔施基于当代全球的审美化现象的批判，区分了两种审美化现象：一是指基于美化装饰、休闲娱乐以及消费体验的浅层审美化；二是指基于生产过程和传媒建构的深层审美化。① 尽管这是针对一般审美化生产所作的区分，但它也是适合于经济审美化趋势中的产品生产的。在此，产品生产中表层的审美化，是由生产之前的设计活动所规划和生产后所包装的，并通过实际生产过程来完成。不过，它主要体现的是形式的装饰美化，而以产品的外观形式凝聚在产品的表层。

与此同时，还存在一种深层的审美化。这是指在生产过程中，制作产品的

---

① ［德］沃尔夫冈·韦尔施：《重构美学》，陆扬等译，上海世纪出版社2006年版，第8、9页。

材料本身也已经变成审美创造的产品。这是因为，借助微电子技术，这些材料的设计与预制，往往都由电子显示器模拟、修正、直至生产。这种模拟显然并非是对现实的模仿，而更应该被理解为一种审美创造过程。也就是说，审美过程不仅仅如同一种软件包裹硬件一样美化和装饰已成形的物品，影响其外表；而且也体现在这些物品或硬件的生产过程之中，这一审美过程甚至决定着它们的结构与内核。在这样的意义上，所谓的审美化已不再仅仅是一种浅显的经济策略，它“发端于最基本的技术变革，发端于生产诸过程”①。韦尔施也将这些过程命名为“物质的审美化”②。

无独有偶，霍尔认为：“美学已经渗透到现代生产中。”③所谓浅层审美化也就类同于霍尔所说的代表商品文化属性的那层“蛋糕上的酥皮”，它仅仅只能算作一种浅表的装饰美化；霍尔强调的要把文化属性融入到商品内部，也正是韦尔施主张的深层审美化。之所以要嘲笑浅层审美化，不仅因为浅表审美化意味着伪装审美的可能，正如我们会嘲笑在一张金属椅面上再上油漆并以木纹装饰，也会批评那些被过度包装的产品；而且由于浅表审美化还有可能导致一种审美的泛滥、一种将会钝化我们审美感觉的“平均美”。之所以要主张深层的审美化，不仅是因为它强调在产品内部形成技术与艺术、实用与审美的统一；而且因为它代表着我们对于现实的整体把握，也是一种源于审美创造的把握。

三、消费的品牌化与体验化

无论对于生产还是对于消费，经济审美化策略自然都是围绕审美的。消费自然是围绕审美的消费。审美的基础就是指“品位”，它并非物质性与现实性的产品，它是想象性和情感性的，它实际是指一种鉴赏和享受的能力。消费者的审美品位自然成为工业发展的动力，这又要求生产者出售更多的审美体验而非实际物品。

在所谓“体验经济”的时代，经济行为的目的本质上也就在于出售更多“体

① ［德］沃尔夫冈·韦尔施：《重构美学》，陆扬等译，上海世纪出版社 2006 年版，第 8 页。

② ［德］沃尔夫冈·韦尔施：《重构美学》，陆扬等译，上海世纪出版社 2006 年版，第 8 页。

③ 凌继尧：《对“日常生活审美化”研究的反思》，载《东南大学学报》2007 年第 6 期。

验”。在这种注重所谓“满足感”的经济行为里，消费已变得非物质化了。消费在此并不需要对商品的绝对占有，正如从电子游戏到商业街闲逛都会是消费的主题。消费在此表现为情绪和情感的可消费性。相比于传统经济的物质产品，体验经济时代的品牌成为消费的中心。在“体验经济”的时代，品牌内涵越来越脱离产品有形的物质特征而转向消费者对品牌全方位的体验和感受。品牌也成为非物质性的，品牌的形象开发成为提速消费快车的引擎，甚至产品逐渐成为品牌主观体验的简单载体。消费的主要对象不是产品而是品牌。企业的品牌化策略所宣称的根本不是产品本身，而是宣称其卖的是符号，卖的是意义，卖的是生活方式，甚至卖的是一种回忆、一种氛围。① 品牌化运作可谓全球企业发展的法宝。品牌化的扩张天性正在织就一张全球化的品牌网络，它超越着文化与空间的障碍，尽可能地充塞着我们的生存空间。当然，品牌化也正在不断走向它的终线。一般认为，耐克是服饰品牌化的领袖，但它同时也带头冲向了品牌的终线：肉身的品牌化。我们看到，耐克的飞扬标志符号被直接刺在人体上。这难道意味着肉身的品牌化、人体的品牌化吗？

就出售“审美体验”而言，可发现经济策略的侧重所在。在影响消费者方面，首先是审美氛围，其次才是商品。消费中实际是一种审美品位取代商品成为消费中心。正如韦尔施所类比的那样，作为软件的美学占了主位，而作为硬件的产品则成为了附件。② 原先产品是为了满足现实的、实际的功用，而现在一种审美氛围远远高于产品本身，并起到主导作用。另外，这种审美氛围的营造往往通过广告策略品牌运作来实现。广告的中心往往无论产品的质量，而只在于如何成功地将其与消费者的审美品位联系起来。这样消费者实际上获得的并不是现实的物，而是通过物，获得由广告昭示的产品所承载的、品牌所蕴涵的品位、格调与生活方式。而从今天社会整体所宣扬的文化价值来看，这些品位、格调与生活方式又是被审美所塑造的，由此可见，审美已不再仅仅作为产品的包装、外衣或是载体，而实际上成为产品的本质所在。

在体验经济的时代，消费就意味着关于非物质性的品牌的消费。这在于消费文化赋予品牌的文化意义、审美价值已成为主导价值，而作为物质性产品的实用价值已成为次要价值。购买与消费的对象已经非物质化了，它可能是一种

① [加]娜奥米·克莱恩：《颠覆品牌全球统治》，徐诗思译，广西师范大学出版社2009年版，第43页。

② [德]沃尔夫冈·韦尔施：《重构美学》，陆扬等译，上海世纪出版社2006年版，第7页。

心境、一种回忆甚至一种单纯的氛围。我们在下面的一个关于品牌体验与品牌忠诚度的调查案例中可以感同身受地理解这种体验经济时代在社会消费层面带来的变化：

我不知道作为一个大学教师，以我的收入水平，什么时候能够真正地购买得起 Chanel 外套或者其他心仪的产品。但是，我对这个品牌有着美好的情感。因为，在 2003 年的某个下午，在尖沙咀的 Chanel 店里，营业员和我一起安静地欣赏那件粉红色的纱质背心时，温暖而充满认同感的话语，让我在这里留下了最美好的消费体验。我在其后的数年间，虽然还没有购买过一件这个品牌的衣服，但是，我却在许多场合谈到了这一次购物体验。而这种对体验的谈论，又在深化着原有的体验。或许因为我从专业视角的描述，又或基于对我个人的信任，我被告知这个故事打动了许多听过这个故事的人。这些人也如此希望具有这样美好的消费体验，这些人对这个品牌的认知进一步加深，这些人还可能已经成了 Chanel 的顾客。我反观自己在这件事情中扮演的角色，第一，我是品牌有效的口碑传播媒介；第二，基于曾有过的美好的体验，在我能购买和穿着 Chanel 的时候，我一定是它的忠实的顾客。

（作者单位：武汉纺织大学服装学院）

中国美学

文化的同一性与糅合性

——全球化时代的中国文化与美学

[德]卜松山

40年前(1977)，Thomas Metzger出版了在汉学界享有盛誉的《摆脱困境：新儒学与中国政治文化的演进》一书。Metzger在书中探讨了十九、二十世纪交替时期中国学者面临的严峻问题：中国的现代化以及如何赶上西方而不放弃两千年来文化上宝贵的儒家学说。自20世纪20年代始，儒家思想被马克思主义意识形态所取代，并且自1949年中华人民共和国成立以来，后者被牢牢确定为新的话语规则。Metzger令人信服地论证到，尽管自1919年五四运动以来，所有新的左翼意识形态涌入中国，但儒家思想并没有像Joseph Levenson(在他1958年发表的《儒教中国及其现代命运》中)所预言的那样，被贬黜到中国哲学史博物馆。相反，作为构成中国文化精神整体的一个必要部分，儒家思想得以幸存下来，并在塑造现代中国过程中悄然保持着影响力，即便是该时期像毛泽东这样的激进人物，尽管他们试图为中国建立一种全新的思想秩序，但由于其深受中国文化传统浸染，已无法完全摆脱儒家思想影响。

上述历史实例对于本文主题具有重大意义。它涉及文化与文化邂逅所产生的文化坚守问题——既有恶性的文化对峙，譬如19世纪(鸦片战争后)中西方的第一次文化撞击，也有最新的较温和的文化相遇，文化间的相融与渗透，即所谓的全球化①。因此，全球化时代中的文化意义与文化身份便成了一个亟待解决的问题。

在当今的讨论中，我们发现人们对这个问题作出众多不同的反应，所有的

① 然而，这只是全球化的一个方面。众所周知，全球化辩证地存在，它的运作产生了区域化，其力量同样巨大，譬如世界上许多角落正在兴起的原教旨主义。

反应都以这样或那样的方式折射出更广泛且更具争议的议题：普遍主义与特殊主义的关系(或文化相对主义)。当一些后现代理论家宣称，一般而言，文化终将沦为一件具有讽刺意味的博物馆藏品；其他一些理论家则声称，在一个全球同化且拥有普遍标准(例如人权)的时代，提及国家文化，在政治上已不再正确。他们警示世人本质主义陷阱的存在，并指出原教旨主义与恐怖主义的抬头，转而劝告世人，应聚焦于混杂、迁移、多重身份与文化交叉，要言之，即全球规模的美国的移民体验与意识形态大融合。而其他不属于后现代主义阵营的评论家们则反对这一全球人类混合理念，他们认为无论这一观念在政治上如何正确，在实践中仍有可能面临困境。例如 Michael Walzer 警示道："社会一定是特殊的，因为他们拥有成员与记忆。这些成员不仅拥有他们自身的记忆，而且还拥有他们共同生活的记忆。反之，人类虽然拥有成员却不拥有记忆；因此它没有历史，没有文化，没有风俗习惯的实践，没有熟悉的生活方式，没有节日，没有对社会精神财富共有的理解。"①

那么，我们是否仍可以在这一新语境下讨论文化与文化身份呢？在世界上的其他一些地方，比如在阿拉伯国家、非洲国家、印度、大洋洲或中国，人们是否与(后)现代社会西方人一样，有着无法对文化作出断言的焦虑？或者，后现代主义者们关注的不是某种仅属于后工业及日益多元化的西方社会的东西，而是混杂于多重身份——一个与那些不曾从这些地方去西方文明新福地的人不太有关的命题？

Walzer 仅谈到"社会精神财富"的共享理解，那么艺术与美学的共享理解又该当何解？作为一门认知学科，美学是人文科学的主要部分，尽管它们由西方学术界所构建，但如今已成为具有广泛意义或全球意义的体系。然而，不像在自然科学领域，例如物理学，其所有形式只能是全球共通的，而在人文学科中，例如哲学、文学或美学等艺术，却仍然存在着众多不同，因为它们更多地受限于各自国家的社会条件与发展。艺术与美学是构建一种文化尤为重要的部分：除语言外，神话、观念、典故的文化构架以及文化、艺术、宗教、哲学的关联，简言之，即象征性的美学的取向(共享的文学艺术感性)迄今构成了任何一种文化身份的基础。

在下文里，我将融合当今关于文化与身份的讨论探寻中国美学之路——从

① Michael Walzer, *Thick and Thin*: *Moral Argument at Home and Abroad*, Notre Dame, Indiana: Notre Dame Press, 1994, p. 8.

传统到现代。本文第一部分阐述中国美学的主要特点，而传统中国美学曾被(现在仍常常被)视为中国文化身份的基础。第二部分有关后现代主义与全球化语境下对中国文化的最新讨论，中国现代美学的地位将得以探讨。第三部分即最后部分将以魏东——一位侨居美国的超现实主义艺术家的作品为例，论证中国传统与西方现代之间的紧张状态。魏东的作品将阐明当代中国艺术的错位与文化混杂的跨文化和后现代特点。

一、传统中国美学

“传统中国美学”是有关中国前现代艺术的一种现代说法。中国前现代艺术不仅包括诗歌、书法及绘画(作为最重要的文人艺术)，也包括建筑、陶艺、青铜器、音乐、武术等。尽管人们不可能发现所有这些学科的共同特点，但上述三种文人艺术(特别是一方面诗歌与绘画的结合以及另一方面绘画与书法的结合)仍有共同特点；且这些特点确实对中国人的文化身份产生重大影响。①

传统中国美学的第一个特点，是重视艺术作品中诗意特质的“含蓄”。这种特质可以在诗歌本身隐喻性的语言中观察到，而隐喻性的语言首先取决于意象的本性；其次在于语言和意象之外的意义。因此，我们有诸如“言外之意”或“象外之象”的说法。绘画中也需要含蓄，一幅理想的绘画作品应当承载一种诗意的形象，一种超越现实构图的回响(妙在画外)②，所以，传统上，中国绘画不以写实为目的，这样也就缺少线条透视绘图的特点，而线条透视绘画自文艺复兴以来就是欧洲绘画的主流，与此对照，例如在一卷手绘图中，透视是在展开绘画时从这一画景到另一画景中呈现出来的。③

第二个特点是对“气”的追求。在一幅艺术作品里，“气”应当传达生动感。

---

① 有关中国美学与文学理论的细节讨论参见 Karl-Heinz Pohl，*Aesthetik und Literaturtheorie in China：Von der Tradition bis zur Moderne*，Munich：Saur Press，2007。

② 黄越：《二十四画品》，参见《中国古代美术丛书》第 4 卷，国际文化出版公司 1993 年版，第 23 页；Guenther Debon，*Grundbegriffe der chinesischen Schrifttheorie und ihre Verbindung zu Dichtung und Malerei*，Wiesbaden：Wiesbaden Press，1978，p. 75。

③ 传统上，中国人了解“三远”，这可与欧洲的透视概念联系起来。郭熙(1020—1090 年)在他的《林泉高致》中予以讨论。林语堂译道：“从下往上看称‘高远’；从边缘向山中看称‘深远’；眺望远处称‘平远’。”Yutang Lin：*The Chinese Theory of Art*，New York：Putnam's Sons Press，1967，p. 79。

这里特指绘画与书法作品(尽管“气”在诗歌中也有讨论)。这一特性不仅与6世纪时谢赫提出的中国绘画第一法则——气韵生动相呼应；而且与有关艺术品的宇宙论思想，即自然创造力的主张相符合：一件艺术品在理想状态下应当像一件鬼斧神工般的作品，是由无法解释的“道”——宇宙之“道”(上述力量中“气”只是其中一种自然力)所为。书法中线条的重要性揭示了这一理念的内涵——黑白对比与画家偏爱用黑墨作画渲染了笔端的灵动。美学上黑与白的韵动比呆板的色彩更令人回味。

第三个特点是前面已提及的宇宙论概念，它能促进艺术作品中的两极平衡。我们注意到，诗人在诗歌中偏好对仗，即在一首诗中，某些对偶句一正一反地并列相连。这种使彼此并非对抗而互为条件的力量和谐化的趋势源于阴阳学说。这点可以在中国山水画中观察到：两种所谓“阴”与“阳”的力量在山水画中得到统一，即山为阳、水为阴。因此山水画从微观上抓住了世界和谐的宇宙秩序及其力量。

中国诗学艺术理论中的第四个特点是对两个看似矛盾概念的重视：自然与法。这两个相反的概念联合产生的出色美学效果，最能在所谓的“律诗”中观察和研究到。律诗兴盛于中国诗歌的黄金时代——唐朝。这些诗必须严格遵循有关诗行的长度、字数、平仄、对偶等规则。但是，当人们诵读那时期的作品时，无论是否为大师所作，人们总能感受到诗中风格的绝对自然与安逸。我们在中国画中也能发现类似特点。传统上，中国画也须遵循一定法则。然而在欣赏大师作品时，人们体验到的是超乎法则与现实的自由感。因此画家石涛(1641—1717年)指出的“至法，乃无法之法”，本质上是指所有法则如此圆融内通，以致它们可以自然表现。掌握这一本领的秘诀在于“功夫”。换言之，经过勤学苦练所能达到的“完美的直觉控制”①，即传统中所谓的“神韵”。

文人阶层里所谓的诗画家给中国美学设定了持久的标准。由于他们偏好书法特质，不屑写实，他们不仅欣赏譬如以墨作画(让人联想起书法)的文人特点，而且还发展了一种非专业的可以称作“朴拙”的非现实特质。因为他们敬仰以前的大文人画家，而且喜爱典故(不仅在诗歌且在绘画中)，所以后来的

---

① Richard John Lynn, Orthodoxy and Enlightenment: Wang Shih-chen's Theory of Poetry and Its Antecedents, in William Th, DeBary, *The Unfolding of Neo-Confucianism*, Columbia: Columbia University Press, 1975, pp. 217-296.

许多绘画一度被 Max Loehr 称为艺术史的艺术。①

与西方传统相比，中国传统美学凭借其含蓄、灵动、和谐、朴拙，及根据法则严格训练最终达到收放自如的传神境界等特性而构建了一个完全不同的世界(虽然其中一定有重叠的部分)。不足为奇的是，中国人认为这些特点正是中国文化至高至大的特点。这些特点在现代是中国文化身份十分重要的元素。因此，李泽厚与刘纲纪在其不朽著作《中国美学史》中认为，“审美境界”是生命中可以获取的最崇高、最高尚的意识②。他们将其列为传统中国美学最终极、最重要的特点。

二、现代中国美学与西方思想的邂逅

在现代，美学在中国与西方思潮作斗争的过程中承担一个特别的职能：美学是一个相对脱离政治的领域。基于这个原因，它吸引中国人自由地、不受政治约束地探索西方思想。作为美学的一个组成部分，艺术哲学给中国知识分子提供了可能性，使之与其传统观念联系起来。这点是重要的，因为与中国传统的社会与政治思想特别是儒家思想不同的是，中国美学传统不曾因接受西方思想与五四运动时期的激进反传统主义而被怀疑。颇为相反的是，当中国人在20世纪初开始定义他们与西方的关系时，他们把自己的文化理解为本质上属于美学范畴的一员。

因此，与西方思想的交锋一方面给中国人带来极其宝贵的新思想；另一方面它又允许中国人寻找可与其自身传统一致的熟悉概念。五四时期北京大学校长蔡元培率先明确表达了上述中国人文化美学的自我理解。通过在德国的求学经历他熟谙西方哲学，特别是康德哲学思想。他认为西方人很大程度上由宗教塑造而成。但对中国而言，他相信美学(礼仪、艺术与伦理的综合)的功能在精神上等同于西方宗教。因此他倡导现代中国以美育代替宗教。③ 当时文化上保守的知识分子热衷于以中国“精神”对抗西方“物质”文化。④ 因此中国美学

① Max Loehr, Art-Historical Art: One Aspect of Ch'ing Painting, *Oriental Art* N. S. 16, pp. 35-37.

② 李泽厚、刘纲纪：《中国美学史》卷一，新华出版社 1984 年版，第 33 页。

③ Gangji Liu: Verbreitung und Einfluss der deutschen Ästhetik in China, in K-H. Pohl, *Trierer Beiträge. Aus Forschung und Lehre an der Universität Trier*, 1997, vol. 10, pp. 8-13.

④ 特别具有影响力的是梁漱溟与其著作《东西文化及其哲学》(发表于 1922 年)。

“精神”层面的确定，加深了对中国文化的理解。

王国维是早期东西文化交锋的代表人物。他为20世纪创造了诸如“境界”“意境”等基础美学概念，以此表述一种艺术上完美的情景交融。他首次使用“境界”这一术语，仅是用来描述词，并未做出任何理论解释。然而这个术语（如同上文对李泽厚与刘纲纪的引述所表明的）很快拥有了广泛的美学意义，它表达了一种美学思想和心灵的最美好、最崇高的状态。王国维的这些概念源于中国传统（借用佛学词汇），但同时也出于他对康德与叔本华思想的感悟（如康德的“美学思想”）；因此他们代表着早期中西方文化间的思想交流。

刘纲纪在他的文章《德国美学在中国的传播与影响》中论证到，中国现代美学很大程度上通过接受德国唯心主义而形成，所以，20世纪的中国美学进程是由十八、十九世纪的德国哲学问题决定的。出于多种原因（常年战争、翻译中的大问题等），美学的这种沿袭——从鲍姆嘉通到康德再到马克思——传至中国约滞后百年。对马克思主义坚定不移的接受更是强化了这一趋势，其结果是现代中国美学家们大大背离了自身的传统，转而将精力集中于从欧洲历史衍生出来的而在前现代中国艺术思想中完全不存在的范畴，例如美或悲剧。因此与西方美学的交锋，将中国学者引至一个不熟识的领域，这种情况导致对欧洲思想若干有创造性的误解。受术语“aesthetics”的中文翻译美学①的引导，现代中国美学很大程度上称为“美的学问”（beautology）。② 20世纪中国著名的美学学者朱光潜与宗白华，两位都曾在德国求学，都熟悉西方思想。前者将黑格尔的美学思想介绍给中国，并致力于中西思想交流；后者虽是康德《第三批判》的译者和歌德的崇拜者，同样也致力于研究并进一步发展中国传统（即王国维提出但并未在理论上详细阐述的意境概念）。

当我们进一步探究中国美学史时，值得注意的是，即便在意识形态上相当激进的20世纪50年代（1956—1962年），美学仍然是一个允许相对自由讨论的领域——在不逾越使用马克思唯物主义方法的范围内。③ 除“美”这一概念

① 如同中国众多来源于西方思想的术语，“aesthetics”作为“美学”首先出现于日本，并从那里传到中国。

② Karl-Heinz Pohl，Chinese Aesthetics and Kant，in Mazhar Husain、Robert Wilkinson，*The Pursuit of Comparative Aesthetics*：*An Interface Between the East and the West*，Alderhot：Ashgate Press，2006，pp. 127-136.

③ Jianping Gao：The “Aesthetics Craze” in China — Its Cause and Significance，*Dialogue and Universalism*，1997，vol. 3-4，pp. 27-35.

外，当代中国美学界的领军人物之一李泽厚把“实践”也纳入其讨论。李的想法来源于马克思的《1844年经济学哲学手稿》，对他而言，实践是唯物的、有生产价值的活动，有如制造与使用工具。①

美学在“文化大革命”期间不再是一个讨论话题。然而，就在中国大陆十年浩劫爆发的这一年，徐复观在台湾发表了有关中国美学最具影响力的一书——《中国艺术精神》(台湾学生书局1966年版)。书中讨论了蔡元培与其他人所预想的中国艺术与美学，即提高其精神维度、加强其和中国文化身份的联系等。

“文化大革命”后(20世纪80年代)，中国经历了前所未有的“美学热”。这主要由杰出美学家的著作所引发，如朱光潜、宗白华及最重要的李泽厚。后者是该时期的泰斗。一方面，他引入诸如主体性与实践的新概念，而这些概念源于对康德与马克思主义思想②的融合；另一方面，他从 Clive Bell 和 Susanne Langer 那里汲取思想并在其广为诵读的著作《美的历程》中对中国艺术传统作出了鼓舞人心的解释。“美学热”得益于1976年粉碎“四人帮”后的政治解冻：经历了极“左”政治所导致的十年浩劫后，中国共产党慢慢摒弃了比如阶级斗争的意识形态，而提出“实事求是”的口号。李泽厚在美学领域提出的“实践”恰恰为这一崭新气候推波助澜。而且他的其他新创概念，例如“积淀”，作为一种在历史进程中社会与个人的融合体，所推导出的“文化心理结构”更是极大地丰富了该时期的美学讨论。这些思想导致了一场更广泛的涵盖政治与文化的美学讨论——20世纪90年代的文化热③。

三、美学：有关今日中国后现代主义与文化讨论的组成部分

随着20世纪80年代末后殖民主义的引入，研究重点从欧洲传统理论美学

① Jianping Gao：The “Aesthetics Craze” in China — Its Cause and Significance，*Dialogue and Universalism*，1997，vol. 3-4，pp. 27-35.

② 极具影响力的是李泽厚关于康德的著作《批判哲学的评判：康德述评》(人民出版社1979年版)。亦参见 Jane Cauvel，The Transformative Power of Art：Li Zehou's Aesthetic Theory，*Philosophy East and West*，1999，vol. 49，pp. 150-173；Woei Lien Chong，Combining Marx with Kant：The Philosophical Anthropology of Li Zehou，*Philosophy East and West*，1999，vol. 49，pp. 120-149.

③ Jing Wang，*High Culture Fever*：*Politics*，*Aesthetics*，*and Ideology in Deng's China*，Berkley：University of California Press，1996。

转移至文化。① 90 年代见证了以研究艺术、美学及伦理为主体的研究(国学)潮流。有趣且具讽刺意味的是，对中国文化的这股兴趣再一次由西方思想的新潮流所引发：即对米歇尔·福柯的接受，继而引发对后现代主义、后结构主义的接受，还有对爱得华·萨义德东方主义理念以及由此产生的后殖民批判主义的接受。所有这一切导致了现今中国对美学独特的紧张、矛盾与讽刺状态，在有关文化与身份讨论的语境下，下文将参照所谓"后学热"对此作简要分析。

从鸦片战争至今，一条穿越中国近代史 150 年的主线是从西方思想"寻求""真理"以"拯救"中国。② 而所谓"后新时期"中的"后学热"则恰好适合这一设计。借用西方思想中的话，对后殖民批评主义的接受导致中国人长达 100 多年的"自我殖民"意识。正如最早时期的一名中国后殖民主义批评家张宽(现居美国)所说："有关中国现代论述的主流一直受西方殖民学说魔咒的蛊惑。"③因此，借助于西方后殖民主义思想，中国的讨论重点，已从顺应西方文明范式(例如理性、人文等思想)来定义中国现代，转移至中国"主观性"或"中华性"的复苏。现今人们所禀信的"中华性"已被政治上正确的西方现代话语所埋葬并几乎被遗忘——而这一进程已成为五四运动后的新主流传统。因此，这一文化新论断导致了对五四运动的一种批判。这是微妙的，因为中国共产党把自身与五四运动关联在一起。本文里"中华性"这一理念是耐人寻味的，因为它不仅界定了一种特殊的中国思维方式，也特别界定了中国文化身份的组成部分，即中国伦理与美学。④

然而，这种主张并非一直不受质疑。不仅后现代批评家们对后殖民主义者们的本质主义有所指责——这也许是后现代命题中最严重的指责之一——而且

---

① Jianping Gao：Chinese Aesthetics in the Past Two Decades，*Some Facts of Chinese Aesthetics*，Beijing：Chinese Society for Aesthetics，2002，p. 41.

② Min Lin：*The Search for Modernity. Chinese Intellectuals and Cultural Discourse in the Post-Mao Era*，New York：St. Martin Press，1999，p. 185。有关中国后现代主义在中国国内(外)一直有激昂的辩论。概况参见，例如，Arif Dirlik、张旭东的 *Postmodernism & China* (Durham：Duke University Press，2000)，以及林民的著作。

③ 张宽：The Predicament of Postcolonial Criticism in China，in Karl-Heinz Pohl，*Chinese Thought in a Global Context*：*A Dialogue Between Chinese and Western Philosophical Approaches*，Leiden：Brill Press，1999，p. 61.

④ 张法、张颐武、王一川：《从"现代性"到"中华性"——新知识的探寻》，载《文艺争鸣》1994 年第 2 期。

新人文主义派也把后殖民主义派的主张批判为新保守派，这样就与五四传统的开明气象相矛盾。最终，后殖民主义又被批评为是替中国政府服务的反西方言论。关于最后一点的控诉多少有点自相矛盾，因为如上文所述，中国共产党认为自己是五四运动遗产的核心组成部分。但这场批评的结果是，这场争论失去了部分原动力。然而，通过上述发展，较之于和欧洲哲学的早期交锋阶段，中国美学迄今已进入政治领域。

总之有两个特点值得回味，首先，两个相反的主张都是以西方思想为参照——不管是倡导还是挑战它：在前者中，我们看到五四运动后凸显的“全盘西化”；后者则可被称作“洋排外主义”。其次，我们注意到一种一度被爱德华·萨义德(Edward Said)称为“理论旅行”的现象：一种理论抑或一种世界观，当它适应于一个不同于其诞生地的场所后，可能不只是改变某些特点，它也许会被用于一个和其创始人初衷全然不同的目的。① 在中国，后现代主义和后殖民主义作为“理论旅行”服务于擢升身份甚至服务于国家主义进程，即一种以艺术与美学为基础的新“中华性”。这种思想转折也许并非米歇尔·福柯或爱德华·萨义德在萌发理论时心中所想。然而，正如他们的“理论”也不无内在矛盾一样②，这项发展可视作是一个理论生命周期的一种自然过程——抑或是一种在文化间借鉴与交流而频繁出现的创造性误解。

20 世纪 90 年代后，(不单)中国的知识分子风尚又为之一变。在新千年的转折时期，中国人就在以全球化概念为主导的文化、艺术和美学方面展开辩论。首先，尽管后殖民学派将传统中国美学重新纳入议程，但他们并未成功地结束中国知识阶层对西方的疯狂迷恋，似乎当时吸引中国学者的仍然主要是西方著作。至于西方读者，讽刺之处在于，他们理所当然地对真正的中国思想感兴趣，特别是关于美学，但首先，似乎并没有多少具有显著中国色彩的著作问世。其次，由于语言障碍，鲜有从中文译为西方文字的译作。相反，不仅是那

---

① Edward Said, *The Word*, *the Text*, *and the Critic*, Cambridge, Mass.: Harvard University Press, 1983, p. 227。作为一个广为人知的“理论旅行”的历史性的例子，当马克思主义被毛泽东采用时，它失去了国际方向；相反，在中国它服务于一种国家主义目的，以期使中国去除西方(及日本)殖民势力的统治。

② 福柯与萨义德思想中的内在矛盾不断地被人提起。尤为讽刺的是“文化大革命”时期福柯与毛泽东思想的“调侃”(高建：《“文革”思潮与“后学”》，载《二十一世纪》1996 年第 35 期)。参见 Longxi Zhang, *Mighty Opposites*, *From Dichotomies to Differences in the Comparative Study of China*, California: Stanford University Press, 1988, p. 138、207。

些留过学的人，中国人热衷于高建平所说的“翻译业”。① 美学和其他许多学科的理论著作被狂热地从西方文字(多为英文)译成中文，并在市场上热销。

这种对西方理论的偏好导致中国美学家们感到一定程度的孤立，因为他们的著作在中国之外不被认可。② 即便是诸如李泽厚这样的人物，当时移居美国且以中英文著述，其作品受人推崇而被译成其他文字，也难以在西方找到等量级的读者群来和他在中国的声誉相匹配。③ 毋庸置疑，譬如他的“主体性”和“实践”理念，也许在20世纪80年代对中国读者来说是新鲜的，却不曾在西方造成同样的轰动，毕竟，“主体性”早已被诸如解构的后现代潮流揭开真相，而作为马克思思想的“实践”自1989年东柏林墙倒塌后亦失去了魅力。因此，要在中国(及西方)使这些理论家们摒弃“过时”概念并将其思想扔至脑后存在一定风险，因为把西方最新的理论潮流引入中国仍存在着可观的时间上的滞后。然而，这其中也存在一种机会，即摆脱以时代精神为条件的渴望及对最新、最时髦“理论”的需求而追寻“经典”思想。若确能如是，以西方为中心的现象可能不会太早得以改变。西方定义了科学与人文学科的术语，也就因此定义了哲学与美学的术语；这些学科实践于欧美学者设定的条件，让中国人自己设定条件尚需一段时日。

因此对中国人而言，除了参与时下有关美学、文化与身份的全球讨论——这一讨论主要是在西方学术圈子里进行——已别无选择。问题在于他们是否能够为西方学术界的讨论引进特别体验或看法并赋予其独到观点。众所周知，一些执教于美国主流大学的印度裔知识分子，例如Homi Bhabha或Gayatri Spivak，是美国后殖民批判主义的先锋。作为激烈的解构主义者，凭借其印度

① Jianping Gao, Chinese Aesthetics in the Context of Globalization, in *International Yearbook of Aesthetics*(8), 2004, p.65.

② Jianping Gao, Chinese Aesthetics in the Context of Globalization, in *International Yearbook of Aesthetics*(8), 2004, p.65.

③ 其著作《美的历程》同样被译成德文：Karl-Heinz Pohl、Gudrun Wacker, *Der Weg des Schoenen: Wesen und Geschichte der chinesischen Kultur und Aesthetik*, Herder, 1992。但是，该书只有一版，且未再印。然而，他的著作在汉学界确具分量。例如，1999年期刊*Philosophy East and West*曾用整刊对李泽厚主体性的理念展开讨论。参见提及的Cauvel与Chong的文章及Timothy Cheek作为该特刊客座讲师时所作导言：Introduction: A Cross-Cultural Conversation on Li Zehou's Ideas on Subjectivity and Aesthetics in Modern Chinese Thought, *Philosophy East and West* (49), 1999, vol.2, pp.113-119，以及李对该文章的回应：*Subjectivity and "Subjectality": A Response*, pp.174-183。

殖民背景，他们得以在此领域留下印迹。而对于中国人(不仅他们)，可能性是什么呢？他们会一味迎合这些知识时尚(正如“后学热”所示)，还是能从他们自身博大精深的哲学、美学传统中得到启迪而对作出的批评和挑战留下不同印记呢？中国思想能够也应该成为与其他“本土的”思想家(从柏拉图到德里达和海德格尔)齐名的一种普遍参考体系。毕竟，西方现代也不过是对一种悠久而丰富传统的创造性转化。而现代西方理论家们在其著作中最自然不过地谈及这一传统，却对非欧洲思想史毫无所知。还有一个问题是，中国知识分子(或其他非西方国家学者)将不得不为此移民西方。毋庸置疑，没有哪位中国学者会拒绝哈佛大学①或哥伦比亚大学的教授职位，这点已从那些众多优秀的中国教员身上得以证明。而长久如此下去，这种期望只会进一步巩固西方中心性在人文学科中的地位。因为西方世界和西方之外的世界权力关系不对称，跨文化交流基本上是单向进行的。尽管十年来人们强调跨文化问题，但这一现象恐怕还会持续相当长的时间。

四、全球化语境中的中国艺术与美学

有句话说：“艺术无疆界。”对于所谓全球现代化艺术的新时代，这句口号似乎很贴切。然而，即使在现代艺术中，或许我们也只能看到我们所知道的。换言之，我们知道得越多，看到的就越多。现代艺术家，无论他们居于何处，在中国、印度、非洲、美国或欧洲，似乎都对艺术持有类似观点，而这些观点又来源于西方传统：一件艺术品应富有原创思想；其目的应是自我表达及/或社会政治批评。但这仅是全球现代艺术理想化的一面；其真实一面是，艺术已成为全球市场的必要组成部分。因此，(不仅)在中国，最近关于后现代主义和全球化讨论中所观察到的是消费者主义趋势：艺术成为一种供不应求的商品。尽管我们可以在中国找到一种令人振奋的以上述西方倾向和特点为主流的“艺术情景”，西方买家却对“有中国特色”的中国艺术感兴趣——无论人们如何去定义它。哪里有需求，哪里就有供应。中国艺术家随着全球资本潮流而动，即，他们移居西方，特别是美国，因此不足为奇的是，中国前卫派艺术家

① 1998年，Homi Bhabha获Denis Dutton最差写作大赛二等奖(一等奖由Judith Butler获得)，但这并未阻碍他从哈佛大学获得教授资格。这表明，如今个人可以变得何等具有影响力，即便其具有差劲的写作能力。参见http://denisdutton.com/bad_writing.htm,2015-04-11。

总体上在西方比在中国更具知名度。① 在这里，他们可以为“全球”市场提供“本土”艺术，而且最重要的是，他们可以在这里过上远好于国内的生活。② 尽管西方买家对土著风格的艺术感兴趣(这种偏好也许可被称为“异域风情癖”)，精明世故的他们同样要求该艺术品赶得上西方现代的脚步。因此，这种供应必须满足于双边需求。

在结束这些关于中国美学从传统到现代的沉思之际，我将以一幅 2002 年中国艺术家魏东(生于内蒙古，现居美国)的画为例，说明传统中国元素与现代西方元素的融合。画的题目和我们的主题不无关系——“文化文化”，如图 1 所示。③

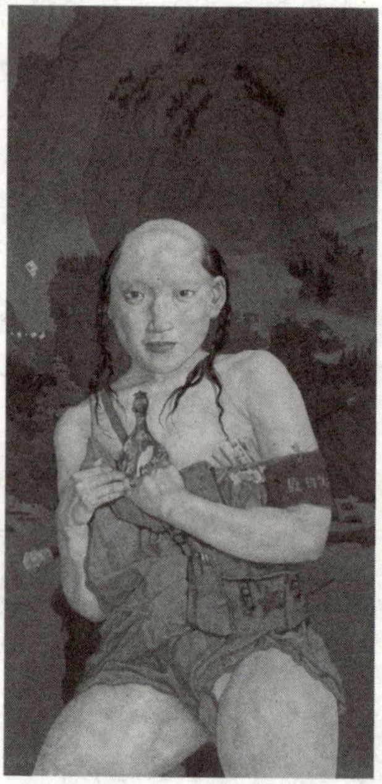

图 1　魏东：《文化文化》

① Jianping Gao, Chinese Aesthetics in the Past Two Decades, in *Some Facts of Chinese Aesthetics*, Chinese Society for Aesthetics, 2000, p. 43.

② Jianping Gao, Chinese Aesthetics in the Context of Globalization, in *International Yearbook of Aesthetics*(8), 2004, p. 65.

③ http://www.chinesecontemporary.com/images/427-0-wei_dong_culture_culturetn.jpg。有关魏东的艺术，亦参见 Henry Steiner：*CrossEyes. Three Painters and a Designer*(《映入眼帘：三位画家与一位设计师》)，Ex/Change(香港大学跨文化研究中心)2005 年第 12 期。

魏东的许多画作，特别是那些2003年前的作品，展示的是在传统中国山水画前摆出姿势的半裸中国女子。图1这幅被用来讨论的画亦不例外。与西方传统形成对照的是，依照中国传统美学（较之山水画、花鸟画），肖像画及人物画总体上从未被视作艺术主流。《文化文化》描绘的是一个倚在一块中国园林石上的女孩，其身后是一巨幅传统明代山水画。这幅画是一个在细节上（中国山水背景、女性形象及其配饰）迷乱的混合体，虽缺乏引人入胜的达利元素，却显得诡异而有几分超越现实。

这个女性形象显示了许多不同寻常的特点：她衣着单薄的身体由现实的手法勾画而成，这使人联想起文艺复兴时期的绘画；她的肤色与其说是黄色，不如说是白色；皮肤多处青筋可见，指甲则染成红色。她穿着的短小的粉红色衣裳，有点像是一件宽松合体的有很多褶皱的浴袍。总体而言，她的体态显得非常女性化，除却头部与脸部。尽管她抹着口红，辫子半松散地垂在头部两侧，她的好几件配饰都饶有趣味：正如毛泽东时代所流行的那样，她的左胳膊上缠着一只"值日生"红袖章，身体左侧挎着一个绘有红星的书包，右腋下紧紧夹着一根手杖，这是画中唯一一个神秘而恐怖地在地上投下淡淡阴影的物品。在她的颈肩部一侧，她握着一只以传统鸟禽为主题的瓶子，这种瓶子我们通常在中国慈悲菩萨观世音手中见到。传统圣像画中，观音用这个瓶子洒水以降福信众；魏东画中的这个瓶子却被一颗共产主义红星封着。她胸部另一侧露出两捆十元钞票，其中一些在画面左侧空中飞舞。她双手牢牢抓着一本书，（当镜头拉近）书名和内容依稀可辨：一个大写的A和D——阿尔布雷希特·丢勒（Albrecht Duerer）的标志，以及丢勒姓名的最后三个字母（"rer"）。

我们由此得到一个多元素的混合体——传统中国文化、宗教、"文化大革命"及西方传统与现代全部呈现在一幅传统中国山水画中。在对该人物形象的描绘中，不仅有中西元素，而且男性、女性元素都融合到一起。因此，画题中"文化"一词的叠用也许就有了一种讽刺意味，它暗示着文化的拙劣模仿，即一种后现代文化的杂乱堆砌：一种身体裸露的文化、一种文化传统的残余（包括艺术）、一种几乎被遗忘的宗教和回忆、一种金钱文化，以及一种最终勉强可辨的对德国文艺复兴时期最杰出画家之一阿尔布雷希特·丢勒的敬意。①

这幅画或许可因关注点不同而以不同方式作出诠释——意义存在于观者的眼睛。如果我们着重研究这幅画的题目，就能发现它折射出后现代的错位、混

① 根据一篇采访，丢勒（Delacroix与Cezanne之后）属于魏东过去的模仿之列。参见http://www.jerseycitymuseum.org/exhibitions/virtualCatalogue/dong.html，2016-04-11。

杂与跨文化(或没有文化)状态。然而，这幅画并未发出任何绝对否定或肯定的信号。因此留给观众的是一种文化疏离的、怪异而矛盾的印象。

有趣的是，魏东在一幅早期画作中使用了同一女性形象，但把她放在不同背景之前。如图 2 所示，这幅画(日期为 1998 年)是一幅由四部分组成、题为“我的随从”的画的一部分。图中一共展示了四个位于一幅拱形的巨幅传统中国山水画前半裸半秃的年轻女性形象，其中两位拿着武器。①

图 2 《我的随从》

另一幅画题为“龙与商人”，日期为 2000 年。如图 3 所示，画中显示一个女(商)人上半身穿着一件传统中式衣服，被一条模样良善的龙拥抱着，在一幅大块留空的传统中国山水画前，头朝下憩于一块中国园林石上。② 几件美国饰品，例如若干包万宝路和悬浮于空中的牌(在其他画中则是美国星条旗)，间接指出中国文化的错位并暗示中国文化最终将抵达美国或反之——美国文化抵达中国。

① 参见 http://www.chinalink.be/MCAF2.htm,2016-04-11。

② 参见 http://www.plumblossoms.com/WeiDong/CX0141a.htm,2016-04-11; http://www.asianart.com/exhibitions/aany2004/plum_blossoms.html; http://www.jerseycitymuseum.org/exhibitions/virtualCatalogue/images/artworks/2003TheyCanDoAnything.jpg,2016-04-11。

图 3 《龙与商人》

另外，这些(后)现代中国艺术品并非在中国(而是在美国)所作，而上述研究并未对有关当代中国艺术及美学状态作出任何普遍性结论。然而，它们一方面表明了不同传统间融合的趋势，另一方面则显示了一种对中国传统方方面面持续的迷恋。在我们讨论的绘画作品中，似乎存在一些与文化有关的元素，例如对过去的暗示，即对传统中国山水画中空与实的冲突，及一种对朴拙的暗示等。画中对细节的眷爱使人联想起一种"实之美学"对中国传统的细节描绘①，它们与西方画派元素的结合造成一种超现实印象。无论如何，这些中国文化的方方面面——即便它们是错位的，即便它们显得疏远，即便它们只是被讽刺性地运用——显示它们作为文化记忆，于中国艺术家而言仍然不可或缺，无论他们身处何地，在中国或不在中国。

① "实之美学"(与风行于南宋马夏画派的多数绘画作品的空之美学相对)的一个例子是《清明上河图》(现存北京博物馆)，它充分描绘了宋都城汴京(今开封)的生活。

后　记

在世界范围内现今西方占据着优势，在艺术和美学方面也是如此。根据这些标准，艺术必须在构思上创新，它必须具备一种解放功能，即至少在政治上是批判的——更不必说达达主义及其类似学派取得的“成就”。与这些趋势相比，我们拥有一个——很大程度上已灭绝的——有着不同优势的中国传统。在这一传统中，一件艺术品，首要应当具备含蓄、诗意的品质——一种超越真实作品(绘画或诗歌)的、丰富的包容力。而且，艺术家应当在经过长期艰辛的练习后(如同在中国书法里)拥有“对艺术媒介完美的直觉控制力”，只有这样，他才能创造出一种有“神韵”的伟大作品。大多数中国艺术家——中国内外——都有意无意地遵循着西方潮流。① 但是，如同西方现代将同样不可设想一样——如果它不与其本身悠久的历史与传统持续反复啮合的话，那么作为一个积极参与的主体，中国在通向全球现代的道路上，也同样可能更多地觉察到自身文化传统。由于西方对其日益感兴趣，中国传统的恢复将为进一步的文化交流提供方便。西方艺术家受东亚艺术所激励的历史(从19世纪的新艺术到20世纪的Mark Tobey及其他)已逾一个世纪。文化间的邂逅不是在过去10年中才开始的，它仅仅是在全球化时代取得一个新维度。艺术家们如何在不同文化、传统及他们获得多重身份的行动中协调自身，我们将拭目以待。因此，只有时间可以揭示这将导致何种艺术(及美学)的混合模式：是否会有伟大的艺术作品从这一融合中脱颖而出？丰富的中国艺术美学传统是否仍会在这一邂逅中扮演一个举足轻重的角色？

(作者单位：德国特里尔大学汉学系)

① 装饰超越绘画的流行也显示了这种趋势。

中国美学思想中之神理说、风骨论与其影响(下篇)

戴景贤

一、中国艺论中“神理说”“风骨论”相互间交错之影响与发展

前论“风骨”“神理”，虽谓乃各从所宜、近者确立，然其中有属“文”而近于“画”者，则为诗艺。

诗艺重述志，其所从来，盖因诗教之“风”观，而屈《骚》之所以见重，事亦缘此。后人论诗，群推“建安风骨”，亦见“诗论”本不出于广义之“文论”之外。然诗有比、兴，其所运用，“意象”之重要更在“辞义”之上，故如由此深入，可别开户牖；其中关键，在于“诗”之有“山水”一体。

刘彦和《明诗》篇谓：宋初文咏，体有因革，庄老告退，而山水方滋。①

此非但言二体有序次上之承递，实乃点明“玄言”“山水”乃一脉之相承。此一发展，就诗之“题材”言，虽仅是清谈玄风下，士人生活改变之反映；然于其中，若同时伴随一种“哲学性思维”(philosophical thinking)之深化，或趋向某些议题发展，或带有此种可能，则由“玄言”而“山水”，于特定诗人身上，

---

① 《文心雕龙·明诗》篇云：“宋初文咏，体有因革，庄老告退，而山水方滋，俪采百字之偶，争价一句之奇，情必极貌以写物，辞必穷力而追新，此近世之所竞也。”参见(南朝梁)刘勰撰，詹锳义证：《文心雕龙义证》上册卷二，上海古籍出版社1989年版，第208页。

正可展现“艺术思维”(artistic thinking)①之推进意义。此中有一极为重要之诗人，即是刘宋时期之谢灵运。

灵运于“山水诗”发展之最大贡献，即是于诗中写出“画境”。而此“画境”，乃是“物、我两忘”，却不妨“物、我两在”之境。

正唯其乃由“物、我两忘”而至于“物、我两在”，故诗中可以依于“写景”而“写境”。此一发展，其所以与画论中“气韵”之说相别者，在于绘事以“写形”或“造形”为必要之表达方式，故瞩对通神，落笔之际，不能无缘于“对象”而设定之“摩写形式”；即所谓“外师造化”。“心源”之得，乃在笔先。不似诗语中之写景，全需“词语”带动“想象”，景中固可不安置一我，而语中自然有我。特此“我”，可以仅为融境之我，而不必为立身行化之我如“风骨”论者所云然。

灵运此种依于“写景”而“写境”之造诣，与陶渊明刻意洗落铅华，欲于“平淡”中点出“真意”之作法，恰成反对。故若就“诗”之发展而言，陶诗实近于“咏怀”；特其所怀抱，入世、超世各居其半，可以遣，亦可以无遣，故气格高卓。灵运则致力将“一己面目”全然脱去，唯存一境，故诗艺精湛。此二者一近“风骨”，一近“神理”，而皆于后来之唐诗，影响至深。

灵运以“诗语”达出“画境”，且此画境，乃追求一立基于“通神”之“真境”而非仅是以之为“对境”或“拟境”，有一属于哲学之根柢，即是当时以“玄理”为基础之折中式之“顿悟之学”。② 谢灵运《与诸道人辨宗论》云：

> 释氏之论，圣道虽远，积学能至，累尽鉴生，不应渐悟。孔氏之论，

① 疑为伪作之王摩诘，其论中有所谓“意在笔先”之说，其言曰：“凡画山水，意在笔先。丈山尺树，寸马分人。远人无目，远树无枝。远山无石，隐隐如眉。远水无波，高与云齐。此是诀也。山腰云塞，石壁泉塞，楼台树塞，道路人塞。石看三面，路看两头，树看顶□(案，或本作‘贮’)，水看风脚。此是法也。”参见(唐)王维撰，(清)赵殿成笺注：《王右丞集笺注》，收入《景印文渊阁四库全书》第1071册，卷二十八，《画学秘诀》，分第2页，总第343页。然此所谓“意”，已涉艺术技巧之构思，故云“诀”“法”。凡“中得心源”者，应犹在此所谓“意”之先。至于前注所提及之钱师《理学与艺术》一文，曾谓“外师造化，中得心源”语，乃摩诘所指“迥出天机”之谓，“天机”即是“心源”。论虽是，然“心源”与“得乎心源”有辨。“气韵生动”正是“天机”触物所得，为圣者以神契，而为贤者以意通，“师造化”者应据贤者而言，故“中得心源”而得“意”；此“意”兼有“美感”与“理思”，虽在形笔之先，却亦在“心与物融”之后。

② 关于灵运于佛学之造诣，参见汤用彤《谢灵运〈辨宗论〉书后》《魏晋玄学论稿》，收入汤用彤撰：《汤用彤全集》第4卷，河北人民出版社2000年版，第96~102页。

圣道既妙，虽颜殆庶，体无鉴周，理归一极。

“累尽鉴生”，即其《与诸道人辨宗论·答慧驎问》所云“灭累之体，物、我同忘，有、无壹观”，而此照鉴，必于“一悟顿了”①；故其《答僧维问》云：“心本无累，至夫一悟，万滞同尽耳。”②此乃“真境”之所系，顿悟之教不为非。③

由此亦可知，“道”与“俗”反，理不相关④，未达悟境，即非道真。然道真不可言，必有权假，权虽是假，旨在非假，凡众因于教言而启智，所学在是；不可因于顿教，遂诬道无学。⑤ 故又曰：

今去释氏之渐悟，而取其能至，去孔氏之殆庶，而取其一极；一极异渐悟，能至非殆庶，故理之所去，虽合各取，然其离孔、释矣。余谓二谈，救物之言，道家之唱，得意之说，敢以折中自许。⑥

此处当注意者，彼谓二谈乃救物之言，“救物”一语即近于彼所作《游名山志》文中所谓“屈己以济彼”；乃就悟者之事业云。“救物之言”可以得意而弃筌蹄，即如言：其“意”有定，而“言”无定。若然，则诗人作诗，亦如阐教，“意”亦在于言外，必得意妄言，始是真境。而就“出言”之过程言，此中则牵涉两种智：一出于真，一出于非真。谢灵运《与诸道人辨宗论·答法勖问》云：

---

① 此所用“一悟顿了”一语，参见(东晋)谢灵运：《与诸道人辨宗论·答法勖问》，台北新文丰出版公司 1986 年版，第 13b 页，新编第 257 页。

② (东晋)谢灵运：《与诸道人辨宗论·答僧维问》，台北新文丰出版公司 1986 年版，第 15b 页，新编第 258 页。

③ 关于灵运之佛缘，与其所契合于道生“顿悟”之说，参见汤用彤：《汉魏两晋南北朝佛教史》，第十三章《佛教之南统》、第十六章《竺道生》，收入汤用彤撰：《汤用彤全集》第 1 卷，河北人民出版社 2000 年版，第 330~333、495~499 页。唯篇中汤氏以灵运所得，“于佛教只得其皮毛，以之为谈名理之资料”，论颇轻之；其说则恐不然。

④ “道与俗反，理不相关”，语见(东晋)谢灵运：《与诸道人辨宗论·答法勖问》，收入释道宣撰：《广弘明集》，第 14a 页，新编第 257 页。

⑤ “诬道无学”，语见(东晋)谢灵运：《与诸道人辨宗论·答法勖问》，台北新文丰出版公司 1986 年版，第 14b 页，新编第 257 页。

⑥ (东晋)谢灵运：《与诸道人辨宗论》，台北新文丰出版公司 1986 年版，第 13b 页，新编第 257 页。

智虽是真，能为非真，非真不伤真，本在于济物。

唯因“出言”所本，应凭“真智”，而言之不定，则属非真；故倘“智”为真，善于“用”者，亦能借所“非真”，而此“非真”者终不伤真。凡得“智”者，才、学、气、性，皆可因“济物”而权假。

谢灵运此种彼称之为“顿解不见三藏，而以三藏”①之说，若通于“铸辞之艺”以言，则咏物所期，固在无物、无我，此亦归宗之摄悟，机锋之超举，然咏物必有所以咏物，摹写之经“运思”而屡迁，即同节养之“用教伏累”。故彼《与诸道人辨宗论·答慧驎问》云：

伏累之状，他、己异情，空、实殊见，殊实空、异己他者，入于滞矣。

盖“境”必物、我同忘，“辞”须与意无违，然后为无滞，然后可以论于“忘言”。

“真境”成于无滞，必累尽而后然；然累未尽亦有拟似，则为“合境”。“合境”者，即《与诸道人辨宗论·答慧驎问》文中所谓“假知之壹合”。② 盖“假知”者，“累”伏而“知”近理，故“他”“己”虽异情，而亦可有“壹合”之似。有“壹合”之似，则亦是境矣。灵运谓之“中智之率任”。③

此“假合”之境，就依傍“教言”者言，虽认是百姓之迷蒙，非真入于“壹无有”“同我物”，然就不废“物性之论”者言，所谓“能天”，本即是“率此依物而别之性”，则凡情用而不失其性，对彼而言，即是真情真性；所谓“壹合”，可以依情为真。就持此见者论，情真则境真，情假则境假，情境之外，更无真境。灵运之后，所以“风骨”之论可与“神理”之说合于“诗论”，正是借此转手。后人评诗，必许“情、景交融”，不于境中空“我”，论即循此而启。

“情境论”之论境，既乃合物、我，而不必然于境中空我，则“情境”即是“我境”，我境必有情境；诗之比、兴，得此运用，遂与“风骨”所标，扶会相成。梁钟嵘《诗品·序》有谓：

① “顿解不见三藏，而以三藏”语亦见《与诸道人辨宗论·答法勖问》，台北新文丰出版公司1986年版，第15a页，新编第258页。

② 谢灵运《与诸道人辨宗论·答慧驎问》云：“驎三问：累不自除，故求理以除累。今假知之一合，理实在心，在心而累不去，将何以去之乎？”

③ 谢灵运：《与诸道人辨宗论·答僧维问》云：“情、理云互，物、己相倾，亦中智之率任也。”

气之动物，物之感人，故摇荡性情，形诸舞咏。欲以照烛三才，晖丽万有。灵祇待之以致飨，幽微藉之以昭告。动天地，感鬼神，莫近于诗。①

即是主张“本于情性，可直寻而得境”之说。盖以“情境”而言，“得境”即有所树，“失境”即是书蠹②；且不必“用事”然后为书蠹，言有理致而未能扫落言诠，亦是伤体。故至唐陈子昂论之，乃以“兴寄”为“风骨”之验。③

所谓“兴寄”，即是融“志”于“象”中，使之可感而无可诠。以下此意衍为两途，一则导“象”于“情”，于情处蓄住，此为一法。昔人所称杜甫句“感时花溅泪，恨别鸟惊心”④者是。另一法，则是并情亦不露，全凭兴趣。“全凭兴趣”者，即是全凭“象”以起“兴”，严羽所谓“羚羊挂角”⑤者是。盖“气格”本在性情真伪，才华者自能不露。后人善于论诗者，必以“绝迹”⑥“无尘”⑦为

---

① (南朝梁)钟嵘:《诗品序》，参见钟嵘撰，曹旭集注《诗品集注》，上海古籍出版社 1996 年版，第 1 页。

② 钟嵘《诗品·中》云:“观古今胜语，多非假补，皆由直寻。……近任昉、王元长等，词不贵奇，竞须新事。尔来作者，寖以成俗。遂乃句无虚语，语无虚字，拘挛补纳，蠹文已甚。”[(南朝梁)钟嵘:《诗品序》，参见钟嵘撰，曹旭集注《诗品集注》，上海古籍出版社 1996 年版，第 174~181 页]

③ 陈伯玉《修竹篇序》:“文章道弊五百年矣。汉、魏风骨，晋、宋莫传，然而文献有可征者。仆尝暇时观齐、梁间诗，彩丽竞繁，而兴寄都绝，每以永叹。”参见(唐)陈子昂撰:《陈伯玉文集》，收入《四部丛刊》第 31 册，据秀水王氏二十八宿研斋明刻本景印，卷之一，分第 9b 页，总第 12 页。

④ 杜甫《春望》诗:“国破山河在，城春草木深。感时花溅泪，恨别鸟惊心。烽火连三月，家书抵万金。白头搔更短，浑欲不胜簪。”参见(唐)杜甫撰，(宋)阙名集注:《分门集注杜工部诗》，收入《四部丛刊》第 32 册，据南海潘氏藏宋刊本景印，卷第二，《四时》，分第 4 页，总第 67 页。

⑤ 严羽《沧浪诗话》云:“夫诗有别材，非关书也；诗有别趣，非关理也。然非多读书、多穷理，则不能极其至。所谓不涉理路，不落言筌者，上也。诗者，吟咏情性也。盛唐诸人，惟在兴趣，羚羊挂角，无迹可求。故其妙处，透彻玲珑，不可凑泊。如空中之音、相中之色、水中之月、镜中之象，言有尽而意无穷。”

⑥ “绝迹”即“无迹可求”。

⑦ 释惠洪(名德洪，号觉范，1071—1128 年)《冷斋夜话》记一事云:“智觉禅师(永明延寿大师，字冲玄，号抱一子，904—975 年)住雪窦之中岩，尝作诗曰:‘孤猿叫落中岩月，野客吟残半夜灯，此境此时谁得意，白云深处坐禅僧。’诗语未工，而其气韵无一点尘埃。予尝客新吴车轮峰之下，晓起临高阁、窥残月、闻猿声，诵此句大笑，栖鸟惊飞。又尝自朱崖下琼山，渡藤桥千万峰之间，闻其声类车轮峰下时，而一笑不可得也。但觉此时，字字是愁耳。老杜诗曰:‘感时花溅泪，恨别鸟惊心’，良然，真佳句也。亲证其事，然后知其义。”

不可及，即发此旨。① 至于诗主切事而亦不嫌于露，此则唯于叙事诗、讽喻诗中宜之。唐人所谓“新乐府”者，即此之类。

“情境论”主“依我生境”，此“我”乃主体之“我”，故无论义理之主于“有我”“无我”，但情真即是境实，境实即是我真，表境中之置“我”与否，差别特在“趣”；皆与“我”之为“有”“无”，不必然相涉。② 特常情于“道言”有崇、替，故情偏于儒义者，昌言“载道”；志尚于老庄者，好谈“忘我”。实则“我”之所以可感化人，在“格”不在“迹”，儒、道一理，不应拘于事谈。故缘“境

① 《庄子·人间世》云：“绝迹易，无行地难。”以“行”为喻，不仅以“绝迹”为上，且进而求所谓“无行地”(若以“飞”为譬，即是同篇所云“闻以有翼飞者矣，未闻以无翼飞者也。”此说若持以论诗，则其所以为“法”，不仅胜于严羽所云“无迹可求”，究其实，亦非以指“气韵无一点尘埃”如惠洪所云；取义盖在二者之外。后世论诗者，以余之见，唯方药地“一切法法而无一法”之说，为能得其意。特就药地而言，彼于《庄子》之外，又合之以“禅”，以之论“性情”，故增多所谓“诗从死心而得”之旨，逾出《庄子》书原旨之外，故以“诗论”而言，独树其帜(药地云：“一切法法而无一法，诗何尝不如是？则请以诗知生死。知生死无他，死其心则知之矣。……诗不从死心得者，其诗必不能伤人之心，下人之泣者也。……世之情其性者，任情而为诗，不知中节，未尝持志耳。诗也者，志也，持也。志发于不及持，持其不及持，以节宣于五至中，则心与法泯矣。法至于诗，真能收一切法，而不必一法。以诗法出于性情，而独尽其变也。不以词害，不以理解，其下语也，能令人死，能令人生。专门生死之家，冲口迸出，铿然中乎天地之音，况能以不变变者，诗而不自知其诗，而出入生死者乎！由此观之，诗固随生死、超生死之深几也。”)(明)方以智：《范汝受集引》，参见(明)方以智《浮山文集后编》，收入《续修四库全书》第1398册，上海：上海古籍出版社2002年版，据清康熙此藏轩刻本景印，卷一，第27页，总第372页。关于药地立论之依据，参见拙作《论方以智王船山二人思想之对比性与其所展显之时代意义》。

② 王国维区“境”为“有我”“无我”，谓：“有有我之境，有无我之境。‘泪眼问花花不语，乱红飞过秋千去’，‘可堪孤馆闭春寒，杜鹃声里斜阳暮’，有我之境也。‘采菊东篱下，悠然见南山’，‘寒波澹澹起，白鸟悠悠下’，无我之境也。有我之境，以我观物，故物皆着我之色彩。无我之境，以物观物，故不知何者为我，何者为物。古人为词，写有我之境者为多，然未始不能写无我之境，此在豪杰之士能自树立耳。”(王国维：《人间词话》，参见王国维撰，谢维扬、房鑫亮主编：《王国维全集》第1卷，浙江教育出版社、广东教育出版社2009年版，傅杰点校，陈金生复校，第461页)论中于“主体之我”“义理之我”与“表境中之我”，并未区隔层次；故但以“情胜”者为“有我”，“趣远”者为“无我”。至于同论中，以“无我”“有我”二者，分属“优美”与“宏壮”(原文云：“无我之境，人唯于静中得之。有我之境，于由动之静时得之。故一优美，一宏壮也。”)，则说启自西洋美学“范畴论”中之“beautiful”与“sublime”之区画，静安以之与彼所谓“无我”“有我”之“境论”相合，义亦有隔。至于“观物”之论，自来有两说，皆非“不知何者为我，何者为物”；静安说亦失。参见本文第四部分。

论”而起，诗、画亦皆有“品观”。品观所论，即是针对“艺术表现”中，“作者”依人格特质所创造出之“风格”之一种审鉴。

唯在诗品、画品之评判中，论“境”实有不同。就诗而言，情与境融，无论以情观物，抑触物生情，情之能至于融我于物，必待“作诗者”先有以去其形执，不见有物，然后凝然有以与“物”浑同；“境”之有可合者，以此。正因“作诗者”之于此，但去形执，而非先以空我，故诗真境少、情境多，“风骨”之论依然为主。至于画论则不然。画以“师法”为先，物在己前，必先忘我，然后得趣。故主体虽在，神依理行，行至于“有物而无物”，但见“理间”，然后“意”出焉；必待“作画者”，刻意“变物从己”，始成别格。① 故画虽真境、情境皆有，画论中以“作者”为主之“情境论”，或“变造论”较为晚出。②

诗、画虽不同，诗、画亦有相通。苏轼《书摩诘蓝田烟雨图》云：

> 味摩诘之诗，诗中有画；观摩诘之画，画中有诗。

所谓“诗中有画”，即是前所云诗有画境。王维亦是深于禅理，故诗有画境，此画境具空趣，非摆落“尘累”不能。至于“画中有诗”，则是说明“生动”之外，境中亦有主人，而此“主人”与“生动”者冥合，故即画境是诗境，即此诗境为神境。③ 东坡亦闇佛理，故释画中所能达至之境，较之谢赫说，犹有所进。

诗、画通者，前所举为依“神理说”；而亦有依“风骨之论”而主张之者，则为“寓意之画”。说之者，有宋之欧阳修。欧公《盘车图》诗云：

> 古画画意不尽形，梅诗咏物无隐情，忘形得意知者寡，不若见诗如见画。

此四句比论诗、画，而互补其义。盖依欧公之见：诗主意，故取意之外，

---

① “变物从己”，以画而言，即是“以变形为表现”之作。关于此类“变造之境”之美学理论，已溢出本文之范围。

② 关于“变造论”之说明，当另文详解。

③ 于此所以说为“神境”者，王维诗最佳者在有禅境，其境空灵，然画中之诗境则不能达此。盖画但能空“我”，不能空“物”，故就画所欲达者言，“我”与“物”合，仍有“意”在；特此“意”当有以见天然之趣。

能于咏物之际，曲尽其态为难。画则必借于形，形则为人所共见；唯以作画者言，形者出意，意在形先，善画者意在形上，形不夺意，以是习以“目”见者，未能忘形故不知。此诗中所云“意”，即其《集古录跋尾·唐薛稷书》①文中所称“秉笔之意”；乃心意主题之谓；非如前论“中得心源”之“意”。

至于“心意主题”之上，则犹有“本源”。欧公《赠无为军李道士》诗云：

> 无为道士三尺琴，中有万古无穷音。音如石上泻流水，泻之不竭由源深。弹虽在指声在意，听不以耳而以心。心意既得形骸忘，不觉天地白日愁云阴。

诗中由水之泻以指“源”，此“源”字，即学问家所谓“日用工夫”之“本领”②。朱熹《观书有感》云：“半亩方塘一鉴开，天光云影共徘徊。问渠那得清如许？为有源头活水来。”此诗之所谓“源头活水”者近之。故诗中欧公之有取于庄生之论，亦但止于“听之以心”，而未进而主“听之以气”。③

盖虽就听之者言，彼所谓“忘却形骸”者，乃在“既得心意”之后；就弹之者而言，则在“忘却形骸”之际得意。然“意”之由弹之者生发，而能由听之者会通，仍是因“性”有所近；否则无所谓“源”。④ 此种“由心之所同然而得意”

---

① 永叔《唐薛稷书》云：“凡世人于事，不可一槩，有知而好者，有好而不知者，有不好而不知者，有不好而能知者。……画之为物尤难识。其精麤真伪，非一言可达。得者各以其意，披图所赏，未必是秉笔之意也。昔梅圣俞作诗，独以吾为知音，吾亦自谓举世之人知梅诗者，莫吾若也。吾尝问渠最得意处，渠诵数句，皆非吾赏者。以此知披图所赏，未必得秉笔之人本意也。”参见欧阳修：《集古录跋尾》，《欧阳文忠公集》(二)，收入《四部丛刊》第45册，据元刊本景印，卷一百三十八，第13b~14a页，新编第1094~1095页。

② 如朱子之论“本领工夫”云：“以思虑未萌、事物未至之时，为喜怒哀乐之未发。当此之时，即是此心寂然不动之体，而天命之性，当体具焉。以其无过不及，不偏不倚，故谓之中。及其感而遂通天下之故，则喜怒哀乐之性发焉，而心之用可见。以其无不中节，无所乖戾，故谓之和。此则人心之正，而情性之德然也。然未发之前不可寻觅，已觉之后不容安排，但平日庄敬涵养之功至，而无人欲之私以乱之，则其未发也，镜明水止，而其发也，无不中节矣。此是日用本领工夫”。

③ 《庄子·人间世》：“回曰：‘敢问心斋？’仲尼曰：‘若一志！无听之以耳，而听之以心；无听之以心，而听之以气。听止于耳，心止于符。气也者，虚而待物者也。唯道集虚，虚者心斋也。’”

④ 由此见欧公虽尝谓“性”之论，非学者所急，亦非于“性”之论无所见。

之论，发于艺事，或写意，或寓意，要皆以“见德”为上。唐韩愈“道为艺本”之论①，本即包有此旨，而欧公抉发之甚明。中国画论中有以“人品”定“画品”之高下者，其初意，或亦略近之；特绘画不比文章，因画中亦有气格，遂主“画品优劣，关于人品之高下”②，虽无不可，因此而遂将“落墨之法”，全以人品论之③，则系混淆议题。④

欧公之“得意论”，虽以“蓄德”为本，其所指在先之“意”，必作者之志气，借神气以散发，气依神行乃有，故一旦符其心意，同时即可忘却形骸。于其心中，固非先感得一理，而取境以表之；故赏之者，亦但能为彼所动，而莫知其所以为动。此种美感之动，与“气韵”“风骨”皆有所近，而亦皆有所别。达之最切者，莫如书家由观赏而得之“风神”，进而辨及于“书艺”中之“风骨”。

书家“风”“骨”之论，唱之者，有唐代之张怀瓘。张怀瓘尝云：

> 深识书者，惟观神彩，不见字形。若精意玄鉴，则物无遗照。⑤

又曰：

> 智则无涯，法固不定，且以风神骨气者居上，妍美功用者居下。⑥

此乃由于“书道”不比画、诗犹有形、意，凡书字之美感所发，专凭气动。故内无蓄积者，气必不逸，气不逸则久观必陋；书家之贱“妍美功用”者以此。

---

① 韩愈论“道为文本”之意，乃主必得道始能文，自来论者多未能细辨其义，钱穆四论此颇有见人所未见者，论详见其所撰《杂论唐代古文运动》，参见钱穆：《中国学术思想史论丛》(四)，台北东大图书公司1978年版，第16~69页。

② 语出杨维桢(字廉夫，号铁崖，1296—1370年)：《图绘宝鉴序》，参见(明)杨维桢《东维子集》，收入《景印文渊阁四库全书》第1221册，卷十一，分第12b页，总第482页。

③ 姜夔(字尧章，1155—1221年)云：“人品不高，落墨无法。”

④ 关于“人品”“画品”之讨论，基本资料可参考钱忠平的《如是我观》(江西美术出版社2013年版)。

⑤ (唐)张怀瓘：《文字论》，参见张彦远《法书要录》，收入《影印文渊阁四库全书》第812册，卷四，分第18a页，总第171页。

⑥ (唐)张怀瓘：《书议》，参见张彦远《法书要录》，收入《影印文渊阁四库全书》，分第12b页，总第168页。

唯此所云“物无遗照”，乃依“赏者”所观而论，由其所迹而得其神；若以书字之“作者”言，其志气之所由立，亦须于其形有可传达，否则得风神而不见内蕴，“精意玄鉴”云云之于“赏者”，亦将徒为空言。以是“风神”之外，尚须辨识“骨气”。而此“风骨”之说，论之最透者，为清之梁巘(字闻山、文山，号断砚斋主人，1710—1788年)。梁巘评“书帖”云：

> 晋尚韵，唐尚法，宋尚意，元、明尚态。

又云：

> 晋书神韵潇洒，而流弊则轻散。唐贤矫之以法，整齐严谨，而流弊则拘苦。宋人思脱唐习，造意运笔，纵横有余，而韵不及晋，法不及唐。元、明厌宋之放轶，尚慕晋轨。然世代既降，风骨少弱。①

此说以“书艺”成熟后之“艺术思维”之取径，区分“尚韵”“尚法”“尚意”“尚态”为四种；而以元、明之“尚态”，为难免于“风骨少弱”。依其立论之基础而言，第一层在于将“书艺”中，文字之“体性”与“形气”，区分为二，以是而立“救弊”之说。亦即“书艺”之相摹而有轨则，即是由“形气”之临取，以反求乎“体性”之树立；以是而有属于“时代”之风格。然“艺”无全能，取此则失彼，不因有所药救而即无偏，赏之者，贵能“相较”而得“形气”与“体性”之关联；此即“评者”之功。第二层在于以“代降”之概念，说明“艺术性思维”日益发达，“艺术”成为专门之后，“过度成熟”(over sophisticated)之美感要求，必将使“作者”之“直觉式”之创造力减弱；此就“书艺”而言，即是“风骨少弱”。元、明“尚态”之弊，即是一例。

以上析论，即“神理”“风骨”二观之建构，与其交互作用下，所衍生之变化；此一变化，大体乃于儒、道二家之理论立基，而又增益之以佛学之影响，乃至“作者”“赏者”“评者”于“实践”中所增益之理解。唯自赵宋中期以后，因于“理学”之扩展，有关“美学”之讨论，亦颇有轶出于“二观”范围之外，将各论中原有之思想，导引至另外议题者，则为“观物论”“真心说”与“情理论”。

---

① (清)梁巘撰：《评书帖》，参见黄宾虹、邓实《美术丛书》初集第十辑，浙江人民美术出版社2013年版，第91、100页。

请叙论之于次节。

二、宋以后之“观物论”“真心说”与“情理论”

所谓“观物”者，即“以物观物”，于先秦有三说，第一说，为《老子》。《老子》书云：

> 以身观身，以家观家，以乡观乡，以国观国，以天下观天下。①

其所谓“观”，乃于“有”观“有”，所辨者在“道用”，即“常有欲以观其徼”之所指；然观“有”之外，亦当观“无”，其因破执而领会者，在于无可名言之“道体”，即所谓“常无欲，以观其妙”。② 且亦必于“有”“无”两观而玄同之，玄之又玄，逐层而上，乃知道纪；是谓“玄览”。③

第二说，为《荀子》。《荀子·解蔽》云：

> 精于物者以物物，精于道者兼物物。故君子壹于道而以赞稽物。

所谓“物物”，即是观物以物。唯老子观“有”于“有”复破“有”，故于“有”之外说“无”，而以壹“有”“无”；荀子则“物物”之上“兼物物”，虽“壹于道”而赞稽物。第二说于所确认于“物”之地位者，乃至运用之“智”，皆所不同。老子之云“物”，主可观之中有不可观，故可执者，唯“象”而已；通玄之智，必待“涤除”而后见有。荀子之云“物”，则主可观之中有所“当簿”，故“分理”之得，可依“类”而求；至于“兼物物”之上另有“裁断”，亦不离人性之所限，

① （曹魏）王弼：《老子道德经注》第五十四章，参见王弼著，楼宇烈校释《王弼集校释》上册，中华书局2009年版，第144页。

② 传世本《老子》云：“道可道，非常道；名可名，非常名。无名天地之始，有名万物之母。故常无欲，以观其妙；常有欲，以观其徼。此两者同出而异名。同谓之玄，玄之又玄，众妙之门。”

③ 于“有”“无”两观而玄同之，就“玄同”之为探知“道纪”之方法言，此一“玄同”之过程，实尚有“立”“破”；故又云“玄之又玄”。此一“循级而上”之论法，亦犹《庄》书之论“始”，有“有始也者”“有未始有始也者”“有未始有夫未始有始也者”；论“有”，有“有有也者”“有无也者”“有未始有无也者”“有未始有夫未始有无也者”之差等。此后论述佛义者，于所谓“二谛”，有分阶而论，说之为四种者，于此亦有所近。

无所谓“通玄”。此一不同，就“观物”而言，亦表现出先秦儒、道立场“可有”之一种差异。

至于第三说，则是《易传》。《易传》于“仰观”“俯察”之外，另有所谓“感而遂通天下之故”之义①，将“物性”与“人性”于同出于“命”之一层打通，以“易体”为道体，亦与老氏之论不同。为先秦儒、道差异“可有”之另一类。

唯自理学家出，“观物”之论虽承沿《易传》《荀子》，其所以为“物物”、“兼物物”，乃至所谓“感通”，其说则有变。其中阐之最明者，为邵雍(字尧夫，1011—1077年)。其说云：

> 天所以谓之观物者，非以目观之也。非观之以目而观之以心也。非观之以心而观之以理也。天下之物莫不有理焉，莫不有性焉，莫不有命焉。所以谓之理者，穷之而后可知也。所以谓之性者，尽之而后可知也。所以谓之命者，至之而后可知也。此三知者，天下之真知也，虽圣人无以过之也，而过之者非所以谓之圣人也。②

此说谓“观物以理”，虽近于《荀子·解蔽》篇所云：“疏观万物而知其情”③，然“穷之”云者，必以能“尽性”“至命”为“达致其知”之条件。其说若持与荀子“以类疏观”之说相较，邵雍重“存有物”存在之潜能，荀子重“存有物”存在之条件，彼此关切之重点不同。邵雍复云：

> 夫鉴之所以能为明者，谓其能不隐万物之形也。虽然，鉴之能不隐万物之形，未若水之能一万物之形也。虽然，水之能一万物之形，又未若圣

① 《易·系传》云：“蓍之德圆而神，卦之德方以知，六爻之义易以贡。圣人以此洗心，退藏于密，吉凶与民同患。神以知来，知以藏往，其孰能与于此哉！古之聪明睿知，神武而不杀者夫!”朱子注此段云：“圆、神，谓变化无方。方、知，谓事有定理。易以贡，谓变易以告人。圣人体具三者之德，而无一尘之累，无事则其心寂然，人莫能窥；有事则神知之用，随感而应，所谓无卜筮而知吉凶也。神武不杀，得其理而不假其物之谓。”

② 邵雍：《观物内篇·第十二篇》，参见(北宋)邵雍撰，郭彧整理《邵雍集》，中华书局2010年版，第49页。

③ 《荀子·解蔽》曰：“虚壹而静，谓之大清明。万物莫形而不见，莫见而不论，莫论而失位。坐于室而见四海，处于今而论久远，疏观万物而知其情，参稽治乱而通其度，经纬天地而材官万物，制割大理，而宇宙里矣。”(荀况撰，王先谦集解，沈啸寰、王星贤点校：《荀子集解》下册，卷第十五，中华书局2013年版，第397页)

人之能一万物之情也。圣人之所以能一万物之情者，谓其圣人之能反观也。所以谓之反观者，不以我观物也。不以我观物者，以物观物之谓也。①

彼所谓“圣人能一万物之情”，乃于“知”有统、会之境，非但“兼之”而已。统、会为理，王辅嗣《周易略例》已言之。② 唯辅嗣但标“理”所原出之“道”，于“体”为一，未于“知”指言有“能兼”一义外之所谓“悟”；其释《论语》“贯通”之义，仍以“推本”言之。③ 于“知”言“悟境”，而谓唯穷理而豁然焉，乃能以“理”观物而尽其情，乃宋儒受佛教“彻悟”说之影响而增义。朱子于康节后，补传《大学》“格物”一段④，即是阐明此理。⑤

宋儒之“观物说”，既于“知”之义，说有会通之悟境，则其论心之所能知，亦必不止于以心为“虚静能受”，如荀子之云然；而较近于《易传》依据“无思无虑”之“心体”，以主张“心”有“感而遂通天下之故”之功能之说。朱子释“心”，有谓“虚灵不昧”⑥，即是指说其为一能明、能善之“仁”“智”兼具之体。二者相近。

“心”既为一能明、能善之“仁”“智”兼具之体，则神识之能，必以“善之决断”与“智之会通”成其大用；其中“智”之逐步显发，尤为“破障”所必需。

---

① (宋)邵雍撰，郭彧整理：《邵雍集·观物内篇》，中华书局2000年版，第49页。

② 王弼云：“物无妄然，必由其理。统之有宗，会之有元。”

③ 王弼注《论语·里仁》篇“吾道一以贯之”语，见于皇侃之《论语集解义疏》上册(卷二，第31b页，新编第128页，台北广文书局1991年版)者，虽亦有“能尽理极，则无物不统，极不可二，故谓之一也”之说，然其论“道”，实主“道”之体无由得见，仅能推知。

④ 朱子注《大学》“格物”章云：“所谓致知在格物者，言欲致吾之知，在即物而穷其理也。盖人心之灵莫不有知，而天下之物莫不有理，惟于理有未穷，故其知有不尽也。是以《大学》始教，必使学者即凡天下之物，莫不因其已知之理而益穷之，以求至乎其极。至于用力之久，而一旦豁然贯通焉，则众物之表里精粗无不到，而吾心之全体大用无不明矣。”

⑤ 唯此亦并非谓朱子之说即同释氏之理，论详拙作《朱子理气论之系统建构、论域分野及其有关“存有”之预设——兼论朱子学说衍生争议之原因及其所含藏之讨论空间》，载《文与哲》2014年第25期。

⑥ 朱子云：“虚灵自是心之本体，非我所能虚也。耳目之视听，所以视听者即其心也，岂有形象？然有耳目以视听之，则犹有形象也。若心之虚灵，何尝有物。”又曰：“所觉者，心之理也；能觉者，气之灵也。”又云：“心与理一，不是理在前面一物。理便在心之中，心包蓄不住，随事而发。”

而二者之兼具，皆会于一“知”。周敦颐所谓“神发知矣”①，即是以“知”作为论“神”之关键。至于邵雍之释此“智”之“最终能明”义，则谓：

> 以物观物，性也；以我观物，情也。性公而明，情偏而暗。
>
> 任我则情，情则蔽，蔽则昏矣。因物则性，性则神，神则明矣。②

此种以“观物”为得性，“得性”则具“神明之化”之义，颇似佛义“悟后得理”之说。所别者，佛说以山河大地为见病，故悟后之真境，“理、事”“事、事”虽俱无碍，物、我乃“存”“泯”同时③，无以“观物得性”为“通”之说。故二者之释“神”“理”，非一途。

理学家之论“理”，既不破物性，以是而有“性者，道之形体”之说。邵雍之言曰：

> 性者道之形体也，性伤则道亦从之矣。心者性之郛郭也。心伤则性亦从之矣。身者心之区宇也，身伤则心亦从之矣。物者身之舟车也，物伤则身亦从之矣。是知以道观性，以性观心，以心观身，以身观物，治则治矣，然犹未离乎害者也。不若以道观道，以性观性，以心观心，以身观身，以物观物，则虽欲相伤，其可得乎！若然，则以家观家，以国观国，以天下观天下，亦从而可知之矣。④

其旨明分两境，一境则以道修己，为“治境”，以“无伤”为本。然此之为

---

① 周敦颐《太极图说》云：“无极之真，二五之精，妙合而凝。‘乾道成男，坤道成女’，二气交感，化生万物。万物生生，而变化无穷焉。惟人也，得其秀而最灵。形既生矣，神发知矣，五性感动，而善恶分，万事出矣。圣人定之以中正仁义，而主静，立人极焉。”

② (宋)邵雍撰，郭彧整理：《邵雍集·观物外篇·下之中》，中华书局2000年版，第152页。

③ “存、泯同时”借方药地语，其言云：“出世者泯也，入世者存也，超越二者统矣。泯自扫一切法以尊体，存自立一切法以前用，究竟执法身(dharmakāya)亦死佛也。立处即真，现在为政。无亲疏之体在有亲疏之用中。主理臣气而天其心，乃正示也。存、泯同时，舍存岂有泯乎？”

④ (宋)邵雍撰，郭彧整理：《邵雍集·伊川击壤集·序》，中华书局2000年版，第179~180页。

"未伤"，以未能实历事境，故累伏而未能去，未离乎害。必待能进而于一切事之中，穷尽心之变化，达于"以物观物而物、己两不相伤"，然后可以有情而无累。无累则公，公则明，而"明"则为"至境"矣。此另一说。

理学家所希慕之境，既在有情而无累于情，则其"观物"必有"情境"，亦必有"事境"，而事境与情境类皆不足以尽。邵雍云：

> 予……谓人世之乐何尝有万之一二，而谓名教之乐固有万万焉，况观物之乐复有万万者焉。虽死生荣辱转战于前，曾未入于胸中，则何异四时风花雪月一过乎眼也？诚为能以物观物，而两不相伤者焉，盖其间情累都忘去尔，所未忘者独有诗在焉。①

其论诗，则曰：

> 其或经道之余，因闲观时，因静照物，因时起志，因物寓言，因志发咏，因言成诗，因咏成声，因诗成音，是故哀而未尝伤，乐而未尝淫。虽曰吟咏情性，曾何累于性情哉！②

若是亦可谓：理学家于情境、事境之上，脱累而得者，乃一乐而不淫，哀而不伤之"乐境"。理学家之观物，如濂溪之庭草不去，横渠之善听驴鸣，明道之和同"四时佳兴"，皆是有此一"以心和物"而又能"超脱尘累"之位置。至若邵雍与明之陈宪章(字公甫，号石斋，1428—1500年)，则见意于歌诗，发挥此旨更显。

理学家于事境、情境之上，另外悬设一"乐境"，于思维中，即是将性情之基础，与性情所可有之提升，于同一境界中展现。此种于"境"中见"意"之主张，与前论之"得意"论，所同者在皆于"物、我之关系"中凸显作者"主体性"(subjectivity)之重要；然"得意论"之论神发，神乃依气而行，"观物说"则系以神和境。"以神和境"所凭者，一在理境，一在心境。"理境"以智得，"心境"由德养，而"和境"则于气中生。理学家所谓"精神日新"，即是气于"和

---

① (宋)邵雍撰，郭彧整理：《邵雍集·伊川击壤集·序》，中华书局2000年版，第180页。

② (宋)邵雍撰，郭彧整理：《邵雍集·伊川击壤集·序》，中华书局2000年版，第180页。

境”中“通神”之表现。《伊川击壤集》中，邵雍有诗云：

人不善赏花，只爱花之貌。人或善赏花，只爱花之妙。花貌在颜色，颜色人可效。花妙在精神，精神人莫造。①

其所云“花妙在精神，精神人莫造”，即是言“和境”之可感，乃由精神之相通而得。人能于“人之境”中得此天趣，即是显示人之真性中，本有此“善赏”之可能，得之即“天”。此种于“人”得“天”之观念，发于画论，则有画论中之“观物”论。

宋董逌《书百牛后》云：

一牛百形，形不重出，非形生有异，所以使形者异也。画者为此，殆劳于知矣。岂不知以人相见者，知牛为一形。若以牛相观者，其形状差别更为异相，亦如人面，岂止百邪？且谓观者，亦尝求其所谓天者乎？本其所出，则百牛盖一性耳。彼为是观者，犉犕犎牧，犈犊犻犌，觢角犅蹄，仰鼻垂胡，掉尾弭耳，岂非百体具于前哉？知牛者不求于此，盖于动、静二界中，观种种相，随见得形。为此百状，既已寓之画矣，其为形者特未尽也。若其岐胡寿匡，豪筋旄毛，上阜辍驾，下泽是駈，畜勇槽侧，息愤场隅，怒于泰山，神于牛渚，白角莹蹄，青毛金锁，出河走踢，曳火冲奔，渚次而饮，岸傍而鬬，掺尾而奏八阕，叩角而为商歌，饭于鲁阁之下，饮于颍阳之上，虎鬬而蛟争，剑化而树变，献豆进刍，阴虹厉颈，果有穷尽哉！要知画者之见，殆随畜牧而求其后也，果知有真牛者矣！②

此论中所阐“以牛观牛而得其天”，此“天”即牛性之百变，故“使形”而有种种动、静之相态，善赏者以己之精神通之，遂亦有以得乎牛之精神。而牛之精神，固即是牛“真性”之发挥也。说与邵雍所谓“花妙在精神”，正合符节。

董逌跋“画论”之云“妙”，曾举出“当处生意”四字，说之云：

---

① （宋）邵雍：《善赏花吟》，参见邵雍撰，郭彧整理《邵雍集·伊川击壤集》，中华书局2000年版，第344页。

② （宋）董逌撰：《广川画跋》，参见《景印文渊阁四库全书》第813册，卷一，分第8b~9页，总第448页。

世之评画者曰：妙于生意，能不失真，如此已是能尽其技。尝问：如何是“当处生意”？曰：殆谓“自然”。其问“自然”，则曰：能不异真者，斯得之矣。①

此“当处生意”四字，若以性、情之说通之，则凡物之为“有”，真情真性，不论丑、妍，但出自然，即有“当处之精神”，不必“德全”者始然。故善取者，曲尽物情，而以“神”触之，止此即是通于造化之自然而养性。董氏之所以专以“天机”为重，谓窘于天机者，其画不妙，而论云：

乐天言画无常工，以似为工。画之贵似，岂其形似之贵邪！要必期于所以似者贵也。……无心于画者，求于造物之先。凡赋形出象，发于生意，得之自然。待见于胸中者，若华若叶，分布而出矣，然后发之于外，假之手而寄色焉。未尝求其似者而托意也。元本学画于徐熙(886—975)，而微觉用意求似者，既遁天机，不若熙之进乎技。②

其理即在此。

“观物”论者有一高置之地位，不论诗、画皆然。然理学自有陆(九渊)、王(阳明)别出，“理学”对于“艺论”之影响，乃又另成别类；盖即是文论、剧论、乃至“说部”之谈中，依“本真之心”而标之“情真”之说，乃至深化后之“情理论”。其间居于以“良知之学”影响“艺论”之关键地位者，为李贽。

李贽“童心说”之出于王阳明，自来无异论。然此说于“艺论”中之意义，实当于“理学”所造就之“普遍之影响”中论之始明。亦即宋以来“观物论”之重普遍义之性情，乃“思想流衍”业已造就之大环境，不待阳明学之指点人人所同具之“养德之资”而后然。唯就“认识论”言，程、朱一脉，乃主“心”为“能知”之体，而“所知”者在外；故“体用一源”“显微无间”者，必如朱子言：

① (宋)董逌：《书徐熙画牡丹图》，参见《景印文渊阁四库全书》第813册，卷三，分第16b页，总第473页。

② (宋)董逌：《书徐熙画牡丹图》，参见《景印文渊阁四库全书》第813册，卷五，分第5页，总第485页。

> 自理而观，则理为体、象为用，而理中有象，是一源也……自象而观，则象为显、理为微，而象中有理，是无间也。①

始得。其说之于“用”中见“体”，乃于“物相”“事相”中求之，甚明。至于“心体”之明，因“习”致惑，应别有“去惑”之功，则别属一事；此所谓“明”“诚”之两进。

而陆、王一派，初由义理立基，强调“道德决断”之“义”，则系以“良知本心”为“理”之核心。后则溯流探本，主张“理”亦为“良知本体”之变化。故物、事必待与我心关联，产生感应，乃始为“存在”之实境。此实境，不以心惑即虚，然而有“真境”。“真境”即我“心体”惑尽而明后所呈显。故凡所用力，主旨止在推致“我之良知”以去“惑累”之一端。惑累一旦而去，则万物之变化，即吾心之变化，“理境”“心境”合而为一。黄宗羲《明儒学案·序》尝云：

> 盈天地皆心也，变化不测，不能不万殊。

即是说明此“合一”之境。

而正因宇宙之变化，心与理一，“良知之体”即是造化所系，故所谓“穷理”，即是穷此良知之体之变化，穷之者以我之“意”动，感而通之，遂以成“知”。《明儒学案·序》所谓：

> 穷理者，穷此心之万殊，非穷万物之万殊也。

盖即谓此。

若然，则心体之变化，乃万化共成，我特以“意”得之。以“意”得之，则就“感知”言，乃不能不万殊。故又云：

---

① （宋）朱熹：《答何叔京》，参见《晦庵先生朱文公文集》，卷四十，收入朱熹撰，朱杰人主编《朱子全书》（修订本）第22册，刘永翔、徐德明校点，上海古籍出版社2002年版，第1841页。

> 先儒之语录，人人不同，只是印我之心体变动不居。①

夫“心体”之在，既是变动不居，则诚意以正心，心真则情真，举天下之真情，莫非此心之变化，亦莫不即是此理之变化。前所云“物”之可观，当“以物观之”者，即应是以我“真心之知”，以观彼之“实然为诚”处；一切形隔，皆当于此化去，但见有性情之流行，而不复有“观”与“所观”之别。凡陆、王“本心良知之学”最终所以区别于程、朱者在此。

陆王既主“理”为心之变化，则所谓“天”“人”之殊境，关键仅是“念动”之自然与否。自然即公，即“天”；不自然即私，即“人”。“欲”亦“性动”所可有，但问与本心不违，即同真情。明季王学大兴之后，“艺论”所趋转向“言情”，渐以之排斥“以理束情”之说，此一思想之发展，关系固大。

李贽《童心说》云：

> 夫童心者，绝假纯真，最初一念之本心也。若失却童心，便失却真心；失却真心，便失却真人。人而非真，全不复有初矣。
>
> 童子者，人之初也；童心者，心之初也。夫心之初曷可失也！然童心胡然而遽失也？盖方其始也，有闻见从耳目而入，而以为主于其内而童心失。其长也，有道理从闻见而入，而以为主于其内而童心失。其久也，道理闻见日以益多，则所知所觉日以益广，于是焉又知美名之可好也，而务欲以扬之而童心失；知不美之名之可丑也，而务欲以掩之而童心失。夫道理闻见，皆自多读书识义理而来也。古之圣人，曷尝不读书哉！然纵不读书，童心固自在也，纵多读书，亦以护此童心而使之勿失焉耳，非若学者反以多读书识义理而反障之也。夫学者既以多读书识义理障其童心矣，圣人又何用多著书立言以障学人为耶？童心既障，于是发而为言语，则言语

① 以上所引，皆黄宗羲康熙癸酉年(1693年)口授其子百家(字主一，1643—1709年)所成之前序；后则有改本，收于《南雷文定五集》(黄宗羲：《南雷诗文集》，参见黄宗羲撰，沈善洪主编《黄宗羲全集》第10册，浙江古籍出版社2005年版，第79~80页)。关于二序之差异，参见拙作《王阳明哲学之根本性质及其教法流衍中所存在之歧异性》(本文初稿发表于北京大学中国语言文学系、美国耶鲁大学东亚语言文学系、北京大学中国古文献研究中心联合举办的“中国典籍与文化国际学术研讨会”上；后刊登于《文与哲》2010年第16期。收入戴景贤撰：《明清学术思想史论集》上编，香港中文大学出版社2002年版，第29~112页)一文。

不由衷；见而为政事，则政事无根柢；著而为文辞，则文辞不能达。非内含于章美也，非笃实生辉光也，欲求一句有德之言，卒不可得。所以者何？以童心既障，而以从外入者闻见道理为之心也。

夫既以闻见道理为心矣，则所言者皆闻见道理之言，非童心自出之言也。言虽工，于我何与？岂非以假人言假言，而事假事文假文乎？盖其人既假，则无所不假矣。由是而以假言与假人言，则假人喜；以假事与假人道，则假人喜；以假文与假人谈，则假人喜。无所不假，则无所不喜。满场是假，矮人何辩也？然则虽有天下之至文，其湮灭于假人而不尽见于后世者，又岂少哉！何也？天下之至文，未有不出于童心焉者也。①

李贽此说，但以"护守童心"为得道，倘就"阳明学"而言，固有走失，倡之以为教，必至灭裂；故即在当时，主程、朱者不必论，本乎王学以攻之者亦不绝。② 然其论中所斥，本有实指，而其所以为论，亦有重要之观点，可于特定之议题中发挥，故影响仍不容轻视。

李贽之说最要之一点，在于破"闻见""思辨"之理障。"理"而可以言"障"，有两类，一类之理障，即是"言说障"，即穷理者以"教言"为理，而无实际之理会；其弊在"谈者"，不在"教言"之本身。此乃"人弊"非"法弊"。另一类，则以为"理"非思辨可得，凡有所思辨即有所障蔽，故"教言"之主旨，倘非所以使人反本而悟其初心，则即此"教言"，便是"法弊"。就卓吾之观点论之，"理学"既昌之后，积久而弊，人弊、法弊，皆已至极，故云"满场皆假"。而其所以为"满场皆假"，有一最可悲者，即人一旦失真而成假，"假"成"种子"(bīja)，不悟者不觉，即以为真。此病不唯在于社会之俗众，即自诩为"读书识道理"者，亦常高自位置，云能"观物"，实则自反不切，仅以"能思辨"当悟境，不唯增长"我慢"(atma-mana)，且亦苛以察人。若此者，反不如愚夫愚妇之实有"朴质"之真性真情。

---

① 李贽：《童心说》，参见(明)李贽撰，张建业主编《李贽文集》第1卷，社会科学文献出版社2000年版，第92页。

② 关于李贽"童心"概念之来历，立论之得失，及其与佛学之交涉，参见拙作《论姚江学脉中之龙溪、心斋与其影响》(初稿原载《台大中文学报》2005年第22期；收入戴景贤撰：《明清学术思想史论集》上编，香港中文大学出版社2002年版，第157~212页)、《李贽与佛教——论李贽思想之基本立场与其会通儒、释之取径》(载《清华学报》2016年第3期)二文。

卓吾说之斥“假言”“假人”，正代表“良知学”扩展后，社会中逐渐兴起之一股厌弃“虚矫”之士风与文风，从而急欲追寻“真情”“真性”之文化反思。明季文坛于此后，高举所谓“求真”之概念，蔚成风气，盖即是此种“反思”之展现。

“求真”之成为一种“美学概念”之推动，影响于“艺论”，有两项最要之重点：一为“文必己出”，二为“理在情中”。

“文必己出”，包括一切艺术而言，即是强调“作品”非仅以见作者之风神，亦非仅以见造化之理致，而当拥有自所独创之风格，乃至自所独创之境界。明末以至清初，艺坛不论诗、文与画，才高者皆感受一应求表显“作者主体性”之内在要求，即是承接此一观念之呼唤。

“理在情中”，则是间接促动论者对于“叙事”文类与“戏剧”文类中，作品内涵之探讨与批评。中国小说、戏曲“艺术价值”之提升，此种哲学性美学思维之影响，贡献可谓甚大。

所谓文必当有自己独创之风格，乃至境界，说之透者，亦可以卓吾为代表。李贽《焚书·杂述》言曰：

> 《拜月》《西厢》，化工也；《琵琶》，画工也。夫所谓画工者，以其能夺天地之化工，而其孰知天地之无工乎？今夫天之所生，地之所长，百卉具在，人见而爱之矣。至觅其工，了不可得，岂其智固不能得之欤！要知造化无工，虽有神圣，亦不能识知化工之所在，而其谁能得之？……杂剧院本，游戏之上乘也，《西厢》《拜月》，何工之有！盖工莫工于《琵琶》矣。彼高生者，固已殚其力之所能工，而极吾才于既竭。惟作者穷巧极工，不遗余力，是故语尽而意亦尽，词竭而味索然亦随以竭。吾尝揽《琵琶》而弹之矣：一弹而叹，再弹而怨，三弹而向之怨叹无复存者。此其故何耶？岂其似真非真，所以入人之心者不深耶？盖虽工巧之极，其气力限量只可达于皮肤骨血之间，则其感人仅仅如是，何足怪哉！《西厢》、《拜月》乃不如是。意者宇宙之内，本自有如此可喜之人，如化工之于物，其工巧自不可思议尔。

此论中区“画工”“化工”为二，然画工、化工之辨，非前人“得形”“得神”之辨。盖就卓吾之说言，必“自然”而后为“化工”，故“化工”无工，亦无“工”

之可识。“神理说”之所谓“理”可以“神”契者，对于卓吾而言，不过为摹拟想象，乃似境，非真境。“真境”由此断不可得。所以然者，以画者有一“造化”在前，而求识其“工”之所在，必如《西厢》《拜月》，非于剧中写一“相似之人”而求其工，乃作者实然自心胸“真性真情”中，创造出如是一“应有且可喜”之人，则功同造化，故为“化工”。其所以为创造，本于自然倾吐，而自不可思议。李贽《焚书·杂述》言：

> 且夫世之真能文者，比其初皆非有意于为文也。其胸中有如许无状可怪之事，其喉间有如许欲吐而不敢吐之物，其口头又时时有许多欲语而莫可所以告语之处，蓄极积久，势不能遏。一旦见景生情，触目兴叹；夺他人之酒杯，浇自己之垒块；诉心中之不平，感数奇于千载。既已喷玉唾珠，昭回云汉，为章于天矣，遂亦自负，发狂大叫，流涕恸哭，不能自止。宁使见者闻者切齿咬牙，欲杀欲割，而终不忍藏于名山，投之水火。余览斯记，想见其为人，当其时必有大不得意于君臣朋友之间者，故借夫妇离合因缘以发其端。于是焉喜佳人之难得，羡张生之奇遇，比云雨之翻覆，叹今人之如土。其尤可笑者：小小风流一事耳，至比之张旭(字伯高，一字季明)张颠、羲之、献之而又过之。尧夫云：“唐虞揖让三杯酒，汤武征诛一局棋。”夫征诛揖让何等也？而以一杯一局觑之，至眇小矣！
>
> 呜呼！今古豪杰，大抵皆然。小中见大，大中见小，举一毛端建宝王刹，坐微尘里转大法轮。此自至理，非干戏论。倘尔不信，中庭月下，木落秋空，寂寞书斋，独自无赖，试取《琴心》一弹再鼓，其无尽藏不可思议，工巧固可思也。

此论后半，于创作中，又举出“夺他人酒杯，浇自己垒块”之语，乃居然似前人诗论中“寄寓”之意矣。然卓吾之言此，盖谓“创作者”胸中必有激情出自其性，喷薄欲出，创作之题材、创作之时机，不过偶然得之，乃至倾泻而出，不可收拾。其中小见大以小，大见小以大，非比、非兴，其为“建”为“转”，可思之工巧外，尚有不可思议之“无尽藏”为其管辖。“无尽藏”者，依“良知家”言，盖即以指人“心德”含量之无穷，其“不可思议”与“造化之体”同。

李贽之“创作论”，其所展示，实已将“神”“理”“艺”三者区分：“神”者，乃创作之主体；“理”者，即创作中所以为“化工”之内涵；而“艺”，则是借以

"传神达理"之巧具。而所以贯串此三者，则为人"真心"之无尽藏。此一论点，既不属单纯之"神理说"，亦非确实之"风骨论"；然"心"既与"理"为一，则吾心但得其"真"而有变化，即是造化之显能，"神理""风骨"二者所论，皆可于此中收摄。

李贽所言之"真心说"，倘依其理而推演之，则可有依"化工"为本之"以情造境"之论。李贽稍后有汤显祖。汤氏之论其剧作《牡丹亭记题词》曰：

> 天下女子有情宁有如杜丽娘者乎。梦其人即病，病即弥连，至手画形容传于世而后死。死三年矣，复能溟莫中求得其所梦者而生。如丽娘者，乃可谓之有情人耳。情不知所起，一往而深，生者可以死，死可以生。生而不可与死，死而不可复生者，皆非情之至也。梦中之情，何必非真。天下岂少梦中之人耶。必因荐枕而成亲，待挂冠而为密者，皆形骸之论也。……嗟夫，人世之事，非人世所可尽。自非通人，恒以理相格耳。第云理之所必无，安知情之所必有邪。①

汤显祖此论，深旨在"情不知所起，一往而情深"句。盖理家常言"情者，性之动"，然情何以能深？非真有情者，实不知何者谓"深"；遑论生生死死、死死生生，脱世事之形骸而论其深也。思辨而为"知"者，束于玄言，格于人情，非唯不知情深，抑且不知"情"能有如是之真。

然真有情者，实亦不自知"情"之所由起，亦不自知"己情"之何以一往而深之若许。故观世间之情者，倘自身非"情至"之人，而又能以"己情"通之于"焉知非情之可有"之事，何能为"通人"？己已为理所束而未通于情，犹侈言于"达理"，则所谓"理"者，亦虚而已；岂真得"理"之所以为"理"哉！故心真必须情真，情真必须情至。② "剧"之可贵者，正在作者造出此境，以"假戏"达出"情至"，则较之人之耳闻目见，实而可以非实者，戏梦亦可虚而非虚矣。

汤氏此论于"性理"之义，可谓别开生面。陈继儒(字仲醇，号麋公、白石山樵，1558—1639 年)尝记张位(字明成，号洪阳，1538—1605 年)相国与汤

---

① (明)汤显祖：《牡丹亭记题词》，参见(明)汤显祖撰，徐朔方笺校《汤显祖诗文集》下册，上海古籍出版社 1982 年版，第 1093 页。

② 一般论"情真"者，必以"心真"为本；然由汤氏之说，"心真"之后，尚有一发展之历程，心真必于"情"之发处，一往其真，卒至于"至"，始是可歌、可泣。

显祖晤谈，张位谓之曰：

以君之辩才，握麈而登皋比，何渠出濂、洛、关、闽下？而逗漏于碧箫红牙队间，将无为青青子衿所笑！

汤显祖云：

某与吾师终日共讲学，而人不解也。师讲性，某讲情。①

其实汤氏之讲“情”，即是讲“性”，汤氏之讥理学家“隔理”，即是讲“理”，故张氏闻其谈而称之，汤氏则谓人多不解。此下剧评家与小说论者于“言情”之文中，批出深旨，事虽诡谲万出，其实即言是理。

义仍之以“情”论“理”，乃以“人世之情”论之，其论中所谓“人世之事，非于人世所可尽”，非唯具有一观察“世间常情”之眼光，抑且又超越于现实所实有，而深入于人之“性情”中所可有。故云：“第云‘理’之所必无，安知‘情’之所必有。”则知彼心中之谓“理”，不仅为实有、已有，且应包括于“可有”“应有”而为事实所未有者。此一以“理”包潜势之所“可有”“应有”，乃至“必有”之观念，溯其源，固自理学“用中见体”之主张发展来，然非唯与程朱理学“观物论”根本差异，亦与理学因有陆王别出而产生之一种“心体变化”之说略有不同。

盖“心体变化”说，虽不主“理”为“净洁空阔底世界”②，如朱子所主张；然究竟言“心”必应有一主宰，此主宰或说为“意”，或说为“志”，皆是修德者

① （明）陈继儒：《批点牡丹亭题词》，参见汤显祖撰，徐朔方笺校《汤显祖诗文集》下册，《附录》，上海古籍出版社1982年版，第1545页。

② 《语类》载：或问先有理后有气之说。朱子曰：“不消如此说。而今知得他合下是先有理，后有气邪？后有理先有气邪？皆不可得而推究。然以意度之，则疑此气是依傍这理行。及此气之聚，则理亦在焉。盖气，则能凝结造作，理却无情意，无计度，无造作。只此气凝聚处，理便在其中。且如天地间人物草木禽兽，其生也，莫不有种，定不会无种了，白地生出一个物事，这个都是气。若理，则只是个净洁空阔底世界，无形迹，他却不会造作。气则能酝酿凝聚生物也。但有此气，则理便在其中。”黎靖德辑：《朱子语类》，卷一，参见朱熹撰，朱杰人等主编：《朱子全书》（修订本）第14册，郑明等校点，庄辉明审读，上海古籍出版社、安徽教育出版社2010年版，第116页。

“必有事焉而勿忘”①之地，否则即不得复归为“理学”之范围。然汤氏乃至其前、后，正有许多主张应以“情论”作为“理论”依据之文人，或学者。此种思想发展之趋势，显示中国关于“性情”问题之哲学讨论，在当时，已另有一由“结构性哲学思维”转向“文化性思维”之伏流，潜滋暗长。而此一“文化性思维”，则是由“美学问题”所引领，亦由“美学思想”作为其基础。② “说部”与“戏曲”，则正是其孕育生机之园地。其主要集中之焦点有三：即作为“作者主体”展现来源之性格、人生之戏剧性，与人生终极之命运归宿。

所谓关注“作为‘作者主体’展现来源之性格”，此一反思，就其最要之可彰显于美学之意涵而言，即是将人行动之意志与情感之根源，归之于人自我追求之过程中，因“价值目标”之导引而建立之独有之“主体性”与“个体性”(individuality)；所谓真性、真情必以此为标准。③

而对于所谓“人生之戏剧性”之理解，则是深切认识人在其生活中，“深层自我”对于“人生之不确定性”之态度，乃是人“自我”成长或毁灭之根本来源。

至于第三项，涉及所谓“人生终极之命运归宿”云云，其思维之深刻化，则是期望人能于人生之戏剧性生涯中，将完整之“自我”，提升至一“哲学化”之“解脱之境”。

此三者，就“问题”结构而成之形态言，与中国原本以“神理说”与“风骨论”为变化枢纽之美学思想，有一最大之歧异之点，即是对于“俗世人生”(secular life)之重视。一切超脱“世俗性人生”而追求之价值，皆应先深透于俗世人生之基础。此一思路之取径，与中国自来“学术思维”本身之强烈之“菁英”色彩，多少出现差异；有时亦形成对峙。

而其所以得自“士人阶层”菁英文化之孕育，而又形成一与其“菁英”特质不尽相类之发展，有一思想上启示之来源，即是佛教信仰中，于“所假”中证“真”之“中观”。明末程羽文(字荩臣，1644—1722年)序沈泰(字林宗，别署福次居主人)编《盛明杂剧》云：

---

① 《孟子·公孙丑上》：“‘敢问何谓浩然之气?’曰：‘难言也。其为气也，至大至刚，以直养而无害，则塞于天地之间。其为气也，配义与道；无是，馁也。是集义所生者，非义而袭取之也。行有不慊于心，则馁矣。……必有事焉而勿正，心勿忘，勿助长也。’”朱熹：《四书章句集注·孟子集注》，参见朱熹撰，朱杰人主编《朱子全书》(修订本)第6册，刘永翔、徐德明校点，上海古籍出版社2002年版，第282~283页。

② 参见拙作《论明代美学思想发展之结构性质及其与形上学之关系》一文。

③ 参见拙作《李贽与佛教——论李贽思想之基本立场与其会通儒、释之取径》一文。

曲者，歌之变，乐声也；戏者，舞之变，乐容也。皆乐也，何以不言乐？盖才人韵士，其牢骚、抑郁、啼号、愤激之情，与夫慷慨、流连、谈谐、笑谑之态，拂拂于指尖而津津于笔底，不能直写而曲摹之，不能庄语而戏喻之者也。……凡天地间知愚、贤否、贵贱、寿夭、男女、华夷，有一事可传，有一节可录，新陈言于牍中，活死迹于场上。谁真谁假，是夜是年，总不出六人搬弄。状忠孝而神钦；状奸佞而色骸；状困窭而心如灰；状荣显而肠似火；状蝉脱羽化，飘飘有凌云之思；状玉窃香偷，逐逐若随波之荡。可兴、可观、可惩、可劝，此皆才人韵士以游戏作佛事，现身而为说法者也。

论中“谁真”“谁假”之真、假，“真”虽即是卓吾所言之“真人”之“真”，乃以性、情言之。至于“是夜”“是年”之为“假”，则“假”中有“借”。凡戏曲之佳者，其所以状乎忠孝、奸佞、困窭、荣显、蝉脱、窃玉，依其说，必求能处处达致剧中人心底之钦、骸、灰、火、神思、情荡，则虚构搬弄，而不害可以符“真”。作者之作此而为“兴”“观”“惩”“劝”，乃欲借“游戏”以作佛事，现身而说法。

程氏序中所言，显示当时“剧论者”之观、评“作者”所以“新陈言”“活死迹”，而以寄其感慨于俗世之可叹、可悲，确有一番深刻之期许。此为“艺论”藉戏曲而有之一大发展。故清康熙年间金圣叹批《西厢》云：

若是章，便应有若干句；若是句，便应有若干字。今《西厢记》不是一章，只是一句，故并无若干句。乃至不是一句，只是一字，故并无若干字。《西厢记》其实只是一字。……《西厢记》是何一字？《西厢记》是一“无”字。赵州和尚，人问：“狗子还有佛性也无？”曰：“无！”是此一“无”字。……人问赵州和尚：“一切含灵，具有佛性，何得狗子却无？”赵州曰：“无！”《西厢记》是此一“无”字。……人若问赵州和尚：“露柱还有佛性也无？”赵州曰：“无！”《西厢记》是此一“无”字。……若又问：“释迦牟尼还有佛性也无？”赵州曰：“无！”《西厢记》是此一“无”字。……人若又问：“‘无’字还有佛性也无？”赵州曰：“无！”《西厢记》是此一“无”字。……人若又问：“‘无’字，还有‘无’字也无？”赵州曰：“无！”《西厢记》是此一“无”字。……人若又问：某甲不会，赵州曰：“你是不会，老僧是无。"《西厢记》是此一"无"字。……何故《西厢记》是此一"无"字?此一"无"字,是一部《西厢记》故。①

此段批语,谓一部《西厢》只是一字,而此一字并无一字,故识得一部《西厢》都无一字,即得一部《西厢》;此意略同于程氏欲以"艺事"上拟于"说法"之旨。俗之俗而非俗,俗之非真而能真,正缘"真"必缘"假","假"之不失于"真"处,俗俱成真。此所举"情理观"之于明、清,最终颇有期望提升至一"哲学之境界"者,金氏说即其一例。②

三、古文家言

中国美学思想中之"神理说"与"风骨论",另有一种组合之形态,即是唐、宋以后之古文家言。韩愈尝言:

愈之为古文,岂独取其句读不类于今者邪?思古人而不得见,学古道则欲兼通其辞。通其辞者,本志乎古道者也。③

"古之道"乃辞与道合,即是古人"言文"必本于"道术"之观念。此意刘彦和《文心雕龙》已发之,故其书有《原道》《征圣》《宗经》之篇。④ 唯彦和论文,《明诗》以下,辨"体"皆依"用"分,故必一一追溯其源,然后别其家数。故凡颂赞、祝盟、铭箴、诔碑、诏策、檄移、封禅、章表、奏启、议对之类,皆用

① 语见(清)金圣叹:《读第六才子书西厢记法》,参见(元)王实甫撰,(清)金圣叹评点《西厢记》,花山文艺出版社1996年版,第14页。

② 与此先后,方药地论诗,亦有"于所假证真"之说,则系合"禅"与"诗"而一之;论较此处所归纳者犹深。以余另有所论,故此不赘述焉,可参见拙作《论方以智王船山二人思想之对比性与其所展显之时代意义》一文。

③ (唐)韩愈:《题哀辞后》(原注:方本:删此四字或作题欧阳生哀辞后),参见(唐)韩愈撰,(宋)朱熹考异,王伯大(字幼学,号留耕?—1253)音释《朱文公校韩昌黎先生集》,收入《四部丛刊》第34册,据元刊本景印,卷之二十二,《祭文》,分第3b页,总第167页。

④ 唯两人亦有差异,所异者,昌黎自谓乃以"学道"为初衷,故亦以"传道"为己任,而彦和之精意,则在于论文,其《序志》一篇,特以古之"树德建言"之君子自待;至于最上一义之信仰,则彦和仍是皈依于佛教。

在经济，必以“合体”为要。其所以然者，亦缘自汉以后，“文治”之政府业已建立，凡周、秦之诏诰、奏谏，皆有“言事达意”之体，为之传递；治之良、窳，莫不可于其中觇之。故前引曹子桓之言，谓“文章可以经国”，语实不虚。彦和之所以于“励德树声，莫不师圣”之外，谓建言修辞，亦宜宗经者，亦系就此“用”义而言之。①

而彦和同时前后，萧德施选文，诗、赋而外，凡属无韵之“笔”，亦依用分。下至韩愈、柳宗元崛起，专重风旨，乃欲变文章之体，以兼诗用。② 韩愈自叙，乃曰“非三代两汉之书不敢观，非圣人之志不敢存”③。然韩愈之获罪，以“谏表”非体④，而卒为世赏，足见文章之表意，“事”外尚有“言旨”，可以见作者之全体，不限于诗，已是当时论文者所注意。昌黎不唯普遍表现之于各类篇章，兼以异其句读，故与“时文”之犹承沿旧轨者相别，而称之曰“古”。然彼所强调于“好古之道”者，其实乃将精神，归宗于士人“弘毅”之志，与立基于“史识”之一种文化情怀；与彦和之沿袭“庙堂致化”之“言用”观点，可谓一近“子”、一近“经”⑤；二者差异。

下至清章学诚(1738—1801年)，著《诗教》篇，区古、今载籍为“著作”与“辞章”二类，谓：

> 子史衰而文集之体盛；著作衰而辞章之学兴。文集者，辞章不专家，

---

① 《文心雕龙·宗经》篇云：“夫文以行立，行以文传，四教所先，符采相济。励德树声，莫不师圣；而建言修辞，鲜克宗经。是以楚艳汉侈，流弊不还；正末归本，不其懿欤！”

② 钱穆曾言：陈师道评昌黎诗，有谓韩昌黎乃以文为诗，此义人易知，然韩公实亦以诗为文，此义向来无人道及；参所著《杂论唐代古文运动》。参见钱穆：《中国学术思想史论丛》(四)，台北东大图书出版公司2005年版，第42页；收入钱穆撰，钱宾四先生全集编辑委员会主编：《钱宾四先生全集》第19册，联经出版事业股份有限公司1998年版，分第56页。

③ (唐)韩愈：《答李翊书》，参见(唐)韩愈撰，(宋)朱熹考异，王伯大音释《朱文公校韩昌黎先生集》，卷之十六，《书》，第9b页，总第133页。

④ 史载唐宪宗之罪韩愈，以愈疏中言东汉奉佛之后帝王咸致夭促，语非人臣所宜，盖亦自觉之，因有此言。

⑤ 历来论昌黎之文者，或谓昌黎有“佐佑六经”之功，如《新唐书·韩愈传》云：“每言文章自汉司马相如、太史公、刘向、杨雄后，作者不世出，故愈深探本元，卓然树立，成一家言。其《原道》《原性》《师说》等数十篇，皆奥衍闳深，与孟轲、杨雄相表里而佐佑《六经》云”，即是其说。然此特以指韩氏文章之儒学价值；至于其形态，所谓“卓然树立，成一家言”，即是言其“近子”。

而萃聚文墨，以为蛇龙之菹也。①

其中“文”之所以纂辑成“集”者，特以之为“文墨萃聚”之地，文墨之用初无定；必作者所言，时时可见其“身与时舛，志共道申”之私衷，而其襟抱又实有“标心于万古之上，而送怀于千载之下”之德蓄，如彦和《诸子》②一篇所举，乃可说为“子学”之变衍。昌黎韩氏之所倡，盖近于此。至于昔人有谓昌黎所得在于《六经》③，此则特就其“学识”之根柢言，就文而言，则殊不尽然。

自昌黎有“篇章宜与道合”之主张，“文章辨体”之观念乃遂有变。而自有明人“秦汉”“唐宋”之分野，乃至“八家”之说，所谓“古文”之义法，亦渐成型。方苞(1668—1749年)、刘大櫆(1698—1780年)之后，乃有所谓“桐城文章之学”。乾隆间姚鼐(1731—1815年)集《古文辞类纂》，风行一世，习古文者奉为圭臬。而究姚书之所标，要点有二：一在取类，一在论艺。

“取类”者，近于“辨体”。然文章辨体，本系依“用”为主，姚书取类，虽亦精审源流，然倘取其所集以较彦和书中所论，则见姚书以“论辨”居首，“序跋”“奏议”“书说”“赠序”从之，“诏令”“传状”“碑志”又次焉，终则为“杂说”“箴铭”“哀祭”，其立类有特殊之标准。

盖“论辨”居首，则学应有根柢；必先论根柢，然后文之工、拙可论，立言之本、末也。其次“序跋”“奏议”，或论学，或切事，皆以显“识鉴”之发用。“书说”“赠序”，则修辞立其诚，以见君子之言德。凡五类皆以“立身以出

① (清)章学诚：《诗教上》，参见(清)章学诚撰，叶瑛校注《文史通义校注》上册，卷一，内篇一，中华书局2011年版，第61页。

② 《文心雕龙·诸子》：“夫自六国以前，去圣未远，故能越世高谈，自开户牖。两汉以后，体势浸弱，虽明乎坦途，而类多依采，此远近之渐变也。嗟夫，身与时舛，志共道申，标心于万古之上，而送怀于千载之下，金石靡矣，声其销乎！”

③ 《新唐书·韩愈传》末，赞云：“唐兴，承五代剖分，王政不纲，文弊质穷，𪉟俚混并。天下已定，治荒剔蠹，讨究儒术，以兴典宪，熏醲涵浸，殆百余年，其后文章稍稍可述。至贞元、元和间，愈遂以《六经》之文为诸儒倡，障堤末流，反刓以朴，刬伪以真。然愈之才，自视司马迁、杨雄，至班固以下不论也。当其所得，粹然一出于正，刊落陈言，横骛别驱，汪洋大肆，要之无抵捂圣人者。其道盖自比孟轲，以荀况、杨雄为未淳，宁不信然？至进谏陈谋，排难恤孤，矫拂偷末，皇皇于仁义，可谓笃道君子矣。自晋讫隋，老佛显行，圣道不断如带。诸儒倚天下正议，助为怪神。愈独喟然引圣，争四海之惑，虽蒙讪笑，跲而复奋，始若未之信，卒大显于时。昔孟轲拒杨、墨，去孔子才二百年。愈排二家，乃去千余岁，拨衰反正，功与齐而力倍之，所以过况、雄为不少矣。自愈没，其言大行，学者仰之如泰山、北斗云。”

言”为本。其中“序跋”一体，可以见后世学者“学必通方，识必兼史”，故次于“论辨”，以彰私学。至于“书说”一体，源于“言事”①，其前彦和所重，以犹在“有契成务”，故其归类以“说”合于论辨，为“论说”；谓“说”之枢要，必使切于时利而义贞，乃为得之。② 姚氏则悉令别出，次之于“赠序”前，“奏议”后。次“奏议”后者，奏议为学问之发挥，乃儒者之经世情怀之表露；固仍当以彦和“献政陈宜”③之旨为主。“书说”则已由“君臣规谏”转入“私友义勉”，意与“赠序”相近。此一变化，亦见治道所系，庙堂议政之外，士风、士操亦为关键。故“奏议”“书说”之于后世，一切时事、一通情谊，皆以“见志”“显情”蔚成文类。

而凡刘勰所归“颂赞”“祝盟”以至“议对”种种，皇皇在前者，姚氏皆移置居后。且就“钞录”之立意观之，八家而外之古人文，“奏议”类汉人最多，以奏议有定体，事出政制之改易，汉人于此致用者，名作不绝，后人莫之能逾。至于彦和所精细言之，而以为庙堂政事之必备者，姚选或无其类，或不以其原始之用为主，盖古文家本不此之重。至于“杂说”“箴铭”“哀祭”，则在古人初衷，不过因事发义，古文家则特意简择，亦颇欲以见作者之襟抱。④

综合而论，实可见“古文家”于辞章之道，乃自出手眼，“实用”“见志”义虽两兼，于概念之中，固已判然两分矣。乃桐城后起有阳湖，曾国藩（字伯涵，1811—1872 年）因其变而又出以己意，另辑《经史百家杂钞》⑤，时人目之为“湘乡”。其书改“颂赞”“箴铭”以入“词赋”，“碑志”以入“传志”，又割去

---

① 姚氏云：“书说类者，昔周公之告召公，有《君奭》之篇。春秋之世，列国士大夫，或面相告语，或为书相遗，其义一也。战国说士说其时主，当委质为臣，则入之奏议；其已去国，或说异国之君，则入此编。”参见（清）姚鼐纂，吴闿生评：《吴评古文辞类纂·序目》，台北“中华书局”1971 年版，序目第 6a 页，新编第 16a 页。

② 《文心雕龙·论说》：“凡说之枢要，必使时利而义贞；进有契于成务，退无阻于荣身。自非谲敌，则唯忠与信。披肝胆以献主，飞文敏以济辞，此说之本也。”

③ 《文心雕龙·奏启》：“皁饰司直，肃清风禁。笔锐干将，墨含淳酖。虽有次骨，无或肤浸。献政陈宜，事必胜任。”

④ 钱师宾四曾谓韩、柳古文之实际致力者，主要乃沿袭东汉建安以下社会流行之诸文体，如“碑志”“书牍”二体；并在短篇散文中，创造新体，如“赠序”“杂记”“杂说”之类；见所撰〈杂论唐代古文运动〉。参见钱穆：《中国学术思想史论丛》（四），东大图书公司 1976 年版，第 53~54 页；收入钱穆撰，钱宾四先生全集编辑委员会主编：《钱宾四先生全集》第 19 册，联经出版事业股份有限公司 1998 年版，分第 70~71 页。

⑤ （清）曾国藩辑：《经史百家杂钞》，收入《四部备要》第 574~577 册，台北“中华书局”1981 年版，据原刻本校刊。

“赠序”一体，而另增“叙记”“典志”。且将之总括为“著述”“告语”“记载”三门，以实其“义理”“词章”“考据”当合“经济”为用之旨。① 书中杂钞古今经、史、子文，颇多事关“学问”，而非后世文章所宜法者，姚选精旨全失。论者或谓桐城之后，得湘乡为之振衰；然所谓“古文”者，渐变其质，导向他途，亦实由湘乡启之。

姚选第二项宗旨之为“论艺”；重点在于提出“神”“理”“气”“味”“格”“律”“声”“色”八字。其言曰：

> 凡文之体类十三，而所以为文者八，曰：神、理、气、味、格、律、声、色。神、理、气、味者，文之精也。格、律、声、色者，文之粗也。然苟舍其粗，则精者亦胡以寓焉？学者之于古人，必始而遇其粗，中而遇其精，终则御其精者，而遗其粗者。②

姚氏以“神”“理”“气”“味”为文之精，而谓可以“知”遇，则四者皆指文之可以精赏者可知。本文此下，但议其精者，为四者之说；而论之之序，则分判四者为二：“神”与“理”共论，而“气”“味”并说。

所以然者，《文心雕龙·征圣》篇云，“精理为文，秀气成采”③，“言文”必有“结构理致”与“抒辞动人”之两面。“结构理致”者，“理”有道之理、义之理、情之理，亦有文之理。《文心雕龙》之用“理”字，四义皆备；而后人因文论理，亦不出此范围。难论者在于：理之精矣，如何而能同时通神？“秀气成采”者，“气”亦有性之气、志之气、神之气、文之气，论文者亦莫不知，难者在于：气既行矣而感人，如何而能言有余味，无尽于掩卷之后？

---

① 曾国藩《劝学篇示直隶士子》云：“苟通义理之学，而经济该乎其中矣。……然后求先儒所谓考据者，使吾之所见，证诸古制而不谬；然后求所谓辞章者，使吾之所获，达诸笔札而不差。”收入(清)曾国藩撰，湖湘文库编辑出版委员会编：《曾国藩全集》第14册，岳麓书社2011年版，第487页。其论主文章当以“学问”为本进与“道”合之主张，明白可见。然道者，所以立身，有其当然；文所以化世，有其宜然，无其必然。选文乃所以示人以文章之道，非示人以学问之道，故自古评文，一家有一家之学。曾氏自谓粗识文章，由桐城姚先生启之，其评选百家，亦欲以倡其道，而益增以厚，然实失其旨。盖由学文未早，又牵扰于当时“汉”“宋”，以及“骈”“散”之争，故欲大之反失之。

② (清)姚鼐纂，吴闿生评：《吴评古文辞类纂·序目》，台北“中华书局”1971年版，序目第17b页，新编第27b页。

③ 《文心雕龙·征圣》篇云：“妙极生知，睿哲惟宰。精理为文，秀气成采。鉴悬日月，辞富山海。百龄影徂，千载心在。”

前“神理说”，曾谓人之内有“神”，乃与“理”契之条件；然此为神，必当虚己，而非止以虚静。盖倘仅止于虚静，则“神”不过为致思与受知之地，“神”与“理”之关系，必有一“知”为之间隔；“气”乃以辅，不为动合之主。唯其“神与理契”之说，必主乎虚己，故“神”与“理”契而“气”亦合之，得乎“理”者即以得于“气韵”之生动。然倘主“神”以“意”发，如欧公之论，则“神”依“气”行，必成风采。古文家主“言志”，自是欧公一途。唯欧公彼处所言，特以言创作，非言鉴识，故未深阐“赏文”时所见之“神”。

赏文见神，义有二层：一则常义，即所谓“读其书，想见其为人”，《文心雕龙·知音》篇之言“觇文辄见其心”①亦是。一则于其结体为文处，见其所以为卓绝不群之“用意”，此即韩愈所谓：

为文宜……师古圣贤人……师其意，不师其辞。②

此一种文中“用意”之特出，易言之，即是其表现为“言语艺术”之工巧。此种工巧，初遇之亦若能识，故可学。然遇之深，则见真正名作之工，工已至化境，其可学中犹有“不可力致”者在，向之所谓“工”者犹不足以尽之。此种“化工”之工，在作者，亦初不自知其何以能工，作者亦不过神发而至。故“意”犹不足以称之，而必曰“神”。韩愈所谓“辞必己出”③者，必至达于此境，然后为“辞足而成文”。④ 姚鼐《古文辞类纂·序目》中谓学古人，唯韩愈“得其神而能脱化形貌”者⑤，正以指此。故论文之“精”处，必以此为最。

古人之文有其神，而我以我之神通之，所得者不在辞、不在义，亦不在理，而应为象；“象”则为化之可有、应有。故若以“言文”之文亦属天地所可

---

① 《文心雕龙·知音》篇：“世远莫见其面，觇文辄见其心。岂成篇之足深，患识照之自浅耳。”

② （唐）韩愈《答刘正夫书》云：“或问为文宜何师？必谨对曰：‘宜师古圣贤人。’曰：‘古圣贤人所为，书具存，辞皆不同，宜何师？’必谨对曰：‘师其意，不师其辞。’又问曰：‘文宜易宜难？’必谨对曰：‘无难易，惟其是尔，如是而已。’”

③ （唐）韩愈《答刘正夫书》云：“若圣人之道，不用文则已，用则必尚其能者。能者非他，能自树立，不因循者是也。”

④ （唐）韩愈《答尉迟生书》云：“体不备不可以为成人，辞不足不可以为成文。”

⑤ 姚鼐云：“文士之效法古人，莫善于退之，尽变古人之形貌，虽有摹拟，不可得而寻其迹也。其他虽工于学古，而迹不能忘。扬子云、柳子厚于斯，盖尤甚焉。以其形貌之过于似古人也。”

有、应有，则以“神”通“象”，义与“神理说”之曰“神与理契”，亦若有相近之处。特当于用语之“义指”细别。姚鼐尝据《易》“两仪”之分，以言“文章风格”之大较①，即以“象”论；亦大略说出此意。

至于“文论”中之“气”观，气有当养，亦有适用。当养者，功在平素；适用者，则妙发临文。此旨盖亦易知而难言。凡古文家之评语，旨义、论锋之转折外，多在指明“气势收、放”之关键。然“气”之所以能融理、畅情而成韵，类多能味之于后，而鲜能期之于先。大抵必须“真情”出于实有，而又能合其整体以慨叹于细微，乃能亲切自然；“味”遂出焉。

以上分论“神”“理”“气”“味”，乃就知之所可知者言之；若就“文”之所以成文，则四者必合为一。四者合而为一，则亦若“境”矣，特不当以“境”言；以“古文”必涉事、义，固不宜即以“境”论。姚鼐析文之法出自刘大櫆。言曰：

> 行文之道，神为主，气辅之。曹子桓、苏子由论文，以“气”为主，是矣。然气随神转，神浑则气灏，神远则气逸，神伟则气高，神变则气奇，神深则气静。故神为气之主。至专以理为主者，则犹未尽其妙也。盖人不穷理读书，则出词鄙倍空疏；人无经济，则言虽累牍，不适于用。故义理、书卷、经济者，行文之实。若行文，自另是一事。譬如大匠操斤，无土木材料，纵有成风尽垩手段，何处施设？然即土木材料，而不善设施者甚多，终不可为大匠。故文人者，大匠也；神气、音节者，匠人之能事也；义理、书卷、经济者，匠人之材料也。②

---

① 姚氏《复鲁絜非书》云：“鼐闻天地之道，阴阳刚柔而已。文者天地之精英，而阴阳刚柔之发也。惟圣人之言，统二气之会而弗偏，然而《易》《诗》《书》《论语》所载，亦间有可以刚柔分矣。值其时其人告语之体，各有宜也。自诸子而降，其为文无弗有偏者。其得于阳与刚之美者，则其文如霆，如电，如长风之出谷，如崇山峻崖，如决大川，如奔骐骥。其光也，如杲日，如火，如金镠铁。其于人也，如冯高视远，如君而朝万众，如鼓万勇士而战之。其得于阴与柔之美者，则其文如升初日，如清风，如云，如霞，如烟，如幽林曲涧，如沦，如漾，如珠玉之辉，如鸿鹄之鸣而入寥廓。其于人也，漻乎其如叹，邈乎其如有思，暖乎其如喜，愀乎其如悲。观其文，讽其音，则为文者之性情形状，举以殊焉。且夫阴阳刚柔，其本二端，造物者糅而气有多寡进绌，则品次亿万，以至于不可穷，万物生焉。故曰一阴一阳之为道。夫文之多变亦若是已。糅而偏胜可也。偏胜之极，一有一绝无，与夫刚不足为刚，柔不足为柔者，皆不可以言文。”

② (清)刘大櫆撰：《论文偶记》，一卷，收入《逊敏堂丛书》第3册，道光、咸丰间宜黄黄氏木活字排印，台北“中央研究院”傅斯年图书馆藏，本卷，第1页。或本无“神气、音节者，匠人之能事也”句。

此论谓“神”为主，“气”为辅，乃就匠之操能言；大旨亦不外前叙欧公“意以神发而傍气以行”之论。然有一处新意当辨，即：海峰之论“神”，“神”有“浑”“远”“伟”“变”“深”之变，而“气”之转，遂亦随之见有“灏”“逸”“高”“奇”“静”之殊致。若然，则是于人“主体”浑全之神中，又于其“意动”之刻，细分出可有之变化样态。此种“神”于意动所见有之样态，辅气而行，即是作者所持以运作于文中“事”“义”之艺能。善于文者，辩理虽精，必要于此不以“理”间之①，始能神、气同致而成格。

刘大櫆此说合“神”“气”而论，于“实”外论“虚”，极似同时王士禛论诗所主张之“神韵”说。姚氏曾继王士禛《古诗选》后，评选近体，为《今体诗钞》②，序中盛称王士禛之钞选古诗，谓乃得人心之公。则刘、姚之说，或亦受有王士禛诗论之影响。姚氏《与陈石士书·惜抱先生天牍》云：

> 归震川（有光，字熙甫，一字开甫，号项脊生，1507—1571 年）能于不要紧之题，说不要紧之语，却自风韵疏淡，此乃是于太史公深有会处。……文家有意佳处，可以着力，无意佳处，不可着力。功深听其自至可也。

文中所谓“风韵疏淡”，“风韵”之指风神韵味，虽不即是“诗格”中所标之“神韵”，然“神”与“气”合，亦有所近；全在功深自至。故姚氏特举归氏之文言之，谓风韵之得，有可着力，有不可着力，善为文者不唯不当“束于理隔”，如海峰之论，其“自然而佳”者，往往于不要紧处，说不要紧之语，然“风韵”以见。所谓“于不要紧处说不要紧语”，即是合其整体以提点于细微，姚氏之论，实是于神、气之中，说出韵味。其论视海峰，可谓精细又过之。

---

① 曾国藩《复吴敏树》云：“古文之道，无施不可，但不宜说理耳。”古文文当有义，亦有时可以辨义，然不当辨之过甚。辨之过甚，必伤于文气，故曰“不宜说理”。曾氏此语即从刘氏、姚氏来。

② （清）姚鼐：《五七言今体诗钞序目》，参见（清）姚鼐选，方东树评《方东树评今体诗钞》，台北联经出版事业公司 1975 年版，第 1 页。

四、禅境与禅理

诗之合境中有最难论者，曰：禅境。盖禅境须是境，而此境亦须是禅境。故“言禅理”非是禅境，“想象禅境”非是禅境，“带有禅趣”亦非是禅境；至若述说“禅迹”，则更非禅境。诗而能有“禅境”，须是实达此境，而又能以“艺”表出之乃是。否则虽在疑似，假“禅”以说之，亦必仅是名曰“禅”而非禅。

“禅境”于佛义言，乃真境。然有“真境”者，诗不必然为禅境。盖境之真，以“悟”得；其“知”为真。然“真”亦能为“非真”，倘诗而以“非真”达真，虽不碍真，以有“非真”在，其境非禅。谢灵运虽标真境，其诗与所谓“禅境”犹有所别者在此。故谢灵运之于“山水”说出“诗境”，在其论中，犹有所谓“救物”之谈。后严羽论诗，曾举前所论及之所谓“羚羊挂角”，然此一语，可以为禅而不必为禅。盖诗不落事、义，犹画不以形求，此仅是诗法。境则有真合、假合，前论已及。假合者，情境；真合者，“无”境。然“无”境仍有层次，真悟者之示“真”，亦须于“无”境中，说至“非有非无”以上，乃始为“禅境”。倘若仅止于“有”境示“无”，“无”未能破，或能破而未于“境”中破，则仍仅是有“禅”之味而非禅。等此以下，“无”亦若未能示，而仅以“境止”若“无”，如杜甫诗所谓“水流心不竞，云在意俱迟”①，诗句虽佳，与“禅”无涉。②

诗中“禅境”最可为代表者，莫如王摩诘诗中句，如昔人所举“雨中山果

① 杜甫《江亭》诗云：“坦腹江亭暖，长吟野望时。水流心不竞，云在意俱迟。寂寂春将晚，欣欣物自私。故林归未得，排闷强裁诗。”

② 前人于诗之“禅境”，皆无解；或即以王渔洋唱“神韵”说较近者论之。王士祯之言曰：“严沧浪以禅喻诗，余深契其说，而五言尤为近之。如王、裴辋川绝句，字字入禅。他如‘雨中山果落，灯下草虫鸣’，‘明月松间照，清泉石上流’，以及太白‘却下水精帘，玲珑望秋月’，常建‘松际露微月，清光犹为君’，浩然‘樵子暗相失，草虫寒不闻’，刘眘虚‘时有落花至，远随流水香’，妙谛微言，与世尊拈花，迦叶微笑，等无差别。通其解者，可语上乘。”参见王士祯：〈咏雪亭诗序〉，收入康熙乙亥刊王士祯《蚕尾续文》，此处所引，据王士祯撰，(清)张宗柟纂集，戴鸿森校点：《带经堂诗话》上册，人民文学出版社1982年版，卷三，〈微喻类·八〉，第83页，即是其证。唯王士祯论中所举诸人，不皆通禅学，全诗而读，亦非皆属禅境，盖不过取其不着事相而有深远空灵之致；王士祯之云“与世尊拈花，迦叶微笑，等无差别”，殆非笃论。

落，灯下草虫鸣”①、“明月松间照，清泉石上流”②之类。此等诗句之所以达于“禅境”者，在于境中有人，而此人无我。何以谓境中有人？盖如无人，则凡诗中如山、雨、松、月、泉、石、虫、果者，皆无缘会聚一处。然此人乃静极，唯其静极，故目之所触，则既有雨、灯、月、松矣，而耳犹闻及静谧中之细响，知有山果之落、清泉之流。然此人既静极而色、声入于见闻矣，我依然为我，色、声依然为色、声，色、声乃与我无涉。我之处其间，一犹山果之自落，清泉之自流。雨、果、灯、虫不为我而在，我亦不为明月松石而存。王昌龄(698—756年)和摩诘诗曾云“圆通无有象，圣境不能侵”③者，盖是矣。此即是既“空有”矣，复能“空无”。王维为六祖所撰《碑铭》云：“无‘有’可舍，是达‘有’源，无‘空’可住，是知‘空’本”④，即阐是理。

“禅境”因是真境，故禅境之诗，于“艺”当说为“神与理契”⑤，论属“神理”。另则有“禅理诗”，乃以“禅理”导人，志在化世，于制，应属“风骨”之伦。著者有唐之寒山⑥、拾得。

寒山诗云：

惯居幽隐处，乍向国清中。时访丰干老，仍来看拾公。独回上寒岩，

---

① (唐)王维：《秋夜独坐》云：“独坐悲双鬓，空堂欲二更。雨中山果落，灯下草虫鸣。白发终难变，黄金不可成。欲知除老病，唯有学无生。”

② (唐)王维：《山居秋暝》云：“空山新雨后，天气晚来秋。明月松间照，清泉石上流。竹喧归浣女，莲动下渔舟。随意春芳歇，王孙自可留。”

③ 王维诗云：“高处敞招提，虚空讵有倪。坐看南陌骑，下听秦城鸡。渺渺孤烟起，芊芊远树齐。青山万井外，落日五陵西。眼界今无染，心空安可迷。”王昌龄和之则云：“本来清净所，竹树引幽阴。檐外含山翠，人间出世心。圆通无有象，圣境不能侵。真是吾兄法，何妨友弟深。天香自然会，灵异识钟音。”二诗合看，“眼界今无染，心空安可迷”是心所养，“圆通无有象，圣境不能侵”则是境所造，王维诗法可知矣。

④ (唐)王维：《六祖能禅师碑铭》，参见《全唐文》第7册，卷三百二十七，台北大通书局1979年版，分第2a页，新编第4191页。

⑤ 《文心雕龙·明诗》篇亦有言云：“民生而志，咏歌所含。兴发皇世，风流《二南》，神理共契，政序相参。英华弥缛，万代永耽。”唯其所谓“神理共契”，乃由观列代而鉴情变，因以得纲领之要，凡所谓“雅”“润”“清”“丽”如其同篇所言者，皆思随性适以契理，“神”义仍未离乎本文前论所释刘氏“神思”之旨；与此处所论有别。

⑥ 寒山生年卒月世莫知，余狷庵(嘉锡，字季豫，1884—1955年)曾有考证(参见余嘉锡撰：《四库提要辨证》，据原排本景印，卷二十，台北艺文印书馆1969年版，新编第1246~1252页)，谓寒山生世必不在贞观，如世所传言。钱穆据寒山诗为之钩稽身世，论亦近之，谓当处大历、贞元间，故后得受禅宗风气影响。

无人话合同。寻究无源水，源穷水不穷。①

此诗末二句言“寻究无源水，源穷水不穷”，即言禅理，然非禅境，以其言乃言禅境之“所以得”而非禅境之“所得”。言“所以得”，即是可与人相印之“合同”。欲向人言而无可语，即是此理之奥妙难知；其访丰干、拾公，亦即欲以印证于此。然独回之后，无人可共话语，而道出此语，谓之“无人”，正是“救物之道”在其心中。故知寒山虽幽居寒岩，心固未尝忘世。然此未忘世，乃“不真”而不伤真，化世之慈悲也。故就诗言，即是“风骨”之存。寒山又一诗则云：

高高峰顶上，四顾极无边。独坐无人知，孤月照寒泉。泉中且无月，月自在青天。吟此一曲歌，歌终不是禅。②

“独坐无人知，孤月照寒泉”，孤月寒泉，独此一坐一照，此即是禅境；与王维前诗极似。然王维之诗止此境，更不着言语。寒山则接下乃云“泉中且无月，月自在青天”，此则直言千泉水月虽一月可摄，然泉中实有月而无月；因月本自在天不在泉。此理即是于“有、无不二”之上，又说有一“有无非不二”之境。较之王维“无有可舍，无空可住”之境更上一层，非王维所知。

唯王维之诗乃“得境”，寒山此境则非语言可示，故仅能以“理”说之。“极理”而以“理”说之，已落“言说境”，然诗之极限已至，故云“歌终不是禅”。③此一但可以“理”言，不复可以“境”示之意，寒山又诗之云：

---

① 寒山、丰干、拾得原诗，(明)梵琦、济岳和诗：《合订天台三圣二和诗集》，台北新文丰出版社1986年版，第14a页，新编第53页。此诗《四部丛刊》景宋刻本《寒山子诗集》(收入《四部丛刊》第31册，据建德周氏景宋刻本景印，分第9页，总第5页)，“中”作“众”，“老”作“道”。今不从。宋刻本《寒山子诗集》后附《丰干禅师录》云：“道者丰干，未穷根裔，古老见之，居于天台山国清寺。……于房中壁上书曰：余自来天台，凡经几万回。一身如云水，悠悠任去来。逍遥绝无闹，忘机隆佛道。世途歧路心，众生多烦恼。兀兀沈浪海，漂漂轮三界。可惜一灵物，无始被境埋。电光瞥然起，生死纷尘埃。寒山特相访，拾得罕期来。论心话明月，太虚廓无碍。法界即无边，一法普遍该。”壁诗云云，盖即言寒山诗中事。

② 寒山、丰干、拾得原诗，(明)梵琦、济岳和诗：《合订天台三圣二和诗集》，台北新文丰出版社1986年版，第3b页，新编第32页。

③ 前注所举钱师宾四《读寒山诗》文，谓寒山此诗深具禅机，而此句乃自辨非禅；盖另属一说。可参详。

岩前独静坐，圆月当天耀。万象影现中，一轮本无照。廓然神自清，含虚洞玄妙。因指见其月，月是心枢要。①

盖因“指”见月，月得忘指，然后知万象影现，月本无照。此语非“真知”者不敢言，言之，则中智之人乃或反以为“未得”。盖“真境”犹有“假中所见之真”，与“真正之真”。寒山、拾得语中有若见为浅，而实乃“真正见到”之语，集中此类甚多。此非浅，亦非露，只是指点。于诗中亦成一格。读之者可以自取。

结　语

以上总说中国“美学思想”中“神理”“风骨”二说立论之基础，形成之过程，与二者间交互之影响，及所衍生而出之种种变化。其所涉及，包括诗论、乐论、文论、画论、书法论与剧论。大旨在阐明此二说之如何成为中国美学思想发展之主轴，及其与中国哲学思想系统间之关系，以便学者探讨之参考。

［作者单位：中山大学（高雄）文学院中国文学系］

① 寒山、丰干、拾得原诗，梵琦、济岳和诗：《合订天台三圣二和诗集》，第 94b 页，新编第 214 页。

“他律”艺术论

——重读《在延安文艺座谈会上的讲话》

徐碧辉

一

“音乐的内容就是乐音的运动形式”；“音乐美是一种独特的只为音乐所特有的美。这是一种不依附、不需要外来内容的美，它存在于乐音及其乐音的艺术组合中。优美悦耳的音响之间的巧妙关系，它们之间的协调和对抗、追逐和遇合、飞跃和消逝，这些东西以自由的形式呈现在我们直观的心灵面前，并且使我们感到美的愉快”。①

艺术的自律与他律问题历来是一个众说纷纭的话题。一般来说，注重艺术的社会政治和道德功能，期望艺术发挥规范、教化、安抚人心，疏导社会心理从而起到“安邦定国”的作用的人，便十分强调艺术的他律性。在中国，“文以载道”的传统历史悠久，先秦时期便有“诗言志”“乐通伦理”之说，更把诗与乐上升到“教化”的地位，变成“诗教”和“乐教”。礼与乐相辅相成，外内兼修，成为向外规范社会秩序、向内疏导心理的系统完整的文化体系。这套思想体系若断若续，在两千多年的历史绵延、流传下来，一直影响到今天。在西方，自柏拉图提出，艺术须表现真理，须对人的心理和情感产生积极的影响以来，重视艺术的认识和社会功能便也一直占据着显著的地位。这种观念在 17 世纪达到一个顶峰，产生了以理性为基础、注重荣誉、高贵堂皇、磅礴大气的法国新古典主义美学和艺术。到了 18 世纪，潮流一变，艺术的自律性被放到了突出

① ［奥］汉斯立克：《论音乐的美》，杨业治译，人民音乐出版社 1980 年版，第 49 页。

的地位，讲究趣味，关注内在情感、凸显艺术和审美经验与审美心理成为主流。Fine arts(美的艺术，即今人所使用意义上的“艺术”)正式脱离古典意义上的“技艺”而独立。而当康德把美看作是无功利的却能产生快感的对象时，美学便真正独立于其他意识形态而成为独立的学科。

西方整个20世纪的潮流是艺术自律论。从中国现代美学传统来看，现代美学是从译介和推崇康德的审美无功利论发端的。换言之，中国现代美学的起点是审美的超功利、艺术的自律性。另一方面，一个不争的事实是，中国现代美学诞生于动荡不宁、内忧外患的时代，因此，几乎一开始就有另一种声音相伴而生，即注重艺术与生活的关联，强调艺术为现实服务的新功利主义潮流。从理论渊源上说，这一潮流上承中国“载道”传统，同时也受到从当时的苏联传来的马克思主义学说的影响。

从理论渊源上说，《在延安文艺座谈会上的讲话》(下文简称《讲话》)可以追溯到古代的载道传统和当时的新功利主义思潮。用这一思路考察艺术，其重点不在于探讨艺术本身的创作规律、形式结构、作家的情感、想象技巧等艺术的“内部规律”。它所关注的是更为宏观的问题，是艺术与社会政治、道德等意识形式的关系的“外部规律”，并试图在某种宏观的视野下，从这些“外部规律”入手，厘清艺术与社会生活和政治的关系，以及艺术的社会功能、认识功能等问题，回答时代对艺术的迫切要求。这种厘清与梳理，有从当时的历史条件出发提出的一些暂时性的说法，也有一些涉及艺术的普遍规律或者说艺术的普遍性问题。这些问题，无论是什么时代，都无法回避，都必须面对。

下面将从艺术与政治的关系、艺术的本质和认识功能、艺术的人民性和作家艺术家的主观改造几个方面讨论《讲话》的观点、历史合理性与时代局限性。

二

第一，关于艺术与政治。艺术与政治的关系是个永恒的话题，也是个敏感的话题。每个时代给予的答案也不尽相同。《讲话》从战争叙事出发，把艺术置于政治之下，提出艺术要服从于政治，在艺术评价标准上设立政治评价标准，明确提出“政治标准第一，艺术标准第二”。这一点，也是最受批评和质疑的。在那特定年代却是必要的。在全民战争年代，战争的机器把一切都裹上自己的战车，包括社会，包括个人，包括各种社会意识形式。因而，在那个年代，对艺术的要求肯定是，它首先必须服务于全民抗战这一“政治”背景，同时，由于边区政府的地域性，它也必须符合那一特定时代和地域的普通百姓的欣赏习惯和水平，也就是《讲话》所说的艺术必须创作为人民群众所喜闻乐见的作品。从这个意义上看，《讲话》从抗战的全局出发，在艺术标准上提出政治标准，有着充分的历史合理性和重要的历史意义。

从艺术本身的存在来看，艺术从来也不可能脱离政治。只不过，艺术与政治的关系或隐或显，或明或暗。在国泰民康的和平时期，艺术的政治功能引而不发，隐而不显；而全民战争时期，艺术和其他意识形态一起，只能被置于战争政治之下，因此，它的时效性更被看重，有时候它更像是政治宣传。完全脱离社会而“自律”的艺术是不可能的。纯粹的“为艺术而艺术”终究只能是一句口号。如果没有更厚实的生活基础和人生目标，没有基本的人文关怀，艺术也不可能超越时代和民族成为经典范本。所以，“为人生而艺术”在任何时候也不会过时。只不过，在政治家那里，“为人生而艺术”被置换成了“为政治而艺术”。

从马克思主义文艺理论来看，艺术与政治都是一种社会意识形态，归根结底都是为经济基础服务的。艺术肯定不可以为了狭义的政治目的服务，更不可以沦为一时的政策的图解工具。相反，在正常情况下，应该是政治为艺术、哲学等社会意识的健康创造有利条件，也就是说，政治应该为了艺术服务。但是，如果广义地理解“政治”而不是狭义地理解，把它看成谋求一个民族的生存发展、富民强国的民族国家意识的大局，则也可以说，艺术便是这个大局中的一部分，广义“政治”的一部分。从这个意义上说，任何时候，提倡人文关怀，关注民生，呼吁社会的公平正义，关怀弱势群体，这都是艺术所不能逃避的“政治”。因此，《讲话》把“政治”置于艺术之上，在艺术本身的评价标准之外设立一个政治标准，有其巨大的历史意义；同时，也不无现实意义。只是，这里一定要小心。非战争年代，和平与发展成为国际政治的主流的时代，“政治”对艺术的要求只能是一种导向，其含义也只能是在最宽泛的意义上而言，不能以狭隘的政治功利主义去框套艺术，更不能把艺术变成一时一地的政策说明和图解。历史同样也证明，不分具体条件，一味把艺术置于政治统治之下，必然是对艺术的戕害，同样也是政治的失败。

第二，关于艺术的本质和艺术的认识功能。众所周知，马克思主义美学历来对艺术的认识功能极为看重。马克思把艺术看作是和哲学、宗教及实践一起掌握世界的方式之一，即把艺术与哲学、宗教及实践并列，作为人类不可或缺的掌握世界和感知世界并最终改造世界的方式之一。恩格斯曾断言，他从巴尔扎克和司汤达等法国批判现实主义作家的作品中获得的历史知识比从编年史学家那里获得的还要多得多。这些论述，发前人之所未发，极大地提高了艺术作为一种意识形式的地位。

《讲话》从唯物史观出发，重申了"社会生活是文艺的唯一源泉"的观点，概括性地提出了文艺的典型化问题，提出文艺来源于社会生活，但是，"文艺作品中反映出来的生活却可以而且应该比普通的实际生活更高、更强烈、更有集中性、更典型、更理想，因此就更带普遍性"。这里《讲话》把艺术的本质定位为"生活的反映"，简明地突出了艺术与生活之间的紧密联系，强调艺术源于生活却高于生活的品质。无论何种艺术形式，无论采取何种手法、角度，艺术，从根本上说，都必然是对一定的生活形式的反映。当然，生活是一个原生态的、立体的无限系统，而艺术作为对生活的"反映"当有所取舍。没有一种艺术、一部作品可以宣称它完全客观地、全面地、整体地"反映"了生活的全貌。生活犹如一条无穷无尽的大河，艺术这面"镜子"只能是从这条河的某一段、一片水域、一个回潮甚至一滴水去"反映"这条河。每一种"反映"可以都是真实的，但不可能是"生活"的全部。生活犹如一个底本，而艺术则是摹本。底本是无限的，而摹本则是有限的。摹本取决于底本，却也会由于用光、选景、角度等因素的不同而呈现出不同的样态。如果说艺术是一面反映生活的"镜子"，则它也必然是面多棱镜，"反映"出来的"生活"也将是五彩缤纷、五颜六色的。它甚至还可以是哈哈镜，以某种变形的方式"反映"生活的某种特质，20世纪现代文学大多属于这一类型。《讲话》中强调的艺术比生活"更高、更强烈、更有集中性、更典型、更理想，因此就更带普遍性"，正是对艺术"反映"生活的具体要求，也是对艺术本质的一种要求，或者，毋宁说，这正是现实主义对艺术所提出来的要求。它既是对艺术的本质的界说，也是对艺术的认识功能的充分肯定。

这里也同样必须说明的是，艺术之"反映生活"只是从其认识功能而言的，并非对艺术的本质的完整概括。艺术不仅反映生活，也解释生活，甚至在一定意义和程度上创造生活。艺术的功能远远不止认识世界，这也不是艺术的首要功能，艺术的首要功能是创造审美和情感价值。此外，艺术还有愉悦读者、教育大众、凝聚人心等功能。所以，艺术是生活的反映固然是真理，但对艺术的本质的概括不能止步于此。

第三，艺术的人民性和作家世界观的改造。艺术对生活的"反映"绝不是也不可能是机械的、纯客观的。艺术的"反映"中必须包含艺术家本身的主体创造，艺术家的情感、修养、价值观、技巧等主体性因素。作为艺术家，他的使命与职责就是做时代的代言人，因此，作为一个艺术家的前提是高度的责任心与使命感，是为人民、为普通百姓敢于担当的勇敢精神，是创造的激情与高超的技巧。在《讲话》里，涉及艺术家的主体性的，主要是从作家艺术家的价值观世界观角度而言的，在这个问题上，《讲话》同样具有重要的历史意义和一定的现实意义，同时，也有一定的历史局限性。

一般而言，艺术家是比普通人更敏感、情感更强烈、想象力更为丰富的人，也就是人们通常所谓更有天才者。因为敏感，艺术家能感知常人所不能感知的苦与乐；因为情感强烈，作品才格外打动读者或观众的心灵；因为有想象力，才能想人之所不能想、不敢想之事。如果没有这些因素，即便对人世有深刻的洞察与理解，也无法成为艺术家。这便是作家与艺术家的主体性，历来人们谈论得很多的是艺术的天才与想象问题。《讲话》于艺术家的诸主体性因素中特别提出世界观问题，提出作家必须改造自己的世界观，必须让自己站在普通百姓立场上去感知、去想象、去创作，这样创作出来的作品才能为普通民众所接受，并为他们所喜闻乐见。《讲话》以一个政党领导人高屋建瓴的眼光与角度，着眼于艺术作为政党工作中的一环去考量与要求，其中不乏实用性地对全民与战争时代的现实的考量。

从长远来看，这里实际上涉及艺术的人民性问题。艺术的人民性同样是艺术的一个永恒的话题，是对艺术最基本的要求。历来，最受人们推崇和最为人所称道的，总是那些反映百姓心声、关注民间疾苦的作品。杜甫之所以被称为“诗圣”，并非是他的诗的水平格外高出于旁人，而是因为他的诗总是有一种悲天悯人的情怀，有对底层草根百姓的同情，一种普遍性的人道精神和人文关怀。“安得广厦千万间，大庇天下寒士俱欢颜”，“穷年忧黎元，叹息肠内热”，“朱门酒肉臭，路有冻死骨”，“烽火连三月，家书抵万金”，这样的情感、这样的控诉在任何时代都是掷地有声的。只要还有极权政治存在，只要还有不受控制的权力与饱受压迫与欺辱的“草民”，这种控诉就有其现实意义与感染力。这也是艺术一方面有着强烈的现实性与时代性，另一方面却常常能超越时代成为不朽的经典的原因。

其实，强调艺术的人民性，这也是中国现代美学的一个突出特点。从梁启超的“新小说”论开始，到鲁迅、陈独秀等新文化运动的倡导者，都在强调艺术的人民性。《讲话》实际上是继承了这一优秀传统，把艺术定位于为普通百姓服务，艺术要为人民群众所喜闻乐见。这不仅在当时延安地处西北农村偏僻之地、百姓普遍文化水平不高的情况下有意义，而且，也是对艺术的一种普遍性要求。因此，《讲话》要求艺术的人民性，要求艺术家贴近时代，贴近普通百姓，要求作品深入浅出，具有雅俗共赏品性，这不仅在当时是必要的，而且，在今天，在当代，在任何时代，都是必需的。从这个意义上说，作家艺术家在任何时代都必须改造自己的世界观、价值观，都必须真正深入到百姓中，反映普通百姓的苦乐忧思。在今天社会矛盾错综复杂、“下情上达”之路严重淤滞、官僚主义猖獗、某些权力部门滥用权力、弱势群体常常求告无门的状况下，作家、艺术家就更需要与百姓站在一起，更需要以他们手中的笔为百姓执言，为弱者申诉。

三

《讲话》离现在已经75年。75年，是一个人的平均寿命，是一个政权从无到有、由弱到强的过程。75年的历史中，无论是政治上还是艺术上，都发生了太多事情。今天的时代已远远不同于《讲话》发生的时代。和平与发展，自由与民主是世界的潮流。共识共存，互利互惠，平等交往，是国际关系的基础。今天我们来重新阅读《讲话》，回味20世纪40年代那些艰苦峥嵘的抗战岁月，反思艺术与时代精神、艺术的本质、功能这样一些问题，绝不是要把《讲话》当作永恒不变的真理，不分时代、不分具体历史条件地搬用上面的言语。作为历史唯物主义者，我们相信历史的进步，相信任何历史合理性与进步性的关联。因此，那种把《讲话》当作教条、当作可以超越时代与历史的永恒真理的做法本身就是机械的、教条主义的，本身就是与《讲话》的精神格格不入的。但是，温故才能知新。一个忘记历史、没有历史的民族是不可能真正进步的。今天，在新的时代条件下来重新阅读、回顾、反思《讲话》，发掘它在新的时代的意义，也是我们尊重历史、脚踏实地、在伟人的肩上向前迈进的起点。

（作者单位：中国社会科学院哲学研究所）

中国当代美学应该多元发展，深入开掘①

张　弓　张玉能

最近，阎国忠老师发起了一个“进一步发展中国当代美学”的讨论，《上海文化》2015年第8期发表了一组关于进一步发展中国当代美学的文章。我们也参加了这个笔谈，发表了我们的看法。最近，我们还读了高建平的《从形象思维谈认识论美学的回归》、范藻的《生命美学：崛起的美学新流派》，他们的观点，我们基本上是同意的，从其中的一些说法，联想到一些中国当代美学进一步发展的问题，回顾近30年来中国当代美学的一些争论和学术生态。② 我们想就“如何进一步发展中国当代美学”的问题再谈一点不成熟的意见，以求教于大方之家，共商美学发展大计。

一、中国当代美学的现状

自从20世纪90年代实践美学与后实践美学的争论于21世纪初接近尾声以来，近10年来，中国当代美学相对比较冷清、平静。在实践美学和后实践美学的争论之后，虽然还有一些争论，比如，2009年源于批评实践存在论美学关于马克思主义美学的争论，2012年以后至今新实践美学与认知美学关于美的本质问题的争论，关于生态美学、生命美学、生活美学、身体美学、主体间性美学的一些零零星星的争论，但是，都没有引起什么巨大的、激烈的辩论，好像是争论不起来，大多数美学学人都在隔岸观火，只关心自己学术

---

① 本文受到国家社科基金项目“‘后学’语境与马克思主义美学中国化”(编号11CZW017)、教育部2008年度人文社科青年项目(编号：08JC751016)、2014年广西高校科研重点项目“马克思主义美学的中国形态研究”(编号：ZD2014110)资助。

② 高建平：《从形象思维谈认识论美学的回归》，载《文史知识》2015年第5期。范藻：《生命美学：崛起的美学新流派》，《中国社会科学报》2016年3月14日。

圈内的问题，青年学生似乎也并不关心美学，老百姓也对美学兴趣不足，以前在大陆形成的"美学热"景象不再。美学领域一片冷清，主要走着学院化的路子。

由此可见，中国当代美学目前正处于冷静思考、平稳发展的历史时期。当前的美学论争波澜不惊，实践美学、后实践美学、新实践美学、生态美学、生命美学、主体间性美学、认知美学、生活美学、身体美学、网络美学等正在努力崛起，埋头探索、扩大势力，已经形成了多元发展的格局。但是，有些提法和苗头却值得注意，比如，对实践美学和新实践美学的歪曲误解，马克思主义美学研究中的"唯我独尊"，鼓吹某一种美学流派或者倾向的合法性和话语权而排除异己，有些流派必欲获得话语霸权，等等。这些情况的出现都表明其没有看到当前中国当代美学发展的多元化格局的现实。

实践美学是中华人民共和国成立以来产生的最重要的美学理论成果，而且，在20世纪80年代以后成为中国当代美学的主导潮流。实践美学萌发于20世纪五六十年代，以李泽厚为代表；实践美学形成与发展于80年代，主要代表有朱光潜、刘纲纪、蒋孔阳、周来祥、杨恩寰、梅宝树、李丕显等；20世纪80年代后期以来，实践美学呈现出深入与分化的发展态势。90年代，后实践美学与实践美学的论战把实践美学推向了新阶段，不仅李泽厚、刘纲纪、周来祥等人继续发展实践美学，而且蒋孔阳为新实践美学奠了基，新实践美学应运而生。单就李泽厚而言，80年代末以后，他重点研究了美感问题，他还"转换性创造"了中国传统文化，以传统儒家的实用理性和乐感文化来对抗、补充西方工具理性所造成的异化，以中国传统的宗教性道德作为新时期思想文明建设的思想资源，为中国未来的精神文化建设提供了一份思想参照。他进一步阐述了实践美学和人类学哲学本体论学说，提出了"内在自然人化""新感性""人的自然化""情本体"等学说。① 这些都说明了实践美学仍然具有强大生命力，宝刀未老，还有一些健在的"80后""70后"老美学家仍然在坚守实践美学，发展实践美学，如刘纲纪、杨恩寰、聂振斌、李丕显等人。因此，刘兆彬的评价是比较公允的：实践美学对当代中国美学作出了巨大的历史贡献，迄今为止仍是最有活力的中国当代美学流派之一。笔者在曾经参与编写的《中国美学三十年——1978至2008年中国美学研究概观》一书的"结语"中指出："未来

① 徐碧辉：《中国实践美学60年：发展与超越——以李泽厚为例》，载《社会科学辑刊》2009年第5期。

的中国美学研究，将在不断推进学科基本理论、基本学术范式和学术伦理建设的基础上，日益走向跨学科建设的道路，向多学科融合和多元发展的方向迈进，形成以坚实的主干学科为核心，分支学科不断生长蔓延的树状的美学学科家族。”在这种多元化发展的美学格局中，不断发展着的实践美学仍然是大有可为的。① 在二十、二十一世纪之交的实践美学与后实践美学的争论中，经过多年的发展，实践美学逐渐演变、分化为“新实践美学”：朱立元的“实践存在论美学”，邓晓芒、易中天的“新实践论美学”，徐碧辉的“实践生存论美学”，张玉能的“新实践美学”。与20世纪80年代以前的实践美学相比，实践美学的新的理论形态“仍然使用实践概念作为自己的基本范畴，但是都对这一概念作了新的诠释，纠正了旧实践美学偏重物质实践和社会实践的片面性，容纳了话语实践和个体实践的内容。”②尽管至今实践美学和新实践美学仍然受到一些歪曲和误解，但是，不仅它们的历史地位和作用是不可动摇的，而且实践美学和新实践美学并没有“终结”，它们在中国当代美学中的主导地位也是毋庸置疑的。实践美学和新实践美学，作为中国当代美学发展的多元格局中的一元，应该是毫无疑问的。

生态美学的发展也是相当可观的，山东大学生态美学与生态文学研究中心是其重镇，苏州大学生态批评研究中心也是其重要阵地，还有武汉大学的环境美学研究也是卓有成绩。银建军说：“生态美学研究在中国已有十余年历史，取得了显著成绩，在理论上达成四方面共识：生态美学研究的对象和范围逐步明晰，确立了一些生态美学研究领域的专业术语和概念；基本确立的以生态存在论为生态美学的哲学基础，是对美学研究的重大突破；中国传统美学资源中的生态美学思想是当代生态美学研究的重要学理基础，它为中国美学参与东西方美学平等对话创造了重要条件；生态美学的现实意义和应用价值在于，生态美学的理论研究要与实践紧密结合。”③的确，恰如曾繁仁所说：“生态美学是在新时代经济与文化状况下提出的人与自然、社会达到动态平衡、和谐一致的处于生态审美状态的存在观，是一种理想的审美的人生。它是机械论哲学向存在论哲学演进的表现，是对‘人类中心主义’的突破，是由实践美学到存在论美学的转移；它的出现将推动中国与西方的平等对话。”④尽管目前关于生态美

① 刘兆彬、任瑞金：《“实践美学”的新发展》，载《宜宾学院学报》2011年第2期。

② 刘兆彬、任瑞金：《“实践美学”的新发展》，载《宜宾学院学报》2011年第2期。

③ 银建军：《中国生态美学研究述论》，载《社会科学辑刊》2005年第4期。

④ 曾繁仁：《试论生态美学》，载《文艺研究》2002年第5期。

学能否成立，其中一系列重要理论问题尚待进一步研究，但是，生态美学研究也是中国当代美学发展多元格局中的重要一元，出现了徐恒醇、曾繁仁、鲁枢元、陈望衡、袁鼎生、张皓等学者。而且，随着“生态文明”“两型社会”(资源节约型和环境友好型)、“美丽中国”等观念的普及和付诸实践，包括生态美学、环境美学、生态批评等的广义的生态美学必将更加蓬勃发展。

生命美学在中国已经走过了近30年的历程。据说，潘知常发表于1985年第1期《美与当代人》(现在的《美与时代》)的那篇美学札记《美学何处去》就是中国现代生命美学孕生的信号。1994年，生命美学作为后实践美学中的一部分，对实践美学发动了颇具颠覆意义的美学论战。林早指出：“今天，无论在学术界留存多少争议，不可置疑的是，生命美学已经成为中国现代美学发展史上不可或缺的有机生命体。20世纪末以来，国内正式出版的中国现当代美学史研究专著，如阎国忠的《走出古典：中国当代美学论争述评》(安徽教育出版社1996年版)、陈望衡的《20世纪中国美学本体论问题》(湖南教育出版社2001年版)、薛富兴的《分化与突围——中国美学1949—2000》(首都师范大学出版社2006年版)、章辉的《实践美学——历史谱系与理论终结》(北京大学出版社2006年版)、刘三平的《美学惆怅——中国美学原理的回顾与展望》(中国社会科学出版社2007年版)，以及诸多相关学术论文从历史高度出发对中国现代生命美学做出了正面评价。”①最近，范藻的《生命美学：崛起的美学新流派》也在为生命美学大声疾呼。这些都证明，生命美学确实是一个不能忽视的中国当代美学的新流派，理应成为中国当代美学发展多元格局中的一元。

以杨春时为代表的“主体间性美学”是后实践美学的一个主要流派，当然应该成为中国当代美学多元格局中的一元。戴冠青指出：以“主体间性”美学为代表的后实践美学在20世纪90年代提出后，引起了学术界的广泛关注与争议。通过对“主体间性”美学理论发展过程的梳理和阐发，同时对比了主体性美学与后实践美学的美学特征，可以发现“主体间性”美学理论的提出在中国美学理论发展史上具有特别的意义。“它在感知世界时从主客二分到主客一体，改变了人们认识世界的思维角度，在某种程度上克服了主体性美学的理论缺陷，解决了前实践美学没法解决的一些问题；它的提出也开辟了审美实践的新视野，为审美实践提供了一种新的审视方法，促进了美学理论建构的创新和

① 林早：《20世纪80年代以来的生命美学研究》，载《学术月刊》2014年第9期。

完善，是当代美学理论发展中具有独特意义的重要成果。”①尽管“主体间性美学”并没有完全固定，它有时又被称为“超越美学”“生存美学”，但是这一流派的影响是仅次于实践美学的，理所当然的是中国当代美学多元发展中的重要一元。

认知美学，作为现代科学主义的产物以及西方近代和新中国的认识论美学的继续，在中国也在不断发展壮大，理应占据多元格局中的一席地位。胡俊指出：“以认知心理学、实验美学、语言学、神经科学为方法基础的认知美学在当今中国已形成蔚然大观，作为一个美学流派已经成型，呼之欲出。”如许明提出“美的认知结构”，李志宏旗帜鲜明地提出并研究“认知科学与美学”“认知美学”，在美学原理上坚持、发扬和创新了美学研究中的科学认知路向。赵伶俐运用心理学和美学实验的实证方法，把认知美学研究应用到美育方面。周昌乐根据计算机模拟技术，来研究审美艺术认知的机器实现，把认知美学研究推进到科学技术应用的领域。② 由此可见，认知美学有广义和狭义之别，凡属从认识论角度来研究美学的现在都叫作“认知美学”；在此广义认知美学之中还有一些具体的认知美学，这就是狭义的认知美学。可以说，广义的认知美学应该是中国当代美学多元发展中的一元，而具体的认知美学只要真正摆正自己的位置，而不承担自己不能完成的任务，就一定可以得到健康发展，立足一元，与其他美学流派共谋发展。

还有最近几年在关于“日常生活审美化”的讨论中逐步形成的“生活美学”，似乎也有其存在的根据，不应该忽视。它也应该是中国当代美学多元发展中的一元。刘悦笛说：从历史的角度来看，“生活美学”试图避免西方的思想传统当中对生活的两种基本解答途径，回归到的生活世界的美学新构，正是对“自然主义”(实质上是科学主义)和“理智主义”(实质上是形而上学)解答的双向超越，它是一种本土化的美学主张。从人类活动论的角度看，日常生活就是一种“无意为之”的、“自在”的、“合世界性”的生活，非日常生活则是一种“有意为之”的、“自觉”的、“异世界化”的生活。在这个意义上，作为一种特殊的生活，美的活动虽然属于日常生活，但却是与非日常生活最为接近的；它虽然是一种非日常生活，但却在非日常生活中与日常生活离得最近、最亲密。美的

---

① 戴冠青、陈志超：《“主体间性”美学理论对中国美学发展的意义》，载《学术月刊》2010 年第 1 期。

② 胡俊：《当代中国认知美学的研究进展及其展望》，载《社会科学》2014 年第 4 期。

活动，介于日常生活与非日常生活之间，并在二者之间形成了一种必要的张力。“生活美学”的理论合法性就在于，不仅马克思、海德格尔、维特根斯坦、杜威这些哲学家的哲学思路中存在着回归生活世界的取向，而且在中国本土的思想传统中，历来就有“生活美学化”与“美学生活化”的传统。① 这种生活美学应该有其存在的一席之地，在自身的范围之内健康发展。

身体美学正在兴起。胡强指出：“身体美学是目前国际美学界关注的一个前沿问题，介绍到中国后，中国美学研究界结合外来理论资源和自身特殊的学术背景对此问题进行了较深入的探讨，成为中国当代美学研究中的一个新兴领域。近四年来，中国美学界的相关研究者们围绕着有关身体美学的西方理论资源和学术观点的译介、身体美学兴起的原因、身体美学的基本理论问题、中西方身体美学史的建构及身体美学研究和当代审美文化研究的互动五个方面开展研究，努力推进着身体美学在中国的发展。身体问题是当代文化的一个重要研究课题，是一个指向人的问题的深广领域。从世界范围来看，关于身体的跨学科研究方兴未艾，哲学、社会学、政治学、人类学、文化研究等都把身体作为一个新知领域来加以开拓，已经形成了一批有见解、有深度、有影响的研究成果。在这样的背景下，以感性学著称的美学，不可能对最具感性品质的身体及其研究无动于衷，身体美学研究应运而生。美国实用主义美学率先开启了身体美学研究，并影响到了中国美学界的一部分学者对身体美学的关注与探讨，作为当前美学研究中富于挑战性的前沿性论域，身体美学研究的兴起，是近年来中国美学研究领域里的一个重要事件，已经给美学研究以多方面的有益启示。但身体美学在中国的发展目前还处于一个展开的动态过程中，毋庸讳言，它的发展带有不确定性。”②

还有网络美学也在进入人们的视野，要求成为一个正式的学科。李正学说：“人类历史在跨进21世纪门槛的时候，迎来了一个崭新的时代：e时代。与蒙昧时代、野蛮时代以及文明时代相比，e时代的最大特征就是它的网络性质。未来的一切，都将毫无争议地贴上网络的标签。这，就是我们这个时代的最大问题。具有255个年轮的美学自然不能成为一个例外。美学作为一门科学，应该具有适应时代发展的勇气。在网络技术盛行的时代，我们应该去建设

① 刘悦笛：《回归生活世界的“生活美学”——为〈生活美学〉一辩》，载《贵州社会科学》2009年第2期。

② 胡强：《近年来身体美学研究述论》，载《阴山学刊》2007年第6期。

网络美学，以适应网络人在网络社会生存与生活的需要。这不是让美学屈从于技术，而是用美学来批判技术，帮助技术的健康发展。”①可以预料，网络美学在“互联网+”和“物联网+”的促进下，必将成为前途无量的中国当代美学发展之一元。

这一切都昭示我们，中国当代美学发展的多元格局已经形成，已经形成了不同美学流派同时并存、同步发展、相互争鸣、共同进步的良好局面。中国当代美学的进一步发展，就应该在这个多元格局的发展态势中，“百花齐放，百家争鸣”，深入开掘，广阔拓展，建设中国特色当代美学，繁荣中国当代美学。

二、中国当代美学应该多元发展

其实，要进一步发展中国当代美学，就应该保持多元发展的态势，各种美学流派在美学研究之中百家争鸣、各显其能、优势互补，大家齐心合力，构建起中国当代美学的多元发展的繁荣局面。

首先，坚持多元发展，必须树立开放意识，克服封闭意识。1994—2012年实践美学与后实践美学的争论，本来可以大力促进中国当代美学在实践美学的基础上进一步发展，可是，后实践美学中的一些主要派别，比如，主体间性美学（生存美学、超越美学）、生命美学等就力图把中国当代美学定格在主体间性美学或者生命美学之上，甚至还有人毫无根据地宣布“实践美学已经终结”，仿佛实践美学从此就死去了，不可能与时俱进了。他们把中国当代美学的发展线性地划分为：客体性的前实践美学→主体性的实践美学→主体间性的后实践美学美学，把中国当代美学封闭在了“后实践美学”的主体间性美学或者生命美学之上了。殊不知，中国当代美学进一步发展，既离不开实践美学，实践美学也没有终结，还发展出了新实践美学。因此，后实践美学的断言，就是建立在对实践美学和新实践美学的歪曲和误解之上的封闭意识的产物。比如，在《生命美学三人谈》中，潘知常认为，立足“价值-意义”框架，生命美学是研究进入审美关系的人类生命活动的意义与价值之学。它不但在美学问题上立一家之言，而且具备了在美学问题的思考层面较为广阔的理论前景与阐释空间。封孝伦认为，立足于“生命”方能对“美本质”进行普适性界定。美是人的

① 李正学：《网络呼唤美学》，载《美与时代》（上半月）2006年第6期。

生命追求的精神实现，生命美学可合理化解美学中的难题。① 这就是典型的封闭意识的表现。难道研究美学就只能有“价值-意义”框架，研究美的本质也只能以“生命”这唯一一个范畴概念才可以解开美学难题？顺便说一句，实践美学并不是“认识-反映”框架的美学，而是实践本体论美学。潘知常的分析是一种歪曲和误解。还有，同样反对实践美学和新实践美学的认知美学，不也是在坚持着“认识-反映”的框架吗？像这样以一种唯一的东西来封闭中国当代美学，那是绝对不可能有所前进的，而只会陷入各学派无休止的相互指责之中。而且，实践美学和新实践美学也从来都没有拒绝过“生命”，因为马克思的实践唯物主义就在《1844 年经济学哲学手稿》和《詹姆斯·穆勒〈政治经济学原理〉一书摘要》中多次以实践观点阐释了“生命”。刘纲纪先生在《周易美学》一书中以实践美学观点诠释过“生命”。张玉能也专门写过《审美与生命》(《美学与艺术评论》第 4 辑，复旦大学出版社 1993 年版)，对于生命和生命美学进行了分析。潘知常在《生命美学与实践美学的论争》(《光明日报》1998 年 11 月 6 日)中说：“事实上，生命美学与实践美学的根本区别在于：实践美学把实践原则直接应用于美学研究；生命美学则只是把实践原则间接应用于美学研究。生命美学强调，在美学研究中，要从实践原则再‘前进’一步，把它转换为相关的美学原则，并且在此基础上，从把审美活动作为实践活动的一种形象表现(实践美学)，转向把审美活动作为以实践活动为基础的人类生命活动中的一种独立的以‘生命的自由表现’(马克思语)为特征的活动类型，并予以美学的研究。由此入手，不难看出实践美学的不足。实践美学只是从‘人如何可能’(实践如何可能)的角度去阐发‘审美如何可能’，是从‘审美活动与实践活动之间的同一性、可还原性’开始的对于人如何‘实现自由’(马克思语)的一种非美学的考察。然而，在美学研究中，完全可以假定人已经可能，已经在哲学研究中被研究过了，而直接对审美如何可能加以研究。”实际上，实践美学并不否定美学研究的“生命”“生存”的起点，关键在于，这个生命、生存究竟如何确证为人类的生命、生存，它们又如何与对象世界产生了审美关系？其实，只要不封闭美学研究的途径、方法、思路，条条大路通罗马。新实践美学从实践的角度来研究人对现实的审美关系，可以有所发现，生命美学从生命的角度来研究人对现实的审美关系，也可以有所发现。只要言之成理、持之有故、自圆其

① 潘知常：《重要的不是美学的问题，而是美学问题——关于生命美学的思考》，参见封孝伦：《生命与生命美学》，载《学术月刊》2014 年第 9 期。

说，就可以成为美学的一个流派。非说自己正确，他人就必定谬误；人家已经死了，只有自己可以活着，这恐怕是一种由封闭意识引起的话语霸权欲望吧。

其次，坚持多元发展，应该放弃阶级斗争，提倡学术对话。中华人民共和国成立以后，由于当时的最高领导人错误地估计了阶级斗争形势，把阶级斗争无限制地扩大到意识形态领域，把学术问题上纲上线到政治问题，于是，意识形态领域和学术界政治运动不断：批判电影《清宫秘史》《武训传》(1951 年)，批判梁漱溟的“反动学术思想”(1952 年)、批判俞平伯《红楼梦研究》的资产阶级学术思想(1953 年)、批判胡适的反动学术思想(1954 年)，批判“胡风反革命集团”的文艺思想(1955 年)、整风运动(1956 年)、反右斗争(1957 年)、批判马寅初“新人口论”(1958—1960 年)、批判周谷城的“无差别境界论”和“时代精神汇合论”(1962 年)、批判杨献珍的“合二而一”论(1964—1965 年)，等等，还有文艺界大大小小、形形色色的批判运动，如批判“一本书主义”、批判“写真实论”、批判“中间人物论”、批判“现实主义——广阔道路论”“离经叛道论”“火药味论”“反题材决定论”，一直到 1966 年批判“三家村”、《海瑞罢官》燃起了“文化大革命”十年浩劫的熊熊烈火，几乎焚毁了新中国。中华人民共和国成立后美学界第一次美学大讨论也是从批判朱光潜的唯心主义美学观和艺术观开始的，而且，当时的美学大讨论的文风也是一种“大批判”的架势，辩论者都把对方斥责为“反动的”“唯心主义”和“形而上学”。这样的“大批判”风气至今没有完全摒弃，尽管在口气上和措辞上要缓和得多。比如，后实践美学各派仍然给实践美学扣上了诸如“理性主义”“物质主义”“古典主义”“教条主义”“近代美学”之类的帽子，特别是到争论后期宣布“实践美学终结论”的人，更是歪曲和误读了实践美学与新实践美学，站在西方当代美学和东方美学的高度上“大批判”了一通，最后宣告实践美学和新实践美学都已经死了，不可能起死回生了。让人看了真有不寒而栗的感觉，怀疑是否又回到了“文化大革命”十年浩劫的年代。其实，学术争论并不是你死我活的阶级斗争和政治斗争，不是不可调和的利害之争，而是一种可以求同存异、并存不悖的商谈和对话。实际上，在社会主义中国，只要承认和遵守宪法，学术上的各家各派都应该具有话语权，展开平等对话，在对话中相互切磋、共同讨论，才可能进一步发展中国当代美学。然而，在《生命美学三人谈》中，潘知常和封孝伦都还有着某种“武断”的“斗争哲学”的遗风。比如，潘知常说：“我们不妨简单地说，‘本质’，确实是一个虚假的问题，但‘意义’，却是一个真正的美学问题。因此，从‘意义’的角度，美学问题无疑是可以研究的，而且也是必须研究的。”

可是，封孝伦却并不否定“美的本质”，而认为“美的本质”问题并不是一个假问题。只是他认为只有“生命”才能够界定“美本质”。他说：“‘生命’，是审视人类审美现象最恰当的逻辑起点。不到位(如“实践”)覆盖不了所有的审美现象(比如覆盖不了自然、性、爱、人体等)；过了(如作为本体的“生态”)则不能解释人的美感，难以解释丰富的人类审美心理现象，逻辑上可能进入‘客观唯心主义’或神秘主义，它们留下的难题我们早已熟知。从人类生命观察人类的审美活动，不但‘美本质’可以界定，许多原来存在的理论难题都可以得到合理的解答。”这是否要把其他的美学学派都一棍子横扫干净呢？潘知常就是把李泽厚、蔡仪、朱光潜等美学家都否定了，甚至说“现在回头来看，即便是这样一些简单的问题，李泽厚其实也还是没有解释清楚”。连带高尔泰、“和谐论”(周来祥)、“关系说”(童庆炳)，还包括西方美学的所有学说，如直觉说、移情说、游戏说、距离说等都被他一笔勾销了。① 于是，经过了30年的“斗争”，世界上就只有最正确的“生命美学”存在了。这些实质上又都是一种“唯我独尊”的学术霸主和力图独揽话语权的做派，是不利于中国当代美学进一步发展的。

再次，坚持多元发展，应该反对唯我独尊，展开百家争鸣。从20世纪五六十年代中国的美学大讨论中，我们就可以看到一种自诩“唯我独尊”的不良学术风气。在那次的大讨论中，所有的参加者都自命为“真正的马克思主义者”，而其他人都是非马克思主义者、客观唯心主义者、主观唯心主义者、机械唯物主义者，而且都在引述马克思主义经典著作来证明自己的“唯一正确性”。最后也不知道谁是真正的马克思主义者，可是留下了这种“唯我独尊”“只此一家，别无分店”的不良风气。现在，一些马克思主义美学家在21世纪初对20世纪80年代兴起并深刻影响了新时期美学和文论的“审美意识形态论”(钱中文、童庆炳、王元骧)进行了大批判。他们认为，“审美意识形态”只能是“审美”与“意识形态”的叠加，也即一种“不合逻辑”的“硬搭配”。这种“硬搭配”的后果有两个：一是误将文学具有的“意识形态属性”理解为一种“意识形态”；二是用“审美”去淡化、溶解或模糊文学的“意识形态属性”。尽管“审美意识形态论”强调对马克思主义的回归，但马恩的经典著作却从没有直接或间接地说过“文学是意识形态”，也无法从他们的理论中推导出“文学是审

① 潘知常：《重要的不是美学的问题，而是美学问题——关于生命美学的思考》，载《学术月刊》2014年第9期。

美意识形态”的结论。“审美意识形态论”看起来是坚持了马克思主义的意识形态理论，“其实不过是一种用异质的知识来修正马克思主义理论术语的做法”。“审美意识形态论”“已经造成以‘审美’挤压和伤害积极的意识形态因素的现象”①。这无疑是把“审美意识形态论”打成“修正主义”的一种“斗争哲学”，也是一种只有自己才得马克思主义真传的唯我独尊的表现。批判“审美意识形态论”的硝烟还未消尽，这一批马克思主义美学家又于2009年开始了对“实践存在论美学”(朱立元)的大肆围攻。董学文认为，实践存在论美学的理论原理是：“先对马克思主义的实践观进行扭曲化、狭隘化，然后将‘实践’观念加以泛化，接着同海德格尔的存在主义加以比对、结合，最后，生造出所谓的‘实践存在论’体系来。”而实践存在论美学由于对“人的存在”的极度张扬，“实际上已经走向了精神本体论和审美唯心论，走向了某种极端的个人主义”。它“在马克思主义实践观外表的遮掩之下，通过反对主客二元对立和寻求个体生存为幌子，完成的则是对唯物史观和唯物辩证法的瓦解”。而这样做的理论后果就是“对马克思主义美学、文艺学的实践观和历史唯物论的解构与颠覆”。因此，在董学文看来，实践存在论美学从根本上就是非马克思主义或者反马克思主义的。② 事实上，马克思主义美学可以有许多不同的形态，只要在根本的实践唯物主义(历史唯物主义和辩证唯物主义)的基本原理上没有偏离或者违背马克思主义，由于时间和空间以及具体条件的不同而产生不同的马克思主义美学和文论完全是可能的，也是必然的。西方马克思主义美学不同于中国特色马克思主义美学，西方马克思主义美学和中国特色马克思主义美学中也会有不同观点的流派，这完全是学术发展的正常现象。除此以外，在中国当代美学界也应该允许有不同的美学流派存在，从而多元发展，共同繁荣中国当代美学。如前所述，中国当代美学的许多流派已经实际存在，无法否认，实践美学、后实践美学、新实践美学、生态美学、生命美学、主体间性美学、认知美学、生活美学、身体美学、网络美学，等等，都应该可以长期共存、同步发展，不应该有哪一派的独尊地位，谁是主流，不是自己吵吵嚷嚷可以得到的，而是自然

① 董学文：《文学本质界说考论——以“审美”与“意识形态”关系为中心》，载《北京大学学报》(哲学社会科学版)2005年第5期；董学文：《文学本质与审美的关系》，载《文艺理论与批评》2007年第2期；董学文、李志宏：《泛意识形态化倾向与当前的文艺实践》，载《求是》2007年第2期。

② 刘凯：《关于“实践存在论美学”的论争及其理论意义》，载《湖北大学学报(哲学社会科学版)》2011年第1期。

而然、水到渠成的。本来现在中国当代美学中关于美的本质的看法是有不同观点的，可是，认知美学(如李志宏)非要说“实践美学和新实践美学”要求研究美的本质问题，是犯了“本质主义”的错误，是一种“根源性美学歧误”，而唯有他的“认知美学”才是真正科学的、前进的美学体系。这就不能不引起我们的思考和反诘。现在想来，还是大家都按照自己的思路去进行深入研究才是正道。至于谁是谁非，实践是检验真理的唯一标准，时间一定会做出公正的评判。

三、进一步发展中国当代美学应该深入开掘

与此同时，中国当代美学的各家各派还应该在各自力所能及的范围之内，深入研究哲学美学、文艺美学、审美教育、审美文化等的基本问题和具体问题，做出各自的高质量、高水平的成果，共同推进中国当代美学的进一步发展，共同建设中国特色当代美学体系。

首先，攻坚克难，解决美学的根本问题。美和审美及其艺术的本质问题，美学的哲学基础问题，就是一个美学的根本问题。关于美学中的美和审美及其艺术的本质问题，我们已经在与认知美学(如李志宏)的论争中说得很多了，在此不必赘述。归纳起来，其一，探求对象的本质和本质联系是人类认识和掌握世界的根本。所以，美学就必须研究美和审美及其艺术的本质问题，否则就只能停留在动物认识的水平之上。其二，美学的哲学性质决定了它必须解决美和审美及其艺术的本质问题。哲学是人类掌握世界上一切对象本质的学问和途径，只要是哲学性质的学科就离不开研究本质这个核心问题。如果有人不把自己的美学当作哲学性质的学科，而只是当作一种描述美和审美及其艺术的现象的学科，比如西方美学史上所谓“自下而上”的实验美学之类的美学，就是一种描述性学科，还有西方美学史上某些反本质主义的分析美学就是这样，把美学研究当作文字游戏的语言分析、形式分析。其三，当代后现代主义的反本质主义思潮的发展就直接证伪了反本质主义的不靠谱。就维特根斯坦个人而言，早期的维特根斯坦是坚决反对研究对象事物的本质的，可是，到了晚期维特根斯坦就发现反本质主义的路走不通，于是为了保持他的学说的一致性和逻辑自洽性，他就造出一个“家族相似”来言说本质问题。美学中也是如此，关于艺术本质这个话题，后期的分析美学家迪基、古德曼、丹托等人还是绕不过去，还得回过头来重新研究。在当代中国美学界也是如此。最近有人指出：“‘美

的本质’曾是‘美学大讨论’的最核心、最基本问题，在80年代的‘美学热’仍然是论争的焦点问题之一。从50年代到80年代，美学界对‘美的本质’作了多方面的探索和论争，提出了‘美是自由的象征’‘美是人的本质力量的对象化’‘美是和谐’‘美是创造’等许多重要的理论问题。但是到了90年代中期以后，由于后现代思潮特别是‘反本质主义’‘解构主义思想’的冲击，这个问题逐渐被冷落，甚至有人认为‘美的本质’本来就是个伪命题，呼吁美学研究‘回到事情本身’、回到现象，从对‘美是什么’的思辨追问转向对审美性质、审美经验的实证研究。当代美学研究陷入了矛盾的境地：一方面认为‘美是什么’难以回答，另一方面又在肯定的意义上谈论美学，这种情况表明‘美的本质’依然是无法回避的基本问题。”①的确，美与审美及其艺术的本质问题，是一个非常大的难题，但是必须逐步解决，即使暂时无法得到一个大家都认可的共识，但是仍然必须在每一种美学和每一个美学流派中予以解决，否则其他的问题都没有办法实质性地展开。大家从不同的角度、不同的层次、不同的方面，开放地、多层次地、多角度地探讨美和审美及其艺术的本质问题，到一定的时候就可能逐渐接近本质问题的真理。

其次，优势互补，共同解决重大美学问题。哲学的不同层面和角度，如本体论、认识论、方法论、价值论，等等；不同的方法，如哲学方法、学科方法、实证方法；不同的视角，如哲学的、伦理学的、宗教学的、自然科学的、人文科学的，等等。其一，任何美学学派都必须有一定的哲学基础，在中国当代占主导地位的哲学应该是实践唯物主义(历史唯物主义和辩证唯物主义)，而其他的哲学思想，如来自西方的康德哲学、黑格尔哲学、海德格尔哲学、德里达哲学，等等，当然可以衍化出一定的美学思想派别。因此，不同哲学基础的美学流派应该可以从不同的方面来深入研究美学，拿出自己的成果，来丰富中国当代美学，不论这些美学派别叫作什么名称，比如主体间性美学、生存美学、存在美学、符号学美学、分析美学，等等，它们都可以为中国当代美学进一步发展作出自己的贡献。其二，目前，哲学一般包括本体论、认识论、方法论、价值论等几个方面，因此，实践美学和新实践美学、主体间性美学、生命美学、生态美学、身体美学、网络美学等中国当代美学流派，都可以从自己奉行的哲学的本体论、认识论、方法论、价值论等不同层面来研究美学的基本问

① 吴娱玉：《当代美学的基本问题及当代批评形态研究综述(国内部分)》，载《马克思主义美学研究》2016年第2期。

题，得出自己的结论，从而形成不同美学流派之间的对话交流或者争鸣切磋，使得美学的基本问题得到比较充分的论述。比如，关于美学的本体论问题，不同美学流派就可以分别从“实践”“主体间性”“生命”“生态”“身体”“网络”等的存在本原、存在方式的角度来论述美和审美及其艺术的本质、结构、功能、形态等基本问题。同样也可以在美学的认识论问题上，从各自不同的理论基础出发来研究“实践”“主体间性”“生命”“生态”“身体”“网络”等与审美认识的关系。当然，方法论和价值论方面同样也是如此。这样就可以使各家各派的这些哲学不同方面的问题得出可以优势互补、相互碰撞、融会贯通的结论，从而让中国当代美学的哲学高度不断提升、丰富发展。其三，在具体研究方法上，各家各派当然也可以充分发挥自己的优长之处，不仅拓宽研究范围，而且深刻开掘美学研究，让中国当代美学真正得到纵深宽广的进一步发展。一般来说，科学研究的方法可以分为：哲学方法或者元方法、学科方法、实证方法。哲学方法或者元方法是由美学流派的哲学基础所决定的，是关于方法的方法，是决定学科方法和实证方法的方法。比如唯心主义或者唯物主义哲学的美学流派就必然运用唯心主义或者唯物主义的研究方法，形而上学哲学的美学流派也必然运用形而上学的研究方法，历史唯物主义和辩证唯物主义哲学的美学流派当然就会运用历史唯物的辩证方法。这些方法可能会有是非对错之分，然而它们之间的博弈也就可能促进美学研究的不断前进。中外美学史的事实都已经确证了不同的哲学方法或者元方法的研究成果，即使最终证明是错误的，也可能促进美学整体的前进。学科方法是运用某一科学学科的成果来进行本学科研究的方法，比如，在美学研究中就有心理学方法，即运用心理学的研究成果来研究美学问题，其他的所有科学学科的研究成果都可以运用来研究美学问题，就形成了诸如人类学方法、历史学方法、社会学方法、文化学方法、符号学方法、数学方法、物理学方法、生物学方法、医学方法，等等，有多少科学学科就会有美学的学科方法。不过，由于美学是一种哲学性、人文性、边缘性的学科，所以，它一方面可以运用很多相关学科的学科方法，另一方面又可以比较多地运用哲学性和人文性的科学学科的学科方法。由于美学研究可以运用的学科方法比较多，所以，在发展中国当代美学的过程中，不同的美学流派就可以更多地运用自身运用得比较得心应手的学科方法来发挥所长并取得独特的研究成绩。比如说，认知美学就可以更多地运用心理学方法、数学方法、信息学方法来研究美学问题，得出独特的研究成果；生命美学可以更多地运用人类学方法、文化学方法、考古学方法，身体美学可以更多地运用体质人类学、文化人类学、文化学方法、符号学方法、行为语言学方法，生态美学可以更多地运用生态学方法、环保学方法、生物学方法，实践美学和新实践美学可以更多地运用行为学方法、语言学方法、符号学方法来进行美学研究，从而得出各自独特的研究成果，为中国当代美学发展的整体贡献出自己的特殊成就。实证方法是指那些科学研究中的具体实际确证的方法，比如观察法、实验法、模拟法、统计法、问卷法、调查法、假设法、类比法、综合法、分析法，等等。同样的道理，这些具体的实证方法每个美学流派都可以用来为自己独特的研究目的服务，形成独特的研究成果。这里需要注意的就是，每种研究方法都可以被中国当代美学的不同流派所运用，只要某种方法可以达到自己的研究目的，就是可行的，但是也没有必要非要排斥其他的研究方法，而是大家都可以运用最适合自己的方法来进行美学研究，然后取长补短、优势互补，促进中国当代美学的整体发展。如果非要强调自己流派的特异性，并且排斥其他流派的研究方法，那就是不可取的。比如，范藻在《生命美学：崛起的美学新学派》中的某些说法就有点让人匪夷所思。他说："从方法论上看，美学理论与实践结合。生命美学通过在 20 世纪八九十年代对于实践美学的批评，成功实现了从'概念'事实向'生命'事实的根本转换，这正是生命美学应运而生的意义之所在，并且由此走向了广阔的现实'生命'世界。例如，从'生命'美学走向身体之维，进而去建构'身体'美学。当然，更为重要的是从'身体'的延伸、身体的意向性结构去展开具体的研究。例如，'生命在世''身体在世'的日常生活世界，构成了生命美学的生活之维，也就是生活美学之'生命在世''身体在世'的城市与自然世界，构成了生命美学的环境之维，也就是环境美学，更是为生态美学提供了坚实的理论依据和实践意义。由此可见，生命美学有着无限的发展前景。"①这里的分析没有区分清楚方法论的三个层次，笼统地谈论理论与实际相结合。实际上，没有元方法的结合实际的学科方法和实证方法是盲目的，得出的结论也只能是"生命"概念中的空洞的东西。难道还有比"实践"更接近生活实际、现实实际的吗？如果说这里的意思是从"生命"美学出发去建构生命美学相应的身体美学、生活美学、生态美学等分支美学，也许可以成一家之言，但是，如果说要把中国当代美学中的其他流派都囊括在"生命美学"之中，我想就有点让人匪夷所思了，恐怕其他各派的学者也不会认可的。我还是觉得，你自己完全可以根据你的方法论去做你的生命美学，拿出你的独特的研究成果，不必

① 范藻：《生命美学：崛起的美学新流派》，《中国社会科学报》2016 年 3 月 14 日。

急于对其他美学学派指手画脚，更没有必要去争那个可以囊括其他美学学派的“崛起的美学新学派”，还是让实践来检验中国当代美学的各种学派的实际成就吧！

最后，深耕细作，解决美学的具体问题。美学的具体问题很多，如人与自然的审美关系，人与他人的审美关系，人与自身的审美关系，等等。对于这些美学研究的具体问题，中国当代各个美学流派可以根据自己的实际情况来加以重点解决。不过，如果归纳起来，美学研究的具体问题也就是这么三个大的方面：人与自然的审美关系，人与他人的审美关系，人与自身的审美关系。这些问题的研究和解决，实际上就涉及美学研究与现实实际相结合的问题。本来中国当代美学的各家各派完全可以在这些具体问题上展开各自独具慧眼和独具特色的深入研究。可是，现在还是有人不愿意这样，还是要争得“崛起”的地位。范藻在《生命美学：崛起的美学新学派》中就说：“从认识论上看，生命体验与审美同在。在包括实践美学在内的其他美学那里，它们都是从‘反映-认识’的框架出发，审美活动依赖于物质实践活动，是对现实‘反映’出来的美的认识，于是，审美成了证明社会认识活动的附庸，人与对象的关系被颠倒了。而在生命美学这里，却是从‘体验-意义’框架出发，一切有意义的生命活动都表现于审美活动，而这个‘美’是在生命活动中被生命本身所真实体验到的，从中进而感受并领会到了生命自由创造的意义，这不但是生命存在的意义，而且是人类文化的意义。”①这里所说的又像生命美学的领军人物潘知常一样，只承认生命美学的“体验-意义”或者“价值-意义”研究模式，而把中国当代美学的其他学派都归入“反映-认识”框架之中。其实这也是一种歪曲和误解，至少实践美学和新实践美学是要超越“反映-认识”的认识论模式的，主张的是实践认识论：实践是认识的根源，认识的过程是一个不断反复的实践过程，实践是检验认识的真理的唯一标准。人类的实践自由产生了人对现实的审美关系，而在人对现实的审美关系中同步生成了美和审美，这是实践本体论，然后在有了客体的美和主体的审美的现实生活中，每一个具体的具有审美能力的人，才可能把握现实的美，产生主体的审美感受，实质上它们既是一种对对象美的“价值-意义”的体验，也是对对象的美的“反映-认识”，并不存在生命美学唯一正确的模式或者框架。本来李泽厚的“美是自由的形式”的命题，蒋孔阳的“美是多层累的突创”“美在创造中”的命题，我们的“美是显现实践自由的形象的肯定价

① 范藻：《生命美学：崛起的美学新流派》，《中国社会科学报》2016年3月14日。

值”的命题，与“美是生命创造活动的自由表现”的命题，并没有本质的区别，可是，范藻同志非要强调“崛起的美学新学派”的领导地位和话语霸权，那就必定要把实践美学和新实践美学以及其他中国当代美学流派统统横扫进所谓的“反映-认识”的谬误框架中，好像生命美学的地位就巩固了。我们认为，在美学的一系列具体问题的研究上，最好还是“百家争鸣”“百花齐放”，有生命力的美学流派自然会“崛起”“流传”，它们的研究成果是不可能被抹杀的。实际上，人与自然的审美关系、人与他人的审美关系、人与自身的审美关系，并不是哪一个美学流派可以研究得非常深刻到位的。比如说，生态美学就可能更长于研究人与自然的审美关系，而身体美学就更适合于研究人与自身的审美关系，生活美学大概可以更好地研究人与他人的审美关系，生命美学、实践美学和新实践美学应该又都有自己更加擅长的审美关系方面，无需面面俱到，什么都涉及，什么都发表议论。倒是各个不同的美学流派能够分工合作，从不同的审美关系的方面切入进行研究，得出精准而深刻的研究成果，即使一时不大可能形成整体的美学发展成果，也能为将来的学人们准备好可靠而翔实的资料，到了一定的时候就可以有集大成的综合性成果出现，使中国当代美学上一个新台阶，创造出新的繁荣的、辉煌的中国当代美学。

总而言之，要进一步发展中国当代美学，还是应该有多元发展的开放意识、包容精神，在美学的基本问题和具体问题上多做一些扎扎实实的开掘工作，中国当代美学的各家各派都来深入研究美学的基本问题和具体问题，终究会促成中国当代美学发展的整体繁荣。

（作者单位：华东政法大学、华中师范大学文学院）

丝路漆艺：被输出的中国美学与工艺文化①

潘天波

奢华的中国漆艺是一种世界性工艺文化形态。在跨文化传播学视野下，丝绸之路中漆艺输出是中国古代文化与美学的一次“远征”，它确证了近代以前中国是世界文化输出的大国。漆艺作为中国之美的化身与文化交流的使者，用器物交流的方式向世界赫然敞开它独特的文化之美。丝路漆艺的输出史实则是中国美学思想与文化的传播史，它见证了古代中国文化之美的国家身份与世界地位。漆艺所承载的中国美学思想成功地跨出国门，成为世界文化传播的典范，有力呈现了世界美学思想与文化大融合的态势。

一、丝路，漆艺与中国文化

在传播学视角，丝绸之路(以下简称“丝路”)是通达中国与世界文化交流的契约之路。它已然开启了中国文化输出的契机、路径与方式。丝路进程既是书写中国文化的发展、进步与增益的国道史，也是书写中外文化的交流、互译与交融的传播史。丝路文化传播以器物为形象载体向世界赫然敞开它的文化之美。“一个民族的审美意识的历史，表现为两个系列：一是形象的系列，如陶器、青铜器、《诗经》《楚辞》，等等；一个是范畴的系列，如‘道’‘气’‘象’，等等。”②在形象系列中，诸如陶器、青铜器、漆器等器物是生活的最亲密伴侣，它们是文化与美学思想的载体。漆器作为审美意识的物质形象，它最能呈现中国文化之美。

---

① 本文系国家社科基金重大项目“中华工匠文化体系及其传承创新研究”(项目批准号：16ZDA105)、国家社科基金艺术学项目“宋元明清海上丝绸之路与漆艺文化研究”(项目批准号：14BG067)阶段性研究成果。

② 叶朗：《中国美学史大纲》，上海人民出版社 1985 年版，第 5 页。

中国是世界上最早发现与使用大漆（自然漆）的国度，漆艺文化历史悠久，堪称东方之神奇。河姆渡朱漆大碗的出土至少把中国以漆髹物的历史推至7000~9000年前，从尧舜时期的"觞酌有彩"，到汉代的"错彩镂金"，经六朝的"静穆玄淡"，到宋元的"炫技逞巧"，至明清的"满眼雕刻"，漆彩流光、千姿百态，它们共同构筑了中国漆文化的独特形态，并影响音乐、书画、建筑、宗教等诸多文化领域。在音乐方面，髹漆是制作琴瑟时不可或缺的重要环节。漆面坚硬，可以保护乐器外体免受侵蚀；漆膜有弹性，对于传音、共鸣皆有改善，更可衬出乐器音韵悠长绵远。大漆不仅有防蚀、耐酸碱、防潮、耐高温等功能，大漆的黏性还能为乐器制作提供天然"乳胶"。漆色的黑含蓄、蕴藉，给人以深沉内敛的美感，更烘托出乐器典雅深邃的传统东方文化意蕴。排箫、琴、瑟等常髹以黑漆，如湖北随州战国初期曾侯乙墓出土的十弦琴，通体涂布厚厚的黑漆。南北朝时期的古琴"万壑松风——仲尼式"，中层为坚硬的黑漆，表层为薄栗色漆。隋琴"万壑松——霹雳式"，面为黑栗壳色，间朱漆，底栗壳色漆。唐琴漆色也主要以黑色、栗壳色为主。大漆使乐器具有沉静大气的视觉美、温润而光滑的触觉美、静穆而不闹的听觉美，大漆给人们带来的质感也是古乐器的审美诉求。大漆之道与乐器文化交相辉映，使古代乐器浸透着东方音乐文化的神韵与独特的文化内涵。在建筑领域，大漆是天然的优良涂料。中国古代的土木建筑具有极好的稳定性，是世界建筑史上的伟大发明，但木质结构防潮、防虫、防腐蚀性较弱，而大漆的特性恰好弥补了木材的缺陷。《国语·楚语》记载"土木之崇高、彤楼为美"①，虽为大夫伍举批评楚灵王修建章华台的奢侈行为，但这里的"彤楼"反映了我国古代在建筑上采用丹漆髹绘的悠久历史，也反映了当时人们将建筑彩绘作为奢华生活的标志和追求。古代建筑讲究装饰美，大漆的光泽使古代中国建筑文化独具魅力。"雕梁画栋"既是中国古典建筑装饰的法则，也是文化等级礼制的体现。《左传·庄公》曰："秋，丹桓公之楹。"②此处"丹楹"，即用红漆髹门前的柱子。又曰："春，刻其桷，皆非礼也。"③这里"刻桷"，即在椽子上刻画。据古礼，天子、诸侯之楹规制用黑漆，但鲁庄公刻桷乃为"丹楹"与"刻桷"，故被认为是"非礼"奢靡之举。"丹楹刻桷"说明春秋时期建筑彩绘刻画的装饰形式已经开始。在书画

① （春秋）左丘明：《国语》，尚学锋、夏德靠译注，中华书局2007年版，第295页。
② （春秋）左丘明：《左传》，李维琦等注，岳麓书社2001年版，第90页。
③ （春秋）左丘明：《左传》，李维琦等注，岳麓书社2001年版，第91页。

艺术中，史籍中多见“漆文字”“漆书”“漆书多汗竹”等叙事，相传战国时期魏国史官所作的《竹书纪年》为漆书写成。战国时期，楚国曾用漆装饰毛笔，1954 年，湖南长沙左家公山墓就曾出土过一支髹漆的毛笔。扬州博物馆藏西汉晚期彩绘嵌银箔漆砚，背以朱漆为地，身髹黑漆；1965 年，安徽寿县东汉墓出土的长方形漆砚，上髹黑漆，外加朱漆。从出土的漆器书法看，汉代漆器上的大漆书法艺术成就最高。1987 年荆门包山 2 号墓出土“彩绘车马出行图圆奁”，绘有众多的人、物，堪称楚漆画中的奇葩。漆画的美不仅在于材质，也在于工艺，这是其他画种无法替代的。在佛教文化中，魏晋时期佛教徒为宣传佛法，车载“行像”进行巡游的习俗开始兴起，东晋雕塑家戴逵汲取传统漆器夹纻工艺技法始创夹纻漆像。这种干漆像比铜铸、泥质、木雕之行像要牢固而质轻，更容易彰显佛之“高大”以及“道俗瞻仰”。唐代天宝二年间，唐代夹纻造像技术由东渡传法的鉴真法师带去日本，对日本漆器工艺也产生了重要影响，大漆作为佛像装饰材质的美学潜质与佛家追求的涅槃清寂、空灵生命等宗教精神是同构的。

漆艺不仅融入古人的生活之中，还促成中国的音乐、建筑、绘画、佛教等精美的文化形态。漆艺空灵而生动的空间造型、飘逸而神奇的图案叙事、丰富而鲜明的色彩构成、实用而唯美的价值皆是中国美学思想先天的特质，加之西方一直没有生漆种植，因而，中国漆艺成为丝路文化输出的对象。

二、丝路漆艺：被输出的中国美学

在中西贸易史上，丝路漆器确乎是泽被东西的中国美学思想之见证，它也是近代以前中国文化“输出主义”之符号。那么，中国漆艺美学思想输出的缘由、契机与途径又是什么？西方审美文化又是如何通过中国漆艺美学思想的传播而产生深远影响的？

汉唐时期，是丝绸之路文化输出的首座高峰，也是中国向海外输出漆艺美学思想与文化的高峰。中国漆艺经过海上和陆上丝路传入东北亚、东南亚以及西亚和阿拉伯，再经过波斯传入欧洲。在空间上，汉代陆上丝路漆器流通主要通过丝绸古道，将内地的漆器以及漆器技术传入西域。海上丝路漆器流通经过云南、广西等百越经陆路及“海上丝绸之路”，通达印度、越南、柬埔寨、印尼等地区，其中滇国是通往缅、印的南“丝绸之路”之要冲。《汉书·地理志》记载：“自日南障塞、徐闻、合浦船行可五月，有都元国。又船行可四月，有邑卢没国。……所至国皆禀食为耦，蛮夷贾船，转送致之。……黄支之南，有已程不国，汉之译使，自此还矣。”①这段文字记载了汉代与南海诸国的海上贸易路线图。在广东广州②、广西合浦③、江苏大云山④等汉墓出土的海外遗物，可以推断东南沿海一带与海外有漆器等“商品贸易”。到了唐代，漆器一度被列入国家税收什物，甚至成为唐政府“漆器外交”的重要凭物。漆器艺术盛极一时，其中“螺钿”“平脱”与“剔红”等漆器艺术成绩斐然。漆器不仅是唐帝国的物质文化精品，还是丝绸之路上的“文化使者”。唐代贞元（785—805年）年间宰相贾耽（730—805年）受皇命绘制《海内华夷图》（801年）并撰写《古今郡国四夷述》，他归纳出隋唐以来有七条通四夷与边戍之路。《新唐书·地理志》曰：“集最要者七：一曰营州入安东道，二曰登州海行入高丽渤海道，三曰夏州塞外通大同云中道，四曰中受降城入回鹘道，五曰安西入西域道，六曰安南通天竺道，七曰广州通海夷道。”⑤这七条道路中，有五条为陆路，即“营州入安东道”“夏州塞外通大同云中道”“中受降城入回鹘道”“安西入西域道”与“安南通天竺道”，另两条为海路，即“登州海行入高丽渤海道”和“广州通海夷道”。在陆路通道，裴矩（547—627年）《西域图记》曰：“发自敦煌，至于西海，凡为三道，各有襟带。北道从伊吾（今哈密），经蒲类海（今巴里坤）、铁勒部、突厥可汗庭（今巴勒喀什湖之南），度北流河水（今锡尔湖），至拂菻国，达于西海（地中海）。其中道从高昌、焉耆、龟兹（今库车）、疏勒、度葱岭，又经钹汗、苏对沙那国，康国，曹国，何国，大、小安国、穆国，至波斯（今伊朗），达于西海（波斯湾）。其南道从鄯善，于阗（今和阗），硃俱波（帕米尔境内）、喝槃陀（帕米尔境内），度葱岭，又经护密，吐火罗，挹怛，忛延，漕国，至北婆罗门（今北印度），达于西海。……故知伊吾、高昌、鄯善，并西域之门户也。总凑敦煌，是其咽喉之地。”⑥可见唐代丝路主要走向为长安至凉州道。1981年，固原城郊雷祖庙北魏墓出土的描金彩绘漆棺，棺画的波斯画风表现出中亚、草原与中原审美文化的融合。在海路通道，第一条道即

① （汉）班固：《汉书》，中华书局1964年版，第1671页。

② 广州市文物管理委员会等：《广州汉墓》（上），文物出版社1981年版，第239页。

③ 广西壮族自治区文物管理委员会等：《广西文物珍品》，广西美术出版社2002年，第731页。

④ 南京博物院等：《江苏盱眙大云山汉墓》，载《考古》2012年第7期。

⑤ （宋）欧阳修、宋祁：《新唐书》，中华书局1975年版，第1146页。

⑥ （唐）魏征等：《隋书》（第6册），中华书局1973年版，第1579~1580页。

“广州通海夷道”。《新唐史·地理志》曰：“广州东南海行，二百里至屯门山（在香港北），乃帆风西行，二日至九州石。又南二日行至象石（海南岛东北角）。……又一日行，至门毒国（越南中部归仁与芽庄之间）。又一日行，至古笪国（越南东南）。……南岸则佛逝国（今印度尼西亚苏门答腊）。……又北四日行，至师子国（今斯里兰卡国），……其国有弥兰大河，一曰新头河（即印度河）……至乌剌国（今伊拉克幼发拉底河口巴士拉）……至茂门王所都缚达城（今伊拉克巴格达城）。……又一日行，至乌剌国，与东岸路合。”①这条“广州通海夷道”，即“广州—香港北—海南岛东北角—越南中部—斯里兰卡—印度河—伊拉克—波斯湾”的海上丝绸之路。第二条是登州海行入高丽渤海道。《新唐史·地理志》曰：“登州（山东蓬莱）东北海行，过大谢岛、龟歆岛、末岛、乌湖岛（诸岛即今庙岛列岛）三百里。……乃南傍海壖，过乌牧岛（身尾岛）、贝江口（今朝鲜大同江口）、椒岛（今朝鲜长渊县西南之岛），得新罗西北之长口岛（今朝鲜长渊县长命镇）。……七百里至新罗王城（今韩国庆州）。”②这段文字清晰记载了登州海行入高丽渤海道的海上贸易路线，漆器是海上贸易的必备商品，如《全唐文》（第2册卷118）之《赐高丽王王武诏》记载：“敕赐高丽国王竹册法物等，竹册一副，八十简紫丝条联红锦装背册匣一具，黑漆银含陵金铜锁钥二副。”③唐代政府非常重视向朝鲜输入汉文化，韩国漆艺大约在中国的唐宋时期达到辉煌。现藏韩国湖岩博物馆的“螺钿团花禽兽文镜”就是统一新罗时期（668—935年）的代表漆器，也是典型的唐代螺钿镶嵌漆器风格在朝鲜半岛的“翻译”。到朝鲜半岛的高丽王朝（918—1392年）时期，佛教成为国教，为满足贵族阶层的漆艺需要，高丽王朝1310年设立官营供造署大量生产螺钿漆器等佛教、生活漆艺品，如现藏韩国中央博物馆的佛家漆艺品《螺钿玳瑁菊唐草文拂子》等。日本首先从朝鲜学习汉文化，后派“遣唐使”来中国学习漆器技术。日本漆器的飞速发展是在奈良时代（公元8世纪，即我国的唐代）。从日本漆艺专业术语中可窥见漆艺技术来源于中国，如中国的“金银平脱”漆艺技术，自盛唐时期（日本奈良时期）传入日本社会后，便一直完好地保存延传下来，日本称把花纹高出平面的“金银平脱”为“平文”④。另外，日本漆艺家所说的“沉金”出自中国的“戗金”。夹纻行像在唐代开始鼎盛，如据《邵

① （宋）欧阳修、宋祁：《新唐书》，中华书局1975年版，第1153页。

② （宋）欧阳修、宋祁：《新唐书》，中华书局1975年版，第1147页。

③ （清）董诰等：《全唐文》（2），中华书局1983年版，第1198页。

④ 田自秉：《中国工艺美术史》，东方出版中心1985年版，第216页。

氏见闻后录》中有苏世长在武功唐高主宅曾遇见“唐二帝伫漆像”之记载，张鷟在《朝野佥载》也记载过周证圣元年(武则天年号)夹纻造像，“其中大佛像高九百尺，鼻如千斛船，中容十人并坐，夹纻以漆之。”①唐代天宝二年间，唐代夹纻造像技术由东渡传法的鉴真法师带去日本，如日本奈良唐招提寺保存的三座大佛，均为夹纻漆佛像，其中鉴真干漆像被视为日本“国宝”，他们称夹纻造像工艺为干漆。日本与韩国在唐代曾派大量的“遣唐使”来中国学习，他们也把中国的漆文化带回自己的国家，李白与王维也写了不少反映日韩遣唐使的诗歌，这些诗歌虽然没有直接涉及髹漆，但是从日韩唐代时期的漆艺文化可以窥见一斑。日本漆器的飞速发展是在奈良时代(即我国的唐代，公元8世纪前后)。从日本漆艺专业术语中可窥见漆艺技术来源于中国，如中土“平脱”技术自盛唐时代传入奈良时代(美术史的说法是‘飞鸟时代’)的日本社会后，便一直完好地保存延传下来，日本漆工称之为“平文”。“根来涂”是被日本漆艺界视为比较有日本民族特色的漆器纹饰技术。1956年，在洛阳古墓中发掘漆器上饰以螺钿镶嵌的人物图案②(二人对饮，另有一乐师弹琵琶，一只鹤舞于阶下)，在日本奈良博物馆里也藏有类似文物。

宋元时期，中国漆艺文化进入新的辉煌时期，与边疆、海外贸易活跃。宋代改变唐以来的“坊”与“市”的严格区分制度，城市中“行”“铺”林立，如南宋杭州多有“温州漆铺”“游家漆铺”等，因此，宋代商品经济得到长足发展与繁荣。在边境贸易中，“榷场”是宋官方对外贸易的据点。据史载：“西夏自景德四年，于保安军置榷场……以香药、瓷、漆器、姜桂等物易蜜、蜡、麝脐、毛褐、塬羚角、硇砂、柴胡、苁蓉、红花、翎毛。非官市者，听与民交易。入贡至京者，纵其为市。”③宋代“互市”贸易为漆器的输出提供契机与平台。在东亚，今南朝鲜木浦海底打捞宋代瓷器遗物6000多件，还有漆器、金属器皿等④，说明当时中国瓷器、漆器等器物出口东亚的比重很大。到了元代，国家专设“油漆局”掌管两都宫殿髹漆之工。在中外漆文化交流中，13世纪马可·波罗(Marco Polo)在他的游记中曾描述蒙古大汗奢华的鎏金漆柱御

① (唐)张鷟：《朝野佥载》，中华书局1979年版，第115页。

② 张静河：《瑞典汉学史》，安徽文艺出版社1995年版，第197页。

③ 梁太济、包伟民：《宋史食货志补正》，杭州大学出版社1994年版，第814页。

④ 李德金、蒋忠义等：《朝鲜新安海底沉船中的中国瓷器》，载《考古学报》1979年第2期。

苑①。14世纪阿拉伯人对"漆树科"已有初步的科学认知，从元代延祐到天历年间(1314—1330年)，担任饮膳太医的忽思慧在其《饮膳正要》曾记载阿拉伯的药物马思答吉(漆树科乳香)等被宫廷饮膳采用②。

明清时期，中国漆艺美学思想的欧洲输出与影响达到极盛。晚明繁缛雅丽的漆艺装饰所表现出来的"中国风格"对"洛可可风格"产生重大影响。根据《大不列颠百科全书》的"Chinoiserie"词条，所谓"中国风格"，即"指17—18世纪流行于室内、家具、陶瓷、纺织品、园林设计领域的一种西方风格，是欧洲对中国风格的想象性诠释。……中国风格大多与巴洛克风格或洛可可风格融合在一起，其特征是大面积的贴金与髹漆"③，"洛可可"(Rococo)原意就是"贝壳装饰"，与中国的螺钿漆器装饰的意思相当。在17—18世纪，通过海上贸易或传教士等途径，"中国的漆器也与瓷器同时涌入了欧洲，在路易十四时代，漆器仍被视作一种奢侈品。"④中国的漆器装饰图案对西方的建筑、家具、绘画，甚至消费模式与审美标准都产生过重大影响。"在18世纪，当欧洲国家的宫廷中流行中国艺术品时，瑞典国王弗雷德里克(Frederick)为王后修建了一座法国'洛可可'艺术风格的宫殿……宫殿内的装饰是采用中国瓷器、刺绣、漆器的图案，同时陈列着王后购买的中国德化白瓷、粉彩瓷器花瓶以及大量的漆器家具、国画、糊墙纸等。当欣赏者在那里看到这些独特的中国艺术风格的手工艺品时，好像在瑞典王国中又找到了中国的天地。"⑤从繁缛、奢华、精巧的洛可可艺术中，也见出中国17世纪明代的漆器装饰风格，正如美国托马斯·芒罗所说，"洛可可艺术"乃是"中国风格的法国艺术品"⑥。路易十五的情人蓬巴杜夫人(Madame de Pompadour)对中国的漆器家具与日用品情有独钟，当时罗伯特·马丁(Robert Martin)为她设计的家具多援引中国漆艺装饰的风格。中国漆器在法国宫廷最受欢迎，特别是在路易十四时代，中国漆器被视为一种特

---

① [意]马可·波罗：《马可·波罗游记》(上)，中国书籍出版社2009年版，第142页。

② 宋岘：《中国阿拉伯文化交流史话》，中国大百科全书出版社2000年版，第129页。

③ 袁宣萍：《十七至十八世纪欧洲的中国风格设计》，文物出版社2006年版，第4页。

④ [法]安田朴：《中国文化西传欧洲史》，耿昇译，商务印书馆2000年版，第524页。

⑤ 彭修银：《东方美学》，人民出版社2008年版，第42页。

⑥ [美]托马斯·芒罗：《东方美学》，欧建平译，中国人民大学出版社1990年版，第6页。

殊而罕有的珍贵物品，它的过度装饰“曾引起了老弥拉波侯爵(Marquis, de Mirabeau)从经济方面出发的愤怒指责。当时商业或财产目录上，有关于东亚许多入口货品的记载，其中有中国漆器，甚而更早已有法国仿造而带有中国商标的漆器，亦随处可见。商人杜伟斯(Lanzare Duveaux)的日记簿，是这类研究的一项最宝贵的资料，其中几乎每页都有‘古董的漆器’(Curiosités vernies)的名目。”①由于法国宫廷对漆艺美学的追求，17世纪法国漆业一直处于欧洲首位，中国漆艺文化很快在欧洲传播，德国、英国、美国等欧美国家的“中国风”亦狂飙突进。

丝路漆器所承载的中国美学思想成功地跨出国门，成为世界文化传播的典范。丝路漆器作为美学的化身与文化的使者，用器物交流的方式向世界输出中国美学思想及其中国文化。

三、丝路漆艺：被输出的中国审美文化影响欧美

丝路是中国漆艺对海外产生影响的重要契机，漆艺作为“丝路”上中西文化交流的“大使”，它不仅输出了中国美学思想，还影响了西方文化。

在英国，著名作家威廉·萨默塞特·毛姆(W. S. Maugham)颇受中国漆艺美学思想的影响，在《在中国屏风上》中多有溢美与惊诧之语，如《陋室铭》篇描写道：“庙里褪了色的朱红油漆上描绘的褪了色的金龙的藻井依旧漂亮。……房子后壁是一座神龛，那里放着一张大漆香案，香案后面是一尊入定的古佛。”②家具设计师汤姆·齐平特(Tom Chippendale)采用中国福建漆仿髹漆家具，开创了具有中国美学特色的“齐平特时代”。英国人赫德逊十分形象地写道：“中国艺术在欧洲的影响成为一股潮流，骤然涌来，又骤然退去，洪流所至足以使洛可可风格这艘狂幻的巨船直入欧洲情趣内港。”③1700年，诗人普赖尔(Proor)对中国漆橱柜之美十分神往，他写了如下诗句：“英国只有一些少量的艺术品，上面画着鸟禽和走兽。而现在，从东方来了珍宝：一个漆器的橱柜，一些中国的瓷器。假如您拥有这些中国的手工艺品，您就仿佛花了极

① ［德］利奇温：《十八世纪中国与欧洲文化的接触》，朱杰勤译，商务印书馆1962年版，第28页。

② ［英］毛姆：《在中国屏风上》，陈寿庚译，湖南人民出版社1987年版，第4~5页。

③ ［英］赫德逊：《欧洲与中国》，李申、王遵仲等译，中华书局2004年版，第229页。

少的价钱，去北京参观展览会，作了一次廉价旅行。”①可见“一个漆器的橱柜”是中国文化与美学思想的载体。詹姆斯·希尔顿(James Hilton)在《消失的地平线》中说：“精致的宋代珍珠蓝陶器、上千年前的水墨古画，绘制着幽怨仙境的精巧漆器，笔调细腻，巧夺天工，以及那些几近完美的瓷器和釉彩的光泽，均映现出一个无法雕琢的、飘荡的仙境。”②

在法国，浪漫主义作家维克多·雨果(Victor Hugo)称赞中国集漆艺、建筑与绘画于一体的圆明园为“规模巨大的幻想的原型”③。17世纪末到18世纪，法国首先仿制中国漆器。法国启蒙思想家伏尔泰(Voltaire)对罗伯特·马丁及中国漆器非常欣赏，“他在《尔汝汇》中，对于法国漆业的最新成就表示了他的喜悦，他说：‘马丁的漆橱，胜于中华器。’又于《论条件之参差》中，说‘马丁的漆壁板为美中之美’。”④18世纪30年代，神父杜赫德(Jean-Baptiste Du Halde，1674—1743年)对中国漆艺之美多有溢美之词，他编撰的《中华帝国通史》(第二卷)中有关于漆艺的叙述：“从这个国家进口的漆器、漂亮的瓷器以及各种工艺优良的丝织品足以证明中国手工艺人的聪明才智。……如果我们相信了自己亲眼看到的漆器和瓷器上的画，就会对中国人的容貌和气度做出错误的判断。……不过有一点倒没错，美在于情趣，更多在于想象而非现实。”⑤杜赫德道出了中国漆艺之美的艺术特征：“美在情趣”。一直到20世纪二三十年代欧美“装饰艺术运动”兴起之时，中国漆艺的装饰美学思想仍在影响西方。譬如艺术家让·杜南(Jean Dunand，1877—1942年)酷爱采用中国漆艺装饰邮轮“诺曼底号”，并大量使用漆绘屏风，让·杜南热爱中国漆艺之美，为普及中国文化发挥了很大作用。

在德国，德国人利奇温(Adolf Reichwein)说：“开始由于中国的陶瓷、丝织品、漆器及其他许多贵重物的输入，引起了欧洲广大群众的注意、好奇心与赞赏，又经文字的鼓吹，进一步刺激了这种感情，商业和文学就这样结合起来

---

① 陈伟、周文姬：《西方人眼中的东方陶瓷艺术》，上海教育出版社2004年版，第40页。

② [英]詹姆斯·希尔顿：《消失的地平线》，大陆桥翻译社译，上海社会科学院出版社2003年版，第92页。

③ 何兆武、柳御林：《中国印象——世界名人论中国文化(上)》，广西师范大学出版社2001年版，第77页。

④ [德]利奇温：《十八世纪中国与欧洲文化的接触》，朱杰勤译，商务印书馆1962年版，第135页。

⑤ 周宁：《世纪中国潮》，学苑出版社2004年版，第302~313页。

(不管它们的结合看起来多么离奇)，终于造成一种心理状态，到十八世纪前半叶中，使中国在欧洲风向中占有极其显著的地位，实由于二者合作之力。"①歌德(Johann Wolfgang von Goethe，1749—1832年)在斯特拉斯堡求学时曾读过中国儒家经典的拉丁文译本与杜赫德的《中华帝国全志》等有关中国的著作②，在莱茵河畔法兰克福诗人故居里设有中国描金红漆家具装饰的"北京厅"，厅内陈设有中国式红漆家具等物品。

在美国，《龙的故乡：中华帝国》记叙了中国漆竹藤及其漆画对英国诗人塞缪尔·泰勒·柯勒律治产生的影响，书中有这样一段文字："在上都忽必烈那宽阔的狩猎禁苑的中央矗立着一所巨大的宫殿，上面的房顶是用镀金的和上过漆的竹藤精心建造的并且还画满了鸟兽。它在几百年之后给了英国的大诗人塞缪尔·泰勒·柯勒律治以灵感，根据马可·波罗对于他自己称之为'仙都'(Ciandu)的记述，把这所'堂皇的安乐殿堂'称为'赞拿部'(Xanadu)，写出了《忽必烈汗》那首脍炙人口的名诗。"③说明柯勒律治的审美思想极大地受中国漆艺美学思想的影响。

结　论

古代丝绸之路上"器"度不凡的漆器向世界赫然敞开它的艺术之美。在传播学视野下，丝绸之路漆艺传播是中国古代文化与美学的一次"远征"；它能确证中国向世界输出美学思想与文化的历史路径，见证了古代中国文化之美的国家身份与世界地位；它所传递的美学在一种被信赖的中国美学与世界美学交融中处于轴心角色，被输出的丝路漆艺之美与文化有力地呈现了世界美学思想与文化大融合的态势，并昭示出近代以前的中国文化所秉承的文化输出主义的传播理念。

(作者单位：江苏师范大学传媒与影视学院、江苏师范大学"一带一路"研究院)

① ［德］利奇温：《十八世纪中国与欧洲文化的接触》，朱杰勤译，商务印书馆1962年版，第13页。

② 李云泉：《中西文化关系史》，泰山出版社1997年版，第241页。

③ 美国时代生活图书公司：《龙的故乡：中华帝国》，老安译，山东画报出版社2003年版，第117页。

十七年文学批评的历史内涵*

李　松

为了廓清革命根据地延安在文学艺术观念上存在的不同思想倾向，确立文艺与革命的正确关系，毛泽东发表的《在延安文艺座谈会上的讲话》(1942年)借整风的机会确立了无产阶级文艺思想的绝对统治地位。中华人民共和国成立之初，毛泽东以对文学艺术风向特有的敏感亲自发起了对电影《武训传》《红楼梦》研究、胡适资产阶级唯心主义文学思想的讨论和批判，这是在政权稳固之际为了正本清源、改造思想、统一认识而开展的新一轮文艺整风运动，也是中华人民共和国成立以后中国文论(包括传统文学批评、"五四"现代文学批评以及西方文学批评)嬗变的历史语境。十七年期间，中国的文艺思想、政策、方针与政治倾向高度一致，在对外政策的指导方针上，向苏联老大哥"一边倒"，绝对拒斥西方资本主义世界的意识形态；在批评理念上，国家意识形态批评相应地确立起苏联式的思想和方法，以唯物主义反映论为哲学基础，以阶级分析法判别人物的身份、作品的主题，以及社会发展的推动力量，强调文学作品的社会认识价值和政治教化功能，推崇社会主义现实主义创作方法。

关于意识形态的掌控者，学界通常称为主流(主导)意识形态，为了十分清晰地显示权力的主体身份，笔者称之为国家意识形态(state ideology)，并且认为应该从中性含义来理解和分析意识形态的内涵和功能，因为意识形态的褒义(积极的、进步的)或者贬义(落后的、反动的)，是由研究者不同的政治立场决定的，先在地指定某种意识形态的褒义或者贬义的话，往往遮蔽了某种观念历史语境的具体性。国家作为权力斗争和利益分配的产物，取得了政治的合法性，执政党为了巩固其统治地位，需要通过各种手段来强化其绝对主导的地

* 本文是教育部人文社会科学规划项目"新中国十七年戏曲改革的史料整理与研究"(16YJA760017)阶段性成果。

位。国家既是意识形态的主体，具有特定的世界观与价值观，是现实的经济关系、政治关系等社会存在在观念上的反映，又是一个具有权威性的集合性指称，它在表面上统合了政党、政府、民众的集体意志。本文拟从四个方面分析国家意识形态文学批评的理论基础、领导方式、批评功能以及批评模式。

一、理论基础：从唯物主义的反映论到政治决定论

哲学认识论主要研究人类认识活动的产生和发展，其研究的主要内容包括认识的结构、认识与客观实在的关系、认识前提和基础、发生和发展过程、真理标准等。认识论在哲学认识论范围内注意区分主体和客体并研究它们之间的各种关系，如实用性功利关系、认识关系、审美关系等。中华人民共和国成立后的十七年期间，某些把持意识形态主导权力的批评者从认识论的角度将马克思主义的历史唯物主义理解为机械反映论，政治-社会学的文学理论范式在一定程度上走向了误区和偏执。

实证主义者认为来自自然界的经验事实和逻辑规则决定自然科学知识；反映论者认为自然科学知识是对自然界的反映；而社会建构论者则否定或贬低自然界的作用，夸大社会因素的作用。马克思认为："不是人们的意识决定人们的社会存在，相反，是人们的社会存在决定人们的意识。"①"意识的存在方式，以及对意识来说某个东西的存在方式，这就是知识。知识是意识的唯一行动。……知识是意识的唯一的、对象性的关系。"②毛泽东对文学源泉的认识体现了文学本体的认识论基础。"一切种类的文学艺术的源泉究竟是从何而来的呢？作为观念形态的文艺作品，都是一定的社会生活在人类头脑中的反映的产物。革命的文艺，则是人民生活在革命作家头脑中的反映的产物。人民生活中本来存在着文学艺术原料的矿藏，这是自然形态的东西，是粗糙的东西，但也是最生动、最丰富、最基本的东西；在这点上说，它们使一切文学艺术相形见绌，它们是一切文学艺术的取之不尽、用之不竭的唯一的源泉。这是唯一的源泉，因为只能有这样的源泉，此外不能有第二个源泉。"③但是进一步来看，到了20世纪40年代，毛泽东在《在延安文艺座谈会上的讲话》中更明确地提出

① 《马克思恩格斯选集》(第二卷)，人民出版社1995年版，第82页。

② 《马克思恩格斯全集》(第四十二卷)，人民出版社1979年版，第170页。

③ 毛泽东：《在延安文艺座谈会上的讲话》(1942年5月)，参见《毛泽东文艺论集》，中央文献出版社2002年版，第63页。

文艺要“属于一定的政治路线”，“文艺界的主要的斗争方法之一，是文艺批评”①，“以政治标准放在第一位，以艺术标准放在第二位”②。中华人民共和国成立后，文艺的目的和方向更发展为文艺为政治服务，文艺学学术研究为政治服务等主张，“学术政治化”以政治代学术的倾向更趋严重。毛泽东把哲学看作是认识论，这种哲学认识论又主要是作为方法论来指导现实斗争的实践活动。他对文学的看法就由唯物主义的反映论走向了政治建构论。从中华人民共和国成立后到20世纪60年代中期，占主导地位的文学批评的历史观是马克思主义唯物史观。对马克思主义唯物史观的理解和运用主要集中于两个方面：一是阶级斗争史观和阶级分析法，认为有阶级的社会的历史是阶级斗争的历史，阶级和阶级斗争是唯物史观的核心；二是人民史观，认为劳动人民是历史的主人，人民群众是历史的创造者。马克思主义的历史唯物主义和辩证唯物主义作为文学研究的哲学基础在中华人民共和国成立后的研究实践中得到逐步的确立，但是庸俗社会学和政治上的极“左”路线一直是主要的干扰因素。

中华人民共和国成立后历次学术研讨最后演变为政治批判，如对《清宫秘史》的批判、对电影《武训传》的批判、对《红楼梦研究》的批判、对胡适的批判、对胡风的批判。在对《红楼梦》研究、胡适思想进行批判之后，紧接着是1958年的学术批判运动。这场批判运动最初是北京各高等学校的学生们在整风运动中对教师们特别是老专家的“资产阶级学术观点”进行批评，然后在全国掀起了一场规模浩大的学术批判运动。对资产阶级右派文艺思想批判，对“文学是人学”及人性人道主义批判，以及1958年“拔白旗”，1963年、1964年批封资修、帝王将相、才子佳人，等等，以至于“文革”中极“左”思潮将这种主张推向极端。下面通过对俞平伯《红楼梦研究》与胡适唯心主义学术思想的批判，来分析政治建构论的文学批评的实践。

1954年开始的关于《红楼梦》的讨论和胡适资产阶级唯心主义文学思想的批判主要解决的是文学批评的哲学基础问题。毛泽东支持李希凡、蓝翎反驳《红楼梦简论》的文章，原因之一是出于对“大人物”压“小人物”的不满。③ 第二个更重要的原因是毛泽东在二人的文章中发现了吻合自己思路的评论角度和

---

① 毛泽东：《在延安文艺座谈会上的讲话》，参见《毛泽东论文艺》，人民文学出版社1992年版，第56页。

② 毛泽东：《在延安文艺座谈会上的讲话》，参见《毛泽东论文艺》，人民文学出版社1992年版，第58页。

③ 陈晋：《毛泽东与文艺传统》，中央文献出版社1992年版，第143页。

方法。毛泽东认为李希凡、蓝翎的文章"是三十多年以来向所谓《红楼梦》研究权威作家的错误观点的第一次认真的开火"，如果对俞平伯研究的哲学根基和学术传统进行深挖的话，其背后是源自"五四"以来新红学开山人物胡适的唯心主义和考据学思路。作为具有强烈意识形态倾向的政党领袖，毛泽东提出："看样子，这个反对在古典文学领域毒害青年三十余年的胡适派资产阶级唯心论的斗争，也许可以开展起来了"①。周扬对本次讨论的意识形态动机作了明确的揭示："这次讨论的目的，就是为了使马克思列宁主义观点在古典文学研究领域内确立起来，使古典文学的普及工作不至于引导青年走上错误的道路。"②

1954年发动的对俞平伯《红楼梦》研究的批判及之后对胡适的唯心主义学术思想和研究方法的批判，在全国范围内把在"五四"启蒙传统下形成的各种各样的自由主义学术和文化思想统一到毛泽东的文化思想上来。所以，对俞平伯《红楼梦研究》的批判不是孤立的事件，而是对知识分子进行思想改造从而达到思想文化统一进程中的一个环节。

李希凡、蓝翎的《红楼梦》批评是历史唯物主义批评方法在中华人民共和国成立后的首次演练，借助对《红楼梦》这样的经典作品的评价成功地树立起了主流批评方法的楷模。随后，成为一种具有划时代意义的主导性的研究方法。更具有深远意义的是，从批评对象的选择、批评发起人的领袖身份、批评成为动员性的改造运动以及批评的话语方式来看，这次批评运动作为一种文化政治的症候，在对胡适主观唯心主义的批判中得到了印证。

唯物主义的反映论批评面对作品意义的丰富性显露出阐释方法的局限。过去我们都把文学价值确定为是某种社会斗争的工具，可以说是一种文学功利观。从孔子的"兴观群怨"，一直到周扬、冯雪峰、胡风，实际上都把文学当工具。毛泽东视文学为武器，用来"团结人民、教育人民、打击敌人、消灭敌人"。实际上，在今天看来，《红楼梦》存在着多种阐释维度的可能性。

如果说李希凡和蓝翎发表《关于〈红楼梦简论〉及其他》还是一家之言，属于正常的学术争鸣的话，那么，在毛泽东亲自干涉和裁定下发动对俞平伯和之后对胡适的唯心主义学术思想和研究方法的批判，则已远远越过了学术讨论和

① 毛泽东：《关于〈红楼梦〉研究问题的信》，参见《毛泽东文集》第六卷，人民出版社1999年版，第352页。

② 周扬：《在中国作协召开的"红楼梦"研究座谈会上的发言》，参见文学遗产编辑部《文学遗产选集》一辑，作家出版社1956年版，第5页。

争鸣的界限。1986年胡绳代表中国社会科学院参加庆贺俞平伯从事学术活动65周年大会，他的讲话高度肯定了俞平伯先生的学术贡献，认为俞平伯对中国古典文学的研究，包括对小说、戏曲、诗词的研究，都有许多有价值的、为学术界重视的成果。“1954年下半年因《红楼梦》研究而对他进行政治性的围攻，是不正确的。这种做法不符合党对学术艺术所应采取的双百方针。《红楼梦》有多大程度的传记的成分，怎样估价高鹗续写的后四十回，怎样对《红楼梦》作艺术评价，这些都是学术领域内的问题。这类问题只能由学术界自由讨论。……1954年的那种做法既在精神上伤害了俞平伯先生，也不利于学术和艺术的发展”①。

那么，当时对“五四”以来的古典文学研究的成果是否采取一概抹杀的态度呢？当时主要偏重于确立一种国家意识形态文学批评。周扬的回答是：“当然不是的。‘五四’新文化运动把《红楼梦》《水浒》等作品提到重要位置，是正确的。但当时运动的领导者们对于这些作品的评价却包含严重的错误，反映了资产阶级唯心论的观点。现在我们要批判的主要就是以胡适为代表的那种反动的资产阶级唯心论的思想影响。”②当政者对胡适及其新红学传人俞平伯是区别对待的。毛泽东在《关于〈红楼梦〉研究问题的信》的末尾附有如下一句话：“俞平伯这一类资产阶级知识分子，当然是应当对他们采取团结态度的，但应当批判他们的毒害青年的错误思想，不应当对他们投降。”可见，毛泽东对俞平伯本人是实行团结的策略，而偏重于批判他的“错误思想”。龚育之曾经回忆到，周扬和胡绳说：“对周汝昌不要批评，要把他放在这场思想斗争的‘友’的位置上，要让他一起来参加对胡适的批判。”而且“从他们那里知道，这也是毛泽东主席的意见”。现在来看，那些政策和策略的考虑，除了起到保护一些人的积极作用的一面之外，是不是也有把关于《红楼梦》研究的学术问题过分地政治化了的一面？如果就把《红楼梦》研究上的各种意见都当作学术问题来讨论，是不是要好一些呢？深入历史，又不得不承认，当时的文化批判也是某种政治策略。胡适批判是中国知识界一个普遍的思想问题，但是认为不能抹杀胡适在新文化运动中的贡献。“也是听周扬和胡绳讲，毛泽东主席说了，胡适在新文化运动中当然是有贡献的，这个现在不必多讲，将来

① 胡绳：《在庆贺俞平伯先生从事学术活动六十五周年会上的讲话》，载《文学评论》1986年第2期。

② 周扬：《在中国作协召开的“红楼梦”研究座谈会上的发言》，参见文学遗产编辑部《文学遗产选集》一辑，作家出版社1956年版，第6页。

是要讲的。”①

王瑶对批判俞平伯与胡适的运动持模糊的态度。北大中文系章廷谦教授(川岛)与王瑶谈话时说：“俞平伯写东西，出发点并不是坏的，就是没和政治联系，一经分析就坏了。”②王瑶说：“任何问题，一加上马克思主义就有问题，我们就是不会掌握它。”③章廷谦回答：“从俞平伯那里开刀来批判胡适思想似乎不太恰当。”④接着说：“我虽曾和胡适有过来往，那只是一般的师生关系，思想影响并没有什么，因为我和鲁迅比胡适更密切。”⑤章廷谦对王瑶说：“胡适的实验主义在当时是好的。”⑥王瑶沉默良久最后说：“是呀。”⑦

1956年评职称时何其芳就称“俞平伯先生是有真才实学的专家”，要将其评为一级研究员，并仍请俞先生以他的“真才实学”校勘《红楼梦》。何其芳觉得，毛主席信中毕竟也说了，“俞平伯这一类资产阶级知识分子，当然是应当对他们采取团结态度的”。所以当时他也组织全所科研人员认真学习毛主席的信，并多次(6次)就俞平伯《红楼梦》研究及有关著作召开会议。不过文学所召开的这些会都不是“开火”，不是“声讨”。⑧

在这场由批评俞平伯的《红楼梦》研究继而批判胡适的主观唯心主义学术思想和研究方法的大批判运动中，消除胡适在学术研究乃至整个文化思想领域里的影响，使中国特色的马克思主义——毛泽东思想占领整个思想文化阵地，这才是这场批判运动的发动者的最终目的所在，所以批判胡适是运动的重中之

---

① 龚育之：《几番风雨忆周扬》，参见王蒙、袁鹰《忆周扬》，内蒙古人民出版社1998年版，第214页。

② 《北大中文系教授章廷谦、王瑶对学术讨论的一些反映》，《北京市高校党委会一期动态简报》1954年12月8日。

③ 《北大中文系教授章廷谦、王瑶对学术讨论的一些反映》，《北京市高校党委会一期动态简报》1954年12月8日。

④ 《北大中文系教授章廷谦、王瑶对学术讨论的一些反映》，《北京市高校党委会一期动态简报》1954年12月8日。

⑤ 《北大中文系教授章廷谦、王瑶对学术讨论的一些反映》，《北京市高校党委会一期动态简报》1954年12月8日。

⑥ 《北大中文系教授章廷谦、王瑶对学术讨论的一些反映》，《北京市高校党委会一期动态简报》1954年12月8日。

⑦ 《北大中文系教授章廷谦、王瑶对学术讨论的一些反映》，《北京市高校党委会一期动态简报》1954年12月8日。

⑧ 吕绍宗：《何其芳二三事——写于何其芳诞辰100周年》，《中华读书报》(第7版)2012年3月7日。

重。对前者的批判以激烈的方式进行，以俞平伯的主动降服告终；然而，对后者的批判以更为激烈的政治运动推行，却并不对等，被批判者远在海峡彼岸任由指责，却无从申辩。更为严重的是，对胡适的批判涉及政治学、哲学、史学、教育学、文学等各个方面，已不仅仅是唯物主义的反映论与资产阶级唯心论的学术分野，而上升到了敌我政治阵营分化的高度。从对胡适学术思想的否定直线上升到政治批判，凌厉干脆，简单易行，将被批判者置于万劫不复的敌对位置，思想界的异端从而有效地廓清了。

二、国家意识形态文学批评掌握着社会主义文化领导权

中华人民共和国成立初期，国家意识形态一方面批判保守主义、自由主义等“异端”思潮，另一方面通过文化改造促使知识分子皈依马克思主义，拥护新政权。关于如何对待文化遗产，毛泽东早就制定了辩证吸收的方针：“剔除其封建性的糟粕，吸收其民主性的精华，是发展民族新文化提高民族自信心的必要条件；但是决不能无批判地兼收并蓄。必须将古代封建统治阶级的一切腐朽的东西和古代优秀的人民文化即多少带有民主性和革命性的东西区别开来。”①在吸收、剥离、转化的过程之后，破立结合，有破有立。民主性和革命性成为中华人民共和国成立后文学批评的基本政治标准。同时，毛泽东还强调了哲学基础的绝对排他性：“决不能和任何反动的唯心论建立统一战线。共产党员可以和某些唯心论者甚至宗教徒建立在政治行动上的反帝反封建的统一战线，但是决不能赞同他们的唯心论或宗教教义。”②他明确提出了政治策略上的联合与思想原则上的区隔这二者的分野。1951 年 5 月，刘少奇在中共第一次全国宣传工作会议上作了《党在宣传战线上的任务》的报告：“用马列主义在意识形态上的思想原则在全国范围内和全体规模上教育人民，是我们党的一项最基本的政治任务。我们要向社会主义、共产主义前进，首先就要在思想上打底子。”③通过自上而下的思想控制，共和国的缔造者试图建立思想大一统格局。

为了维护延安解放区文艺路线，必然要保证共产党的权威地位和政策的延

① 毛泽东：《新民主主义论》，参见《毛泽东选集》第 2 卷，人民出版社 1991 年版，第 707~708 页。

② 毛泽东：《新民主主义论》，参见《毛泽东选集》第 2 卷，人民出版社 1991 年版，第 707 页。

③ 中共中央文献编辑委员会：《刘少奇选集》下卷，人民出版社 1985 年版，第 81 页。

续性。任何现代知识都是一种权力，它严格地规定其言说范围和言说方式。然而真理是在历史地分化和发展的，不同时期的真假标准可能完全不同，一个时期的真理可能作为假的知识受到排斥。与此同时，认知意识受到制度的支持，不同制度会支持不同的真假标准。由此权力以知识之名形成严格的排斥机制，限制不符合其标准的话语类型。文学经典的秩序是一种排斥性的制度，在对某一时期的文学事件的历史叙述中，它以与特定时代、特定制度及文化氛围相符的真理标准建立某种合法化叙事，而排除与之不符的文学史事件。文学经典的成立和更易是经由文学公器借助标榜与漠视、响应与孤立、巩固与削弱之类的正、反对立来达到目的的。中华人民共和国成立之后，中共通过媒体控制、专政式教育确立正面的意识形态宣传格局。1921 年中共一大后，《中国共产党第一个纲领》模仿苏共中央宣传鼓动部成立"中央宣传局"。1924 年 5 月《党内组织及宣传教育问题议决案》在"中央宣传局"架构内正式成立中央宣传部。20 世纪 50 年代，中共仿照苏联的建制先后成立了从中央到省、市、县一级的中国作家协会、中国文学艺术界联合会等文艺团体。

毛泽东文艺思想的权威阐释者、文化官员周扬认为文艺批评具有三个属性，其一是工具性。"文艺批评，是实现文艺工作中党的领导的重要工具。必须进一步提高批评的政治思想内容，并使之与对具体作品的艺术分析结合起来。"①文艺是"阶级斗争的晴雨表"②这一说法将文艺的功利性质发挥到了极致。其二是政治性。"文艺批评的政治目的性，必须十分明确而坚定。"③其三是战斗性。"文艺理论批评，是思想斗争最前线的哨兵。"④历观中华人民共和国成立前后的无数次文艺运动与政治批判，周扬以极其敏感的政治嗅觉和娴熟大气的领导魄力牢牢控制着批评界的走向。

社会主义文化领导权的争夺实际上是文化意识形态中不同思想的角逐。文化的影响和延续往往是漫长而深刻的，因此，社会主义新文化的建立，不但在于消灭旧的经济制度和政治制度，而且在于解除在深层扼制人们心灵的"无形

---

① 周扬：《坚决贯彻毛泽东文艺路线》，参见《周扬文集》第 2 卷，人民文学出版社 1985 年版，第 64 页。

② 周扬：《文艺战线上的一场大辩论》，《人民日报》1958 年 2 月 28 日。

③ 周扬：《建立中国自己的马克思主义的文艺理论和批评》，参见《周扬文集》第 3 卷，人民文学出版社 1990 年版，第 30 页。

④ 周扬：《建立中国自己的马克思主义的文艺理论和批评》，参见《周扬文集》第 3 卷，人民文学出版社 1990 年版，第 31 页。

压迫”，即在“灵魂深处闹革命”。具体途径则可以通过文化、教育、传媒等工具，彻底打碎禁锢人们心灵的心理、本能和意识结构。霸权可以不依凭武力推行，阶级的意识形态赋予它以常识的形式。

三、国家意识形态批评对创作和理论发挥着决定性的指导作用

社会主义现实主义的倡导和规约，将创作和批评限制于特定的规范之中。社会主义现实主义的特性在于具有历史元叙事的特征。“元叙事”决定了革命现实主义文学建构的历史具有本质的同一性，因而元叙事也是一种还原性和复制性的叙事，其本质意义的预设性决定了它总体意义的趋同性。① 周扬文艺理论中的现实主义就是这种总体意义趋同性的表现，被称为社会主义现实主义。周扬拿它来作为确定文学的社会主义性质的根据。就是说，只有按照这样的社会主义现实主义的方法创作的文学，才属于社会主义的文学；否则，就不是社会主义的文学。社会主义现实主义在这里既是一种创作方法，又是文学的性质——阶级性质、思想性质的标志。判断一个作品是否属于社会主义现实主义的，主要不在于它所描写的内容是否是社会主义的现实生活，而是在于以社会主义的观点、立场来表现革命发展中的真实。② 1953 年 9 月第二次文代会上，周扬在报告中说：“我们把社会主义现实主义方法作为我们整个文学艺术创作和批评的最高准则，工人阶级的作家应当努力把自己的作品提高到社会主义现实主义的水平，同时积极地耐心地帮助一切爱国的、进步的作家都转到社会主义现实主义的轨道上来。”“社会主义现实主义当然对一切文学艺术创作都是适用的。”大会提出“以社会主义现实主义作为我们文艺界创作和批评的最高准则”③。

支克坚在《周扬论》中就周扬典型理论的政治规定性做过深入论述。他认为，文学的典型问题同样表现着作为周扬的现实主义基础的美学的特征。周扬关于社会主义现实主义的“规定”，其实主要就是关于典型的“规定”，即关于

---

① 陈晓明：《现代性与文学的历史化——当代中国文学变革的思想背景阐释》，载《山花》2002 年第 1 期。

② 周扬：《社会主义现实主义——中国文学前进的道路》，《人民日报》1953 年 1 月 11 日。

③ 周扬：《为创造更多的优秀的文学艺术作品而奋斗》，载《文艺报》1953 年第 19 期。

创造什么样的典型和怎样创造典型的"规定"。① 在支克坚论述的基础上，笔者对周扬的思路继续进行如下清理。文艺的真实性与历史的认识，由"改造和教育劳动人民"的现实政治任务所决定，那么，相应地，何谓典型、如何表现典型，必须服从国家意识形态的政治需要。1953 年，周扬说："(社会主义现实主义)文艺描写的真实性与历史具体性必须和社会主义精神在思想上改造和教育劳动人民的任务相结合……但怎样把这两个任务结合起来呢？……创造先进人物的典型去培养人民的高尚品质，应该成为我们的电影创作的以及一切文艺创作最根本的最中心的任务。社会主义现实主义向我们提出什么要求？就是创造先进人物的形象。"②应该体现"落后人物"对"落后力量"的克服这一过程的艰难性，展现"落后人物"的积极性与进步性。周扬说，"要把克服落后的力量放在主要的地位，不是把落后的人最后才有点转变放在主要地位"③。不能将"落后人物"的转变与英雄典型人物的塑造方法混同起来。因为二者作为人物形象的性质与层次不同。在作品中"必须表现出任何落后现象都要为不可战胜的新的力量所克服"，而且"不可以把这看为英雄成长的典型的过程"④。社会主义现实主义是历史理性作为一种元叙事的表征形态，这种创作方法规定创作主体与社会现实之间具有认识上不容置疑的、浑然一体的同一性，确信历史主体对历史规律具有绝对掌控权，因而，"社会真实被直接输入艺术，为修补主客体之间的裂痕服务"⑤。这种"社会真实"完全成为一种意识形态的建构产物。阿多诺对此进行反思道："在艺术中那个叫现实主义的东西通过声称能够复制没有幻象的现实，将意义注入现实。从有疑问的具体现实来看，这个观念从一开始就是意识形态的。现实主义在今天从客观上已不可能发生。"⑥由此分

① 支克坚：《周扬文艺理论中的现实主义问题》，载《甘肃社会科学》2000 年第 4 期。

② 周扬：《在全国第一届电影剧作会议上关于学习社会主义现实主义问题的报告》，参见《周扬文集》第 2 卷，人民文学出版社 1985 年版，第 196~197 页。

③ 周扬：《在全国第一届电影剧作会议上关于学习社会主义现实主义问题的报告》，参见《周扬文集》第 2 卷，人民文学出版社 1985 年版，第 206~207 页。

④ 周扬：《为创造更多的优秀的文学艺术作品而奋斗——一九五三年九月二十四日在中国文学艺术工作者第二次代表大会上的报告》，参见《周扬文集》第 2 卷，人民文学出版社 1985 年版，第 251 页。

⑤ 阿多诺：《否定的辩证法》，参见杨小滨《历史与修辞》，敦煌文艺出版社 1999 年版，第 36 页。

⑥ 阿多诺：《否定的辩证法》，参见杨小滨《历史与修辞》，敦煌文艺出版社 1999 年版，第 36 页。

析可以看出，周扬倡导的现实主义、典型论无疑蕴含着对于历史规律、文艺方向的自信，虽然文学创作的规律与当时的现实状况总是不断地拆解这种笃定的确信。

四、群众运动式的文学批评模式

文艺大民主或者说文艺的群众专政，是国家意识形态文学批评方式的体现。文学的创作和批评成为一种组织化的生产行为，共同服务于某一时期的文化运动。中华人民共和国成立后的文学批评实行政治规约下的文艺民主，群众取得了参与国家文化建设、当家做主的权力，文学批评活动成为树立思想观念、加强政治建设的组成部分。其形式是，通常由文艺机关或政策的决策者组织群众性的大讨论和文艺运动，这种方式也是革命年代战争动员思维的延续。

与镇压性的国家机器主要以“暴力方式”执行职能不同，意识形态国家机器主要以“意识形态方式”执行职能。意识形态国家机器运用“意识形态的方式”影响和塑造人民的价值观，使他们认可现存的政治和社会秩序，从而自愿地服从国家的控制和管理。而这种职能以意识形态的合法化为基础。具体到文学批评的实践来说，1949 年周扬在《新的人民的文艺》中提出了文学批评的意义、目的和方式，“批评必须是毛泽东文艺思想之具体应用，必须集中地表现广大工农兵群众及其干部的意见，必须经过批评来推动文艺工作者相互间的自我批评，必须通过批评来提高作品的思想性和艺术性。批评是实现对艺术工作的思想领导的重要方法。”①对俞平伯的《红楼梦》研究与胡适思想的批判还仅仅是国家意识形态文学批评方式的预演，文学政治化批评的大幕才刚刚开启。

1958 年 8 月 31 日，《文汇报》发表社论《学术批判是深刻的自我革命》，认为在对资产阶级个人主义思想的批判中，高等学校的教师们以自我革命的精神，批判了自己思想中的资产阶级个人主义，取得了相当重大的胜利。

据新华社《内部参考》披露：为了更好地帮助资产阶级学者们进行学术思想批判，学校的领导者大胆地发动群众，使教师、学生都有发言权。

---

① 周扬：《新的人民的文艺》，参见《周扬文集》第 2 卷，人民文学出版社 1985 年版，第 85 页。

全国许多高等学校的事例已经说明，青年人由于资产阶级学术思想的束缚少，在政治挂帅、联系实际、集体研究的条件下，已经表现出“后生可畏”的气概，他们大胆地提出一些新的、重要的、系统的好意见。同时通过发动群众，进行了深入的讨论，也就能对资产阶级知识分子过去在群众中所散布的有毒的影响起到消毒作用。在发动群众进行学术批判时，必须认清学术批判是人民内部矛盾，在批判的过程中，应当坚决贯彻百花齐放、百家争鸣的方针。让不同的意见都能得到充分发表的机会。真理是越辩越明的。不同的论点多一些，争辩的时间长一些，是好事。这便于把真理弄得更鲜明。辩论中要充分摆事实、讲道理，一时还找不到充分事实和理由来驳倒对方的，就应当进一步去分析研究。如果不能说服，而企图“压服”，那只是学术上无能的表现。“压服”在思想领域中是不能解决任何问题的。学术思想问题和一般思想问题又有不尽相同之处。它需要以丰富的事实为依据。某些学术问题，在一定的时期内，由于材料还不够充分，条件还不完全具备，就不能下结论。这时候，我们就必须等待，等到条件具备了的时候，是非真伪就会清楚地显露出来。①

为了配合20世纪60年代初中国共产党反对现代修正主义和批判资产阶级学术遗产的政治运动，北京市文艺、哲学、社会科学战线在市委领导下大张旗鼓地开展了学术批判运动，新华社对此进行了经验总结。这一份总结全面展现了意识形态国家机器组织文艺和学术批评的思路和方法。具体体现为如下四个特点：

第一，对学术批判进行整体策划和设计。“运动要有准备、有计划、有步骤地进行。”②具体的做法是，把反对现代修正主义和批判资产阶级学术遗产分为前后两个阶段进行。一方面配合当时国际共产主义运动中反对现代修正主义的斗争，另一方面又考虑到两者在性质上毕竟有所不同，使前一阶段的批判为后一阶段的批判打下一定的思想基础。

第二，树靶子，立典型。“集中批判国内极少数的几个修正主义代表(如巴人、尚钺)和铁托集团，利用他们作为靶子来教育和提高广大知识分子，收到了良好的效果，到目前止，除文艺界发现白刃、海默、孙谦等人具有系统的修正主义观点外，各单位党组织尚没有发现具有系统的修正主义思想的人物。”受修正主义思潮影响和具有某些模糊观点的人是有的，这些人通过对代

① 《学术批判是深刻的自我革命》，《文汇报》1958年8月31日。

② 《北京市开展学术批判运动的经验》，《内部参考》1960年6月14日。

表人物的批判，也受到了批判和教育。正如“北京师范大学中文系主任肖璋说：参加批判巴人的会，虽然‘靶子’是巴人，可是我也感到很疼”①。

第三，调动群众集体参与，体现百家争鸣的气象和氛围。“在批判的时候，要采取摆事实、讲道理的方式进行鸣放辩论。这样做可以使资产阶级知识分子敢于讲话，使各种论点充分展开。对于鸣放出来的各种错误意见，不是简单地顶回去，而是真正下苦功夫研究，写出发言提纲，到会上参加辩论。经过反复辩驳，反复修改，思想提高了，也就逐渐产生出内容充实的、生动活泼的文章。不少中间分子反映这次学术批判解决了他们的思想问题，使人心服口服、心情舒畅。”②

第四，将学术批判与领袖思想的灌输与宣传相结合，所谓破立结合。“在这次运动中，许多单位组织群众认真学习了毛主席著作，许多青年师生在运动中对毛主席的《在延安文艺座谈会上的讲话》《中国社会各阶级的分析》等著作反复读了七八遍，北京师范大学中文系四年级每个学生至少精读了20多篇毛主席的著作。学习毛主席的著作帮助他们提高了对修正主义的识别能力和批判能力，他们说：在战斗中学习，才学得好，体会深，提高快。现在，北京市委正从各方面加强理论建设工作，制定理论工作规划，并组织高等学校、工厂(或公社)和科学研究机关协作，认真总结当前社会主义革命和建设的新经验；努力写出有分量的阐明毛泽东思想的文章和著作，编写出质量较高的哲学、政治经济学、文艺概论和教育学等教科书。高等学校文科的课程，要通过理论研究和学术批判进一步地进行改革。今年内准备重点抓政治课和各专业的基础理论课的改革。自然辩证法、伦理学、美学等薄弱学科，也要通过理论研究和学术批判写出教材。”③

从上述史料可以看出，当时的文学批评方式是，通常在全国范围内举行大讨论，将文学批评活动作为树立思想观念、加强政治建设的组成部分。在全国范围内掀起声势浩大的批评热潮，从参与者人数之多、讨论问题之广泛、社会影响之深刻来看，对知识分子的精英批评意识与传统的文学批评思想从阶级对立的政治高度、哲学观念的党性分野进行极其深入的思想清洗。问题是，在严加管制与适度放开之间保持怎样的“度”，既有教训，又有启示。

---

① 《北京市开展学术批判运动的经验》，《内部参考》1960年6月14日。

② 《北京市开展学术批判运动的经验》，《内部参考》1960年6月14日。

③ 《北京市开展学术批判运动的经验》，《内部参考》1960年6月14日。

结　语

十七年期间政治性的文学批评作为意识形态斗争的武器，以唯物主义的反映论作为文学批评的历史元叙事，作品的解读呈现为单一化、凝固化形态，并借此达到思想控制、长治久安的目的。当政者把文学创作与文学批评看成是一种极为有效的社会动员的工具。在准宗教的价值系统的指引下，通过一种扁平化的组织方式实现民众最大程度的动员，达到宣传效果的核裂变反应。它在实现过程中通常通过权力控制而具有权威性，通过规约或立法而具有制度性，通过国家机器推行而具有强制性。十七年文学批评的指导思想与实践方式，体现了确立社会主义文化领导权的国家意图，其建构过程复杂而曲折，但是无论如何，都不应该忽视其历史遗产的见证与借鉴功能。

（作者单位：武汉大学文学院）

从器与道的关系看中国设计美学

李梁军

在2016年国务院政府工作报告中，首次以官方的层面提出了“工匠精神”一词。“工匠精神”从广义上说，就是用心诠释人生、用心经营事业；从狭义上说，就是要专注、踏实地(制)做好一件器物或者事情。它代表着人的一种乐观向上、奋发进取的精神。在我国西周时期就有“百工”的称谓，《考工记·总序》中记：“国有六职，百工与居一焉。……审曲面势，以饬五材，以辨民器，谓之百工。”到春秋战国时期，“百工”成为各种手工业者和手工业行业的总称。① 到秦汉时期，出现了专门负责制造与营建的“工官”。目前，随着我国工业设计事业的迅速发展，促使我们重新思考产品设计的内涵和它与传统中国文化的关系问题。其实，有关器物的设计思想并非完全是西方的舶来品，只不过由于其所指称的对象受到当时那个时代背景的影响，在不同的历史阶段有不同的指称而已，但在人工造物思想进化过程中，却有实在的文化传承关系和社会理性。早在中国先秦时期的《易·系辞上》中就有句名言：“形而上者谓之道，形而下者谓之器。”意思是说万事万物中可以通过感官直接察知的形体或物质状态，叫作“器”；而居于其上的则还有不能用感官直接感知的“道”，实际就是指世界发展的最普遍的根本规律。就今天看来，它同样对当下的设计美学具有现实的指导意义。

一、何为“器”与“道”

设计的形上追求，是中国设计美学研究的出发点。本文通过对“形而上者

---

① 西周铜器令彝、伊簋铭文及《尚书·康诰》都有“百工”一词，意指从事各种手工业的工奴，有的兼指管理工奴的工官。春秋战国时，工商食官的格局已渐打破，出现了私人手工业者，故《论语·子张》中有“百工居肆，以成其事”，表明“百工”已成手工业者的通称。

谓之道，形而下者谓之器”这句话的思想解析，弄清楚何为“器”与“道”，以及通过对器与道的关系问题的研究，论述了在它所构建的人与自然、人与物、人与社会的思想体系中，可感知的为“器”，不可感知的为“道”。“形”担任着承上启下的中间角色作用及人们对器物的形上追求。

(一)何为“器”

“器”通常解释为用具的总称：器皿、器物、器械等，其概念与一个物体的功能、形式有关。中国古代有较为严格的名物称谓制度，《尔雅·释器》中有详细的器物分类记载，如生产类包括农器、渔器、猎器；生活类包括衣、食、行、其他。可见，古人对事物的定性定名是从人与社会生产力和生产关系的角度来加以界定的，其中也体现出了人与自然的关系。关于“器”，清代段玉裁的《说文解字注》解释较为全面：“器，皿也，皿部曰。皿，饭食之用器也。然则皿专谓食器。器乃凡器统称。器下云皿也者，散文则不别也。木部曰。有所盛曰器。无所盛曰械。陆德明本如是。象器之口。谓㗊也。与上文从㗊字不同。犬所㠯守之。会意，去冀切。冀当作既(同“既”)。十五部。”

与“器”相关的另一个重要概念是“物”。《说文解字注》中解释为：“物，万物也。牛为大物。牛为物之大者。故物从牛。与半同意。天地之数起于牽(牵)牛。戴先生原象曰。周人以斗，牽牛为纪首。命曰星纪。自周而上。日月之行不起于斗，牽牛也。按许说物从牛之故。又广其义如此。故从牛。”可见，“物”涵盖的范围要大于“器”。“器物”二字囊括了一切生产工具和生产生活资料，是人类征服自然和改造自然过程中必不可少的有力武器，也可折射出一种原始的人际关系和社会架构。

古希腊哲学家亚里士多德将“物” 分为“制作物”和“生长物”。亚里士多德认为“制作物”是按照逻辑规律等因素制作而成的“物”，次等于“生长物”，处于摹仿之摹仿的地位。① 我们虽然不能简单地将中国的“物”“器”概念完全对应于西方的“制作物”和“生长物”，但可以作一个比较性的分析。“万物并作”(《老子》第十六章)、“百物生焉”(《论语·阳货第十七》)中的“物”大致可对应亚里士多德的“广义生长物”；“器”则是“人工制作物”，如老子所说的“朴散

① 海德格尔在《路标》里花了大篇笔墨来讨论 physis，尤其是“论 φυσιζ 的本质和概念。亚里士多德《物理学》第二卷第一章”。参见[德]海德格尔：《路标》，孙周兴译，商务印书馆 2000 年版。

则为器”(《道德经》第二十八章)。所以，“器”的特点其实亦是从“块然”而有所赋形和成形，相当于现代意义上的设计与制造。《齐物论》中说：“道行之而成，物谓之而然”，更清晰地指出，“物”生于自然而其存在又区别于他物。

德语里与中文“器物”一词对应得较为合适的单词有两个：“das Gerät”，它有工具、器具、用具、器械、装置、人工制品、设施、配置、仪器等含义；“das Werkzeug”，它有工具(指物件)、(动物的某一)器官、工具(指人、机构等)。从东西方的语言特征上看，指代器物的意义内涵中，“工具”与“器物”语词在应用上往往是不可分地在使用，但二者在中文的语词表达上关于事物的意义指代往往又具有多义性。“器物”大多指容器，可装载其他的“物”或东西，其更多的是表达一种存在，承载着形式的美感和文化的底蕴；“工具”更多的是表达一种事物的物理特性和功能，或者为达到某种目的所采取的手段，具有较强的技术特性，是人们在生产过程中用来加工制造其他产品的器具(器械)。所谓“有所盛曰器、无所盛曰械”。从种类上讲，“工具”是“器物”的一种，它们的共性都是人们依据自然的物性加以人工干预而形成半人造物或者全新的人工制品，在社会生活和生产关系中起到至关重要的作用；其概念的外延性较强，它不仅仅只是作为一种使用品，还作为一种社会礼制、与自然相通的中介物而具有较强的实用性、社会性和象征性，体现着人与物、人与社会、人与自然的共生关系。其中，尤以在人与社会的关系方面具有更为深刻的含义。

(二)何为“道”

“道”的原意是道路。从汉字字源上来考察，“道”始见于铜器铭文，是上古时代人们在集合地娱神敬神的巫术活动的符号记录。古代宗教祭祀活动的场所不仅是传达神意的地方，也是公众集会交流的场合，也称“道场”。①《说文》作“所行道也”解，即由此达彼所行经之路道。原意就是“面之所向，行之所达”的含义，是与祭祀活动内容相关的。周人占卜，信天命，但这“天”不是西方有关宗教信仰中人格化的“神”，而是能够影响人的生存方式的自然力量，指为天道。这“道”，也是人的内在与“天”之间交流的通道和过程，从而道路就引申为了言论、道理和思想。② 所以说，“道”义的渊源出于“天人相交”之通道。道，既指供人们行走始达目的地的现实世界的道路，又指通往神意彼岸

① 马德邻：《老子形上思想研究》，学林出版社2003年版，第13~14页。

② 那薇：《道家与海德格尔相互诠释》，商务印书馆2004年版，第14页。

的心灵之道。无论是现实的道路，还是心灵之道，它们都有一个发生(始)—知道(认识)—行于(思考)—目的(彼岸)的寻路(思想)的过程。在中国传统文化里，天道意味着至高的真理，“道”也就指追求真理的过程。中国先秦思想家、道家学说的创始人老子认为，“道”是万物的本原，它以自身内在的运行规律对世间万物和人的运动变化产生影响。老子的道家思想是对上古原始宗教的思想性突破，它关注人、物、自然及社会之间关系问题的思考。“道法自然”就是指人们在行事思考时，应遵循自然和事物发展规律而为。从“道”的意义历史演进上看，道路至道理达真理，是人类在自然和社会实践中的一个思想认识过程的结果。

二、器与道的关系

“器”和“道”不仅是中国古代的一对哲学范畴，也是有关设计美学思想的概念范畴，且具有思想性的独到之处。最早见于《周易·系辞上》，其对于器道关系的释义为：“道是无体之名，形是有质之称。凡有从无而生，形由道而立，是先道而后形，是道在形之上，形在道之下。故自形外已上者谓之道也，自形内而下者谓之器也。形虽处道器两畔之际，形在器，不在道也。既有形质，可为器用，故云‘而下者谓之器’也。”这种道器论思想，体现了中华智者对器物与人、器物与自然以及人与自然之间关系的深刻思索。

(一)“形”的角色

要说清楚器与道的关系问题，首先得搞清楚“形”的意义。形的本义为物态化的形象。《说文解字》：“象也。各本作形也。今依韵会本正。当作像。谓像似可见者也。人部曰。像，似也。似，像也。形容谓之形。因而形容之亦谓之形。六书二曰像形者谓形其形也。四曰形声者，谓形其声之形也。易曰。在天成象。在地成形。分称之，实可互称也。左传。形民之力。假为型模字也。易。其形渥。假为荆(形的异体字，古同“刑”)罚字也。从彡。有文可见，故从彡。”这里《说文》释“形”同“象”。“象”一字最早来源于古人对大象的动物崇拜，由大象的体量感引申出“大”的含义，在中国文化里，“大”有“广”的含义，且与“小”和“狭”相对，从而引申出宇宙万物并涵盖其物的内涵和广义。其理在古代的器物设计活动中多有应用和体现。由此可见，“形”作为一个尺度边界概念的承载者扮演着世间万物、天地人的所有角色，并被统一概括为

"形象"。

(二)形、象与器道

中国古代关于道器论的哲学思辨，视"器"为人们可以通过形象直接感知到事物的具体存在；视"道"为超越了具体形象的、事物运行规律的至高法则。相对于设计美学而言，道器论是先哲们表示事物的现象与本质、特殊与一般、具象与抽象以及有形与无形的审美解读的思维方式。在器与道的关系中，形是器的存在，也是道的承载。形止于器是形象①，即事物的现象、特殊和具象；而形融于道则化为意，是大象，而大象是无形可言的，亦即事物的本质、一般和抽象。"大象无形，立象尽意；为器显意，道在器中"，古代智者这种朴素的辩证思想，不仅充分阐明了形、象与器道的关系问题，同时也反映了人的思维能力的创造性及对物质和精神世界的能动作用。"象"与"立象"说源自《周易》。《周易·系辞上·十二》有言："圣人立象以尽意"。"象"较之于"形"大且更为深刻，这来自《周易·系辞上·一》说："在天成象，在地成形"之论。这种"立象"概念，即带有意味的形、形象、造型等含义。在中国文化的语境里也可衍生为"象形"，"意"之源。所谓"象"，就是以"形象"作为"语言"拟表达深邃的道理，以象征特定事物适宜的意义。例如，中国的文字系统就充分地说明了这一点，既有"形"，又有"象"，终其而会意，以形立象会意的语言形式篆刻出文明的印迹。这种"立象即立意"的创造性思维能力是中国人传统艺术创作和制器设计美学的一大特色，同时也体现出器道关系论在设计美学中的神韵所在。

(三)道器的辩证统一

"器"与"道"的关系是一直以来为众多思想家所论述的话题。在中国思想史上，就有过器与道孰先孰后、重此轻彼的争论。现在，我们可以对器与道历来的关系作三点分析。一是器道皆以"形"为中心。道为形而上者，器为形而下者，皆以形为中心。以往诸多学者的关注点多在道、器、上、下四字上，比较疏忽"形"字，甚至以形、器为一义，这些都是有待商榷的。器与道问题的论述都是围绕着"形而上、形而下"的命题展开的，终究是要落实到二者的关

---

① 何阳、唐星明：《"大象无形"与传统道器思想研究》，载《西华师范大学学报》(哲学社会科学版)2006年第2期。

系问题上来，其中所有的道理都是通过“形”这个可见可想的“理念模型”加以解蔽和呈现的。“器”必须得通过“形”的总结和解蔽，才能提升为道的思想高度；“道”又必须通过“形”的解义和解蔽，才能贯彻于器的内涵。所以说，形和器的意义不能完全同一。二是器道指向事物的前因后果。“是故”一词，在“乾坤其易之缊”数句与“形而上者谓之道”间起到连词的作用。通过分析这段话可以看到，在“是故”之前讨论的问题是“乾坤”与“易”之间的关系。究其在《周易》中上文语境中的含义，“是故”一词，无论是表义为“所以”指结论；或者是表义为“因为”指根据，都说明了器与道的关系是比“乾坤与易”更为一般的命题。它既可以是对万事万物道理的“后果”总结；又可以是对自然运行规律的“前因”分析。因此，或许也可将“是故”看作指代一种状态的语词，表现“乾坤与易”“器与道”的互为共存的运动中的态势。同时，其中也蕴含了人作为审美主体对于万物客体的审美判断的思考。三是道成形，形生器。《朱子语类》卷一记：“在天地言，则天地中有太极；在万物言，则万物中各有太极。”①这也正是道成形而道在形，形生器而道在器的意思。

从以上对器与道三种关系的分析上看，它们都是在辨明道理、注重事业过程中看待问题的角度、维度与态度。所以说，道器各有先后，但无孰轻孰重，二者是一个辩证统一的整体。它近似于西方哲学探究自然和万物的起源、运动和变化，或探讨存在本身及其本质规律的本体论(ontology)。中国的器与道的哲学思想，是对世间万事万物生成原理的高度凝练和总结，也是对宇宙时空中自然运行规律的深刻剖析和把握。作为一种哲学思想的认识论和方法论，它也必将对反映制器思想的设计美学理论产生深远的影响。

三、器与道的思想对中国设计美学的影响

对于设计美学的“形上追求”所构建的人与自然、人与物、人与社会的思想体系，是中国设计美学研究的出发点。先秦道器思想所提出的“形上形下”问题及其阐释，不仅奠定了随后两千多年中国古代哲学本体论研究的基础，也使中国古代制器美学思想形成了“天人相合，天理是人理；重道轻技，技极则道通；立象尽意，制器即文明”的审美取向。中国古代的设计美学智慧这种内省、含蓄而富有深意的思想，正是中国传统制器美学与西方设计美学的差异

① (宋)黎靖德:《朱子语类》第1卷，汉京文化事业有限公司影印百衲本，第1页。

所在。

(一)材美工巧

“物”包含“器物”和“事物”两层意义。其中,“器”是人工赋形之物,物尽其用,有其具体的目的性。“朴散则为器”指一物可成为“他物”,即制器。如《周易·系辞》:“形乃谓之器。”王弼注:“成形曰器。”①这也说明,《易传》里的形而下世界即人所居有的“器”之世界,也就是我们今天所说的第二自然,它与第一自然(自然界)相对,属于人为物质世界的范畴。在宋明理学里,“气”也被认为是“器”,隐含有时间、空间的意义。王夫之所说的“盈天地之间皆器也”②、“物兼道器”,认为器道是“物”的两种属性,器道关系是“物”的两种不同层级属性之间的关系。③ 可见,早期儒道两家对“物”“器”看法有不一致的地方,但在认识论上也有共同之处,在价值论上对“器”并无贬低之意。因为,制器也须顺应自然规律而成,也是“先王以茂对时,育万物”(《周易·无妄》)的产物,此处区别于亚里士多德所指“人工制作物”的摹仿之摹仿特性。“器”如在“制器”的层面上讲,更多强调的是关于制作器物的技术、技巧和技艺,其中也包含有制器的思想性问题。然而,“技”是相对于人为主体之外的客体,它本身是隐性、遮蔽的,需要人在制器的过程中通过具体的“器物赋形”将它揭示、显露出来并有所掌握。可以说,“器”也是对“技”的解蔽和显现,并最终以技近乎道。

《考工记》里说:“审曲面执以饬五材,以辩民器,谓之百工。”郑玄注:“审察五材曲直、方面形势之宜以治之,及阴阳之面背是也。”这就是说“百工”

① 王阳明那里的“意之所在为物”,不能说成“意之所在为器”。这里的“物”,就被王阳明训为“事”。当然,王阳明对“格物”,以“正心”为“格”的解释也不一定符合《大学》原本。考察《大学》释“物”不多,其用法近于《中庸》,亦是“物”“知”对举,如:“致知在格物”,“物格而后知至”;亦说“物有本末,事有终始;知所先后,则尽道矣。”劳思光先生认为,这里的“物”和“事”互训,指的都是工夫的“对象”,即下文的“意、心、身、家、国、天下”等(劳思光:《大学中庸译注新编》,香港中文大学 2000 年版,第 7 页)。但要从“本末”这个常常形容草木的意象来看,“格”也许可以理解为“树高长枝”,而“来”,而“至”,而“止”。

② 王夫之:《船山全书》第一册,岳麓书社 1988 年版,第 1026 页。

③ 李秀娟:《物兼道器与一体两面》,载《船山学刊》2009 年第 1 期。异曲同工的是清代诗论家叶燮论“物”的三要素“理”“事”“情”:“譬之一木一草,其能发生者,理也。其既发生者,则事也。既发生之后,夭矫滋植,情状万千,咸有自得之趣,则情也。”“一木一草”乃是“物”,将“理”“事”“情”统于一身。

在制作器物的时候，须审察所用材料的属性、结构、质感，等等。这种审察同天地(自然)相关，且包含材有美和无美的问题。“天有时，地有气，工有巧，材有美，合此四者然后可以为良(《考工记·总叙》)。”这句话表明，顺应天时，适应地气，材料上佳，工艺精巧，这四个条件加起来，才可以得到精良的器物。“天时”“地气”“材美”“工巧”的统一，是制造一件精良器物的先决条件，也就是一种遵循自然规律、具有目的性的制器法则。“材美工巧”制器思想是先民们长期实践活动经验的总结，这一中华民族传统独有的制器法则，在现代社会科技高度发达的背景下，同样具有它自身的价值。德国近代哲学家康德就指明了合规律性与合目的性的关系问题，即把合目的性看作是合规律性的必然结果。所以说，器道关系对于设计美学而言，器物也是时间、空间和物料以及技艺的融合的结果。

(二)大象无形

“大象无形”(《老子》第41章)。这里“象”与“形”对举，“象”亦是“形”。形象又是可以感官感知的、可见的，属于“形而下”的“器”，不同于“形而上”的“道”。所以说“见乃谓之象，形乃谓之器”。有形即有象，有象即可见。①但这里的“大象”与“形”又有着质的区别，“无形”之“无”恰恰又是对“形”存在的高度肯定。“象”本身有“始”也有“终”，或者说，“象”之为“象”自有其一以贯之的规定性；“形”之为“形”自有其始终结果的规定性，或者可以说，“形”也是对于“象”的一种过程展示和显现。所谓，象中有形、形中有象。

在西方的语言体系里，“形象”意义所指是来源于完全不同的词源。例如德语：阴性名词“form”，有形式、形象，模型，格式、体裁，举止、风度，礼仪，礼节，(身体和精神)状况等意思。动词名词化的阴性名词“gestalt”，有外形、身材，形状、形态，人影，人物，(文学作品里的)形象等意思。动词“gestalten”则有塑造和造型的意思。我们今天所说的“格式塔心理学”②(gestalt psychology)，其中涉及了大量的设计美学问题。它的原义即来源于“gestalt”这

① 刘纲纪：《〈周易〉美学》，武汉大学出版社2006年版，第236页。

② 格式塔心理学，又叫完形心理学，是西方现代心理学的主要学派之一，1912年诞生于德国，后来在美国得到进一步发展。该学派既反对美国构造主义心理学的元素主义，也反对行为主义心理学的刺激-反应公式，主张研究直接经验(即意识)和行为，强调经验和行为的整体性，认为整体不等于并且大于部分之和，主张以整体的动力结构观来研究心理现象。该学派的创始人是德国心理学家韦特海默，代表人物还有苛勒和考夫卡。

个德语词汇，意为“造型心理学”或为“完形心理学”。关于“形”的理解，西方的语词与中文的语义共同之处在于都含有“设计”的意义。它们对于“形”的意义所指都是为特定的物、事或者人而特设，且“形”的意义所指广泛，其除了物和事之外都有针对人的所指。或许，这是因为对人的认识的共通性所致：人的才干只有显现出来才能为他人所知，在这里，人的内涵作为观照的对象，以“形”的意义显露，方才能被观照的主体所了解，为他人所认识；不同之处在于中国有“象”的概念，以“无形”高度地概括至善至美之“形”的存在，称之为“大象”。中国文化的释义思维对于当代造型艺术和设计美学研究颇有启发价值。在这里，“象”是否可对应为概念设计之意念，或者可指造型艺术创作(或者其他艺术类创作)之意象？设计和艺术创作都是指人们在形成固定的艺术形象(形式)和设计方案(定稿)之前的构思、酝酿阶段的思考，以不确定的形式(如草图、文字、符号、声音等)记录下来，以为最后“形”的确定作为观照、参考的对象。我们可以对“象”与“形”的边界作明确的规定，象的边界是混沌、无形、事物、情势、道理、大道、升华；形的边界是清晰、有形、物体、情态、现象、形象、结果。可以看出，设计活动的思维过程，就是一个循着目标和规律，从模糊走向清晰的认识过程，也就是一个器与道互为追寻、探究真理的过程。

总之，“在天成象，在地成形，变化见矣”(《周易·系辞上》)。“形”能显现“宇宙万象”①，而道又至于天之上，也就说，“形”也是“道”与“器”的反映。“品物流形”(《易经·象》)，“万物以形相生”(《庄子·知北游》)。如张载说：“天之生物也有序，物之既形也有秩(《正蒙·动物篇》)。”也就是说，“成物”就是“赋形”的过程。如此说，“器”是可被人所感知到的，而“道”是不可感知的。“成形”即是使(事)物可感知且具有秩序感的过程。按照《说文解字》，“形”字古文从“⺀”与“彡”，“彡”义即“毛饰画文也”。然而，“⺀”和“彡”无论从字义、字形还是发声上看，都与“秩序”有关。如将设计活动概括理解，就是将有关天地人的“事”或“物”，通过设计之道使其从无序成为有序，被人所感知并上升为不可感知的“道”的思想境界层面。

通常人们对设计美学的理解，以为只是有关物被“赋于形”的视觉审美感知问题，确实是，但其实也不然。“形”既是设计行为主体可观照的对象，又

① “万象”一词见于“所以包罗万象，举一千从，运变无形而能化物，大矣哉，阴阳之理也”(《黄帝宅经》卷上)。

是客体最后的显现，其结果必然是反映它背后所遮蔽的“器”与“道”所包容的整体，这也就是设计的道理。正如西方天文学家所思索的：“宇宙是有边界的，这个边界是无限的。”这是一个天文学问题，同时也是一个哲学命题。这里并不是说天文学家们已经确切知道宇宙究竟有多大，而是把宇宙作为一个“模型”的概念来加以理解和研究。“形”在东西方语境中均有“模型”或者“型模”意义一说。“形而上者谓之道，形而下者谓之器”中的“形”，同样也有“模型”的概念意谓。或许之所以如此，才有较之于形的“上”“下”不同层级的思考。

(三)设计之道

我们今天来看，“道”与“器”的关系相当于普遍与特殊的关系。此外，《周易》所说的“器”不仅指由“道”所产生的天地万物，而且还包含人工制造的各种器物。这样“道”就与人工制作的器物联系起来了。孔颖达在《周易正传》中解释说：“道是无体之名，形是有质之称；凡有从无而生，形由道而立。”道在形之上，形在道之下。千变万化的“形”“器”都只是“道”的不同体现，不能脱离“道”。这样人为事物有“器”与“道”两种内涵，引申出思维方法的“象”与“意”的认识，再将它具体运用起来，就又相应地产生了“形”与“神”、“体”与“用”等与设计美学相关的思想观念。因此可以说，器道关系问题是中国哲学史上一个非常重要的命题，其对中国传统器物(设计)美学思想影响深远。

中国传统思想的智慧主要聚集在关于大道的思考。老子思索的是人与自然的关系，是天道；孔子思索的是人与社会的关系，是人道。器物，是通过人与物的关系联通人道与天道的中介物。形，正是这三种关系合一的解蔽。它们通过器与道的有形或无形的显现，指引人们上言天道、下行人道，直至设计之道。当代的设计之道主要有三个方面的美学内涵，一是自然之道。人类所面临的生态环境问题的严重性迫使人们重新审视人与自然的关系，在人化自然的过程中，反思设计美学的自然性本质问题，这就需要我们深刻理解“道成形而道在形，形生器而道在器”的思想内涵。二是智慧之道。中国设计美学文脉是一个从“制器”走向“设计”、充满着人类智慧的器道关系发展过程。同时，设计也是一项需要充分运用人的智慧能力去思考的工作，不仅要做到“知晓”、更需要做到“知道”，“知道”是更为全面、系统、本质化的思维活动，关键是对器与道关系的尺度把握问题。三是生命之道。人类的设计思维视角经历了从“神”到“人”的转换过程，并在继续变化与发展着。器道关系本身，也是一个围绕生命运动变化的辩证关系，也可以说是有关生命设计美学的哲学思想。在当代到将来，设计美学尺度视世界为一个生命的整体予以思考，并将努力为之创造一切多方面的可能的生存方式。

总之，我们只有深刻地理解器与道的关系内核，方能明白设计活动的真正目的是什么。这里包含三层含义，一是践行设计之道。作为主导设计活动的设计者，需要了解其他个人和人群(社会)的欲望与需求以及生命的意义。这样设计出来的产品才不会脱离实际。二是人的自我悟道。设计者需提高其自身的人格修养，格物致知，以追求人生至道为己奋斗的人生目标。这样设计出来的产品才能为其他人提供有益的帮助，引导公众沿着大道前行，以实现设计美学美育人生与社会的目标，通过对器物(产品)的使用和理解，提升人类社会生命整体的境界升华。三是设计的发展大道。人们审美认识的演进，须符合人类历史发展的自然规律。任何一种制器文化离不开它的历史演进的时代背景，只有了解了其历史的发展规律，目标明确，才能正确做好当下的设计工作以及为将来、未来设想人的生存方式的问题。由于中国悠久的文化传承，在吸收和借鉴西方造物文明优秀一面的同时，深刻地理解器与道的思想内涵，对于中国当代设计美学形成自身的作用和特色具有其不可替代的意义。

综上所述，我国古代的设计美学思想是与当时的社会条件分不开的。如何进行创造性的转化，使之与当代社会相适应，并向前发展它，是需要我们进一步思考的重点所在。设计美学之道，就是探寻一种正确解决设计问题的方法和实现这个方法的有效途径，给出一个合理的答案，并有利于个人、社会和自然的和谐以及可持续的发展，这才是设计的大道。

（作者单位：湖北美术学院现代公共视觉艺术设计研究中心）

论新时期少数民族美术展策展理念的转向及其意义

张　娜

少数民族美术展览是伴随着少数民族题材的美术创作的兴盛而逐渐兴起的一种专题性展览，它不同于题材多样的综合性的美术展览，其参展作品均是以少数民族为创作题材，在此基础之上各民族艺术家可以自由地探索艺术语言、表达艺术观念。少数民族美术展览是根据中国国情而产生的一种具有中国特色的美术展览形式，也是中国现当代美术史的重要组成部分。

中国古代有一定数量的与少数民族有关的美术作品，例如《步辇图》《职贡图》等，但是并没有现代意义上的美术展览，现代意义上的美术展览是20世纪初由西方传入中国的。举办少数民族美术展览最早可以追溯到20世纪三四十年代，在民族危亡的时刻，张大千、常书鸿、吴作人、关山月等一批艺术家先后到西部少数民族地区考察、研究、创作，他们的作品在兰州、成都、重庆展出，引起了国人的广泛关注，可以说这是有史以来艺术家第一次从多民族国家和多元文化的视角向国人展现少数民族的风情与文化，同时更加彰显出中华文化的博大精深。新中国成立以后，伴随着三次少数民族题材的美术创作的高潮，少数民族美术展览的策展理念发生了一系列转向，逐渐发展成为一种独具特色的展览形式，也得到了社会各界的认可。

长期以来，学术界比较注重对少数民族题材的美术创作进行研究，还没有学者对少数民族美术展览的策展理念进行专题研究。策展理念就是策划展览的思想观念，策展理念是整个展览的基础与核心，是对展览的功能定位与学术主旨的选择与提炼，展览是策展理念的视觉化呈现。策展理念这一词语是随着20世纪90年代西方展览观念、策展人制度等传入中国的，后来逐渐成为一个惯常使用的专业术语，事实上，从宏观层面而言，在此之前任何展览都是具有策划展览的思想观念的。具体而言，狭义的策展理念就是“提炼出一条线索引导人们进入一个由艺术作品构成的过去、现在、未来或者想象世界。”①广义的策展理念则包含很多方面，例如展览的方式、主题、目的、展览需要说明的问题、展览与未来的艺术创作之间的关系、展览与观众如何交流互动，等等。简言之，展览就是一种观念的体现，并且随着策展理念重要性的不断凸显，展览自身已经参与到美术活动的构建之中。因此，关注展览自身、剖析展览中所蕴含的展览观念，这是深入研究少数民族美术发展的一个有价值的新视角。综观中华人民共和国成立以来的少数民族美术展览的发展演变，尤其是新时期②以来，由于国内频繁的展览实践以及西方现代策展理念的影响，少数民族美术展览的策展理念发生了一些鲜明的变化。因此，本文主要从策展理念的角度切入，通过系统梳理新时期少数民族美术展览的相关信息，主要从展览的方式、主题、作用、目的四个方面深入剖析策展理念发生的一系列转向，试图理清其发展演变的内在规律，明确其对中国美术发展的意义与作用，最后对少数民族美术展览中出现的一些问题进行反思，希望能够裨益于中国当代少数民族美术展览的发展。

一、展览方式的转向：从呈现者到组织者

中华人民共和国时期，美术展览普遍被认为是通过向公众展示的方式对艺术家的创作进行总结的一种活动，它不具有美术创作的创造性，这可以说是一种传统意义上的策展理念。20世纪80年代中期以后，随着西方现代策展理念的引入以及国内的展览实践，美术界才逐渐转变了原有观点，美术创作和美术展览被认为是互相影响的两种创造性活动，这是一种现代意义上的策展理念，是对美术创作和美术展览二者关系与价值的再认识。巫鸿先生曾在21世纪初指出：“现在的状况是：艺术家们带着展示自己的愿望去构思创作他们自己的作品，而策展人创作一种具有一定整体的文字和视觉效果的整体性展览。”③这一观点清晰地说明了世纪之交美术创作和美术展览二者之间的关系，在后继的发展中，美术创作和美术展览更加注重在保持独立性、创造性的基础上的交流与互融。

① 张子康、罗怡：《美术馆》，中国青年出版社2009年版，第68页。

② 本文沿用了史学界的常规分期方法，新时期就是指改革开放至今。

③ 王璜生：《地点与模式：当代艺术展览的反思与创新》，广西师范大学出版社2004年版，第104页。

少数民族题材的美术创作和美术展览受传统的策展理念影响较多，从中华人民共和国成立之日起，它们就在国家的民族政策的扶持下稳步发展，其主办方基本上是中国美术家协会和各省、自治区美术家协会以及国家民族事务委员会，改革开放以后也极少甚至没有参与到当代实验艺术实践之中，直到进入21世纪，策展理念才开始发生现代转型。综观新时期举办的少数民族美术展览，20世纪80年代的展览主要有三种类型：一是少数民族艺术家的个人创作汇报展，例如蒙古族艺术家妥木斯和官木的个人画展；二是各民族具有特色的美术门类的宣传展，例如在北京多次举办的"哲里木版画展览"(1980年、1983年、1984年)和"扎鲁特版画展览"(1984年、1987年)；三是展现各民族风情的展览，例如"新疆好画展"(1983年)、"呼伦贝尔画展"(1983年)、"首届全国朝鲜美术作品展"(1986年)、"庆祝内蒙古自治区成立40周年全区美术作品展"(1987年)。进入90年代，展览主办方才初步有了主动策划展览的尝试。1994年国家成立中国少数民族美术促进会，设立"民族百花奖"以激励艺术家从事创作，每年评选优秀美术作品并举办展览会。进入21世纪，少数民族美术展览的策展理念才发生明显变化，展览主办方或者策展人开始关注与研究展览自身的问题，并策划了一系列主题性展览。目前，少数民族美术展览主要在三个方面取得了较多成绩：一是受到党中央"西部大开发"的号召，一系列以西部为主题的展览涌现，其中代表性的是每年举办的"中国西部大地情作品展"；二是各民族通过举办展览不断推出与打造地方画派，广西的"漓江画派""南方的风景"主题画展在这方面比较突出；三是中国美术家协会自2009年起着力打造少数民族题材美术创作研究展示平台，相继举办了"雪域高原"(2009年)、"灵感高原"(2009年)、"天山南北"(2011年)、"浩瀚草原"(2012年)、"七彩云南"(2014年)、"多彩贵州"(2014年)系列主题展览，极大地推动了当代中国少数民族题材的美术创作和美术展览的发展。

对美术创作与美术展览二者关系的再认识带来了展览方式的转向，主要体现在从呈现者到组织者的变化，这是展览自身价值的一种自觉。新时期少数民族美术展览从20世纪90年代才逐步由被动呈现走向主动组织，这种转向虽然相较于国内其他美术展览而言略显滞后，但这毕竟是新时期少数民族美术展览的策展理念发生转型的第一步。这种转向不仅丰富了我们看待展览的视角，而且加深了我们对于展览自身的理解，展览不仅是美术作品的展示，也是展览自身的思想观念的体现，同时还是展览作品与观众之间交流方式的探索。今天，展览并不意味着一种结束，而是意味着一种新的开始、新的建构、新的融合，展览自身也是一种创造性活动。然而还需要注意的是，组织者也不能脱离真实的艺术生态，需要在尊重艺术家个体差异和创作取向的基础上实现自己的学术主张，展览应该是展览主办者或策展人和艺术家共同合作的作品。

二、展览主题的转向：从作品展到研究展

传统意义上的美术展览就是美术作品的展示，而现代意义上的美术展览更多关注展览主题，注重展览的研究性，它是基于展览主题而选择作品，基于学术研究而呈现作品。

20 世纪八九十年代的少数民族美术展览主要就是作品展，中国美术家协会从 2009 年开始策划组织了一系列少数民族题材美术展览活动，在策展理念上获得了质的突破，开始从作品展转向研究展。时任中国美术家协会分党组书记、常务副主席的吴长江指出：“从 2008 年开始，中国美术家协会分党组确立了通过组织高水准的展览，审视 20 世纪中国当代美术的发展、展示中国当代美术发展的厚度的基本工作思路。”①少数民族题材的美术创作清晰地勾勒出中华人民共和国成立至今美术发展的历程，有影响的美术家大多进行过这个题材的创作，鉴于其重要性与紧迫性，所以吴长江副主席首先主持策划了少数民族题材系列美术展览，形成了“梳理历史，展示当代”的办展思路，吴长江副主席详细解释了办展模式：“这些展览一般分为三个部分：第一部分是回顾性作品，以新中国成立之后各个历史时期有代表性的作品为主，并适当地展出 20 世纪三四十年代的作品，通过这部分作品勾画出中华人民共和国成立以来美术的发展脉络及少数民族地区的历史变化；第二部分为特邀作品，中国美术家协会通过组织美术家深入少数民族地区写生、创作，从中选出优秀作品展出，目的是为了推动少数民族题材的美术创作并展示当前的创作实力；第三部分为个案展示，着重选择那些在中华人民共和国美术史上产生重大影响的美术家，集中展示他们的重要作品以及相关的素描手稿、写生历程、创作感言，甚至写生路线地图等文物资料，目的在于还原经典作品创作时的历史情境，并希望对当代美术家写生、创作有所启发。”②

---

① 孙明道：《勾画统一的多民族国家艺术形象——五年来中国少数民族题材美术创作的历史梳理与当代展示》，载《美术》2013 年第 8 期。

② 孙明道：《勾画统一的多民族国家艺术形象——五年来中国少数民族题材美术创作的历史梳理与当代展示》，载《美术》2013 年第 8 期。

少数民族系列美术展览目前还在持续进行，这些展览具有较高的学术水平，获得了各界的高度评价。这些展览的学术水平主要体现在三个方面：一是首次系统地梳理了各少数民族的美术发展历史，既抢救了大量历史文献，也理清了历史脉络；二是全方位、多角度地展示了少数民族美术创作情况，既传承了历史，又推动了创作，详实的个案研究对青年艺术家的创作有一定的指导意义；三是加强了展览与观众的交流，展览不再是曲高和寡的单纯作品展，而是将艺术作品、美术史知识和美学精神三者融合展示，使展览更加具有可读性。

从作品展到研究展的变化体现出展览主题的转向，这是对展览内涵的一种自觉，新时期少数民族美术展览是在进入 21 世纪之后才开始发生这种转向的。作品展是优秀美术作品的汇集与展示，它更多是一种介绍性的展览，而研究展是以主题为中心，展览作品的选择与呈现方式都应围绕展览主题而进行。同时，少数民族美术展览的主题还不能停留于浅表的地域性和民族性的层面之上，而应该是主办方或策展人通过对社会现状与艺术发展的综合思考提炼出具有学术深度的主题，入选美术作品则是从不同角度对此主题进行阐释。注重学术，树立展览学术品牌，这将有利于少数民族美术展览的深入发展，也将对少数民族美术创作和美术理论研究的发展起到推动作用。正如中国美术家协会副主席吴长江所说："展览的质量取决于作品的质量，展览的成功不仅取决于规模大小和作品数量，更要看其长久效应，看有多少作品能载入美术史册，这是检验办展览、抓创作成功与否的重要标志。因此，举办展览要特别做好学术策划，逐步建立、加强和完善展览策划机制，切实提高展览的艺术质量与学术品格。"①

三、展览作用的转向：从宣传者到引导者

20 世纪 80 年代，美术创作开始突破表面化的风情展示而转向探索表达民族的内在精神，1980 年陈丹青创作的《西藏组画》是具有里程碑意义的作品，之后许多画家都不断尝试开拓少数民族题材美术中的新的精神境界。时任《美术》杂志编辑的高名潞先生在《风情与超风情：观〈庆祝内蒙古自治区成立 40 周年全区美术作品展〉随笔》一文中明确指出当时少数民族题材美术作品中"风情"泛滥的局面，他认为："我们不排斥表现'风情'，而是说，'风情'不是一

① 吴长江：《熔铸中国气派　塑造国家形象　进一步推动中国美术事业的繁荣发展——在中国美术家协会第七次全国代表大会上的工作报告》，载《美术》2009 年第 1 期。

切。……'风情'不但涵盖不了一个民族的生活，更不能揭示其深层文化和心理。……风光、习俗、奇异的祭礼等是有形文化，即通常我们所指的风情，无形的文化则是指语言、性格、心理、宗教、信仰等心意现象。无形文化应是艺术表现的更重要的领域。"①伴随着少数民族题材美术创作的探索与转型，少数民族美术展览中的精神探索类作品开始增多。90年代，市场经济的浪潮使展示少数民族风情的美术创作与美术展览又重新兴盛起来。进入21世纪，美术展览才开始主动参与到美术活动之中，在发挥宣传作用的基础之上逐渐发挥出其特有的引导作用，推动少数民族题材的美术创作不断从风情展示转化到精神探索，并在精神探索方面愈益深化，正如批评家贾方舟在《从"西部题材"到"西部精神"》一文中指出："单有西部题材，并不能显示西部美术的地域特征，只有在一种时代大风格中体现地域本土固有的文化精神，才能使这种地域艺术获得一种当代价值。"②

少数民族美术展览对美术创作的引导主要表现在三个方面：第一，新时期以来，批评家、理论家的视野日渐开阔，思维逐渐活跃，他们对艺术创作的体认更加深刻，能够提出更多批判性的、建设性的观点，因此美术展览的研讨会对美术创作逐渐发挥出一定的导向性作用；第二，中国美术家协会从2009年开始举办少数民族题材系列美术展览，通过对经典作品与代表性个案的深入分析，使青年艺术家深刻认识到"深入生活""扎根人民"的重要性，只有深入边疆、扎根边疆才能突破对风情的浅层描绘，从而感悟到少数民族深层的精神与文化；第三，从2011年开始，中国美术家协会与各高校合作开始实施"西部少数民族美术人才培训发展计划"，计划项目之一就是举办"西部少数民族青年美术家创作高级研修班"，目前已经举办了五届"西部少数民族青年美术家创作展"，有力地推动了当代少数民族题材的美术创作以及少数民族青年美术家的培养，"西部少数民族青年美术家创作展"中展现的新视角、新思考对其他青年美术家都会起到一定的示范作用。

从宣传者到引导者的变化体现出展览作用的转向，这是对展览自身价值认识的一种深化，新时期少数民族美术展览所发挥的引导作用在20世纪80年代就已经初露端倪，进入21世纪后则更加明确。进入21世纪，各种宣传

① 高名潞：《风情与超风情：观〈庆祝内蒙古自治区成立40周年全区美术作品展〉随笔》，载《美术》1987年第9期。

② 贾方舟：《从"西部题材"到"西部精神"》，载《美术观察》2001年第12期。

媒介空前发达，展览已经不需要去过多承载传统的宣传作用，而是需要进一步考虑如何发挥其对美术创作方向与公众审美趣味的引导作用，这是时代发展所赋予展览的新使命，这种转向有利于促使展览重新思考新形势下自身的定位问题。此外还需要注意，这种引导作用不是强制性地进行，而应该是潜移默化地展开，这种引导作用也不是单一方向的引导，而是应该具有多样选择性的。

四、展览目的的转向：从展现民族形象到塑造国家形象

进入21世纪，我国经济发展迅猛，社会处在重要的转型期，文化的自觉与发展显得格外重要，与此同时，经济全球化也带来了不同文化之间的交流对话，在这一过程中民族文化身份的认同也变得格外迫切。美术领域从2007年开始探讨艺术作品中的国家形象问题，并组织召开了一系列学术研讨会，国家形象逐渐成为美术领域的一个重要话语。2008年12月，时任中国美术家协会分党组书记、常务副主席的吴长江在中国美术家协会第七次全国代表大会上首次提出了“熔铸中国气派，塑造国家形象”的纲领性目标，同时明确指出了“美术是国家文化的重要组成部分，如何繁荣发展美术事业，塑造中国美术的‘国家形象’，进一步增强国际影响力，提升国家软实力，是我们面临的一个重大现实课题”①。2015年《中共中央关于繁荣发展社会主义文艺的意见》出台，在政策方面给予文艺工作重要扶持，《中共中央关于繁荣发展社会主义文艺的意见》中旗帜鲜明地指出：“举精神旗帜、立精神支柱、建精神家园，是当代中国文艺的崇高使命。弘扬中国精神、传播中国价值、凝聚中国力量，是文艺工作者的神圣职责。”②北京大学张颐武教授认为：“《中共中央关于繁荣发展社会主义文艺的意见》就是从战略目标上提出了要求，这是把文艺问题的高度，上升到国家战略的高度了。”③

在新的文艺政策的指引下，少数民族美术展览在展现民族形象的基础上开

---

① 吴长江：《熔铸中国气派　塑造国家形象　进一步推动中国美术事业的繁荣发展——在中国美术家协会第七次全国代表大会上的工作报告》，载《美术》2009年第1期。

② 《中共中央关于繁荣发展社会主义文艺的意见》，http://news.xinhuanet.com/2015-10/19/c_1116870179.htm,2017-07-17。

③ 《学者：文艺问题上升到国家战略高度政策支持举措多》，http://www.chinanews.com/cul/2015/10-23/7584591.shtml,2017-07-17。

始探索如何塑造国家形象的问题，这个探索才刚刚起步。中国美术家协会在2009年举办了“雪域高原——中国绘画作品展”，在意大利罗马和米兰巡展，把新中国多民族团结的国家形象和中国美术的独特魅力传递到国外。2016年春节期间，中国美术馆推出精心筹划的“中华民族大团结全国美术作品展”，集中展现了“中华民族一家亲，同心共筑中国梦”的画卷。创始于2012年的“昆明美术双年展”已经从地域走向全国，2016年举办的“河流之上——2016第三届昆明美术双年展”则走向了国际艺术舞台，以丰富多元的艺术作品展现了南亚、东南亚、云南的民族文化与现代艺术。近年来，国家艺术基金也大力扶持少数民族美术展览，2016年云南曲靖师范学院举办了“丝路华彩——西南少数民族水彩艺术展巡展”，展览紧扣国家建设“丝绸之路经济带”和“21世纪海上丝绸之路”重大战略，巡展南方丝绸之路的各个结点，促进了艺术人文交流和文明互鉴，也有利于“讲好中国故事、传播好中国声音”。

从展现民族形象到塑造国家形象的变化体现出展览目的的转向，这是对展览发展方向的一种自觉。今天，少数民族美术展览已经不能仅仅从民族的层面进行理解，而要从多民族统一国家的层面进行观照，少数民族美术展览的发展要与国家的发展融为一体。美术展览是美术创作最重要的国内外展示平台，它也肩负着提升人文价值、激活创造力、塑造国家形象的使命，美术展览只有不断推出代表国家文化形象的文艺精品，用艺术激活社会的创造力，才能有利于提升国家文化软实力，树立中国的良好形象。中国人民大学张法教授提出在艺术中塑造国家形象的两种方式，一是“从主流艺术和商业艺术上进行一种工具性层面的国家形象塑造”，二是“在整个社会的文化自觉中，艺术家与各领域的志士仁人一道，把一种中国在世界作为大国崛起和在国内作为推进改革的应有的新型国家形象塑造，当作自己的历史使命和个人诉求，放在自己的心灵之中，以一种艺术的自觉走向新的国家形象塑造”①。我们更加青睐第二种方式，也希望少数民族美术展览能够自觉地为国家形象的塑造作出贡献。

五、问题与反思

通过系统梳理新时期少数民族美术展览的策展理念的发展演变，在肯定成绩的同时还需要反思以下几个问题：

---

① 张法：《国家形象概论》，载《文艺争鸣》2008年第7期。

第一，少数民族美术展览是具有政治性，还是具有艺术性与学术性？这是关于少数民族美术展览的基本定位问题。中华人民共和国成立以来，少数民族美术展览一直受到国家政策的大力扶持，不容否认的是，中华人民共和国成立初期少数民族美术展览或多或少地成为政治的宣传工具。但是，面对新时期，我们需要深入思考两个问题，一是少数民族美术展览具有什么样的政治性？二是具有政治性的展览是否能同时兼具艺术性与学术性？仔细研究新时期以来的国家文艺政策，少数民族美术展览被赋予的政治性主要体现在它承载了体现民族团结的责任，但是在艺术的题材、语言、精神等方面都没有政治性的特殊规定。由于我国少数民族发展不平衡，所以现有民族政策还将在很长一段时间里发挥有益的作用。因此，在中国特殊的国情之下，我们应该明确少数民族美术展览是具有政治性的，但是这种政治性和艺术性、学术性并不矛盾，少数民族美术展览不能降低其在艺术性与学术性方面的要求。

第二，少数民族美术展览的主题过于泛化与模糊，这是关于少数民族美术展览的深化问题。21 世纪以来，虽然少数民族美术展览已经逐步由作品展转向研究展并取得了不少成绩，但是还远远不够，目前的研究展还停留于历史纵向的梳理与研究层面，展览主题过于泛化与模糊，主要侧重于地域性的特征与民族团结的主旨，还没有进入更深入的艺术思考层面。关于如何深化少数民族美术展览的展览主题的问题，笔者建议可以侧重考虑以下三个方面：一是继续加大历史纵向的梳理与研究，这是展览深化发展的基础，也是展览的主要类型之一；二是加强少数民族美术理论和美学的研究力度，使不同民族的艺术特点不是仅仅体现在地理层面的表象之上；三是加强具有针对性的主题展览策划，探讨艺术与社会、文化、精神等方面的关联。基于此，少数民族美术展览将不仅具有地域性，也将具有当代性与世界性。

第三，少数民族美术展览要关注少数民族艺术家，要关注少数民族的现实生活，这是关于少数民族美术展览的发展问题。中华人民共和国成立以来，有影响的艺术家都从事过少数民族题材的美术创作，但是载入美术史的经典作品中，汉族艺术家的作品数量要远远超过少数民族艺术家的作品数量。内蒙古美术家协会名誉主席、油画家妥木斯曾感慨道："我看到'浩瀚草原——中国美术作品展'(2012 年)整个作品里有 60%不是内蒙古人画的，紧迫感特别强。"①

① 郝斌：《斑斓多彩的多民族国家艺术形象——中国少数民族题材美术历史与创作学术论坛综述》，载《美术》2015 年第 1 期。

中国美术家协会已经从2011年开始举办“西部少数民族青年美术家创作高级研修班”，培养与提高少数民族艺术家，少数民族美术展览也要加大力度以群展或个展的形式推介少数民族艺术家。此外，少数民族美术展览也要在创作导向上发挥作用，目前比较突出的是需要引导艺术家关注少数民族的现实生活，在现代的语境中寻找少数民族美术的自主发展道路。少数民族的现实生活包含三个方面，一是少数民族的现代生活方式。由于经济的发展与信息时代的到来，少数民族的生活也发生了巨大变化，艺术家不能沉浸于经典作品的理想之中而无法自拔。二是少数民族既有欢愉的生活，也有苦难的生活。艺术家既要表现少数民族节日庆典的狂欢、日常生活的恬静，也不能忽视苦难生活中所展现出的坚韧与不屈。三是少数民族的现代精神生活，艺术家需要深入探索当代生存境遇下不同文化背景的族群的精神状态与追求。如何把握艺术与时代的关系，这是任何时代、任何民族的艺术家都需要重视的问题。

第四，少数民族美术展览如何落实民族精神的实现的问题，这是少数民族美术展览的特色问题。弘扬民族精神是时代的主旋律，少数民族美术展览可以在以下几个方面进行探索：一是推介“深入生活”“扎根边疆”的艺术家典型①，将日记、草图、照片等文献资料和作品以文献展的形式展出，引导艺术家扎根基层，用心体验、感悟少数民族的生活与艺术；二是加强少数民族美术展览的学术性，邀请专家学者参与策展活动，重视美术史研究与美学研究，尤其要加强美学研究力度，这将有利于提炼与总结各少数民族的美学精神，拓宽少数民族美术展览的深度与广度；三是推介真正具有民族特色的美术作品。“‘民族百花奖’2010中国各民族美术作品展”中，苗族画家潘梅的蜡画作品《山里人》在争议中最终获得了铜奖，中国少数民族美术促进会会长、著名藏族画家尼玛泽仁感慨道：“因为地区的差异、经济的滞后等方面的原因，少数民族真正的本土文化发展受到很大的限制，有些还在消亡过程中……大型画展中评委多从母体文化角度看其他民族的文化，因此很多少数民族绘画改成版画、国画等艺术形式，积极寻求融入主流文化，并找到一席之地。因为如果按照本民族画法，入选的可能性很小，这件《山里人》就是例子。”②这件作品的最终获奖从

① 2013年画家韩书力因为“扎根边疆”和“深入生活”以及对西藏美术事业发展方面作出的杰出贡献，受到了中国美术家协会的表彰。笔者认为，可以进一步在地方上用展览的形式对典型人物进行推介，会起到更好的示范效应。

② 严长元：《少数民族美术创作尝试突破——“民族百花奖”2010中国各民族美术作品展观后》，《中国文化报》2011年3月29日。

一个侧面反映了民族绘画在当下的艰难处境。少数民族题材的美术创作的审美基调一直深受陈丹青的《西藏组画》的影响，但是陈丹青曾很清楚地说明，他第一次去西藏，是把西藏当成苏联来画的，因为他更痴迷于苏联的办法，他第二次去西藏，是把西藏当作法国画的，因为当时法国农村的19世纪印象绘画刚进入中国，他很喜欢那种语言。① 靳尚谊先生画的油画《塔吉克新娘》采用的是欧洲新古典主义艺术语言。客观而言，少数民族的主流艺术家都是经过中央美术学院等专业学院的训练，延续的是苏联的绘画体系，在他们的影响下，大部分少数民族青年艺术家不仅抛弃了民族绘画形式，也抛弃了民族绘画方法。正如时任中国国家画院理论部副主任梅墨生直言："少数民族有自己本民族的文化传统，不一定都向中原文化、汉民族文化趋同，只有表达自己民族更成熟的东西，才能让我们觉得更亲切。也只有体现艺术的多元，中华民族的百花园才更加鲜艳夺目。"②事实上，民族特色的美术作品并不只是描绘少数民族的服装、生活等方面，还需要重视民族绘画的传承与发展，少数民族美术展览应加大力度探索扶持民族绘画发展的方式，不断推介民族绘画的新人新作。

第五，加强对展览自身的研究与批评力度，这是少数民族美术展览发展的保证。当下，虽然展览获得了一定程度的话语权，但是任何展览都不可能是完满的，我们还要加强对展览本身的研究与批评力度。中国美术馆2016年的春节巨作"中华民族大团结全国美术作品展"获得了老百姓的喜欢，但是在研讨会中却受到了不少专家的批评。中国美术馆特别邀请了民族学、民俗学、艺术史领域的专家学者从不同角度对展览提出建议，而且中国美术馆非常坦诚地在其馆刊《中国美术馆》2016年第2期中全文刊发了研讨会纪实，并且注明是"未经作者本人审阅"。专家学者们都肯定了这次展览的积极意义，但是针对展览本身也提出一些质疑，例如展览结构逻辑不太清晰、展览作品规模宏大却美学贫乏、对民族问题的现实关注不够、汉族画家的作品呈现程式化的面貌等问题。虽然此次展览在这场跨学科的研讨会中受到了一些质疑，但是中国美术馆的豁达态度表明了它将继续探索下去的决心与信心。

---

① 由广：《"中华民族大团结全国美术作品展"学术研讨会纪实》，载《中国美术馆》2016年第2期。

② 严长元：《少数民族美术创作尝试突破——"民族百花奖"2010中国各民族美术作品展观后》，《中国文化报》2011年3月29日。

结　语

新时期少数民族美术展览在策展理念方面的转向暗合了中国现当代美术展览的发展历史，只是由于展览题材的特殊性而使其发展的步履缓慢与审慎。虽然新时期少数民族美术展览在形式、主题、作用、目的等方面都发生了一些有价值的转向，但是这些探索还刚刚起步，还存在一些不容忽视的深层问题，打造出有特色、有内涵、有品质的少数民族美术展览依然任重道远。

中央美术学院宋晓霞教授在研究藏族题材与当代中国艺术时曾指出："藏族题材提供的不仅是绘画的对象，还是艺术价值、生活方式和社会态度选择的基本隐喻。在这个意义上，藏族题材并不是一个外在于 20 世纪中国美术的客体，它已经参与了 20 世纪中国美术的'内部改造'。"①对于少数民族美术展览同样如此，少数民族美术展览展示的不仅仅是具有特定题材的艺术作品，其策展理念的发展演变还映射出 20 世纪中国美术在艺术价值、生活方式以及社会态度等方面的选择，少数民族美术展览并不是一个自足的体系，我们应当从当代中国美术发展的宏观层面来思考少数民族美术展览的发展问题。

（作者单位：武汉大学哲学学院、湖北美术学院）

① 宋晓霞：《藏族题材与当代中国艺术》，载《美术》2010 年第 1 期。

西方美学

论艺术治疗与本体自在的回归

——梅内盖蒂本体艺术研究

张贤根

作为本体心理学的创始人，安东尼奥·梅内盖蒂认为人要符合自然蓝图，也即符合本体自在(即生命因携)才能发挥其潜能。同时，梅内盖蒂所创立的本体艺术，也是基于这种相关于生命的本体自在的。梅内盖蒂的艺术创作和艺术治疗(如绘画、电影等)，在本性上当然也是与这种本体自在密切相关的。实际上，梅内盖蒂的本体艺术也是以特定的艺术本体为基础的，这种艺术本体的生成性规定了本体艺术的变化与生成。对艺术治疗与本体自在的关系的研究，显然将有助于理解与把握本体艺术及其社会与文化意义。梅内盖蒂所探究的本体艺术及其治疗，成为通达与回归本体自在的一条重要的路径。

一、艺术的创作、治疗与本体论

艺术创作不仅是审美经验生成的根本性方式，也是人们身心和谐与自由感得以实现的基础。作为一种重要的心理治疗方式，艺术治疗经由提供艺术素材、参与作品创作与从事作品鉴赏等，在心理与精神疾病的治疗中具有重要的意义与价值。在本性上，艺术创作与艺术治疗从来都离不开本体论的理论预设与问题，因为各种艺术创作活动无不与特定的本体相关涉。当然，对于梅内盖蒂的本体艺术创作与艺术治疗来说，也同样是与他的本体论及其预设相关联的。在这里，本体论可以说是研究存在的理论与思想建构，它往往表征为关于实在的本质与基础的学说。但如果把艺术的本体仅仅归结为某种实体，就难免陷入实体论与理性形而上学的困境之中。而且，关于艺术的规定、本质与基础，从来都不可能是固定的与一成不变的。不同的艺术理论与美学思想的建构，其实都预设与指涉着独特的、变化着的本体。

作为一位倡导本体艺术的艺术家，梅内盖蒂在绘画、雕塑、音乐、时装、设计和建筑等领域均有所成就，并提出了自己对艺术与审美的理解与文化阐发。当然，梅内盖蒂的本体艺术无疑也有其独特的本体论前提与基础。同时，一切真正的艺术都不乏其特有的、不可替代的文化旨趣。毫无疑问，艺术总是以各种各样的样式与风格存在着的，而且，各种艺术及其表现也是流变的与生成性的。在弗洛伊德看来，艺术家的潜意识受到压抑的程度不如普通人那么深，“因为他们迫切地想将潜意识中的思想和情感表达出来，所以他们就创作出一些作品，这些作品就像梦一样，是对潜藏愿望的一种满足。”①因此，艺术既经由各种不同的作品来加以审美表现，同时也涉及不少心理、社会与文化问题亟待探究。对于梅内盖蒂来说，本体艺术指向并基于作为整体存在的人体，因此，他的本体艺术也可以看成是一种基于或相关人体的艺术。但人体存在的这种实体性特质，仍然是与实体论、形而上学相关联的。

在这里，本体论是任何艺术与文化都无法回避的哲学前提、思想立场或理论预设。当然，这也是关于艺术的美学与哲学难以解决的根本问题。因为艺术不仅表现为各种不同的存在者，还旨在凭借这些作品(存在者)通达艺术(存在)自身。艺术创作所关涉的观念与想法众多，诸如创作源泉与过程、艺术特色与风格、艺术的构成要素、社会功能与影响，以及艺术表现所依凭或关涉的不同本体样式。显然，这些问题及其探讨都与本体论密切相关，但它们还不是艺术本体自身。应当说，梅内盖蒂的本体艺术所涉及的本体，当然是以他的本体自在为基础的。而且，这种本体自在既是一个活动实体，还涉及艺术表现所关联的东西，但在此又不能将梅内盖蒂所说的人体仅仅当成实体来理解与把握。在弗洛伊德看来，压抑与心理保护都是自我以无意识方式发生作用的。因此，心理治疗从无意识入手，为本体自在的回归提供了可能，艺术成为这种心理治疗实施的重要路径。

尽管绘画与许多艺术创作都不可能没有特定媒材，但艺术又不能仅仅被还原为它由之构成的媒材，因为，它还与某种理念等本质性的东西发生着复杂的关联。梅内盖蒂的艺术创作与思想研究，当然是与其本体心理学分不开的，但又不得不涉及存在论的基本问题。不同于一般的本体论，存在论把存在本身看成是根本性的本体。在梅内盖蒂看来，“在本体艺术的概念中，创造性首先是

① [美]托马斯·E. 沃特伯格：《什么是艺术》，李奉栖等译，重庆大学出版社 2011 年版，第 111 页。

一种个体靠自己得到的东西；人们要得到它，就必须通过自我完善，不断解决在生命历程中遇到的生存问题。”①但人的生命与生存既是不可逃避的存在状态，同时也可能因偏离自身存在而产生心理疾病。显然，梅内盖蒂强调了艺术创造与人的本体自我、自我完善的关联性。这里的艺术本体当然也关联于人的这种自我的存在，而这种自我的建构又是与人的身心的生成性关联分不开的。根据梅内盖蒂的观点，人是根据先验的自我与本体意象生成的，当然，艺术在这种现实的自我建构中具有特别重要的意义。

应当看到，本体心理学是一个对自身加以研究的心理学学科，它既是一个追求与切合自我，更好地善待与关怀自我的学科，当然也是一个更加尊重自己需求的学科。这里所说的艺术表现与创作，以及与之相关的电影等艺术治疗，都是旨在使人们或治疗者能够体会到重返本体的感觉。其实，艺术不仅在人类意识里得到探索，它还与人的无意识及其存在密切相关。梅内盖蒂认为，人本身就是一个实体。但是，这种实体又可能由此遮蔽自我本身。与此同时，个体是人的自在活动的体现，当然也是关于人与实体本体认同的现象。而且，存在本身并没有媒介与思想，而只是“在”(是)。无意识所包含的本能与欲望通常会把自身伪装起来，因此也是主体难以直接通达与触及的，除非当无意识向意识施压而又得到缓释的时候。为了充分揭示艺术与无意识的生成性关联，对于超我的现象学悬置往往是必不可少的，但人的本体自在显然又离不开本我与超我。

应当说，艺术与艺术创作是治疗关系建构的重要路径，但显然又是与心理分析密切相关的。在梅内盖蒂那里，人自身成为一种艺术的本体，正是基于这种本体，艺术创作才有切实的可能。但在本体论上，人这种本体与作品(文本)的关系尚未得到阐明。艺术本体论更加关注的是，对艺术是什么这种本性问题的根本性追问。毫无疑问，一切艺术表现都与人的存在密切相关。“因此，每种艺术创作都应该以恢复本体自在为目的，使人从中学会做个真正的、现实的人。”②但现实的人与人本身的偏离，在此也没有得以深究。在梅内盖蒂看来，艺术所关涉的本体自在是一种生命存在的整体，而不能简单地将其分解与还原为身体、心理或人格。但这种本体自在可通过自身的开放性，将艺术所

① [意]安东尼奥·梅内盖蒂：《何为本体艺术?》，载《中国美术》2010年第1期。

② [意]安东尼奥·梅内盖蒂：《电影本体心理学——电影和无意识》，艾敏、刘儒庭译，中国广播电视出版社2007年版，第63页。

关切的实体纳入其中并融为一体，进而共同构成本体艺术所凭借的艺术本体。应当说，这也是本体艺术不同于其他艺术的特质之所在，从而回归到本体自在的存在本身。

二、基于生命的本体的艺术表现

根据梅内盖蒂的观点，本体艺术就是表现万物本质的美和生命之美，即表现万物及其存在本身的艺术。因此，生命本体成为梅内盖蒂艺术表现的本体论基础。人们往往通过艺术来表达内心的需求，即使他(她)们并不一定能够意识到这一点。在梅内盖蒂那里，人体被看成是一种存在的整体，但这种生命本体的表现方式又是多样性的。如果人与自己的自在相分离，就会处于一种分裂的状态，从而发生异化并失去人的自我本身。在艺术创作的过程中，人可以让生存得以展现，向着自己的本体自在靠近。这是因为，艺术凭借无意识为人的自在的回归提供了切实的可能性与实现路径。人的自在是一个充满活力的、独特的活动实体，但这种实体又应经由文本化以克服实体论及其问题与困境，以及与之相关的各种理性形而上学的根本性规限。除了对艺术的界定加以关注外，艺术家对生命自身的重新界定，以及自我的不断建构有了文化上的自觉。

应当说，艺术不仅要关注生与死的问题，同时它更是对生命本性的一种回应。梅内盖蒂的绘画作品，虽然往往以非具象的风格呈现与表达，但却反映了他对自然、对生命的独特感悟。事实上，这是一种基于抽象化的生命本体的艺术，同时，他的这些抽象艺术仍然是以生命本体为依据的，并旨在揭示生命所关切的精神与文化图式。其实，这种抽象正是对具象的克服，以及向生命本体的一种靠近。因为，“生命是通过形态表现出来的，而我们则是存在的形象。所以说，人仅仅在他那自我统一的一瞬间里就重新获得了完整的认知。”①在这里，本体艺术旨在强调作品的健康、简约与真实，进而主张艺术为了生活而指向人自身。其实，梅内盖蒂的本体自在本身，就是与人的精神、心灵密切相关的存在。而且，艺术无疑可以有助于人们重获本体意识，从而成为一个自我统一的、完善的整体。根据弗洛伊德的观点，认同是主体借以建构自身的过程，但这又与无意识里的他者相关。

---

① ［意］安东尼奥·梅内盖蒂：《电影本体心理学——电影和无意识》，艾敏、刘儒庭译，中国广播电视出版社2007年版，第30页。

还应看到，艺术与审美之于人的意义的揭示与阐发，显然离不开对艺术与梦、无意识关系的分析。但基于生命本体的艺术治疗，也涉及对他者的回应与向自我的回归。虽然说，一切艺术都是意识的某种表现方式，但在这些意识后面却不乏无意识、潜意识的存在与支配。在绘画与电影等艺术样式之中，艺术家们得以将自己的梦中活动加以丰富的表现。同时，艺术还要克服技术及其座架本性对人的规定主宰与压制。因为，技术及其对感知力的主宰与压制，可能对人与社会造成毁灭性的严重后果。因此，这有待于通过形象与艺术的教育去重构人的新感性，这种新感性当然是与人的本体自在相切合的。其实，在梅内盖蒂那里，形象本身就是一种存在行为，而不只是一种视觉表象，但对它的理解又与人将自己的无意识转化为意识相关。作为一种话语方式，无意识既是自我话语的他者，同时也是一种具有主体间性的话语。在梅内盖蒂自己的艺术作品里，无意识的话语也为自我与他者的对话提供了可能性。

在弗洛伊德那里，作为一种白日梦，艺术是经由伪装、变形与修饰来实现的，这也是对无意识的一种象征或隐喻的表达。但无意识不仅干扰与打乱主体的本体，它本身也是无法被本体论所规定的。因此，向本体自在的回归当然就离不开对无意识的分析。“在某种意义上说，弗洛伊德把所有伟大的艺术品都看作是展开了的心灵的戏剧。”①根据弗洛伊德的观点，艺术是人的本能冲动在现实生活无法满足时，转而通过想象所获得的替代性实现的一种方式。在压抑及其转移的问题上，艺术与梦幻往往具有某种特质上的相似性。到了梅内盖蒂，本体心理学创造了独特的挖掘潜意识的方法，包括梦的分析、意象画分析法等，并力图揭示与探究造成疾病的动机性原因，从而为心理分析、艺术治疗与人的康复作了奠基。之所以能够如此，乃是因为每个人的生活都是一种独特的心身形态，而潜意识或无意识无疑是切入这一身心问题的重要路径。

作为自我话语的他者，无意识既与人们的疾病相关联，同时又是身心和谐所不可缺少的。在梅内盖蒂看来，伟大的艺术不应该来自记忆，而是源于主体的自在。比如说，在电影治疗之中，往往放映了有关人类生存、命运，以及人类与其他星体相互关系的影响。与此同时，医生用言语提示、解释、暗示、启发想象和思考，使治疗者找回基于本体的完整自我的感觉。在这里，艺术可以将幻想力、想象力，以及许多非理性的东西表现出来。在这些分析与揭示过程

① ［美］斯佩克特：《弗洛伊德的美学——艺术研究中的精神分析法》，高建平译，四川人民出版社2006年版，第154页。

中，符号当然具有极其重要而又不可替代的意义与作用。比如说，艺术家所创作的各种畸形符号，可能表现了对人的退行性心理的发泄。人的自我与周围事物无疑也是相关联的，人总是以整个生命去感知客体与认识事物的，其实，梅内盖蒂所说的人的本性就是整体性的。这里所说的整体性却构成了身心合一的前提，但这种整体性又是开放性的与历史性的。应当说，无意识本身就是本体的，并与意识共同构成在本体上的交织与互文。

从本体心理学的视角出发，梅内盖蒂企图对影片、艺术进行深入剖析，以揭示与解释人的无意识的状况。与此同时，还要将隐藏在画面背后的无意识动力挖掘出来，进行深层次的生命本体学的分析。但这种生命本体不能仅仅理解与把握为一种生存样式，而应让其回归到人的存在本身及其存在论阐释上。在梅内盖蒂看来："本体自在就是生命载体的核心，它又是人体本能的、感觉的、植物神经系统的、心理秩序的基本准则。"①如果人与自己的自在不相协调，就难免遭遇到不幸或患病。因为，一切艺术都是情绪的反映与表征，也是艺术家和社会的病态的投射，这种投射常常是会产生与带来疾病的。作为一种语言样式，疾病本身就是主体言说的一种方式，而通过对患者作品的分析也可揭示患者的病症及其原因所在。艺术创作与艺术治疗之所以可能，显然是基于人们的生命这种本体自在的。如果说，个体是文化建构的生成之物，那么，也离不开在心理与文化上起连接作用的超我，以及本体自在与自我、本我、超我的生成性复杂关联。

三、本体自在的回归与身心健康

通过对于艺术作品的深入研究，以及大量的精神病人的案例分析，弗洛伊德认为无意识对人的行为起着决定性作用。而且，这种无意识与精神分析的方法，也被广泛地借鉴到艺术创作与治疗之中。不同于弗洛伊德与拉康所主张的梦幻投射，梅内盖蒂的本体心理学强调的是自在，凭此在个体化内就可以完成生存的游戏。但对可能陷入的主体论的克服，依然是梅内盖蒂所面临的问题与困境。应当说，"……在欧美文化中，哲学家们和文化理论家们早就认识到身体、自我的概念、理解和体验，与视觉表现或者甚至更确切地说与摄影之间有

① [意]安东尼奥·梅内盖蒂：《本体心理疗法》，艾敏、刘儒庭译，沈阳出版社2009年版，第8页。

着牢固的联系。”①根据梅内盖蒂的观点，无意识从自身来说并不存在，它只是人类对自己无知所导致的结果，同时也是人类还没有认识到的自在。与此同时，无意识往往通过梦来传递与显露心身的信息。作为一种精神活动，本体自在应该是建构性与生成性的，它在自我反思的过程中来实现自身。但这种本体自在及其存在状态，仍然有必要还原与回归到存在本身与存在论的语境里。

如果说，无意识本身就是一种存在样式或形态，那么，梅内盖蒂的本体自在也同样离不开这种无意识，但这仍有待于经由与意识的关切而回归到存在自身。因此可以说，生存先是一种根本性活动，然后才展开人的自我思考。在存在论的基础上，生存的具体化样式的存在，以及存在的生成本性应加以强调。在弗洛伊德看来，构成无意识的根本因素是人的性欲或“力比多”，如果人们一味压抑自己的本能与欲求，就会导致人的心理问题与精神疾患。还要注意到，“治疗师必须做好充足准备，去挑战病人的防御机制。同时保持治疗过程的稳定，指导病人努力迈向自我肯定与整体性。”②然而，自我的这种整体性又无时不通过其开放性与他者相关联。为此，梅内盖蒂更加强调的是，个体及其存在的家族、社会与文化的语境。人们往往通过艺术创作等方式，将无意识的东西间接地表达与宣泄出来，比如说，创作与设计所隐含的某种攻击性危险，常常是艺术家气质的一种特有的爆发方式。当然，这同时也为艺术教育与艺术治疗提供了独特的机缘。

无意识虽然颠覆与解构了主体的本体，但它本身却是无法用本体论予以规定与阐明的。在拉康那里，无意识与语言一样可以被结构化，因此，对无意识的探究也必定关涉众多层面。福柯认为问题在于，人类如何把自己建构为主体，以及这种主体又是怎样被解构的。对于梅内盖蒂来说，从物质生活到精神生活的诸多方面与领域，个体心理学都能够对人进行全面的剖析与揭示，旨在探索人的内心世界深层次活动的发生，即无意识活动及其生成性关联机制。在长期从事心理治疗实践的基础上，梅内盖蒂从哲学层面，将本体认识论同临床心理学加以结合。在梅内盖蒂看来，今天的艺术几乎总在表现人的生存的分裂及其痛苦，以及人们在生存中所遭遇到的诸多无奈与焦虑。当然，基于梦与无

① ［英］艾美利亚·琼斯：《自我与图像》，刘凡、谷光曙译，江苏美术出版社2013年版，第7~8页。

② ［美］阿瑟·罗宾斯：《作为治疗师的艺术家》，孟沛欣译，世界图书出版公司2006年版，第34页。

意识的分析与阐释，可以发现人的与本体自我有所偏离的模式，从而得以纠偏以回归或切合本体自在。因为，艺术创作所使用的各种语言与符码，本身其实就是心身意象的隐喻与象征。在福柯那里，自我关怀就涉及主体如何面对自己，同时使自己与他人的关系成为可能的问题。

除了强调艺术对人的情操的陶冶外，梅内盖蒂还要求人对艺术保持一种距离感。因为，人应该有绝对的独立自主的精神，为此，应对包括艺术在内的各种事物和情感保持一种超脱精神，这是在他之前的许多学者与思想家尚未意识到的问题。对艺术与病理、无意识关联的揭示与强调，显然是梅内盖蒂的艺术与审美观的特点。在本体心理治疗之中，人们的病理表现同其视觉与艺术品的接触所引发的情绪相关。根据梅内盖蒂的理论，"这种生命存在形态是通过每个个体各自存在或生存现象表达出来的：每个个体是生命发生的载体，是感情和社会环境的反映，每个个体有各自的衍变或演绎。"①但如果只是把个体看成是载体与反映，难免遮蔽个体作为生命发生的生成性文本自身的意义。与此同时，梅内盖蒂的本体自在与本体艺术所依凭的本体，仍然可能面临着实体化及其所带来的问题与困境。但在拉康看来，精神分析不能以强化自我为指向，因为对自我的强化意味着自恋与反抗的确立。而且，这里又不能将本体自在简单地还原为任何单一的实体。

在梅内盖蒂看来，人们要学会将生存中具有积极意义的个体感受表达出来，而且这种生命感受无疑又是独特与不可替代的。作为一种关涉自我的艺术，梅内盖蒂的本体艺术及其表现方式，仍然要凭借一定的生成性本体，这当然涉及本体自在及其生成的问题。这种本体自在不仅是心身的，更是存在论意义上的，它还处于不断的生成之中。在海德格尔那里，此在与以存在为基础的本体论（即存在论）分不开。"因此，自身性的本体论地位是牢固地奠基在'此在'和'现成性'这两种存在样式的区分上。"②这种现成性显然是本体自在的一种异化，因此有待于被超越以回到人的本真存在。在梅内盖蒂那里，基于本体自在与艺术要素的结合的艺术本体，在本性上显然应该是生成性的，并与无意识处于相互的生成之中。因为只有这样，梅内盖蒂的本体艺术的生成才有可靠的基础。本体艺术的生成与发生，还有其相应的、不可分离的社会、历史与文

① [意]安东尼奥·梅内盖蒂：《电影本体心理学——电影和无意识》，艾敏、刘儒庭译，中国广播电视出版社2007年版，第127页。

② [法]保罗·利科：《作为一个他者的自身》，佘碧平译，商务印书馆2013年版，第449页。

化语境。对于拉康来说，无意识其实就是一种没有实体的主体。在拉康看来，认同所建构的只是自我的表层，自我的建构其实离不开他者的话语。

应当看到，去实体化与去主体化仍然是本体自在的回归所必需的。还要注意到，无意识既不是存在，也不是非存在，而往往被把握为尚未实现的。因此，梅内盖蒂的本体自在还面临着祛实体化的问题。所有艺术所凭借的本体，不仅是个体性的、特定的，同时也是流变的与生成性的。海德格尔将此在揭示为人的规定，以消解人的主体性及其所遭遇的根本性困境。实际上，此在的这种可能性、生成性，以及对存在的敞开与通达，也应当是梅内盖蒂的本体艺术所依据的艺术本体的特质。在这里，“克雷默认为，自发性艺术创作对于获悉案主内心世界，非常重要，是艺术治疗的合理部分，但非全部，因为艺术治疗还涉及人格整合。”①在艺术与审美的游戏里，为人的身心和谐与人格的完整提供了可能性。任何对艺术作品、文本与本体的经验，无疑都为人们向存在的通达提供了某种可能性。在梅内盖蒂那里，经由艺术创作与鉴赏回归到生成性本体自在，这在根本意义上应成为文本向存在本身的一种通达，而不是局限与限制在任何实体性自在与传统本体论之中。

（作者单位：武汉纺织大学时尚与美学研究中心）

① ［英］黛安娜·沃勒、安德烈娅·吉尔罗伊：《艺术心理治疗》，周祥、唐云松译，上海社会科学院出版社2013年版，第8页。

论应性①

——兼谈“应物象形”之“应”

桑建新

谢赫《画品》序言中的“六法”，是自公元5世纪以来对中国绘画艺术影响最大的法则之一。《画品》序原文云：“虽画有六法，罕能尽该，而自古及今各善一节。六法者何？一气韵生动是也；二骨法用笔是也；三应物象形是也；四随类赋彩是也；五经营位置是也；六传移模写是也。”几乎凡中国画者皆能记下六法，并对六法的阐释众说纷纭。在此，本文无意再增添一点关于六法的老生常谈的解读，而是针对六法之三的“应物象形”之“应”加以探究。

“应物象形”之“应”是怎么一回事？为什么是“应物象形”而不是“感物象形”或“看物象形”“知物象形”？我们好像明白，但又难以说清。事实上，“应物象形”之“应”的内涵在绘画理论上还没有得到充分的沉思，对“应物象形”之“应”的疏忽不是简单的理论问题和思想问题，而是对“应”的遗忘或思之不及。当我们沉溺于近现代西方哲学而把定义为“感性学”的“美学”作为艺术活动的理论基础时，非理性、非感性的“应性”就被排除在我们思之外了。但是，古人知道“应”。庄子的“应于化而解于物”；孙子的“应形于无穷”；临济的“应器量方圆”②；谢赫的“应物象形”中的“应”在古代并不是一个玄奥的字眼，而我们现代人在实在论二元对立思维的统治下，认为所有的认识世界的知识都是来源于我们的理性和感性这两种能力。我们越来越不知“应”了，虽然仍在应着。“应”成了悬疑仍然玄着。我们对背得滚瓜烂熟的“应物象形”并不解其本意而囫囵地在用。因此值得追问其原始之意，从而回到“象形”何来的源

---

① 这里的“应性”是作者首次尝试在理性、感性之下相对“应”而加以命名的。

② (唐)慧然集，扬曾文编校：《临济录》，中州古籍出版社2001年版，第72页。

头——“应”本身——那个因“应物”而“象形”之“应”。追问“应”意味着愿知它所牵涉的应性境域。

毫无疑问，应性理论的提出旨在为了解决传统艺术理论陷于理性、感性层面无以突破的问题。虽然应性理论也许不是传统的观点，但也并非毫无传统可言，它甚或是跨传统地回溯传统。也许隐秘的应性观点最终变得是可接受的。

一、人的意识三重机能与知、感、应

马克思主义认为：“意识是人脑的机能。”①如果“意识”仅指显意识，毫无疑问，那么上述观点就是正确的。但与马克思同时代的西格蒙德·弗洛伊德提出了“潜意识(无意识)”学说震惊了当时的欧洲；进而荣格提出“集体潜意识(集体无意识)”学说深化了意识的内涵，阐释了更深层的意识现象，影响了世界。由此，我们可以明确地认为：显意识仅仅是意识结构的冰山一角。如果把潜意识和集体潜意识也作为意识的内涵，那么冰山的海平面下方越往下越宽阔的意识基础就映入我们的眼帘了，使意识的机能就不仅仅限于人脑了。如果把显意识指认为由人的大脑神经系统为机能产生而归于理性能力并命名为“知”；又把潜意识指认为由人的感觉系统，也就是脑脊髓神经系统作为机能产生的感性能力并命名为“感”的话；那么更深层的集体潜意识就绝不是人脑或脑脊髓神经系统为其机能的。因为认识能力和感觉能力并不包括这一重机能的能力。如果把集体潜意识指认为显意识与潜意识之外的东西，其生成机能在哪里？人身体上还有什么可作为其机能呢？除人脑和脑脊髓神经系统外，人身体里只剩下一个交感神经系统(又称自主神经系统和植物神经系统)。在彭富春看来：“老子认为一般意义的感觉和学识都不能把握道本身。除了感觉和学识之外，人凭借什么去体悟道呢?”②这里的“体悟”是什么意思？向何处回溯才能获取这种“体悟”呢？这是一个值得去思考的事情。要回答这个问题，在这里，笔者尝试着命名集体潜意识作为人身体中的交感神经系统的机能就是“应”(见图1)。

---

① 李秀林、王于、李淮春：《辩证唯物主义和历史唯物主义原理》，中国人民大学出版社1984年版，第75页。

② 彭富春：《论老子》，人民出版社2014年版，第195页。

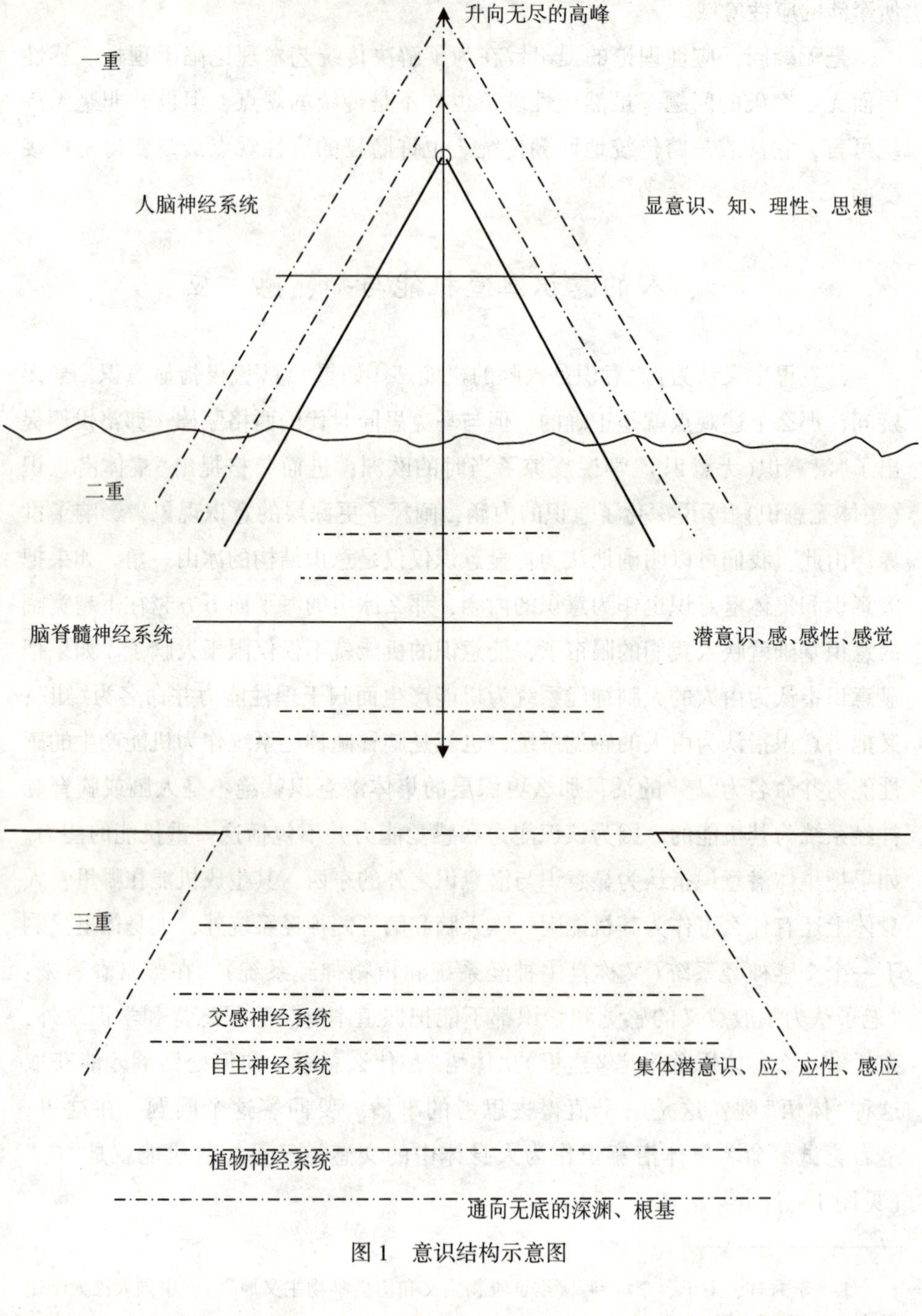
升向无尽的高峰
一重
人脑神经系统
显意识、知、理性、思想
二重
脑脊髓神经系统
潜意识、感、感性、感觉
三重
交感神经系统
自主神经系统
集体潜意识、应、应性、感应
植物神经系统
通向无底的深渊、根基

图1 意识结构示意图

人类之所以能理解自己进而理解世界，是通过人的意识三重机能历史性地进行着的：一是人脑的思想(理性)能力；二是脑脊髓神经系统的感觉(感性)能力；三是交感神经系统的应性能力或应觉①能力。在这三重机能中，我们熟悉和强调的是理性的认知和感性的感觉能力，而对非理性、非感性的应性或应觉能力知之甚少，甚或完全遗忘。以至于人的理性和感性能力在不断地发展的同时，人的应性能力在坍缩退化中。我们越来越不知“应”了。这是由于人类通过追逐理性之光从黑暗的丛林来到人类社会而越来越远地脱离了我们生命原初之根基。我们就把我们自己认定为“理性的动物”，把理性作为人的本质特征而加以高扬。理性之光的牵引使我们无暇回头或返乡。在我们能在的能力中理性能力扮演着最重要的角色。追逐强大的生产力使人类越来越自主、自信地推动着社会的发展和人类文明的进步。于是，我们更加认为原始等于落后，原始是低级的东西。然而，人类开始发现我们理性或感性的能力并不能解决和面对所有问题。我们在现代化的生活中仍然有“无家可归”之感，并在这件事情上得不到任何外部的帮助。人由此而感应到一种因无根基性而空无依傍的莫名恐惧。

(一)显意识与知

知也就是以人的大脑为其机能的显意识，是认知、思与想的能力，即理性能力。“知”处于意识形态的最高端，向着高、精、尖方向生长。它如高置的灯塔，理性之光放射着光锥，照到哪层哪层亮(见图1)。显意识的形成滞后于实际变化，就是所谓的“谋划跟不上变化”。但是“思”可以是不及物的而能够纵向地思入“无”的深渊，其基础是感和应。当知遗忘应时，它就不会思及“无”，它就只是针对“有”的对象性认识的显意识。知把世界和自我本身作为现成的对象来把握是近现代人(主体)思的特征，即不思“无”。如“我思故我在”(笛卡儿)的“思”。

理性一般只思考事实的、现成的“有”的东西，以便能放弃“无”的东西。这表明理性一般不相信应性的存在。它以为只要有经验能力，就能经验现成事物。理性不知道，只有在存在(“无”)已然被应到时，即使还没有被我们在概念上把握，我们才能事实地经验“有”的东西。理性遮蔽着应，应自身也遮蔽

① “应觉”是作者在“应性”范畴中命名的一组词之一，如“应商”“应觉”“应者”等，并认为理性、感性、应性是不同层次的觉悟方式。

着，而把应视为无法证实的东西加以否定或忽视。因此，理性必然把任何在其范围之外或朝别的方向去的东西，宣布为“匪夷所思”，甚至“歪理邪说”。

（二）潜意识与感

“感”也就是以人的脑脊髓神经系统为其机能的潜意识，它是感觉的能力，以及以视觉、听觉、嗅觉、味觉、触觉五个方面感觉“有”的东西，即感性能力。感者同步于实际变化。感是只针对“有”的对象性感觉。感处于意识形态的中间位置（见图1），它处于显意识之下和集体潜意识之上。通过脑脊髓神经系统的传递，上浮生成为知觉、显意识，下沉为应或直觉、集体潜意识。一般认为感是显意识的来源，即从感性上升到理性认识。所以黑格尔、马克思把感性认识指认为人的认识的初级阶段。

感觉是脑脊髓神经系统对现成的、对象性的实在物的觉知，是感觉到外部世界的物质存在者，并与其发生客观的接触关系和对象性认识，即感性认识。然而，古希腊赫拉克利特、巴门尼德、柏拉图均不相信感官，他们认为感官提供的只是虚幻的幻影，他们要看到虚幻的感觉后面的东西。印度的释迦牟尼，中国古代的老子也不相信感觉。感觉的东西是表象。但是，我们向来坚定地相信感觉、依靠感觉，在生存活动中把感觉奉为圭璧而停留在感觉层面上，不思或无思突破。停留在感性层面的日常经验中的人们也不相信应性的存在，而始终相信“眼见为实”，而眼见到的只是由光线生成的虚假之相，表面之相或幻象。这就是感觉之伪。从这个意义上说，把美学指认为感性学，把美术（绘画）定义为“视觉艺术”凸显了它们的局限性和表面性。

（三）集体潜意识与应

“应”是以生命体的交感神经系统（自主神经系统，植物神经系统）为其机能的集体潜意识，是感应的能力，即应性或应觉能力。应处于意识最下端的无底的深渊（见图1）。荣格的“集体无意识（集体潜意识）类似于佛经中说的阿赖耶识（也称种子识、藏识），它先天地具备了人的全部智慧和创造性潜能”①。历史上，人们对这重境域的命名太多：老子的“无”“道”；释迦牟尼的“空”；西方的“真理”；海德格尔的“存在”“本有”；铃木大拙的“宇宙潜意识”，以及

① 冯川：《中译者序》，参见［美］弗洛姆、［日］铃木大拙、［美］马蒂若《禅宗与精神分析》，王雷泉、冯川译，贵州人民出版社1998年版，第4页。

“神”“禅”与“本源”，等等，莫衷一是地以不同的明确性命名着相同的东西。正如“名可名，非常名”(老子)所道出之意。

应是非对象性、非现成性地应合道(真理)。它没有针对性的对象世界而敞开其自身于世界之中。应是生命体在之中地与氤氲、意蕴相通达。应就是应运、应蕴、应合、应该、应当。“康德多次把无条件的命令强调称叫应当”①，道出了应的必然性。应就是对人的劝说或允诺：应道而为、应势而为、顺应自然、顺应潮流、随机应变、应当、应该去……它隐秘地、基础性地决定着知和感。应是一种根据能在发生的生存行为，也是一种生命体的集体无意识或交感神经系统行为，是其根本的本能反应之应急、应合与适应。应不是一种特定的说明和领会的认识，更不是在理论把握意义上的知识，而是一种生存能力。也就是说，应首先不是主观意识的认识，也不是主体的感觉，而是一种时间性的生活可能性和生命活动。理性、感性的认识都基于应性——生命体原初的能在之应。应在生命体中自成根据，是从生命体自身中出发的能在的能力。

应性境域会使理性的人不可思议。它不能被重复证明而被实证主义者视为非科学的东西。那些不能得到证实的东西就站不住脚，理性主义者对此是要坚决反对的，特别是在高扬科学的时代，这种看不见、摸不着、想不到的东西很容易被否定或忽视。我们从来都不在乎应，我们遗忘应久矣，因为对于交感神经系统的应境域的理解始终是极少的可能。这是由于应只针对“无”的特性造成的。“无”始终在“有”的近处而不出场，它们“同出而异名，通谓之玄。”(老子)。但“无”并不是否定性的，而恰恰是“无之以为用”(老子)。在应的层面上没有通俗的理解可言，而总是非同凡响的。正是：“此曲只应天上有，人间能得几回闻。”(杜甫)

二、“应”的生命体与氤氲、意蕴

“应”是生命体中的每一个细胞、每一根神经的事，即生命体全身的事。生命体也即“应器”(临济之意)就在于能应。植物能应，动物能应，人能应。因为生命体生存着，始终有一个氤氲世界，这个世界只可应，不可感，更不可知。氤氲的大气使一切生命体尤其是大地之子的人得以呼吸与存活，并使得一

① [德]海德格尔：《形而上学导论》，熊伟、王庆节译，商务印书馆 1996 年版，第 197 页。

切生命体从一开始就有所应而能在。能在就是持续不断的适应。不同的地理环境中的不同动植物、人皆是适应的结果。能应才能在。这个原初应对于所有生命体是同有的。对所有生命体来说，自然是个氤氲世界；对于人来说，自然不仅是个氤氲世界，而且还是个意蕴的世界(这里不涉及宇宙作为生命体)。植物、动物、人三者区别在于：植物被动应氤氲世界，动物主动应氤氲世界，而人在主动应氤氲、意蕴世界中反思应。由于人在应中能反思，古希腊哲人就把人定义为“理性的动物”。然而，人作为生命体必然比植物更具有植物性(人身上的植物神经系统)，比动物更具有动物性(人自诩为万物的尺度)。因为氤氲、意蕴世界对于人的理性的知和感性的感来说是“无”，从而这两者皆不能通达其境域，所以只有凭借非知非觉的应的体悟才能与之相应而通达。生命体如同应器。“应器”——心灵的罗盘，此在地感应着轻重缓急方圆转折强弱吉凶。失去了它就失去了生命，犹如罗盘失去了磁力。生命体就是能生长和消亡者。

人作为生命体应合的乃是氤氲、意蕴的世界。氤氲是灵魂的姐妹。灵魂是氤氲的神圣化。意蕴是精神的兄弟。精神是意蕴的焕发和崇高化。氤氲、意蕴是原始的灵魂、精神。它们彼此相通，如古希腊谚语灵魂沟通精神。意蕴指存在于无的弥漫空灵、无边无际的精神世界。意蕴是对人的世界的一种范畴性规定，即只有人的生活世界才有意蕴。而且，在意蕴世界之中人处于中心。这个范畴不是事物性的，也不是我们主观加于事物的人的观念陈述的事物存在者特征，而是事物的根本规定，即具有存在(“无”)的特性。作为存在特性的意蕴是无法直观的。也就是说，世界在更隐秘的建构中是非实在的意蕴。或者说，物质世界是意蕴(精神、意识)秩序的现象。意蕴以隐秘之特性被应验。应验在这里意指比经验、体验更隐秘的一种非现成性、非对象性的领会方式。意蕴不是理性和感性层面的意向性知和觉，而是要靠交感神经系统应合的世界。

应与知和感的不同在于：应要应的是非对象性、非现成性的意蕴，而不是对象性的状况、质料、形态。在知和感的两重对象性认识和感觉活动中，人们失去的正好是非对象性、非现成性存在特性的意蕴。只有真正穿透对象性、现成性认识的幻象、表象，即超越理性和感性，才有可能应合意蕴。人脑的知和脑脊髓神经系统的感均把世界对象化，只有交感神经系统的应与世界相通达，通透而无阻碍。

意蕴是事物的可应性之所系，即对于应者来说，事物因意蕴而成为可应的，即使事物本身不为我们明确所见，更不会成为我们关注的主题，因为意蕴，我们仍然对事物有一定的应觉(体悟)。意蕴是被应者的根据。意蕴在应中起到导向作用，即原初的投开之所向。事物由此而作为它所是的东西而在其可能性中被应。意蕴是应的结果要素。意蕴的关键却是在生命体存在的原始应——原初投开。意蕴——通过指向某物而关涉某物—切中—涉及—显示—指明、打开的道路。世界状态是在意蕴状态之特性中被人遭遇的。意蕴不是外部世界给予对象的属性，而是应合中生成的意旨。但通常这种更基础性的意蕴生成却是被遮蔽和遗忘的。

人的特征是应而反思，即投开和阐释的两种能力：应是投开，即打开整个意蕴境域；反思是阐释，即使之清晰化。人的每一种生存行为在自身中内立为反思，但这种反思不是作为主体的意识活动，而是应者的应合反应。两者彼此互属，发挥各自功能。人(应者)的这种应而反思能力是自行、自由、自主的，即它是由自主神经系统机能应合的本能行为，也即前理智的基本生存方式。任何知、觉阐释的基础都是应而反思。它表现为投开活路。“做活路”①是我们人的原始需要。应的投开不针对时间和空间以及实在物，也就是说在应的境域里没有过去、现在和将来的逻辑线索。这个境域超越了与理性和感性相对立的实在世界，同时也超越了其时间和空间以及作为主体的人，进入无时间的时间性和无空间的空间性以及无身体的身体性境域中，即“物我两忘”或“出神入化”的应者状态，也即庄子所言的“应于化而解于物”或孙子的“应形于无穷”。所以过去和将来发生的事都持存于这个境域之中。应是全维度的、纯朴空疏的，同时也是最基本的。

人总是有世界的。这个世界不是现成事物的全体，更不是物理空间和流俗的时间，而是一个意蕴关联全体。人在世，就意味着他对这个世界或意蕴总体有最原初的应，否则他就难以能在。这个原初应不是经过主观努力得来的，而是生命体与生俱有的。但这种原初的应不是非常确定的，而是模糊的、潜在的、隐秘的，是一种根本的可能性。之所以“根本”，是因为它是生命体应意蕴而能在的基础。有应就能在；能应就是能在。应是能在，是生命体向来为它自身的缘故的能在。应并非生命体所能决定；相反，生命体的存在必须以它为出发点和依归。应真正要应的是它投向的东西——那个尚未有明确规定的可能性。生命体在它的能在中有所应地生存着。在人与世界的关系中，最重要的是应的关系。不应是相对的，应是绝对的，即生命体必须始终应着。

① 四川农村方言，就是做事、干活。

真理是以各种不同的意识方式获得的。无论是“符合论”的真理观还是“存在论”的真理观，但最根本的真理乃是对集体潜意识的应的沉思而获得的。意识必须与整个应的应验融合。因为正是在应中我们直接应验(经验)到善与恶，美与丑，真与伪，有意义与无意义，矛盾与和谐，凶与吉，痛苦与快乐，等等。这些存在于生命体原始的应性能力，是感性与理性最终仲裁者，任何事物的意义(价值)的最高法官，生产力及其种种成果的原始创造者。

应有能的意思，如同知和感是一种能力。应性能力具有原初、先行、隐秘和实际的特性。而且，应性能力还存在着层次性、强弱性、阶段性等特性，即应的深刻性和一般性，必要期和不应期的区分。显然，只要应是一种能，就会有大小、高低、强弱的区别，就有如智商、情商一样的等级的“应商”。应是一种生命能在的根本能力，是作为能在的生命体的存在方式。应的关键是自我投向自身的能在：自身怎样存在，怎样同时与之曾在、正在和将在发生关涉。但这种关涉不是发现某个事物，而是应蕴地置身于某种生存可能性之中。应是关于怎样，而不是关于是什么的问题，即应不能从是什么中派生出来。生命体总是应或不应去如此这般存在。人作为生命体有这样的应：他知道他何以与他自己在一起，即他的能在是怎样有“试经试”或“哈试”①。我应故我在地应到意蕴就应到了一切，因为意蕴无处不在。“一切皆应”是指一种生命体与存在的关系。或者说，以交感神经系统应到的就是一切，而不是指做某件具体事情的能力。它不能像有意识的认识行为那样孤立发生。应是对意蕴全体的存在的领会，而不是对个别事物存在的认识。在我们应一个事物或一个人时，我们实际上无法就事论事地单独领会，而必须在一个意蕴整体中才能应。应是“不留于一物，故其神与万物交”(苏轼《书李伯时山庄图》)的能力。

(一)应的原初性

应作为生命体生存的根据和条件，是生命体原始的拥有。原初应就是能在的可能性。其原初性可以追溯到生命体的植物神经系统(交感神经系统，自主神经系统)的能应机制上。事实上还远不止如此：在我们还没有大脑和五官之前，“我们”就是有了交感神经系统的生命体，更早就是有了植物神经系统的生命体，更更早就是没有神经系统的生命体……有生命发轫就有了应。应随道而生。道是“天地之始，万物之母”。应使生命存在。在人的生命体中潜伏着

---

① 四川农村方言和湖北大别山地区方言的字音，有能“应”之意。

植物神经系统，只是现代科学的发现，而早在两千五百年前，孔子就认定“树木是我们的老祖宗”而倡导“木德”。海德格尔“甚至不敢贸然把森林旷野里的鹿，草木丛中的甲虫和草叶称为物”①。因为它们是作为应器的生命体。只有在应的原初层面中，我们才能理解量子力学所研究的“双胞胎为什么会有感应?”也才能理解在中国中央电视台《挑战不可能》节目中，一个可爱的六岁小女孩韩嘉盈催眠各种小动物的神奇能力，以及主持人撒贝林看傻了眼而流露出强烈的惊讶。由此可见，我们对自身原始地所拥有的交感神经系统的应的通达能力，因遗忘而陌生到什么程度。

(二)应的先行性

应的先行性是一个向将来趋向的内隐行动，是先行地投开自己和世界的原始可能性，是生命体向生命体前面趋赴。犹如动物、人的感觉器官长在身体前面；犹如所有的生命体趋赴光。应的取向是将来。人始终是向着将来应，投开将来。没有应就没有将来。将来是应的基础、前提。应的先行性意味着一个不断的生存道路的准备，即先于知和觉地把尚未涌现的东西先行应到。应者总在预感并先行应入遥远和全面。这种以将来为取向的投开或展开，主要不是从理论上对一个投开的可能性形成一个见解，即不是一种主观反思的认识，而是把自己投入到这种可能性中去，即是展开自己存在可能性的行为。生命体始终像他所能是的那样有所应地存在。在生命体的可能性中，总已有了应。我们总是按照应展示的事物的本质维度先行地应着可能性。应感应着生命体在之中的东西，先行地预兆着将要发生的事情。

应使我们已经对这个意蕴世界有了某种先行领会，即先行应到这个世界，才能对新到事物有所应对。由于人作为生命体始终对意蕴全体有这样的先行领会，意蕴就不只是让生命体得以应的使者，乃是先于一切领会到达的东西。所以当遇到来临的事物时，他就能从容不迫，审时度势，随机应变，根据需要恰当地应对事物。当然，新到者是全面的、万分复杂而陌生的。

应是先行与决断的统一，它是生命体最本己的可能性。生命体具有不同层次的可能性，生存可能性是最基本的。人的应总是与己有关，是朝向自身对在自身前面的生存可能性有所应，而这种应不是应别的，就是应自身的生存。生存是应得，而不是算计得。没有先行就没有可能性的空域。应总是将来的。它

---

① ［德］海德格尔：《林中路》，孙周兴译，上海译文出版社 1997 年版，第 5 页。

总是预兆着……的来临。如动物先行于人应到地震、火山、洪水等将发生。“物竞天择，适者生存。”能生存者是适应者，而非强者。

(三)应的隐秘性

适应者生存，能适应者就是慧者。慧为阴，智为阳。阴性隐秘的慧是应的一种沉默力量。沉默也已然是一种应和。沉默宁静则能应。静的意思也是说要摆脱热闹的“有”，进入空疏寂静的“无”，超越存在者层面的事物，才能有所应。应什么？当然是应无声无息，无体无形，无味无色，不可触摸，不可看见的存在之意蕴(真理、道)。自然的意蕴，他者的信息通过应而获得。应的隐秘性是应本身的遮蔽特性。所谓深刻而隐秘的东西，就是来自交感神经系统机能的应，我们通常把它叫作“神秘”。应的隐秘境域是寂静的。作为寂静总是比一切运动更涌动。如同大洋洋流的涌动，并不产生于海面的风波。

应与意蕴世界遭遇是一种隐秘而浑然的构境性意会的不可言传(本文的探究也是在一种应性境域被撕裂的形态中被带向语言的)。应的隐秘性来自于它的根本的模棱两可性，或谓：既“有”又“无”的悖论特性。使人们难以察觉、难以决断。应的“有”特性是因为它是生命体生存的绝对条件，即没有应就不能在；应的“无”特性是因为它没有根据和具体的表象。应不关涉于表象。应从不应表象。它只对隐秘的东西应。应合并非符合、反映。应合没有表象意义上的符合一致的特性，即应合并不是符合对象，反映对象，也不是去把握对象，而是在生存着的通达交往，关涉中获得它的精确性、它的和谐。

然而，应始终处于冥冥之中。应——持存的隐匿。“应”作为隐秘的动词，我们日用而不知。实际上，应既隐匿又展示。应就是生命体本身本己的能在。这个能在自身展示与他自己在一起的那个生存之道的所是。人作为应的生命体是意蕴(精神)得以展示的领域。很显然，隐秘的应又是一种生存的展示，这种展示涉及生命体在世存在的全部基本状况，即生活得怎样？生长成啥样？应而能在就是展示性的站立。人作为生命体本身和事物由此展示性得以展开。展开才能应，即虚怀若谷才能应，才能通达到意蕴世界之中去。在之中应而能在。

世界展示为意蕴整体首先不是作为与我们无关的事物向我们展现，而是作为有用、可用、需用和可畏的新到事物向我们涌来。这对于我们理性的人来说，涌来的东西，因为应的隐秘性往往使我们措手不及，错失良机。隐秘的应的根本模棱两可性，使我们因怀疑常常处于犹豫不决中。这也就是与应的允诺相反的后果——“悔”的产生。

(四)应的实际性

应的实际性乃是人与世界应而打交道，不是思而打交道或觉而打交道。打交道就是在实际中。应是生存做事的基本条件或前提，是对世界的种种关涉总体前理论的了如指掌、得心应手。应始终将自己保持在氤氲、意蕴世界的实际关涉中。在这样的世界中应合得随应所欲、游刃有余。我们常常有这样的经验：在做某事的时候，当用理性和感性能力为难时，用应性能力也许就能迎刃而解。例如，当写生面对一棵树时，用理性能力对象性地去测量、计算、比较、研究地画是不可能通达的；用感性对象性地去感觉到的是形体在光线变化中的杂乱无章，也是难以把握的。无从下手，困难使画者急迫。无意间，一阵风使树一动，一束光穿透过应的澄明之域，刹那间应到了“怎样画”，困难的事瞬间因应而解，有了决断。用理性、感性做起来很困难的事，用应性做起来很容易。实践经验告诉我们：不要想，只要做。即“常应诸根用，而不起用想”(慧能)。也就是说：绘画的问题就是交感神经系统的问题，绝不是想象力的问题。

应的这种能力是应本身让自己在这种关涉中和由于这种关涉与自己相关而熟悉。这种熟悉是历史性的积淀、持存，已然藏于集体潜意识(藏识)之中了，藏于生命体的细胞、肌肉、神经系统中了，成其为本能反应。例如：在夏天的夜晚，居室窗外树林里喧闹的虫鸣不会使我们觉得是噪音，我们可以安然入睡。如果同样分贝的农机声，就会使我们烦躁不安而难以忍受。因为昆虫的鸣叫在我们生命原初就与我们相伴随而熟悉，而农机的机械声则不然。内居性的应和亲熟，即一刹那应到事物的存在与“我”的关涉性。熟悉的关涉使自己原始地就其存在应而能适，能打交道。这种关涉相互联结在一起形成一个原始的全体，一个混沌未开的世界。亲熟状态，即是做什么事情时获得的成功活动方式之保存和以后再三自动发生的惯性运转。实际惯性运转的应手、在手。以人存在的原始统一性达到实际的原始统一性，就是“天人合一”状态。所谓的实践与理论的区分，就是割裂了应与实际的原始统一性，是没有理解到：应是一种实践着的和实践是应着的生存现象。人在知道“是什么”之前，先应到“怎么样”。如一个婴幼儿应合着一只皮球在蹦跳，但他并不知道这个东西叫“皮球”以及它的原理。应变能力向来按照道的方式而变化，即随机应变，而不是按照概念的方式而变化。如果那样的话，行动就延宕了。应合道就是在意蕴上展现事物并与事物一同展现，没有这种展现，没有这种原始行为，传统意义上的理论与实践都不可能。黑格尔主张理论先于实践是没有看到生存中这个应的生存现象。马克思则认为实践先于理论是更切近事实的，即一切从实际出发。但应是理论与实践的隐秘基础或前提。

应着不是实在论意义上的对象性地发现着、认识着、觉着，而是生存意义上的非对象性地在之中感应着、应合着、反应着、应急着、适应着。先有应而后有发现。如此，应才能投开并通达生存之道路，与道无间应合。从这个意义上说：应就是道。道代表一种绝对的应。在道与应的关系中，应必然而且始终就是一种与道合辙的应合，而并非仅仅偶然和间或地是一种与道合辙的应合。它始终在一种合辙的状态中存在。随应而作为就是道，并获得它的精确性和协调性。更进一步说：应就是一种宁静而充沛的顺应道(真理)。“顺应”就是虔诚，就是朝乾夕惕地活着，是在无条件的命令中自我领会的确定性行为，是必须服从道(真理)的动态平衡法则；就是去应做或不应做、怎样做的必然，即在无他者命令中慎独着、掂量着、思忖着、预备着、热爱着的一种喜气洋洋的禅悦中的敬仰、赞美、颂扬。应就是一种信仰。应不是一个理论成就，而是一个实践决断。决断是应的无条件命令的功效，即我应当、应该这样去……应而决断不仅仅是自由选择，更是生命体独一无二对自己能在的应答。“应答”不是一个有所答复的陈述，而毋宁说是应合。应合道(真理)的呼唤就意味着自己的存在有根基之独特性和不可替代性，应合道(真理)是纯粹自身的事情。应是作为一个命运的指令与对这个指令的服从的泰然任之。“泰然”，即有根基，克服“莫名恐惧”；“任之”，即承荷起责任、使命。

三、应性与绘画艺术的发生

谢赫的“应物象形”是把应作为绘画造型的规定，这就意味着绘画是应而造型，而非知而造型，觉而造型。这一下就把绘画艺术沉入应性的境域而超越了艺术的理性、感性层面。在此境域，绘画是应于意蕴世界而揭示道(真理)之造型艺术，是为道(真理)寻求形象。因为道(真理)必须设置入一个载体才得以呈现。绘画是将应的可能道(真理)加以实现。不在应性境域的造型艺术，在笔者看来还不是深刻的艺术。艺术必须深刻。肤浅是艺术的大敌。这种深刻并不是别的，而仅仅是放弃以往的理性和感性层面的观念而通达应性的境域。这个境域乃是无底的深渊。这个深渊既不是否定意义上的空洞虚无，也不是幽暗的迷乱，而是反射着理性之光和闪烁着最原始的蓝色的幽幽之光的澄明之境域。在之中，涌动地回荡着绘画作为艺术而言的本源。它为艺术的深刻性备下了无限的可能性。艺术没有最深刻，只有更深刻。一切深刻的原创性艺术都来自此重境域。例如：当大家都以为写实油画艺术在“穷途末路”之际，卢西奥·弗洛伊德以他坚韧的专注开辟出写实油画艺术新的可能性；贾可梅蒂亦如；在沿袭千年的中国水墨山水画趋同得难以区分谁是谁的作品时，黄宾虹闯出独一无二的山水画样式；与之比肩的齐白石在写意花鸟画领域里开拓出新的高度。他们并没有颠覆传统绘画，而仅仅是在同一条道路上走得更深刻些而已。通达此境域的前提是：必须克服和超越二元对立的对象性认识模式和感觉层面的表象性模式作为其艺术创作模式。

真正的艺术，即深刻的艺术是应性的，而不是理性或感性的，即不是认识论或情感论层面上的模仿或表达出来的东西。真正的“艺术是真理之自行设置入作品”①。这里的“真理”绝不是认识论意义上的符合论“真理”概念，而是对存在之真理的揭示与解蔽。“揭示”就是一层一层地揭开遮蔽，即揭开理性的和感性层面的对象性和表象性的遮蔽并展示应性的非对象性敞开的澄明之境域，让事物敞亮出来并自行设置入作品。这里的“自行”也是费解的。自行就是人的自主神经系统行为，即不是凭意识、意志或感觉能控制的行为。凭理性绘画是刻意，凭感性绘画有点做作。以“刻意”和“做作”创作的作品是不可能达到“气韵生动”的质朴真气、“骨法用笔”的有力痕迹、“应物象形”的深刻造型、“随类赋彩”的充实光辉、“经营位置”的自然天成和“传移模写”的意味到位的艺术境界。齐白石述言：“不刻意求似而得似，更显神韵。”②“神韵”乃是艺术家超越理性、感性的应性造型。艺术家的本质天命对意蕴(精神)的偏爱应合的是这种意蕴(精神)对画面的自行安置。

人以及人类、事物越是往高处攀登就越是需要根基。高而无根基就有坍塌的危险。无根基也无从高起。当今绘画艺术创作的现状是“有‘高原’缺‘高峰’的现象”③明显存在。这是因为创作者一般逗留在理性或感性层面上而无根基，浮躁地滑来滑去，追求着立等可取的成果。究其原因，关键是我们并不真正理解艺术的根基在哪里，才不知所向而无大道可行，洞见不到应性境域的无底深

① [德]海德格尔：《林中路》，孙周兴译，上海译文出版社1997年版，第61页。
② 齐白石：《白石老人自述》，生活·读书·新知三联书店2010年版，第133页。
③ 习近平：《在文艺工作座谈会上的重要讲话》，学习出版社2015年版，第36页。

渊就是理性和感性层面之更深处的另一重世界，是创造之威力的根基。不知路向，前进便是倒退。何能攀登高峰？对于此，西格蒙德·弗洛伊德有言："靠探测深渊的办法来登上高峰。"①艺术创作的"高峰"源于生活的底蕴、根基，而不仅仅是生活。

（一）"应物象形"与绘画造型

"应物象形"是应性境域的绘画造型活动，绝不能等同于理性的认识活动或感性的审美活动。如果有审美的话，审美应该是应美。美是审不出来的。美靠应，真靠应，善靠应，意靠应，无靠应，存在靠应。它们靠知和觉都无法通达，因为它们都不是可知可感的实在对象。事实上，我们总是在绘画活动中追求理性、感性的可靠确定性。然而，不适合的确定性是会把它确定的东西保持在遮蔽中而色彩沉闷、晦暗，造型僵硬、单薄、寡味，精神肤浅、平庸。艺术有确定性吗？艺术只了然于应。从根本上说，绘画活动要打交道的不是现成物、实在物，而是意蕴（精神）虚无的境域。因为绘画活动是从事精神产品的创造，它需要对意蕴（精神）的应合，或对存在之真理（道）的应合。这种应合物又获取象的绘画造型活动就是"应物象形"。以既应合又获取的方式，应于物而象于形。应物象形不是一种理性或感性的绘画活动，而是一种非理性、非感性的应性的绘画活动。绘画之美乃是理性、感性二者分化之前的本源状态之美、之真。应物象形地画，就意味着既不是用大脑画，也不是用心画，而是用"肚子（交感神经系统）画"，以"应器量方圆"地画。

应性的绘画活动是应的发展与占有。应有它的先有、先见和先情绪使应总是处于某种情绪中。通过这种情绪，绘画活动向来或这样或那样被安排。情绪决定了应的意蕴范围和方向。应不是泛滥无归，而是应合情绪笼罩中的情势的呼求而归聚。情绪给应增添了诗意色彩。应的情绪是绘画活动的前提条件。这种绘画活动是一种在情绪状态中的生命冲动的把握在手、得心应手的必然表达，而不是那种仅仅与应合相伴随的偶然涌现出来的感情的表达，更不是停留在观念层次上绞尽脑汁的偶然变化和波动的创作活动。

应性在绘画中之所以必要，是因为绘画表达表现的是个别的、一次性的、唯一的事物，一般规则或规律对它们用不上或不够，因为我们不能对它们进行

① ［德］西格蒙德·弗洛伊德：《论创造力与无意识》，中国展望出版社 1986 年版，第 17 页。

理性的、毫不含糊的、完备的模式准备。为了充分掌握这些意蕴(精神)表达式，古代的中国画者就将应物象形确立为绘画造型的作为方式，创造出一种叫作“写意”的绘画，以有效的方式将意蕴(精神)的种种关系应为有诗意的形象。绘画的作为方式取决于应的方式。绘画是画者揭示真理(道)、意蕴的方式，它一定是自己的方式，而不可能是他者的方式或社会的方式。应与绘画的激动人心的经验之一就是：画者并没有充分解悟它刚刚应合得的洞见，也没有以适当的方式追随这种洞见，就决断地作为起来了。这种开创性的作为使人着迷，因为他不知道是什么东西要来到，就像一个正在生产的孕妇母亲急切地想知道，来到的是男是女或是什么样子。艺术创作往往是行于思前，而不是“三思而后行”，但总怀有某种力量、情绪要聚集，有东西要出来。应如果被思了，也并不一定按其思路走。道(真理)之自行设置入一幅绘画作品是闪光，是飞絮，是涓涓细流，是火焰的溅射，是星球划过天空的轨迹，是屋漏痕，断折枝，是捅向深渊，然后又是硕大无朋的暗冥与澄明的争执，“知其白，守其黑”(老子)地在虚空悬置中环绕着世界与“我”的融合的晕眩。在之中，画者纵情恣意的同时又极端明确。任何笔触、色彩都从应而来就是真理之自行设置入作品。

(二)“应物”

在“应物象形”中“应物”是对“象形”的规定，即因“应物”而“象形”。“应物”是一种规定怎么画的作为方式，而绝不是看物作画那么简单。量子力学证明：“看到即改变。”这就是说：当我们看到的已不是不确定的存在(道，真理)，而是确定的存在者(实物)了。在意识的参与下，看到事物就是事物从不确定到确定的改变。所以说应绝非看那么局限、那么确定。但应包含看和所有的感觉能力。在绘画中的应是对整个作画行为方式的规定，也是对物、象、形的规定。这就意味着整个作画行为必定是处于应性境域中的活动。应指令画者去往它由之而来不知不觉的寂静澄明之境域。这个境域是意蕴的展示，是敞开意蕴的、画者要沉入而在其中之居所，而不是一个对象性的物理空间，从而能够把意蕴纯粹地揭示并保持于其中。

这里的“物”首先是被应所规定的。它不是思想之物，感觉之物，而是应之物，是物之物性，是“道之为物”的物，即物的本质存在。应物乃是应道(真理)而作为。如老子所言：“道之为物，惟恍惟惚。惚兮恍兮，其中有象；恍兮惚兮，其中有物。”应与物是一种存在关系，而非认识关系，也非感觉关系。

否则就是“知物象形”“觉物象形”了。应物是交感神经系统的事，也就是“不留于一物，顾其神与万物交”的作为方式。

西方传统哲学对“物”的三种定义：①物是其特征的载体；②物是在感性的感官中通过感觉可以感知的东西；③物是具有形式的质料。这些皆不是应物中的物。“物”这个词的多义性难以把握，但应物之“物”是与知物、觉物之“物”不同的经验物性的另一种方式却是肯定的，即它不是日常的传统科学的物的经验。按照今天量子力学理论的说法：“意识是物质的基础”，即世界上根本没有物质这个东西，物并不是由物质组成的，而是由空的空间组成的；在这些空隙中到处都充斥着电荷，它们是由较高的速度来回运转着、振动着的量子组成。有形无形皆是不断振动的能量，两者的区别在于振动频率不同，因而产生不同意识或形式的物质。物是什么？这个问题，现在表明，诸物居于各种不同层面的真理之中。而“应物象形“之“物”必定是应性之物，是“一念不生全体现，六根才动被云遮”(张拙)之物。

(三)“象形”

在“应物象形”中“象形”被“应物”所规定，即“象”应之所是的“形”，而不是觉之所是的形或知之所是的形。也即“象”存在着的存在之“形”，而不是“象”存在者之“形”。理性、感性层面的象形是象存在者，就是象实物的外形，也就是我们熟悉的模仿论——符合论的绘画造型观——模仿的符合度越高就越真实。这种绘画观的最高目标是求得惟妙惟肖的似。这样的话，象形就流于苏轼指出的“论画以形似，见与儿童邻”的简单、幼稚、肤浅层面上了。应性的象形不是象实物之表象之形，而是象形体现着象形的本质。象形之本质植根于意蕴之本质。象形与意蕴的应合成其为一个本质统一体。应物象形的本质在于应向意蕴的牵引而象形。应物象形的造型艺术观是发生，而不是再现。写生、写意而不是写形。

意蕴之应，先行揭示并引导着画者对物的造型行为。这种应的引导实行着那种预见和展望，对某种最遥远、最崇高的东西的预见和展望——这种东西又是最切近的，比我们手头、耳旁、眼前所有的一切更为切近，因为应与意蕴本质上无距，也即没有空间和时间关系。应性的象形艺术造型不能通过认识和感觉来确定，因为艺术不是一个对象，而只能在应中确定。艺术与科学不同就在于它的确定不是一种知，不是确知，而是对意蕴的应。科学是以哲学的理解为前提，哲学是对道(真理)的理论揭示。而艺术的应是比哲学之思更原始的领会。真正的艺术是存在的先天领会，即似有若无(“恍兮惚兮”)的领会。何以这样认为？因为艺术不是感性意义上的审美，而是应性的诗意地揭示道(真理)的一种方式。美是诗意的专注真，即：认真就美。

这里探究的应物象形之应的本质内涵把我们带向它那古老的境域，它不同于理性的人对现实世界的观察和陈述，而是初步尝试地对应性的理论揭示，以期这个应性理论可能为艺术家照亮一重陌生的艺术世界的境域，并在对其揭示的过程中，艺术家得以运思“应性境域”而在其中逗留着，创造着去应合于那居有着、涌现着的意蕴(精神)的无形、寂静之象。笔者贸然断言：绘画艺术只有基于应性境域的创造才能成为精神作品史上可立住的。如是，克服和超越理性和感性层面而进入到应性层面的“应物象形”绘画造型境域，必成为艺术家步入艺术世界的开端或铁门槛。艺术只有通过应之道路而赢获，别无他途。

(作者单位：湖北美术学院)

艺术中对图像主题呈现方式的再现

——在图像意识现象学框架下解读文艺复兴人物造型方面的艺术成就

黄子明

胡塞尔将图像意识视为多层次意向相交叠的意向活动。图像意向比单纯的感知意向更复杂，它包含多重客体及对应的多层次意向。在图像性意向活动中存在三个客体，即“图像事物”(bildding)、“图像客体”(bildobjekt)和“图像主题”(bildsujet)。“图像事物”是“感性显像的承载者”①，如画框、画布和油彩等事物。“图像客体”是“代现着或摹像着的客体”②，是显现出来的图像本身。“图像主题”是“被代现或被摹像的客体”③，是存在于现实或幻想中的某事物。以莫奈的《睡莲》为例，白色的油彩是图像事物，睡莲的图形是图像客体，所指的睡莲就是图像主题。

只有当意识对准“图像客体”时才算真正进入图像意识。“图像客体”的呈现奠基于对“图像事物”的感知，借助于对“图像主题”的想象，图像意识因而属于一种“感知性想象”。

“图像事物”与“图像主题”的感性存在形态是完全不同的，白色的油彩和

---

① Husserl, *Phantasie*, *Bildbewusstsein*, *Erinnerung. Zur Phänomenologie der anschaulichen Vergegenwärtigurgen. Texte aus dem Nachlaß(1898—1925)*, *Hua 23*, *Hrsg.* Von E. Marbach, 1980, p. 138.

② Husserl, *Phantasie*, *Bildbewusstsein*, *Erinnerung. Zur Phänomenologie der anschaulichen Vergegenwärtigurgen. Texte aus dem Nachlaß(1898—1925)*, *Hua 23*, *Hrsg.* Von E. Marbach, 1980, p. 19.

③ Husserl, *Phantasie*, *Bildbewusstsein*, *Erinnerung. Zur Phänomenologie der anschaulichen Vergegenwärtigurgen. Texte aus dem Nachlaß(1898—1925)*, *Hua 23*, *Hrsg.* Von E. Marbach, 1980, p. 19.

现实的睡莲是截然不同的事物。在对白色油彩的知觉基础上立意出睡莲的图像，关键就在于想象变更。这是胡塞尔图像意识现象学的基本架构。本文将以文艺复兴高峰期的艺术作品为案例，借鉴胡塞尔的现象学理论，探索人物图像呈现的一些原则。

一、文艺复兴初期人物造型方面遭遇的难题

西方中世纪时期的艺术抛开了古希腊罗马艺术的规则，不再看重对事物形态的逼真呈现，而将重点置于对圣经故事的简洁叙述以及宗教情感的直接宣泄。这一时期的作品中，圣人们的体态样貌往往扭曲变形，作品力图以最简捷的画面语言渲染出最浓重的宗教情绪(见图1)。

图1 《圣母与圣婴》(13世纪初绘于意大利卢卡)

到了14世纪初，艺术创作的风尚开始发生变化。乔托(Giotto，约1267—1337年)是佛罗伦萨文艺复兴的第一代艺术家，他开启了一种新的绘画理念，就是使图像尽可能逼真地呈现出现实事物的本来面貌，从而启动了一场向古典写实主义艺术复归的革新运动。比起中世纪的艺术作品，乔托的画作(见图2)呈现出更为准确的人体比例和更加坚实的明暗对比。在人物外形的逼真呈现方

面，他的确迈出了一大步。

图2 ［意］乔托：《宝座上的圣母子》

在新的艺术理想的激励下，15世纪初的大师们在两个领域获得重大突破。首先是人体解剖学的发展，对人体结构的准确掌握为制造逼真人像奠定了基础。其次是科学透视法的发明，这主要运用于绘画艺术，指导人们将三维空间中的物体及其空间关系按照一套精确的数学规则在二维平面中呈现出来。

我们可以想象这一代大师如获至宝时的激动心情，他们当时一定自信满满，以为借此就能做出媲美古典艺术的完美作品。然而实践并非如他们意料的那样顺利，文艺复兴早期的人物形象尽管形体上准确了许多，却缺乏生气。对比乔托的圣母子(见图2)与中世纪的同题材作品(见图1)，尽管前者外形更正确，但神态却呆滞了许多，情绪的感染力明显逊于后者。中世纪的作品不需要顾及形貌准确与否，反而在情绪的表现上更加自由。

乌切诺(Uccello，1397—1475年)以研究透视法著称，最能代表其研究成果的作品《圣罗马诺之战》(见图3)却是出了名的生硬。他迫不及待地把科学透视法的各项成果都搬到画面上，长枪的倾斜度、后臀撅起的战马、散落在地上的兵器，这类细节从来不曾如此准确地被研究并刻画出来，但是整幅画却没有动感，人和马都显得呆滞、僵硬，一切仿佛定格在一瞬间，动弹不得。

图3　[意]乌切诺：《圣罗马诺之战》

另一位佛罗伦萨艺术家波雷奥洛(Pollaiuolo，约1432—1498年)尝试让画面人物活动起来，给他们安排一些较大幅度的动作(见图4)，但并不太成功。人物的形体和姿态经过画家的精心观察和研究，被描画得十分准确，但是没有动感和生气，整幅作品缺乏扣人心弦的感染力。

图4　[意]波雷奥洛：《圣塞巴斯汀的殉教》

同时期荷兰一位画家也在尝试表现方法的突破，这就是油画材料的发明者范艾克(Jan van Eyck，约1390—1441年)。范艾克通过添加细节来提高图像的逼真度。在现象学的分析模式中，感知意向区别于想象或梦境中的意向的一个重要之处在于，唯有在感知意向中，对象的细节可以不断在当下直观中得到充实。范艾克正是抓住了感知意向活动的这一特点，在图像上尽可能多地描绘细节，当我们观看这些绘画作品时(见图5)，会出于细节信息的不断充实而感到惊喜，从而高度接近感知意向活动的状态。

图5 [荷]范艾克:《阿诺菲尼的订婚式》

他描绘细节(见图6、图7)的耐心令人惊讶，镜边框的纹饰、镜中的影像、木质地板的纹路、衣料上的绒毛，这些细腻的处理的确使图像逼真了许多。但是他笔下的人物并没有因此而生动起来。对于无生命物的图像而言，添加细节的方法可以极大地增强逼真度，比如衣料的质感、金属的光泽度都可以通过这种方法在图像上得到更好的呈现。但是人是有生命的，仅仅依靠外形的把握和细节的添加还不能达到对人物全部本质的表现。

图 6 《阿诺菲尼的订婚式》局部图 1

图 7 《阿诺菲尼的订婚式》局部图 2

文艺复兴的艺术变革至此可谓有得有失，对自然形体的真实表现能力获得了极大的释放，但同时图像人物的精神被禁锢了，人像的感染力被削弱了，还不如中世纪那些公式化的表情和手势来得直接。然而写实主义的步伐已经迈开，不可能再向老旧的艺术模式回归。在改善艺术效果方面，形体的精确化与精细化的局限已经非常明显，新一代的艺术家必须更换思路，更多关注人物呈现于感知中的方式。

二、呈现方式的关注对艺术难题的化解

到了 15 世纪末、16 世纪初时，艺术领域的艰难情形有了改观，思路转变的一个标志性人物就是波提切利(Botticeli，1446—1510 年)。波提切利之前的大师们都急于展现新的研究成果，他们相信只要掌握了人体解剖学和科学透视法这两大法宝，就能造出逼真的人像。波提切利的天才之处就在于，他不为新发现所困扰，当这些新的工具妨碍了动人形象的展现时，他宁可舍弃这些新成就、降低外形的准确度以保证整体图像的生动。他的代表作《维纳斯的诞生》(见图 8)是一次成功的尝试。维纳斯的优美体态和她那扭曲变形的脖子(见图 9)是同样著名的，不要以为她那怪异的脖子会有损她的优雅形象，恰恰相反，正是这个拉长变形的脖子使得维纳斯的形象更富动感。如果波提切利要给她配上一个正常的脖子，那么，要么就得改变头摆动的方向，这势必减损动感；要

么为保持头的方向就必须大幅缩短脖子的长度，这必然与其修长的身体不配而减损美感。这个脖子虽然失真，但用在这里是恰当的。波提切利的许多作品表现出他不凡的人体知识和写实技巧，他当然知道应该怎么画出正确的脖子。但在这幅画中，他并没有努力去绘制真实的人体，而是追求他理想中的完美与生动。波提切利对这一样式十分钟爱，实际上在该画之前，在他的多幅圣母子题材的作品中就已经使用过这种特异的脖子。

图8 ［意］波提切利：《维纳斯的诞生》

图9 《维纳斯的诞生》局部图

波提切利的大胆尝试拉开了文艺复兴最辉煌时代的序幕。自然写实的艺术目标没有放弃，但追求的路径发生了变化。艺术家们意识到，一味从量上计较形体的仿真度是远远不够的，有时甚至是有害的，必须把焦点转至人像生气的展现。人体解剖学和科学透视法是有效的工具，但远远不是艺术的全部。15世纪末至16世纪中叶，佛罗伦萨等地陆续产生出一批足以媲美古希腊艺术的作品，笔者从这些作品中总结出几条重要的创作规则。

1. 改变结构比例

如果说《维纳斯的诞生》在改变人体结构方面做得太露骨，那么米开朗基罗(Michelangelo，1475—1564年)的《大卫》(见图10)则是一件天衣无缝的艺术杰作。人们不需要任何解剖学知识就能辨识维纳斯那别扭的脖子，但是《大卫》的奥秘不是普通观者能清楚辨识的。大卫的身体比例被刻意改变了，头部与身体的正常比例应该是1∶7，而在大卫这里近乎1∶6，他的头部特别的硕大。同时被放大的还有手掌和脚掌。

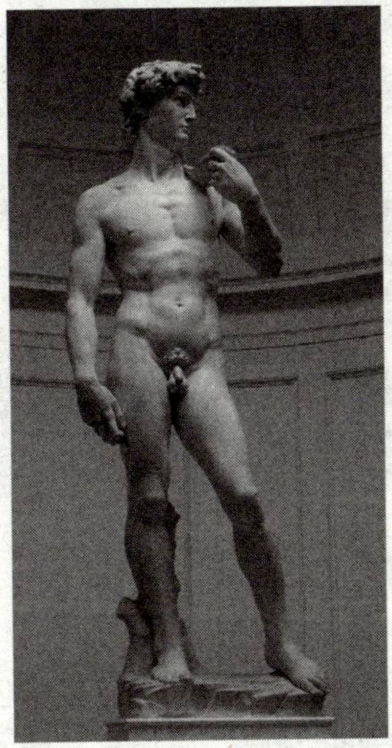

图10　[意]米开朗基罗：《大卫》

为了更好地说明结构比例的改变带来的视觉张力，我们换一个题材——马来加以分析。比较一下唐代韩幹的《牧马图》(见图11)和清代郎世宁的《乾隆大阅图》(见图12)，两幅画中的马的姿态和呈现角度相近，郎世宁画的马的形体更加准确，但显得比较安静，而韩幹有意将颈脖、前胸和后臀的比例放大，经过变形处理的部位肌肉显得异常健硕有力，这匹马仿佛立刻便能奔跃而起。当我们观看韩幹画的马时，一方面我们看到的是被放大的局部肢体，另一方面又联想到该部位准确的形状比例，感知性意向被衬托于想象性意向的背景中，在感知与想象之间就形成了一种张力，肢体在这种微妙的张力中被注入了生气。马在奔跑的时候主要由胸肌和后腿肌作用发力，这些部位的夸大呈现使得马的整体形象立即生动起来，尽管图中的马并没有奔跑起来，想象力却使我们似乎能感觉到它那膨胀夸大的肌肉中蕴含着的巨大爆发力。郎世宁的马的形体太准确了，没有想象力发挥作用的余地，所以他笔下的马总偏于安静。他的著名的《百骏图》并没有描绘万马奔腾的壮观景象，而是选择群马洗澡休憩时的场景，他那种严谨的风格的确不适合表现奔马。

图11　(唐)韩幹:《牧马图》

图12　(清)郎世宁:《乾隆大阅图》

头和手是人的身体中最具灵性的部位，在艺术创作中，将富于灵性的部位夸大，会给整个形象增添活性和动感。假如米开朗基罗一丝不苟地按照正确的比例塑造大卫，做出来的形象一定逊色许多。

《大卫》被米开朗基罗处理得很谨慎，局部比例的夸大不那么明显和突兀，不具备专业鉴赏知识的观者甚至察觉不到。而这种不易察觉的改变更能发挥作用。我们观看熟悉的事物时总是会将对正确形体的联想置入背景视域，因此才有能力辨识出许多细微的差异(尽管不是所有人都有能力将脑海中的正确印象描绘出来)，这种直观能力如此之顽强，以至于有时候我们尽管说不出缘由却仍能感觉到不对劲。当局部以较为隐蔽的方式被放大时，这种改变被感官所接收，但没有在意识中明晰地被给予，想象中的准确形体与感知到的变异形体之间的界限被模糊了，仿佛不需想象的介入就能直接从看到的图像中体会出生命力的在场。

有一种常见的误解，认为图像客体对图像主题的展现是建立在相似性的基础上。但“相似性”并不是它们之间最本质的关系，两朵花、两片树叶、一对孪生姐妹是外形相似的，但其中一者并不是另一者的图像。图像客体与图像主题之间的本质关系是摹像性(abbildlichkeit)的关系，前者将后者呈现出来而成为图像。胡塞尔不否认，图像的摹像功能以一定的相似性为基础，但单纯的相似性不足以构成图像行为。当图像主题是有生命的事物时，摹像性解释较之于相似性的优越就更为明显了。人是有生命的事物，对现实人体的感知总是处于对其生命力的理解的背景视域中。图像复制的仅仅是外形，作为载体的图像事物(大理石或油彩)本身是僵死的，我们永远不可能直接从中获取对生命的感受，只能由感知引发出对生命内涵的想象。相似性局限于可见的外形，摹像性强调图像对主题的表现，这种表现涵盖了人物主题的所有生命本质。中国美学中有形似与神似的议题。形似指的是可见外形的量方面的相似性，而神韵是无形的，神似实际上强调的是图像对主题的表现功能，可以与图像意识现象学中的摹像性对应着来理解。为了呈现主题中更为丰富的生命内容，有时甚至需要降低图像的外形相似度。形似方面退一步，神似方面就能进一步，《大卫》是个很好的例子。形体的异常，在现实中可能会令观者生厌，但在图像上却能恰到好处地抵消凝滞的外形图像事物所固有的僵死感，使整体形象生动起来。

2. 模糊处理

在平面绘画中展现自然形体面貌，不仅要准确掌握对象的外形，还要掌握一套使其保有立体感的方法。实现立体感最基本的方法就是，构造由光线投射在物体上产生的不同明暗层次对比关系。早在中世纪时期，艺匠们就已经会使用这一方法，进入文艺复兴之后，该方法与科学透视法相结合，产生出更为精准的立体效果。最终使立体感问题得到完美解决的是达·芬奇(Leonardo da Vinci，1452—1519年)所发明的渐隐法(sfumato)。

达·芬奇之前的大师们为了表现准确的形体都将轮廓绘制得格外坚稳，而清晰而坚实的轮廓线也限制了我们的想象构造力。图像客体和图像主题的存在方式是有差异的，它们对我们呈现的方式很不一样。面对现实事物时，除了当下拥有的感知原点之外，事物的背面或内部也一并以共现(appräsentation)的方式给予我们。图像客体是二维的，本来不存在共现的部分，要让观者认可事物还有缺席的背面，必须有想象力的介入。图像中清晰的轮廓边界线强化了感知信息的确定性，我们的立意活动被限定在被明晰感知的边界线内，想象力的发挥余地相对有限。如果将边界线处理得模糊一些，使其渐渐隐入背景之中，相当于把当下可感知部分与缺席部分的分界线模糊了，缺席的一面更容易被想象带入当下。感知的确定性被削弱了，想象力的作用就相对地增强了。

对比达·芬奇的《岩间圣母》(见图13)和乌切诺、波雷奥洛的作品(见图3、图4)，可以看出渐隐法的优势。达·芬奇虽然没有给出完整而清晰的人体轮廓线，但其外形给人的准确感绝不逊于另外两位。强烈的明暗对比和精准的透视关系引领观者找到准确的体态，渐隐法没有妨碍准确轮廓的表达。在立体感的表现方面另外两位大师就相形见绌了。乌切诺(见图3)不太重视明暗对比，尽管他的透视关系把握到位，武士和战马却好像是平贴在画面上的。波雷

图13　[意]达·芬奇：《岩间圣母》

奥洛较为重视光影明暗关系(见图4)，人像的立体感较乌切诺好些，但轮廓生硬，仍有些许扁平感。达·芬奇的渐隐法将图像的平面感完美涤除了。

达·芬奇的渐隐法是西方绘画史上的一次重大突破：造型艺术不能仅仅满足于表现“图像主题”当下的“感知原点”，还要向观者“暗示”共现的部分。

达·芬奇的名作《蒙娜丽莎》(见图14)是渐隐法在人物表情方面的一次经典运用。这幅画最吸引人的地方就在于蒙娜丽莎那令人难以捉摸的表情。人的表情往往在眼角和嘴角得到最好的表达，要将人物的表情定位，首当其冲的当然是画好眼角与嘴角。达·芬奇的天才之处正在于对这两个关键部位进行模糊处理，眼角和嘴角的轮廓线隐没在面庞的阴影中，令其表情难以被捕捉。所以对蒙娜丽莎微笑的诠释多种多样，她的笑容可能有愉悦、忧伤、嘲讽、冷淡等多种意味，更有甚者认为她根本就没笑。画家将光源安置在人物面部正前方偏上处，使得微翘的嘴角与脸庞的明暗交界线隐约相连，当人们把明暗分界线看成是她的嘴角线的延长时，她似乎在笑，而当人们转而把它当作单纯的分界线且与嘴角无关时，她又仿佛立即收敛了笑容。嘴角边似有若无的笑意、眼角处捉摸不透的眼神成就了《蒙娜丽莎》经久不衰的魅力。

图14 [意]达·芬奇：《蒙娜丽莎》局部图

模糊处理在绘画方面运用十分广泛。达·芬奇早年曾将这一方法用于绘制背景。当我们聚焦于近处事物，远处的东西就存在于背景视域中。绘画将前景中的事物描绘得较为清晰，背景事物则以更为模糊的方式处理，这也符合我们观看事物的视觉习惯。乌切诺却把背景中的事物画得与前景中的一样明晰(见

图3)，与真实的感知状态不符。

3. 时间性的注入

艺术以人为主题，就不免涉及动作。动作是在时间的流逝中完成的，而造型艺术却是排除了时间的、凝滞不动的，如何通过不动的“图像事物”展现在时间流逝中变化着的“图像主题”呢？

(1)在多个人物身上注入时间性。

最易于理解的一种情况就是在多个人物身上注入时间性因素。以拉斐尔(Raffaello，1483—1520年)的《雅典学院》(见图15)为例，处于画面正中间的是柏拉图和亚里士多德，他们并列而行，分别做出最能标志各自思想的手势。在现实中如果出现这样的场景，则意味着两人正同时分别陈述各自的观点，这可不是好的讨论氛围。在柏拉图对话录中，无论争论多么激烈，发言者总是先后有序的，绝不会七嘴八舌地插话。拉斐尔想要表现的当然是一个有序的辩论场面，实际上他也做到了。尽管两位哲人被安置在同一幅画面中同时做着动作，但我们实际上还是把他们理解成先后相继而非同时发言。几乎所有与叙事相关的艺术作品都是这样处理不同人物、不同瞬间的动作的。情境中的所有人物仿佛被安排在同一个舞台上、于同一个瞬间发出各自的动作，但我们仍然将

图15 [意]拉斐尔：《雅典学院》局部(柏拉图与亚里士多德)

这些动作理解成前后有序相承地进行着。我们的立意活动会时刻整理我们的感知材料，这对于图像中故事的叙述非常重要。

(2)在同一个人物身上注入时间性。

在同一个人物身上也能安置前后不同瞬间的动作，米开朗基罗的《女先知利比加》(见图16)就是一个成功的范例。这是巨型天顶画《创世纪》的局部，先知利比加正在看一本大书，忽然有什么东西吸引了她，她侧转过头向下看。在现实场景中，当我们改做一个新的动作时，前一瞬间的动作也同时被收敛，如果做出新姿势的同时还保留部分旧姿势会使身体很不舒服。可是在画面中利比加的头和下半身已经转向侧面，双手仍旧托着书本不见收敛之势。这样一个在现实中令人吃力而别扭的动作，在画面上却产生了极强的运动效果。

图16 [意]米开朗基罗:《女先知利比加》(《创世纪》局部图)

这种处理方式可以在时间意识现象学的分析中找到依据。感觉经验不是无数单个感知材料的简单叠加和拼凑，作为我们的直接体验的“活的当下”(lebendige gegenwart)是一个时间性整体，它由滞留(retention)、原印象(urimpression)和前摄(protention)三个要素构成，这三种基本的意向方式组成了我们内在的体验之流。胡塞尔以音乐旋律为例来分析这一结构。我们从来不曾实际听到过整段旋律，只是听到单段的当下声音。“这个旋律流逝了的部分之所以对我来说是对象性的，乃是因为——人们趋向于这样说——我有回忆；而我之所以在各个声音到来时不会去预设，这就是所有的声音，乃是因为我有前瞻的期待”①。被感知的时间客体有一个时间性的延展，其中只有极小的一点被当下感知，其余的一部分归于回忆，另一部分归于期待。胡塞尔把在活的当下中进行的这种特殊的回忆与期待分别冠名为“滞留”“前摄”，又称为原生回忆（primäre erinnerung）、原生期待（primäre erwartung）②。它们与次生（sekundär）的回忆和次生的期待的差别就在于，后者属于当下化的想象性意向行为，将缺席的体验带入当下意识，而前者构成当下的感知性意向行为。滞留并不像次生的回忆那样重新构造已经过去的体验，而是在意识中持留（festhalten）刚刚逝去的原印象，前摄也不像次生的预期那样想象一个全新的体验，它是对即将到来之物的前握（vorgreifen），滞留和预期的对象保持着与原印象的体验对象的统一性，共同构造活的当下。

如果没有这样的意向结构，我们不可能获得任何时间性的体验。在交谈过程中，我们不仅听到当下被说出的词句，还保有对刚刚过去的词句的滞留和对将来的词句的前摄，否则对话就无从进行。当下的原印象的内容转而成为滞留的内容，而前摄的内容也不断进入当下感知之中，我们的体验之流是在三种意向内容的流转之中构造起来的。尽管对象并不总是全体呈现于实际的感知之中，但是“只要一个时间客体还在持续新出现的原印象中生产着自身，它便是被感知的（或以印象的方式被意识到的）”③。

单就图像事物而言，那一堆大理石或者那几块油彩并不是时间客体，但作为图像主题的人物及其动作却是时间客体。要让不动的大理石、色块表现出行动中的人物，必须建立时间客体的呈现结构：人物身体的一部分暗示前一瞬间的动作，另一部分暗示后一瞬间的动作，观者自然把前后两个动作衔接起来，动态感由此产生。利比加的上半身和双手保持着转身前的姿态，头和双腿已经转了过来。为了强调前一个动作，米开朗基罗把那本书画得超乎寻常的巨大，

① ［德］胡塞尔：《内时间意识现象学》，倪梁康译，商务印书馆 2009 年版，第 55 页。

② ［德］胡塞尔：《内时间意识现象学》，倪梁康译，商务印书馆 2009 年版，第 72 页。

③ ［德］胡塞尔：《内时间意识现象学》，倪梁康译，商务印书馆 2009 年版，第 72 页。

为此要配上宽阔的肩膀、健壮的双臂，使得这个过去了的姿态依然坚定有力。为了强化方向的反差，书被安置于较高的位置，人的手臂也不得不向上举，正好与向下垂视的眼睛形成对比，更增强了动感。

米开朗基罗的另一杰作《女先知德尔菲》(见图 17)展示了先后三个瞬间的态势。德尔菲的身体正朝向画面的左侧，脸庞朝向正前方，一双大眼睛则转向了右侧。刚刚流逝的、当下的和即将来到的动作同时出现在画面人物身上，整个人像产生了强烈的旋转感。为了抵消这种旋转造成的画面离散，米开朗基罗用一大一小两个圆弧(手中的神谕和披风)形成一对括号，将整个身体框住，使画面各元素更加集中，形成完美的构图。

图 17　[意]米开朗基罗：《女先知德尔菲》(《创世纪》局部图)

有时候在图像上可能分不清动作的先后次序，但这并无妨碍，只要能在姿态上体现出时间差，动感就会产生。需要注意的是，绝不是身体扭曲的幅度越大动感就越强。在波雷奥洛的《圣塞巴斯汀的殉教》(见图 4)中，前景中那个穿红衣的人正弯身张弩，身体转折的幅度远大于米开朗基罗的利比加，但是人物缺乏动感，动作被定格在这个瞬间，他的腰好像永远不能直起来了。乌切诺的画(见图 3)也有同样的问题，战马高高翘起的后腿仿佛中了魔咒般被定住，再也不能下来了。波雷奥洛和乌切诺非常诚实地描绘对象在某个单一瞬间的动作，尽管幅度剧烈，由于没有构造时间结构，其姿态仍然是僵硬的。米开朗基罗没有打算从现实情境中截取某一瞬间的动作进行忠实的描绘，而是故意让模特摆了一个他认为理想的造型再画下来。这种“不诚实”的处理办法反而取得了更逼真的艺术效果，因为米开朗基罗追求的不是真实的“原印象”，而是真实的“活的当下”，它拥有超出“原印象”的内容。

米开朗基罗洞悉了刻画人物动作的这一奥秘，绘制了《创世纪》以及其他作品中几百个鲜活的形象。但他并不是使用这一方法的第一人，古希腊大师们就已经在这方面进行了许多成功的尝试。以《太阳神阿波罗》(见图 18)为例，修长的双腿连带着上身正向前方迈进，头和左臂则转向了左侧。现实中鲜见这样的姿势，因为将脸庞扭转与前胸呈 90 度角是很费力的，我们转头的同时身体往往随之转向，而不是保持原样。在雕像上我们看到的是不同身体部位的朝向差异，并将之理解为运动。

图 18　《太阳神阿波罗》(约公元前 350 年罗马人仿希腊原作)

这是个屡试不爽的好方法，不断为同时代及后世的艺术家所采纳。比如在肖像画领域，画中人物往往只露出面庞和前胸，艺术家不放过任何凸显时间差距的机会，成功的肖像画总要让人物的面庞稍稍转向，增添画面的生气(见图19、图20、图21、图22)。这一方法也适用于照相领域。在艺术摄影中让人物身体各部位转向不同的方向，拍出来的人像才不至于呆滞。

图19 [意]达·芬奇:《抱貂女郎》

图20 [意]拉斐尔:《巴尔达萨伯爵像》

图21 [荷]哈尔斯:《吉普赛女郎》

图22 [法]大卫:《赛莉齐娅夫人像》

(3)选择合适的瞬间。

有时候在一个动作进行过程之中，后续的姿态会将原初的姿态完全覆盖，因而无法在画面上呈现先后不同的瞬间，这就面临选择恰当时间点的问题。

一般来说，接近开端或高潮的一瞬间是较为理想的。动作刚展开后的瞬间是极富动感的，因为这一时刻容易引发观者对开端静止状态的想象，并在二者之间形成视觉张力。所以马儿迈开一只前蹄的瞬间(见图 11、图 12)成为画马最经典的姿势之一。

类似的道理也适用于紧邻高潮的一瞬间。在米开朗基罗的《创造亚当》(见图 23)中，通过指尖的碰触，上帝将生命的灵性传递给人类。画中的亚当从沉睡中醒来，伸出左手等待天父的恩赐，上帝则伸出右手接近亚当，两个指尖距离很近，但还没有真正接触到(见图 24)。显然，真正的高潮应该是两手接触的一刹那，米开朗基罗却选择了接触前的一瞬间。高潮前的一瞬间能够引发对高潮的想象，反过来则不行。高潮是带有极强确定性的，临近高潮的那一瞬间很容易引导观者对高潮部分进行想象，并将二者联系起来。如果说注入时间性的第二种方法是将先后不同瞬间的姿态当下并列地呈现出来，那么这种方法就是由当下的瞬间引发对缺席的瞬间的想象，从而在在场的与缺席的姿态之间展开联系、产生动感。由于高潮本身不能带出对其他瞬间的想象，因而对高潮的单纯呈现无法在想象中拉开时间差距，也就唤不起图像的动感。如果米开朗基罗将两只手描绘相接，这幅画立即陷于死寂。

图 23 [意]米开朗基罗：《创造亚当》(《创世纪》局部图)

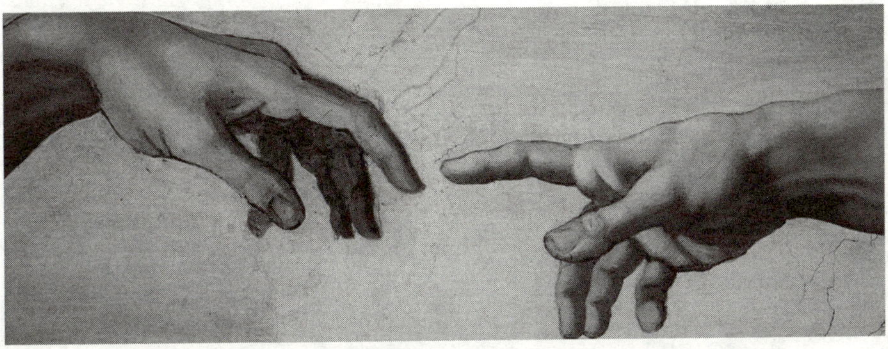

图24 ［意］米开朗基罗：《创造亚当》局部图

我们每天都在看，但这“看”并不简单，直接给予的只是对象在当下时空中的一个点，共现、滞留、前摄的部分被一同当下化，它们形成了一个“晕圈”(hof)并从属于当下感知的核心部分。在对人的感知体验中，一同进入晕圈的还有对人的动态及生命的理解。在图像行为中，撇开晕圈、不顾事物向我们显现的方式而孤立地描绘当下的外观，是不能收到好的效果的。文艺复兴时期最优秀的这一批艺术家能够大大超越他们的前辈，是因为他们不再满足于对“图像主题”外形的把握，开始研究对象是如何向我们呈现出来的。写实性艺术追求的绝不仅仅是对空间外形的精确复制，更是对呈现方式的妙肖再现，也就是在“图像客体”上尽可能展现“图像主题”向我们呈现的本来的方式。

（作者单位：捷克查理大学人文学院）

论视知觉的完形动力机制

罗　双

在《艺术与视知觉》中，阿恩海姆以格式塔心理学为基础分析了视知觉的活动机制，并探讨了艺术的本质和历史。艺术和视知觉的关系不是主客体的二元对立，而是存在者的相互生成。艺术需要在视知觉的经验中敞开自身的存在，而视知觉需要在艺术的领域内展示创造的能力。视知觉在与艺术的互动中形成了完形动力机制，并由此生发出视知觉的创造能力。视知觉所创造的不是艺术作品本身，而是作品的形式。因为这一形式概括了作品的整体结构，所以具有完形的特征。完形本来是静态的，但是视知觉在其中经验到张力和运动。这一方面是因为作品自身就是力的样式，另一方面是因为视知觉对力的样式所作的生理反应。因此，无论是作品的完形，还是视知觉的经验，都具有动力的特征。所谓视知觉的完形动力机制就是视知觉对完形的动力经验和对动力的完形经验。在视知觉的经验中，完形和动力是统一的。

一、视知觉与力

一般而言，力是物理学的概念，指向物体之间的相互作用，因此独立于视知觉而存在。只有力引起了物体的变形或变速，视知觉才会感知到它的存在。但是，阿恩海姆在一个正方形的隐藏结构中揭示了视知觉与力的依存关系。此正方形的内部是白色的，其中有一个黑色圆面。通过给定的图形，视知觉不仅能确定黑色圆面在正方形中的具体位置，而且能感到黑色圆面向某一方向的运动趋势。事实上，黑色圆面的位置始终没有改变。那么，视知觉为什么会感到它正在运动呢？因为它受到了一种看不见的力的作用，而且力的来源没有在图形中显现出来。但是，视知觉感到它就隐藏在图形之中，否则运动也不会被察觉到。从物理上来说，这种作用力不存在于黑色圆面之上，因为它没有引起任何实在的变化。从生理上来说，这种作用力来自于大脑视皮层对视网膜刺激物的反应。“从心理上来说，黑色圆面上的作用力存在于任何一个观看者的经验里。”①归根结底，这种作用力不是图形本身的产物，而是视知觉活动的产物，所以阿恩海姆称之为“知觉力”。

因为知觉力是发生在视觉经验的领域之中，所以相对于真实的物理力来说它是幻觉力。但与此同时，它又是一种真实的心理感受。物理力和知觉力的差异在于客观方面的现实性，从主观方面而言它们遵循相同的心理机制。如同做梦和现实的感受一样，知觉力和物理力的感受在没有比较的前提下大体一致。“虽然这些力的作用是发生在大脑皮质中的生理现象，但它在心理上却仍然被体验为被观察事物本身的性质。”②力不仅是物理事物本身的性质，而且是知觉所观察的事物本身的性质。就艺术而言，艺术家的目的就是为了制造幻觉，而幻觉存在于艺术作品之中。幻觉之所以成为幻觉，是因为它看上去是真的。艺术的真实就在于看上去是真的，而不要求事实上是真的。“一句话，那作用于上述黑色圆面上的作用力并不是虚幻的，只有对那些打算用这种力去开动机器的人来说，它才是虚幻的，如果从知觉角度和艺术角度来看待它，它便完全是真实的。”③

阿恩海姆对知觉力的讨论是以平衡原则为基础的。平衡不仅是人身体的需要，而且是人心理的需要。如同物理世界的平衡给人带来和谐的秩序，心理世界的平衡也给人带来生命的快感。但是，知觉力所引发的心理平衡和事实上的物理平衡之间不是一一对应的关系，物理上平衡的东西看上去不一定平衡。艺术家追求作品的平衡，不只是为了构造出完美的形式，而且还为了传达出内容和意义。平衡和力的关系是相辅相成的，平衡的整体决定着力的大小和方向，反过来说力的大小和方向也决定整体的平衡。黑色圆面之所以会使人产生运动的感觉，是因为它由于偏离了正方形的中心而失衡，从而视知觉才会经验到趋向平衡的力。但是，黑色圆面的作用力不仅仅来自正方形的平衡中心，正方形的隐藏结构中全部的力都会作用于它，由此才会导致整个图形的平衡。“在任

① [美]鲁道夫·阿恩海姆：《艺术与视知觉》，滕守尧、朱疆源译，四川人民出版社1998年版，第9页。

② [美]鲁道夫·阿恩海姆：《艺术与视知觉》，滕守尧、朱疆源译，四川人民出版社1998年版，第11页。

③ [美]鲁道夫·阿恩海姆：《艺术与视知觉》，滕守尧、朱疆源译，四川人民出版社1998年版，第12页。

何一个具体的艺术品中，都是通过上面所列举的各种力的相互支持和相互抵消而构成整体的平衡。”①单独的力都有着自己的倾向，它所造成的是运动感而不是平衡感。当把它放到作品的整体结构中时，它就和自身的对立面相统一，从而导致作品既有运动感也有平衡感。在这样一种力的相互作用中，作品的内容和意义就被揭示出来。也就是说，力的平衡样式是形式的艺术性和内容的表现性的统一。

视知觉对力的感知取决于其自身的能动性。阿恩海姆认为视知觉活动不是对事物的被动接受，而是对事物的主动选择。视知觉所选择的是事物的结构性特征，以此创造出事物的完整形象。这样的选择实际上是对事物的概括，不过概括的方式不是抽象思维而是视觉经验。“所谓视觉，实际上就是一种通过创造一种与刺激材料的性质相对应的一般形式结构，来感知眼前的原始材料的活动。这个一般的形式结构不仅能代表眼前的个别事物，而且能代表与这一个别事物相类似的无限多个其他的个别事物。”②视觉所创造的结构样式与刺激物本身的结构样式是对应的，而且涵盖了与之类似的其他事物。这种结构样式本质上就是力的样式，因为结构样式是力的相互作用的结果。视觉对力的感知就是对结构样式的整体把握。由此，阿恩海姆基于普遍概括性把视觉和思维联系起来，认为视觉也可以形成“知觉概念”。此概念不是理性的，而是感性的。正是在力的样式的基础上，视觉才能感性地认识事物的普遍本质。视觉对本质的直接洞见构成了感性认识的独特性，因为它正是理性认识所缺乏的能力。

如同视知觉，艺术也不是对现实的模仿，而是对现实的创造。阿恩海姆认为，艺术的创造是选择、组织和描绘力的样式，并通过力的样式说明现实的本质。“一件艺术作品的实体，就是它的视觉外观形式。”③艺术作品的形式是力的存在空间，视觉是在此形式中知觉到力的存在。这是因为艺术家把力的样式固定在作品的形式之中，这一样式来自艺术家的视知觉创造，而又被欣赏者和批评家的视知觉发现。阿恩海姆以坐在椅子上的塞尚夫人为例，分析了作品如何通过力的样式表现出艺术效果。首先，作品中瘦长性和亮度值的递增序列造

① [美]鲁道夫·阿恩海姆：《艺术与视知觉》，滕守尧、朱疆源译，四川人民出版社1998年版，第26页。

② [美]鲁道夫·阿恩海姆：《艺术与视知觉》，滕守尧、朱疆源译，四川人民出版社1998年版，第55页。

③ [美]鲁道夫·阿恩海姆：《艺术与视知觉》，滕守尧、朱疆源译，四川人民出版社1998年版，第618页。

成人物向前倾斜的运动。其次，人物的前倾凸显了头的安定以及与之相对的手的不安。最后，人物的前倾受到椅子和画框的限制而产生回归静止的运动。由此，作品才能达到安静与运动、稳定和变化之间的和谐统一。这是阿恩海姆对于作品的视觉经验，也是任何一个观看作品的人应该拥有的视觉经验。透过这样的视觉经验，作品形式的意味才能真正被发现。

二、简化与张力

知觉力除了追求平衡原则之外，还追求简化原则，就连平衡也是一种简化。简化不是数量上的简单化，而是结构上的简单化。作品构成成分的量少可以让结构看上去简单，也可以让结构看上去复杂，因为结构更多关涉成分与成分之间的关系。结构的简单意味着和谐和秩序，而和谐和秩序能够带来心理的愉悦，这也是视知觉追求简化原则的原因。从视知觉的角度来看简化，“它被描述为观看者在理解呈现给他的东西时感觉不到困难的主观经验和判断”①。简化的视觉经验一下子就把握到东西所呈现出来的结构，从而感觉不到理解上的困难。但是，由于视觉经验的主观性，同一个东西有时看上去简单，有时看上去复杂，简化原则的普遍性就会被消解。这一问题可以通过视觉对象自身的简化样式得到解决，因为视觉对象的客观性不会随着主观的经验而改变。从艺术作品的角度来看简化，“当某件作品被誉为具有简化性时，人们总是指这件作品把丰富的意义和多样化的形式组织在一个统一结构中”②。作品简化的前提是它自身成分的复杂，丰富的意义和多样化的形式都是复杂成分的表现。不过，复杂成分终将归于作品统一的结构之中，由此简化才有其意义。这里不是视觉的简化经验决定作品的简化结构，而是作品的简化结构召唤视觉的简化经验。如果视觉不能产生与作品结构相应的经验，那么视觉经验就违背了简化原则。

简化不仅存在于艺术作品之中，而且存在于自然事物之中。艺术作品的简化是艺术家赋予质料以统一的结构，而自然事物的简化是由质料自身的结构决定的。二者之所以都具有简化性，是因为它们都呈现出力的简化样式。建筑一般两边对称，树木总是向上生长。但是，力的简化样式终究是凭借视觉经验才

---

① Rudolf Arnheim, *Art and Visual Perception: A Psychology of the Creative Eye*. California: University of California Press, 1974, p. 55.

② ［美］鲁道夫·阿恩海姆：《艺术与视知觉》，滕守尧、朱疆源译，四川人民出版社1998年版，第66页。

能显现出来，否则力只是无形的东西。“简化的原则作为格式塔心理学的基本方针，认为任何视觉样式将倾向于在给定的环境下视觉感知到的最简化的结构。”①给定的环境是视网膜所接受的刺激物，视觉倾向于把这一刺激物感知为最简化的结构。最简化的结构在生理上来自大脑视皮层的功能，阿恩海姆把大脑视皮层比喻为一个力场，其中的生理力倾向于简化的分布状态。当刺激物进入到作为力场的大脑视皮层时，就会与生理力的简化分布状态斗争和妥协，从而呈现出与自身结构相适应的最简化样式。因此，简化一方面表现了视知觉的能动性创造，另一方面显现了刺激物的结构性特征。视知觉之所以能直接洞见事物的本质，在很大程度上是因为它是以简化的方式创造事物的形式。简化所带来的不只是结构上的简单化，还有认识上的简单化。

视知觉创造形式的方式主要是简化，但简化的关键在于艺术形式的结构中所包含的张力。简化作为力的分布状态，不是静止的样式，而是运动的样式。这是因为简化样式中所包含的力是多样化的，而且多样化的力通过相互对立而达到统一。力与力之间的对立和统一就表现为张力。艺术作品本身是不动的，视觉却从中看到了运动，这种“不动之动”正是艺术作品的生命所在。阿恩海姆把艺术作品的“不动之动”归于其形式所包含的张力。“我们从中看到的，仅仅是视觉形状向某些方向上的集聚或倾斜，它们传递的是一种事件，而不是一种存在。正如康定斯基所说，它们包含的是一种‘具有倾向性的张力’。”②视觉样式的集聚或倾斜传递的是运动的事件，而不是运动的存在。事实上，运动不存在于艺术作品之中，存在于艺术作品之中的是张力，张力的倾向性决定了作品的运动性。但是，张力和运动一样都是视觉经验的产物。“我们在不动的式样中感受到的运动，就是大脑在对知觉刺激进行组织时激起的生理活动的心理对应物。这种运动性质就是视觉经验的性质，或者说它与视觉经验密不可分。”③运动的感受来自于视觉样式所包含的张力所激发的生理力。阿恩海姆认为在视觉经验中，不仅存在着简化和平衡的趋势，而且存在着通过偏离简化和强化失衡来增加张力的要求。生理力的活动既要顺应简化结构的趋势，也要适

① Rudolf Arnheim, *Art and Visual Perception: A Psychology of the Creative Eye*. California: University of California Press, 1974, p. 410.

② [美]鲁道夫·阿恩海姆:《艺术与视知觉》，滕守尧、朱疆源译，四川人民出版社1998年版，第563页。

③ [美]鲁道夫·阿恩海姆:《艺术与视知觉》，滕守尧、朱疆源译，四川人民出版社1998年版，第568页。

应张力结构的要求。所以，运动感是简化和张力在视知觉中相互作用的结果。

那么，艺术作品如何才能创造出运动的样式？阿恩海姆总结出三种创造的方式：倾斜、变形和频闪。倾斜是物体偏离了正常的位置，变形是物体改变了正常的形状，频闪是物体不同状态的同时聚集。它们的异常造成了视觉的紧张感，因为视觉倾向于正常的简化样式。由此，在视觉的异常和正常之间就产生了张力，此时异常的物体看上去就在运动。倾斜的运动发生于定向上的回归或分离，变形的运动发生于空间上的伸展或收缩，频闪的运动发生于时间上的连续或断裂。运动的发生虽然来自视觉样式的张力结构，但却遵循视觉样式的简化结构。没有张力，运动就不在场，作品就是死的；没有简化，运动就无秩序，作品就是坏的。

但是，物体自身无所谓运动和静止，作品自身也无所谓死活和好坏，一切都是视知觉的能动活动。“从本质上说，一切知觉活动都是能动的活动。”①知觉的能动相对于作品的不能动，却又给作品带来运动。运动不是已有的结果，而是生成的事件。运动的生成是在知觉活动中的能动生成，因而是知觉能动性的表现。

三、表现与同构

艺术作品是否有运动感，不仅取决于它的形式结构，而且取决于它的表现内容。这是因为艺术作品大多不是抽象的，也不是具象的，它的形式总要表现出某些内容。如果作品的形式没有任何表现性，那么运动也就不会被表现出来。“艺术家的目的，就是让观赏者经验到各种力的作用样式的表现性质。”②艺术家是为表现而创作，不过艺术的表现存在于力的样式之中。“传统的解释认为，某一事物的表现性质并不是这件事物的视觉样式本身所固有的，而是人凭借自己的知识经验和情感赋予的。”③如立普斯的“移情说”把作品的表现归因于人的情感投射。这种解释没有意识到人的情感是来自视觉经验，而视觉经

① ［美］鲁道夫·阿恩海姆：《艺术与视知觉》，滕守尧、朱疆源译，四川人民出版社1998年版，第567页。

② ［美］鲁道夫·阿恩海姆：《艺术与视知觉》，滕守尧、朱疆源译，四川人民出版社1998年版，第210页。

③ 史风华：《论阿恩海姆的艺术观》，载《河南大学学报》（社会科学版）2002年第2期，第48~52页。

验到的是力的样式本身所固有的表现性。阿恩海姆的解释与之相反，他认为作品的表现性不是作品之外的人所赋予的，而是作品本身的结构所固有的。“我们发现，造成表现性的基础是一种力的结构，这种结构之所以会引起我们的兴趣，不仅在于它对拥有这种结构的客观事物本身具有意义，而且在于它对于一般的物理世界和精神世界均有意义。”①力的结构的表现意义超出了作品所描绘的客观事物本身，而扩展到物理世界与之类似的全部事物，并且引发精神世界中人的情感共鸣。

情感的共鸣在阿恩海姆看来源于格式塔心理学的同构原则。同构是力的结构的相同，它要求作品自身的结构和表现意义的结构之间的一致性。所谓的情感共鸣就是作品自身的结构感动了与之具有相同结构的情感，让人经验到情感就在作品之中。阿恩海姆以舞蹈为例，解释了表现的同构原则。虽然舞蹈动作具有固定的程式，但是这些动作所展现的形式性结构与所表现的情感性结构具有一致性。所以，舞蹈的表现性是直接呈现给视觉，它不需要思维的中介。同构原则不仅体现在情感共鸣之上，而且体现在物理世界之中。“我们必须认识到，那推动我们自己的情感活动的力，与那些作用于整个宇宙的普遍性的力，实际上是同一种力。”②在阿恩海姆看来，力同时作用于物理、生理和心理三个领域，从而形成物理性的电磁力场、生理性的大脑力场和心理性的知觉力场。这三个力场的同构建基于视觉对力的结构的感知，视觉感知本身同时涉及生理和心理，并和物理发生对象性关系。力场的同构导致了作品的表现性超越了物质和精神、内容和形式等的界限而具有普遍的意义，但与此同时也导致了人和物由于表现的同一性而被划为同类。阿恩海姆的同构论忽视了人和物在表现上的差异性，因为结构相同的存在不一定表现相同的内容。

表现的同构原则意味着作品的表现性不仅由作品本身的结构所传达，而且由此结构所唤起的知觉力传达。这就要求作品的结构本身具有张力，否则就不能唤起知觉力。“不管知觉对象本身是运动的，还是静止不动的，只有当他们的视觉样式向我们传递出‘具有倾向性的张力’和运动时，才能知觉到它们的表现性。”③张力和表现性的关系属于作品的形式和内容的关系。一方面，作品

① [美]鲁道夫·阿恩海姆:《艺术与视知觉》，滕守尧、朱疆源译，四川人民出版社1998年版，第620页。

② [美]鲁道夫·阿恩海姆:《艺术与视知觉》，滕守尧、朱疆源译，四川人民出版社1998年版，第620页。

③ [美]鲁道夫·阿恩海姆:《艺术与视知觉》，滕守尧、朱疆源译，四川人民出版社1998年版，第611页。

的形式需要表现出某些内容；另一方面，作品内容的表现需要形式自身的表现力。形式自身的表现力就是张力，只有在具有张力的形式之中才能知觉到作品的表现性。阿恩海姆以西斯廷教堂的天顶画《亚当出世》为例，说明了作品的表现性是由其自身的张力结构显示出来的。这幅画展现了上帝和亚当所属的不同世界，并通过他们的手臂建立起两个世界的联系。上帝的世界是一个完整的圆形，上帝在其中有着向前倾斜的运动；亚当的世界是一个不完整的断片，亚当在其中有着向后倾斜的运动。这就造成了神与人之间主被动的张力，表现了上帝的创生和人的起源。

同构的基础是作品的张力，而张力传达的是表现性的运动。运动既是形式的表现性所在，也是内容的表现性所在。“因此，我们把表现界定为有机或无机行为的方式，它是在知觉对象或事件的动力表象中显示出来。”①表现的同构原则使行为主体超出了有机体的范围，无机物也可以有表现行为。就像作品一样，它虽然是由无机的材料构成，其形式却是有生命的有机体。在阿恩海姆看来，作品的生命就在于运动，运动是作品的动力表象。作品自身是没有动力的，动力要在视知觉中表象出来。由此可见，运动是视知觉动力机制的结果。“运动这一术语始终用来描述视觉动力是足够自然的事情。”②视觉动力本身也是运动的力，运动作为事件的表象自然能显现出视觉动力。视觉动力是运动表象背后的生成机制，它生成了包括运动在内的一切知觉表象。

四、完形与动力

知觉的动力表象不是一般的表象，而是完形的表象。完形不是知觉对象的外形，而是视知觉动力机制所生成的整体结构。中文将“格式塔”译为“完形”，就已经包含了完成的动态过程。“在阿恩海姆的文本中，动力和完形之间存在着一种表里交互阐释的意味。说动力，其实是指完形的内在生成机制；说完形则是在说此动力所成就的形式。”③我们可以说动力是里，完形是表，因为完形是动力机制的结果。我们也可以说动力是表，完形是里，因为动力是实现完形

① Rudolf Arnheim, *Art and Visual Perception: A Psychology of the Creative Eye*. California: University of California Press, 1974, p. 445.

② Rudolf Arnheim, *Art and Visual Perception: A Psychology of the Creative Eye*. California: University of California Press, 1974, p. 413.

③ 宁海林：《阿恩海姆美学思想新论》，载《船山学刊》2008 年第 3 期。

的手段。这样一种表里交互阐释导致了动力和完形的相互生成。动力让形式成为完形，完形让张力成为动力。完形与动力归根结底是视知觉的活动机制，即视知觉对进入其中的刺激物的构形原理。没有视知觉，完形和动力就失去了存在的基础。阿恩海姆之所以强调视知觉的完形动力机制，是为了解释艺术作品在其内在结构中已经动态完成。

完形和动力不是外在于艺术作品，而是就在艺术作品之中。不过，这一作品不是独立自在的物体，而是视觉经验的对象。视知觉的完形动力机制的参与不代表艺术作品丧失其自主性，因为艺术作品本来就是人为的创作，它的完形自然要依靠视觉动力。视觉动力只有内在于作品的形状、颜色和运动之中，才能推动完形的建构；否则，动力就会从外在强制地作用于作品的形式、颜色和运动。“内在于形状、颜色和运动中的动力，只有当它适合整体结构的综合动力时，它的存在才能被感知到。”①阿恩海姆在此区分了整体的动力和部分的动力，并要求部分的动力合乎整体的动力。部分的动力就是作用于形状、颜色和运动中的动力，整体的动力就是完形的动力。由此，只有合乎完形结构的动力，才能被视觉感知其存在。只要被视觉感知其存在，力与张力也能成为动力，不过是部分的动力，因为作品不只有一种力与张力，把这多种的力与张力统一起来的动力才是完形的动力。

除了完形的动力之外，视知觉的活动机制也离不开同构的原则。同构不是静态的事实，而是动态的事件。知觉刺激物的物理结构是同构事件的开端，它会唤起大脑视皮层相应的生理结构，而生理结构又会反映到心理结构上。虽然同构事件有其开端，但是它的发生在瞬间完成，物理、生理和心理之间不是先后继起的关系。视知觉对刺激物的构形也是瞬间完成，因为完形是直觉了悟的结果，不是思维推理的结果。但是，这一瞬间所包含的视觉动力必须绵延不断，从而保持视觉主客体的相互作用。“换句话说，我们处理的是生理过程的心理对应物，由此生发出知觉刺激物的组织结构。视觉经验的动力特征和形状、颜色和运动的静态特征一样是固有的和直接的。”②动力是视知觉固有的特征，它的存在不需要外物的刺激，外物的存在反而需要它来赋形。但是，视觉动力的赋形不能脱离外物自身固有的特征，否则的话完形就无从谈起。所以，

---

① Rudolf Arnheim, *Art and Visual Perception*: *A Psychology of the Creative Eye*. California: University of California Press, 1974, p. 432.

② Rudolf Arnheim, *Art and Visual Perception*: *A Psychology of the Creative Eye*. California: University of California Press, 1974, p. 438.

视觉动力虽然属于主体，但是被主体看作为从客体自身感觉到的。只要在视觉经验之中，视觉动力就是永恒的存在。

视觉动力虽然超越历史，但是人的视觉经验是在历史中形成的。不同历史时期的人具有不同的视觉经验，阿恩海姆认为人类早期或儿童阶段的绘画缺少透视变形的效果。这不是因为感觉能力的欠缺，而是因为抽象能力的欠缺，他们画的就是自己看见的东西。人的感觉能力虽然是有限的，却是与生俱来的，抽象能力反倒是后天培养的。阿恩海姆以儿童所钟爱的圆形为例，说明了儿童的视觉经验也遵循简化原则。圆形以其中心对称成为最简单的视觉样式，儿童不仅以之代表圆形物体，而且以之划分物体的边界线。对于儿童来说，圆形不只是几何样式，它还显示出物体的完形特征。简化本身就是一种完形，它也有表现的意味。"简化要求意义的结构与呈现这个意义的式样的结构之间达到一致。这种一致性，被格式塔心理学家成为'同形性'。"①同形也就是同构，简化所存在的同构性是为了表现出视觉样式的意义。表现是视觉动力的目的所在，因为完形本身就包含了表现的意义。无论是形式自身的表现性，还是情感意义的表现性，阿恩海姆在其中关注的都是如何表现的问题，而不是表现什么的问题。视知觉的完形动力机制回答的就是视觉样式如何表现的问题。

在苏珊·朗格看来，视觉样式最终表现出来的是一种生命的形式："总之，要想使一种形式成为一种生命的形式，它就必须具备如下条件：第一，它必须是一种动力形式……第二，它的结构必须是一种有机的结构，它的构成成分并不是互不相干，而是通过一种中心互相联系和互相依存……第三，整个结构都是由有节奏的活动结合在一起的……第四，生命的形式所具有的特殊规律，应该是那种随着它自身每一个特定历史阶段的生长活动和消亡活动辩证发展的规律。"②这四个条件基本概括了阿恩海姆的视觉动力机制。视觉动力就在形式的结构之中，苏珊·朗格把结构规定为一个有机和有节奏的整体，在阿恩海姆那里就转变为一个运动的和有张力的完形。完形也是一种生命的形式，艺术的魅力就在于其看上去是活生生的样子。

（作者单位：武汉大学哲学学院）

① ［美］鲁道夫·阿恩海姆：《艺术与视知觉》，滕守尧、朱疆源译，四川人民出版社1998年版，第75页。

② ［美］苏珊·朗格：《艺术问题》，滕守尧译，南京出版社2006年版，第64页。

论杜夫海纳“现象学还原”在音乐审美经验中的所指

单金龙

20世纪以来，西方的哲学文论中以现象学讨论的审美经验与作品存在问题最为艺术主体性的考察，切中更深层的音乐体验的哲学问题，笔者试图从“现象学还原”的“还原”过程中考察实现审美体验的“意向性结构”，给出音乐审美体验的内容存在几种方式的规定，这种规定正是音乐内容的文本存在。本文将通过“审美经验现象学”中的“原初经验”以及“蜕变经验“来说明“现象学还原”的音乐所指，并借以讨论音乐存在方式(意向性)的进一步问题。

一、“现象学还原”视野下的审美经验

杜夫海纳(Mikel Dufrenne，1910—1995年)，当代法国著名哲学家美学家，现象学的代表人物。他是继胡塞尔，茵加尔登、舒茨之后对现象学中“审美经验”有着更多描述，也是推进了音乐音乐美学基础理论更具代表的哲学美学家，代表著作《审美经验现象学》。

本文的写作目的在于从现象学对“感觉”“感觉者”“感觉物”“审美经验”等对作品意义生成方面的考察，到寻找可以扩展到音乐中的现象学还原的所指，最终给出音乐评价的现实写作参照。为此笔者首先给出对现象学以下评述。

现象学的核心是“面向事物本身”，它把最终的目的指向“现象学的还原”，也即将外在事物简化为只是主体的意识内容，是当代对主体审美意识特征考察最系统的理论。其出发点来自于美学建立之初最根本的命题，即美是感性的完善，在现象学文论中，有一个基本思路，即感性的存在需要审美对象的存在，并展开审美对象的讨论，通过审美对象提出审美主体“意向性”的审美特征，并进一步通过”意向性结构”的探讨，最终指向那个审美现象学的还原，即审

美体验的原初经验上，也就是它所简化到的最基本的主体意识内容。实际上，现象学是借由客体的关注考察的审美主体感知方式的学问。现象学的主要任务是去描述意识活动，揭开感知过程中的“纯粹先验能力”的主体意识结构。是对感觉何以可能命题在康德《判断力批判》之后的理论深入。那么现象学对音乐审美经验有何启示呢？

为了说明这个问题，笔者将通过以下四个论域来逐渐进行澄清。

论域一，现象学认为“世界是被遮蔽的，观念的遮蔽，物质实体的遮蔽，总之是主客二分所造成的遮蔽，而意象一出，则敞开了一个本真的世界”。由此得出，存在是被存在者遮蔽的，需要艺术来照亮。这是现象学论述艺术审美经验的起点。

论域二，杜夫海纳的“感性”不在观念与物质的关系之中，更不分属于观念与物质。它是一个整体对象，是感觉与被感觉者的原本统一，艺术特性的东西进入感知状态，不是认识对象，而是本体转换，这个转换的过程即本文所关注的经验。正如茵加登将“意义”分派在观念和物质两头，构成形而上的质，但它正是现象学意向性中的“感性”。还原这个质的审美经验具有着怎样的特征，当主体见证者，被感性所照亮，同时也给出客体，感性总是表现为主客体的联盟，它是情感对象，它是由审美感知激活的物质与观念的统一体。在这里，感性作为主体行为，作为审美对象的“感性”，是“前主体”或“准主体”的存在，是召唤“现象学还原”的前提。

论域三，那么这个现象学在还原什么？通过前几个论域一点点地缩小，它实际上正是杜夫海纳在审美经验现象学中指出的“原初经验”。原初经验是“实事本身”所意谓的客体，现象学还原的要旨在于排除一切前见，剥离一切理念化外衣，以重建我们与经验的直接关联，亦即回到原初经验；原初经验能够与其他的道德、知识、技能等经验区别开来。二者是“原初”与“蜕变”的不同关系。原初经验是现量式①的呈现经验，而后者，道德、知识、技能等经验，即蜕变经验，是比量式②的再现经验。呈现经验是一次性的、不可重复的，它只能是对自然的审美经验，简言之，即自然经验。对艺术的审美经验源自自然经验，在此意义上，所有的艺术都模仿“自然”。

论域四，介入式(engaged)的审美经验与分离式(detached)的审美经验之

---

① 现量是不用意识思索就能够直觉其存在。

② 比量就是由推理而得的知识。

二分，同出于一个原初经验。在它之前再无经验。在我们一般的审美经验中，有介入，也有分离，但它们都有一些原初经验的事情，这些事情的不同表现形式，是分离和介入，不是说在介入和分离之外还有原初经验，而是说人生在世，我们总有一种原初的存在方式，现象学还原即要还原到这个原初经验的经验中去，其意向性结构的内容才能真正地被揭示。

在这四个论域中，笔者首先指出现象学所提出的命题即“审美经验”，然后再步步澄清这审美经验的“意向性”，即召唤现象学还原的前提，引出论域二中的“前主体”与“准主体”两个概念；进入“原初经验”与“蜕变经验”论域三；最后揭示论域四“原初经验”的“分离式经验”的存在。在这里，“原初经验”正是“现象学还原”的内容，也是本文对音乐评价的落脚点。

二、“现象学还原”在音乐作品中的所指

上文提出，“现象学还原”是对审美经验的简化。因此现象学是对“审美经验”考察的哲学，它所给出的结构必然能够包含音乐审美经验的结构。因此笔者从上文以说明的审美经验结构，即“前主体”与“准主体”“介入经验”“非介入经验”“分离经验”的“原初经验”与“蜕变经验”的考察，在音乐中的所指，首先需要认清音乐审美经验的意识结构，即包含了一整个现象学所揭示的审美经验结构。在这个结构中，现象学对审美经验最终简化到我们原初存在方式所依赖的感觉经验中的“原初经验”，即“先验经验”，那么在音乐中这个“原初经验”“先验经验”指的是什么呢?

笔者按照“原初经验”与“蜕变经验”这个意识结构，给予所指的说明，推演出以下四个概念：第一，“原初经验”在音乐中的所指，笔者认为是生理、心理层面的音乐运动感知，这种运动感知不涉及后天经验(蜕变经验)的规定，可以说它是对音乐审美经验简化后的经验形式，也即现象学审美经验的“前主体”“准主体”的存在，在音乐中指的是听觉美感心理机制；第二，“原初经验”还可以涉及“类经验”中的感知，也就是我们视知觉具有的共识性生活经验；第三即“介入经验”或者说“蜕变经验”，这一类经验会因人而异；第四，审美经验是根据对象自身规定展开的，当然它也被限定在人的原初审美经验结构之内，所以这是一种人与对象的共同先验和存在本体。

由此，笔者构建了一套属于现象学之下的音乐经验结构与音乐内容，即“心理运动内容”“类经验的存在”“表达内容的存在”与“形式内容”，如图1所示。

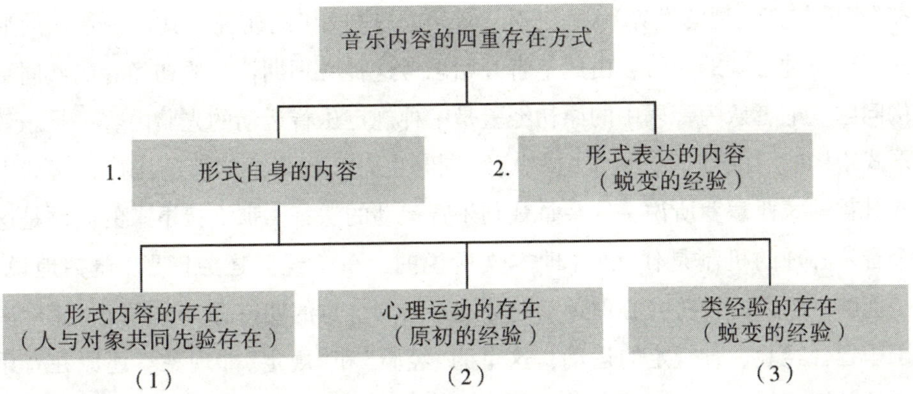

图1　现象学之下的音乐结构与音乐内容

这四种方式又可以归结为两大存在，即"形式的存在"与"内容的存在"，这两大存在方式中的"形式存在"包含着一个共同的存在体，即"有意味的内容"(形式内容)、心理学观察视域下的"形式运动的心理内容""类经验的内容"，以及"内容的存在"构成一个意向性内容的四重性的共同存在体，"内容的存在"因对其负责的是外部世界，往往不作为音乐美学科学讨论的范畴。

"形式的内容"有两种存在方式，即"意味的内容"与"运动的内容"，前者以美学价值存在，后者以能量方式存在；而"内容的内容"也即"表达的内容"(罗兰·巴尔特)(下文均使用此表述)，是依附于音乐之上的意义存在的方式。在这四个内容存在中，"意味的内容"是作为美学价值存在的内容，是其美学为其负责，因特定美学理想与审美趣味而构建的不同的评价体系；而"内容的内容"因形式的组织原则与结构为其负责，故评价标准就成为对形式与内容关系的关联程度、实现手段以及效果的评价。这二者都不能实现一个规则性的评价标准言说，而"运动的内容"与"类经验"的存在，作为能量存在方式和共同经验的形式，我们可以在人类普遍的心理能量运动中找到共有的经验。因此只要我们说清这个能量运动以及这个类经验，其评价标准便自然浮现。

三、现象学还原下的音乐作品内容的解读

以上便是音乐审美经验结构在所对应的音乐内容中的说明，所谓现象学还原的"原初经验""非介入经验"、"前主体""准主体"，笔者认为实际上可以是音乐心理学近年来研究中的"音乐心理原发性机制"这一内容。参考周海宏教

授《音乐与其表现的世界》①一书对“音乐心理机制”的研究，其认为音乐的形式符合一种心理的期待，由此笔者开始思考这种心理期待与原初经验的共同结构问题。笔者认为音乐中的原初经验是一种规定乐音运动的先验内容，是乐音形式结构的“操纵者”，这个“操纵者”同时也是一种形式构造的法律，正如古罗马哲学家西塞罗所说，耳朵是裁判乐音运动的法官。那么接下来的问题是这个音乐心理的机制是什么？（即本文所说的，审美经验还原问题）概括地说，是能够带给人一种符合心理运动趋势的一系列合意的期待感。这种期待感取决于乐音合经验、合规定的运动，这里的“经验”和“规定”即现象学还原在音乐中的所知。

下面笔者将对这一还原的所指（即作品的内容）在作品中加以说明：

以李斯特《匈牙利狂想曲（第二号）》的部分片段为例，说明音乐形式中的内容（见图2）：

Liszt Hungarian Rhapsody No. 2 in D minor, S. 359

图2 《匈牙利狂想曲（第2号）》片断

这是作品一开始8小节的片段，它显示出一个完整的乐音运动趋势，这股趋势可以使人体验到一股力，它从形式中孕育，同时又孕育于形式。右手的旋律与左手的和弦展示了一种争斗般的对话，并且随着时间的延绵，这种争斗越

① 周海宏：《音乐与其表现的世界》，中央音乐学院出版社2004年版。

来越不可劝阻，左手保持一致的音型使我们体验到一种始终不肯罢休、松懈、调解、缓和的感觉，而右手急于进行 16 分音符与 2 分音符的交替，以及变化交替，给人一种反复与勇于试错的感觉，最终左手音型厌烦了右手无休止的侵略，终于用 16 分音符三连音的节奏性结束了这场即将由对峙到争斗的局面。而后面乐曲结构，如图 3 所示，我们可以发现完全延续了这种争斗，作曲家本人给我们展示了一个完完整整的争斗、对峙的冲突，以及此消彼长，各种个样冲突的状态，作曲家在前面三个素材，用了全曲几乎 2/3 的时间酝酿了一场即将冲突的力量，即 ABCABC 的段落，几乎在作品的黄金分割处，音乐急转而下开始爆发出由前酝酿的一切力量的形式，填满了后面全部乐曲发展的时间。5 分多钟蓄积的力量仅仅用两分半中消解，这会是一种什么体验？只有听众去探寻了。

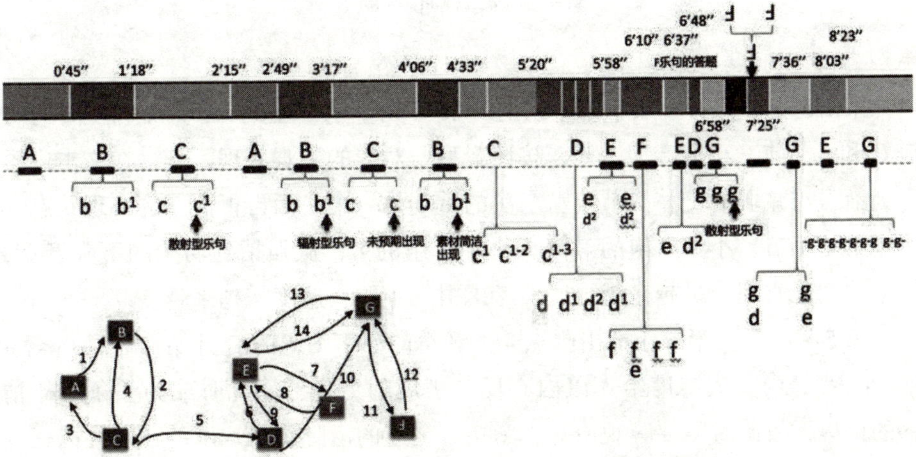

图 3 《匈牙利狂想曲(第 2 号)》片断分析

基于上述分析，笔者认为正式现象学“经验还原”即“前主体”，“原发经验”的体验与认知过程，诚如马赫在《感觉论》中所言，没有形成命名的印象前的感觉，一旦人能叫出来了，就已经不是纯感觉了。换句话说，听众体验到的内容，是音乐没有给以概念建立的认知性知觉，音乐给的仅仅是康德式的“先验直观的主观”体验。也因此，在诸多艺术门类中，只有音乐这种非再现性，物质性的艺术可以充分的给人以经验还原的体验。

请看笔者对肖邦《波兰舞曲》的分析（见图 4、图 5）。

片段一：速度 Allegro molto. ♩=126。

图 4 《波兰舞曲》片断一

第 1-3 小节：音型从小字 1 组的 D 爬升到小字 3 组的 F，之后降到小字 1 组 G 和 A，前三小节音型一样，按照音型所对应的主观心理，其潜在文本内容应为渐强与减弱的交替，节奏型三次的重复是一个一而再再而三的心理状态。

第 4 小节：小字 3 组的 F 降入小字 1 组的 B，从强拍到弱拍的下降音型，带来的主观心理力量越来越强，但考虑引入主题，速度需越来越慢。

第 5-8 小节：第 5 小节由附点 4 分音符的小字 1 组的 G 开始，后升高至 A（一个大二度），大二度给人以内心反向扩展的力量，而此时成为整条旋律情感的聚集，故此时需要客观冷静，紧接着迅速的滑降到低八度的，期间以三连音形式均分速度，呼应了大二度给内心的扩展之感，同时一种保持而冷静的心理内容始终不断聚集，紧接着由该小节的大二度音程 D 到 A 进行了收束，回到降 E 大调的主和弦降 EG 降 B，第二小节继续从主和弦开始，延续蓄积酝酿的心理内容，还是第 5 小节的材料，主和弦开始，而之前的大二度音程，在这里有了一个戏剧的转变，由 G-A，变为 16 分音符的小字 1 组的 EFGE 到小字 2 组 EDC 的大跳进行，将之前大二度的扩展在这一小节中给予了满足。

第 7 小节：以小字 2 组的 G 为主音环绕的音型大跳进小字 3 组的 D，主音环绕，给以一种焦灼急待解开的欲求，而接下来大跳进 D 为的就是拉开张力，由 D 迅速进入一连串极进下降的音型，将焦灼的心理予以快意的宣泄。这里特别需要注意的是：这一小节后半拍起的四分音符降 B，该音如果能演奏出

1.5/4 的感觉，对接下来的迅速下行会有更佳效果，因为这样一个短暂的保持，会给人带来坚持的体验感，我们都体会过当实在坚持不下去时候力量松懈的状态，一泻千里，恰如接下来极进下滑的 32 分音符。

第 8 小节：第 7 小节极进下行之后接的的一串音高较为密集的音型，可以给予能量释放之后的软着陆之感，因此这里需要特别运用好这几个音型，具有承前启后作用。

第 9 小节：是第 5 小节主题句的重复，主音 A 进行了两次，用以强调主题的出现，有更新之前的全部情绪或感觉的作用，然后，继续三连音的下行进行，开始蓄积心理的扩展之力。

第 10 小节：重复第六小节的旋律性格，但是还是做出了音型的改变已做心理调整，但此时并不是为了能量蓄积，而是有些愚弄的阴谋，即第 11 小节的华彩乐句，该乐句刻意将听众内心达到一种窒息的顶点，因此第 10 小节中高音区的徘徊虽然不感觉气息不浓，但却给听众造成了一种间歇，间歇之后是推向高塔顶尖的片刻停顿的失重之感，因此这一华彩乐句的表达内容应该是，越来越弱的状态，其音型音区的越来越高正是迎合这种心理状态的设计。

片段二：

图 5 《波兰舞曲》片断二

第 1~2 小节：两小节音高半音与二度关系的 32 分音符的下降音型，具有着强大的推动之力，这种力量如需承接新乐句，尤其是两小节后的抒情性乐句，那必须要一个缓冲，第 3 小节的设计便是如此，一个吸能与缓冲的作用。

第 5~11 小节：从第 5 小节开始一直到低 11 小节，每个小节都是第 5 小节的下行模进，情绪越来越悲伤越来越绝望。比如第 6 小节，16 分音符的二度关系主音围绕，一种徘徊、缠绕，不解，压抑的状态，紧接着 G 降 E 犹如一个哀叹，并且在新的小节重新模进这个徘徊、缠绕，不解，压抑的状态，然后继续哀叹，并且重复第三次，每一次都有着极为细腻的情绪状态，直到第 12 小节小二度两个音的持续交替两拍，给人一种恍惚、绝望、意志消沉的感受，接下来音型回到第 5 小节，貌似一场轮回此时音型虽然不变，但可以根据演奏者的主管内心重新诠释这一相同的 5 小节音型设计，可以失望之后的绝望，也可以是失望之后的继续祈求与割舍，这样的表达内容完全有演奏者个性与情感经历或是当下的情绪决定。

通过对以上两个片段的分析，我们可以发现，音乐的形式为听众内心提供了大量的运动欲求，符合这种内心运动欲求，就满足了听众，同时音乐的形式也提供了演奏者表现的依据，演奏者需认真仔细的揣摩音型的运动，前后的逻辑关系，由音型运动带来的力量的变化等，来进行忠实乐谱的传递。这正是本文所谈到的音乐存在的另一种方式，存在于心理欲求之中，形式应该是心理欲求的一种显现。

经过对审美经验现象学中“现象学还原”这一问题在可能涉及的音乐内容的思考，笔者认为音乐作品文本蕴含的三种中，音乐形式的心理内容即是本文所要论述的“现象学还原”概念下的音乐文本内容。

（作者单位：武汉音乐学院）

论谭盾“有机音乐”对当代油画创作的影响

秘云腾

一、谭盾的“有机音乐”及其“弦外之音”

谭盾的“有机音乐”就是通过利用自然界的各种材料(如水、石头、木头等)发出的声响与交响乐队结合的演奏形式，来传达“自然即是音乐，音乐即是自然”的观念。

众所周知，谭盾是先锋音乐的代表人物之一，在音乐界素有“音乐鬼才”之称。他凭借着大胆自由的创作理念、特有的为中国传统底蕴与国际化视野，在继承传统音乐文化的同时，善于打破常规，从音乐思维、舞台演出位置、演出形式、演奏方式到乐器的选用和制作等都进行了大胆的改变，给人带来了一种全新的视听效果。

应该说，谭盾的“有机音乐”是他“打破—重组”过程中的一个阶段性产物。由于植根于内心的楚文化情结，再加上深受约翰·凯奇“整体声音”一切皆可入乐的创作理念的影响，谭盾在将中国传统民间音乐与西方交响乐融合的基础上，又进一步将自然之音引入其中，与其说他这是让音乐拓展和延伸，不如说是让音乐恢复和回归。因为“打破—重组—再打破—再重组”的过程本身就是一个“圆”的轨迹；另外，谭盾非常注重自己的本土文化，重视学习《易经》和禅宗思想，这显然是在重回原点。其实，作为音乐的组成部分，无论是乐器还是演奏乐器的人都属于自然之物，而久处人文关怀下的音乐已经逐渐脱离了自然，似乎不经人工雕琢就不能称其为音乐。我们来自自然，却又要置身于自然之外，甚至要高高在上，妄图重新建立一种新的体系来取代自然。结果在将自然这个根拔除掉之后，我们发现，创作思维逐渐枯竭，音乐逐渐苍白、萎靡，精神家园一片荒芜。作茧自缚并不会带来希望中的蜕变，反而让人感觉好像在到处突围，渐渐在迷茫与彷徨中走上了自我覆灭的道路。于是，有人开始反思，如何才能摆脱掉这种窘境，谭盾就是其中之一。他曾经在创作了《离骚》之后大胆预测，西方的交响乐已经弹尽粮绝，他们需要东方的哲学、东方的文化来填充。讲究"天人合一""万物本自一体"的中国传统哲学思想圆满解决了西方音乐百思不得其解的困惑以及可遇不可求的精神境界。西方讲求对立的哲学观显然只能产生障碍，而跳跃的音符本身就像水，只有流通才能不腐。如果将西方音乐比作一个漏底的缸，如何让缸里装满水且永远不会枯竭，那么只有将其置于自然这片大海之中才能达到。谭盾把自然界中的水、风、石头、纸等物品与交响乐对话，并能够使二者结合得恰到好处就是最好的证明。正如约翰·凯奇评价谭盾时所说的那样，"在欧洲和西方音乐中很少听到音乐作为一种自然之声的存在。因此，在我们的音乐中能听到人类在与自己对话。明显存在于谭盾音乐中的是那些我们置身其中而又久所未闻的自然之声。在东西方将连成一体，成为共同家园的今天，谭盾的音乐正是我们所需要的。"

二、谭盾"有机音乐"之"话里有画"

有人认为，谭盾的有机音乐从本质上还是对中国原始意识的尊重。通过对其作品的曲式结构、和声分析、音乐元素分析、音乐背景分析、音乐的配器与风格、舞台空间的设置等方面的技术性理论分析之后，我们不难看出：谭盾作品深受道家文化的影响，欣赏他的作品，通常都会给人沟通天地、泯灭物我的感受。他的创作将自然轮回与循环往复的意义发挥到了极致；同时，谭盾也吸收了西方音乐的技法与理念，其中的西方技法给中国的听众以稀奇之感，其中的东方情调又可以吸引东方听众，可以说他对中国传统文化进行了新的诠释。

纵观西方艺术史，我们会发现，新的风格在不断地颠覆旧有的流派，这种颠覆是西方"否定之否定"的哲学化思辨在艺术中的体现。从表面上来看，它使得追求自由的艺术家更能直接表达即时观念，使艺术可以更加完美地延伸，但其实这种不断的"转折式延伸"并未使艺术"发展"，只是让其围绕着西方哲学化思辨不断地在进行"圆周演变"。而自开始就秉持着"民族化"的中国当代油画，在西方强势的文化冲击带来的后殖民影响下，更多的是在重复、拼凑，进行形式上的追随和观念上的盲从，并非是建立在深入研究西方文化背景基础上的一种本土化再现。这与"民族化"的初衷相距甚远，更不必说在传统基础上的创新了。

进入21世纪，社会状况的复杂变化和科技的进步，带动了各个领域的一系列连锁反应，这种变化显然也在剧烈影响着艺术创作，特别是在吵杂的当代社会，时代环境的改变已经深深影响着现代人，浮躁、功利、恣情纵欲等充斥着人们的生活。而在这样的大背景下，谭盾的有机音乐则给身处吵杂社会的现代人带来了一方“净土”，并改变了他们的体验方式，可以说是老庄“天人合一”的音乐实践，如谭盾所述：“我们现在提出保护自然环境防止污染，包括吃的、睡的、住的、看的和听的，而有机音乐是用自然的声音，水的声音、纸的声音、石头的声音等创作了一系列交响协奏曲，以体现环境保护和中国人希望得到的天人合一的意境。”反观中国当代油画创作，大部分作品缺乏明确的文化倾向、审美追求和价值标准；处在一种被功利驱使的状态下，被个人符号化思潮所左右的乱象之中。

三、谭盾的“有机音乐”对当代油画创作的影响

谭盾的“有机音乐”对当代油画创作有以下三个方面的影响：

（一）向“内”求的“有机音乐”

谭盾的“有机音乐”，从本质上讲是复观着中国古老文化的源头，是对中国传统哲学思想的当代应用，是让音乐回归。谭盾的音乐创作是中国传统文化这棵大树的根系上生长出来的枝叶，他吸收了楚文化、巫文化、傩文化这些中华传统文化的精华，然后再将他的“有机音乐”作为新鲜血液回输给中国传统文化，使以“道”体悟自然的中国传统文化在当代又重获新生，换句话说，是当代艺术家通过“内观”，渐悟即便是久经尘世的习染，自己也一直身处中国传统文化的包容之中，从未离开过。创作之道首要是体验，或者说是真诚的感悟。相对于目的性来说，过程的进行似乎更为重要。但是，当创作不是情感的自然流露，而是委于某一目的而进行时，创作主体的自然程度就会大为减弱。具体来说，当人们急切地追求成功，追求竞争中的一席之地时，就很难自然地流露真情实感，在形式上也势必会造作。这种功利强势而审美弱势的现状，远离了自然的精神状态，很难有创作上的那种自然的原生态、本真态，而体验之心不诚，创作必然虚假矫饰，心灵境界不高，自然品味难高。而谭盾有机音乐的出现，正是一剂良药。“行有不得，反求诸已”，当西方艺术家已觉艺术创作走投无路的今天，我们首先要做的就是内求寻根，然后选择性地吸收西方艺

术的精华，曾经端着金饭碗还四处要饭的我们才能在当代立足。

(二)体悟“一”的有机音乐

有机音乐的观念，是谭盾音乐思想的中枢，也是谭盾自创作以来，一直坚守的音乐的本质。因为中国的传统哲学观念始终是围绕着“一”来展开的，如“一生二，二生三，三生万物”“天人合一”“万物本自一体”，等等，不论是收还是放，都是由“一”演变出来的，就像树根，所有的枝叶花果都离不开它，同时发达的根系也可以不断汲取各种外来的养分，进而不断滋润枝叶花果的生长，使之更加枝繁叶茂，这显然就形成了一个良性循环，所以从这个角度讲，中国的传统文化是鲜活的，且充满着旺盛的生命力的，它永远都是在融合。越多的文化注入，就越发会使它焕发勃勃生机。而西方文化讲对立，这就必然会造成面对外来文化的时候，产生排斥甚至蔑视，其实是在四面八方砌墙，逐渐将自己封闭束缚起来，最终必将是走投无路。显然谭盾洞悉到了这一点，因此有机音乐的观念才促使谭盾在音乐创作上不断更新思维，始终处在当代艺术的前沿。谭盾打破了原有的纯粹性，大幅度跨越地域、民族与时代的束缚，综合使用中国传统、西方巴洛克、古典直至现代的各种音乐素材和作曲技法。在舞台演出方面，他打破传统乐队乐器组的位置以及现场效果，模糊乐手和观众的界限，让舞台一直延伸到观众席中，观众也参与演出，消除了乐团和听众之间的隔阂。在乐器方面，谭盾不但用自然界的材料作为演奏乐器，他还用陶器、玉器、以致汽车零件等作为自己的音乐材料来传达有机音乐的理念。可见，一切自然界存在的东西，谭盾都可以将其当作音乐来演奏，“万物皆有灵性”在谭盾这里得到了很好的注解。在音高范畴，他也不是集中在某一种概念，而是将调性、调式、无调性甚至无确定音高的技术融会贯通，形成了一种“大音乐”的概念。

另外，谭盾的有机音乐还含有很多先锋艺术的因子，比如大地艺术、光效应艺术、行为艺术、装置艺术等。可以说这些艺术是老庄“天人合一”哲学思想的现实实践，它们本身就是要打破教条的禁锢，寻求超越任何清规戒律的自由之路，用更自然、更直接、更灵活的方式表达思想；综合各种艺术样式，运用任何可以利用的媒介完成作品，戏剧、音乐、舞蹈、建筑、绘画、录像、电影、幻灯、摄影、讲演、多媒体都可以自由使用，按需要任意组合。

虽然谭盾的有机音乐作品含有很多先锋艺术的特点，但绝不是其中的任何一种，而是将先锋艺术作为一种自然因素纳入到他开放的“有机音乐”之中。

因为开放，所以更具生命力；因为综合，所以才有更多的可能性。就像前面提到的水缸的比喻那样，当静观内在的时候，你会发现，其实缸内和缸外都是一样的海水，没有半点区别。而且置身于自然的海洋之中，缺损反而变成了打破障碍的接点，如此创作思维便永不枯竭。

识"一"而知"万"，谭盾正是洞悉到了"万法归一"的原理，让自己的音乐创作有如万花筒般不可遏制地迸发绽放。当今现代化发展所带来的扬物质而抑精神、重功利而轻思想的误区，使不少人对物质价值寄予过高期望，心态充满了实用。作为艺术家，本应该以一种"出世"的态度去"入世"，时刻保持危机感、良知的警觉，这样创作出来的作品才能产生共鸣。而恰恰相反，当代很多艺术家不仅丢失了中国人骨子里面的"道"的内在精神支柱，而且丧失了作为从事创造精神产品的人所具备的最基本的意识，陷入功利主义的怪圈难以自拔，因此浮躁迷茫的心态下创作的作品只能盲目跟风，随利流转，"万"里飘摇，求出无期。

（三）"有机音乐"的创作方向

谭盾的有机音乐被称为"看得见的音乐，听得见的颜色"，因为他坚信：音乐不仅仅是乐音的运动形式，不仅一切自然之声都是音乐，甚至光、色，一切的一切，只要能编进自己作品中的物质、非物质，都是音乐。可以看出，谭盾的理念里面到处透着"和"的思想。

在中国著名的琴论《谿山琴况》中，所提及的第一个字就是"和"，"刚柔相济，损益相加，是谓至和。"在古琴演奏中，对"和"这一境界的追求，有三个层次："弦与指合，指与音合，音与意合，而和至矣。"前两个层次对于谭盾这样一位对西方传统作曲技术驾轻就熟的音乐人来说，是不成问题的，最重要的是最后一个层次，心上之音即为"意"。谭盾的有机音乐在名称和形式上很吸引人，甚至让人产生眼花缭乱、目不暇接的感觉。但细细体会，在前卫的外表下，包含着的是谭盾对湖南故乡的依恋、对中国传统哲学思想的依托和对自然那份关爱的情怀，也正是这种寻根之"意"赋予了谭盾独辟蹊径的创造精神，左右了他的人生态度和审美取向，孕育了他的"传统之音"。"你得用创新的方法去传承传统，不能用相同的方式来传承传统。如果没有创新，只有重复，传统就会死掉。"谭盾如是说。正如周小燕先生评价谭盾一样："我欣赏他不是因为他得了多少大奖，而是他紧紧抓住了中国的根。他不断地创新，不断地发挥，但他都是用来培植中国的根，谭盾抓对了，创新离不开根。"

同时，谭盾的有机音乐创作元素，虽取自自然，用以表达作曲家自然之声与音乐没有界限的理念。但是作为社会的人，谭盾认为有机音乐不只是作曲家个人抒发情怀，而意在与当今社会的潮流相结合，希望通过音乐，表达一个作曲家的社会责任感。

长期以来，由于受到社会风气的影响，我们的画家很少能潜心研究艺术本质的问题，谭盾的有机音乐折射出的道德的一丝曙光对当代油画界来说，也是发人深省的。

当然，任何的创新都不会是完美的，谭盾的作品也不例外。他对自然之声的运用有时并不是恰到好处，甚至有些让人莫名其妙，以致产生故弄玄虚之感，等等，这些也容易让人陷入到“泛音乐”的误区，当代油画界对此也要引以为戒。

（作者单位：武汉科技大学艺术与设计学院）

亨利·摩尔雕塑艺术中的自然

祝凡淇

英国雕塑家亨利·摩尔被称为是罗丹之后最伟大的雕塑家①。宗白华曾就形与影的角度赞赏罗丹的雕塑并写下这样一段话："他的雕刻是从形象里面发展，表现出精神生命，不讲求外表形式的光滑美满。但他的雕刻中却没有一条曲线、一块平面而不有所表示生意跃动，神致活泼，如同自然之真。罗丹真可谓能使物质而精神化了。"②摩尔继承了罗丹突破外在形象而追求内在本质和生命的雕刻精神，并将他的"自然之真"的境界发挥到极致。有人认为摩尔雕塑艺术属于超现实主义，也有说属于抽象主义，摩尔曾说他不认为自己的作品完全属于哪种风格，因为他的创作灵感全都来自于"自然"。③ 摩尔雕塑艺术中"自然"的特点已被广泛研究，但很多文章往往只是将"自然"作为实体的自然物来理解摩尔的艺术，狭隘地将这种"自然"的特点理解为摩尔的雕塑艺术在于善于利用自然材料和忠于将作品放置于户外自然之中等。本文试图从中国美学"自然"的范畴来揭示摩尔雕塑艺术中被掩盖的内在的真实和生命的表现力。

一、何谓"自然"

"自然"是中国古典美学非常重要的范畴。"自然"作为审美范畴并非指实体的自然物，而是指事物本来的存在状态，是事物达到最高的真实。老子最先提出"自然"的思想。老子说："道法自然"。他认为"道"的本性就是"自然"，"自然"是"道"的存在方式和存在状态。老子关于"道"的一系列性质性描述可以

---

① L L Hefner, L T Sheffield, G C Cobbs, W Klip, Henry Moore Captures the Anguish on the Home Front. *Journal of Insect Science*, 2013, 13, vol. 3.

② 宗白华：《艺境》，北京大学出版社 2003 年版，第 294 页。

③ Albert Elsen, Henry Moore's Reflections on Sculpture, *Albert Art Journal*, 1967, vol. 4.

看出“道”自为目的，自己规定自己，自生自为，不受任何其他事物的影响和限制。由此可见“自然”是一种本然、自然而然的状态。庄子及其后学继承和发展了老子的思想。庄子将“道”视为人生境界最高的追求，认为人应该从“役于物”中解放出来，以获得真正的自由。而对于这种自由的追求就需要排除人为的因素，要一切放任自然，使事物按照内在的本性达到生命的自然发展。

老庄的“自然”之“道”作为观念去理解时，展现的是思辨性的宇宙生存准则和人生境界，而作为一种体验去领悟时，展现的是艺术精神，对于艺术家而言，这种艺术精神最后所成就的是艺术作品①。老庄的“自然”之“道”与艺术创造和审美特征的理解是相通的。可以说“道”的自然无为的原则支配着宇宙万物，同时也支配着美和艺术的现象，是美与艺术的欣赏和创造必须遵循的根本原则”②。到了魏晋六朝，“自然”从一个哲学范畴逐渐转变为美学范畴，关于“自然”的艺术理论比比皆是，如刘勰在《文心雕龙·原道》中说道：“心生而立，言立而文明，自然之道也……龙凤以藻绘呈瑞，虎豹以炳蔚凝姿；云霞雕色，有逾画工之妙；草木贲华，无待锦匠之奇。夫岂外饰，盖自然耳。”还有后来的王国维在《宋元戏剧考》中说道：“元曲之佳处何在？一言以蔽之，曰：自然而已矣。古今之大文学，无不以自然胜。”

二、摩尔艺术作品中“自然”的特征

老庄的“自然”之“道”作为艺术精神或是美与艺术欣赏和创造的根本原则，它可以具体表现在艺术作品的形式和内容上。首先，它表现的是一种以“平淡”“朴拙”和“简易”等概念所表示的形式上的特征③，以及不拘泥于对具体物象描绘的特征。其次，在内容上它表现的是一种生命和情感的真实。老子直接谈到艺术和美的地方不多，其中他在《道德经》第十二章中说道：“五色令人目盲，五音令人耳聋。”对于外在声色之美的过分追求会使感官麻木，阻碍感官的享受，甚至是失去对审美和艺术活动的欣赏能力。同样的，老子还在《老子·八十一章》中说道：“信言不美，美言不信。”华丽的言辞恰恰掩盖的是丑恶的本质，此时的“美言”之“美”并不是真正的美，只是虚假而动听的言辞。

① 徐复观：《中国艺术精神》，华东师范大学出版社2001年版，第34页。

② 李泽厚、刘纲纪：《中国美学史》(第一卷)，中国社会科学出版社1984年版，第213页。

③ 范明华：《论作为审美评价范畴的“自然”》，载《中州学刊》2003年版。

类似的例子还有“大音希声”和“常德不离，复归于婴儿”，都在于强调形式应符合自然本性，反对人为的过度修饰和雕琢。“自然”之“道”所表现的平淡、朴拙和简易之美在《庄子》中也多次被提到。如《天道》篇中说道：“静而圣，动而王，无为也而尊，朴素而天下莫能与之争美。”《应帝王》中又说：“于事无与亲，雕琢复朴，块然独以其形立。”庄子所强调的是艺术形式上的平实凝练，是原初的本性和不伪饰。

在中国传统艺术中无论是在书法中对于质朴率真的风格的追求，还是在诗歌中对于自然平实的内涵的追求，都反对对于形式过多的雕琢和文饰。如绘画，反对过分追求形似逼真或是讲求细致严谨、拘泥与古法。中国传统绘画追求的是笔墨简淡、朴拙的表现方法。张彦远在《论画体工用榻写》中说道：“夫画特忌形貌彩章，历历具足，甚谨甚细，而外露巧密。”①若要使艺术形象有更强的表现力，艺术作品蕴含的情感和意境往往表现于无形之中，对“形貌彩章”的过度专注只会掩盖艺术形象的独特意蕴，又如顾凝远在《画引》中说，“拙则无作气，故雅，所谓雅人深致也”②。

同中国传统艺术一样，摩尔的雕塑作品体现了“自然”的艺术表现形式，强调简约和极力去除表面过多复杂的累赘修饰是摩尔雕塑的最大特点之一。就人体雕塑而言，摩尔并不拘泥于人体外部形象的极为逼真的刻画，他的雕塑手法反而看上去显得很“随意”，而正是这种“随意”体现了他比其他追求“真相”的雕塑家高明的地方。例如摩尔在 1983 年完成的作品《母与子坐像》，母亲和婴儿的表情和外在形象并没有被充分地雕琢出来，母亲的身体和腿直接用一整块不规则的石头替代，头部和脖子直接被塑造成圆柱形，母亲怀抱中的婴儿造型更是显得含蓄，如同还没成形的胚胎。即使没有复杂细腻和写实的刻画，观赏者也能看出母亲和婴儿的形象，整个雕塑线条显得十分光滑、流畅和温柔，并且简单朴素。试想如果此作品中母亲和婴儿的表情或是动作被刻画得精确而逼真，那么作品中所要表现的母与子之间顺乎自然的爱就会显得局促而一目了然，阻碍了情感的想象和体验，更是掩盖掉了宇宙之间母子之爱的无限。正如摩尔自己所说：“所有的艺术都应该有一种神秘感……如果太直白，神秘感就无从谈起，观众的注意力就会轻易地离开，而不会费力思考作品的内涵。”③

① 潘云告：《中国历代画论选》，湖南美术出版社 2007 年版，第 116 页。

② 徐中玉：《艺术辩证法编》，中国社会科学出版社 1993 年版，第 357 页。

③ [英]摩尔：《亨利·摩尔艺术全集》，张恒译，金城出版社 2011 年版，第 7 页。

摩尔的雕塑艺术体现出不拘泥于逼真的刻画的另一个特点是雕塑人物尺寸大小的设置，这是理解摩尔作品的一个很重要的因素。他认为如果雕塑非常接近于正常人类的尺寸，就会显得过于现实主义①。在19世纪20年代的时候，人们普遍还只是将看起来符合常规事物的形象和尺寸的雕塑当作艺术品，几乎很少的雕塑家可以接受较大型的雕塑。而在摩尔看来，雕塑尺寸的大小也是表现艺术情感的一个重要方面，尺寸需要符合雕塑所表现的精神，常规的外在尺寸并不是表现的真实，或者说只能是表现了事物表象的真实的一个方面，而这孤立的一个外象的表现很可能束缚了事物本质真实的表达，所以恰恰是不拘泥于现实尺寸的大小才能表现出符合自然的真实情感。

艺术表象的不拘泥于逼真和简易平淡的风格并不是艺术家随意而为之，这是在艺术家充分体悟到事物的生命和精神之后回归朴素和平淡的表现。所以在艺术作品中，表现出的符合自然本性的情感和生命往往出自于简易平淡，作品逼真复杂的刻画无法达到“意到而笔不到”的深度。摩尔认为艺术是对情感和精神的表达，而非对生活的模仿②，雕刻家所要做的是将深入内心感受到的意识和直觉转换成作品。如宗白华所说：“艺术家要模仿自然，并不是真去刻画那自然的表面形式，那是直接去体会自然的精神，感觉那自然凭借物质以表现万相的过程，然后以自己的精神、理想情绪、感觉意志，贯注到物质里面制作万形，使物质而精神化。”③可见，艺术家体会和领悟自然的经验是将生命精神贯注于物质的关键。

摩尔对于这种经验的体会和领悟可以追溯到他早年学习雕塑的时期，几乎所有研究摩尔艺术的文章都会提及他在学院课程外的博物馆研习原始艺术的经历，并认为这个经历是他成就雕塑艺术的关键。摩尔在这期间接触了来自非洲、大洋洲、早期埃及、苏美尔、古希腊、伊特鲁里亚的原始雕塑，在法国和意大利他又接触到了石洞壁画和马萨乔的壁画。这些壁画在很大程度上启发了摩尔将人体雕像成列于大自然风景之中的想法。不仅如此，摩尔在原始艺术中感受到了以一种淳朴自然的方式表现的浑厚的强大的原始生命力，这表现在1929年前后，他的作品更大胆的采用纯体块来表现人物形象，并认为朴素简单的纯体块的形式能更自然地表现出人体像渗透着的强烈的内在情感和生命

① Kathleen Blackshear, Henry Moore, *Bulletin of the Art Institute of Chicago*, 1947, vol. 4.
② John — Paul Stonard, Henry Moore: London. *The Burlington Magazine*, 2010, vol. 152.
③ 宗白华：《艺境》，北京大学出版社2003年版，第25页。

力①。摩尔在原始文化中体会和感受人类的情感和生命本质，然后以自己的方式表现在作品中。影响摩尔雕塑对生命和情感的感悟的另一个重要因素就是战争的经历。战争激发出摩尔作品中更加表现人性的一面②。其中非常具有代表性的一个作品就是他在1953年完成的雕塑“斜倚的战士”。那是一个断了胳膊和失去双腿的负伤的战士。摩尔塑造的是一个凄惨的甚至是令人感到可怕的形象，而从这凝重而简朴的艺术形式上却看到了尊严和美，让人既体会到战争的挣扎和痛苦，又体会到在不放弃中仍有美。

三、“自然”作为摩尔创作的心灵

摩尔在雕塑上的艺术成就主要在于他的“自然”的创作心灵。无论是对原始艺术的领悟还是对战争的体验，“自然”的心灵使得他得以把握到生命和精神的真实。这种“自然”的心灵其实就是虚静之心。心灵保持一种空虚的状态，首先表现在排除用逻辑思考的方式来把握有限的事物，如庄子所说“无听之以耳而听之以心，无听之以心而听之以气”。也就是说用空虚的心境来实现对事物的观照，因此所观照的事物就不会是有限的、孤立的像，而是对其无限的生命的关照。其次表现在超越世俗利害得失观念的心境，这种心境才能彻底摆脱束缚通向自由。“自然”的创作心灵使得心与物的对立得以消解，技法制约创作心灵的矛盾得以消解。这样表现出的艺术之真才是符合“自然”之“道”的真实的性情。

摩尔认为作为一个雕塑家，过多的对自己的工作进行叙述和描写是不可取的，因为用精确的逻辑语言描述出对作品的想法和表达目的会削减作品中蕴含的非逻辑性的自然本性和内心潜在的因素，欣赏者在观赏作品时偶然出现的直觉性的和情感性的感悟将会被死板的描述性的语言所替代③。就是因为这种“自然”的心灵，所以摩尔宁愿他的雕塑作品摆放在自然风景中的任何一个地方，也不愿将它们拘谨地或是当作装饰地摆放在最漂亮的建筑里。野外的自然物例如古老蜿蜒的树干或是大片的草坪都可以是雕塑的背景，或者可以说是雕

① Kathleen Blackshear, Henry Moore, *Bulletin of the Art Institute of Chicago*, 1947, vol. 4.

② L L Hefner, L T Sheffield, G C Cobbs, W Klip, Henry Moore Captures the Anguish on the Home Front. *Journal of Insect Science*, 2013, 13, vol. 3.

③ Edwards, Jason, Henry Moore Writings and Conversations, *Modernism/Modernity*, 2003, vol. 10.

塑的一部分，特别是在季节变换的时候，这些自然景物和摩尔的铜铸雕像之间能产生微妙的艺术情感的变化①。所以欣赏摩尔的雕塑更多的是要凭借直观的感受而非逻辑的分析，有些心理学家依据专业的心理知识分析摩尔的雕塑所表现的情感似乎并没有得到很好的效果，就如有欣赏者感受到摩尔将雕塑作品放于自然中是对工业社会导致的严重的环境问题的呐喊也是可以理解的②，各种直观感受都不应被受限制。除此之外，对于观赏者而言，将雕塑放于自然中使得欣赏者可以触摸雕塑或是从任何一个角度围绕着雕塑或是走进作品中去直接感受，有助于减少观赏时产生的限制和障碍。摩尔自己观察事物也是如此，他认为从一个角度看到的事物只是事物的一个方面，多角度和不同距离地捕捉和感受同一事物，而非从一个角度的分析才能把握自然的生命力。③

摩尔的"自然"的创作心灵还表现在他对自然材料的利用上。自然中的物体是摩尔中意的雕塑材料，例如岩石、骨头、卵石、贝壳和植物等。如他自己所说的："观察大象的头颅能让他联想到大沙漠、岩石风景、山里的巨大的山洞、建筑的结构和地牢。"④他通过自然材料领悟空间和自然的本性。摩尔忠于材料的真实性，充分利用材料自身所具有的原始自然属性，再结合雕塑的主题来创造雕塑作品⑤，使作品从外形材料的自然特性到表现的情感特点的安排都和谐一致，符合自然法则，从而使雕塑显得更具生命力。例如，他常选择石头或是青铜的厚重感来雕塑母与子的形象，表现出一种强烈而厚重的人性和母爱。

总而言之，虽然摩尔的雕塑在很大程度上和实体的自然界有关，但从中国美学"自然"的范畴更能充分理解摩尔作品表现的形式、内容以及创作心灵。"自然"的范畴更能说明摩尔雕塑艺术作品不是外在的和易逝的，而是内在的、本质的永恒的生命力的特点。相对于矫情虚夸，虚静恬淡并不意味对表现技法没有要求或是低要求。相反，平淡素朴的表现形式更要求技术上的炉火纯青。因为只有突破对于作品表象刻画的技术，才能真正表现艺术的内在情感和精神。

（作者单位：武汉大学哲学学院）

① Henry Moore's Outdoor Sculptures, *Books and Arts*, 2007, vol. 324.

② David Peters Corbett, Henry Moore: Critical Essay. *The Journal of British Studies*. 2003, vol. 44.

③ Eric Wright, Henry Moore: From the Inside Out. *The Art Book*. 2010, vol. 17.

④ *Henry Moore's Outdoor Sculptures*, Books and Arts, 2007, vol. 324.

⑤ Cheng, Scarlet, *The lasting legacy of Henry Moore*, 2001, vol. 16.

一种妥协是如何可能的？
——论绘画过程中的限制与自由

张　巍

从画家绘画冲动的产生一直到作品的形成的这个过程，很容易被理解为“画家想画一幅这样的作品——开始画——得到一幅这样的作品”的过程。如此的理解过于简单也与实际不符，同时也会使得对绘画的理解流于粗鄙，将观看指向误区。本文从试图工具、材料、方法、技巧以及身体等外部因素(相对于绘画的思维及心理活动为内部而言)对画家的绘画过程产生的诸多限制，来讨论绘画过程中画家所做出的妥协是如何可能的。

一、对自由表达的怀疑

当人们站在一幅作品前观看的时候，通常会有一个不在头脑中浮现但却存在的前提：这幅作品是画家所期望表达内容的如实表达。甚至在画家的脑海中，就存在这样一幅作品的原形，作品只是那幅存在于画家脑海中的作品的摹本。又或者可以理解成是画家对头脑中那个理念(idea)的物化。因此，即便存在于画家脑海中的那幅作品是模糊不定的，甚至是极为抽象化的，但作品本身依然是画家完全希望它成为的样子。当然，这里不包括那些没有完成的、失败的作品。这里讨论的至少应该是那些画家和公众都认可的画作。

但事实真的如此吗，画作本身究竟在多大程度上是画家完全希望它成为的样子？画家在创作一幅作品时，内心究竟发生了什么，是非常难考察的。而外部限制的考察则相对容易。所以，画家究竟如何产生创作冲动，在头脑中究竟产生的是具体的画面还是一个抽象的理念，在这里都不去作讨论。为了方便暂且都称之为一个想法。这里试图以作品从一个想法到经由画家之手和以各种工具和媒材成形的过程为基础，讨论画家是在何种程度的限制中进行创作的。而在限制、消除限制、无法消除、最终妥协这样一个过程中，完成一幅作品又如何获得表达的自由。在这里，对绘画在各种妥协中产生的阐述，是对绘画的自由表达神话的回应。因为后者的理解过于简单也与实际的现象不符，对绘画过程的简单理解，也会造成对绘画本身的简单理解，这对于绘画本身毫无益处，同时也会使得对绘画的理解流于粗鄙，让观看指向误区。

在此，以对一幅木刻版画作品的诞生过程的描述为例进行考察。制作一幅木版画作品，通常情况下就要按照构思、画稿、雕刻制版、印刷等一系列的程序制作木刻版画。当刻刀在木版上留下一道道的刀痕时，有一种解释是，这来自在画家创作开始之已经形成的思想上的预计结果，指向的也是最终经过印刷得出的版画作品。对于最终印制效果的预想，指导着画家的每一刀的形状、方向、深浅。而对于每一刀的形状、方向、深浅的控制，又来自于画家对自己手臂和手指的控制以及眼睛的观察。在印制时，画家通过多次的试版确定一个想要的效果，比对的是否就是一幅在他头脑中已经形成的作品。

也就是说，画家在头脑中产生了一个关于版画作品的想法，而版画的整个制作的过程是经由思维对身体的控制，把头脑中的作品物化的一个过程。显然，这一表述过于简单了。对工具、媒介和方法自身所包含的限制的预计，在很大程度上影响了画家对头脑中那个想法在将其制作出来的行动规划。现实操作中的工具、媒材和方法，以及生活-身体(lived-body)层面上包含了多少或显性或隐性的限制，最终使得画家在妥协中完成一幅又一幅的作品。

二、来自诸多方面的限制

木版画的制作原理非常好理解，在平滑的木版上留下痕迹，再给木版的突起出上油墨，铺上纸，给予纸和木版之间一定的压力，木版上突起部分的油墨就留在了纸张之上，形成了图案。按照梅洛·庞蒂的观点，木刻刀、油墨辊、印刷机这些工具是身体的延伸，因为我们只能通过发明改变身体从而改变我们对材料的接触方式。这就是说，我们虽然可以仅仅依靠身体本身(手掌、指甲、牙齿等)来在平滑的木版上留下痕迹，或者涂油墨或者施压印刷，但事实上，有一般见解的人都知道那是得不偿失的。作为身体的延伸，我们发明并使用了木刻刀甚至后来还有了电动刻刀、激光雕刻机等，这些都作为身体延伸而存在。

如果进一步思考就可以看到，这些工具都是在力求克服现实对于理念物化过程中身体受到的限制的消除，而无法消除的就只好妥协。试想一下，如果没有这些工具，仅凭借身体本身来面对木版、纸、油墨，艺术家所创造出来的作品在多大的程度上是对于现实妥协的图像，答案是，艺术家几乎无法做出一幅让自己满意的版画。如果强行要求艺术家制作一幅作品的话，很多地方艺术家就只好“将就”。无法刻出锐利的线和平整的面，无法均匀地涂上油墨，而且在身体感觉到疼痛时创作就会中止。

那么引入工具之后，情况会有所好转吗？还是回到刚才的例子。当那名徒手面对木版、纸和油墨的艺术家，得到刻刀、辊子、版画机之后，他的确可以做出不错的作品，但是，在很大的程度上自由表达的神话还是无法实现。首先最先出现的，就是对于工具妥协。每种工具都包含着自身可以实现的功用，除其自身可实现的功用之外的功用无能为力，所以画家永远是在工具自身已经给出的功用中做出选择。并且对于每个画家来说，工具并非是作为无限的可能性敞开的。因为，相对于每个个体来说没有什么可能性是“无限的”，不能把无法或很难确定范围或数量级的事物都简单地归于无限或者无数。

然后是媒材的限制。还是以木版画为例，木版画的颜色来自于所使用的油墨和纸张的底色，由于无法像其他诸如油画水彩等绘画媒材一样随时可以进行自由的调和，木版画的颜色选择被限制在一个很窄的颜色区域之中。即创作中的画家被“严格限制在他的媒介所产生的色调范围”①。也许在包括版画家在内的许多画家，可以对于绘画作品的那个想法中有一处光非常的耀眼的设定，但实施在画纸或画布上时也只能屈服于色卡上最亮的颜料带来的亮度。绘画中如何表现太阳的亮度，对此如果按照贡布里希给出的解释是“一种视觉符号”。按照他的观点，通过各种绘画的技巧(诸如对比)的运用形成可以指向不在场的视觉编码，而当观众观看到那种视觉编码时，就可以在脑海中感知到那种画家希望表达的亮度。② 以上的这些作为他在著作中所谓的“权宜之计”，即是下面将讨论的技法问题。

在这里对绘画里的方法和技巧作一下并非十分合理的区分，仅是为了论述方便。方法在这里指的是对工具和材料的运用，以及制作一幅画的流程。技巧单指造型能力，诸如能否把某物画的像某物，能否区分细微的变化，能否营造

① [法]贡布里希：《艺术与错觉》，费顿1959年版，第30页。

② 虽然现实中很少有画家仅仅是为了表达太阳的亮度而去作画，在更多的情况下，太阳或者说某种亮度的颜色是作为构成画面的一种意象而存在的。

否有节奏感或是有氛围的画面等等。不可否认，这两者在现实中依然是相互缠绕的。

对工具和材料的运用方法，实际上也是在对于画家的想法的实体化过程中限制的克服。把工具和材料形成了一个系统，变成了更为抽象的工具。虽然，没有唯一的、固定不变的方法，但由于画家对现实中材料的功用性的认识和对材料运用历史经验的有限性的限制，变化还是在一个大的背景下进行。

没有一个画家的绘画技巧是完美的，更不可能掌握所有的绘画技巧。可能会有两种情况，一名画家知道自己擅长画什么，不擅长画什么，然后根究这个条件来确定自己的绘画内容和绘画风格。抑或是，画家在头脑中有了一个想要表达的包含了某种风格的内容，大量的习作练习可以使他提升他所期望表达的那个方面的绘画技巧。后者听上去似乎已经突破了一些限制了，但事实远非如此，这两种情形在画家的创作生涯中总是缠绕交织在一起的。最终作品呈现出来的样子，也是包含了以上两种情形的产物。两者不会是绝对的只有某一方对画家的绘画产生影响，而是二者在绘画的过程中不同时间段里都同时存在，只是谁更占上风的问题。绘画作品所呈现出来的风格，也即是画家在二者之间折返、拉扯所形成的张力中显现出来的。在非常多的情形里，画家对于画面可能出现的失控的预判，也促使了绘画过程的完结和绘画作品的诞生。

一定意义上，绘画作品只是最接近画家脑海中的那个想法的样子。① 最终，工具、媒材、方法、技巧的限制，都与人自身的限制相关联。作为身体的延伸工具、媒材、方法都是为了克服身体自身的局限性而被创造出来，但对于身体本身来说，依然有诸多限制是无法克服的。例如，前面那个关于受到色卡上颜色亮度的限制，画家必须采取一些方法来改变这一局面。但对于人的身体来说，即使那种非常耀眼的颜色存在，人类的眼睛可以捕捉到的色域也是非常有限的。从另一个角度讲，画家当然可以借助更多的方法发明新的工具或尝试新的媒材，但事实上，那是没有穷尽的。我们的身体所包含的时间、精力、智力所能进行的消耗却自有其穷尽。

只要选择了用木刻的方式来制作作品，就是艺术家在某种意义上默认了那样一种妥协，因为如果艺术家用画笔得到了木刻刀雕刻后的木版没有的柔和的

① 其实在表达的层面，画家所能表达的也是极为有限，经由各种理论观点协商完成，没有绝对独立的表达。但对于表达中限制的讨论会涉及过多的内部因素的问题，故将单独成文，不在此论述。

边缘和细腻的色彩，艺术家可以选择媒材的跨界来克服需要做出妥协的地方。但前面讲过，这将会没有穷尽。并且，按照海德格尔的观点，艺术家作为一个人，或是说特殊的“存在”一旦被抛于现世，一旦认识到了自己将会面临的死亡，根本上来说都将是一种无可奈何。可以断定，即使尼吉尔 温特沃斯认为，“颜料除了该词传统意义上是一种物质，它还是一种继续开放的潜在可能性”①是正确的，甚至他也有理由认为“它们是生活-过程中的元素，是被重新发明的东西”②，但从每个画家的个体来说“可以永不停息地做到这一点”③是不可能的。因为在诉说具体问题时，不应该以观察一个整体范畴的视角去观察，而是要带入每一个画家作为单独的鲜活的会生老病死并且会觉察到这一切的生活-身体的视角去考察。即，颜料对于整个画家的范畴来说可能是有无限可能性的，但具体到我们观看每一个画家的每一幅作品时，那种无限实际上不存在。这一点对于工具、方法和技巧来说也是同理。

三、妥协：在限制与自由之间

如果说，到处充满了限制和妥协，绘画如何又是自由的呢？举个例子，一个人当然是知道自己的手臂上的关节是有活动范围的，但是在作画时谁也不需要去思考这个问题。画过铅笔素描的人都有这种经验，我们的注意力都在所要画出的黑白深浅和线条长短上，虽然身体有各种限制，但我们一旦默认这种限制之后，即是对这种来自外部的限制产生了妥协，而这种妥协使得身体从我们的注意力中消失。

一名正在画铅笔素描的人会说，“我可以在那张白纸上画排出一个灰色的面”，在此时，“我”不需要去思考自己的身体或身体的某一部分，但实际上身体已然成为做出这一判断的前提。如果“我”是一名右手执笔的绘画者，我便会性很自然地从纸的右上方往左下方画出线条。“我”的右手的生理构造使得这样的排线方式最舒适方便(观察达·芬奇的作品会发现，他的素描作品线条

① [英]尼吉尔·温特沃斯：《绘画现象学》，董宏宇等译，江苏美术出版社2006年版，第39页。

② [英]尼吉尔·温特沃斯：《绘画现象学》，董宏宇等译，江苏美术出版社2006年版，第39页。

③ [英]尼吉尔·温特沃斯：《绘画现象学》，董宏宇等译，江苏美术出版社2006年版，第39页。

是从左上往右下方画出的，因为研究表明实际上达·芬奇是个左撇子)。更深一步的话，“我”在做出判断前所默认的不止有手腕、手肘等身体部位本身，还包括身手中的画笔和画画所坐的椅子(它可以对“我”绘画中的视点产生影响)，这些都构成的“我”。只是在“我”决定“画一个灰色的面”时这些实际上已经是作为“前反思”①存在的了。限制被接受、被遗忘、然后进入自由。很显然，如果在拼抢时受伤，疼痛又会使身体回到我们的注意力之中。

回到“绘画如何自由”的问题，对于技巧娴熟的画家来说，在绘画的过程中，工具和材料(使用起来得心应手)包括自己的身体(没有明显病痛)是消失不见的。在这里不是不存在妥协，而是被搁置在一边，或者说被遗忘了。绘画的创作就在产生限制、祛除限制、无法祛除、妥协的过程中生成了自身。

(作者单位：湖北美术学院)

① [英]尼吉尔·温特沃斯:《绘画现象学》，董宏宇等译，江苏美术出版社 2006 年版，导论。

论基耶斯洛夫斯基电影音乐的叙事功能

——以《十诫》为例

张利群　施旭升

波兰导演克里斯托夫·基耶斯洛夫斯基(1941—1996年)是享誉世界的电影大师，近30年的电影生涯给世人留下了无数精彩的影像，其影片可谓伯格曼电影的诗情与希区柯克的叙事技巧的结合体。作为世界级电影大师的基耶斯洛夫斯基是电影思想家与哲学家，更值得重视的是，他同时还是一位善于运用音乐来进行叙事的高手，最为有力的证明就是其作品《十诫》。

国内对《十诫》的研究主要是朝着伦理学和哲学两个方向，代表人物分别是刘晓枫和闫玉；而从音乐角度来研究该片的仅有香港学者罗展凤一人，其作品是《基耶斯洛夫斯基的〈十诫〉及其音乐里的终极关怀》①，主要是从宗教与哲学意义上来追寻音乐对灵魂救赎的表现，从而思索生活、叩问生命。然而，罗氏研究仅限于从乐律作用于人的感官的角度来表现音乐在电影内涵与主题表达上的作用与功能，未曾将音乐作为一种叙述手段来探讨其价值和意义。鉴于基耶斯洛夫斯基电影《十诫》在拍摄技巧上的卓越表现及在音乐叙事研究方面的缺失，笔者将在罗氏研究的基础上，从叙事学的角度来探究音乐在其电影叙事上的功能与价值。

《十诫》是十个关乎个人道德困惑的故事，讲述的是有关平凡人的普通存在状态，当中人物处身于复杂的道德处境，背负着进退维谷、百感交集的矛盾与无奈。所以，拍摄该片的原因与目的则如基耶斯洛夫斯基本人所言：“我们生活在一个艰难的时代，在波兰任何事都是一片混乱，没有人确切地知道什么是对、什么是错，甚至没有人知道我们为什么要生活下去，或许我们应回头去探求那些教导人们如何生活、最简单、最基本、最原始的生存原则。”②而在基

① 罗展凤：《流动的光影声色》，广西师范大学出版社2007年版，第7页。

② [挪威]彼得·拉森：《电影音乐》，聂新兰、王文斌译，山东画报出版社2009年版，第125页。

耶斯洛夫斯基敏感冷静的镜头下奏响的音乐，是由荷兰著名的古典音乐家普列斯纳创作的。他的音乐与影像紧密融合，承载了基耶斯洛夫斯基的深邃思想，凸显了《十诫》的哲学基调，叩问生命，直面个人的脆弱无力与生命的诡谲无常之间的挣扎与无奈。

音乐学(musicology)一词最早出现在1863年F. 克吕桑德的《音乐学年鉴》中，它是研究音乐的所有理论学科的总称。在1885年奥地利音乐家阿德勒的论文《音乐学的领域、方法及目标》中规定了音乐学的总任务就是透过与音乐有关的各种现象来阐明它们的本质及其规律。如研究音乐与意识形态的关系，有音乐美学、音乐史学、音乐民族学、音乐心理学、音乐教育学等；研究音乐的物质材料的特点的，有音乐声学、律学、乐器学等；研究音乐形态及其构成的，有旋律学、和声学、对位法、曲式学等作曲技术理论；还有从表演方面来考虑的，如表演理论、指挥法等。本文以《十诫》为个案，分别围绕音乐介入叙事的总体策略、音乐介入叙事的具体表现、音乐介入叙事的情感功能这三点，着眼于音乐的形态构成，结合旋律学、曲式学、和声学、配器法等理论，在文学叙事学、电影叙事学的理论视野下，来研究普列斯纳的音乐在基耶斯洛夫斯基电影叙事上的作用。

一、音乐介入叙事的总体策略

音乐介入叙事的总体策略，可从“叙事化的音乐”与“音乐化的叙事”两个方面来探讨。

(一)叙事化的音乐

所谓“叙事化的音乐”就是在音乐中注入叙事的因素。音乐是一种非具象的形式，它拥有某种结构特征，这与叙事文本的结构颇为相似。音乐是由旋律的变化组成的声音——是在时间中形成的声音，而极其注重音乐本身旋律之美的莫过于西方的调性音乐，它的乐章是基于对自身紧张之弧的建立，然后限制它，最后再释放。调性音乐以不协和音(不协调音色的混合)与模进(指一个短的旋律母题，它在乐曲后面多次重复，但却是在更高或更低的音阶上重复)为主，借助于形式上的重复和变化，创造出一种对连续的期待，驱使音乐向前运动；而不协和音则建立起和声紧张，许可了后来的消融与解决，从而给向前的运动以方向和目标。这一点与叙事家通常称为“正典故事”的叙事的潜在结构有相似之处：故事开始处于平衡状态，然后平衡被扰动，扰动导致问题和紧张，到最后，问题和紧张得到解决，并建立起新的平衡①。基耶斯洛夫斯基的电影《十诫》，除了《十诫》之九、十中的某些特定场景运用了歌曲的形式，其他全部采用了调性音乐，并配之以和声来展现叙事。

《十诫》之“第一诫”《生命无常》，普列斯纳的笛声一开始便是低而缓的忧郁的Eb，寂冷而空灵，并伴有很长的延音(fermatas)，其后便是F、C和Bb，当音域上升到高音G时，乐曲开始进入到下一个滑奏，从Bb、C、F再到Eb及其延音终结，这与巴赫在《二部创意曲集》的第一首(BWV772—786)中采用的“拱形结构图形”②(c、d、e、f、d、e、c)的曲式极为相似。而通过电影镜头所显示的叙事过程与该曲式正相匹配：先是波威平静无忧的日常生活场景的显示，随后一条被冻死的狗让单纯又善良的小波威向父亲与姑姑追问生命的意义。然而，无论是崇尚科学之真、富有理性的父亲，还是信仰宗教、相信上帝之善的姑姑都没能守护住小波威年轻的生命。叙事在这儿达到高潮，接下来便是父亲与姑姑对各自信仰的质疑，最后镜头中的画面又回到了影片刚开始时的情景。

再如《十诫》之“第七诫”《真假母亲》，讲述的是一个有关祖孙三代的故事，一个由血缘引发的悲剧。6岁的艾妮娅表面上是已届50岁的艾娃的小女儿，20岁的梅卡是她的姐姐。但实际上，梅卡才是艾妮娅的妈妈，那是梅卡未成年时跟高中教师怀德所生的孩子，这是一段不伦的师生恋，最终被打压至分手收场。当艾妮娅出生以后，艾娃把心一横，决定将艾妮娅据为己有，她把梅卡是艾妮娅妈妈的证据一并销毁，夺去了梅卡的女儿和梅卡作为母亲的身份，为此，梅卡处心积虑，发誓要从母亲手中绑架艾妮娅，夺回自己的女儿。

普列斯纳特意为该故事选用了一段钟铃声。一开始，配合着梅卡一家平凡的日常生活画面响起的音乐是以电子合成器制造的钟铃声，每次三下，那是为还未出场的主旋律营造的低音部分，做和声衬托，之后再注入其他配器(如钢琴)补助，开始时钟铃声的节奏是缓慢的，慢慢地才引出主旋律，进入到梅卡绑架艾妮娅的画面，分别由不同配器演奏：电子琴、电吉它、笛子……进入该旋律的高潮部分，而随着梅卡最后头也不回地往火车上一跳(梅卡在绑架艾妮娅失败后离开波兰)的画面出现，钟铃声渐渐消失，一切又恢复平静。

---

① 董小英：《叙述学》，社会科学文献出版社2001年版，第74页。

② 胡向阳、张业茂：《乐理》，华中师范大学出版社2004年版，第53页。

音乐与产生叙事的文本在结构上存在着的共通性，使叙事化的音乐之存在成为可能。

(二)音乐化的叙事

所谓"音乐化的叙事"就是指在叙事中融入了大量的音乐成分。电影《十诫》的叙事，是通过一系列具有场景意义的镜头来实现的。普列斯纳的音乐作为创造叙事的诸表达元素之一，贯穿于《十诫》叙事的全过程，以曲式自身存在的连续性，使得该影片一致起来，具有整体感，并围绕着叙事创造出一个声音世界。

1. 音乐构建叙事

音乐作为构建电影叙事的诸表达元素之一，当它与影像、对话整合起来作为一个感知整体出现时，影片的接受者(观众)会自动地期待一个潜在的意图，探求意义。《十诫》之"第二诫"《进退维谷》中：有一个晚上，女主人公桃乐塔在家中开着唱机，正在播放着普列斯纳的钢琴独奏曲，在聆听之际，情夫从远方来电。桃乐塔把唱机的音量调低，听着情夫从远方诉说着对她的思念。

这首钢琴曲的主题是大调，伴以长而"哀怨"(bluesy)的母题，以三连音弱拍开始，在第一小节有一个五度上跳，在第二小节有一个逐步下行的运动，并且在下行的运动中音型的节奏发生了变化，最后又以叠化和重复的形式回到最初的主题旋律。可见，该曲的曲式与影像中的情境是相契合的，以"哀怨"的母题衬托桃乐塔的心境：桃乐塔面临着痛苦的选择：丈夫刚做完手术，可生命依然危在旦夕；她怀了情夫的孩子(其丈夫不知)。危机一触即发，三角的情感，对两条生命的取舍(若丈夫病愈，就留住孩子，否则打掉)，带领桃乐塔走向进退维谷的境地。之后情夫的来电让桃乐塔的内心又起波澜，原本就不知道该如何抉择的她，更加不知所措。最后当情夫的来电结束时，桃乐塔的心情依旧沉重。

普列斯纳的钢琴曲在影片中是由画内音转换为画外音的，画内音是对影像中叙事情境的解释，而画外音则是对该情境的评价。其目的在于使观众能够从音乐与影像、对话相统一的角度来准确解读基氏赋予该片的哲理意义：命运与生活总是将人们置于两难的境地，在极限中逼迫着人们直面生命，毫无选择的余地。因此，音乐作为构成叙事的元素之一，在构建叙事的同时，也构建着叙事的整体意义。

2. 音乐配合叙事

音乐配合叙事，不是从音乐作为构成电影的一个组成部分而言的，而是从音乐在电影中的地位来讲的。它不是构建叙事，而是配合叙事并在影像所展现的特定情境中，使其自身的价值与意义得以重新规定。同时，也取得了声画对位（来自声乐中的“对位法”）的一致。

基氏在《进退维谷》中运用普列斯纳的钢琴曲来表现现世的沉重及人在与命运相抗争的过程中艰难的挣扎。该曲主题是大调，辅以小调和弦——GmlEbmlC#m（和弦的调式）。琴音，具体而清晰，它呼唤并燃起对生活的渴望；弦音微弱而缥缈，似有还无，却表达着对无常生命的温柔对抗。该曲在影片中共出现过两次，其中一次是在病房中，桃乐塔的丈夫安卓在病床上受尽折磨，在他旁边的桌子上有一只在腐烂的果酱中挣扎爬行的蜜蜂，一路向果酱瓶口的方向前进，步履维艰，最终死里逃生。这一情境预示着安卓将重获生活的信心与希望。

“声画对位”在此得以践行。此外，该曲也在镜头所展现的特定情境中重获自身的价值与意义。正如伽达默尔所言：“音乐就其自身规定来看，就期待着境遇的存在，并通过境遇才规定了自身。”①但在《十诫》中，“境遇”却指的是电影之叙事语境中的特定情境。音乐配合叙事，叙事认同音乐，音乐化的叙事正是如此。

3. 音乐“缝合”叙事

音乐缝合叙事，有双重内涵：一方面，电影是由许多不同的元素（影像、对话等）构成的，音乐将这些元素整合为一个有机的整体；另一方面，观众却很少能注意到音乐将这些元素整合为一个统一的有机体的这一方式，而是无意识地进入虚构的故事世界当中。

从电影创造者的角度来看，是要研究音乐缝合叙事的技巧与方法。《十诫》之叙事的完成，是靠一系列有组织的镜头来完成的。而基耶斯洛夫斯基运用普列斯纳音乐的用意则是要赋予这些破碎、零乱的镜头以形式，规定叙事顺序，使叙事按其自身的发展逻辑来进行。因此，作为时间艺术的代表，音乐不仅构造了荧屏上的事件，把一个个事件分开或联结，指示出连接和过渡，还把

① ［德］伽达默尔：《真理与方法》，洪汉鼎译，商务印书馆 2007 年版，第 356 页。

某部分隔离开来并开启新的部分，使叙事在一系列镜头中展现其开端、发展、高潮与结局。

《十诫》之“第三诫”《黑夜漫游》中，镜头之一是男主人公爱德华在平安夜与家人共享天伦，接下来是一辆汽车飞驰而过，镜头随之落在伊娃(爱德华三年前的情人)身上，预示着该片的叙事将开启新的部分，女主人公正式出场开始参与叙事。接下来伊娃将车停在爱德华家的楼下，并朝他家走去。此镜头在普列斯纳的电子合成器与弦乐的合奏中自然地过渡到下一镜头：爱德华正在给家人倒水。此时，说明伊娃已经到达爱德华的家。这两个场景在时空的转换上是顺接关系，符合叙事发展的时间逻辑。基氏将普列斯纳的音乐贯穿在这些镜头之间，使其获得了某种结构意义上的关联性，从而推动叙事向前发展。

因此，在叙事中注入音乐成分，可以将原来毫不相干的镜头“缝合”在一起，共同完成叙事。

而电影接受者(观众)看重的是音乐“缝合”叙事的效果。《十诫》没有让人见出音乐“缝合叙事”的痕迹，将观众与电影融合为一体，无意识地进入电影虚构的故事世界当中。① 但其实，音乐本身并没有语言意义，只是让观众注意到叙事的存在，从而强调了电影作为一种场面的性质。

《十诫》之“第三诫”《黑夜漫游》的开端是以一位醉汉的歌声将观众带入到影像世界当中的，但醉汉所哼的歌曲本身并未让观众去关注它的意义，而是由这歌声的存在，让我们意识到电影叙事开始时的场景与氛围：平安夜的晚上，一位醉汉在四周是雪的街上游荡。该部影片讲述的是，一对情人在平安夜漫游的故事：伊娃在平安夜去找爱德华，撒谎说丈夫失踪，请求他帮助，爱德华同意了。一夜之间，他们漫游了半个城市：警察局、医院、收管所、伊娃的家和车站，可一直都没有结果。快天亮了，伊娃向爱德华说出了真相，她说，她根本就没有丈夫，那夜，不过想找一个人陪她从平安夜走到圣诞节，玩一个“游戏”。她说，若爱德华愿陪她到翌日七时，她的未来将顺顺利利，否则，她预备服药自杀。

在这个叙事过程中，普列斯纳的音乐共出现过四次：第一次是在教堂做弥撒时，伊娃去找爱德华；第二次是在爱德华的家中，爱德华在为家人倒水；第三次，是在伊娃的家中；第四次是在次日的清晨，伊娃与爱德华分手时。普氏

---

① ［挪威］彼得·拉森：《电影音乐》，聂新兰、王文斌译，山东画报出版社 2009 年版，第 125 页。

音乐是由电子合成器配之以弦乐和声，电子合成器的主题为低而缓的小调(A小调、G小调、A小调)，以及一个平行三度上行演奏的母题，时断时续，当在电子合成器演奏完最后一个音符时回归到弦乐和弦(“慢和弦”：重复电子合成器演奏的母题)。最值得关注的是该乐的延音“不仅使乐章完整，亦使镜头中的事件获得了一定的连贯性”①。并且在将这些镜头进行富有逻辑的“缝合”时，毫不张扬，不着痕迹，促使观众与场景相结合，把观众与场景包裹进一个和谐的空间，从而使观众放松对电影连缀技术——音乐的警惕。基氏通过运用该乐，放松观众对潜意识的抑制，削弱大家的警觉，让我们无意识地进入电影虚构的故事世界中去关注叙事、参与叙事、理解叙事，并得出基氏赋予该片的意义：欺骗见证真情，真情挽救生命。

二、音乐介入叙事的具体表现

音乐介入叙事的具体表现，主要体现在音乐对叙述视角的转换、音乐对叙述事件的强调、音乐对叙述频率的标记、音乐在叙述者角色的扮演这几方面。

(一)转换叙述视角的音乐

视角是作品中对故事进行观察和讲述的角度。《十诫》之“第六诫”《关于爱情》，讲述的是19岁的汤姆因爱上30多岁的玛格达，而对她进行偷窥的故事。该片最值得人注意的是其叙述视角——在音乐中悄然转换的偷窥视角。在某种程度上，该片与希区柯克的《后窗》有异曲同工之处——以偷窥视角进行叙事，然而不同的是：《后窗》的叙述视角始终都为同一人，而该片的叙述视角却发生过两次根本性的转变——汤姆偷窥玛格达，汤姆的房东太太偷窥他与玛格达，玛格达偷窥汤姆。

起初，我们作为观众对玛格达这个人一无所知，是通过汤姆的眼睛才逐渐了解他所钟爱的女神的：她有很多男友，但生活得并不快乐。此时伴随画面响起的普列斯纳的音乐是吉他简单音型的弹奏，干净、没有任何杂质。之后，视角开始发生第一次根本性的转变，房东太太偷窥玛格达与汤姆：玛格达用性阐释了她对爱的理解，也用性侮辱了汤姆的尊严，更污辱了她渴望拥有却不曾拥

① 邹长海：《声乐艺术心理学》，人民音乐出版社2000年版，第90页。

有过的真爱的纯粹与圣洁。吉他的小调配上弦乐和弦，在颤音的余音声中以本调式终止。视角接下来发生了第二次根本性的转变，玛格达偷窥汤姆：被侮辱的汤姆是正确的，纯粹之爱确然存在。和弦的乐调显然在此居于主导地位，压倒了吉他的音律，使听觉上多了一些层次感。当然，在影像之外的偷窥者——观众看到的是：性，有时只是出于需要，与爱无关！爱，不容蔑视！

上述视角的转换都是在普列斯纳的吉他演奏中进行的，吉他作为民乐的主配器，音型简单，音色质朴，与男主人公汤姆天真单纯的性格正相符合。吉他演奏的只是简单的小调，采取使音型上下移动的形式，围绕 E 小音阶，从 G 到 B，至 C 小调后，以一个颤动的 G#小调结束。没有和声时，也不单调；配以和声时，又多了一份情感的厚重，一下一下地弹拨，敲打在人物心上，也拍打着观众的眼睛去审视叙事。

（二）强调事件的音乐

事件由所叙述的人物行为及其后果构成，一个事件就是一个叙述单位①。基氏运用音乐对《十诫》中出现的单个关键事件或主要事件进行强调、预期和诠释。

《十诫》之“第九诫”《婚姻之锁》，讲述的是一位被医生确诊为性无能的丈夫罗曼（男主人公）与被世俗定义为偷汉之妻的安卡（女主人公）之间的一段婚恋故事。罗曼被确诊为性无能之后叫安卡结交其他的男人，安卡虽然深爱丈夫，却压抑不住对性的渴望，与一位大学生开始了一段不伦之恋。

基氏借用罗曼主诊的一位女病人所钟爱的乐章来紧扣电影叙事，那是古典音乐家梵·德·布登梅尔（普列斯纳的另一个名字）的作品《不要贪恋别人妻子》。罗曼依照女病人的推荐，买了一盒盒带回家聆听。罗曼与安卡都很欣赏这首歌曲，可是，该曲虽然拉近了夫妻间的距离，但同时，也拉远了彼此间的信任。基氏有意用这段音乐去强调罗曼夫妇听歌这一具体事件，探询并强化了罗曼怀疑自己妻子感情出轨这一内心想法，预示了罗曼即将发现妻子与他人偷情这一事实。同时亦从音乐的高度来评价这对夫妻的关系：爱，需要专情，需要信任，需要理解，需要宽容，需要灵与肉的统一。

此外，音乐的节奏也可用于标记事件发生的速度，通过其自身的节奏来匹配荧幕上的运动，从而影响观众对情节发展的速度和节奏的体验。正如伯纳

① 董小英：《叙述学》，社会科学文献出版社 2001 年版，第 174 页。

德·赫尔曼所说，音乐能够“把叙事向前推进，或者让叙事慢下来”①。当罗曼与安卡一同听歌的时候，共同享受音乐艺术之美，此时，无论是音乐还是事件，节奏都是舒缓的；罗曼偷看妻子安卡与他人偷情被安卡发现，安卡大发雷霆，于是罗曼决定自杀。当他骑着自行车飞奔在山路上时，在此时以两倍速的短而硬的模进在乐曲之间不断重复、变奏，紧张且急剧，创造出音乐自身的紧张之弧，强调着车行的速度与人物内心的紧张，与画面情景同步进行，推动叙事情节快速向前发展。

(三)标记叙事频率的音乐

叙述频率是由事件频率和叙述频率两种频率组成的，事件频率是指这个事件本身是在生活中经常发生的，还是偶然发生的，事件发生的次数，就是事件的频率。但“生活中的偶然事件与经常行为，在作品中不一定是以本来面目出现的，一件偶然事件可能被多次叙述，而经常性的行为可能只叙述其中一次，这就是叙述频率”②。

《十诫》中的叙事频率与普列斯纳的音乐在影片中被叠化与重复的次数是成正比的。在日常生活中，妻子出轨的现象属于偶然事件，但是在影视作品中却是比较常见的题材，当然这也是为了满足大众的猎奇心理。《婚姻之锁》中，每当罗曼怀疑自己的妻子安卡与别人偷情或者发现自己的妻子出轨及回想安卡出轨时，《不要贪恋别人妻子》这首歌都会以画内音或画外音的形式响起；《进退维谷》中，每当桃乐塔要在孩子、情人与丈夫之间抉择时，普列斯纳的钢琴曲都会适时响起。基氏用音乐来反映人物心境的复杂，用乐旨突出影片主题，也用音乐来反映作为一个独立的事件在该影片中出现的频率，这样就可以起到强调重要事件意义的作用，及强化影片主题的功能。

(四)作为叙述者的音乐

“作为叙述者的音乐，主要是指非故事世界的音乐”③。非故事世界的音乐是伴随着片头字幕和片尾字幕出现的音乐，它形成了围绕着虚构和叙事的音

---

① [美]克莉丝汀·汤普森、大卫·波德维尔：《世界电影史》，陈旭光、何一薇译，北京大学出版社2004年版，第274页。

② 董小英：《叙述学》，社会科学文献出版社2001年版，第174页。

③ [挪威]彼得·拉森：《电影音乐》，聂新兰、王文斌译，山东画报出版社2009年版，第127页。

乐框架，起着音乐的导向作用。出现在片头字幕的歌曲可以说是一首虚构之外的前奏曲，它标志着电影叙事的开始，将观众导入虚构之中，用乐旨或调式来暗示叙事或构建叙事氛围，使观众在心理上建立起一个“期待视野”；出现在片尾字幕的音乐，意味着电影叙事的结束，将观众导出虚构，它让观众在片尾字幕提供的有关演职人员的信息中知道影片中的人物不是真实的，整个叙事其实是由很多人共同构建出的虚构。因此，这也是一位虚构之外的叙述者，它出现在文本中，但是处于虚构之外，对整个叙事起着评论与诠释的作用。

《十诫》之“第五诫”《关于杀人》，讲述的是一个年轻男孩杰克杀死了一名出租车司机，然后法律杀死了那名男孩的故事。在这部电影的大部分时间中，普列斯纳的音乐一直处于缺席状态，连这部影片最重要的两个场景——杰克杀死出租车司机和法律杀死男孩杰克，都是采用了基氏一贯的写实手法来进行拍摄的，没有音乐的介入与干预，真实地再现了暴力的残忍与罪恶。伴随影片的片头字幕和片尾字幕出现的音乐是相同的：先是电颤琴那萧索的颤音与泛音，为我们注入听觉上的凄凉感，使心弦微微绷紧；之后以小调为主题的钢琴，温婉而亲和；随之注入的弦乐使电颤琴与钢琴的演奏达到一种协和状态。但是，最后“思丁格”①(即 stinger，由敲击乐演奏的一个小而强的音型)召唤着管乐一同撕扯着喉咙对这个不公正的社会进行控诉，并最终使管乐在主配器中占主导，将主人公的愤怒与控诉发挥得淋漓尽致。旋律与乐音以模进的形式反复出现：在电颤琴的韵律中生出悲伤与凄凉，在钢琴曲中生出希望与阳光，在弦乐和声中生出软弱与无奈，在敲击乐中生出愤怒与反抗，最终在管乐的附和中生出失落与绝望。

音乐作为叙述者引导观众进入叙事，体验叙事；同时也带领观众走出叙事，且关照叙事，对其进行“二度体验”，以便能对该片进行较为客观、公正、准确的理解与评价。

三、音乐介入叙事的情感功能

苏珊·朗格在《情感与形式》中指出：“我们叫作音乐的音调结构，与人类的情感形式——增强与较弱，流动与休止，冲突与解决，以及加速、抑制，极度兴奋，平缓和微妙的激发，梦的消失等等形式都在逻辑上存在着惊人的一

① 罗展凤：《流动的光影声色》，广西师范大学出版社 2007 年版，第 11 页。

致。……音乐是情感生活的音调摹写”①。既然人类的情感生活可以在电影的叙事中得以逼真再现，所以音乐之于电影叙事的情感功能是不容忽视的。基氏有意地运用普列斯纳的音乐来介入叙事，从而强化《十诫》叙事文本的情感效果。主要体现在以下几个方面：

(一)营造情感氛围的音乐

音乐构造了电影的进程，支撑着叙事的关键部分。音乐的情感功能之一是，在作为一个整体的叙事中，或者在单个部分内部，营造出情感氛围。在《十诫》的音乐语境中，基氏主要将普列斯纳的音乐用于对情感张力的处理。《十诫》之“第八诫”《心灵之罪》讲述的是一个有关负疚与报恩的故事。40年前，女教授苏菲娅拒绝向一位犹太女孩施以援助之手，女孩最后得到裁缝的帮助，侥幸存活。现在，女孩长大了，既忘不了裁缝当年的恩情，也忘不了女教授当年的冷酷。于是，女孩决定再次回到华沙这片伤心之地，解开这个尘封的记忆。

当女教授晚上开车带女孩再次回到当年历经战乱的那幢旧的楼房(当年女教授拒绝向女孩伸出援手的地方)的时候，女孩刻意地躲起来，想试探一下女教授是否会焦急地寻找她，从而给自己的存在一个定位。当女教授焦急地寻找女孩时，此时围绕小提琴演奏的e小调响起的弦乐和弦采用的是简单的ABAB结构，传统的和声，使音乐的调性特征凸显。这段和弦是12/8拍的慢和弦，惊悚且凄凉，给听觉上注入了一种恐怖感，并以模块的形式不断地进行重复和叠化②，将黑夜中女教授寻找女孩时的焦急、忧虑的气氛烘托并强化出来。而当女教授回到车内看到女孩在车中平静的坐着时才如释重负，和弦已悄然隐退，小提琴的音级也开始下降，并且以低四度重复，场景又恢复了平静。

(二)解读叙事情感的音乐

亚里士多德在《政治学》中阐述了音乐的功能，他说：“怜悯、恐惧、热忱这类情感，对有些人的心灵是特别敏锐的，对一般人也有同感，只是或强或弱，程度不同而已，其中某些人尤其易于激起宗教灵感。我们可以看到这些人

① [美]苏珊·朗格：《情感与形式》，刘大基等译，中国社会科学出版社1986年版，第125页。

② 罗展凤：《流动的光影声色》，广西师范大学出版社2007年版，第31页。

每每被祭颂的音节所激动，当他们倾听兴奋神魂的歌咏时，就如醉似狂，不能自已。几而苏醒，回复安静，好像服了一帖药剂，顿然消除了他的病患。”亚里士多德所讲的音乐的功能，是从音乐的调式及其作为独立存在的个体对音乐的接受者进行灵魂的净化而言的。而电影音乐作为电影的组成部分，除净化功能外，其功能主要是针对电影的叙事文本本身而言的，更确切地说，电影音乐是对电影中所表现的叙事情感的解读与剖析。

《十诫》之“第四诫”《父女迷情》。讲述的是一个行将毕业的戏剧系学生安卡与其父麦克(实为养父)之间的一段情感故事：安卡从小与麦克相依为命，感情特别亲昵。其实，二人之间早就存在一种超越父女的情感意向。于是，当安卡从其母留给她的那封信中得知麦克并非自己的亲生父亲时，就决定改变二人之间的关系：由父女关系转变为情侣关系。然而，麦克拒绝了她。当然，这很可能被世俗定义为不伦之恋、伤风败俗之举。普列斯纳的音乐对这段叙事做出了很好的诠释：依旧是运用电子合成器来营造一种感性而又神秘的氛围，随后钢琴的和声将主题旋律不断地进行重复与叠化。钢琴的乐调清晰而直率，有一种意欲冲破电子合成器那种压抑乐音的冲动。但是，每当琴键落下之时，电子合成器都以沉重的、紧随的、依附的乐音来抗衡和抵制。并且每一小节的音调都会比上一小节更加高扬，在不断的变奏中实现着对情感的清醒认知：琴音是安卡情感的代言，迫切而直白；电子合成器的音响则直逼麦克复杂而压抑的内心。最终，二者在不断的抗衡中达成妥协。

在这种妥协下，对这段叙事中情感的解读，早已超出世俗之念、伦理之限，而是从更加人性的立场来对这段情感进行观照与评价，提纯人物情感、净化灵魂、去除世俗杂念，以获得基氏赋予该片的品质。

(三)升华叙事情感的音乐

升华叙事情感的音乐也主要是从叙事本身的角度而言的。《父女迷情》中的安卡大胆地向麦克坦言自己对他的情感，毫不掩饰。但麦克却选择继续压抑情感，等待有一天安卡出嫁，他就可以全身而退。于是，当安卡将身体呈现给麦克时，麦克走近她，为她披上外衣，然后两人一起哼唱起安卡儿时的歌谣。

父女二人哼歌的这一行为表明：麦克并非不爱安卡，亦非不想爱、不愿爱，而是不能爱！因为父女关系是二人享有幸福的保证，尽管这种父女关系是虚构的。麦克没有成为“欲望的囚徒”(基耶斯洛夫斯基语)，他知道距离欲望越近，离幸福就越远；欲望越强，幸福就越少。麦克在“自我”与“本我”的撕扯中，最终握住了理性，也就抓住了幸福。

歌声升华了叙事，也升华了这份超越男女之情的纯粹之爱。所以，电影音乐能够创造出这样一种感觉：我们在屏幕上看到的要“大于生活”。

综上所述，我们分别从音乐介入叙事的总体策略、音乐介入叙事的具体表现、音乐介入叙事的情感功能这三个方面，阐述了普列斯纳音乐在基耶斯洛夫斯基电影《十诫》中的叙事功能。这些功能以及借用音乐手段进行电影叙事的策略，对于其他影视创作也是具有借鉴意义的。《十诫》中的音乐属于西方的调性音乐，它不仅要配合电影的叙事而且要突出其自身曲式的特点，表现出“纯音乐”的本质——音乐自身的旋律美，还使声与画在不断的运动与配合中展现出基氏电影声与画达到完美对位的叙事魅力。而这种魅力正是基耶斯洛夫斯基电影采用音乐叙事达要到的预期效果。此外，从音乐的角度来探究基氏电影的叙事技巧，有助于更好地解读基氏赋予《十诫》的思想内涵：《十诫》中的人物常处于复杂的道德处境，背负着进退维谷、百感交集的矛盾与无奈。基氏正是将人物置于该处境下，借用音乐这一叙述手段来关注人类个体的精神世界，从而将自己内心深处所感受到的忧郁与沉重表现出来，引导着我们对生命、对存在做出形而上的思考与探索。所以，基耶斯洛夫斯基的电影《十诫》作为一门叙事艺术，不仅是电影表现的成功，更是音乐的成功、叙事的成功。

（作者单位：中国传媒大学艺术研究院）

艺术美学

艺术分析的美学逻辑

雷礼锡

由于认识目的与方法的差异，人们对艺术作品的分析往往会形成不同的观点，使用不同的解释模式。例如，“艺术批评”与“艺术研究”就是被频繁使用的两个概念，代表两种不同的解释模式。其中，“艺术批评”概念流行于艺术界，通常用于评价艺术表现方式及其一般意义，如艺术家的创作行为特点及其社会意义、艺术作品的形式特征及其文化意义。“艺术研究”概念盛行于广泛的学科知识领域，如哲学、美学、心理学、艺术学、文化学、人类学、现象学、图像学、符号学、社会学、经济学、政治学、法学等，主要用于解释艺术现象尤其是艺术作品的基本特征及其对相关学科领域的意义、影响。

但是，艺术批评与艺术研究之间是否存在明确的根本差异？如果存在根本差异，二者的关系如何理解？这显然是悬而未决的问题。尤其美学具有以艺术作品为中心的研究传统与理论构架，它在整个艺术研究领域占有突出地位，并与艺术批评存在千丝万缕的联系。根据周来祥的见解，人们批评理论著作、科学著作可以展开直接的理性分析，无需经过欣赏的中介，但艺术批评必须以艺术欣赏为基础和环节，艺术创造也以艺术欣赏为基础，换言之，艺术批评是一种审美批评，离不开对艺术作品的审美感受。为了避免科学、理性的艺术批评受到艺术欣赏的主观与感性特点的干扰，必须为艺术批评确立客观与历史的标准，即艺术作品是否符合时代的要求与人民的利益。① 这意味着，美学研究是艺术批评的基础。按照李心峰的看法，艺术批评的特质就是运用一定的艺术观念、价值尺度(或批评标准)对艺术现象进行评价和阐释，而艺术观念、价值尺度就是审美理想的具体体现。② 据此而论，艺术批评就是参照审美理想来审

---

① 周来祥：《论艺术批评的美学原理》，载《学习与探索》1984 年第 5 期。

② 李心峰：《艺术批评——艺术审美理想的调节机制》，载《文艺研究》1987 年第 3 期。

视艺术现象，做出美学评价，也就是说，艺术批评实为美学批评、美学研究。根据陈池瑜的观点，进入20世纪以后，中国出现了四种新的艺术批评，打破了中国本土艺术批评的核心框架：一是王国维和蔡元培等人借鉴西方哲学美学理论开展艺术批评与研究，二是康有为和陈独秀等人参照西方艺术创作标准来评判中国艺术，三是李朴园和王朝闻等人遵循马克思主义文艺观展开艺术批评与研究，四是庞薰琹和倪贻德等人借鉴西方现代主义艺术思潮开展艺术批评与创作。① 这表明，艺术批评与美学研究是相互作用、共同发展的。但在彭锋看来，艺术批评是处在艺术理论与艺术创作之间的话语，是针对艺术作品的字面上的语言描述，包括书面语言的批评与口头语言的批评，不能把描述音乐作品的音乐形式或描述绘画作品的绘画形式当作艺术批评；如果说艺术作品是事实，那艺术批评就是针对具体艺术作品的一阶话语，艺术理论与美学则是二阶话语，是批评的批评或元批评。② 这肯定了艺术批评的独立性与基础性，表明艺术批评是美学研究的基础。上述分歧意见显然源于不同的学术宗旨，如周来祥与李心峰关注艺术批评自身的思维方式与特点；陈池瑜关注20世纪以来中国艺术批评的基本状况，至于艺术批评与美学研究方式的区分几乎没有实质意义；彭锋关注艺术批评能否形成独立的规范的知识与话语系统，并获得艺术界的共识。

这里无意对上述任何一种意见提供辩护，而是尝试将各种不同性质与宗旨的艺术批评、艺术研究统统纳入“艺术分析”视野，探讨其共通的美学逻辑基础。为此，有必要追溯历史上若干重要的艺术分析模式的逻辑基础及其美学性质，如以他者需要为基础的价值逻辑、以情感自洽为基础的鉴赏逻辑、以理想世界为基础的思辨逻辑、以形式构成为基础的文本逻辑、以情景交融为基础的意象逻辑，进而指明任何艺术分析能够成为科学解释模式的基础源于一种客观的美学逻辑。

一、他者需要：艺术分析的价值逻辑

人类一直存在根据某种理想标准或假想作品展开艺术分析的价值倾向。这种倾向试图以他者的需要来引领艺术发展的价值取向。例如，根据《论语·八

① 陈池瑜：《中国现代艺术批评的四大特征》，载《装饰》2004年第11期。

② 彭锋：《什么是艺术批评》，载《文艺研究》2013年第7期。

佾》的记载，孔子评价《韶》乐是“尽美矣，又尽善也”，评价《武》乐是“尽美矣，未尽善也”。可见，在孔子的思想中，艺术作品的道德主旨优先于文本形式，美服从于善。

由于艺术作品拥有自身的技术与审美需要，这导致艺术作品与他者的需要之间可能存在价值冲突。因此，建立在价值逻辑基础上的艺术分析虽然是一种与审美思维相关的评判方式，但并不总是表现得温文尔雅。这种价值逻辑可能将某些作品视为文化的“异类”或人类的“敌人”，产生具有暴力色彩的艺术分析。例如，根据柏拉图《理想国》第五卷所记录的苏格拉底的观点，声色的爱好者不配称作智慧者即哲学家，因为他们喜欢美的声调、美的色彩、美的形状以及由此形成的艺术作品，但他们的思想并不能认识并喜爱美本身。① 在《法律篇》第七卷中，柏拉图通过克氏与客氏的对话指明，诗人所写的歌词不能同社会传统的正义、德性和美的概念相冲突，这应该成为法律原则。② 对于违背这一原则的诗人，不能承认他们从群众那里收获的权威。③ 可见，艺术分析被当作一种与异己力量或敌对势力展开角斗的思想方式，堪称源远流长。

当今时代，具有暴力性质的艺术分析依然存在。例如，2015 年 10 月 5 日九派新闻网发表王石川的文章《马云、赵本山画作为何能卖出天价》，其中说：“知道马云精通英语，也擅长演讲，没想到马云还是画家。油画处女作拍得 4220 万港币，让一些知名画家望尘莫及。即便声名显赫如徐悲鸿、吴冠中、陈逸飞，其少数油画也只拍得数千万港元。马云不只是画家，还是书法家。去年 12 月，他的一幅墨宝，在北京某慈善拍卖会上拍出 468 万。这幅墨宝只有两个字：话禅。真可谓一字百万金。”还说：“拍得价高，不等于画得好或写得好。马云的字画值钱，是因为他的名气值钱。”文章介绍，类似的例子有很多，如 2010 年赵本山备战央视春晚期间抽空挥毫的“龙腾凤舞”四个大字被拍出 92 万元；2011 年倪萍一幅名为《韵》的水墨画拍得 118 万元；2012 年冯小刚与著名艺术家曾梵志联手创作的《一念》拍出 1700 万元；2013 年苍井空一幅书法在宁波卖出 60 万元人民币。文章还介绍，倪萍在自己的画作拍出高价后坦言：

① ［古希腊］柏拉图：《理想国》，郭斌和、张竹明译，商务印书馆 1986 年版，第 218 页。

② ［古希腊］柏拉图：《法律篇》，张智仁、何勤华译，上海人民出版社 2001 年版，第 221 页。

③ ［古希腊］柏拉图：《理想国》，郭斌和、张竹明译，商务印书馆 1986 年版，第 243 页。

“电话不断，信息和留言多得看不过来，都是祝贺我一幅画拍卖了118万的，我不停地解释，那是慈善拍卖！脑子稍微正常点都明白，这哪是画儿钱，这是人家的爱心价！”①但是，今日头条网在转发这篇文章时将题目改成了《为何名人画成狗屎都能卖出天价》②。这个标题强化了评价的暴力色彩。

暴力评价往往会混淆艺术分析的基本逻辑。例如，上述针对马云画画并拍出高价的评论，就将“知名画家”与“作品被拍出高价者”关联使用，将“画家”与“可以画画的人”关联使用，将马云画作的商业价值与绘画作品的艺术价值关联使用。这些相互关联的语汇或概念，看似相通、相近、相同，其实并不能完全等同或替代。如同马云，他作为一个想画画、能画画的人，是很正常的个人的自由选择；至于他的画作是否优秀，他个人是否因此被称为画家，涉及艺术界的立场与评判。这是两个不同的活动领域，二者可以不存在冲突。同样，知名画家的作品不值钱，不知名画家的作品很值钱，二者在艺术与审美接受上也可以不存在冲突。但是，如果有人要将“知名”二字同艺术水准、艺术价值、经济收益相互捆绑，就变成了一种价值优先的武断思维。

二、情感自洽：艺术分析的鉴赏逻辑

人类对艺术作品的认识，首先源于人类自身的主观情感需要。据《梁书·昭明太子传》记载：“性爱山水，于玄圃穿筑，更立亭馆，与朝士名素者游其中。尝泛舟后池，番禺侯轨盛称‘此中宜奏女乐’。太子不答，咏左思《招隐诗》曰：‘何必丝与竹，山水有清音。’侯惭而止。”③这表明，在昭明太子那里，体悟山水内在的“清音”已经超越了歌舞审美的妙趣。

将自然趣味与人类情感融为一体的艺术分析原则，在钟嵘的诗学中有经典的陈述。在论及诗的性质与意义时，钟嵘声明：“照烛三才，晖丽万有，灵祇待之以致飨，幽微藉之以昭告；动天地，感鬼神，莫近于诗。”④所谓“三才”，俗称天、地、人。然而，据《易经·系辞下》说：“有天道焉，有人道焉，有地

① 王石川：《马云、赵本山画作为何能卖出天价》，http://jiupai.cjn.cn/2015/1005/5943.html,2017-02-25。

② 《为何名人画成狗屎都能卖出天价》，http://toutiao.com/i6202931351025730049，2017-02-25。

③ 姚思廉：《梁书》第一册，中华书局1973年版，第168页。

④ （南朝梁）钟嵘著、周振甫译注：《诗品译注》，中华书局1998年版，第15页。

道焉。兼三才而两之，故六。六者非它也，三才之道也。”①因此，按易学所论，三才实际上是天道、地道、人道。由于天道分阴、阳，地道分柔、刚，人道分仁、义，因而“三”之道实为“六”之道，无论“三”“六”，都涵盖整个宇宙世界的本质。缘此一说，故有《老子》说“三生万物”，其中的“三”就是指天道、地道、人道，意思就是说，有了天、地、人这“三才之道”，宇宙世界内的一切万事万物就自然生成。后来，佛学也借鉴这一说法，如支遁《咏八日诗》之二说“投步三才泰，扬声五道泯”②，其中所谓“三才”指天道、地道、人道，而“五道”指五种轮回处所。如此看来，钟嵘把诗的地位抬得很高，认为它能够照亮“三才之道”，也就是能够揭示宇宙世界的本质。既然如此，通过诗来展现山水世界的本质，当然不在话下。例如“幽居靡闷者，莫尚于诗矣”③，也就是说，对那些退隐山林而又不至于消极颓废的人来说，诗是最好的表达方式。至于自然气候，如“春风春鸟，秋月秋蝉，夏云暑雨，冬月祁寒”④，也能通过诗得到良好的表达。

钟嵘为什么如此阐述诗的性质与意义？原来，钟嵘主张诗的宗旨在于抒发自然情性。在他看来，用典故、事实来组织词句，实属通常的谈论，与好的诗意相去甚远。如果要“吟咏情性”，完全不必使用故事典故，如“思君如流水”“高台多悲风”就是眼前所想所见，“清晨莹陇首”“明月照积雪”无需典故、经史做依据，都是“直寻”可见，根本不需要假借前人的语句。⑤ 这意味着，自然景色与自然情性要直接呈现，不必巧言布局。这实际上为山水诗确立了自然至上的法则。例如，被钟嵘评为“上品”的诗人，其作品《咏怀》就是“言在耳目之内，情寄八荒之表”⑥，也就是能够通过自然山水景象而呈现高远的天地精神、山水境界。谢灵运的山水诗更是被钟嵘标榜为“山泉”⑦，被当作五言诗的精华。

在这里，可以看到一条重要的传统美学原则，人们对艺术作品的认识，植根于人们借助作品本身所达到的情感与精神状态，即审美主体自身的情感与精

① 邓球柏：《白话易经》，岳麓书社 1993 年版，第 477 页。
② 余彦芬：《支遁集校注》，西北大学硕士学位论文，2010 年，第 20 页。
③ (南朝梁)钟嵘著、周振甫译注：《诗品译注》，中华书局 1998 年版，第 21 页。
④ (南朝梁)钟嵘著、周振甫译注：《诗品译注》，中华书局 1998 年版，第 20 页。
⑤ (南朝梁)钟嵘著、周振甫译注：《诗品译注》，中华书局 1998 年版，第 24 页。
⑥ (南朝梁)钟嵘著、周振甫译注：《诗品译注》，中华书局 1998 年版，第 41 页。
⑦ (南朝梁)钟嵘著、周振甫译注：《诗品译注》，中华书局 1998 年版，第 30 页。

神需要及其满足状态。无论是昭明太子抬高自然山水的审美价值，还是钟嵘抬高诗的审美价值，二者在本质上都是遵循情感自洽的鉴赏逻辑。这种逻辑应用于艺术分析，就属于鉴赏模式。鉴赏模式的基本特点就是关注那些能够满足人们自身审美需要的艺术形式。

20世纪以来，受本体论美学思潮的影响，传统鉴赏模式发展出了境界美学。境界概念通常用于解释人与艺术作品之间的审美关系本质，属于审美本体论范畴，因而境界概念并不单单针对艺术作品的本质，它同时也针对艺术审美主体即人的审美本质。如王国维说“词以境界为上”①，由于王国维对这一表述缺乏严谨的理论说明，人们既能将它理解成对读者与词之间鉴赏关系的审美本体论阐释，也能理解成对词(艺术作品)自身的艺术本体论阐释。

审美本体论的艺术境界观得以清晰阐明，应该首先归功于蔡元培。蔡元培主张区分审美境界与宗教境界，坚信宗教教育让位于科学教育与美育的历史必然性，认定“独立的美育，宜取宗教而代之”②。在蔡元培看来，自从科学与哲学全面发展起来以后，宗教对教育的影响与作用日益缩减，以至于全无势力；而附带在宗教领域内的美育，也受科学与哲学逐渐深入的影响而渐成独立的部门。因此，应深入研究美育问题，大力倡导“美育代宗教”③。蔡元培认为，人要有伟大而高尚的行为，需要转弱为强、转薄为厚的感情来推动，而这种感情需要“美的对象”来培养。“美的对象”为什么能够培养人的感情？因其具有“普遍性”和“超脱性”两大特点，普遍性可以帮助人打破自我成见，超脱性可以帮助人摆脱利害关系。④ 可以说，美育的目的就是借助美的对象养成人格境界。当然，蔡元培强调不能把“美育”误解成美术教育、艺术教育，而是包括艺术教育，美术馆、剧院与影戏院的设置与管理，园林建筑，城乡规划布局，个人言行举止中的文化风貌(个人修养)，社会组织与管理中涉及美化功能与职责的内容，以及自然美与艺术美的一并应用，借以培养人格修养，达到民族理想所需要的精神境界。比起王国维重视修炼个性化、人格化的艺术创作

---

① 王国维：《王国维文集》第一卷，姚淦铭、王燕编，中国文史出版社1997年版，第141页。

② 高平叔：《蔡元培全集》第七卷，中华书局1989年版，第203页。

③ 蔡元培：《以美育代宗教说》，参见高平叔《蔡元培全集》第六卷，中华书局1984年版，第30~34页。

④ 蔡元培：《美育与人生》，参见高平叔《蔡元培全集》第六卷，中华书局1988年版，第157~158页。

境界来说，蔡元培更重视社会化的艺术审美境界的培养。

陈望衡从审美本体论角度确立了境界概念的基础地位，明确提出了境界美学。陈望衡的境界美学落脚在“情象”基础上。他认为人的审美活动决定了“美学所追求的境界，是精神的，而不是现实的”①，但这不是说人的审美活动缺乏“实在”基础，而是表明审美活动的实在性基础在“精神”方面，即情感。陈望衡认为“情感是美的内核，无情不美”②。但有了“情感”不等于有审美本体，而是“情感与形式的结合所成为的情感形式”才构成“美的本质”。③ 所谓“情感形式”就是指形式化、对象化、物态化的情感，是具体而实在的情感的体现，而不是抽象的、空泛的、缺乏稳定性的情感。这一“情感形式”就是“情象”，就是“情感的物态化”“情感的对象化”“情感外化的产物”④。当然，“情象”只是审美的初级形态，“境界”才是审美本体的高级形态。也就是说，在审美活动上，情象是通往境界的“形式”途径，是为实现审美境界提供具体而确定的审美“对象”。

那“情象”如何到达境界？陈望衡认为，人的情感活动不会停留在一般的对象化、形式化、物态化层面上，它还会走向“靓化”“深化”“泛化”。“靓化”就是情象的外在形象更鲜明、更活泼、更富有生气、更富有魅力；“深化”则是情象的内涵更深刻、更具心灵的震撼力；“泛化”就是情象的功能由审美趋向求真求善。⑤ 而“靓化”“深化”“泛化”的结果，就是达到“境界”。当然，“靓化”“深化”“泛化”的过程实际上是情象到达境界的同一过程的三个方面，而不是三个不同性质与形式的独立过程。最高审美境界的实现，是这三个方面的融合所实现的过程。

根据境界美学，艺术可以在审美维度上同生活区分开来，将其理解成“一种特殊的人工制品”，其特殊性在于“艺术的基本品格是审美”，而且“审美不等于美”。⑥ 艺术既可以表现美的东西，也可以表现丑的东西，二者都借助“审美化的处理”。这种审美化处理最终通过“艺术作品”来体现。陈望衡认为，艺术作品是媒介层、形象层、再现层、表现层、技艺层、生发层六个层次的互

---

① 陈望衡：《20世纪中国美学本体论问题》，湖南教育出版社2001年版，第456页。
② 陈望衡：《20世纪中国美学本体论问题》，湖南教育出版社2001年版，第464页。
③ 陈望衡：《20世纪中国美学本体论问题》，湖南教育出版社2001年版，第476页。
④ 陈望衡：《20世纪中国美学本体论问题》，湖南教育出版社2001年版，第144页。
⑤ 陈望衡：《20世纪中国美学本体论问题》，湖南教育出版社2001年版，第150页。
⑥ 陈望衡：《20世纪中国美学本体论问题》，湖南教育出版社2001年版，第283页。

为一体。艺术境界及其审美接受就通过艺术作品的能动的六个层次结构来实现。

三、理想世界：艺术分析的思辨逻辑

人们对艺术作品的本真信念，也就是面向本真世界的精神倾向，可能成为艺术分析的先导。老子《道德经》第一章说："道可道，非常道。"王弼解释，这实际上表明，天地之"道"根本上就不可言说，即"不可道"。① 但严格来说，老子并未否认言说之道，只不过强调了言说之"道"并非本真之"道"。因此，从认识的角度看，根据老子的观点，宇宙世界的真理即"道"，人类可以言说，但人类的言说之道并不是本真之道。

然而，人类显然没有丧失通过艺术手段探索本真之道的热情。例如，在谈到如何解读文学作品时，陈思和明确表达了这一见解：

> 我有一个信念，任何一部好的文学作品，背后一定有一个完整的世界。——只有诗歌不一样，因为诗歌是抒情的。小说的背后有一个完整的故事，有一个完整的理想的模型，但是作家没有能力把这个模型全部写出来。比如说，作家写一个爱情故事，他的意识里肯定存在着一个完美的爱情故事，但他不可能把心里感受到的爱情原原本本地表现出来，写出来的只是所要表达的一部分。②

在这里，"任何一部好的文学作品，背后一定有一个完整的世界"的信念，是陈思和解读文学作品的逻辑前提与方法论原则，是他用于区分作品是否优秀或好的基本标准。这个标准具有理想化的意味，因为我们难以确定所有作家或作品都在乎一个"完整的世界"背景，也不能断定所有优秀的作品确实有一个"完整的世界"背景，更重要的是，我们暂时还不能确定陈思和所说的"完整的世界"与优秀作家或优秀作品所谋求的"完整的世界"（陈思和将后一个"完整的世界"替换成了"完整的故事""完整的理想的模型"）是否吻合。可以肯定的是，隐藏在艺术作品背后的完整世界或故事，其实就是人类感官无法捕捉的理

① （曹魏）王弼注：《老子道德经注》，楼宇烈校释，中华书局2011年版，第2页。
② 陈思和：《中国现当代文学名篇十五讲》，北京大学出版社2013年版，第11页。

想世界。

根据黑格尔的《美学》著作，他所讨论的艺术属于美的世界，即艺术理想。美的世界并不是艺术作品的简单集合，而是各种艺术作品按照理想化的逻辑关系组成的有序系统。黑格尔勾勒了美的世界的结构系统，包括自然美与艺术美两大领域。但是，根据黑格尔的见解，美的世界中的各种事物并非都是一样的美，因为美作为理念的感性显现，有完善与不完善之分。完善的美就是人所创造的艺术作品呈现的美，如古希腊创造的雕像。不完善的美包括自然界的各种事物呈现的美，即自然美；以及人类历史上各种不按照美的理想而创造出来的艺术形式，如东方艺术，包括埃及金字塔、印度佛塔、中国园林等。

黑格尔在其《美学》著作中重点探讨理想化的艺术世界。根据黑格尔的观点，艺术世界是由艺术作品所组成的世界。其中的艺术存在完善与不完善之分，如西方艺术代表完善的美，东方艺术代表有缺陷的美。黑格尔认为，艺术世界自身具有历史的逻辑的演进规律。首先，艺术世界发端于象征型艺术。这种艺术通常使用抽象的、普遍的东西来暗示精神理念，使艺术形式显得夸张、变形、诡异，而其内在的精神意蕴显得游移不定。其次，在古典型艺术阶段，艺术世界得以完美呈现，成为美的世界。如古希腊雕像艺术，其精神内容与完全适合这种精神内容的外在形式即人体形象达到了完整统一，也就是说，艺术作品的内在意蕴与其外部形式有机融合了。最后，在浪漫型艺术阶段，艺术世界出现了精神意蕴溢出感性形象的特点，也就是艺术作品的内容与形式、精神美与形象美之间出现了分裂，精神美超越了形象美。看来，黑格尔的艺术世界是用形而上的思辨逻辑统御艺术史经验的产物。他的艺术世界既是审美经验史的对象，也是哲学思辨的对象。这提醒我们，如果要把黑格尔的美或艺术美概念借用到当今艺术批评领域，借用到当今美学与艺术史研究领域，那得慎之又慎。

与黑格尔不同，海德格尔将一件单独的艺术作品，如梵·高的《一双农鞋》，直接当作可以无限扩展、丰富的艺术世界。面对这幅油画作品，海德格尔说，除了一双农鞋，别无他物，但是：

从鞋具磨损的内部那黑洞洞的敞口中，凝聚着劳动步履的艰辛。这硬邦邦、沉甸甸的破旧农鞋里，聚积着那寒风料峭中迈动在一望无际的永远单调的田垄上的步履的坚韧和滞缓。鞋皮上粘着湿润而肥沃的泥土。暮色降临，这双鞋底在田野小径上踽踽而行。在这鞋具里，回响着大地无声的召唤，显示着大地对成熟谷物的宁静馈赠，表征着大地在冬闲的荒芜田野里朦胧的冬眠。这器具浸透着对面包的稳靠性无怨无艾的焦虑，以及那战胜了贫困的无言喜悦，隐含着分娩阵痛时的哆嗦，死亡逼近时的战栗。这器具属于大地，它在农妇的世界里得到保存。正是由于这种保存的归属关系，器具本身才得以出现而得以自持。

然而，我们也许只有在这个画出来的鞋具上才能看到所有这一切。①

显然，海德格尔的艺术世界概念不同于黑格尔。在黑格尔的眼里，艺术世界由所有(至少是许多)艺术作品及其审美理想构成。而在海德格尔的眼里，一件作品就是一个内容丰富的世界。比起黑格尔的思辨审美，这种以小见大、以个别见整体的艺术世界概念，会让艺术作品更加富有感性化、个性化的审美理想意味，也让艺术作品更能拥有独立的审美本性。但是，海德格尔式的艺术世界有可能流于过分自由、随意的想象，对客观理解艺术作品的创作经验、感性审美特征及其实际意义产生不恰当的干扰。

四、形式构成：艺术分析的文本逻辑

通过前述讨论可以发现,艺术作品虽然是艺术分析的对象,但它可能只是充当了艺术分析的一个中介、一条通道。这意味着，艺术作品可能只是分析活动的一种介质。就像黑格尔关心艺术作品所蕴藏的审美理想，它指向抽象的精神理念。与此不同，有些人主张遵循艺术作品本身的形式构成特征展开艺术分析。

作为 18 世纪英国启蒙思想家、著名画家、艺术理论家，贺加斯(或译贺迦兹)倡导艺术形式分析。在分析人体姿态的审美特点时，他说："人体和四肢处于静态的最美的姿态，取决于柔和地弯曲着的对比，即是大多属于准确的蛇形线的线条。在有神气的姿态中，这类线条显得比一般时候更舒展而修长，而在懒洋洋的和静止的姿态中，这类线条则显得比优美的适中程度稍小。当一个举止傲慢自大时，或者当他的面部被痛苦所歪曲时线条就会具有过分弯曲的性质并变成简单的平行线，这时线条表现的就是怪相、笨拙和无可奈何。"②

① ［德］海德格尔：《林中路》，孙周兴译，上海译文出版社 2004 年版，第 18~19 页。
② ［英］贺加斯：《美的分析》，杨成寅译，广西师范大学出版社 2002 年版，第 229 页。

对于姿态和运动特征来说，只用少量的线条就可以表现出来，这就形成了"符号式的速写"①。由于这个原因，最有吸引力的人，也会因为运用简单的线条所构成的姿态，而使外观变得丑陋，而在一些身体结构特殊的人身上，会变得更加难看。在绘画中，哪怕最优美的舞蹈动作，也只能表现出中断了的动作形体，总会显得有些不自然、可笑。因此，要用线条表现出优美的形体与姿态，是很难的；而要表现出滑稽、可笑的姿态，反而容易得多。由此可见，形式分析的基本原则就是充分尊重艺术作品的文本构成方式。

对20世纪初的英国艺术评论家克莱夫·贝尔来说，能否克服个人情感对文本形式的主观偏好，是决定艺术分析水准高低的关键所在。贝尔认为，无论是中国的地毯，还是乔托的壁画，它们具有共同性质，是决定艺术之为艺术的根本，这一共同点就是"有意味的形式"(significant form)，"是一切视觉艺术的共同性质"②。贝尔说，假如一个13世纪的欧洲人能够被罗马式教堂所打动，却对一幅唐朝绘画无动于衷，这只能说他对前者产生了一连串的联想，把它看成熟悉的情感的对象；而对具有高深造诣的人来说，他能感受到形式的深刻含义，能够超脱事件的时间、地点的束缚，因为"如果一件艺术品的形式很有意味，那么它的出处是无关紧要的"③。在谈到如何区分好画与次画时，贝尔认为，好画就是能够从审美上打动人的，也就是存在着有审美意味的形式；而确定一幅画是否具有审美意味的关键就是构图，如宋朝任意一幅画都可以与欧洲十四、十五世纪全盛时期任何一张一流画作相媲美，因为宋朝绘画采用自然构图法，其形式看上去没有突出感、张力感，而欧洲绘画采用建筑式构图法，一块摞着一块，左右平衡，有很强的系列感。这两种构图法都能画出好的作品，但自然构图法透出更强的自由生命气息，不会给人以强加感。④

① ［英］贺加斯：《美的分析》，杨成寅译，广西师范大学出版社2002年版，第230页。

② ［英］克莱夫·贝尔：《艺术》，周金环、马钟元译，中国文艺联合出版公司1984年版，第4页。

③ ［英］克莱夫·贝尔：《艺术》，周金环、马钟元译，中国文艺联合出版公司1984年版，第23页。

④ ［英］克莱夫·贝尔：《艺术》，周金环、马钟元译，中国文艺联合出版公司1984年版，第160页。

五、情景交融：艺术分析的意象逻辑

前述几种艺术分析明显存在一种倾向：艺术作品总是被置入对立性的审美境遇。例如，价值逻辑导致艺术作品与他者对立起来，鉴赏逻辑导致艺术作品蜕变为情感与精神的诱因，思辨逻辑与形式逻辑导致将艺术作品自身的形式构成与精神意蕴对立起来。人们最终能够把握艺术作品的独立自足的本体形象，并因此展开客观的、科学的艺术分析，源于意象逻辑的确立。这意味着艺术作品是一种意象构成。

把艺术作品看成是一种意象创造，源于易经知识系统。根据《易经·系辞下传》的记载："古者包牺氏之王天下也，仰则观象于天，俯则观法于地，观鸟兽之文，与地之宜，近取诸身，远取诸物，于是始作八卦，以通神明之德，以类万物之情。"①这表明"象"在认识宇宙世界时具有基础地位。孔子在解释易经时，明确了"象"在认识上的优先地位、核心作用。据《易经·系辞上传》记载，孔子认为早期人类主要通过书写、言语来记录圣人的思想，但是"书不尽言，言不尽意"，于是"立象以尽意，设卦以尽情伪，系辞焉以尽其言，变而通之以尽利，鼓之舞之以尽神"②。由此看来，"象"并不是简单的图像、图画、符号之类，而是承载了人类的情感与精神、世界的本质与意义。这确立了意象概念的根本性质与意义。

随着艺术尤其是山水艺术的发展，意象概念的性质与内涵得到拓展，出现了"意境"概念。如旧题唐代诗人王昌龄所著《诗格》云："诗有三境。一曰物境。二曰情境。三曰意境。物境一。欲为山水诗，则张泉石云峰之境，极丽绝秀者，神之于心，处身于境，视境于心，莹然掌中，然后用思，了然境象，故得形似。情境二。娱乐愁怨，皆张于意而处于身，然后用思，深得其情。意境三。亦张之于意，而思之于心，则得其真矣。"③王昌龄所说"意境"指的是对象事物纳入诗人的审美活动中所呈现出来的本真状态，或可称作"真境"，就是真实地体现天地自然之道的意象。它与对象事物呈现给诗人的"物象"(事物自身的实在状态)、"情象"(事物自身在人的情感面前呈现出来的主观性状态)

① 邓球柏：《白话易经》，岳麓书社1993年版，第440页。

② 邓球柏：《白话易经》，岳麓书社1993年版，第430页。

③ (唐)王昌龄：《诗格》，参见张伯伟《全唐五代诗格汇考》，江苏古籍出版社2002年版，第172~173页。

一样，都诉诸"象"，具有审美意味。而物境、情境、意境可以分别看成是建立在物象、情象、真象基础上产生的艺术意境或艺术意象。这表明，诗(艺术作品)的本质在于艺术家的审美经验。这种审美经验既包含主体之人的主观体验，也包含对象之物的客观实在，是艺术家之情与对象之景的主客统一。

20世纪以后，受西方美学的影响，艺术作品的意象性质与内涵有了新的解释方案。宗白华是借鉴西方美学阐释艺术意象的重要代表。他将意境与境界概念互用，认为人与世界的关系构成境界，包括五种境界：有主于利的功利境界，主于爱的伦理境界，主于权的政治境界，主于真的科学境界(学术境界)，主于神的宗教境界。另外，介于科学境界与宗教境界之间有艺术境界，主于美，能够使人类最高的心灵通过艺术创作而得到具体化、肉身化。① 宗白华认为艺术意境是"情"与"景"的结合，而"景"其实就是"意象"，并且"意象""象"就是艺术意境的核心，而艺术就是分层次的境界创造，包括三个不同的层次，即通过"写实"境界、"传神"境界直达"妙悟"境界。② 宗白华将"妙悟"境界与唐代禅宗境界美学直接联系，认为妙悟就是超越经验的形而上境界，是"禅境的表现"，是各种境界的归宿，是"最高心灵境界"。③ 宗白华阐明境界的最基础要素在于"舞"，认为"舞是中国一切艺术境界的典型。中国的书法、绘画都趋向舞，庄严的建筑也有飞檐表现着舞姿"④。正是舞，构成直抵人的心灵深处的东西，成为活泼生命的本性体现。宗白华借助与意象密切相关的"舞"这个概念，表明了对中国传统艺术意象(意境)的生命感、运动感的独特感受与推崇，揭示了艺术家之艺术境界与欣赏者之审美境界能够达到契合的依据。

在宗白华的基础上，叶朗建构了以意象为核心概念的美学体系，即"意象美学"，并对艺术概念作了中国化的阐释。叶朗认为，西方美学中的若干艺术本体论如模仿说、表现说、形式说、惯例说，都没有对"什么是艺术"的问题给予满意的回答。依据中国传统美学的主流看法，"艺术的本体是审美意象"，"艺术品呈现一个意象世界"，让观众获得美感。⑤ 他根据王夫之的思想路径解释说，"诗言志"，但"志"或"情"(意)的表达并不都是"诗"，如"关关雎

① 宗白华：《宗白华全集》第二卷，安徽教育出版社1994年版，第357~358页。
② 宗白华：《宗白华全集》第二卷，安徽教育出版社1994年版，第366页。
③ 宗白华：《宗白华全集》第二卷，安徽教育出版社1994年版，第364页。
④ 宗白华：《宗白华全集》第二卷，安徽教育出版社1994年版，第369页。
⑤ 叶朗：《美在意象》，北京大学出版社2010年版，第255页。

鸠，在河之洲。窈窕淑女，君子好逑”，千古传诵，不是因为它有特殊的情意内容，而是因为它有独特的意象；同样，诗要写景叙事，但不等于写“史”，而是要“从实着笔”，创造特殊意象。可见，表现说、模仿说不能有效诠释艺术品的本质。以此为基础，叶朗进一步肯定，艺术创造就是意象的生成，是通过材料、形式、意蕴三个层次来创造意象世界，并呈现给观众。

叶朗还将美学界广泛关注的意境与境界概念纳入意象范畴之内，表明艺术意境或境界是在意象基础上形成的。叶朗认为，艺术意象是“情”与“景”的统一，但既不是单方面的情也不是单方面的景。由于这个结构涉及的是情与景的交互作用，即主客体的交互作用，因而，情与景的统一实际上就是审美主客体间活动着的“意向性结构”，意象也就是在意向性结构中产生的。① 这种意象实际上反映了“自我”与“世界”的关系，包括三种意象类型。一是“兴象”，其特点在于“天然”，一方面是主体忘我状态所达到的无我之境，另一方面是把对象从自然的浑然一体的连续体中“摄”出来，却让人感觉不到自然被裁剪的痕迹。② 二是“喻象”，包括比喻喻象、象征喻象、神话喻象。喻象与兴象的区别在于“自我—世界”关系中孰体孰用。兴象以世界为体，而喻象以自我为体。③ 三是“抽象”，指用人造的高度单纯的线、点、面、体、色之类的符号按照艺术家独特的个人方式组合成一个整体，而不是指思维形式，也不单单指向现代抽象艺术。④

在上述意象类型中，叶朗分出了另外一种意象，即意境或称境界，它是意象中富有形上意味的类型。⑤ 叶朗认为，王国维实际上是在意象意义(即情景交融)上使用境界或意境概念。但是，由于并非所有意象都是意境，因而王国维的理解并不严格准确。叶朗对意象与意境(境界)概念的逻辑划分在于，意境是情景交融的“统一体”，意象是情景的“统一性”，也就是说，意象可能达到了情景的统一体，也可能只是情景交融的意向活动，但并未达成实际的情景统一体。换言之，意境只是意象的一种类型而已，它突破有限的象，引向哲理，是“一种富有哲理意蕴的类型”，并且“突出地显示一种特定的人生观、历

① 叶朗：《现代美学体系》，北京大学出版社 1999 年版，第 109 页。
② 叶朗：《现代美学体系》，北京大学出版社 1999 年版，第 115 页。
③ 叶朗：《现代美学体系》，北京大学出版社 1999 年版，第 120~121 页。
④ 叶朗：《现代美学体系》，北京大学出版社 1999 年版，第 125 页。
⑤ 叶朗：《现代美学体系》，北京大学出版社 1999 年版，第 129 页。

史观、宇宙观”。① 而且，在叶朗看来，意境或境界代表中国古典美学范畴，而意象是融古今中西美学资源的现代性概念。

结　语

长期以来，许多人非常熟悉源于西方美学的若干艺术观念，如审美无功利说、艺术自由说、艺术超功利说、纯艺术说。但是，面对不断发展、日益丰富并且多元开放的艺术世界，这些观念已经显露出种种思维束缚，妨碍艺术研究的深入发展与开拓应用。例如，曾经与历朝历代社会生活同呼吸共命运的中国艺术，尤其汉唐盛世时代的主流艺术，常常被矮化，而动荡时代的魏晋艺术充当了审美自觉与精神自由的旗帜；21 世纪的人类更加迫切地需要艺术与经济、艺术与民生的紧密结合，而专业教育和学术领域仍然广泛倡导审美无功利、艺术超功利的观念。显然，有关艺术分析的基本观念与方法，即艺术分析模式，需要反思，并进一步确立艺术分析的逻辑基础，保障人们自由而知性地探讨艺术现象。这是艺术与美学界不可回避的责任。

前面讨论的各种艺术分析模式在性质与功能上存在明确的差异。基于他者需要的价值逻辑试图通过他者价值标准，如假想的审美形象、理想化的艺术标准，约束艺术作品的形式构成，以期达到他者价值观念所要求的艺术规范；否则，艺术作品及其创造者可能被视为对立者、敌对者。根据这种逻辑，艺术作品是需要加以引导和改良的对象。基于情感自洽的鉴赏逻辑关注艺术作品能否满足接受者的自我情感与精神需要，艺术作品本身的构成方式并不是最重要的因素。根据这种逻辑，艺术作品的根本价值不在于它是美的艺术，而在于它是唤醒审美活动、满足审美需要的诱因。对面向理想世界的思辨逻辑来说，本真世界或真理世界构成艺术作品的优先标准，这种逻辑或许并不强迫人们按照其理想化的规范从事艺术创作，但是它可能贬低某些艺术家及其作品的精神地位与价值。根据这种逻辑，艺术作品虽然是人类情感与精神的产物，但绝非人类智慧的尊贵之物。基于形式构成的文本逻辑，堪称是抵制思辨逻辑的产物，但并没有从根本上化解思辨逻辑的核心问题。例如，过分关注艺术作品的感性形式特征及其审美价值，却过分淡化感性形式及其审美特征所承载的精神意蕴，这在思想旨趣上与思辨逻辑堪称是一丘之貉。总体上看，价值逻辑、鉴赏逻

① 叶朗：《现代美学体系》，北京大学出版社 1999 年版，第 134 页。

辑、思辨逻辑都是以外在标准审视艺术作品，文本逻辑虽然以内在因素审视艺术作品，却侧重艺术作品的感官层面，忽略了艺术作品的精神层面。意象逻辑尝试将艺术作品的感官层面与精神层面结合起来，为确立艺术分析的本体标准奠定了基础，也为评估各学科领域借鉴艺术经验所采取的基本观念与方法是否恰当提供了路径。

（作者单位：湖北文理学院美术学院）

《牡丹亭》研究四百年①

赵天为

2016年是明代剧作家汤显祖逝世400周年纪念，他以绝世出尘的“临川四梦”受到瞩目，被誉为“东方的莎士比亚”。其中《牡丹亭》是他一生最得意的作品，刚一问世就“家传户诵”，在社会上引起巨大反响，被赞为“传情绝调”“灵奇高妙，已到极处”，舞台演出至今400余年而长盛不衰。2013年12月，由哈佛大学、耶鲁大学、斯坦福大学等9所大学的世界一流专家教授评选的全球最佳100部戏剧，中国仅1部入选，那就是《牡丹亭》。可见，在西方世界中《牡丹亭》俨然成为中国戏剧的代名词。400年来，《牡丹亭》也受到研究界的广泛重视，相关著述丰富，成果斐然。

一、古代的《牡丹亭》研究

《牡丹亭》研究最早是以评点的方式开始的。既有《牡丹亭》诞生后20年即出现的评改本，如臧懋循评改本、冯梦龙评改本、陈继儒批评徐肃颖删润《丹青记》本等，也有明清诸多的评点本，如明代茅元仪茅暎批点本、清晖阁王思任评点本、独深居沈际飞批点本，清代吴吴山三妇评本、冰丝馆评本等。再加上王骥德《曲律》、李渔《闲情偶寄》、李调元《雨村曲话》等丛残小语式的品评，共同构成了古代《牡丹亭》研究的面貌。其中，评改本比较关注的是文辞曲律、语言特色等《牡丹亭》由案头搬演场上的优势与不足，而评点本则更关切作品文本中情节结构、人物塑造等方面的深入考量。

第一，文辞曲律方面。尽管汤显祖《牡丹亭》具有深邃的思想意蕴和高度

① 本文系国家社科全国艺术科学规划课题“昆剧表演艺术的脚色传承”（11CB086）的阶段成果之一。

的艺术成就，但在音律上的某些不足仍然招致了不少批评。如王骥德《曲律》："《还魂》妙处种种，奇丽动人，然无奈腐木败草，时时缠绕笔端。"又："《还魂》'二梦'，如新出小旦，妖冶风流，令人魂消肠断；第未免有误字错步。"曾廷枚《西江诗话》："临川'四梦'，掩抑金元，而《牡丹》为最；然非知音，未易度也。"臧懋循《玉茗堂传奇引》："临川汤义仍《牡丹亭》四记，论者曰：'此案头之书，非筵上之曲'。"冯梦龙《风流梦小引》："识者以为此案头之书，非当场之谱，欲付当场敷演，即欲不稍加窜改而不可得也。"因而臧、冯诸家皆改词就调，为演之场上而大肆斧削原词。茅暎并不否认汤氏《牡丹亭》存在的音律问题，但是也认为臧氏太过求全责备，他在"凡例"中指出："曲者，志也，必藻绘如生，颦笑悲啼，而曲始工。两者固合则并美，离则两伤，但以其稍不谐叶而遂訾之，是以折腰龋齿者攻于音，则谓南威、夷光不足妍也，吾弗信矣。"他认为音律相谐而外，"藻绘如生"才是更重要的，不应稍有不谐便加以诟病。显然，臧、冯这样的改订并非最佳方案，随之而来的是大量的批评。茅暎评曰："臧晋叔先生删削原本，以便登场，未免有截鹤续凫之叹。"凌濛初《谭曲杂札》认为："一时改手，又未免有斫小巨木，规圆方竹之意，宜乎不足以服其心也。"吴吴山三妇评本《还魂记》提出："吴、臧、沈、冯改本四册，则临川所讥割蕉加梅，冬则冬矣，非王摩诘冬景也。"冰丝馆评本"著坛原刻凡例"则说："或谬为增减，如臧吴兴、郁蓝生二种，皆临川之仇也。"冰丝馆评本在曲律问题上，对汤氏原曲有极高的评价，且多处推尊玉茗原曲。其《凡例》云："玉茗所署曲名，因填词时得意疾书，不甚检核宫谱，以故讹舛致多，然被之管弦，竟无一字不合，且无一音不妙，益服玉茗之神明于曲律也。"可见与臧氏诸家明显相左。

第二，语言当行方面。臧懋循对汤显祖极为推崇，每每赞之"当行"。如："'尽枯杨命一条，滑喇沙跌一交'句，亦自当行"（《旅寄》）；"'锦屏人忒看的这韶光贱'，此当家语也"（《游园》）等。因此，仅管臧氏对《牡丹亭》中的曲文作了大量删改，而对其中的北曲则几无改动，相反，他把最高的赞誉给了北曲。如评《硬拷》之【折桂令】："使临川为曲多似此首，则予当拜下风，敢妄加笔削耶。"对此，其他评者也是赞同的。如吕天成《曲品》："汤奉常熟拈元剧，故遣调俊。"王骥德《曲律》："近惟《还魂》、'二梦'之引，时有最俏而当行者，以从元人剧中打勘出来故也。"凌濛初《谭曲杂札》："近世作家如汤义仍，颇能模仿元人，运以俏思，尽有酷肖处，而尾声尤佳。"茅元仪认为："此等曲自是元人本色语。唯临川深于元剧，故时有此等语；惟晋叔深于元剧，故每每称之。”①可谓一语中的。但是，受汤沈之争的影响，又身为北曲理论家，臧懋循对汤剧南曲的批评则近乎苛刻。如：“汤义仍《紫钗》四记，中间北曲，骎骎乎涉其藩矣，独音韵少谐，不无铁绰板唱大江东去之病，南曲绝无才情，若出两手……”②不言而喻，臧氏此论是有失偏颇的，《牡丹亭》中【步步娇】、【醉扶归】、【皂罗袍】、【好姐姐】、【山坡羊】诸南曲广为流传、屡被称赏，乃至至今脍炙人口，就是明证。臧论之偏颇，究其原因，还在于以“吴人”的好恶为标尺，以昆山腔作为恒量传奇作品的准绳。臧懋循《玉茗堂传奇引》：“今临川生不踏吴门，学未窥音律，艳往哲之声名，逞汗漫之词藻，局故乡之见闻，按亡节之弦歌，几何不为元人所笑乎？”对此，王骥德当时就在《曲律》中予以毫不客气的回击：“夫临川所诎者，法耳，若才情，正是其胜场，此言亦非公论。”

第三，情节结构方面。冯梦龙评改本关注到情节的前后照应，在《风流梦》改本中对生、旦之梦作了重新安排。冯梦龙认为：“两梦不约而符，所以为奇，原本生出场，便道破因梦改名，至三四折后，旦始入梦，二梦悬截，索然无味。今以改名紧随旦梦之后，方见情缘之感，《合梦》一折，全部结穴于此。”“梦会”“画会”“幽会”是整个《牡丹亭》故事的三个重要环节。在汤本中，这三者因为缺少联系而显得零乱且孤立，对此，冯梦龙通过增加各个场景之间的联系，前后呼应，从而将“梦会”“画会”“幽会”融为一体。由此“叙出三会亲来，针线不漏”，较好地实践了王骥德《曲律》卷三“论剧戏”所说：“毋令一人无着落，毋令一折不照应。”王思任评点本则最欣赏第二十六出《玩真》，他为此批道：“抽尽电丝，独挥月斧。从无讨有，从空挨实，无一字不素笑唬。《寻梦》《玩真》是牡丹心肾坎离之会，而《玩真》悬口步虚，几于盗神泄气，更觉真宰难为。”他认为，《寻梦》一折，杜丽娘因梦生情，一往情深；《玩真》一折，柳梦梅拾得丽娘真容，于赏玩之中尽显情痴之态。因此【二郎神慢】“字字逼熨”，这一情节的设计，对于塑造柳梦梅之情痴是非常关键的一笔。

第四，人物塑造方面。王思任认为《牡丹亭》做到了“言其所像”，具体表现为“笑者真笑，笑即有声；啼者真啼，啼即有泪；叹者真叹，叹即有气”。

① 明朱墨本《牡丹亭》第四十六出眉批，《古本戏曲丛刊初集》影印本，商务印书馆1954年版。

② 臧懋循：《元曲选·自序一》，参见《中国古典戏曲序跋汇编》，齐鲁书社1989年版，第438页。

而且“杜丽娘之妖也，柳梦梅之痴也，老夫人之软也，杜安抚之古执也，陈最良之雾也，春香之牢贼也，无不从筋节窍髓，以探其七情生动之微也”(王思仁《批点牡丹亭序》)。这诸多人物形象“吹气生活”的成功塑造，正是王思任最为赞赏的，亦是他批点过程中着墨最多的部分。王思任评点本被认为是批评成就最高的评点本，一经刊行，立即得到众多文人的认可。陈继儒曾为该评点本题词：“独汤临川最称当行本色，以花间兰畹之余彩，创为《牡丹亭》，则翻空转换极矣。一经王山阴批评，拨动镯镂之根尘，提出傀儡之啼。”可见对其的高度认可。沈际飞在独居本《牡丹亭》题记中也继承了王思任的观点，认为“柳生呆绝，杜女妖绝，杜翁方绝，陈老迂绝，甄母愁绝，春香韵绝”，同时又说：“柳生未尝痴也，陈老未尝庸也，杜翁未尝忍也，杜女未尝怪也。”从而指出《牡丹亭》人物塑造具有独特性、丰富性和复杂性。他们将关注的视角投向文学本身的内涵，以及评改本对舞台的关注呈现出不同的面貌。

二、20世纪的《牡丹亭》研究

近现代的《牡丹亭》研究当推王国维(《录曲余谈》)、吴梅(《曲学通论》《霜涯曲跋》《顾曲麈谈》)、王季烈(《螾庐曲谈》《玉轮轩曲论》)、卢前(《明清戏曲史》)等为前驱，三四十年代以后由俞平伯(《牡丹亭赞》)、郑振铎(《插图本中国文学史》)、张友鸾(《汤显祖及其牡丹亭》)、江寄萍(《读牡丹亭》)、吴重翰(《汤显祖与还魂记》)等。这些论述对《牡丹亭》都评价较高，但是研究文字散见于各类学术专著、文学史或者词曲史之中。特别要提出的是上海光华书局1930年出版的张友鸾《汤显祖及其牡丹亭》，是这一时期唯一一部研究《牡丹亭》的专著，从“汤显祖之思想与作品”“《牡丹亭》在文坛上之地位”“《牡丹亭》本事”“《牡丹亭》之音谱与词句”“《牡丹亭》之女读者”等几个方面对《牡丹亭》作了较为全面的探讨。日本著名的中国戏曲史专家青本正儿也关注到了《牡丹亭》，他在1916年出版的《中国近世戏曲史》中，首次将汤显祖与莎士比亚相提并论，并给予《牡丹亭》较高的评价。这一时期的研究者注意到《牡丹亭》的本事传闻和剧作大旨，称赞《牡丹亭》描写的生死之情为历来曲家所未及，或分析了情节词曲之妙，均具远见卓识。但他们较多地继承了明清以来考辨本事、考究音律、制曲度曲、曲辞鉴赏的传统，有待于观念的更新和理论的说明。

20世纪后半期，《牡丹亭》的研究显著增多，在文学史和戏剧史上取得了重要的发展。期间的重要著作有：周贻白《中国戏曲史长编》(1960)、侯外庐《论汤显祖剧作四种》(1962)、高宇华《汤显祖作品研究》(1966)、潘群英《汤显祖〈牡丹亭〉考述》(1969)、卞晓天《牡丹亭探究》(1977)、陈美雪《汤显祖的戏曲艺术》(1978)、钱南扬《汤显祖戏曲集》(1978)、赵景深《戏曲笔谈》(1980)、徐朔方《论汤显祖及其他》(1983)、董每戡《五大名剧论》(1984)、毛效同《汤显祖研究资料汇编》(1986)、徐扶明《牡丹亭研究资料考释》(1987)及《汤显祖与牡丹亭》(1993)、周育德《汤显祖论稿》(1991)、杨振良《牡丹亭研究》(1992)、邹元江《汤显祖的情与梦》(1998)等。其间对《牡丹亭》思想意义和社会价值的探讨是研究的重点，也涉及了创作年代、声腔格律、改编演出等诸多方面，拓宽了研究的广度与深度。海外的《牡丹亭》研究开始勃兴。

关于《牡丹亭》的创作主旨和思想内涵，历来是人们深究的焦点，在20世纪后半期尤其成为重中之重。江巨荣教授《二十世纪〈牡丹亭〉研究概述》分析其主要见解有三种：第一种认为是写爱情，如赵景深、王季思将其定位为一部描写爱情的杰作，肯定它强烈的反封建精神，这是内容评价中较早通行的观点；第二种即在上述讨论的基础上，着重从"明末的资本主义萌芽和思想启蒙运动的背景上深入论述《牡丹亭》的思想意义，指出《牡丹亭》所表达的情与理的矛盾，正是时代追求个性，要求顺应正常情欲思潮的表现"，以社科院文学研究所的《中国文学史》、张庚等著的《中国戏曲通史》、徐扶明的《汤显祖和牡丹亭》和侯外庐的《牡丹亭外传》为代表；第三种则"认为《牡丹亭》阐释的是人在时间摧残下的哲学"，如夏志清在1967年发表的《汤显祖笔下的时间与人生》。到20世纪末，人们对《牡丹亭》内涵的阐释在上述基础上变得更为深入和多元化。有继续从人欲、情欲角度切入的(如孙书磊《人欲的赞歌——对〈牡丹亭〉主题的再认识》)，有从生命本体特征的角度分析的(如朱鸿《生命激情的绚丽虹彩——汤显祖和他的〈牡丹亭〉》)，有从思想史角度探讨的(如许艳文《略论王学左派对汤显祖思想及戏曲〈牡丹亭〉创作的影响》)，有从明代美学嬗变看其主题的(如叶树发《〈牡丹亭〉主题与明中叶美学嬗变》)，有谈及其文化底蕴的(如翁敏华《论〈牡丹亭〉的民俗文化底蕴》)，这都为以后的研究拓展了方向，不断赋予《牡丹亭》以新的生命力和价值。

关于《牡丹亭》的创作完成时间，主要有四种观点，第一，青木正儿《中国近世戏曲史》(修订增补本)(中华书局1954年版，第236~237页)认为《牡丹亭》作于明万历二十一年以前，万历二十六年定稿并公之于世。第二，徐朔方先生《汤显祖年谱》(中华书局1958年版，第222页)认为《牡丹亭》成于万历二十六年。第三，八木泽元《明代剧作家研究》(香港龙门书店 1966 年版，第 423 页)之《论牡丹亭的版本及其成立年代》认为："万历十六年'戊子'，《牡丹亭》的初稿本或未定稿即已完成，直至从此十年后的万历二十六年秋七月，汤临川退官还乡，始完成而出版。"第四，张庚、郭汉城先生主编的《中国戏曲通史》(中)(中国戏剧出版社 1981 年版，第 92 页)提出《牡丹亭》写成于万历二十五年，次年付刻并演出，黄芝冈、纪勤、郑闰等先生亦认为完成于万历二十五年。霍建宇博士于《文学遗产》2010 年第 4 期刊发《〈牡丹亭〉成书年代新考》，沿用八木氏旧说，认为《牡丹亭》的成书时间，当以汤显祖自题的最早的《牡丹亭·题辞》署年"万历戊子"(万历十六年，1588)为是，即《牡丹亭》成书于"万历戊子"，并于是年刊刻出版，流传至今。出版于"万历戊戌"(万历二十六年，1598)的《牡丹亭》，是汤显祖在"戊子"本基础上修改后的再版本，非是初版本。"戊戌系统"本较"戊子系统"本成熟。吴书荫教授于同刊 2011 年第五期发表《〈牡丹亭〉不可能成书于万历十六年》提出不同看法，从《牡丹亭》的批阅者、创作地、演出记载以及汤显祖的创作经历等方面重新论证了《牡丹亭》的创作时间，认为：汤显祖在遂昌任上，就进行了《牡丹亭》的构思，万历二十六年辞归后，在这年秋季完成于临川玉茗堂，有汤显祖《牡丹亭题词》的自署"万历戊戌秋"可确证。

关于汤显祖剧作的声腔问题，凌濛初早在《谭曲杂札》(《中国古典戏曲论著集成》第 4 册，中国戏剧出版社 1959 年版，第 254 页)就有过涉及，认为其受到了弋阳腔的影响。现当代许多学者进一步考证，并提出了多种观点：徐朔方先生《宜黄县戏神清源师庙记》笺语(《汤显祖全集》，北京古籍出版社 1999 年版，第 1189~1190 页)认为其是宜黄腔；钱南扬《汤显祖剧作的腔调问题》[《南京大学学报》(人文科学版)1963 年第 2 期]认为其是昆山腔；张松岩、李金泉《汤显祖与戏曲声腔》(2000 年纪念汤显祖诞辰 450 周年国际学术研讨会提交论文)认为其是海盐腔。在前人的记载中，也的确可以找到不少有关的证据。如：

"临川多宜黄土音，板腔绝不分辨，衬字衬句，凑插乖舛，未免拗折人嗓子。"(范文若《梦花酣序》)

"弟之爱宜伶学'二梦'。"(汤显祖《复甘义麓》)

"不佞《牡丹亭记》，大受吕玉绳改窜，云便吴歌。"(汤显祖《答凌初成》)

"词家最忌弋阳诸本，俗所谓过江曲子是也。《紫钗》虽有文采，其骨格却染过江曲子风味，此临川不生吴中之故耳。"（袁中郎评《玉茗堂传奇》）

"我宜黄谭大司马闻而恶之。自喜得治兵于浙，以浙人归教其乡子弟，能为海盐声。"（汤显祖《宜黄县戏神清源师庙记》）

笔者认为，以上记载，固然可以作为汤氏专为某声腔作剧的证明，但综合来看，更可说明汤作可以为以上任何一种声腔所搬演。这种现象并不乏例，明万历年间云水道人《蓝桥玉杵记·凡例》说："本传词调，多用传奇旧腔，唱者最易合板，无待强谐。"又有："本传腔调原属昆、浙……词曲不加点板者，缘浙板、昆板疾徐不同，难以胶于一定。"（按：昆，指昆山腔；浙，指海盐腔）徐扶明先生认为："汤显祖创作的《牡丹亭》，既不是专为宜黄腔写的，也不是专为昆山腔写的，而是按照明代传奇体制着笔。所以，无论宜黄腔，或者昆山腔，都可演唱《牡丹亭》。"①周育德先生中认为："汤显祖的'临川四梦'，也是这样一种文学剧本。它不是专为某种声腔而撰写的台本。"②这种观点非常有道理。台湾曾永义先生也这样认为，他在《论说"拗折天下人嗓子"》一文中提出："汤显祖的戏曲观，乃至于文学艺术观，无不以自然臻于高妙：他所顾及的不完全是谱律家斤斤三尺的'人工音律，而重视'的是'歌永言，声依永'、发乎'情志'的'自然音律'。"而"万历年间，'南戏传奇'兴盛，正是'百花齐放、百鸟争鸣'、各尽尔能的时候，纵使水磨调为多数文人所喜爱，然而未定于一尊，汤氏又崇尚自然，驰骋自家才气于声情词情之冥然融合"（《曾永义学术论文自选集》乙编，中华书局2008年版），为这一观点提供了有力的支持。

关于《牡丹亭》的改编演出，人们虽然注意得很早，但一直停留在笼统的评论阶段，且观点散见于一些曲论杂著或序跋当中，零零星星，不成片段。如：明朱墨本《牡丹亭》"凡例"和"记序"，《重刻清晖阁批点牡丹亭凡例》、清冰丝馆本《牡丹亭》"著坛原刻凡例"和"跋"、刘世珩《玉茗堂还魂记跋》，及张诗舲《关陇舆中偶忆篇》、凌濛初《谭曲杂札》、王季烈《螾庐曲谈》、吴梅《还魂记跋》等。其总的倾向是否定多于肯定。这种现象在现当代得到了改观，出现了讨论《牡丹亭》改本的单篇论文。讨论古代改本的，如：王一纲先生《汤显

① 徐扶明：《牡丹亭研究资料考释》，上海古籍出版社1987年版，第187页。

② 周育德：《汤显祖论稿》，文化艺术出版社1991年版，第333~334页。

祖怎样给杜丽娘以艺术生命——〈惊梦〉〈寻梦〉的人物塑造，兼及冯梦龙的删改本〈风流梦〉》(《破与立》1979年第4期)，傅雪漪先生《意趣神色——整理牡丹亭浅识，兼谈臧晋叔改本》(《戏剧学习》1982年第2期)，邓瑞琼、吴敢先生《论臧晋叔对〈牡丹亭〉的改编》(《黄石师院学报》1984年第1期)、周续赓先生《关于汤剧的改编演出及其他》(《戏曲研究》第24辑，文化艺术出版社1987年版)、恩师俞为民先生《评〈牡丹亭〉的明清改本》(《文学评论丛刊》第30辑，中国社会科学出版社1988年版)等。研究者开始将改本与原本作较细致的比勘和分析，钱南扬先生还首次将改本分成"改词"与"改调"两派。但总的看来，这些研究还只是在点上的为多，有的还带有附带性质。专门讨论当代舞台改本问题的论文则大量涌现，如俞平伯先生的《谈弋腔"还魂记"剧本》(《北京晚报》1959年6月10日)，王季思先生的《从〈牡丹亭〉的改编演出看昆剧的前途》(《光明日报》1982年6月28日)，陆树崙、李平先生的《〈牡丹亭〉的改编演出和现实意义》(《上海戏剧》1982年第5期)，陈多先生的《略谈〈牡丹亭〉改编的"意趣"问题》(《上海戏剧》1982年第5期)，夏写时先生的《谈〈牡丹亭〉的改编问题》(《戏剧艺术》1983年第1期)，丁修询先生的《还魂梦影写精神——关于昆剧〈还魂记〉整理改编的思考》(《剧影月报》1988年第7期)等。不难看出，这些评论始终是与新改本的出现相伴随的。20世纪80年代，毛效同先生的《汤显祖研究资料汇编》(上海古籍出版社1986年版)，为《还魂记》开辟了"改编·续编"一栏，收集了有关改本的详细资料。同时徐扶明先生的《牡丹亭研究资料考释》(上海古籍出版社1987年版)则在汇集改本资料的基础上分别对每一改本作了简要分析和考证。这些资料性的工作，为改本的系统研究提供了基础。对《牡丹亭》改本的系统梳理和研究是从20世纪90年代开始的。周育德先生《汤显祖论稿》(文化艺术出版社1991年版)设"临川四梦的明清改本"一节，首次全面梳理了"四梦"的改本系统，而尤以《牡丹亭》为重。对每种改本详加探考，指出其优点与不足，并归纳其原因与效果。文章认为："各家改本都有合理的成分。他们改窜的失败教训与成功经验，给当时和后来的演出提供了借鉴。因此，不可一概抹杀。"徐扶明先生《汤显祖与牡丹亭》(上海古籍出版社1993年版)设"改本概况"一节。详细探讨了改本原因，各改本的具体情况、评价及曲谱曲选中的改本，简明扼要。他认为："要使《牡丹亭》长期流传于舞台之上，适应不同时代观众的审美要求和演出条件的变化，就不能不改。继承与革新，未可偏废……当然，要改，就必须采取审慎态度，不尊重原著，胡删乱改，也是不行的。"台湾杨振良先生《〈牡丹亭〉研究》(台湾学生书局1992年版)虽未专设改本章节，但在论述中涉及了沈璟《同梦记》、冯梦龙《风流梦》、陈轼《续牡丹亭》诸改本，以及折子戏中的《牡丹亭》台本面貌，多有新见。近年来，随着国内外艺术团体竞相排演《牡丹亭》，特别是青春版《牡丹亭》的风靡，研究探讨《牡丹亭》改编的文章也大量涌现。其中既有对《牡丹亭》古代改本的单本研究，如陈富容先生《臧懋循批改本〈还魂记〉之评析》(《逢甲人文社会学报》2002年第4期)；又有对《牡丹亭》改编本的分类梳理，如刘淑丽《清代艺人对〈牡丹亭〉的改编》(《艺术百家》2005年第3期)、金鸿达先生《昆剧〈牡丹亭〉的当代解读》(《上海戏剧》2003年第8期)；既有研究者对当代《牡丹亭》改编的探讨和思考，如张淑香先生《捕捉爱情神话的春影——青春版〈牡丹亭〉的诠释与整编》(《福建艺术》2004年第4期)、王堂纯先生《从新版〈牡丹亭〉谈昆剧改革》(《上海戏剧》2000年第4期)；也有改编者自身对作品的理解和诠释，如古兆申先生《情系生死说牡丹》(《袅晴丝》，中国昆曲网)。此外，《上海戏剧》1999年10月号还专门为上海昆剧团新改编的35出本《牡丹亭》发行了专刊。这些无不说明了《牡丹亭》研究从案头向场上的转移。

海外的《牡丹亭》研究开始于20世纪70年代，虽起步较晚，但仍取得了较为丰厚的成果。英、俄、法、德以外，美国和日本是《牡丹亭》研究的海外重镇。

美国伯克利大学的白之(Cyril Birch)教授1974年就撰写了论文《〈牡丹亭〉或〈还魂记〉》，1980年又发表了《〈牡丹亭〉结构》一文。同年还有胡耀恒(John Y. H. Hu)的《从冥府到人间：(牡丹亭)的结构性阐释》发表。20世纪90年代，研究《牡丹亭》的学者和论文大大增加。主要有：白之的《戏剧爱情故事比较：〈冬天的故事〉和〈牡丹亭〉》、华玮的《汤显祖剧中梦》、史恺悌(Catherine Swatek)的《梅和画像：冯梦龙的改编本〈牡丹亭〉》、蔡九迪(Judith T Zeitlin)的《异人同梦：〈吴吴山三妇合评牡丹亭〉考释》、高彦颐(Dorothy Ko)的《情教的阴阳面：从小青到〈牡丹亭〉》。这一时期的博士论文则有，史恺悌的《冯梦龙的风流梦：其改编本牡丹亭的抑遏策略》(1990)、华玮的《追寻大和：汤显祖戏剧艺术研究》(1991)、陈佳梅(Jingmei Chen)的《犯相思病的少女的梦幻世界：妇女对〈牡丹亭〉的反映(1598—1795)研究》等。其中多位学者在研究方法上有创新。夏志清的《汤显祖笔下的时间与人生》从“时间”的角度对《牡丹亭》的主题做出解读，认为《牡丹亭》体现了“对时间的挑战，诠释的是人在时间摧残下的哲学”。艾梅兰(Maram Epstein)的《竞争的话语——明清小说的正统性、本真心及所生成之意义》，提出了“本真性美学”的命题，以此来解析明清时期的小说，并将《牡丹亭》作为理解晚明时期对“情”处理的最好文本进行了详尽的分析。哈佛大学教授李惠仪在《引幻与警幻：中国文学的情爱与梦幻》一书中以《牡丹亭》在内的若干作品的评析为例，认为汤显祖从作品的一开始就奠定了《牡丹亭》的“尚情”主题，这代表了晚明时期作品的非常重要的故事讲述方式——“缘情生幻”。耶鲁大学教授吕立亭则持相反意见，在其稍后的专著《人物、角色、心灵：〈牡丹亭〉和〈桃花扇〉中的身份问题》中专辟一章探讨《牡丹亭》中情与梦的问题，认为所谓着迷和清醒的区分很难界定，梦与醒相互对照，使得《牡丹亭》具有一种哲学旨趣。史恺悌对《牡丹亭》的臧懋循和冯梦龙改本进行了“意识形态”的考量，眼光独到。她认为汤显祖通过此意象有力地、异乎寻常地使用赞美了情的创造性力量，而臧懋循和冯梦龙在删改情节、简化曲文的同时，对原著中关于性、性欲、或色情相关的内容刻意删改，使其更符合正统的儒家传统，表现了保守的立场，致使人物的性格远不及原著饱满突出。臧改本对人物塑造偏重外在的表现方式，大幅删改杜丽娘的抒情唱段，如丽娘自道“春情难遣”的【山坡羊】被删去；冯改本则对原著中的语言意象刻意“勒制”（containment），如将原著中“梅”的意象——象征自然的生机与男女自然的情欲——去除了情色内涵，代以社会性内涵。她对改本“曲意”上的改动相当关注并进行了详细考察，但考察的方法上还值得商榷。其研究成果后来集结为专著《牡丹亭场上四百年》出版。

日本的《牡丹亭》研究由青木正儿发端，岩城秀夫和根山彻最具代表性。岩城秀夫的长篇著作《汤显祖研究》，收入《中国戏曲演剧研究》，1972 年由日本创文社出版，其下篇为《汤显祖的剧本》，他认为《还魂记》是一部恋爱至上主义的作品，它的影响来自李贽：“李贽标榜真实人的姿态，对于失掉‘真’的‘假’不断否定与斥骂；‘真’是情的根本，自然的情欲就是‘真’。而汤显祖也强烈肯定男女之‘情’。《还魂记》就是从肯定欲望出发的。”在《汤显祖研究》下篇的第五章中，岩城秀夫还涉及了一个重要问题，即汤显祖与沈璟围绕《还魂记》改作问题的纠纷。岩城秀夫指出，沈璟与王骥德同属吴江派，只用昆曲的尺度衡量《还魂记》，故断定其无法上演，只肯定它在“案头”的文学价值。在这种情况下，为了迎合“俗唱”而改动汤显祖呕心沥血地扶植宜黄腔的力作，自然会触怒汤显祖。岩城秀夫将作家研究在解读作品中的作用发挥到了极点，从多元视角解释中国戏曲和剧作家，无疑是解读戏曲文本的一种可贵尝试。根山彻 2001 年出版专著《明清戏曲演剧史论序说：汤显祖〈牡丹亭还魂记〉研究》，讨论了《牡丹亭》的版本、人物形象、改编和影响等诸多问题。

三、21 世纪以来的《牡丹亭》研究

21 世纪以来，随着昆曲被联合国教科文组织评为口述及非物质文化遗产，以及白先勇青春版《牡丹亭》的大获成功，《牡丹亭》研究也开始空前繁荣。短短十几年时间，就出现了论文 1500 多篇，论著 30 余部，研究方向上也出现了新的视角。如对《牡丹亭》内涵的阐释更为深入和多元化；对杜丽娘的形象更注重其微观心灵、情感方面的研究与分析，以及它所折射出的东方女子普遍的集体无意识情感特质；借助西方批评的某些理论，探讨《牡丹亭》中潜在的话语表现；结构研究逐渐突破原始文本特征的束缚，向更广义的思维模式伸展；通过对意象研究，发现作品背后更为深层而广袤的人文内涵等。这一时期的研究表现出更多对舞台演出的重视，更有大量将《牡丹亭》与中外其他作品的比较研究和针对青春版《牡丹亭》的现象研究，都是《牡丹亭》研究在新世纪的新方向。

《牡丹亭》的译介活动始于 20 世纪 30 年代，在世纪之交达到高潮，先后出现了多个完整的英语译本，如 1980 年美国白之教授的译本，1994 年张光前教授的译本，2000 年汪榕培教授的译本，2009 年许渊冲、许明的译本等。这些译本风格各异，采用了不同的翻译策略，但都能传递原文的精髓，具有较高的文学价值。特别值得一提的是大连外国语学院汪榕培教授的译本。汪榕培教授古文功底深厚、治学态度严谨，译本以“传神达意”为目标，在很大程度上再现了原作的风采。在翻译《牡丹亭》中的唱词和诗句的时候，他借鉴了英语传统格律诗的形式和押韵方法来翻译，采取了不同于白之译本和张光前译本的翻译策略，保留原文的音韵、节奏之美，译文更具有可读性，受到了海内外汤剧爱好者的好评。郭著章教授在评价汪榕培教授的译本时认为“汪译是迄今最令人满意的全译本”。如今汪榕培教授的“玉茗堂四梦”全译本已经出版，对汤显祖研究作出了突出贡献。而且，关于《牡丹亭》翻译的研究论文也不断涌现，21 世纪以来就有 100 余篇。如美国王靖宇教授的《“姹紫嫣红”——〈牡丹亭·惊梦〉三家英译评点》一文，将张心沧（H. C. Chang）、白之、宇文所安（Stephen Owen）三家英译的《惊梦》曲辞逐句罗列比较，探讨其优劣得失，指出其在跨文化交流中的重要作用；李亚棋的《翻译美学视阈下〈牡丹亭〉的审美意境翻译》以许渊冲和汪榕培两个译本为例，从音美、形美、意美三个方面探讨在翻译中如何再现汤显祖原作的美学意境；吉灵娟的《昆曲曲律与〈牡丹亭〉之〈惊梦〉曲

词英译》以《惊梦》曲词为例探讨了曲律与英诗格律之相通性，认为昆曲曲词翻译原则在于昆曲曲词原文与译文实现“交际性对等”；何婷的《论互文性理论视角下中国古典戏剧唱词的翻译》论证了以语境重构为核心的互文性翻译理论对于唱词音乐性和意象的传递具有重要的指导意义。另如杨玲的《传统戏剧中文化因素的翻译》、任延玲的《〈牡丹亭〉个性化唱词的英译研究》等。他们从翻译美学、互文性、传统戏剧中文化因素的翻译、个性化唱词的翻译等多个视角探讨《牡丹亭》的译介与传播，这必将推动世界范围内的《牡丹亭》研究向纵深发展。

《牡丹亭》的比较研究在21世纪成为热点，发表的论文达到110余篇。比较对象上，有《牡丹亭》自身演绎的比较，如青春版演出本和汤显祖原著的比较、《杜丽娘慕色还魂》话本与汤显祖剧作的比较；有和其他中国作品的比较，如《牡丹亭》与《西厢记》《长生殿》《红楼梦》等的比较；也有和国外作品的比较，如《牡丹亭》和《罗密欧与朱丽叶》《仲夏夜之梦》《死后》等的比较。其中比较《牡丹亭》和《罗密欧与朱丽叶》的论文最多，有37篇。比较内容上，涉及爱情观、爱情描写、结构、人物形象、主体思想、悲剧阐释等诸多方面，其中讨论爱情观或者爱情描写的最多，有20篇左右。较有代表性的如邹自振的《丽娘何如朱丽叶，不让莎翁有故村——〈牡丹亭〉与〈罗密欧与朱丽叶〉之比较》，从故事情节、主题思想、人物形象、戏剧结构、戏剧冲突与节奏、悲剧风格与结局等方面对这两个剧本进行对比分析，详细分析汤显祖戏曲和莎士比亚戏剧的异同，有助于探讨东西方古典戏剧的特点和规律。李志忠的《死而复生与生而复死〈牡丹亭〉和〈罗密欧与朱丽叶〉的爱情结局比较》，认为东方讲求“悲欢离合”，喜欢大团圆；西方认为悲欢离死，“美即现实”，直面现实，不求完美。因而两剧作虽然地域不同、文化背景不同、时代不同，民族审美心理也不同，但审美作用、教化功能、殊途同归、异曲同工。美国维德教授《睡情谁见？——汤显祖对本事材料的转化》一文比较了杜丽娘死后所葬的墓地荒园与德国格林兄弟《儿童与家庭童话集·玫瑰公主》中那座为荆棘所包围的城堡，认为两者存在惊人的相似之处，并将《牡丹亭》和欧洲诸多睡美人的故事加以比较。认为欧洲童话故事和中国故事对女主人公之死有着不同的处理方式。前者把女主人公因伤而死表现为命运所致，后者则用心理写实的手法呈现出事件发展的缘由。还认为杜太守对女儿的父爱过于自私。王万鹏《〈西厢记〉与〈牡丹亭〉爱情描写之比较》，认为《西厢记》的主题是“以情战礼”，《牡丹亭》的主题则是“以情战理”。由于时代思想氛围的差异，杜丽娘与崔莺莺的个性色彩也存在巨大的差异。刘艳琴《人性美与人情美——〈西厢记〉与〈牡丹亭〉之比较》则认为《西厢记》有人情美，但更重要的是人性美的绽放；《牡丹亭》有人性美，但更多的是人情美的颂唱。林柳生《〈牡丹亭〉和〈红楼梦〉中情与理的比较研究》认为，《牡丹亭》和《红楼梦》中的情与理的相同之处主要体现在两部作品的一脉相承，即《红楼梦》中的情与理是《牡丹亭》的继承和发展。它们的不同点主要体现在三个方面：一是情和欲、灵和肉、情爱和性爱、爱情和婚姻的结合与分离；二是“情”之内涵的相对单一性和丰富性；三是情与理对抗冲突的相对表层性和极度深刻性。这些论文大多从文化或者时代的角度着眼，探讨其创作手法或者理念的异同，多有一得之见。

《牡丹亭》的演出与传承研究是随着 2001 年昆曲被联合国教科文组织评选为人类口头和非物质文化遗产，继而提出昆曲传承理念而发展起来的，白先勇青春版《牡丹亭》的推出以及《牡丹亭》演出的增多将其推向高潮。短短十几年间，研究者关注《牡丹亭》的演出、表演、传承，或者与演出相关的剧本改编、整编的论文多达 100 余篇。有的研究从历史角度梳理《牡丹亭》演出的流变，如金鸿达《〈牡丹亭〉在昆曲舞台上的流变》、江巨荣《牡丹亭演出小史》及《〈牡丹亭〉演出的多样性》、刘庆《〈审音鉴古录〉和〈缀白裘〉中〈牡丹亭〉演出形态的差异》。美国史恺悌教授专著《舞台上的牡丹亭：中国戏曲四百年的发展历程》十分关注《牡丹亭》的表演文本和舞台演出情况，认为《牡丹亭》的出版和舞台历史也是昆曲晚明的全盛时期走向近百年的急剧衰落的历史的缩影。有的研究从表演角度观照昆曲的传承与发展，如李阳《昆曲〈牡丹亭·堆花〉表演衍变及成因》、孙珏《昆曲〈牡丹亭·惊梦〉表演中的四层情绪变化》、黄晓涛《从青春版〈牡丹亭〉看昆曲的传承与发展》、赵天为《昆曲表演艺术的传承——以折子戏〈惊梦〉为例》、吴新雷《当今昆曲艺术传承发展的宏观考量——以“苏昆”青春版〈牡丹亭〉和“上昆”全景式〈长生殿〉为例》等，昆曲的表演传承俨然也成为学者关注的热点。有的研究从个案角度探讨二度创作的革新，如杨榉《〈牡丹亭〉的现代跨文化制作》、费泳《〈牡丹亭〉二度创作赏鉴——沪、台、美三地〈牡丹亭〉演出之比较》、张辰鸿《昆曲经典的历史思维与现代投射——论上昆版和青春版〈牡丹亭〉的改编》、黄天骥《戏曲审美观的传承与超越——青春版〈牡丹亭〉演出的启示》。美国陆大伟教授的《陈士争版〈牡丹亭〉的传统与革新》一文，对陈士争全本 55 出《牡丹亭》的成败得失作了评价，肯定了陈士争版《牡丹亭》在乐队设置、舞台布景、场务安排等方面所作的改革和创新，对某些不足之处，也给予了批评。专著中也出现了专论演出的重要章节。如郑培凯主编的《春心无处不飞悬：张继青艺术传承记录》(北京大学出版社 2013 年版)就翔实记录了张继青对于《惊梦》《寻梦》《写真》《离魂》等经典折子的表演心得。赵天为《〈牡丹亭〉改本研究》(吉林人民出版社 2007 年版)第四章专门探讨了舞台上的《牡丹亭》演出。蔡孟珍新著的《重读经典牡丹亭》(台湾商务印书馆 2015 年版)在文献研究之外还详细探讨了《牡丹亭》演出中的声腔、科诨、场上表演等问题。

《牡丹亭》的传播研究由白先勇青春版《牡丹亭》的宣传而推波助澜。自 2004 年起，为了配合青春版《牡丹亭》的演出和宣传以及经验的总结，白先勇先生策划推出了一系列相关著作，如：《姹紫嫣红牡丹亭》(白先勇策划，广西师范大学出版社 2004 年 5 月)、《牡丹还魂》(白先勇编著，台北时报文化企业股份有限公司 2004 年 9 月)、《姹紫嫣红开遍：青春版牡丹亭巡演纪实》(白先勇总策划，台北天下远见出版股份有限公司 2005 年 11 月)、《曲高和众：青春版〈牡丹亭〉的文化现象》(白先勇总策划，台北天下远见出版股份有限公司 2005 年 11 月 1 日)、《圆梦：白先勇与青春版〈牡丹亭〉》(白先勇主编，花城出版社 2006 年 11 月)、《春色如许：青春版昆曲〈牡丹亭〉人物访谈录》(潘星华著，八方文化创作室 2007 年 9 月)

与此相关的还有《普天下有情谁似咱：汪世瑜谈青春版〈牡丹亭〉的创作》(郑培凯主编，北京大学出版社 2013 年版)、《白先勇与青春版〈牡丹亭〉》(傅谨主编，中央编译出版社 2014 年版)。通过创作始末、演出盛况、导演心得、演出思考、人物访谈等形式，对汤显祖的《牡丹亭》以及其改编演出从文本解读、人物演绎、主旨阐释、文化呈现，到表演体会、导演构思、舞美设计、审美理念等方面做出了全方位的推广和传播。不得不说，这一策略大获成功，青春版《牡丹亭》在国内国外都掀起了热潮，有力地传播了《牡丹亭》及昆曲文化。一些学者已经把青春版《牡丹亭》自身的传播作为一种现象研究，对形成的一种“青春版《牡丹亭》现象”加以解读。如胡友笋的《传播学视角下的青春版〈牡丹亭〉现象解读》、吴越的《青春版〈牡丹亭〉现象的传播学思考》、黎蕾的《新媒体时代非物质文化遗产的传播策略——以青春版昆曲〈牡丹亭〉为例》等。在《牡丹亭》的传播学研究中，东华理工大学文法学院王省民的成果比较集中，已发表《〈牡丹亭〉在民俗文化中的传播》《对〈牡丹亭〉文本的传播学思考》《戏曲传播中的碎片化——论〈牡丹亭〉折子戏及其审美特质》《戏曲信息传播的多样化——对〈牡丹亭〉传播形式的文化考察》等 8 篇论文，对《牡丹亭》的传播进行了系列研究。这方面的专著有刘淑丽《〈牡丹亭〉接受史研究》(齐鲁书社

2013年版），从版本、选本、插图、读者、演出、改编、各体文学创作等角度，综合探讨了自明清至近现代《牡丹亭》的接受史，进一步证明，400多年来，无论是案头还是场上，《牡丹亭》的传播与影响是惊人的。

综上所述，《牡丹亭》研究最早是以评点或评改的方式开始的，从关注曲律问题的批评逐渐转向关注作品中文学语言特色、人物形象刻画、故事情节构建等文本方面的考量。20世纪后半期，《牡丹亭》的研究显著增多，在文学史和戏剧史学术意义上取得了重要的发展。其间对《牡丹亭》思想意义和社会价值的探讨是研究的重点，也涉及了创作年代、声腔格律、改编演出等诸多方面，拓宽了研究的广度与深度。海外的《牡丹亭》研究开始勃兴。21世纪以来，《牡丹亭》研究开始空前繁荣，研究方向上也出现了新的视角与新的方向。

（作者单位：东南大学）

论鄂东蕲春竹编工艺审美特征

张　昕　王潇曼

“吴头楚尾”之地的鄂东蕲春地区，是长江中游的竹编之乡。传统的蕲春竹编，技艺传承有序，发育完整，地域工艺特色鲜明。尤以“绞纹编织”“凌纹编织”和“螺旋编织”最具地域特色，呈现出鄂东地区竹编特有的题材美、艺匠美和功能美。本文在长江流域造型文化遗产的传承体系层面，探讨了鄂东蕲春地区竹编工艺审美取向和美学特征。

一、鄂东蕲春地区概况

人类历史文明在蕲春大地上已经延续了 5000 余年。嘉靖《蕲州志》载：“蕲国”始建于“夏”，“商周因之”，存续近 800 年；蕲春建县于公元前 201 年，距今有 2200 多年历史，历为郡、周、路、府所在地，以州领县长达 1080 余年，一直是鄂东政治、经济、文化中心，故有“上等蕲州”之说。① 自古便有“吴头楚尾”之称的鄂东蕲春，位于长江中游，历来人杰地灵，历史上有几次大规模的移民活动，明清时期江西填湖广、湖广填四川，使该区域人口成分较为复杂，文化杂糅。

地理环境上，这一区域以河流冲积平原和丘陵为主，发达的水系，使这一地区河网密布、湖泊星罗，拥有充沛的渔业资源和交通区位优势。经济形态上，这一区域主要以平原农耕经济和湖区渔业经济为主。此外，由于得天独厚的交通优势，这一区域还是中国重要的商贸通道，有发达的商品经济基础。在文化传统上，这一区域深受楚文化影响，作为楚文化圈核心区域或辐射区域，

---

① 吕思勉：《中国文化史》，中华书局出版社 2003 年版，第 211 页。

鄂东蕲春传统技艺都流露出浓郁的“浪漫诡秘”的楚风。① 但是，由于发达的交通区位优势和复杂的文化构成，使这一区域文化呈现多元化发展形态。

二、蕲春竹编工艺特色

鄂东地区气候为亚热带季风气候，具有四季分明，雨热同季的特点。多样的地质结构和优越的气候环境，使鄂东地区拥有丰厚多样的动植物资源②，特别是大别山区的竹、柳、草等植物资源丰富，为鄂东蕲春地区提供了丰富的编织原料，加之悠久的竹类资源利用史，鄂东蕲春地区诞生了发达的竹编工艺。

(一)平面编织纹样

1. 十字编织

平面编织中较为常见的是十字编织法，将竹篾以经纬线方式垂直编织，在经纬下纬线再压在经线竹篾上，一经一纬、一横一竖地形成十字纹样。③

2. 凌纹编织

用四根经篾交叉，在交叉处编入纬篾，形成六边形。如斗笠、背篓都采用这种编制方法。

3. 人字编织

将经篾收拢在一起，编纬篾时，先抽两根经篾，间隔两条经篾，再抽两条经篾，以此类推，编织时每条经篾都要收紧，编制出人字形纹样。

4. 绞纹编织

此编织法是用篾丝与经篾作挑压交织，呈现出有规则的自身绞压，因此称为“绞纹编”，也称“绞丝编”。绞纹编的最大优点是，能够让竹编产品牢固、紧凑、美观，主要用于竹编工艺中的收口、收边、收脚，通常用绞丝编固定。

① 张昕：《湖北造型文化遗产审美论纲》，武汉大学出版社 2014 年版，第 46 页。
② 闻人军：《考工记释注》，上海古籍出版社 1993 年版，第 128 页。
③ 戴吾三：《考工记图说》，山东画报出版社 2003 年版，第 122 页。

5. 螺旋编织

又名“鸡笼顶”。螺旋编织是多向篾进行交织之后编成的一个圆形口。这个圆形口整齐美观，交织的各个夹角都相等。螺旋编织可以分为疏编即单层螺旋编、双层螺旋编，密编，即弹心螺旋编。

6. 圆面编织

“圆面”即用篾丝围绕圆心的周编进行编织，圆形产品的盘底和盘盖通常用的此种编织方法。

7. 六角编织

这种编织方法所采用的经纬线都是宽窄、厚薄相同的竹篾，从菱形上下两个角的方向出发，从中横穿一到三根经纬竹篾，编织成六角形的空心图案。

(二)编织的方法

蕲春竹编在制作过程中所使用的材料是蕲竹，大多数竹编工艺依旧是手工编织完成的。竹编的方法多种多样，甚至达上百种，依据不同用途又发展出相异的方法。基本可分为四边编法、六边编法、八边编法、弧形编法、网状编法，等等，甚至有编出文字、立体编织、混色编织的方法，若是几种编法交织使用，那更可用“吾编无尽”来形容。

三、蕲春竹编工艺审美特征

鄂东地区由于地理环境、经济类型和文化传统等因素趋同，故而在传统技艺的审美特征上，具有高度同一性。概括而言，鄂东蕲春地区的竹编工艺主要表现为：过渡性、对冲性和折衷性。

(一)过渡性

秦岭淮河一线，是中国南北地理分界线。此线南北，无论是自然条件、农业生产方式，还是地理风貌、生活习俗及文化特征，都有明显的不同。而鄂东地区，正好处于南北分界地带，成为南北过渡的重要地区。另外，鄂东蕲春地区正好处于长江中游的过渡地区，上衔川渝，下接吴越，中国东西文化沿长江流动，并在长江中游地区交汇、冲突。因此，长江中游鄂东地区竹编工艺在审美特征上具有明显的过渡风格。具体可概括为：南北过渡，承东启西，色彩折衷，刚柔并济。①

1. 制作材料的过渡

材料的过渡是指竹编工艺在使用物质媒介上的过渡。鄂东蕲春地区，由于正处于南北地理过渡区附近，因此在使用媒介上也呈现出强烈的过渡色彩。如编织工艺，由于南方气候温润、潮湿，十分适宜竹子生长，因此产生十分发达的竹编工艺；而在北方，由于气候条件不适合竹类生长，其编织工艺则往往使用柳条。鄂东地区的竹编工艺，由南到北呈现出明显的“由柳到竹”的过渡脉络，其中部分地区编织工艺还“竹柳兼用”。

2. 工艺技巧的过渡

工艺技巧是竹编工艺的具体制作方法、特征。由于受不同物质媒介局限，我国南北传统技艺在工艺技巧上也呈现出明显差异。如编织工艺，由于北方气候干燥，生长着大量的山麻柳和红心柳，柳条芯细柔韧，粗细匀称，色泽亮白，是用来编柳的好材料。编柳工艺从柳条去皮开始，经过穿、编、系、砌、缠等步骤完成。南方地区，雨热同季，竹子生长旺盛，制作过程需要选材、刮青、晾干烤色、分丝、再编织。鄂东蕲春是由南到北的过渡地区，表现出竹编工艺在制作方法和技巧上的过渡。

3. 艺术风格的过渡

艺术风格是指艺术作品稳定的艺术风貌、特色、作风、格调和气派。我国南北传统技艺在风格上也明显不同，具体而言，北方柳编偏好成稳大气，造型上不拘小节，而南方竹编造型细腻，用色讲究、内敛。地处中部的鄂东蕲春地区，竹编的风格特色兼具南北方柳编和竹编的艺术特征。

在所有的编织工艺中，实用性是工艺发展的首要前提。满足物质生活的实用性是指工艺成品具有一定的物质使用功能，能够满足日常所需。例如鄂东竹编中，任何一件竹编织农具，其形态、外观都是基于“顺手”“好用”等目的之下进行设计的。在满足使用功能的前提下，才会追求视觉上的赏心悦目，绝不

① 肖世孟：《先秦色彩研究》，人民出版社 2013 年版，第 78 页。

会出现喧宾夺主的求美观而轻实用的现象。

4. 审美取向的过渡

自先秦时期开始，各区域就形成了各自不同的文化特征，同时也出现了极具差异的审美认知与由这种美学认知所决定的审美形态，如吴越文化的秀丽婉约、楚文化的浪漫诡秘、秦文化的粗犷大气。这种从先秦时期就已形成的审美认知的影响一直持续至今，奠定了我国各区域传统技艺审美形态的基础。

传统的编制工艺中，除了具有已经形成的实用性这一审美认知和文化特征，还有一类传统编织工艺是为了满足精神需要而出现的。例如鄂东蕲春编织作品中，有一类编织作品看似没有实用功能，只是纯粹为了满足人们的精神需要，如蕲春和英山的缠花，这种丝编织工艺具有楚文化的浪漫诡秘风格，似乎是纯粹的审美作品，但如果将它们还原带入民间日常生活就能清晰地发现其中的实用功能——它具有强大的巫术功能。如端午期间为小孩制作的蟾蜍、蜈蚣、蛇等五毒缠花就是典型代表。

(二) 折衷性

发达的水系，让长江中游鄂东地区成为连接中国东西南北的重要商贸走廊。随着南来北往的客商，中国南北东西不同的文化也汇聚于此。作为中国南北、东西文化缓冲区域，长期以来，该区域传统技艺在自身艺术特征的基础上，广泛吸收东西南北各地区的艺术特征，呈现出浓郁的“折衷主义基调”。如，湖北地区在民间竹编工艺的色彩搭配、造型把握、题材选择上都基于楚艺基调，融贯南北，将不同地区的审美特征融于一体，形成独特风格。

在湖北境内的鄂东地区传统技艺的视觉形象中，渗透着浓郁的中和混搭现象。具体而言，可概括为以下四种类型：

1. 楚俗融合

楚俗融合是长江中游鄂东蕲春地区的基本风格。作为楚文化核心区域，鄂东蕲春的艺术风格受楚文化影响深厚，传统竹编工艺普遍带有浓郁的楚式审美特征。造型上夸张多变、对比强烈，具有浓郁的生活气息色彩，整体呈现浪漫诡秘的美学基调。

例如鄂东编织作为鄂东地区特有的民间传统技艺，表现出浓烈的生活气息。鄂东蕲春编织与人生的出生、结婚、祝寿、治丧四个阶段的民俗活动息息相关。生活世界里丰富的娱乐文化，由其行为与精神共同构成，在娱乐文化中很大一部分原因是精神作用倡主导，蕲春、英山的缠花造型在寓意上带给民众所期待的心理暗示，那些朴素的观念及生活经验，直接作用于社会意识中的道德规范、哲理伦常，娱乐生活与精神世界交互作用，以阐释民间艺术在生活世界中的社会心理。

2. 吴越渗透

鄂东蕲春地区自古处于吴头楚尾之地，在文化上也为吴文化与楚文化冲突交锋区域。同时，由于历史上几次大规模的政府性移民，大量迁入吴地居民，使鄂东地区在人口成分上有相当大一部分吴越成分，在文化上带有浓郁的吴风。基于此，这一区域的造型文化遗产，在审美特征上呈现浓郁的吴风意蕴，色彩选择则更加秀丽，造型更加精巧。如湖北蕲春竹编工艺，蕲春地区竹编广泛吸收江南文人竹器在器物造型上的要求，所制作的竹器十分雅致，典型地表现出这种特征。

3. 秦风遗韵

作为长江最重要的支流，汉江自山西发源，途经陕西、湖北两省，最终在汉口汇入长江。因此，秦文化沿汉江流域向湖北渗透，在传统技艺的审美特征上，表现出浓郁的秦楚交融状态，具有浓郁的秦风秦韵。① 一般而言，鄂西北地区的竹编和柳编工艺相较于鄂东地区的竹编工艺在审美上偏向粗犷、大气。

4. 巴蜀东渐

西南是我国又一重要的文化圈，在历史上西南地区为少数民族聚居区域，文化形态十分多样、旖旎多姿。由于西南地区以畜牧为主要经济生活方式，因此游牧文化成为其主流文化，使这一地区的传统技艺在审美形态上更为原始、造型多变，色彩冲突强烈。鄂西南地区，由于背枕巫山、毗邻峡江、紧靠巴蜀，故而在文化上受西南巴蜀文化影响。因此，这一区域的传统竹编工艺在艺术风格和审美取向上，表现出浓郁的巴风蜀韵。而且这一区域作为重要的少数民族聚居区域，除了浓厚的巴蜀风韵之外，还融合了土家、苗等少数民族艺术特征，加之与鄂东地区的艺术风格相互影响，长江中游地区的传统技艺反映出

① 肖世孟：《先秦色彩研究》，人民出版社 2013 年版，第 121 页。

浓郁的折中主义基调。

（三）对冲性

对冲是鄂东蕲春竹编工艺的又一审美特征，由于长江中游鄂东地区多元而复杂的文化环境，使这一区域文化冲突十分激烈，激烈的文化冲突让该地区的传统技艺呈现出强烈的对冲性。

1. 农耕文化与渔猎文化对冲

作为中国最为重要的平原湖区，早在新石器时期，农耕与渔猎就成为长江中游地区最为重要的经济生活方式，这种经济生活形态一直持续至今。然而，农耕文化与渔猎文化在审美取向的选择上有着明显差异，这种审美差异导致其艺术风格分化。例如，在装饰图案上，农耕文化偏向植物题材，而渔猎文化则喜好动物题材；在色彩选择上，农耕文化更喜欢大红、翠绿等植物色，而渔猎文化则喜好深蓝、赭石等与动物有关的颜色。鄂东蕲春地区，由于兼具两者，因此在传统技艺的审美方面，表现出强烈的农耕文化与渔猎文化对冲状态。特别是在湖区与平原区结合地带，这种对冲表现得更为明显。

2. 山地与平原审美期待对冲

由于自然环境、气候特征与经济模式等方面的差异，使山地与平原地区在形式法则与审美期待上都有所不同。鄂东蕲春处于长江中游地区，自然地貌十分多样，山地与平原地貌兼具。然而，山地与平原地区在形式法则和审美期待上具有明显差异，这种差异主要体现为平原地区强调工整细腻，审美偏于隽秀、婉约，而山地地区则豪放、大气，审美偏于粗犷。这种山地与平原的差异，使鄂东蕲春地区的竹编工艺在形式法则与审美期待上呈多元共生状态，并互相冲突。形成山地的原始、粗狂、大气，平原的细致、婉约、内敛的不同美学形态。

3. 审美的认知与形态观念对冲

由于历史积淀与当代生活的巨大落差，在传统工艺的认知与形态上，长江中游各区域也不尽相同，存在强烈的观念对冲。长江中游的鄂东地区，作为我国重要的南北东西过渡区域，不同的文化在这里交融、碰撞。随着这种碰撞的发生，不同的审美认知与美学形态也在此汇聚，并且不断碰撞、对冲。① 其直观表现就是，长江中游各区域在审美认知与传统技艺和民间美术中所表现出来的具体风格上的不同。鄂西北地区与鄂东地区在传统技艺竹编工艺的审美形态上所表现的差异性，就是审美认知与形态对冲的结果。

鄂东蕲春地区的竹编，在历史文化和吴头楚尾文化的影响下，竹编传统纹样呈现出独有的特点，但竹编整体蕴含了和谐统一思想，“贵和谐、尚中道”基本精神的体现。孔子主张“礼之用、和为贵”，同时他还指出：“君子和而不同，小人同而不和”明确了“和”与“同”的不同取舍作为区分“君子”和“小人”的标准，表现了重“和”去“同”的价值取向。在百姓看来，重视自然与自然的和谐、人与自然和谐，尤其是人与人之间的和谐最为重要。重视和谐对传统技艺和民间美术的表现影响甚大，如鄂东蕲春地区编织传统纹样的题材——《龙凤呈祥》《福如东海》《寿比南山》《和合二仙》《金兰同心》《凤穿牡丹》《盛夏赏莲》《龟鹤同龄》《麟趾呈祥》《螭虎团炉》《紫气东来》《喜福同享》《与天同春》②等，揭示的都是关于人与人、人与自然的和谐、祥瑞的含义。

结　论

鄂东地区作为我国中部重要的“文化走廊”，其文化多元性在全国而言都属罕见。基于这种多元文化，这些竹编工艺在工艺特征、艺术风格、审美取向上都有类似之处。综上所述，“过渡、折衷、对冲”，是鄂东蕲春地区竹编工艺审美特征的关键词。因为过渡，鄂东蕲春地区的竹编工艺拥有了融合东西、综合南北的包容特征；因为折衷，鄂东蕲春地区的竹编工艺拥有了似而不同的艺术基调；因为对冲，鄂东蕲春地区的竹编工艺拥有了多变的艺术风格和审美形态。这些饱含蕲春地区居民智慧的传统技艺，用它们独特的美，展现着长江中游鄂东地区的独特文化和人们的精神气质，它们同我国众多造型文化遗产一道，组成了我国韵味悠长的文化脉络，表现出中国独有的东方美学意蕴。

（作者单位：湖北美术学院）

① ［美］鲁道夫·阿恩海姆：《视觉思维——审美直觉心理学》，滕守尧译，四川人民出版社 1998 年版，第 97 页。

② 尹笑非：《中国民间传统吉祥图像的理论阐释》，上海书店出版社 2009 年版，第 178 页。

从构图谈传统山水画与现代山水画审美变迁

杨　涛

所谓“构图”，又称为“经营位置”或“置陈布势”，指的是画家为实现一定的创造意图而采取的画面布局方式。中国有句古话：“凡作画者，多究心笔墨，而于章法位置，往往忽之。不知古人丘壑生发不已，时出新意，别开生面，皆胸中先成章法位置之妙也。一如作文，在立意布局新警乃佳，不然，措辞徒工，不过陈言而已。”①由此可见，构图对于山水画创作的重要性。现代山水画是在传统山水画的基础上发展而来，在其发展过程中，虽然其构图表现受到诸多因素的影响，经历了多种形式的演变，但是山水画构图所展现的艺术审美特征却基本一致，这也可以成为我们评判传统山水画与现代山水画审美变迁的依据。

一、山水画的构图表现的影响因素

一直以来，山水画的构图总能在山水画的创作中不断深化，而构图在山水画中形成的体系已然成熟，并且在中国绘画表现中得以广泛的应用。很多时候，我们所关注的山水画构图表现并不是一成不变的；与之相反，山水画所呈现出的构图画面总是随着构图形式的改变展现出不同的构图艺术效果。究其缘由，即是山水画的构图表现受到多方面的影响因素，具体可从以下几个方面探究：

首先，山水画的构图表现受到山形、水形自身要素的影响。从中国山水画的创作来看，它真正地实现了从自然物象到画中物象的转变，这个过程体现了绘画者对自然景观赋予的人性化、人格化，即充分展现了人与自然对话的过

① (清)方薰：《山静居画论》。

程。由此，绘画者在对自然物象中山形、水形描绘的同时，山水画的构图效果也随之而生。

其次，山水画的构图表现受到绘画者自身审美认知的影响。长期以来，在中国固定的生活习惯和观察习惯这样的背景下，画家逐渐形成了一定的自我审美标准。这种审美认知在自然环境中产生，进而上升到阴阳五行的中国哲学观念。在这样的哲学理念中，人们逐渐形成五行相生相克、自然有形与无形的认知，使得绘画者在创作山水画的伊始便在心中经营位置，山水画独特的构图形式也逐渐成形。

最后，山水画的构图表现受到哲学观中“气”的影响。在中国艺术哲学中有“宇宙天地间，唯有气孕育生命万象”这样的说法，因而，“气”也成为中国山水画联系艺术内在与外在的有效通道。这些表现在中国山水画中即是山水画的位置经营，使得气韵流动，也带动韵律、虚实、节奏等画面的变化。绘画者在着力表现画幅的同时，更注重自然物象在画幅中的置陈布势，画面既呈现出有形之态，又呈现出无形之势。如此，“气韵生动”“气动则生风，气凝则为水”的表达方式逐渐成为中国山水画构图的至高至深之境。

二、山水画构图所展现的艺术审美特征

唐代张彦远曾在《历代名画记》中有过这样的表述：“经营位置，则画之总要。”由此可见构图在山水画创作过程的重要性。并且在山水画的创作过程中，构图对于山水画中色法、墨法、题法、图法都有一定的规范，这不仅展现了山水画构图对自然物象的解构、分层能力，更表达出山水画构图对所呈现的意象、境界以及审美艺术的指导。就山水画所展现出的艺术审美特征来说可从以下几个方面探讨：

(一) 山水画构图展现景别形式的多样性

在面对某种自然景观的时候，不同的绘画者往往观看到的景色也是不尽相同的。在这些画家的眼中，有的人观赏到的是江河日下、峰林叠立的巍然全景，而有的人关注到的则是潺潺流水、雨烟袅袅的微妙景色，这种观景角度的变换体现了绘画者的主观情感和客观事物的交融。最终，绘画者将所看到的山水景观通过构图的方式，呈现在画卷之中。故而我们在山水画的历史发展中，既可以感受五代北方山水派构图形式所塑造的气势磅礴的雄姿，又能够体会宋

代马远寒在《寒江独钓图》中所营造的一叶扁舟、一位垂钓老翁的悠远意境，这也反映了山水画构图的独特审美视角。

(二)山水画构图突出主次位置

《画山水决》中有云："凡画山水者：先立宾主之位，决定远近之形，然后凿穿景物，摆布高低。"从绘画者的角度来说，山水画主次关系的所造是作品构图的首要追求的目标。从自然景观的角度来看，自然界的山水均是庞大之物，相互之间的距离也比较远，层次的出现使得自然空间的深度、广度得以跃然于纸中。在《林泉高致》中对空间层次的塑造有着这样的表述："山有三远，自山下而仰山巅，谓之高远；自山前而窥山后，谓之深远；自进山而望远山，谓之平远。"置于当今，这早已发展成为表现山水境界高远、深远、平远的不二法则。事实上，在山水画突出主次位置的构图表现形式还有许多，例如留白法、对比法等，其实构图的意义在于实现山水画由二维平面到三维空间的转变。

(三)山水画构图彰显虚实、疏密

从中国山水画的发展来看，很多作品都会无意间流露出虚实之感。一般来说，实现虚实的手段可以通过图形构造方位上的层次变化来表现，也可以通过画法的深浅度调节实现。在中国山水画中，我们常常能够看到云雾、流水、烟霞等用来表现虚实的自然景观，他们往往追求的是实中有虚、虚中有实的交相互替，因为过实的物象追求会使画面过于呆板，过虚的景观描绘则显得空洞无味。而根据山水画整体布局的需要，有时候又会有疏密之分。与虚实表现相类似，山水画中可以用疏简、繁密之分，但从山水画的表达上看，它所追求的是画面疏而不空、繁而不塞，有一种"疏中有密，密中有疏"的流畅感。

(四)山水画构图力求纵横、开合

在《叙画》中有这样的说法："纵横变化，故动生焉"。这是通过绘画造型因素的合理运用，使画面呈现出纵横交替的变化之感，进而表现绘画的独特韵味。其中，纵横之法的关键在于全局结构的把握，因而它也打破了传统构图上的简单重复及单调循环，使画面呈现出一种富于变化的纵横交错之感。这也许并不符合自然物象的表现规律，但以美学的观点审视就显得极为自然。而山水画构图还会追求一种开合有序的自然法度，从某种程度上来说，“开”是在制造矛盾，“合”旨在统一矛盾。作为中国画特有的表现形式，开合在山水画的创作及审美过程中得以广泛应用。表面上来看，开合主要表现在山水画的章法制造，是气韵实现的有效手段；但实际上来说，开合既具有形式美的意义，又拥有深刻的自我涵养和美学特征。

(五)传统山水画与现代山水画的构图审美特征比较

在经历了近两千年的实践积淀，传统山水画早已有了系统而完善的绘画理论和技法表现体系。现代山水画则是从传统山水画发展而来，并有所创新，逐渐与传统山水画有所区分。提及传统山水画与现代山水画的不同之处，可能表现在笔墨、图式样式、造型、设色等诸多方面，其中最为明显的就是在山水画构图方面。所以我们要进行探讨不只是山水画图式样式的表面形式，更是深入到构图审美的深层次认识。

一方面，传统山水画在经历了两汉时期的孕育、魏晋时期的萌芽、隋唐时期的发展、宋元时期的成熟以及晚清时的衰变几个主要的发展阶段后，山水画的构图形式已然形成固定的发展体系和模式。总的来说，传统山水画构图审美特征表现在以下几点：一是传统山水多运用散点透视，采用全景式的构图方式，这样的表现方式往往较为写实，能够展现全景山水的完整性；二是传统山水画的构图大多较为严谨规整，其中最为突出的就是五代时期“平正安稳”的表现模式，它通过空间上的照应关系，产生视觉上的层次变幻；三是虚实、聚散、动静“三远法”的运用，解决了一部分传统山水画在空间塑造能力上的不足，但这种以画家视角为中心的自我表达呈现，也会导致山水远近变化的不明显。

另一方面，现代山水画是在传统山水画的基础上发展而来的，故而在构图表现方面会受到传统山水图式样式审美的影响。总的来看，在众多山水画家的探索下，现代山水画富于时代的表现特质，它汲取了西方绘画的构图特点，采用焦点透视来布置画面，往往呈现的是平远式的构图样式。也有很多山水画师崇尚结构要素的极简原则，他们需要对山水画中的自然物象进行最大程度的提炼和筛选，从而创造了大量抽象的、单纯的山水图式样式。并且随着绘画者的不断探索以及创作环境的自由化，这给现代山水画构图审美的创作提供了无限发展的可能。

三、总结

通过我们对山水画构图及艺术审美表现的探讨，相比已然对山水画的图式样式有了更进一步的了解。这为我们开展传统山水画与现代山水画构图审美特征的比较提供了基本的条件。就我们所开展的探讨来说，只是对传统山水画与现代山水画艺术审美上的浅要概括，而两者真正的构图审美表现还有很多，需要我们更进一步的发掘。实际上，开展传统山水画与现代山水画构图审美变迁的探讨，不仅为我们认识中国山水画提供了一个全新的视角，更有利于中国山水画的进一步发展。

（作者单位：武汉科技大学艺术与设计学院）

书法与益寿

许伟东

人类追求长寿的欲望由来已久，对长寿的追求不仅催生出丰富多彩的寿文化，而且导致对各种艺术益寿功能的关注。许多人相信书法具有益寿功能，但是从历史上一些朝代例如唐、宋两朝著名书法家的年寿对比来看，这种功能并不太容易获得确凿的证明，因此，它主要仍然属于一种信念。但是这种信念并不是荒谬的，它可以得到书法参与者的实践体会的印证，也可以得到旁观者观察所得的合理解释。

一、人类追求长寿的愿望由来已久

生命是唯一的，因而是值得倍加珍惜的。珍重和依恋生命、渴望生命延续长久，几乎是所有个体朴素而执着的渴望。生命和宇宙间的万事万物一样，总是在具体的时间和空间中展开。

我国古代传统的时间意识，强调了循环时间观和线性时间观及其关联。一方面，它强调时间是循环往复的，60 年便完成一个世纪的循环，然后周而复始，启动下一个轮回；它强调时间与空间是融合为一的，大约从春秋战国时期开始，四时和四方配合的观念已经成型，春、夏、秋、冬四时与东、南、西、北四方相互对应。在这样的时间观念下，生命与天地成为一体化的有机存在，依次感受生命出生、成长、旺盛、衰老的节律。敏锐的时间感觉和强烈的时间意识，使人们极端重视生命的延续，通过生命之间的交替和循环延续种族。古人将多子、多福与多寿联系在一起，就是这种观念的体现。另一方面，它意识到时间的一往无前、去而不返的一维运动特征。人们通过直觉体验，感受到生命不永、时不我待。孔子道："逝者如斯夫，不舍昼夜。"(《论语·子罕》)曹操感慨："对酒当歌，人生几何？譬如朝露，去日苦多。"①陶渊明劝慰我们：

① （东汉）曹操：《短歌行》，见《汉魏南北朝诗选注》，北京出版社 1981 年版，第 114 页。

"盛年不重来，一日难再晨。及时当勉励，岁月不待人。"①无情的时间之箭令人感受到岁月的仓促和生命的短暂。人们或通过提高时间效率、奋发有为，或通过立德、立功、立言，求得生命遗产在人间的不朽与永驻；或者通过躲入世俗之外的深山悉心体会"山静似太古，日长如小年"的快慰，以主观时间的充盈弥补自然时间的窘迫；或通过贪婪的阅读贯通往来古今，求得生命内在精神维度的拓展，获得时间占有感觉的多样性和丰富性。马尔西利奥·菲奇诺(Marsilio Ficino)在一封书信中说："历史不可缺如，它不仅使生命悦泽，而且予其以道德意蕴。透过历史，逝者恒之；无者有之；旧者新之；少者壮之。倘若以为七旬老人，因其阅历而被称誉为智者的话，那么，一个思接千载的人，该是多么睿哲！诚然，一个胸怀历史春秋的人，真可谓历经千古了。"②

不过，对于绝大多数人来说，只能通过争取自然时间的延展来求得生命的延长，以尽可能多地留在这个世界上，争取尽可能多地体会天地间的春来秋去、花开花落和自我的悲欢离合、晨昏朝夕。许慎在《说文解字》中说道："寿，久也。"对于绝大多数人来说，生命都是短暂有限的时间存在，百岁的幸运只能降临极少数人头上，属于中彩票一样的小概率事件。人们很久以前就开始建立一套祝寿的礼俗，将60岁、80岁、100岁分别称为初寿、中寿、高寿，将77岁、88岁、99岁分别称作喜寿、米寿、白寿。及时对长寿者进行庆祝，更加显示了长寿是值得珍惜的幸运。关于历史上著名的长寿者，人们首先想到的是上古时代的彭祖。彭祖本来是确有其人的，在先秦文献中不乏记录，孔子、庄子、荀子都对他有所关注。经过道家的拥戴和加工，彭祖被夸张地描绘成长寿到800岁的神话人物。不管彭祖的事迹被加工编织得多么扑朔迷离，作为长寿者的符号的彭祖，寄托着人们对长寿的追求和信念。

对长寿的普遍期待催生了庞杂丰富的寿文化。寿文化与书法文化的融合具体地表现在寿字书法上。在繁多的汉字中，寿字属于高频汉字。同时，寿字又属于形体最为复杂多变的汉字。从甲骨文开始，寿字就已出现多种变体。在书法艺术中，寿字文化得到了充分的发扬，不仅很多书法家热衷书写寿字，人们还反复不断地创造出各种不同结构、不同形制、不同大小的寿字和寿字组合。

① （东晋）陶渊明：《杂诗八首》，参见《陶渊明集》，王瑶编注，人民文学出版社1956年版，第53页。

② ［美］潘诺夫斯基：《作为人文学科的艺术史》，参见《新美术》第四期，中国美院出版社1991年版，第37页。

民间长期流传的一种“百寿图”，据说从宋代开始即已风行，南宋的印刷作坊中印制、装裱“百寿图”的业务曾经久盛不衰。辽宁省辽阳市博物馆所藏清代中期的王尔烈寿屏实物，汇聚了126幅寿字书法及相关图绘，出于乾嘉众多名家之手，是一件重要的寿字书法文化实物。据初步统计，《汉字分韵合编》收入寿字112个，《缪篆分韵》收入寿字109个，《中国书法大字典》收入经典名家寿字60个，而当代王荣泰编辑的《万寿大典》更是旁征博引，汇集历代不同作者所书寿字达10001个。① 寿字书法遗作如此丰富，记载和凝聚了人们追求长寿的心愿。

二、古代书法家是否长寿难以证明

研究古代书法家是否长寿，是一个容易产生不安和困惑的难题。

困难在于，首先，古代人口数据是不易确知的。由于古代不少朝代在人口统计方面的制度不科学或方法不完善，有关人口文献的记载往往相互矛盾。现有的关于古代人口数据的专家报告也是凭借分析、研究、计算加上合情推理的大致数字。② 其次，古代书法家的身份界定是一个难题。判定何人属于书法家何人不是书法家，并不容易得到确切结论。再次，古代总人口和书法家阶层两大群体的年寿情况均缺少完整的文献资料。古代历史的各种官方和民间文本都基本上是高官望族的家谱，它并不负责记载普通人的事迹。平头百姓自不待言，出身相对低微的书法家也难以在历史文献中找到翔实的记录和描述。所以，我们只能依靠那些著名书法家的资料捕捉到一些简单的印象。

另外，人的寿命是多种因素复杂作用的结果。人与人之间的遗传基因存在着巨大的种族、家族和个体差异，个体的社会经历和生活阅历、生活习惯、居住环境、奉养条件千差万别，个体对身处的历史环境如和平与战争、治世与乱世等无法选择或规避，这些因素都会对人的寿命产生重大甚至决定性的影响。所以，即使一个人长寿，并且是一位确凿无疑的书法家，也不能够简单地将其长寿的原因归结为书法的馈赠。这些情况都是我们应该首先加以明确的；否则，研究工作容易堕落为信口开河的推理和结论。

唐、宋两朝的政治、经济制度存在相似之处，又同为文化、书法发达的朝

① 王荣泰编：《万寿大典》，荣宝斋2008年版。

② 葛剑雄等：《中国人口史》(6卷本)，复旦大学出版社2002年版。

代，我们拟对唐、宋两朝的人口和书法家情况做一个比对。

关于唐朝的人口，人口学家王育民的研究结论是：唐玄宗时，是唐朝封建经济最为繁荣、人口最盛的时期，至天宝十四年(755年)，人口达到唐朝官方户口统计数字的最高值：8914709户，52919309口。① 另一学者冻国栋的研究结论相近："唐代著籍户口峰值之年份大致为天宝十一载至十三载。著籍户数之最高额为9187548户；著籍口数的最高额则为59975543口。"②两人都根据唐代杜佑的《通典》认为，唐代的户口数字存在很大程度上的隐匿，实际数字远远高于统计数字，全国户数应该不少于1300~1400万户。关于北宋的人口，王育民认为，在北宋末的"大观三年(1109年)"达到了"2088万余户这一北宋最高纪录"。③ 也即是说，盛唐与北宋末的全国户数比例大体是：1300~1400：2088。如果考虑到宋代的人口统计经常出现户均人数较唐代少的情况，再考虑到宋朝后于唐朝因而人口自然增长一般会超出前代的规律，两个朝代的人口规模还是相对接近、存在较大的可比性的。

关于唐、宋两朝书法家的数据统计，香港梁披云主编的《中国书法大辞典》是迄今为止收录古代书家人数最为宏富的一部工具书，据其统计，唐朝1253人，宋朝915人。宋朝历时320年，比唐朝的290年多出30年，但是书法家人数却少338人。可以推测宋代的书法家队伍从规模上要小于唐代。得出这样的结论，是可以得到宋代书法家的认可的。北宋中晚期时苏轼说："自颜、柳氏没，笔法衰绝，加以唐末丧乱，人物凋落磨灭，五代文采风流，扫地尽矣。独杨公凝式笔迹雄杰，有二王、颜、柳之余，此真可谓书之豪杰，不为时世所汩没者。国初，李建中号为能书，然格韵卑浊，犹有唐末以来衰陋之气，其余未见有卓然追配前人者。独蔡君谟书，天资既高，积学深至，心手相应，变态无穷，遂为本朝第一。然行书最胜，小楷次之，草书又次之，大字又次之，分、隶小劣。"④南宋初的皇帝书法家赵构说："本朝士人自国初至今，殊乏以字画名世，纵有，不过一二数，诚非有唐之比。"⑤

① 王育民：《中国人口史》，江苏教育出版社1995年版，第211页。

② 冻国栋：《中国人口史》(第二卷)，复旦大学出版社2002年版，第179页。

③ 王育民：《中国人口史》，江苏教育出版社1995年版，第269页。

④ (宋)苏轼：《评杨氏所藏欧蔡书》，参见《东坡题跋》，许伟东注释，人民美术出版社2008年版，第263页。

⑤ (宋)赵构：《翰墨志》，参见《历代书法论文选》，上海书画出版社1979年版，第367页。

这些情况就可以推断出来，唐朝与宋朝相比，总人数略少但是书法家却略多。由于很多书法家生卒时间不详，我们无法对他们的年寿数据开列出准确的数据。但是，可以对两个朝代的最著名的一批书法家作出比较。

关于唐代著名书法家的年寿。正常死亡者6位，分别是：欧阳询(557—641年)85岁，虞世南(558—638年)81岁，褚遂良(596—659年)64岁，贺知章(659—744年)86岁，柳公权(778—865年)88岁，杨凝式(873—954年)82岁。非正常死亡者4位，死时岁数分别是：薛稷(649—713年)65岁(赐死)，孙过庭(648—703年)56岁(暴卒)，李邕(678—747年)70岁(杖杀)，颜真卿(709—785年)74岁(遇害)。生卒年不详者：张旭不详，怀素(一说737—799年)63岁或(一说725—785年)61岁。从这些个案的情况大体上可以得出一个结论：唐代著名书法家是比较长寿的。正常死亡的几位，除了褚遂良早逝，其余全部超过了80岁。褚遂良的情况比较特殊，他从政的后期卷入了朝廷争斗，晚年因为立后问题得罪了武则天，于是在武后当政后，他遭遇到一再贬抑，死于任所。唐代非正常死亡的几位书家，如非命运偶然，也是可能达到长寿的，如颜真卿，如果不是遭遇奸臣卢杞的中伤与叛臣李希烈的残暴屠杀，是完全可能享有长寿的。

关于宋代书法家的年寿，北宋的几位分别为：李建中(945—1013年)69岁，蔡襄(1012—1067年)56岁，苏轼(1037—1101年)65岁，黄庭坚(1045—1105年)61岁，蔡京(1047—1126年)80岁，米芾(1051—1107年)57岁，赵佶(1082—1135年)54岁。可见，北宋书法家的年寿远远不能与唐朝相比，7人中只有蔡京1人达到了80岁。蔡京是否算得上大书家，还不能确定。本文不倾向于把他列为大书家。这里只是照顾大多数人的印象。大多数人受到了“宋四家”之蔡有蔡襄、蔡京两说的因循习惯，在习惯中将蔡京视为大书家。其实，已有专家做出明确论证，“宋四家”之“蔡”本来就确指蔡襄，并非两说。两说的误传，是由于明代时一些不求甚解的读书人望文臆测的结果。如果把蔡京删掉，那么北宋大书家竟然无一达到70岁。北宋之外，南宋大书家阙如，研究宋代书法史的专家曹宝麟在撰写南宋书法史时推举陆游、范成大、朱熹、张孝祥为南宋书坛的“中兴四大家”①。如果以此“中兴四大家”作为本文的取样，那么也唯有陆游一人过了80岁，但是由于张孝祥未及不惑，平均年龄被

① 曹宝麟：《中国书法史·宋辽金卷》，江苏教育出版社1999年版，第291页。

拉下来，四人的平均年龄仍然只是处在66岁的水准，略高于北宋大书家的63岁。其中，陆游(1125—1210年)86岁，范成大(1126—1193年)68岁，朱熹(1130—1200年)71岁，张孝祥(1132—1170年)39岁。

唐、宋两朝著名书法家之间在年寿方面存在的明显差距，可以从很多方面探索原因。如前所述，遗传、阅历、习惯、环境、奉养、治乱等可能成为影响寿命的因素，各种推理都可能陷入猜测，无法得到可靠的证明。不过，从以上比较我们已经可以得出一个基本结论：不同朝代之间的书法家年龄之间的群体差异，并不因为他们同样喜好书法、从事书法而得到改变。至于唐宋两朝的书法家是否与各自所在朝代的其他阶层人群相比属于相对长寿者，由于缺乏可供比较研究的各种关联性数据，无法作出确定的结论。

三、书法益寿的功能主要表现为一种信念

古代书论中有两则非常经典的故事。第一则是朱和羹《临池心解》中的记述：

> 云间李待问，字存我，自许书法出董宗伯(其昌)上。凡遇寺院有宗伯题额者，辄另书列其旁，欲以争胜也。宗伯闻而往观之，曰："书果佳，但有杀气。"后李果以起义阵亡。

另一则是《清代名人笔记》中的记录：

> 傅山与其子书逼肖，外人未能辨。一日，其长公子以所书置于案头，欲查其父之辨否。青主见而熟视之，以为己所书也，则叹曰："中气已绝，吾其不久于人世矣！"太息不已。其长公子私嗤之。后月余，其长公子果以疾卒。

邱振中曾专门在其著作中引用这两个故事，他试图说明的是如下观点："现代学术中的证明是极为困难的环节，省略这一环节，为个人体验进入阐释系统、意义系统敞开了门户。"中国古代书论确实经常存在论证环节相对不足的情况，它往往经常以各种比喻和故事给读者提供暗示，直接赋予书法艺术以各种意义，导致书法艺术的意义在轻松而随意的阐释中不断增值，如邱振中所

说的那样在“含义进入意义系统时对逻辑证明几乎没有任何要求”①。对其看法，本文认为，首先，需要说明一点，这两个故事给人的启发和暗示是多重的，所以可以获得多样化的解读。一种解读是强调书法作品作者方的：人的身体健康状况会在书法创作中体现出来，无法隐瞒，书法作品中凝聚着作者的健康信息。另一种解读是强调书法欣赏活动中的读者方的：那些具备惊人才能的人物可以透过别人的书法准确地预卜他人的命运或健康。从这两个故事的细节来推断，董其昌和傅山两人的观察和预测能力是存在重大区别的，董其昌只是判断出了作者的气质，而傅山则看出了作品中蕴含的书写者明确、具体的健康状态并作出了肯定、确切的诊断。傅山不仅是书法家，也是当时知名的医学家。传统中医的主要诊疗手段中第一条就是“望”，“望”不仅是指使运用视觉能力的直观，而是集聚全部知识、感觉、经验的综合判断和整体推断，需要一种远远超出常人的抽象直觉。荣格在一场讲座中说，人的心理意识的外部领域包括感觉、思维、情感等，“思维告诉我们那个事物是什么，情感则告诉这个事物对于我们的价值”，在此之上，还有“直觉”，直觉是最高级、最神秘的一种意识能力，它“使你看见实际上还看不见的东西，这是你自己在事实上做不到的。但直觉能为你做到，你也信任它。直觉是一种在正常情况下不会用到的功能，假如你在斗室之内过着有规律的生活并做着刻板的日常工作，那你是不会用到它的。但是，如果你是在股票交易所或非洲中部，你就会像使用别的功能那样使用你的预感……其生活向自然状态敞开的人大量运用直觉，在未知领域冒险的开拓者也运用直觉。创造者与法官都运用直觉。在你必须处理陌生情况而又无既定的价值标准或现成的观念可遵循的时候，你就会依赖直觉这种功能”②。傅山在这里所使用的就是荣格所说的“直觉”。由于具备书法和医学的双重素养，傅山的直觉能力超乎寻常，因而立即通过其字迹对其健康立即做出确切的判断。

其次是关于古代书论的意义赋予问题。应该看到，现代学术不应该等同于现代科学。人文学科无疑是现代学术大家庭的成员，但是它仍然被称为“学科”而不是“科学”，乃是因为它不能完全与科学作同等要求。在属于人文学科的艺术学中，关于艺术的美感和艺术的价值等问题，是无法使用数学式推理来

① 邱振中：《书法的形态与阐释》，重庆出版社 1993 年版，第 252~255 页。

② ［瑞士］荣格：《分析心理学的理论与实践》，成穷、王作虹译，生活·读书·新知三联书店 1991 年版，第 8~13 页。

证明的。美感无法相互说服，价值也无法强制性给定，它只能依靠阐释者富有条理的说明和富有魅力的阐释与接受者主动、热情的接纳倾向之间的完美遇合来求得最佳效果，这并不是中国传统书法理论的丑闻，而是艺术学科的共同特点。阐释需要调动各种资源和方法，接受者也需要投入各种准备和劳动，两者依靠相似的艺术体验作为中介。章祖安说："传统书论是历代书法家实践经验之结晶，其中有许多精辟之见，非常深刻，有很高的理论价值，但对于没有书写经验，或虽有经验而终不得其门而入者，则几近天书。"①这里的体验是阐释者和接受者交流对话活动的必备前提。体验需要对书法艺术的共同参与，缺少这一层，则交流无法达到真正的深入。在这种交流活动中，阐释者和交流者不仅极有可能遇合到重叠和相似的体验，达到最大程度的情感共鸣和思想契合，而且会共同接受相似的艺术信念。

书法能够增进人的健康，不仅仅是一两个经典故事传播和暗示的结果。人们之所以相信并传播这样的故事，是因为他们需要这样的故事，他们事先已经通过自身的体验，体会到了书法益寿的价值，他们早已在自己的心中植入了这样的感觉和信念。

所以，当陆游看到北宋著名隐士林逋的书法时，喜不自胜地说："君复(林逋)书法又自高胜绝人，予每见之，方病，不药而愈；方饥，不食而饱。"②他说出这种感觉时，根本没有考虑证明的问题。曾国藩说："写字时心稍定，便觉安恬些，可知平日不能耐，不能静，所以致病也。写字可以验精力之注否，以后即以此养心。"③曾国藩同样没有考虑证明，因为完全不必。在他们的意识中，书法肯定是、完全是、必然是可以替代药物和食物的佳什，这是不言而喻的。

那么，如果连食物和药物都可以替代，书法艺术的益寿功能还需要怀疑么？如果对书法益寿的信念已坚如磐石且深入人心，那么书法艺术的益寿功能还需要证明么？

四、书法益寿的可能性可以获得解释

书法促进健康、延长寿命的功能，在以下几个方面可以明显找到支持：

---

① 章祖安：《古代书论需实践体验方能理解》，载《书法》2004年第10期。

② (宋)陆游：《跋林和靖帖》，参见《陆游集》，中华书局1977年版，第2274页。

③ (清)曾国藩：《求阙斋书论精华录》，参见毛万宝、黄君：《中国古代书论类编》，安徽教育出版社2009年版，第15页。

第一，适当的运动。书法首先是一种需要动手操作的实践活动，它可以带动身体持续的、舒缓的、柔韧的运动。在书写小字时，只需要手部运动即可；书写中字时，需要再加上肩部、胸部、腰部的配合；在书写大字的时候，需要站立式书写，这时，包括下肢在内的全身，都需要一起配合作协调的动作。书法的书写动作一般并不强烈、夸张、突兀，在接受基本指导并适当练习后，书写者一般会达到自然、协调、放松、连贯的内在要求。当一个人成为一位真正的书法爱好者后，这种书写活动会得到持续的、舒缓的、柔韧的重复进行。这无疑有助于人的健康。

第二，深长的呼吸。学习书法的人，在入门阶段之后需要不断提高对笔法和结构的控制，为了实现良好的控制，需要集中注意力，达到心与手的交融。集中注意力必然要求调整和控制呼吸，就像在摄影活动按动快门前后和射击运动在发射前后需要控制呼吸一样。① 在进入创作阶段之后，对书写时刻的呼吸控制还会有更高的要求，书写者最好在完成一件作品的整个过程中凝神静气，保持身心的全神贯注、毫不松懈。古人的创作阶段和临摹阶段常常是密合无间、难以区分的。创作阶段的要求同样是平时练习中的着力点。传为汉末蔡邕所作的《笔论》道："夫书，先默坐静思，随意所适，言不出口，气不盈息，沉密神彩，如对至尊，则无不善矣。"②清代周星莲说："作书能养气，亦能助气。静坐作楷法数十字或数百字，便觉矜躁俱平。若行草，任意挥洒，至痛快淋漓之候，又觉灵心焕发。下笔作诗、作文，自有头头是道，汩汩其来之势。"③这些说法，对于经常挥运书法的人来说，都是经常会感受到的。一个训练有素的优秀书法家，应该习惯于做到深沉而绵长的呼吸。这样的呼吸方式不仅有利于书法艺术，也非常有益于健康。

第三，精神的寄托。一方面，书法艺术中有很多程式化的技法内容；但是另一方面，它的程式化并不是僵硬不变、绝对一律的，它留出了足够的弹性让书写者自由发挥。这就是书法技法的程式化和变异性的共存。这种特点既可以让人找到重复的亲切感，又不断获得随时可遇的各种意外所带来的欣悦，使身

① 笔者在收看电视节目时，看到江苏省体育局的一位曾经培养过世界冠军的射击教练说，在队员休息的时候，他让队员练习书法，将书法作为一种训练手段，来提高射击运动员的心理能力。他认为书法对培养人的注意力和稳定性都有帮助。

② 《历代书法论文选》，上海书画出版社 1979 年版，第 5~6 页。

③ （清）周星莲：《临池管见》，参见《历代书法论文选》，上海书画出版社 1979 年版，第 730 页。

入其境的人产生一种无穷无尽的游戏感。欧阳修、苏轼、陆游都曾因此而沉浸在书法的快乐之中乐而忘我，嗜书成瘾。与苏轼、陆游这样高水平的书法家不同，欧阳修只是一位书法水平一般的爱好者，他在晚年才开始投入书法。当他体会到书法的快乐后，多次通过笔记将自己的体验记录下来：

> 苏子美尝言：明窗净几，笔砚纸墨皆极精良，亦自是人生一乐。然能得此乐者甚稀，其不为外物移其好者，又特稀也。余晚知此趣，恨字体不工，不能到古人佳处，若以为乐，则自是有余。①
>
> 自少所喜事多矣。中年以来，或厌而不为，或好之未厌，力有不能而止者。其愈久益深而尤不厌者，书也。至于学字，为于不倦时，往往可以消日。乃知昔贤留意于此，不为无意也。②
>
> 自此已后，只日学草书，双日学真书。真书兼行，草书兼楷，十年不倦当得名。然虚名已得，而真气耗矣，万事莫不皆然。有以寓其意，不知身之为劳也；有以乐其心，不知物之为累也。然则自古无不累心之物，而有为物所乐之心。③

书法不仅可以打发漫长的时光，聚集和激发如欧阳修体会到的正面情感，也同样可以排遣负面情绪。《世说新语》中记录了一件著名的故事："殷中军(殷浩)被废，在信安，终日恒书空作字。扬州吏民寻义逐之，窃视，唯作'咄咄怪事'四字而已。"④在这个例子中，殷浩被废后，其强烈的忧愁愤懑之情通过无数次的书写获得了排遣和平衡，进而维持了心灵的平衡。"书空"成为后代文人不断提起的典故，他们通过这个故事想象和理解殷浩，也通过这个故事意识到书写活动在人生低谷时刻无可替代的特殊功能。

第四，思维的综合。书法艺术极端强调笔法、字法、墨法和章法等各种构成元素的抽象组合，一个人长期玩味之后，会逐步形成对抽象元素和各种图形

① (宋)欧阳修：《六一题跋》，参见《历代书法论文选》，上海书画出版社1979年版，第307页。

② (宋)欧阳修：《六一题跋》，参见《历代书法论文选》，上海书画出版社1979年版，第308页。

③ (宋)欧阳修：《六一题跋》，参见《历代书法论文选》，上海书画出版社1979年版，第308～309页。

④ 徐震堮：《世说新语校笺》，中华书局1984年版，第462页。

敏锐的感受力、辨别力、记忆力。这对保持人的思维的新鲜和敏感都非常有好处。

对于古代传统士人来说，书法还具有简捷性的特点。从工具材料来看，书法只需要纸、墨、笔、砚即可，这些都是古代文房中的寻常之物，可以随时取用；从创作的时间来看，书法创作用时相对较短，通常可以在几分钟或者几小时之内即兴完成；从表达的便捷性来看，书法可以将书写瞬间的整体状态表达在纸面之上，张怀瓘说，“文则数言乃成其意，书则一字已见其心，可谓得简易之道”①；从书法的技巧难度来看，入门门槛极低，它以文字为题材，在起步阶段对技法几乎没有任何特别的要求。几乎所有传统士人在书法面前都不会心存畏惧，而是抱有一种与生俱来的亲切感，他们自信地拿起笔来就开始书写，不需要什么特别的指导和教诲以及各种繁琐的准备程序。对书法的深度研讨，那是进入书法纵深之后的事。这些都让古代传统士人不自觉地喜欢上书法并在书法艺术世界中流连忘返，乐莫大焉。

（作者单位：湖北美术学院）

① （唐）张怀瓘：《文字论》，参见《历代书法论文选》，上海书画出版社1979年版，第209页。

博士论坛

河南汉画中建鼓图的礼仪功能探析

刘乐乐

相较于汉代文献中的音乐记录，出土于墓葬中的以壁画、画像石、画像砖为媒材的乐舞百戏图更显精彩纷呈，它们形象地呈现了当时乐舞百戏的表演形式和演出场所。其中，作为乐器之一的建鼓通常被置于画面的显要位置，这使观者产生了一种印象，即建鼓虽为乐舞百戏之一种，但相较于其他乐舞百戏所具有的世俗意味，其似乎呈现着某种礼仪功能。此外，墓葬中的建鼓图多位于门楣之上，与车马出行图、庖厨图、捞鼎图或西王母图像系统①等相配套，这更暗示出其所具有的仪式性与功能性。

对于墓葬中建鼓图的研究，以往学者多是将其作为汉代乐舞研究的引证材料，以形象的实物弥补文献的不足，却忽略了这些"材料"自身的存在空间——墓葬可能带来的诸多问题。② 近年来，随着古代墓葬艺术研究的深入，学者开始对墓葬装饰的原始环境进行反思，意识到墓葬不仅仅是一个建筑的躯

① 关于西王母图像系统，李淞与王苏琦的说法可供借鉴。概而言之，西王母图像系统是由主神(西王母戴胜或不戴胜、有无座式或华盖等)与随侍物象(玉兔、蟾蜍、九尾狐、三足乌、凤鸟、龙虎及仙人或凡人侍者)组成。无论是主神的样态，还是随侍物象的不同匹配均存在一定的阶段性与地域性。参见李淞：《论汉代艺术中的西王母图像》，湖南教育出版社2000年版，第248~270页。王苏琦：《鲁南苏北地区汉画像石西王母图像研究》，南京大学2004年硕士毕业论文。

② 萧亢达《汉代乐舞百戏艺术研究》将文献资料与出土文物资料相结合，对汉代乐器、歌舞、百戏有全面系统的研究，但未提及作为墓葬一部分的乐舞百戏的礼仪功能。季伟主编的《汉代乐舞百戏概论》亦未提及乐舞百戏在汉代丧葬中的功能。刘太祥《娱神与娱人：汉画乐舞百戏的双重愉悦功能》一文虽涉及汉画乐舞百戏在现实生活中和墓葬中的娱人和娱神功能，但缺少对乐舞百戏的具体分析及其在墓葬整体的建筑空间与礼仪空间中的细致解读。参见萧亢达：《汉代乐舞百戏艺术研究》，文物出版社2010年版。刘太祥：《娱神与娱人：汉画乐舞百戏的双重愉悦功能》，参见《中国汉画学会第十届年会论文集》，湖北人民出版社2006年版，第78~87页。季伟：《汉代乐舞百戏概论》，中国文联出版社2009年版。

壳，更是有机的历史存在，墓葬中的装饰和器物亦不是单独的作品，它们无一不服从于墓葬整体的、内在的逻辑。① 诚然，乐舞百戏作为墓葬建筑空间的一部分，无疑具有装饰意义；作为墓葬礼仪空间的一部分，又具有独特的象征意义，与当时特定的社会文化及丧葬习俗相呼应。但研究者却不能仅仅将出土于墓葬中的乐舞百戏作为汉代乐舞文物进行阉割式的研究，而应当要将它看作墓葬的一部分，在墓葬的整体建筑空间与礼仪空间中予以解读。建鼓图多出土于河南、山东地区，但由于山东墓葬中的画像石墓多被拆乱，建鼓图在墓葬中的空间位置不明确，因此本文试图以河南汉画②中的建鼓图为研究重点，通过对建鼓图的特殊位置及其与车马出行图、庖厨图、西王母图像系统内在关系的思考，重新审视建鼓图在汉画像石墓中的功能。

一、建鼓之形制

鼓通常由鼓身、鼓架和鼓座构成，按材质可分为陶鼓、木鼓、石鼓、铜鼓等，其功用是节制其他乐器③。鼓的本字是“壴”，为象形字。④“壴”在甲骨文中写作壴，从字形来看，是在鼓座豆之上和两侧各加一只手又，表示以掌击

① [美]巫鸿：《墓葬：可能的美术史亚学科》，载《读书》2007年第1期，第59~67页。

② 通常汉画指的是汉画像石。山东苍山东汉元嘉元年(151年)画像石墓题记中称其画像为“画”，金石学家则沿用此名，宋人洪适《隶释》在著录山东嘉祥东汉武氏祠画像题记时，称武梁碑“雕文刻画，罗列成行，摅骋技巧，委蛇有章。似是谓此画也，故予以武梁祠堂画像名之”。(宋)洪适撰：《隶释·隶续》，中华书局1985年版，第168~169页。本文汉画取广义，即壁画、画像石、画像砖的统称，但由于河南地区汉代墓葬壁画中建鼓图几乎未有发现，故而文章中的汉画只就画像石、画像砖而言。

③ 《说文解字》云：“乐(樂)，五声八音之总名，象鼓鞞木虡也。”鼓虽为乐器之一种，所奏之音为革，但乐之形取鼓之形，足见鼓在礼乐文化之中的地位。《礼记·学记》言：“鼓无当于五声，五声弗得不和。”《太平御览》卷五百八十二引《五经要义》曰：“鼓所以俭乐，为群音之长也。”此二条均说明鼓可统领群声，号令节奏。见(汉)许慎撰、(清)段玉裁注：《说文解字注》，上海古籍出版社1981年版，第265页。(汉)郑玄注、(唐)孔颖达疏：《礼记正义》，上海古籍出版社1990年版，第654页。(宋)李昉：《太平御览》第五册，河北教育出版社2000年版，第588页。

④ 唐兰《殷墟文字记》中引郭沫若《卜辞通纂·世系》言：“壴当为鼓之初字，象形”。又言“盖古文字凡像以手执物击之者，从‘攴’‘殳’或‘支’，固可任意也。‘壴’为‘鼓’之正字，为名词；‘鼓’‘鼔’‘【壴殳】’为击鼓之正字，为动词。《说文》既以‘鼓’为名词之鼓，遂以‘鼓’专动词。”具体参见唐兰：《殷墟文字记》，中华书局1981年版，第65~67页。

之。后来的甲骨文经常省略旁侧的两只手或以∮替代而有壴和∮壴两种字形，这正与湖北崇阳出土的商代兽面纹铜鼓(见图1)造型相仿。《说文》言：“壴，陈乐立而上见也。从屮，从豆。”①徐灏注笺：“戴氏侗曰：‘壴，乐器类，艸木笾豆，非所取象。其中盖象鼓，上象设业崇牙之形，下象建鼓之虡。’”②可见，鼓字是取建鼓之形。

图1　商代兽面纹铜鼓(中国国家博物馆藏)

建鼓又称植鼓、楹鼓或殷楹鼓。先秦文献对于建鼓形制的描述较为一致：

《仪礼·大射》载：乐人宿县于阼阶东，笙磬西面，其南笙钟，其南金镈，皆南陈。建鼓在阼阶西，南鼓。应鼙在其东，南鼓。(郑玄注：“建犹树也，以木贯而载之，树之跗也。”)③

《国语·吴语》云：十万一鼙大夫，建旌提鼓，挟经秉枹。十旌一将

① (汉)许慎撰、(清)段玉裁注：《说文解字注》，第205页。

② 转引自唐兰：《殷墟文字记》，中华书局1981年版，第65页。

③ (汉)郑玄注、(唐)贾公彦疏：《仪礼注疏》，上海古籍出版社1990年版，第188~189页。

军，载常建鼓，挟经秉枹。(韦昭注云："鼓，晋鼓也。《周礼》：'将军执晋鼓。'建谓为之楹而树之。")①

《汉书·何并传》言：林卿既去，北渡泾桥，令骑奴还至寺门，拔刀剥其建鼓。(颜师古注："建鼓，一名植鼓。建，立也，谓植木而旁悬鼓也。悬有此鼓者，所以召集号令，为开闭之时。")②

《太平御览·乐部二十》卷五百八十二引《通礼义纂》言：建鼓，大鼓也，少昊作焉，为众节之乐，夏加四足，谓之节鼓；商人挂而贯之，谓之楹鼓；周悬而击之，谓之悬鼓。近代相承，植而建之，谓之建鼓。③

就各家对建鼓的注解来看，建鼓之建是树、立的意思，用以形容鼓楹之直立状。由此，建鼓的基本形制是一支木柱(楹)贯穿鼓身，鼓悬空而立，主要用于军事或祭祀等活动。以曾侯乙墓出土的建鼓实物(见图2)来看，建鼓由三部分构成，即鼓身、鼓楹和鼓座。④ 值得注意的是，山彪镇出土战国水陆攻占纹铜鉴中的建鼓图像鼓楹上装饰有葆羽，鼓侧置有小鼓(见图3)。⑤ 据《释名》所言，"鼙，裨也。裨助鼓节也。鼙在前曰朔，朔，始也。在后曰应，应大鼓也。所以悬钟鼓者。横曰笱，笱，峻也，在上高峻也。从曰虡，虡，举也，在旁举笱也。笱上之板曰业，刻为牙捷业如锯齿也。"⑥可见，鼓楹支出的小鼓当是用来"裨助鼓节"。具体而言，先于建鼓前击打的称为朔，以导引建鼓的演奏；后于建鼓打击的称为应，用以呼应大鼓。综而言之，建鼓鼓身呈椭圆形，中腰外鼓；鼓座较为简单；鼓楹贯穿鼓身，鼓的位置大约在楹柱中段，楹柱上端可能饰以羽翎，下端或有助益鼓节的小鼓。

---

① 徐元诰撰：《国语集解》(修订本)，中华书局2006年版，第539页。

② (汉)班固撰：《汉书》，中华书局1962年版，第3267页。

③ (宋)李昉：《太平御览》第五册，第589页。

④ 湖北省博物馆：《曾侯乙墓》，文物出版社1989年版，第152页。

⑤ 郭宝钧认为鼓座或鼓侧伸出的圆形是乃錞于或丁宁之类的金类乐器。见郭宝钧：《山彪镇与琉璃阁》，科学出版社1959年版，第19~23页。按萧亢达分析，錞于的形制是"圆如锥头，大上小下"，丁宁亦即铜钲，其形宛若甬钟。二者形制与图案不相符合。依图中所见，该圆形物是以桴敲击，按"以桴击之曰鼓"之说，此圆形物当为小鼓，因其置于大鼓旁，当为助益大鼓的鞕或朔、应。参见萧亢达：《汉代乐舞百戏艺术研究》，第53~54、61、74~75页。

⑥ (清)王先谦撰：《释名疏证补》，中华书局1984年版，第329~330页。

图2　曾侯乙墓建鼓复原图(湖北省博物馆藏)

图3　山彪镇1号墓出土铜鉴鉴身水陆攻占纹局部(台湾“故宫博物院”藏)

纵观汉代出土的建鼓实物或墓葬中的建鼓图，其基本形制无出其外，只是鼓座形制更加多样，楹柱上饰以更加华丽的葆羽或华盖。因此，依据建鼓是否带有装饰(包括葆羽、华盖及鼓座)或朔、应，我们可将汉画中的建鼓图分为四类①：Ⅰ、无装饰，有朔、应；Ⅱ、无装饰，无朔、应；Ⅲ、有装饰，有朔、应；Ⅳ、有装饰，无朔、应。就河南汉画中的建鼓图而言，属Ⅰ类的有新野樊集M33汉画像砖、南阳瓦店汉画像石南阳英庄汉画像石和新野安乐寨画像砖；属Ⅱ类的有唐河冯君儒人墓汉画像石；属Ⅲ类的有郑州北二街M4画像砖、新野樊集M24画像砖、新野张家楼画像砖、方城东关画像石、邓县长冢店汉画像石、南阳石桥汉画像石、南阳王寨汉画像石、南阳军帐营汉画像石等；属Ⅳ类的有唐河针线厂汉画像石、河南英庄汉画像石、南阳出土汉画像石等。它们在墓葬中具体的空间配置和内容如表1所示。

表1　河南汉画中建鼓图分类及空间配置

分期	类型	墓葬名称	建鼓图	其他配套图像	备注
西汉中晚期	Ⅲ	郑州南关外北二街M4	画面二人击建鼓②	西王母(戴胜)踞坐、玉兔捣药	位于墓壁，具体位置不详 郑州市文物考古研究所：《郑州市南关外汉代画像空心砖墓》，载《中原文物1997年第3期
西汉中晚期	Ⅲ	新野樊集汉画像砖M24	画面正中置一桥，桥上二人击建鼓，一轺车欲桥上前行，桥两侧各有车马，桥下有捞鼎场面	捞鼎场面、车骑出行	位于墓门门楣 赵成甫：《新野樊集汉画像砖墓》，载《考古学报》1990年第4期

① 学者对汉画中建鼓图的分类方式有所不同。萧亢达依据击鼓的花式动作对建鼓图进行分类：按下肢动作分为13式，按上肢动作分为3种类型，其中第三种类型又可分为3式。李荣有依据建鼓的演奏方式(击鼓方式及部位)、演奏姿态、肢体动作予以分类。顾立兴将建鼓图像分为标准型(有装饰、无装饰)与复杂型(无附加物、有附加物)。参见萧亢达：《汉代乐舞百戏艺术研究》，文物出版社2010年版，第64~68页。李荣有：《礼复乐兴：两汉钟鼓之乐与礼乐文化图考》，中国社会科学出版社2012年版，第121~137页。顾立兴：《汉画像石中的建鼓研究》，中国艺术研究院2012年硕士学位论文。

② 此画像在该墓中多有重复，且位置杂乱。此外，此图在郑州二里岗画像砖墓及新通桥画像砖墓中亦有出现，因此，此画像可能依据当地流行的粉本或底稿刻制而成。参见赵世纲：《郑州二里冈汉画像空心砖墓》，载《考古》1963年第11期。唐杏煌：《郑州新通桥汉代画像空心砖墓》，载《文物》1972年第10期。

续表

分期	类型	墓葬名称	建鼓图	其他配套图像	备注
西汉中晚期	Ⅰ	新野樊集汉画像砖M33	画面正中二人击建鼓，其下五人伴奏。两侧有楼阁	墓主观舞、乐舞百戏	位于墓门门楣 赵成甫：《新野樊集汉画像砖墓》，载《考古学报》1990年第4期
新莽时期天凤五年公元19年	Ⅱ	唐河冯君孺人墓	左石刻主人戴冠着袍、左手持剑，左右共有执笏官吏三人；右石刻四人，一人执笏跪拜、一人残、一人擁篲恭立、一人击鼓（榜题“寺门击鼓”）	南藏阁南壁刻楼阁，楼阁内有墓主像。故此墓中的建鼓图当属于乐舞图之一部分	位于北藏阁北壁、南藏阁北壁 南阳地区文物队、南阳博物馆：《唐河县新店发现一座有纪年的汉画像石墓》，载《河南文博通迅》1978年第3期
东汉早期	Ⅳ	唐河针线厂汉画像石墓	左起两导骑，一掮弩、一举弩，疾驰行进。中一鼓车，后一轺车（墓主）。车后持矛者前行	门楣正面刻虎吃女魃，隶属于车马出行图	位于墓门南门楣石背 周到、李京华：《唐河针织厂汉画像石墓的发掘》，载《文物》1973年第6期
东汉早、中期	Ⅲ	方城东关汉画像石墓	画面上部刻二人击鼓，下部刻三人吹排箫、左右二人兼摇鼓、击拊	南扉正面刻朱雀、铺首衔环、豹（？）。南门北扉正面刻朱雀、铺首衔环、白虎，背面刻乐舞图	位于南门南扉背面 南阳市博物馆、方城县文化馆：《河南方城东关汉画像石墓》，载《文物》1980年第3期
东汉早、中期	Ⅲ	邓县长冢店汉画像石墓	自左至右：第一人鼓琴，第二、第四人吹排箫、摇鼓，第三人吹埙，后二人击鼓	乐舞百戏图	位于北侧室左门楣 《河南画像石》编委会：《邓县长冢店汉画像石墓》，载《中原文物》1982年第1期

续表

分期	类型	墓葬名称	建鼓图	其他配套图像	备注
东汉早、中期	Ⅲ	南阳石桥汉画像石墓	左二人击鼓，右三人中两人吹排箫，手摇鼓，一人吹埙	乐舞百戏图	位于北耳室门楣 南阳博物馆:《河南南阳石桥汉画像石墓》，载《考古与文物》1982 年第 1 期
东汉早、中期	Ⅲ	南阳王寨汉画像石墓	画面中置一镈钟、一建鼓，镈钟、建鼓两侧各有一人，左四人作杂技表演，右四人作乐舞表演	乐舞百戏图	位于二主室门楣 南阳市博物馆:《南阳县王寨汉画像石墓》，载《中原文物》1982 年第 1 期
东汉早、中期	Ⅰ	南阳瓦店汉画像石墓	置建鼓，左右各两人；左为伴奏伎乐，右为百戏	乐舞百戏图	位置不详 王建中:《中国画像石全集 6：河南汉画像石》，河南美术出版社 2000 年版，图一六五
东汉早、中期	Ⅰ	南阳英庄汉画像石墓 M4（1983）	左三人伴乐、右二人击鼓	南门楣正面刻驱魔辟邪图、背面刻鼓乐图，北门楣正面刻带翼神兽、背面刻乐舞百戏图	位于墓门南门楣北面 南阳市博物馆:《河南南阳英庄汉画像石墓》，载《中原文物》1983 年第 3 期
东汉早、中期	Ⅳ	南阳英庄汉画像石墓 M4（1983）	为虎车雷公图	前室盖顶刻嫦娥奔月、应龙、虎车雷公、金乌	位于前室盖顶 南阳市博物馆:《河南南阳英庄汉画像石墓》，载《中原文物》1983 年第 3 期
东汉早、中期	Ⅲ	南阳英庄汉画像石墓(1965)	位于墓门门楣。中置建鼓，二人击之。左侧二乐人，右侧二人杂戏	乐舞百戏图	位于墓门右门楣 南阳地区文物工作队、南阳县文化馆:《河南南阳县英庄汉画像石墓》，《文物》1984 年第 3 期

续表

分期	类型	墓葬名称	建鼓图	其他配套图像	备注
东汉早、中期	Ⅲ	南阳军帐营汉画像石	左二人击鼓，右四人奏乐	乐舞百戏。门楣北面刻羽人、神兽等	位于墓门右门楣 南阳博物馆：《河南南阳军帐营汉画像石墓》，《考古与文物》1982年第1期
不详	Ⅳ	南阳汉画像石	画面主体为一方案，案上有美味佳肴。方案上侧二人击鼓，一人聆听	不详	位置不详 王建中：《中国画像石全集6：河南汉画像石》，河南美术出版社2000年版，图二〇八
东汉中晚期	Ⅰ	新野安乐寨村画像砖	画面中有一桥，桥上有车马，前者为导骑，后有轺车即将登桥，其后从骑三，其一右手执兆鼗鼓。旁侧二人击建鼓桥下为泗水捞鼎场面	捞鼎场面、车骑出行	位置不详 吕品、周到：《河南新野出土的汉代画像砖》，《考古》1965年第1期
东汉末年	Ⅲ	新野张家楼画像砖	已残，画面左侧置建鼓，两侧二人击鼓起舞，右侧四人伴奏	羽人六博，西王母(戴胜)跽坐、玉兔捣药	位置不详 王褒祥：《河南新野出土的汉画像砖》，《考古》1964年第2期

通过比较河南汉画中建鼓图的空间配置和类型，我们可以得出以下结论：其一，该区建鼓图类型丰富，涵盖了四种类型，其中以Ⅲ、Ⅳ类较多。其二，河南汉画像砖中的建鼓图多出土于郑州、新野，处于西汉中晚期，与捞鼎场面、车骑过桥或西王母图像系统相配套；而河南汉画像石墓葬中的建鼓图多出土于南阳，分期为新莽时期至东汉后期，多与车骑出行或乐舞百戏相配合出现。其三，就出土较完好的画像石(砖)或散见的画像石(砖)的尺寸看，建鼓图多位于墓葬门楣或墓门之上。墓门是生与死的分界，是墓主另一段旅程的开始，这是否意味着墓葬中的建鼓图具有独特的礼仪功能，以区别于其作为单纯

乐器的演奏功能?

二、建鼓之意涵

建鼓由建与鼓二字构成，其中，建或作为动词，或作为形容词使用，前者强调以直木将鼓贯中上出的动作，后者表现鼓悬的状态。故而，建鼓既拥有鼓的象征意义，也具有以建命名的特殊性。

鼓起源于原始人对于雷的恐惧与敬畏。《山海经 · 海内东经》载："雷泽中有雷神，龙身而人颊，鼓其腹则雷。"①又《山海经 · 大荒东经》云："东海中有流波山，入海七千里，其上有兽，状如牛，苍白而无角，一足，出入水则必风雨，其肖如日月，其声如雷，其名曰夔。黄帝得之，以其皮为鼓，撅以雷兽之骨，声闻百里，以威天下。"②"鼓其腹"是雷神体内之气的一张一翕，雷神因腹鼓而鸣，鼓腹鸣叫则雷声四起，风雨兴至。后黄帝以雷兽之皮蒙鼓，以其骨为鼓桴，人亦替代雷神具有兴风雨的能力。《吕氏春秋》亦载有鼓的起源，与《山海经》有所不同，"帝颛项生自若水，实处空桑，乃登为帝。惟天之合，正风乃行，其音若熙熙凄凄锵锵。帝颛顼好其音，乃令飞龙(夔龙)作效八风之音，命之曰《承云》，以祭上帝。乃令鳝为乐倡，鳝乃偃寝，以其尾鼓其腹，其音英英"③。鳝，古称鼍，即今之鳄鱼，其声如雷，具有兴风雨的神力。④但此段的重点不仅在鳝以尾鼓腹之声如雷声，还在于说明鼓(鳝的身体)是祭祀之器。周代金文嘏辞曰："大神既悬，玉器鼍鼓，余不敢为乔，我台享考，

① 《淮南子 · 地形训》中亦有言："雷泽有神，龙身人头，鼓其腹而熙。"唐人张守节《史记正义》引《括地志》道雷泽即雷夏泽，雷夏泽在濮州雷泽县郭外西北，又注引《山海经》道："雷泽有雷神，龙首人颊，鼓其腹则雷。"这两则文献与今本《山海经》所载"雷泽中有雷神，龙身而人头，鼓其腹，在吴西"相异。按《史记》所言雷泽当为山东菏泽，不在吴西，故猜想当是"在吴西"与"则雷"古音相似，后相误传。引文据此改。见何宁撰：《淮南子集释》，中华书局2006年版，第363页。(汉)司马迁撰：《史记》，中华书局1959年版，第33页。袁珂校注：《山海经校注》，上海古籍出版社1980年版，第330页。

② 袁珂校注：《山海经校注》，上海古籍出版社1980年版，第361页。

③ 陈奇猷校释：《吕氏春秋新校释》，上海古籍出版社2002年版，第288页。

④ 《埤雅 · 释鱼》载："今犹将风则踊，鼍欲雨则鸣。故里俗以犹谶风，以鼍讹谶雨"又引《海物异名记》云："鼍宵鸣如桴鼓。"襄汾陶寺遗址出土鼍皮革鼓，可知先民以鼍皮蒙鼓，而黄帝以夔皮为鼓，故夔、鼍似为一物。见(宋)陆佃撰：《埤雅》，中华书局1985年版，第30页。中国社会科学院考古研究所山西工作队、临汾地区文化局：《1978—1980年山西襄汾陶寺墓地发掘简报》，载《考古》1983年第1期。

乐我祖先，以祈眉寿，世世孙孙，以为永宝。”①鼍鼓即是以鳄鱼皮蒙鼓，与黄帝作鼓之说相似，且更明确地指出鼍鼓与玉器皆为祭祀飨神所用的礼器。《说文》言：“鼓，郭也，春分之音。万物郭皮甲而出，故谓之鼓。”②按洛书九宫图，震为东方，其象为雷。鼓声模仿雷声而作，所以，鼓为春分之音，象征大地的振动、万物的复苏。可见，鼓最初是作为沟通天人的神器，后来成为一种娱神、娱人的乐器。

建鼓即为立鼓，建是建鼓区分于其他鼓的形态展现。《说文》对于建的解释是“立朝律也。从聿，从廴。”段玉裁云：“今谓凡树立为建，许云：立朝律也。此必古义，今未考出。”③许慎与段玉裁均未言明建与“立朝律”的关系，我们只能通过其他文献对其进行援证。楚简《容成氏》中记载了禹“建鼓于庭”一事④：

> 禹乃建鼓于庭，以为民之有谒(讼)告者鼓(?)焉。撞鼓，禹必速出，冬不敢以寒辞，夏不敢以暑辞。身言□渊所曰圣人，其生赐养也，其死赐葬，去苛慝，是以为名。⑤

《容成氏》中禹“建鼓于庭”乃是在其建五方旗之后，此二者皆与“立朝律”相关，如叶舒宪所言，禹建五方旗的目的是在视觉上使中央之国与四方之民相互区别；而建鼓于庭是为建立上下及时沟通的听讼制度，具有下情上达的听觉意义。⑥ 值得深思的是，禹为何“建鼓于庭”，并以鼓声为诉讼之声？《淮南子》中亦有禹悬钟鼓之说：“禹之时以五音听治，悬钟、鼓、磬、铎，置鞀，以待四方之士，为号曰：‘教导寡人以道者击鼓，喻以义者击钟，告以事者振铎，语以忧者击磬，有狱讼者摇鞀。’当此之时，一馈而十起，一沐而三捉发，以劳天下之民。”⑦此段与《容成氏》建鼓于庭之说相似，而又有所铺张，在建

---

① 金桂莲：《从鼓的起源看汉代乐舞百戏画像的思想内涵》，参见张文军：《中国汉画学会第十三届年会论文集》，中州古籍出版社 2011 年版，第 69 页。

② (汉)许慎撰、(清)段玉裁注：《说文解字注》，第 125 页。

③ (汉)许慎撰、(清)段玉裁注：《说文解字段注》，第 77 页。

④ 《管子·桓公问》中有类似的记载：“禹立建鼓于朝，而备讯唉。”参见黎翔凤：《管子校注》，中华书局 2004 年版，第 1047 页。

⑤ 马承源：《上海博物馆藏战国楚竹书(二)》，上海古籍出版社 2002 年版，第 267 页。

⑥ 叶舒宪：《〈容成氏〉夏禹建鼓神话通释——五论“四重证据法”的知识考古范式》，载《民族艺术》2009 年第 1 期。

⑦ 何宁撰：《淮南子集释》，中华书局 2006 年版，第 941~942 页。

鼓的基础上增加了钟、磬、铎、鞀，并与道、义、事、忧、狱讼五事相对应，这也许是为了避免《容成氏》中何以禹用鼓声象征诉讼之声的疑问，但作者依旧凸显了鼓与明道的对应关系。可以说，无论是讼告还是明道，究其根源，这涉及鼓，尤其是建鼓的礼仪功能。

值得注意的是，先秦文献中以建命名的除建鼓外，还有建木：

《山海经·海内经》载：有九丘，以水络之：名曰陶唐之丘、有叔得之丘、孟盈之丘、昆吾之丘、黑白之丘、赤望之丘、参卫之丘、武夫之丘、神民之丘。有木，青叶紫茎，玄华黄食，名曰建木。百仞无枝，有九欘，下有九枸，其实如麻，其叶如芒，大皞爰过，皇帝所为。①

《山海经·海内南经》载：有木，其状如牛，引之有皮，若缨，黄蛇。其叶如罗，其实如栾，其木如蓲，名曰建木。在窫窳西弱水上。②

《淮南子·地形训》云：扶木在阳州，日之所曊。建木在都广，众帝所自上下，日中无影，呼而无响，盖天地之中也。若木在建木西，末有十日，其华照下地。③

建木在《山海经》中只是高大挺直之木，其特殊性表现在形态上，但在《淮南子》一书中建木已然成为神木，其直立于天地之中，是交通天人的通道。由此，"建"或许有交通天人之意。卜键与刘晓明均认为建鼓是建木意象与社鼓功用的整合之物。刘晓明更进一步指出建鼓、建木之"建"与道教符箓相关，认为"建"的本义为自上而下以云气为媒介的导引，是神人沟通的管道，故人们将建木、建鼓这些具有交通天人的象征物冠以"建"的称号。④ 二人之说固可引人深思，但其所本似有可商榷之处。建鼓于殷商时期已经有所记载且有实物出土，而道教之产生却是在秦汉之际，因而以后出的道教符箓说明建鼓的功能是否恰当尚需存疑。但可以肯定的是，建木为神话传说之物，而建鼓为实有之物，二者皆以建为名，无论二者产生的时代先后与否，其意义还是应当可以

① 袁珂校注：《山海经校注》，上海古籍出版社 1980 年版，第 448 页。

② 袁珂校注：《山海经校注》，上海古籍出版社 1980 年版，第 279 页。

③ 何宁撰：《淮南子集释》，中华书局 2006 年版，第 328~329 页。

④ 卜键：《建木与建鼓——对先秦典籍中一个人类文化学命题的考索》，载《文献》2000 第 4 期。刘晓明：《"建"的文化学意义与建鼓的来历》，载《中国典籍与文化》2001 年第 4 期。

相互补充的。值得注意的是，“建”亦指北斗所指的方向。① 山东嘉祥武氏祠前石室(武荣祠)天井前坡画像的第四层，画面中央偏左绘有由北斗七星组成的云车，车上坐有一人，车之左右皆有执笏跪拜之人，画面右侧为墓主车马出行(见图 4)。《史记 · 天官书》有“斗为帝车，运于中央，临制四乡”②的记述，可见，图 4 中的北斗云车即为天帝专用的帝车，端坐车舆中的即是天帝。③ 以此为证，“建”确有沟通天人之意。

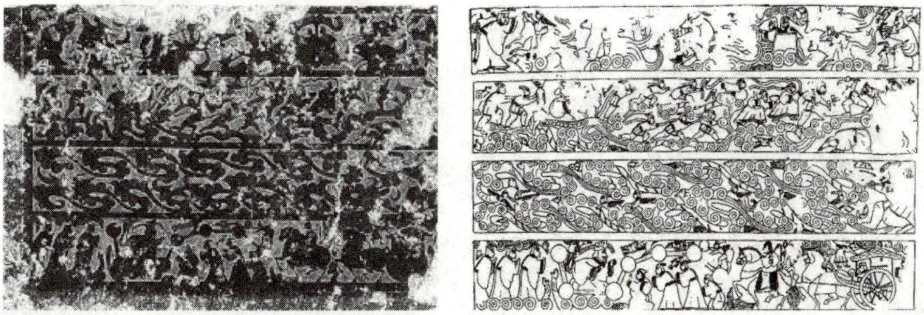

图 4　山东嘉祥武氏祠前石室(武荣祠)天井前坡西段画像及线描图④

通过对“鼓”与“建”进行考察，我们发现二者均有沟通天人之意涵。禹“建鼓于庭”并非只是表面上以鼓声象诉讼之声，而是以鼓声象征天之公正及天帝之命令，建鼓从而具有天人交通、天子代天行使权力的象征意义。墓葬中的建鼓图是否具有相同的象征意义?

三、建鼓图之功能

依表 1 所示，河南地区墓葬中以建鼓为中心的画像因配套的图像可以大致分成六类：一是车马出行；二是捞鼎和车马过桥；三是乐舞百戏；四是辟邪驱

① 《周礼 · 春官 · 占梦》载：“占梦，掌其岁时，观天地之会，辨阴阳之气，以日、月、星、辰占六梦之吉凶。”郑玄注：“天地之会，建厌所处之日辰。”贾公彦疏：“建，谓斗柄所建，谓之阳建，故左还于天。厌，谓日前一次，谓之阴建，故右还于天。”(汉)郑玄注、(唐)贾公彦疏：《周礼注疏》，上海古籍出版社 1990 年版，第 380 页。

② (汉)司马迁撰：《史记》，中华书局 1959 年版，第 1291 页。

③ 信立祥：《汉代画像石综合研究》，文物出版社 2000 年版，第 181 页。

④ 画像拓本采自《中国画像石全集 1 · 山东汉画像石》，山东美术出版社，河南美术出版社 2000 年版，图七三；线描图采自信立祥：《汉代画像石综合研究》，第 180 页。

鬼；五是西王母图像系统；六是天象。其大致表现了三种礼仪功能，即宇宙空间的象征(天象)、祭祀仪式(辟邪驱鬼、祭祀祖先等)及求仙道活动。以下分而论之，如表2所示。

表2　河南汉画中建鼓图像功能分类

<table>
<tr><th colspan="2">图像分类</th><th>墓葬</th><th>位置</th><th>图像</th></tr>
<tr><td colspan="2">天象</td><td>南阳英庄汉画像石墓M4</td><td>位于前室盖顶</td><td></td></tr>
<tr><td rowspan="4">祭祀</td><td>辟邪驱鬼</td><td>方城东关汉画像石墓</td><td>位于南门南扉背面</td><td></td></tr>
<tr><td rowspan="3">乐舞百戏</td><td>新野樊集吊窑汉画像砖M33</td><td>位于墓门门楣</td><td>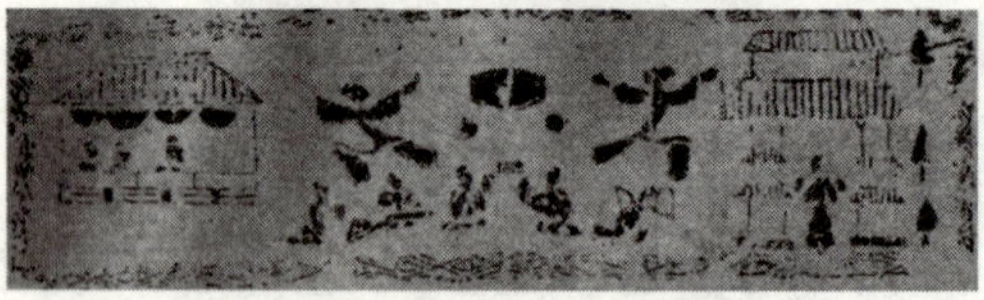</td></tr>
<tr><td rowspan="2">唐河冯君儒人墓</td><td rowspan="2">位于北藏阁北壁</td><td> 北阁室北壁
 南阁室南壁</td></tr>
<tr><td> 南阁室北壁</td></tr>
</table>

续表

图像分类		墓葬	位置	图像
祭祀	乐舞百戏	邓县长冢店汉画像石墓	位于北侧室左门楣	
		南阳石桥汉画像石墓	位于北耳室门楣	
		南阳王寨汉画像石墓	位于二主室门楣	 
		南阳瓦店汉画像石墓	不详	
		南阳英庄汉画像石墓 M4	位于墓门南门楣北面	
		南阳英庄汉画像石墓	位于墓门右门楣	
		南阳军帐营汉画像石	位于墓门右门楣	
		南阳汉画像石	不详	

续表

图像分类		墓葬	位置	图像
求仙道	捞鼎、车马过桥	新野樊集吊窑汉画像砖 M24	位于墓门门楣	
	捞鼎、车马过桥	新野安乐寨村画像砖	位于墓门门楣	
	车马出行	唐河针线厂汉画像石墓	位于墓门南门楣石背	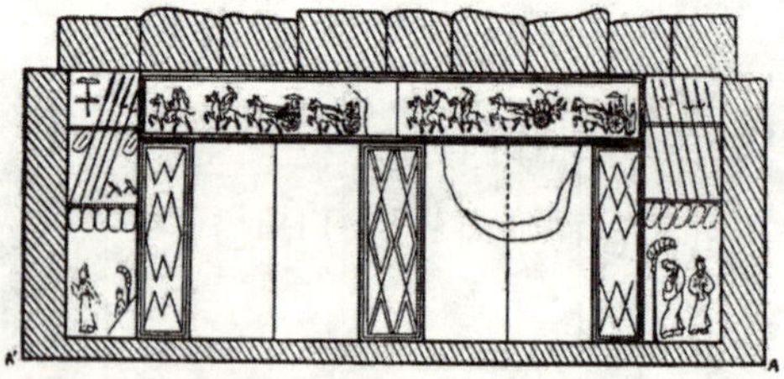
	西王母图像系统	郑州南关外北二街 M4	位于墓壁，具体位置不详	  
	西王母图像系统	新野张家楼画像砖	不详	  

(一)天象征兆

河南南阳英庄汉墓出土画像石刻有雷公虎车，三只带翼猛虎驾着一辆无轮的云车，车舆中立建鼓，鼓楹上有葆羽，车上二人皆带翼，前一人探身向前，为御者；后者端坐，为雷公。该画像石刻于墓顶之上位于北起第二石。该墓顶自北至南分别刻有嫦娥托月(嫦娥奔月)、虎车雷公、应龙及阳鸟，分别代表月、雷、雨、日等天象。这符合汉代墓葬中以墓顶天象象征宇宙的空间模式。此处，建鼓所表现的是雷神之威。东汉学者王充对当时画工如何表现雷神之威有所论述：“图画之工，图雷之状，累累如连鼓之形。又图一人若力士之容，谓之雷公。使之左手引连鼓，右手推椎，若击之之状。其意以为雷声隆隆者，连鼓相击扣之声也；其魄然若蔽裂者，椎所击之声也；其杀人也，引连鼓相椎并击之也。世又信之，莫谓不然。如复原之，虚妄之像也。”①王充所见到的雷神图与河南南阳英庄出土的雷公虎车画像并不尽然相似，而且王充引用雷神图像的本意是说明雷神图乃虚妄之像，以破除雷为天怒的虚妄之言。但是，从另一方面看，王充对雷神之威的批判恰恰说明当时百姓深信雷公以鼓为法器，用以击杀罪大恶极者。就此而言，雷神之像象征天界的同时，雷神之鼓亦可被视为一种上天的征兆，用以警示人祸或击杀恶鬼。

(二)祭祀用鼓

《周礼》言：“以雷鼓鼓神祀，以灵鼓鼓社稷，以路鼓鼓鬼享……凡祭祀万物之神，鼓兵舞帗舞者……救日月，则诏王鼓。大丧，则诏大仆鼓。”②又“大祭祀，登歌击拊，下管，击应鼓，徹歌。大飨，亦如之。大丧，与廞。凡小祭祀，小乐事，鼓𣋼。”③可见，不同的祭祀敲击不同的鼓，与鼓的形态相关，亦与鼓的声音相关，但无疑都是以鼓声象征天地之声。《春秋左传》中亦载有祭祀用鼓的情况：“(庄公二十五年)六月，辛未，朔，日有食之。鼓用牲于社。……秋，大水。鼓用牲于社、于门。”又“(庄公三十年)九月，庚午，朔，日有食之。鼓用牲于社”④。这两条材料都说明在祭祀社神的仪式上，以击鼓来沟通神人，达到禳灾的目的。《楚辞·九歌》更多次描述了礼神用鼓及歌舞的情况，在这种境况下，鼓少了几分威严的政治意味，多了几分灵动，在民间祭祀中发展起来。⑤ 因此，鼓(包括建鼓)是礼仪活动中必不可少的礼(乐)器，或者其本身就是神明或神意的象征物。

鼓不仅用于祭祀，亦用于丧葬。《穆天子传》载：“天子乃命盛姬□之丧，

---

① 黄晖撰：《论衡校释》，中华书局1990年版，第303~304页。

② (汉)郑玄注、(唐)贾公彦疏：《周礼注疏》，上海古籍出版社1980年版，第188~189页。

③ (汉)郑玄注、(唐)贾公彦疏：《周礼注疏》，上海古籍出版社1980年版，第357页。

④ (晋)杜预注、(唐)孔颖达正义：《春秋左传正义》，上海古籍出版社1990年版，第174、180页。

⑤ 《楚辞·九歌》王逸序言：“《九歌》者，屈原之所作也。昔楚国南郢之邑，沅、湘之间，其俗信鬼而好祠。其祠，必作歌乐鼓舞以乐诸神。”《东皇太一》《东君》《国殇》《礼魂》等都有在鼓舞声中祭祀诸神的记载。(宋)洪兴祖撰：《楚辞补注》，中华书局1983年版，第55~56、75、82、84页。

视皇后之葬法。……曾祝先丧，大匠御棺。日月之棋，七星之文，钟鼓以葬，龙旗以□，鸟以建鼓，兽以建钟，龙以建旗。曰丧之先后及哭踊者之间必有钟旗□百物丧器，井利典之，列于丧行，靡有不备。击鼓以行丧，举旗以劝之，击鼓以哭之，弥旗以节之。曰□祀大哭，九而终，丧出于门。”山东微山岛沟南村出土石椁画像(见图5)更为我们提供“击鼓以行丧”“击鼓以哭之”的图像线索，其中左端表现葬礼开始时宾客吊唁并向死者亲属致送礼品的场面；中部刻画了以一辆巨大的四轮丧车为中心的送葬行列，这一行列向右端画面表现的墓地走去。① 值得注意的是，丧车车篷前部的车舆中竖有一中穿玉璧的华盖，舆中立两名御者，车篷顶部前后各立一面建鼓。这似乎与《穆天子传》相呼应，表现的正是“击鼓以行丧，举旗以劝之，击鼓以哭之，弥旗以节之”的丧葬场面。再有，关于“鸟以建鼓，兽以建钟，龙以建旗”的说法亦值得关注，鸟和兽的形象在石器时代至青铜时代的礼器上十分常见，其本身就具有感神通灵的力量，如若将这些图像与发出声音的乐器相结合，其所强化表达的沟通鬼神世界之观念，就更加明显了。②

图5　山东微山岛沟南村出土石椁画像及线描图③

不唯如此，墓葬中的建鼓图多位于门区(包括墓门及门楣)，如此，建鼓之于门，或门之于建鼓有何相关之处？门为五祀之一，《说文》言：“门，闻也。从二户，象形。”段玉裁注为：“闻者，谓外可闻于内，内可闻于外

① 调查报告将石椁侧面左侧画像定义为孔子见老子图，后两幅画像则为殡葬图。对于此石椁画像，巫鸿提供了新的见解，他认为画像左端表现的是宾客吊唁、中间为送葬场面、右侧则为墓地，如此，整个画面具有了逻辑上的联系。参见王思礼等：《山东微山县汉代画像石调查报告》，载《考古》1989年第8期。［美］巫鸿：《礼仪中的美术——巫鸿中国古代美术史文编》，郑岩等译，生活·读书·新知三联书店2005年版，第263页。

② 叶舒宪：《〈容成氏〉夏禹建鼓神话通释——五论“四重证据法”的知识考古范式》，载《民族艺术》2009年第1期。

③ 王思礼等：《山东微山县汉代画像石调查报告》，载《考古》1989年第8期。

也。"①《释名·释宫室》载："门，扪也，在外为人所扪摸也，障卫也。"②可见，门是由一空间进入另一空间的通道，具有保护、蔽障的作用。门的重要性体现在其为五祀之一，这里五祀指的是五种小祀，即户、灶、中霤、门、行等家居之神。③ 其中门在早期文献中是基本神祇，而至于汉代则变身为首要神祇。④《山海经·大荒东经》有"裼五祀"之语，其中裼为何意？《礼记·郊特牲》载："乡人裼，孔子朝服立于祚阶。"郑玄注："裼，强鬼也，谓时傩，索室殴疫逐强鬼也。裼或为献，或为傩"⑤可见，"裼五祀"乃是于门、户、井、竈(灶)、中霤之中进行驱鬼的活动。《后汉书·礼仪志》对傩祭有详细的记载："先腊一日，大傩，谓之逐疫。其仪：选中黄门子弟年十岁以上，十二以下，百二十人为侲子。皆赤帻皁制，执大鼓。方相氏黄金四目，蒙熊皮，玄衣朱裳，执戈扬盾。十二兽有衣毛角。中黄门行之，冗从仆射将之，以逐恶鬼于禁中。"⑥可见，雷鼓之声配合"黄金四目，蒙熊皮，玄衣朱裳，执戈扬盾"的方相氏更具威慑力，能驱除恶鬼。由此看来，建鼓图多位于墓门门楣或墓门里侧可能有辟邪驱鬼之意，使得作为墓主理想家园的墓室更加安全。

(三)求仙道

新野樊集吊窑 M24 墓中建鼓图位于墓门门楣。画面正中置一桥，桥上正中二人击建鼓，一辆轺车驶至桥上，桥下有捞鼎场面，鼎右耳已断作倾斜状，其侧有一龙翱翔。画面左侧有一门阙，阙上有凤凰、羽人，阙下一轺车正欲上桥。画面右侧上方有二人摇鼓，一轺车刚从桥下走过。⑦ 新野安乐寨出土捞鼎

① (汉)许慎撰、(清)段玉裁：《说文解字注》，第 587 页。

② (清)王先谦撰：《释名疏证补》，第 280 页。

③ 五祀还可指五行之神，它们与四时相配，祭之于四郊，各有其配祀之神。此处不作论说。五小祀最早见于《吕氏春秋》，后多载于《礼记》之中，大体认为五祀为户、竈(灶)、中霤、门、行。

④ 《白虎通·五祀》言："五祀者，何谓也？谓门、户、井、竈(灶)、中霤也。"《汉书·郊祀志》载："天子祭天下名山大川……而诸侯祭其疆内名山大川，大夫祭门、户、井、竈(灶)、中霤五祀，士庶人祖考而已。"可见，汉代社会中，门已跃为五祀之首。(清)陈立：《白虎通疏证》，中华书局 2007 年版，第 77 页。(汉)班固：《汉书》，第 1193~1194 页。

⑤ (汉)郑玄注、(唐)孔颖达疏：《礼记正义》，第 478 页。

⑥ (晋)司马彪撰、(梁)刘昭注补：《后汉书》，中华书局 1965 年版，第 3127 页。

⑦ 赵成甫：《新野樊集汉画像砖墓》，载《考古学报》1990 年第 4 期。

图位置不详，似位于门楣。画面的主体为一座桥，桥上有马车，驾四马；车前是两个肩旗的导骑，前者奔驰已远，后者即将下桥；车后有一辆轺车，驾二马，其后从骑有三，其中一人摇鼓。桥下为捞鼎场面，鼎右耳已断作倾斜状。画面左上部有二人击建鼓的乐舞场面。① 这两幅画像中有两点值得注意，其一，关于此处的捞鼎场面，有学者认为其表现的是“泗水取鼎”。② 但这两块画像砖既非是泗水捞鼎的故事叙事，也非单纯的车马出行图或鼓舞场面，而是三者的嫁接。其二，图像叙事的中心究竟是捞鼎、车骑过桥抑或是鼓舞？画像的制作者或赞助者究竟意欲表现什么？

Bulling 与 James 注意到取鼎活动与击鼓场景的配合，并提出不同的见解。Bulling 认为汉画中的取鼎画像并不是对“泗水取鼎”这一历史事实的再现，而是一出关于“泗水取鼎”的戏剧表演，图像中的击鼓场面使这一戏剧表演（秦始皇失鼎）更富娱乐性。James 将这些图像解读为汉武帝得鼎的故事，击鼓是为了庆祝神鼎的发现。③ 二人虽立足于文本与图像的关系，但这些解释并不足以令人信服。“泗水取鼎”的故事出自《史记·秦始皇本纪》：“始皇还，过彭城，斋戒祷祠，欲出周鼎泗水。使千人没水求之，弗得。”④《水经注·泗水》中对这则故事的记述更加详细且富戏剧性：“周显王四十二年，九鼎沦没泗渊，秦始皇时而鼎见于斯水，始皇自以德合三代，大喜，使数千人没水求之，不得，所谓‘鼎伏’也；亦云系而行之，未出，龙齿啮断其系，故语曰：‘称乐大早绝鼎系’，当是孟浪之传耳。”⑤郦道元与司马迁同是讽刺秦始皇，但郦道元给出了秦始皇未能得鼎的原因，即鼎中之龙将系鼎的绳索咬断。故而，“泗水取

① 吕品、周到：《河南新野出土的汉代画像砖》，载《考古》1965 年第 1 期。

② 最早以“泗水取鼎”命名捞鼎图的是毕沅和阮元，他们在《山左金石志》中对武氏祠左石室与孝堂山祠堂隔梁东面的捞鼎图进行考辨，将鼎中有龙的武氏祠左石室的捞鼎图定为“泗水取鼎”，而将鼎中无龙、耳脱鼎沉的孝堂山石祠中的捞鼎图定为刘道锡捞尉佗鼎。但经由吴雪杉考释，刘道锡实为南朝刘宋人，故刘道锡捞尉佗鼎的故事无法成立。故其将汉画中的捞鼎图统称为“泗水取鼎”。参见（清）毕沅、阮元：《山左金石志》第七卷，参见《续修四库全书 909·史部·金石类》，上海古籍出版社 1996 年版，第 481 页、第 460 页。吴雪杉：《汉代画像中的“泗水取鼎”：图像与文本之间的叙事张力》，参见朱青生《中国汉画研究》第 3 卷，广西师范大学出版社 2010 年版，第 379～415 页。

③ A. Bulling, Three Popular Motives in the Art of the Eastern Han Period, Archives of Asian Art, vol. 20(1966/1967), p. 34. Jean M. James, A Guide to the Tomb and Shrine Art of the Han Dynasty 206 B. C. —A. C. 220, New York: The Edwin Mellen Press, 1996, p. 55.

④ （汉）司马迁：《史记》，第 248 页。

⑤ （北魏）郦道元：《水经注校证》，中华书局 2007 年版，第 601 页。

鼎”这一故事的寓意即在于鼎是王权的象征，能否得鼎关系到统治者之德行是否获得天命。① 但是，从文本到图像，故事发生的地点、主角，以及故事本身的寓意都变得十分模糊。虽然画像砖中的捞鼎场面亦表现了龙即将咬断绳索的场景，但画像砖中捞鼎场面的主角并不是秦始皇，而是车马出行中的主角——墓主；同时，工匠所关注的亦非历史事件的真实，而是鼎或龙的象征意义。②自战国方士神仙说兴起后，鼎与其说是权力的象征，不如说是上天下降的祥瑞或升仙的法器。公元前 116 年，汉武帝得鼎，将其视为汉王朝受命的征兆，但他似乎更渴望像黄帝那样因鼎升仙。③ 在黄帝铸鼎成仙的故事中，鼎只是引龙的工具，龙才是黄帝期待的对象。同样，捞鼎的目的亦为引龙，而龙至则可弃鼎。就此而论，如邢义田所言，整个捞鼎画像的性质从一个历史性的故事蜕变成象征意义较浓的升仙祈愿图，其寓意也从描述秦始皇捞鼎失败转化成象征墓主的“弃鼎得仙”。④ 因此，与捞鼎画像相配合的车骑过桥与建鼓图亦同为升仙祈愿图的一部分，车骑过桥象征墓主即将成龙飞升，建鼓图并非是为捞鼎而鼓舞，而是为墓主飞升鼓舞，或其本身亦是呼唤龙到来的法器。

在另一块出土于新野张家楼的画像砖画面左侧刻有二人击鼓，右侧有四名乐人或持杖击节，或吹箫相和。值得注意的是，此墓中同时出土了六博砖与西

---

① 关于鼎与天命的关系参见［美］巫鸿：《中国古代艺术与建筑中的“纪念碑性”》，李清泉、郑岩等译，上海人民出版社 2009 年版，第 6~13 页。

② 吴雪杉认为龙的出现并非是泗水取鼎的关键，龙的出现在很大程度上起到的是一个功能性作用，使得整个叙事更加戏剧性，更能显现出天命的意志（吴雪杉：《汉代画像中的“泗水取鼎”：图像与文本之间的叙事张力》，参见朱青生《中国汉画研究》第 3 卷，第 385~388 页）。邢义田在《汉画解读方法试探——以“捞鼎图”为例》一文中提出捞鼎图的主角自西汉中晚期以后先模糊化为大王，再转化为墓主，而画像中的河流也没有榜题可以确定为泗水。这说明此时工匠无意刻画一幅意义明确的始皇泗水捞鼎画像，他们所要表达的中心在于鼎或鼎中之龙（邢义田：《汉画解读方法试探——以“捞鼎图”为例》，参见邢义田《画为心声：画像石、画像砖与壁画》，中华书局 2011 年版，第 393~439 页）。值得注意的是，吴雪杉观点提出的前提是在将所有捞鼎图皆视为泗水捞鼎文本的视觉性表达，尽管图像与文本存在种种差异，但这些差异不足以切断文本与图像之间的联系；而邢义田则认为图像所蕴含的文本寓意亦将发生根本性转变。

③ 方士公孙卿向汉武帝讲述黄帝铸鼎，鼎成引龙而至，黄帝骑龙仙去的故事，汉武帝听后慨叹：“嗟乎！诚得如黄帝，吾视去妻子如脱躧耳。”参见（汉）司马迁《史记》，中华书局 1959 年版，第 1394 页。

④ 邢义田：《汉画解读方法试探——以“捞鼎图”为例》，参见刑义田《画为心声：画像石、画像砖与壁画》，中华书局 2011 年版，第 418~419 页。

王母砖，其中六博砖画面上部为两名羽人对坐六博，下部一羽人牵马，画面右侧似有一引导仙人；西王母画像砖中西王母戴胜，踞坐于山峦之上，其右有踞坐羽人及玉兔捣药。① 此墓在发掘以前便已坍塌，故建鼓图、六博图及西王母图在墓葬中的位置不明，难以确定三者之间的关系。但江苏徐州沛县栖山东汉墓石棺与山东滕县西户口画像石上的西王母图像(见图6、见图7)对我们具有启发性。栖山汉墓中的西王母图像刻于中棺右侧内壁，画面自左至右分为三组：第一组是西王母及侍从，西王母戴胜、凭几坐于楼阁之上，楼下有一衔食的大鸟(或为为西王母取食的三青鸟)，楼外有二人捣药，上又有衔食的鸟与九尾狐，下有四位朝拜者，分别是人首蛇身、马首人身、鸡首人身和一戴冠长者；第二组是射鸟图；第三组为建鼓戏舞图。滕县西户口出土数幅西王母图像，构图相似，画面上下水平分格，中央为建鼓，西王母位于顶端中央，凭几而坐，两旁有玉兔捣药。建鼓图左端为六博，右端为宴饮庖厨。比较这三座墓葬，其均有西王母、侍者(拜谒者)及建鼓，与《汉书·五行志》所记载的“张博具，歌舞，祠西王母”②的祭祀活动相类似。由此而看，我们似乎可以将新野张家楼中的建鼓图暂时归入西王母图像系统，此处的建鼓图似乎带有祭祀西王母，祈求升仙的象征意涵。

图6　徐州沛县栖山石椁画像③

① 王褒祥：《河南新野出土的汉代画像砖》，载《考古》1964年第2期。

② (汉)班固：《汉书》，第1476页。

③《中国画像石全集4·江苏、安徽、浙江汉画像石》，山东美术出版社，河南美术出版社2000年版，图四。

图7　山东滕县西户口画像石(东汉)①

通过对汉代墓葬中建鼓的图像及功能分析可以知道，汉墓中的建鼓图确有交通(沟通)天人之意，但相较于文献所记载的建鼓的权力象征及祭祀功能，墓葬的建造者或赞助人似乎有意模糊建鼓与鼓的意涵，并不断加入车马出行、捞鼎场面、西王母图像系统中的元素，使其与建鼓的原本含义渐行渐远，而明显呈现出建鼓与求仙道的联系。而且，汉墓中的建鼓图鼓楹之上大多饰有华丽的葆羽、华盖，这更使其在形态上与“百仞无枝，有九欘，下有九枸”的建木相仿。而此时的建木不仅仅是神木，更具有引天神而下的功能。由此可见，墓葬中的建鼓图主要担当着仙境或求仙道的象征意义。

结　　论

建鼓的基本形制是一支木柱(楹)贯穿鼓身，鼓悬空，用于军事祭祀或宴饮等活动，具有娱神与娱人的礼仪功用。纵观汉代出土的建鼓实物或墓葬中的建鼓图，其基本形制无出其右，只是鼓座形制更加多样，楹柱上饰以更加华丽的葆羽或华盖。建鼓由建与鼓二字构成，无论是鼓，还是建，其本身都具有沟

① 《中国画像石全集2·山东汉画像石》，山东美术出版社、河南美术出版社2000年版，图二二九。

通天人之意，可以说建鼓最初是作为沟通天人的神器，后成为一种娱神、娱人的乐器。但河南汉画像砖中的建鼓图多位于墓葬门楣或墓门之上，且以一种独特的呈现方式，即多与车骑出行、乐舞百戏、捞鼎图和西王母图像系统配合出现，共同指向求仙道的礼仪功能。犹值一提的是，建鼓图与捞鼎场面的配合具有明显的地域性，赞助者与工匠无意于明确表现广泛流传的秦始皇泗水捞鼎的故事，却将注意力集中在车马过桥、鼎与龙的关系以及鼎与建鼓的关系上，使得整个图像呈现出迥异于文本寓意的象征内涵。这意味着图像与文本所建立的联系虽然是解释图像的前提，但这种联系是有一定限度的。换言之，相较于历史文本或民间故事，墓葬功能和墓主的欲望所给予墓葬中图像呈现的影响与制约更加有力，同时，工匠对图像元素的调整与改动亦会造成图像叙事本身的易动。

（作者单位：武汉大学哲学学院）

论作为反理性主义的《庄子》美学①

朱松苗

众所周知，中国古典美学是不同于西方美学尤其是西方理性主义美学的一种独特的美学，在《庄子》那里尤为如此，它的美学不仅不同于后者，甚至反对后者，所以《庄子》美学往往是以“反”的姿态出现。基于此，《庄子》反“美”就不仅意味着它反对人为之美、反对越过自身边界的“美”——在此意义上，这种所谓的“美”就不是事物自身的完美显现，反而是对事物本身的遮蔽；同时也是指《庄子》美学从整体上是不同于传统理性主义美学甚至是反对这种美学的，在此基础上，它的“美”与传统理性主义美学的“美”也是大异其趣的。这种“反”具体表现为以下三个方面：

一、“人间世”的美学与理性主义美学

西方古典美学之所以被称为理性主义美学，是因为它们是被理性所规定的。在美学学科被正式命名之前，在古希腊时期，美学是以诗学的面貌出现的，而所谓诗学“是关于诗意或者创造理性的科学”②，它来源于亚里士多德关于人类理性的区分，即理论理性、实践理性和诗意或创造理性。这表明作为诗学的美学是被诗意或创造理性所规定的，不仅如此，在亚里士多德看来，诗意或创造理性是低于理论理性的。

在近代，西方美学史上还产生了美学的另外一种称谓——艺术哲学。只是在黑格尔那里，所谓的艺术像宗教和哲学一样，它们都是对于理性的显现；与之相仿，“美”则是对于绝对理念的显现。概言之，“美”仍然是被理性所规

① 本文受到教育部人文社会科学研究青年基金项目《〈庄子〉之“无”的美学精神研究》(17YJC720044)、山西省高等学校哲学社会科学研究项目(2017265)资助。

② 彭富春：《哲学美学导论》，人民出版社 2005 年版，第 3 页。

定的。

“感性学”这个称谓的出现标志着美学作为一门学科的产生；但是即便如此，在鲍姆嘉通那里，美学还是被理性所规定的。这不仅表现在它本身含有“类似于理性”的内容，而且表现在它将“感性学”作为低级认识论置于“理性”之下，更在于他的这种区分本身就是建立在被理性所规定的认识论基础之上的。

传统的理性主义美学是关于理性的美学，是人凭借理性，或凭借被理性所规定的感性，去感觉对象、创造对象、“设立”①对象的美学，这是主体性美学。它虽然表现了主体(人)的意愿和意志，也即通常所讲的主观能动性，表现出人类在不断地挖掘自己的潜能，不断生成、完成、进化、进步、超越自身的过程中所产生的自我满足感、自尊心、自信心；但是这种主观能动性很可能会越过自身的边界，而成为非己的存在以及非物的存在——人类中心主义，因为它所遵守的不是事情本身的真实，而只是“人”的主观意愿。这样就既是对事情本身的偏离，也是对对象的伤害、不尊重，更是对于自己边界的逾越，进而损害自身。

因此在理性主义美学的理论视域中，人的理性不是来源于人的存在，恰恰相反，人的存在源于人的理性；不是存在给予理性一个尺度，而是理性给存在一个尺度。《庄子》之所以反对儒家，很大程度上就是因为儒家试图用其理性给人生在世一个外在的尺度，这种理性表现于外就是“礼”(礼仪和礼制)，表现于内就是“中庸”之道。《庄子》反对任何外在的也即人为的尺度。

《庄子》怀疑理性的力量，因为理性只是诸多人性的“统一”之中的一维，它无法窥测完整、统一的人性。能够把握这种统一和完整的只能是“混沌”等混为一体的存在，毋宁说唯有尚未分裂的“混沌”才能守护和保护这种统一、完整。

因此与理性主义美学不同，《庄子》的美学既不是纯粹理性的构建，也不是关于理性或突出理性的思想，这既表现在其思想的来源——现实存在，也表现在其思想的载体——《庄子》所依靠的不是概念、判断、推理(“知”)，而是人的感悟和直觉、直观，同时也表现在其言说的策略中——生活化、经验性、寓言化、故事性的言说。

---

① 彭富春：《哲学美学导论》，人民出版社 2005 年版，第 13 页。

(一)存在

存在在这里主要指人的存在，即人生在世。《庄子》美学的出发点是人生在世，而不是理性。很显然庄子不同于纯粹理性思辨的康德，甚至也不同于同时代的惠施，他的思想不是来源于纯粹的理性构建和逻辑推理，虽然他也有思考，但是这种思考是建立在现实存在的基础上的——它是基于物的沉思，而不是远离物的沉思。就《庄子》文本而言，这种感性的现实存就集中地体现在《人间世》中，王博在《庄子哲学》中认为庄子思想的出发点是《人间世》篇，而《逍遥游》篇只是治愈《人间世》的结果，“庄子的根始终是扎在人间世界的，以《人间世》为枢机的话，我们就始终看到生命在世界中的挣扎……正是因为这些沉重和无奈，才有对洒脱的追求，好像追求‘解’是因为一直有‘结’一样。这正是我们从《人间世》开始理解庄子思想的主要理由”①，福永光司也基本持有相同的观点，他认为“在(庄子)那里，从事理念的哲学，概念的思考和将人们加以对象的把握的一切尝试，都不外是单纯的抽象彩虹而已。想将人类的历史改置在直线的连续的进步过程中，以及想将个人的生存在它的当中手段化的思考，都不外是空虚的神学而已。唯一确实的是，个人肯面对着实际的痛苦和死亡而如何活在这个现在时间。庄子的哲学是从这种精神的极限状态出发”②。

他们的判断是切中肯綮的。一方面，人生在世的混乱和沉重触发了庄子对于治愈的渴求，给予他思想的动力；另一方面，自然而然的自然界又给它提供了治愈混乱的方向，给予他思想的源泉。正是在对社会混乱的深刻体验和对大自然秩序的仔细观察的基础上，庄子的思想得以产生。

基于此，《庄子》的美学不同于西方理性主义美学，它是关于“人间世”也就是人生在世的美学，在其中美是生活世界本身，是存在的显现。当然，在《庄子》中也存在着如冯友兰所说的“以理化情”的“理”的存在，但是它是用“理”来理解、解释人的存在或生命，而不是将“理”作为人的存在或生命，或者是用“理”来建构、规定(束缚)人的存在或生命。在此意义上，《庄子》既反对感性的冲动，又反对理性的冲动，因为它们都构成了对人的存在的束缚。

当然，不同于马克思的存在——社会性、劳动性的存在，也不同于尼采的

① 王博：《庄子哲学》，北京大学出版社 2004 年版，第 153 页。

② [日]福永光司：《庄子：古代中国存在主义》，李君奭译，专心企业有限公司 1978 年版，第 5 页。

存在——意志性的存在，也不同于海德格尔的存在——天地人神中的存在，《庄子》强调了人的自然性的存在，当然人也是某种程度上的彼此相关的社会性存在，但是这种存在是自然的，不是人为的，是与劳动实践无关的，因此《庄子》的存在与马克思相区别；同时《庄子》也强调人有生命，但是要避免其任何的主观意愿和意志，所以要消灭其冲动和意志，从而与尼采相区别；《庄子》也强调人有死生的变化，但这是一个自然的过程，是生死之间的自然转化，所以人不能固执于其中的一面，即人既是能死者，也是能生者，有生即有死，有死即有生，同时人是天地人之间的存在而不是天地人神之间的存在，从而与海德格尔相区别。

(二)思想

对于西方理性主义思想而言，概念、判断和推理构成了其主要的构成要素，如果缺少这些要素，其思想的大厦将无法构建起来。但是对于《庄子》而言，它的思想与这些要素大异其趣。

首先，《庄子》的思想不依靠抽象的概念。如果说概念本身是对事物本性的把握的话，那么在《庄子》中，这样的概念是存在的，但是它的概念不是像西方的“理式”“绝对理念”一样的抽象概念，而是形象化、富有个性化的概念。虽然《庄子》中也存在着像“道”这样抽象的概念，但是就像冯友兰所言，它更像是一个“形式概念”，而不是“实体概念”；当它要表达确切的意义时，《庄子》往往使用的是一些形象化的命名。因此，在《庄子》中，“道”有一个庞大的语言家族，如混沌、恍惚、见独……这倒不是《庄子》的命名之混乱，而是它试图抓住每一个独一无二之物的本性，以及无时无刻处于生成变化中的物之本性，按照其自身的状态对其进行恰如其分的命名，唯有这种“恰如其分”才能回到事情本身。不仅对“道”的命名是如此，《庄子》对于得道者的命名也是丰富多彩的，如至人、神人、圣人、无有、光曜……每一个命名都是一个概念，但是这些概念是形象化的概念，而且是有着独一无二的、具有特定指向性而不是固定指向性的内涵的概念，他们敞开了得道者的无限丰富性和无限可能性，因此，得道者绝不是通常意义上的毫无生意、死气沉沉的人；相反，他们是生命自身充满、生机勃勃的人，并且是与万物为春，富有包容性和变通性的人。

其次，《庄子》的思想也不是判断。一方面，这种判断只是人的判断，世界本身并无所谓判断，世界本身只是存在于此，它自身就是事情的真实和真相，所以它无需任何判断。判断只是属于人，它们来源于人的欲望、意见和目的，虽然它们都宣称自己是最真实的，但是一个缺少容纳性的固执己见者是很难接近事情的真相的。所以《庄子》反对包括真假、是非、善恶、美丑在内任何区分，这些区分都来源于对世界统一性的破坏、对世界本源的背离，而且只会加剧这种破坏和背离。另一方面，《庄子》也反对由于判断所产生的任何固定不变的结论或者所谓永恒的真理，从根本上讲，判断是由几个概念所建立起来的某种关系，它虽然试图由此去规定事物的本质，但与事物本身已相隔一层，这是因为事物的真实生命在概念的抽象化过程中已被消磨殆尽。

最后，《庄子》的思想也不是依靠逻辑思维的推理。相反，正是由于这种逻辑思维方式的存在，阻碍了人们接近事物本身。这突出表现在庄子与惠子的“濠梁之辩”中，对于惠子和名辨学派而言，他们所依靠的就是这种逻辑。按照惠子的逻辑，人与万物之间将会失去彼此相互交流、沟通和理解的任何可能性。同时，世界如果只是按照这种严密的逻辑按部就班地运行的话，它的色彩斑斓、活色生香、生机盎然、气韵生动将不复存在。事实上，万物的存在就是存在自身，它并不依据某一条理性的原则运行，在他们身上，充满了各种可能性：“本来，人们社会的价值体系是站在一个被限定的立场。物(对象的存在)本身是本来无限定的，是有着无限方向的‘无方’的存在，但是，人们社会的价值体系却用有限将无限割断，使无方变为有方而成立的。”①逻辑推理只是人们理解人自身以及世界万物的一条途径和方法，但它绝不是唯一的，也不是最重要的，更不是最根本的。

正因此如此，《庄子》要打破人们的习惯性思维方式：“大多数看似自相矛盾的段落、不依据前提的推理、看起来转弯抹角的或纯粹幽默的文学参考，包括运用或有目的地误用历史人物以及像孔子这样的哲学上的论敌作为对话者，所有这些，目的都在于使读者的分析的习惯性思维方式沉默，并同时加强读者的直觉的或总体性的心力功能。”②

如果说它的思想不是依靠推理，那么它依靠什么呢？直观，即“目击道存”③，它是在“混沌”“恍惚”中直观、直接体悟“道”并感受到“美”的，任何

---

① [日]福永光司：《庄子：古代中国存在主义》，李君奭译，专心企业有限公司 1978 年版，第 125 页。

② [美]爱莲心：《向往心灵转化的庄子：内篇分析》，周炽成译，江苏人民出版社 2004 年版，导言。

③ “若夫人者，目击而道存矣，亦不可以容声矣！”(《田子方》)参见陈鼓应：《庄子今注今译》，中华书局 2007 年版，以下所引正文部分均出自此书，只注篇名。

逻辑推理只会让它远离“道”和“美”。这是因为，一方面，这种观不是看，看是一般的目看，而观不仅是目看，更是一种心灵的活动，因此在一般的看之中，人们可能什么也看不见，或者仿佛看见了什么却什么也没有看见，也就是说“观”不是盲见和意见①，而是洞见，它直接洞见了事情的真相。另一方面，它是“直”观，这意味着它不需要借助于外在的工具和手段——即某种外在的原则以及此种原则所赖以存在的知识基础，以及对于这种原则和知识的言说。② 这种工具和手段不是拉近了看与被看的距离，恰恰相反，正是它们将原本统一的看者、被看者相分离——事情自身就是一个完整、统一、自足的整体；而“直”观之所以可能，又在于它是“观”“直”，即观察事情本身，而不是观察事情之外的东西，因为事情的真相就在事情之中，而不是在事情之外，也不是在事情之上——对于中国传统思想而言，它只有一个世界，而不是两个世界，道就在物中。

对于中国美学而言，与直观相关联的还有一系列命题，如“妙悟”“直寻”“现量”等，其共同之处在于它们都是超越理性的，虽然它们也承认理性的存在，但是理性一定要被超越。

基于此，我们就不难理解庄子的“濠梁之乐”了：庄子在濠梁之上对于“鱼之乐”的判断既不源于他的理性推理，也不源于他个人的感性移情，而是源于他的得“道”。他从天空的视野、以审美的心胸直观万物，就能发现万物自足本性时的快乐。

(三)语言

庄子经常被人称为诗人哲学家，《庄子》的思想也常常被人称为诗意的思想，这一方面是因为《庄子》的字里行间充满了丰富的想象和真挚的情感；另一方面是因为它的寓言化、故事性的言说方式，在《庄子》文本中充满了这种日常化、生活化、形象性、感性的寓言和故事。

《庄子》中当然也存在着富有逻辑性的理性言说方式，而且当它以说理的方式言说时，它会将逻辑的力量推向极致，无人能驳，势不可挡，让人叹为观

---

① “目击而道存，即正容以悟，使人之意消也。”(林希逸：《庄子鬳斋口义校注》，周启成校注，中华书局2009年版，第316页)

② “夫体悟之人，忘言得理，目裁运动，而玄道存焉，无劳更事辞费，容其声说也。[(晋)郭象注、(唐)成玄英疏：《庄子注疏》，曹础基、黄兰发点校，中华书局2011年版，第376页]

止。但即便如此，这也不属于《庄子》自身的言说方式，同时也不是它的最高妙的言说方式。对于《庄子》而言，这种逻辑性的言说只是针对日常的理性而发出的，它的目的在于以理性自身的力量去驳斥日常人们所习以为常的理性，这样在让问题自行显现并消解的同时，也让理性自相矛盾、自行消解。因此，理性的言说是《庄子》的言说策略，是医治理性言说自身病症的最直截了当、最恰如其分的方法，但它并不是《庄子》自己的言说。

这是因为，理性的言说本身就意味着一种分裂，它将语言从世界的统一之中分离出来，并试图将这种分离的语言作为万物的尺度。此时语言已经远离了世界，并因此而远离了自身。真正的语言是自沉于世界的统一之中的语言，它自身没有意愿，也不反映人的意愿。人的理性言说则正好相反。

与日常的理性言说相比，在寓言和故事的言说即感性的言说中，世界则保持了它的统一。这首先在于，寓言和故事自身是统一的，它们自身就是一个完整而统一的世界——"'故事'把人生的事物有条有理地连贯起来。这连贯使人生的事物呈现得有意味"①，这种意味就来自于存在在此的自然发生。也唯有如此，它们才能将这种统一带入整个世界，从而使整个世界充满统一。其次，寓言和故事以自身的统一拒斥着自身的分裂，所以它们反对任何形式的主观和刻意，因此"这种寓言不急功好利，而是保持着自省，它既显而易见，又隐秘至深"②。再次，寓言和故事的言说并不在于它的语言和文字，也不在于它所呈现出来的表象，因为任何语言、文字、表象都不足以表现它所要表现的对象的完整性，因此它们的存在本身就意味着一种分离。如果《庄子》只是局限于此的话，它就不再是《庄子》。《庄子》的言说恰恰就在于语言、文字背后尚未言说的沉默之中，恰恰就在于物象背后尚未显现的象外之象中，正是这种沉默和象外之象保持了寓言和故事的统一，敞开了言与象的无限的可能性，所以它能以有限见无限，以小见大，以少总多，由近及远，由此及彼。"庄书的文体是寓言性唤起性的……在隐喻暗示的活动中，著者却不直说，只用沉默非言或题外妄言来唤起读者的自创意义。有时著者偏要说些明明是完全不合理的谬言，来激惹我们的反抗而去自寻要义……"③

综上所述，《庄子》思想实际上从存在、思想、语言三个方面确立了其与

① 吴光明：《庄子》，东大图书公司1992年版，第103页。

② ［德］马丁·布伯：《道教》，参见夏瑞春《德国思想家论中国》，江苏人民出版社1996年版，第201页。

③ 吴光明：《庄子》，东大图书公司1992年版，第60页。

西方理性主义思想的区别——它不是西方理性主义思想意义上的思想。因此它的美学也不同于西方理性主义美学，它的出发点是人生在世，它所要返回的也是人生在世，而理性主义美学的出发点是先验的理性。总之《庄子》不是关于理性的科学，而是关于存在的思考。

二、“天地与我并生”的美学与主客分离的美学

在理性主义美学中，审美主体和审美对象(审美客体)是分离的，这个主体可以是人，也可以是物，同时也可以是某一特定的角度、某一特定的习俗。总之，世人总是试图将万物区分开来，并以此来构建一定的秩序。但是他们忘了，世界自身原本是有秩序的，这种秩序就存在于统一之中。当这种统一被分裂之后，这种秩序也就不复存在了。所以在分裂之中没有秩序，这种对于秩序的渴求和追寻只能掩盖和加速秩序的缺失，却不能治愈这种缺失，任何这样的企图都只能是缘木求鱼，最后南辕北辙。所以《庄子》精心演绎了一个“鱼相忘于江湖”的故事(“泉涸，鱼相与处于陆，相呴以湿，相濡以沫，不如相忘于江湖”《庄子·大宗师》)，“相濡以沫”看起来温情脉脉，所以让人心向往之，但问题在于，这种温情事实上却表明鱼已经远离了自身生存的境域，失去了自身的秩序。不仅如此，“相濡以沫”还会掩盖鱼已经失去自我的事实，从而让鱼在这种温情中离自已越来越远，不仅如此，对原有秩序的偏离也会越来越远。相反，“相忘”则表明了鱼的自在处境，因为“忘”表明了人的意识的缺席，正是在这种“缺席”中，人与万物才能融为一体，主客体才能统一，或者说原初就没有人与物、主体和客体的分离，所有这些区分只不过是人的意识开动的结果。

人试图重建世界秩序的企图恰恰破坏了世界的秩序，即便这种企图是以温情脉脉的良好意愿、善良意志的形态出现。事实上，在道的视域中，任何区分与对立，包括逻辑学上的真与假、伦理学意义上的善与恶、日常意义上的美与丑，都是不存在的——它们只是人为的区分，而不是自然的存在，因为“物本身是超越人们的主观的判断，也不是美，也不是丑，因此，也是美，也是丑。或，将所有的‘物’从美的观点看它的话没有不美的，从丑的观点看它的话没有不丑的”①。

① ［日］福永光司：《庄子：古代中国存在主义》，李君奭译，专心企业有限公司出版1978年版，第120页。

基于此，这些区分和对立是要被克服和超越的。对于万物而言，他们按照自己的本性如其所是地存在，这就既是真的，也是善的，同时也是美的。在此意义上，《庄子·秋水》认为“以道观之，物无贵贱”。

问题在于，世俗世界往往不能做到“以道观之”，而是“以物观之”——从各个物自身的角度观另一物，或“以俗观之”——以世俗的标准观之，或“以差观之”——以事物间大小的差异来观之，或“以功观之”—— 以事物间有无的差异来观之，或“以趣观之”—— 以事物间是非的差异来观之。① 它们将“观”与“物”分离开来，而不是从“物”自身的角度去“观”“物”自身，所以“主”与“客”不能统一，它们终究不能回到事情自身。

总之，任何分离都是以“我”(的标准)或扩大化的“我”为中心的分离。但是万物是一个统一体，这种分离只会破坏这种统一，因为它的标准是有限的、片面的、孤立的、静止的，它拥有一个人为的原则和立场。在此意义上，万物也是无法进行区分的。因为并不存在这样一个标准能够区分万物。唯一能够贯通于万物的是“道”，但是“道”的存在所能显现的恰恰不是区分，而是统一，即“道通为一”(《庄子·齐物论》)。万物就其本性而言都是有道的，因此万物是齐一的。但是万物在“化”的过程中，是完全有可能丧失这个“道”的，即万物远离了自己的本性，这时万物就是“无道”的。

因此对于万物而言，唯一能够进行区分的，就是他们在生活世界中的“有道”与“无道”。而这种区分，必须从“道”的视域才能展开。如果从“人”的视域来看，“有道”与“无道”将正好相反。

所以对于《庄子》而言，它的美学是主客统一的美学，其中的“一”不是一样，而是统一。这种统一是聚集的力量，它将符合人的本性的事物聚集在一起，丰富、充盈、显现、激扬、实现人的生命。人的真实在这种聚集和统一中得以敞开、出场、亮相，得以实现。“作为存在，道不是显现为多，而是显现为一。这个一……是使事物成为可能的‘统一’。这个统一是聚集的力量，它使事物统一于自身并成为统一体。只是通过道的一，天才成为了天，地才成为了地，万物才成为了万物。”②因此，只有在这种统一中，人的生命才能纯粹充满，然后才能具有充盈的力量，这种力量才是真正的生命之源，才是生命的真正显现。

---

① 参见《庄子·秋水》：“以物观之，自贵而相贱；以俗观之，贵贱不在己……”

② 彭富春：《论中国的智慧》，人民出版社 2010 年版，第 155~156 页。

对于《庄子》而言，这种统一首先表现为物自身的统一。

从否定意义上而言，物自身的“统一”意味着物没有自我分裂，即没有“吾丧我”(《庄子·齐物论》)，物保持自身，而没有丧失自己的本性，“彼民有常性，织而衣，耕而食，是谓同德。一而不党，命曰天放”(《庄子·马蹄》)，“常性”既是恒常之性，也是经常之性，因为经常，所以恒常，这种性就是物之本性。万物保持自己的本性，就是统一于自身之中；而所谓分裂，就是万物从自己的本性中分离出来，这之所以产生，就是因为人的“党”，即人的偏私，所以万物要保持自身的统一，就需要否定自己的偏私，即“一而不党，命曰天放”。万物不仅不能怀有偏私，也不能怀有偏见，即从某一褊狭的、外在的视野去看待外物，这样不仅会分裂外物，而且会让自己的世界处于分裂之中，“自其异者视之，肝胆楚越也；自其同者视之，万物皆一也”(《庄子·德充符》)①，从某一“物”的角度即分裂的角度去看世界，世界就是分裂的；从“道”的角度即统一的角度去看世界，世界就是统一的。万物虽有差异，但是这些差异是存在于世界整体之中的，世界是一个统一的世界，没有统一，万物将不能成为自身。

从肯定意义上而言，“统一”意味着充满，自身不能充满的人，是无法融入万物、与万物一体的，自身不能充满的人是无法充满整个世界的。所以“有真人而后有真知”，真人就是自身充满的人，唯有自身充满的人，才能洞察世界的真相；也唯有自身充满的人，才能真正实现这种“统一”。这是因为人自己必须是统一的，他才有可能广被万物、容纳万物，因此才能聚集万物；他只有能够广被万物、容纳万物、聚集万物，才能真正与万物在一起，融为一体(一个有私心的人是无法与万物真正融为一体的)。神人就是这样一个自我统一的人，“神人……之人也，之德也，将旁礴万物以为一”(《庄子·逍遥游》)。

这种统一还表现为万物之间的统一，即“一”不仅是人自身的统一，而且是人和万物的统一。“一”既是统一的过程，也是统一的结果。“天地与我并生，而万物与我为一”(《庄子·齐物论》)，当“并”作为副词时，它表示“一起，同时”之义，“并生”就意味着天地万物和我一起、同时而生；当“并”字作

① “虽所美不同，而同有所美。各美其所美，则万物一美也；各是其所是，则天下一是也。夫因其所异而异之，则天下莫不异。”(郭象注、成玄英:《庄子注疏》，曹础基、黄兰发点校，中华书局2011年版，第105页)

为动词时，它表示“相从”之意①，“并生”就意味着天地万物和我相从而生，相互随从，说明彼此不可分离，在这个基础上，天地万物包括人才有了“生”，因此“生”是天地万物相互作用的结果，它的出现不是孤立的，而是整体的。因此“生”在这里既可以理解为生存，即人和自然万物共存于世，彼此不可或缺；同时也可以理解为生成，即人和万物不仅是静止地共存于世，而且是彼此相互生成地共存于世。在相互随从、相互作用的意义上，“一”就可以理解为平等齐一；在共同生存、生成的意义上说，“一”可以理解为统一和整体。

最后，这种统一是变化中的统一，而不是静止的统一；是活的统一，而不是死的统一。“人之生，气之聚也；聚则为生，散则为死。若死生为徒，吾又何患！故万物一也。”(《庄子·知北游》)生死只不过是气的聚散而已，而气是时刻都处于流变当中的，因此物自身的统一也是处于变化之中的，同时物与他物的统一也是处于变化之中的。当然，最高的统一表现为整体性的统一：“其分也，成也；其成也，毁也。凡物无成与毁，复通为一。唯达者知通为一，为是不用而寓诸庸。”(《庄子·齐物论》)就个体之物而言，它是有成与毁的，但是就世界整体而言，成与毁却是处于一个整体之中，是统一的。

而人只能在“道”中才能认识“道”，即人只能与“道”在一起才能认识“道”，并不存在一个独立于人之外的“道”。毋宁说，人因为“道”才能成为“人”，“道”因为人才能敞开自身，“并不首先存在一个在艺术显现之前的道，然后艺术要去显现这个道。艺术作为道的显现，就是让道自身显现，让道第一次作为道自身去存在。”②因此对于《庄子》而言，“道”不是一个可供人学习的对象③，“南伯子葵曰：‘道可得学邪？’曰：‘恶！恶可’”(《庄子·大宗师》)。根本原因就在于“道”原本就不是人的对象，人也不是“道”的对象——离开了人就无所谓“道”，离开了“道”也无所谓人，人与“道”是须臾不可离的，是相互生成、相互显明的。所以以“道”为对象的学习不仅不能达“道”，反而会使人离“道”越来越远。因为这种学习本身就预设了人与道的分离，即预设了人的无道，一个无道之人不是统一的，他缺乏聚集的力量，他的学习只能触发更多的无道。因为他的学习是有目的的，虽然这种目的是看起来是“道”，但是

① “并，相从也。”见(汉)许慎:《说文解字》，中华书局2008年版，第169页。

② 彭富春:《哲学美学导论》，人民出版社2005年版，第35页。

③ “唯至人乃能游于世而不僻，顺人而不失己。彼教不学”《外物》，(“当时应务，所在为正。本无我，我何失焉！教因彼性，故非学也。”见(晋)郭象注、(唐)成玄英疏:《庄子注疏》，曹础基、黄兰发点校，中华书局2011年版，第489页。

在分裂的世界中，人已不再是统一之人，因此“道”也不再是统一之“道”，而成为一种新的“有”，这种“有”不仅不是“道”，反而会遮蔽“道”。因此真正的“道”不是通过学习“有”而来的，而是通过“无”——即否定、忘却“有”之后自然而然地获得的。

正是基于此，《庄子》反对清晰的认识论，这是因为在这种清晰的认识中，万物被分别开来，从而破坏了世界的整体性、完整性。因此“混沌”意象在《庄子》中成为一种无可替代且妙不可言的喻象：一方面它体现了世界的虚无性，表明了《庄子》反对将世界作为一种“有”去追求；另一方面它也表明了世界的整体性，反对将之作为人的认识对象去加以割裂——割裂的结果就是死亡（“中央之帝”）。

在这样的意义上，《庄子》中“蝴蝶梦”的故事表明，将人与蝴蝶（万物）相分离的意识，只不过是人的主观认识，这种认识偏离了万物一体的整体性，因此它是一个“梦”——“梦”在这里恰如其分地强调了这种意识（认识）的虚幻性。归根结底它是对人的主客之分的意识的一种批判。“必有分”的“分”如果是从“物”的角度而言，它们是不同的，不仅如此，万物之间都是不同的；但是如果从“道”的角度来看，它们又是“一”，即统一的。

总之，“一”是人和世界的原初存在本身，即人和世界的真实、真相。“故其好之也一，其弗好之也一。其一也一，其不一也一。其一与天为徒，其不一与人为徒，天与人不相胜也，是之谓真人。”①（《庄子·大宗师》）

三、“顺”的美学与创造、设立的美学

在西方古典美学的主客二分模式中，美学要么强调主体，形成唯心主义美学；要么强调客体，形成唯物主义美学；要么强调主客体的合一，但是这样的合一是分裂以后的合一，是主体符合客体，或者客体符合主体，而不是事物本源性的合一。

这种区分实际上来自于主体，是主体性视域下的区分，因此这种美学可以称为主体性美学。它强化了人在生活世界中的主体地位。但是《庄子》却超出

① “常无心而顺彼，故好与不好，所善所恶，与彼无二也。……夫真人同天人，齐万物。万物不相非，天人不相胜，故旷然无不一，冥然无不任，而玄同彼我也。”见（晋）郭象注、（唐）成玄英疏：《庄子注疏》，曹础基、黄兰发点校，中华书局2011年版，第132页。

了传统美学以人的标准为标准的美学，而是以万物自身的标准为标准的美学。对于人而言，他的作用和意义不是去创造万物、设立万物，因为这些都是干涉万物的行为；恰恰相反，他要让自己隐身而去，这样才能让万物自身显现出来，成为万物自身，这个过程就表现为“顺”——顺从万物、顺其自然，与物为春。这样物才能成为美之物，人才能成为美人，世间万物才能构成一个美的世界。

“顺”的本义为沿着同一方向，那么它与什么保持同一方向呢？“顺，理也”①，“理也。理者、治玉也。玉得其治之方謂之理。凡物得其治之方皆谓之理。理之而后天理见焉”②。“顺”意味着与事物本身的纹理保持一致，这个纹理就是事物的本性，与事物的本性保持一致，这样事物才能实现自身，事物唯有实现自身，它才可能成为美的事物。所以对于《庄子》而言，“顺”成为美的前提。

问题在于“顺”如何才能实现呢？对于人而言，他的心灵要无限广阔，海纳百川，这样他才能超越自己的私利和成见，才可能有胸怀“顺”物自然。所以“顺”的前提是“无己”。那么如何才能“无己”呢？与事物融为一体，也就是统一的力量。而这种统一就是源初的存在，没有什么比它更为本源，所以我们无法也无需继续追问。

同时顺物自然的结果也是“统一”的实现和完成。因此“顺”和“统一”是事情的一体两面，它们彼此相生，唯有自身“统一”的存在者才可能“顺”应事物，这种自身统一的存在者在《庄子》中就表现为天地自然、至人和得道之帝王。

首先，天地“顺”应万物，所以万物得以生生不息，天地也得以成为天地：“其合缗缗，若愚若昏，是谓玄德，同乎大顺。”(《庄子·天地》)其次，至人听从天地的声音，“顺”应万物，所以与物为春：“唯至人乃能游于世而不僻，顺人而不失己。”(《庄子·外物》)最后，帝王作为天之子，“顺”应万物就是对万物的最好的治理：“汝游心于淡，合气于漠，顺物自然而无容私焉，而天下治矣。”(《庄子·应帝王》)

总之，《庄子》的美学是“顺”的美学，而传统理性主义美学所强调的是人依靠理性人为地创造、设立的美学。前者是顺其自然的美学，后者是人为的美

① (汉)许慎：《说文解字》，中华书局2008年版，第182页。

② (汉)许慎撰，(清)段玉裁注：《说文解字注》，上海古籍出版社1981年版，第418页。

学。前者突出了作为客体的物自身，后者突出了作为主体的人。《庄子》在“听之以气”中强调要“听”而不是“看”，就是因为相比较而言，一般的“看”是人的主动的行为，而《庄子》是不强调人的主体性的；“听”则是一种接受的行为，一方面，它“听”从天地自然的声音，然后传给万物；另一方面，它“听”而“从”(随顺)物，让物成为物自身。

（作者单位：运城学院中文系、武汉大学哲学学院）

论“非遗”的显隐二重性

——兼评新编昆剧《大将军韩信》

赵　蝶

“遗”的发生前承作为整体的世界，后启“遗失”“遗留”两种结果。“非遗”作为一种特殊的“遗产”，既包括可见的遗留部分，也包括不可见的遗失部分，只有当可见的与不可见的共同作用，我们才能探知“非遗”所关涉的世界整体。这一显隐二重性要求我们在认识与保护“非遗”时兼顾可见与不可见的两个方面，如此方能让“非遗”如其所是地存在。《大将军韩信》是浙江省昆剧团推出的新编昆剧，在昆曲艺术的可见方面，该剧大致遵循了昆曲的传统范式；但在昆曲艺术的不可见方面，该剧呈现出的话剧化倾向使昆曲艺术自身特质被弱化与遮蔽。这种情况在当代昆曲发展过程中较为普遍，对此若不加以重视，恐有导致昆曲艺术隐性失传之虞。

一、“非遗”的显隐二重性

“非物质文化遗产”是和法文“Patrimoine culturel immateriel”及英文“Intangible cultural heritage”相对应的中译名，“非遗”为其简称。法文“immateriel”和英文“intangible”有非物质的、无形的之义，“heritage”与“patrimoine”指祖产、遗产，“cultural”与“culturel”则指文化，中译版《保护非物质文化遗产公约》将其合译为“非物质文化遗产”。郑培凯对此译名表示质疑，他认为：“非物质文化遗产”这个译名最大的不妥之处在于，它似乎过度强调文化的“遗产”，而“遗产”一词易使人联想起诸如“知识产权”、财产、物业等可换作金钱的物品，但该词对应的法文、英文强调的都是文化的传承，并非财产。因此，他建议用“非物质文化传承”取代“非物质文化遗产”，以免人们受“遗产”的误导而首先思考其金钱价值，忽略文化传承的大端。① 郑培凯从艺术文化自身的角度对译名提出质疑，体现了知识人的思考与洞见。但用“非物质文化传承”代替“非物质文化遗产”亦有可商榷之处：其一，“遗产”虽有偏重物质性的危险，但当它与“文化”组合成为“文化遗产”这一偏正式短语时，已被限定于“非物质”的范畴内；其二，“传承”虽声张了《公约》中“社会实践、观念表述、表现形式、知识、技能”等非物质性的一面，却容易遗漏《公约》中同样提及的“相关的工具、实物、手工艺品和文化场所”②等物质性的一面③；其三，旧译名“非物质文化遗产”通行已久，重新推广新译名的现实难度较大。总体看来，“非物质文化遗产”与“非物质文化传承”两译名各有偏重，“遗产”是静态的，强调继承过往的权利与荣耀；“传承”是动态的，强调面向未来的义务与责任，但二者并无绝对的是非之分。因而，本文在警惕过分强调“遗产”之物质性的前提下，仍选择谨慎地沿用“非物质文化遗产”这一译名。

在偏正短语“非物质文化遗产”中，“非物质”(intangible)和“文化”(cultural)是修饰中心语的并列定语，词性为形容词。“遗产”(heritage)是中心语，词性为名词。由此短语结构可见，“非物质文化遗产”首先是一种可被感知的遗产；其次，它又是以“非物质性”或“无形的”文化为主的遗产。需要注意的是，“非物质性”并不意味着“非物质文化遗产”与物质毫无关系④，只是表明其核心部分是非物质的。⑤

既然“非遗”首先是一种遗产，那么遗产又指什么呢？《说文》释“遗”为“亡也”⑥，释“亡”为“逃也”，段注：

> 逃者，亡也。二篆为转注。亡之本义为逃。今人但谓亡为死，非也。

---

① 郑培凯：《口传心授与文化传承》，广西师范大学出版社2006年版，第8~9页。

② 郑培凯：《口传心授与文化传承》，广西师范大学出版社2006年版，第5页。

③ 如雷竞璇在《见于两份文件、三种语言的文化遗产保护》一文中指出，可用“非实物”代替“非物质”，因为文化程式如昆曲的说唱念白或者古琴的声律音韵说到底还是属于物质世界，只是不具备眼睛可见的形体，并非实物。

④ 郑培凯：《口传心授与文化传承》，广西师范大学出版社2006年版，第37页。

⑤ 如雷竞璇在《见于两份文件、三种语言的文化遗产保护》一文中指出，可用“非实物”代替“非物质”，因为文化程式如昆曲的说唱念白或者古琴的声律音韵说到底还是属于物质世界，只是不具备眼睛可见的形体，并非实物。

⑥ （汉）许慎撰，（清）段玉裁注：《说文解字注》，浙江古籍出版社2006年版，第74页。

> 引申之则谓失为亡，亦谓死为亡。孝子不忍死其亲，但遗亲之出亡耳。故“丧”篆从哭亡，亦叚(假)为有无之无，双声相借耳。从入，会意，谓入于曲隐蔽之处也。①

段玉裁从“逃”和“死”两个角度解释“亡”。“逃”与“死”的区别在于，逃是为了生，为免于一死而作出的积极行动。但“逃”与“死”又有其相通之处，即共同指向事物的隐遁或不在场。因而，拥有这两个义项的“亡”有着不在场(不可见)的内在属性，也就是段注所谓“入于曲隐蔽之处也”。既然“亡”意味着不在场(不可见)，与之相应，不可见性也是“遗”的基本属性。

现代汉语中的“遗”除具有隐遁不可见的“遗失”之意外，还发展出在场可见的“遗留”之意。②“遗失”和“遗留”看似矛盾，实际上却是和谐共在的。“失”是失去、隐蔽之意，“留”是留存、显现之意，二者同为“遗”的结果，统一于具有发生意义的“遗”。这一关系可被勾勒成这样一个线性结构：作为整体的世界——“遗”的发生——遗失/遗留(“遗”的结果)。“遗”发生之前，艺术与世界是整体性存在的。“遗”发生之后，作为整体的世界被分割为“遗失”的与“遗留”的两个部分。需要注意的是，从世界的整体性来看，不论是隐匿不可见的“遗失”者，还是显现可见的“遗留”者，只有被置于整体之中才能获得自身的意义。

与“遗”具有双重含义不同，“产”单指事物的存在。《说文解字》中的“产”为动词，意为“生也”③，让某物“生”即将某物带入其存在的开端。“遗产”之“产”是名词，可视为动词“产”的结果，即所生之物。让某物生和所生之物都指向在场可见，因此，无论从哪个方面来看，“产”总是具有在场可见的属性。而“产”与“遗”相结合，便将隐匿不可见和在场可见两种看似矛盾的属性纳于一体。

作为一种遗留之产，“遗产”是世界整体被“遗”分化后的可见部分，但可见的“遗产”又指向不可见的遗失部分和分化之前的世界整体。“遗产”的意义

---

① (汉)许慎，(清)段玉裁注：《说文解字注》，浙江古籍出版社2006年版，第643页。

② 《现代汉语大辞典》，上海世纪出版股份有限公司、上海辞书出版社2009年版，第1773页。

③ (汉)许慎撰，(清)段玉裁注：《说文解字注》，浙江古籍出版社2006年版，第274页。

正在于它是艺术和世界的一部分，只有在整体的框架内，“遗产”才成其为“遗产”。“遗产”是我们认识艺术与世界之整体性的重要路径。现实生活中，由于可见的总是比不可见的易于被人感知，人们往往会选择性地忽略“遗产”的遗失部分，而拘泥于它的遗留可见部分，也就是把可见之产当作自足的整体，忽略“遗产”是通向世界整体之路径，这就明显越过了“遗产”自身的边界。

“非物质文化遗产”是一种遗产，又有其特殊性。由于“非遗”的核心部分主要体现为非物质文化形态，故其隐匿不可见性又比一般“遗产”更为突出。有鉴于此，我们在认识和保护“非遗”的过程中，除了妥善恰当地保存遗留可见的部分之外，还需借助其隐而未见的部分，从而实现对“非遗”的整体性把握。

二、当前昆曲的显隐二重性

2001年5月18日，联合国教科文组织公布第一批“人类口述和非物质文化遗产代表作”，中国昆曲位列其中。昆曲被称为“百戏之祖”，是我国戏曲中最为古老的一种。悠长的历史给予它丰厚的艺术积淀，同时意味着更多遗失的罅隙。

首先看昆曲音乐方面。明嘉靖时期，魏良辅将昆山土腔改良为悠婉细腻的“水磨调”。“水磨调”最初只是“拍捱冷板”的清曲，讲究“声则平、上、去、入之婉协，字则头腹尾音之毕匀，功深镕琢，气无烟火，启口轻圆，收音纯细”①，所度之曲若非《折梅逢使》《昨夜春归》等散曲名笔，便是传奇中《拜星月》《花阴夜静》这类兼具文采意境的曲子。从字声乐音的悠婉谐和到咬字时头、腹、尾音的清晰匀净，再到曲文的高度诗化，不难看出，“水磨调”在其创调之初，便有着极高而又自觉的审美诉求，沈宠绥所言“功深镕琢、气无烟火”正是对其审美特点的一种概述。当“水磨调”由清曲发展为剧曲，其审美特点便超出声腔音乐的范围，进而规定并统协包括文本、表演和服饰等要素在内的昆曲艺术整体风格。

昆曲音乐的活态传承有清曲和剧曲两种途径，而其最高范式乃是清曲。清曲以曲家为主体，延续“拍捱冷板”的传统，在曲唱中体现出“闲雅整肃，清俊

---

① 俞为民、孙蓉蓉：《历代曲话汇编（明代编）》第二集，（明）沈宠绥、度曲须知，黄山书社2006年版，第617页。

温润”的情味。① 曲家多具良好的文化素养，他们专工度曲，精研曲理，深得其中三昧。剧曲则以伶人为主体，过去伶人因教育水平的缘故，在识字审音上受到限制，又需兼顾场上表演，不能将全部精力用于咬字行腔，故其在曲唱方面的造诣难与清曲家比肩。随着传统士阶层的没落，清曲失去了最为重要的载体，逐渐走向式微。近代以来，审音者凋零特甚，曲家们反向伶人学习唱念。同时，清曲活动中的表演成分增加，也使清曲进一步被剧曲同化。近代清曲的式微不仅意味着昆曲音乐传承的衰落，同时也意味着以曲为本位的昆曲在艺术精神上的衰落。

其次看昆曲剧作。传统昆曲文本的作者多为才士文人，他们以“游于艺”的心态创作剧本，戏曲创作非其谋生之业，所以较少受到现实的拘束，更多按照自己的理想范式进行创作。著名的“汤沈之争”将剧作家分成注重文辞兴寄的“临川派”和注重声腔格律的“吴江派”两大阵营，这两派看似水火不容，其实若忽略他们的具体主张的差异，双方对于昆曲理想范式的坚持是完全一致的。② 剧作家坚持创作理想，与魏良辅等人改良昆腔注重“声则平、上、去、入之婉协，字则头、腹、尾音之毕匀”，务令其达到功深镕琢、气无烟火之境界，在艺术追求上同出一辙。这种来自文人群体的高标的艺术理想和执着的艺术追求正是昆曲区别于其他戏曲剧种，获得“雅部”之誉的内在动因。

当代昆剧创作的情况与明清盛时已有很大不同。相对于明清时期剧作家的“无为而为”，以及对理想范式的坚持，当代剧作者多是从剧团演出的实际需要出发进行创作或改编。当代昆剧创作的形态大致可分三类，一是传统剧目的新创作，如浙江昆剧团的《十五贯》、上海昆剧团的《牡丹亭》(1987 年)等，这类剧目对传统经典进行改编，不同程度地保留了原剧的美学风格。二是新编历史戏，如上海昆剧团《班昭》、浙江昆剧团的《大将军韩信》等，这类剧目因为完全新编，需要投入的人力物力和时间很多，往往一部戏的排演要集全团之力，是剧团资源倾斜较多的一块，但其创作观念和美学风格都十分现代。三是新编现代戏，如北方昆曲剧院《陶然情》、上海昆剧团《伤逝》等，这类剧作的

---

① (明)魏良辅：《曲律》，参见《中国戏曲论著集成》第五集，中国戏曲研究院编，中国戏剧出版社 1960 年版，第 6 页。

② 俞为民在《明代戏曲文人化的两个方面——重评汤沈之争》一文中也认为汤沈之争实际上是戏曲文人化过程中出现的一个现象，汤、沈代表的是戏曲雅化的两个方面，二者实为一体两面。见俞为民：《明代戏曲文人化的两个方面——重评汤沈之争》，参见《南大戏剧论丛》中华书局 2005 年版，第 62~80 页。

风格与传统昆曲文本显然相去甚远。总体而言，当代昆剧创作中对明清时期奠定的传统美学范式的继承是非常有限的。

再次看昆曲表演方面。昆曲在表演上的成熟要晚于声腔和文本的成熟。清乾、嘉时期，昆曲进入折子戏时代，在表演上形成了所谓的"乾嘉传统"。①有别于全本戏的大开大合，经过打磨的折子戏更能体现昆曲精雅细腻的特点。折子戏的形成离不开明清家班的兴盛，其艺术格范的确立也与家班主人所代表的士绅群体之审美好尚密切相关。清代学者钮树玉曾为伶人金德辉示范，要求"歌某声，腰支当中某尺寸，手容当中某寸，足容当中某寸"②。其在表演上的要求可谓十分精准严苛，接近于一种理想的范型。昆曲入选"非遗"名录，所凭借的也正是"乾嘉传统"所奠定的折子戏表演格范。③

如果说清曲是昆曲音乐活态传承的最高范式的话，昆曲表演的传承则主要依赖于昆曲班社，因此，表演的盛衰与昆班的命运息息相关。乾嘉之后，新剧的缺失和花部的兴起让昆曲不可避免地走向衰落。太平天国运动对南昆腹地的扫荡造成江南一带的昆班艺人四下星散，进一步加剧了这种衰落。20世纪初期，晚清苏州最后一个专业昆班全福班报散；20年代初苏州成立昆剧传习所，抗战时期传习所成员组成的仙霓社在上海报散；1956年《十五贯》救活了一个剧种；"文革"期间全国所有昆剧团被撤销；"文革"后恢复昆剧团，但在改革开放的商业大潮中，传统文化整体边缘化，昆曲亦难独善其身。2001年入选"非遗"名录之时，昆曲早已是"遗失"多、"遗留"少的濒危剧种了。

入选"非遗"后的十多年间，昆曲呈现出复兴的态势，但目前的复兴并未使昆曲真正摆脱失传的危机，只是在"非遗"名号的影响下，这种危机由显性逐渐过渡为隐性。正如丁修询所虑，目前昆曲面临的最大危机，不是名义上的失传，而是隐性失传，也就是当前在"昆曲"名义下进行的一些违背昆曲艺术特性与精神的变革。④ 质言之，将昆曲视为"非物质文化遗产"，除了明确要妥善保存目前尚存的昆曲遗产之外，还暗含着一种意向，即我们应在充分认识与保护"非遗"遗留可见部分的基础上，钩沉其遗失不可见的部分，最终实现对昆曲艺术的整体性认识。

---

① 陆萼庭：《昆剧演出史稿》，赵景深校，上海文艺出版社1980年版，第170~174页。

② (清)龚自珍：《龚自珍全集》，上海人民出版社1975年版，第181页。

③ 陈芳：《花部与雅部》，国家出版社2007年版，第200页。

④ 丁修询：《初识昆剧》，载《艺术百家》2001年第4期。

基于当前昆曲遗失和遗留的实际情况，我们对于昆曲这一“非遗”艺术，不仅应保护其显性可见的艺术形式，更需全面深入地认识和保护其隐性艺术格范与精神。唯此才能真正体现《公约》中“保护非物质文化遗产”的宗旨，才能真正传承久已消隐的民族文化传统。

三、《大将军韩信》的显隐二重性问题

《大将军韩信》是浙江省昆剧团继《公孙子都》后推出的又一部以武戏为主的大型新编历史剧。全剧有徙楚、就藩、祸起、贬爵、宴君、入彀六场，讲述韩信后半生改封楚王直至被害身亡的历史故事。2015 年，该剧在第六届昆剧节上展演，笔者观看了这场演出。据编剧黄先钢透露，这是一部为主角林为林“量身打造的大戏”①。所谓“量身打造”，也就是从主角的武生行当技艺出发进行整体的创作。就技艺而言，林为林可谓当前昆剧武生翘楚，他曾两度获得戏曲梅花奖，在当代昆曲界享有“第一武生”之誉。该剧导演沈斌则出自人才济济的上海昆剧院昆大班，师从传字辈老艺人郑传鉴、方传芸等学习武戏，后改行为戏曲导演，有丰富的戏曲表演、导演经验。②

昆剧第一武生主演与昆大班导演，再加传统历史题材，以及为演员量身打造的剧本，这样一部新编昆剧能否呈现昆曲自身的艺术特性？本文基于当前昆曲的显隐二重特性，对此问题进行探析。

（一）《大将军韩信》与当前昆曲的显性特质

在主演林为林看来，《大将军韩信》传承了“最正宗最原汁原味的昆曲传统艺术形式”，并在“舞台的节奏感、可看性以及对历史人物的重新诠释”等方面进行了创新。林说大致反映了《大将军韩信》传承与创新的基本情况。

在音乐方面，《大将军韩信》采用南曲为主、北曲为辅的南北合套形式，

---

① 第一场《徙楚》用了【水仙子】，第二场《就藩》用了【红绣鞋】、【快活三】，第三场《祸起》用了【朝天子】、【脱布衫】带【小梁州】、【上小楼】（两支），第四场《贬爵》用了【风入松】、【乔木查】、【落梅风】、【庆宣和】、【拔不断】、【高阳台】，第五场《宴君》用了【甲马引】、【忒忒令】，第六场《入彀》用了【醉娘子】、【五般宜】、【蛮牌令】、【小桃红】。

② 如第四场中为表现韩信、萧何、吕雉、刘邦在同一情境中的不同心理，分别选用五个不同的曲牌，每一曲牌下只有五句曲文，又如第五场【甲马引】由韩信和刘邦各唱两句即止，【忒忒令】由两人各唱三句即止，全剧情况大抵相似。

符合传统昆剧的曲牌体结构。此外，演员的唱念据说皆由明于曲理的曲家一字一音抠过，咬字行腔遵循了传统的昆曲格范。该剧在音乐上亦有创新之处，如曲牌多为较短的不完整形态，与传统昆剧相比，曲的重要性未得到充分凸显；又如采用埙、古琴、战鼓等非传统乐器以烘托气氛、塑造人物；再如运用和声、吸收西洋音乐中的配器法等。① 尽管有这些创新之举，从比例上看，传统仍占主体地位。文本方面，该剧选用了适合昆剧表现手法的历史题材，语言以文言为主、文白并重，基本符合传统昆剧文本的特点。当然，与传统经典相比，该剧剧本也有明显不足，比如偏重情节，节奏较紧，缺少“水磨调”所奠定的蕴藉之美，语言存在古今混杂的问题等。表演方面，以传统的行当程式表演为主，尤其突出了武生的行当技艺，林为林在其中展现了“枪花”“僵尸”“滚背”“软筋斗”“吊毛”“扑虎”等技巧性很强的行当程式，是该剧表演中的亮点。

由此可见，《大将军韩信》在音乐、文本和表演上的确大体遵循了昆曲的显性格范。因此，从艺术形式角度来看，该剧不失为一部中规中矩的新编昆剧。但若要从艺术整体出发全面评价这部新剧，那么，我们还需考量其与昆曲艺术隐性特质的关系。

(二)《大将军韩信》与当前昆曲的隐性特质

如果说《大将军韩信》大体遵循了昆曲的显性格范，那么从隐性方面来看，剧本创作与舞台呈现的话剧化使得该剧在一定程度上偏离了昆曲的美学特质。

昆曲与西方近代话剧有着本质的不同。从话剧与一般戏曲的比较来看，话剧是以“外观”感受为主体的“外物”摹仿，它主要诉之于“真”。话剧以故事为主，因而故事情节和人物形象(包括外部形象和内在心理)为其表现主体；戏曲是以“心观”领悟为主体的“心物”呈现，它主要诉之于“美”。故事并非戏曲的核心，戏曲演员借助行当程式呈现早已真相大白的故事。在戏曲中，“如何表现”远比“表现什么”更为重要。② 昆曲是传统戏曲中最具典范性的一种，戏曲与话剧的本体差异在昆曲这里体现得尤为明显。可以说，昆曲与话剧从形式到内核多是扞格不入的。

作为一部新编昆剧，在剧本创作上，《大将军韩信》明显受到话剧的影响。言及这部剧的创作，编剧黄先钢表示：创作戏剧文学作品，当然首先要写人。

① 沈斌：《回归本体是戏曲创新的根本(下)》，载《上海戏剧》2016年第4期。

② 邹元江：《我们该如何理解中西戏剧的审美差异》，载《艺术百家》2012年第6期。

要刻画人物形象、演绎人物关系、构造戏剧冲突、营造戏剧情境都绕不开道德和情感的描写。问题不在于写不写道德与情感，而在于究竟是站在个人道德和个人恩怨的角度来解读历史，还是站在重大历史进程的角度来解读个人道德和个人恩怨。①

基于以上观念，编剧将《大将军韩信》的主题处理为：人物的个人情感被他们自己的政治意志无情碾压，英雄的个人命运被历史的潮流无情葬送，或许就是这个戏的悲剧意义之所在。②

不难看出，编剧认为创作该剧的首要任务在于人物形象的塑造和戏剧冲突的营造，此外还有对创作者历史观以及作品悲剧意义的表现。显而易见的是，人物形象和戏剧冲突都是话剧的核心要素，观念与意义的凸显亦是话剧求真意识的体现。因此，编剧实际上不自觉地站在话剧角度，以“真”为诉求进行创作。这种从话剧出发的创作倾向自然会对该剧的艺术表现与风格有内在影响。例如，为保证故事情节的完整和人物形象的连贯，饰演韩信的林为林要从文、武小生演到文、武老生，以武生行当而兼演文戏，并且要同场运用小生的小嗓唱法与老生的大嗓唱法。对于以分行细致著称的昆曲而言，这种做法无疑费力不讨好。在这种情况下，即便演员文武昆乱不挡，也很难保证不同行当艺术水准的均衡，从而对整体的艺术呈现产生影响。

《大将军韩信》在舞台呈现方面也有明显的话剧化倾向。沈斌虽然出自昆大班，但在戏曲导演的学习与实践中也受到了话剧思维的影响。对于这部新编昆剧的舞台化创作，沈斌秉持如下理念：

在尊重昆剧本体的艺术特色下，舞台艺术处理则强调以“快节奏”叙述情节走向，以“大停顿”深挖人物内在心理运动过程及心灵的冲撞，突破昆剧传统的程式表演的手段，有选择并创造个性化人物的外部形体来准确塑造人物，将昆剧这一传统艺术形式发扬光大，并赋予新的生命。③

这段话中有两重含义，其一，《大将军韩信》尊重了昆剧本体艺术特色；其二，《大将军韩信》从人物外部形体塑造和内部心理呈现两方面突破了传统舞台程式。第一重含义中，导演混淆了“艺术特色”和“本体”两个不同的概念。前面分析过，该剧在音乐、文本、表演上大致遵循了昆曲的显性格范，也就是

① 黄先钢：《我写大将军韩信》，载《剧本》2016年第4期。
② 黄先钢：《我写大将军韩信》，载《剧本》2016年第4期。
③ 沈斌：《回归本体是戏曲创新的根本(下)》，载《上海戏剧》2016年第4期。

导演所认为的尊重昆曲的"艺术特色"，但他在此将显性格范等同于昆曲本体，显然犯了以偏概全的错误。导演所表达的第二重含义才真正反映了《大将军韩信》的"艺术本体"，也即以人物塑造为中心、注重人物外部形象和内在心理的呈现。很明显，这种本体观更多体现了话剧的诉求，对昆曲而言则是一种异化。在艺术本体发生变异的前提下，导演将舞台设计之精美和人物内心刻画之精细视为该剧最值得称道的地方也就不足为奇了。①

《大将军韩信》的舞台设计中，最为突出的是灯光和高台的运用。传统昆曲舞台上的光是让事物显现可见的因素，它照亮表演空间，呈现演员的唱念做表，但不会喧宾夺主。而在《大将军韩信》的某些场次，光甚至凌驾于音乐、文本、表演之上，成为舞台上的强势语言。以第四场《贬爵》为例，开场部分讲述了韩信向刘邦献上钟离昧首级，却被刘邦以谋反之名将其擒获。舞台上四束定点光创造出四个小型的封闭空间，韩信居中，萧何、吕后各据一角，刘邦在后区高台上，四人依次出现，各陈心曲。每束光对应一个角色的心理空间，彼此既隔离又呼应，舞台空间被光塑造为纯心理化的空间。冷白的光束如同具有强烈主观性的语言，将人物内心特写般呈现于观众眼前，以实现导演"深挖人物心理"的目的。② 与此同时，在偌大舞台上的四个小小光圈内，昆曲演员的表演却十分简单而且僵化，全然不见传统昆曲精微细腻的特点。新编昆剧在舞台光上做文章，尽管可在一定程度上挖掘人物内心之真，但昆曲自身的艺术特质却因此而被弱化，舍本逐末，难免得不偿失。

高台是该剧舞台设计的另一特点。剧中有几场戏，镜框式舞台上架设两米多高、体量甚巨的高台，台前配阶梯以便上下。高台放置于在舞台中部，正好是观众视线的焦点所在。台上架台，其用意不外乎强调与凸显，如第四场以高台凸显刘邦的君主身份、第六场以高台摔"僵尸"凸显人物的悲剧性等皆是如此。然而这些强调和凸显对昆曲仍然弊大于利：在实际演出中，由于高台空间的逼仄有限，演员受其限制，表演偏于拘谨。如此，昆曲的艺术性也难免受到影响。

导演所标榜的"人物内心刻画的精细"体现的主要是话剧的求真意识。传统昆曲虽也有精微的人物心理刻画，但其主要目的不在于塑造人物，而在于完

① 鲍康：《浙昆新编历史剧〈大将军韩信〉在国家大剧院圆满落幕》，载《中国演员》2015年第2期。

② 沈斌：《回归本体是戏曲创新的根本(下)》，载《上海戏剧》2016年第4期。

成一种审美化的呈现。一旦塑造人物成为艺术的主要目的，作为表现结果的人物形象难免会凌驾于作为表现方式的唱念做表之上，昆曲艺术的核心也就被置换了。我们从导演所说的“‘大停顿’深挖人物内在心理运动过程及心灵的冲撞，突破昆剧传统的程式表演的手段，有选择并创造个性化人物的外部形体来准确塑造人物”中可以看出，该剧精细刻画人物内心的目的在于“准确塑造人物”。所谓“准确塑造”，也就是按照创作者的意志将人物呈现出来。“准确”强调的是人物形象与创作意愿相符合的结果，从这一结果出发，昆曲艺术的审美化呈现被置于“准确塑造”的外围地带。传统形而上学中，符合论是“真”之观念的集中体现，《大将军韩信》中的人物塑造正是基于符合论意义上的求真。

这种求真式地精细刻画人物内心，以求“准确塑造人物”的情况在《大将军韩信》中几乎贯穿始终。如第六场《入彀》中，萧何骑马追赶韩信，二人下马，月下谈心。先是萧何为诓韩入彀心怀歉疚，而韩信以“丞相乃匡扶汉鼎之臣。为扶保乾坤，当舍弃一切。今日之事么，不足为挂”作答。接着韩信问萧何“既然彼此本无敌意，却为何走到今日这般田地?”萧何略作思考，回答：“天道泱泱，岂人力可以抗拒?”韩信点头表示茅塞顿开，随后走上高台从容赴死。① 萧、韩二人月下谈心的内容不见于正史和已有的戏曲文本，是剧作者的虚构，其中所体现的自然是编剧的历史观和人物观。剧中将萧何与韩信分为两大阵营，萧何代表为千秋社稷而舍弃个人情感的汉室忠臣，韩信则代表因一己之情而妨害千秋社稷的英雄人物。不同阵营的矛盾根源不在个人，而在“天道泱泱”，因此一切情况都是可理解的，也都是可接受的，这也才有了萧何在长乐宫叹着“天命使然”从容赴死的结局。编剧显然是在用当代意识来重构古人，剧中萧何、韩信的内心世界不可谓不深刻，舞台上对萧、韩的人物塑造也不可谓不“准确”，但观众所看到的是当代意识越过昆剧艺术的直接现身。昆剧艺术在一定程度上被边缘化，仅作为“准确塑造”人物形象的一种非核心元素而存在。剧中心理刻画的部分还有很多，它们的作用无一例外都是按照创作者的意图“准确塑造人物”。只是人物“准确”了，昆剧的艺术特性也所剩无几了。

不论是剧本创作，还是舞台呈现的角度来看，《大将军韩信》对昆剧本体艺术特色的尊重都仅限于简单遵从当前遗存的传统昆剧艺术形式。但在不可见的艺术精神方面，诉之于“真”的话剧超越诉之于“美”的昆曲，成为该剧在艺术创作方面最重要的依据，同时也是其艺术风格最核心的来源。

---

① 黄先钢：《我写大将军韩信》，载《剧本》2016年第4期。

结　　语

“非遗”像一束光，将原本处于边缘地带的昆曲带入时代的中心，暂时改变了它冷清寂寞的处境。但在政府、商人、艺术家、观众纷纷投来关注目光的当下，面对昆曲热闹的现状，我们仍需冷静思考“非遗”对昆曲究竟意味着什么。“非遗”之于昆曲，当然是一种强而有力的肯定力量。不过，这力量是外在于艺术的，它唯一的目的与作用应当是将艺术带入其自身的存在，让它如其所是地存在，而不是去生硬地改造艺术。因此，我们在面对“非遗”艺术的时候，需要谨慎而耐心地叩问它的本然。本文对新编昆剧《大将军韩信》的评析意即在此。

将昆曲视为人类文化遗产，一方面说明它经历了时间淘洗，另一方面也说明它是人类文化从过去经由现在，从而面向未来的礼物。世界中任何存在都在时间之中，过去、现在和未来对于“非遗”来说同样重要，虽然实践不易，但我们仍应钩沉过去，寻绎在遗失发生之前昆曲世界的总体面貌；立足现实，从昆曲遗失与遗存的具体情况出发，寻找保护与发展之法；面向未来，在妥善宝藏昆曲遗存精华的基础上，循着遗产已说的部分，追寻那被遗忘的或未充分说出的部分，从而认识昆曲艺术自身，并在整体意义上实现“非遗”的传承与发展。

（作者单位：武汉大学哲学学院）

山水画之“远”与道家哲学

魏　华

从古代画论资料和山水画作品中不难看出，中国山水画在空间上的审美追求就是“远”，即在有限的画面中追求无限遥远广阔的空间。山水画所表现出的空间效果折射出古人对待山水的观照态度，也就是说古人认为观山水应该以远观为主。尽管“远观”和“近察”都是山水画的观照方法，但是两者相比，古代画家明显是推崇前者的。比如沈括在《梦溪笔谈》中评价董源的作品说：“近视几不类物象，远视则景物粲然。”①董源的作品近看是凌乱的，与物体形象相差甚远。为什么一幅近看如此糟糕的作品却被认为是优秀作品呢？主要是因为它远看好，远看景物跃然纸上。那么，为什么要追求远呢？要回答这个问题仅仅从画面入手是不够的，而是必须从与山水画最密切的道家哲学，从中国文化中查找原因。

一、山水“大物”思想溯源

为什么要追求“远”？北宋画家郭熙的回答是这样的：“山水，大物也。人之看者，须远而观之，方见得一障山川之形势气象。”②这里有两点值得注意：一是说山水是大物，需要远观才能把握。二是远观是为了领会自然山川的形势气象。首先，我们来看看什么是“大物”。

郭熙将山水理解为“大物”。从表面上看，郭熙是说山水形象较大，必须远观才能把握。的确，无论是在尺寸上还是空间上，自然界的山川河流都是人物和花鸟无法相比的，如果不采用整体的观察方法，就容易陷入到局部中去，

---

① （宋）沈括：《梦溪笔谈》，中华书局 2015 年版，第 165 页。

② （宋）郭熙：《林泉高致》，山东画报出版社 2010 年版，第 15 页。

很难对山水形象以及它们之间的相互关系有宏观的把握。

然而如果仅仅这样来理解古人对“远”的追求，就过于简单化了。明代画论家唐志契在《绘事微言》中开篇就说：“画中惟山水最高。虽人物花鸟草虫，未始不可称绝，然终不及山水之气味风流潇洒。昔元章题摩诘画云：‘云峰石迹，迥出天成，笔意纵横，参乎造化。’至题韩干画，则曰：‘肖像而已，无大物色。’”①从中可以看出，山水画之所以在中国绘画中享有至高的地位，主要原因是它有“大物色”。而且从唐志契引用米芾(米元章)对王维(王摩诘)和韩干的画的不同评价来看，“大物”并不是指的体积上的巨大，而是与天地“造化”相关。

(一)《老子》的“大”之物

在中国传统文化里，“大物”不能完全等同于“大的物体”，尽管“大物”也包含有这样一层意思在内，但是在许多文化典籍——特别是道家哲学文献中，“大”并不是指事物在体积空间上的巨大，而是有着丰富的内涵。比如《老子》三十四章说：“常无欲，可名于小，万物归焉而不为主，可名为大。以其终不自为大，故能成其大。”②这里大与小的分别就不是在体积空间上的差别，而是说“大”的特征在于万物归附它而其不自以为是主宰，正是由于它不自认为自己伟大，所以才成就了它的伟大。

《老子》四十一章中也出现了许多与“大”有关的词。说：“大方无隅，大器晚成，大音希声，大象无形。”③这里的“大方”“大器”“大音”“大象”与普通的方块、器物、声音和形象并不是在力量和强度上的差异，即“大器”并不是体积很大的器物；“大音”也不是声音很大的音乐。而是如楼宇烈所说的：“一加‘大’字则其义相反。”④原本“方”是有隅(棱角)的，但是“大方”却没有棱角；原本“音”是有声音的，但是“大音”确实无声的；原本“象”是有形的，但是“大象”却是无形的。这充分体现了老子的辩证思想，“大”正是这种辩证思想

① (明)唐志契：《绘事微言》，人民美术出版社 1984 年版，第 1 页。

② 《老子·三十四章》，参见(魏)王弼注、楼宇烈校释《老子道德经注校释》，中华书局 2008 年版，第 85~86 页。

③ 《老子·四十一章》，参见(魏)王弼注、楼宇烈校释《老子道德经注校释》，中华书局 2008 年版，第 112~113 页。

④ (魏)王弼注、楼宇烈校释：《老子道德经注校释》，中华书局 2008 年版，第 115 页。

的关键语词。类似的表达还有“大直若屈，大巧若拙，大辩若讷”①。

按照这种逻辑来理解郭熙的“大物”，会发现“大物”不能简单地理解为形体巨大的物体，这里的“大”应该理解成与普通事物呈相反的特征。也就是说，“大物”与“物”的基本属性是相反的，“大物”不是普通之物，不能按照普通事物的属性来理解。

那么，《老子》中有没有出现“大物”呢？《老子》虽然没有直接用“大物”这个词，但是在第二十五章中却谈到了名为“大”的物，他说：“有物混成，先天地生，寂兮寥兮，独立不改，周行而不殆，可以为天下母。吾不知其名，字之曰道，强为之名曰大。大曰逝，逝曰远，远曰反。”②就是说，有一种物在天地出现之前就存在了，天地万物都由它生成，它独立于世界上，没有事物与它匹配，“寂寥”按照河上公的解释是：“寂者无声音。寥者空无形”③即这个“物”没有声音也没有形体，那么它应该属于道，勉强跟它起个名字就叫作“大”。大的特性是“逝”，即“不守一大体而已，周行无所不至”(王弼注)④也就是说，这个叫“大”的物是不断运行变化的，不会总是一种样子。“逝曰远”是说这种运行不是朝着一个方向，而是“无所不穷极”(王弼注)⑤——可以到达无限远的任何地方。“反”在古汉语里通“返”，是“返回”的意思。庄子说“反其真”⑥，“复归于朴”⑦。这即是说，“远”能返回到人的本真素朴的状态中。从中可以看出，中国古代对“远”空间的偏爱，主要是由于“远”的空间感能够使人从充满机心的尘俗喧嚣中解脱出来，在精神上返回到平静安宁、单纯朴实的本真状态中。

《老子》在这里描述了一个勉强被命名为“大”的物，这或许是后来“大物”

---

① 《老子·四十五章》，参见(魏)王弼注、楼宇烈校释《老子道德经注校释》，中华书局2008年版，第123页。

② 《老子·二十五章》，参见(魏)王弼注、楼宇烈校释《老子道德经注校释》，中华书局2008年版，第62~63页。

③ 王卡点校：《老子道德经河上公章句》，中华书局1993年版，第101页。

④ (魏)王弼注、楼宇烈校释：《老子道德经注校释》，中华书局2008年版，第63页。

⑤ (魏)王弼注、楼宇烈校释：《老子道德经注校释》，中华书局2008年版，第63页。

⑥ 《庄子·秋水》，参见(清)郭庆藩撰，王孝鱼点校《庄子集释》，中华书局2012年版，第589页。

⑦ 《庄子·山水》，参见(清)郭庆藩撰，王孝鱼点校《庄子集释》，中华书局2012年版，第675页。

思想的来源。从老子对大物的描述可知，“大物”不是普通的事物，而是与“道”相联系的，张岱年认为：“大”即是道，由大而有逝，由逝而愈远，宇宙因此是一个逝逝不已的无穷的历程。① “大物”的形态是运动变化的，没有固定单一的形象，因此与常规物体不同。“逝”“远”“反”分别是它的三个特性。“逝”含有时间层面的意思，“远”则是空间层面的。可见，“远”是“大物”在空间上的特征。明白了这一点，才能理解为什么郭熙会将空间之“远”与“大物”联系在一起。叶朗先生在《中国美学史大纲》中认为“远”是通向“道”的。他说：“‘意境’的美学本质是表现‘道’，而‘远’就通向‘道’。魏晋玄学追求‘道’，因而也必然追求‘远’。”②叶朗看到了山水画中的“远”与道家哲学的“道”之间有着密切的联系。正因为山水是“大”物，即含“道”之物，所以山水画才如此偏爱“远”空间观照法。

(二)庄子的天地之“大”

庄子继承了老子尚“大”的思想，并有了进一步的发挥。首先庄子肯定了老子“大”就是道的思想，他说：“夫道，覆载万物者也，洋洋乎大哉!”③这里庄子用“大”来描述覆载万物的道的浩瀚广大的情形。显然，“大”是与“道”联系在一起的，是用来描述“道”的。其次，庄子推崇“大”，一方面是因为“大”跟道有密切联系；另一方面，是因为“大”与德相关。庄子在《徐无鬼》篇中说：“故海不辞东流，大之至也；圣人并包天地，泽及天下，而不知其谁氏。是故生无爵，死无谥，实不聚，名不立，此之谓大人。狗不以善吠为良，人不以善言为贤，而况为大乎！夫为大不足以为大，而况为德乎！夫大备矣，莫若天地；然奚求焉，而大备矣。知大备者，无求，无失，无弃，不以物易己也。反己而不穷，循古而不摩，大人之诚。”④这段话的意思是：大海不会拒绝河流的汇入，这是大的极点；圣人包容天地万物，使百姓受到恩惠，而人民不知道他是谁。有的人生前没有爵位，死后没有谥号，不聚敛财富，不追求名声，这样的人才是大人。会叫的狗不一定都是好狗，能说会道的人不一定都是贤人。有

① 参见张岱年：《中国哲学大纲》，中国社会科学出版社1982年版，第17~23页。

② 叶朗：《中国美学史大纲》，上海人民出版社1985年版，第288~289页。

③ 《庄子·天地》，参见(清)郭庆藩撰，王孝鱼点校《庄子集释》，中华书局2012年版，第413页。

④ 《庄子·徐无鬼》，参见(清)郭庆藩撰，王孝鱼点校《庄子集释》，中华书局2012年版，第846页。

心追求伟大的人反而不足以成为伟大。最大的是天地，然而天地无欲无求。因此，要想达到大的境界，必须无欲无求，无所丧失，无所丢弃，不受外界事物的影响而改变自己，顺其自然而不矫饰。从这段文字可以看出，海、圣人、天地之所以为"大"，就是有着高尚的德行。

然而，在"大"(道)与天地的关系上，庄子却有自己的理解。老子认为大道在天地之前就已产生，并且是天地之母，而庄子则认为在自然界中，"大"就在天地之中，天地就能够称得上"大"。即"夫大备矣，莫若天地"①。在《天道》篇中也有类似的表述，他说："夫天地者，古之所大也。"②即天地自古以来就是大的。还有《则阳》篇中说："是故天地者，形之大者也；阴阳者，气之大者也；道者为之公。"③这即是说，在有形的物体中，天地是最大的，在无形的气中，阴阳是最大的，道则是总括一切的。

对于天地，庄子给予了最高的赞美。他说："天地有大美而不言，四时有明法而不议，万物有成理而不说。"④天地的美在庄子眼中不是一般的美，而是大美。在庄子看来，"大"比"美"要高一个层次，庄子说："美则美矣，而未大也。"⑤可见，有的事物虽然很美，但还没有达到像天地那样"大"的境界。

从以上分析我们可以看出，庄子将老子先天地生的"大"物思想发展为对天地之"大"的赞美。在老子那里，"大物"不是一般的平常事物，而是含"道"之物，并且"大物"是先天地而生的，是万物之母。到了庄子，"大物"不是先天地而生的玄妙事物，而就是天地本身。因为天地就是最"大"的，所以天地有"大"美。庄子认为"大"既是"道"，又是"德"，因而天地既有"道"运行期间、又是"德"的集中体现。

---

① 《庄子·徐无鬼》，参见(清)郭庆藩撰，王孝鱼点校《庄子集释》，中华书局2012年版，第846页。

② 《庄子·天道》，参见(清)郭庆藩撰，王孝鱼点校《庄子集释》，中华书局2012年版，第480页。

③ 《庄子·则阳》，参见(清)郭庆藩撰，王孝鱼点校《庄子集释》，中华书局2012年版，第905页。

④ 《庄子·知北游》，参见(清)郭庆藩撰，王孝鱼点校《庄子集释》，中华书局2012年版，第732页。

⑤ 《庄子·天道》，参见(清)郭庆藩撰，王孝鱼点校《庄子集释》，中华书局2012年版，第479页。

(三)郭熙的“大物”观

庄子天地为“大”的思想影响了后来的山水画。南朝时期的山水画家宗炳明确指出“山水以形媚道”①。也就是说，自然界的山水不是一般的事物，而是含“道”的。无形的“道”就像水中的盐一样融入自然山水之中，使得山水“质有而趣灵”②。因此，在宗炳看来，观山水的乐趣在于观“道”，这里的“观”不是“眼观”而是“心观”。所谓“澄怀味象”③，就是这个意思。南朝时期另一位山水画家王微也同意宗炳的看法，他说，“图画非止艺行，成当于易象同体”④，这即是说，山水画不是一般的艺术，而是具有与《周易》类似的功能。显然，山水画应该像《周易》中的卦象那样体现自然界的阴阳变化之道。尽管宗炳和王微认为“道”就存在于自然界的山水之中，但是他们并没有明确说出山水为“大”的提法，没有明确地将山水及山水画与“大”这个概念联系在一起。

而直到宋代，郭熙才明确地将山水与大物联系在一起。他说：“山水，大物也。”⑤郭熙认为老子命名为“大”的物其实就是自然界的山水。山水之所以为“大物”，不是因为体积庞大，而是因为山水是含有“道”和“德”⑥的，山水之美就是庄子所说的“大美”。由此可见，郭熙实际上继承并发展了道家哲学的“大物”思想。从老子的道之“大”到庄子的“天地”之“大”，再到宗炳“山水以形媚道”，最后到郭熙山水之“大物”。可以看出，中国绘画美学中对山水与道的关系逐渐清晰起来。在空间上“远”与“大”的关系到了宋代，才算是真正得到了比较明确而清楚的表述。

---

① (南朝宋)宗炳：《画山水序》，参见俞剑华《中国古代画论类编》，人民美术出版社2014年版，第583页。

② (南朝宋)宗炳：《画山水序》，参见俞剑华《中国古代画论类编》，人民美术出版社2014年版，第583页。

③ (南朝宋)宗炳：《画山水序》，参见俞剑华《中国古代画论类编》，人民美术出版社2014年版，第583页。

④ (南朝宋)王微：《叙画》，参见俞剑华《中国古代画论类编》，人民美术出版社2014年版，第585页。

⑤ (宋)郭熙：《林泉高致》，山东画报出版社2010年版，第15页。

⑥ 郭熙在《林泉高致》中说：“大山堂堂为众山之主，所以分布以次冈阜林壑，为远近大小之宗主也。其象若大君赫然当阳，而百辟奔走朝会，无偃蹇背却之势也。长松亭亭为众木之表，所以分布以次藤萝草木，为振契依附之师帅也，其势若君子轩然得时而众小人为之役使。无凭陵愁挫之态也。”参见(宋)郭熙：《林泉高致》，山东画报出版社2010年版，第26页。可见，郭熙眼中的山水不是机械的自然物，而是充沛的道德园地。

那么，山水画之"远"与"大物"有什么关系呢？一方面，按照老子的理解，"远"是"大物"的空间属性。如前所述，老子说："大曰逝，逝曰远，远曰反。"①"逝"和"远"分别是"大"物在时间和空间方面的特征。因此，要想表现出山水中的"道"，就必须在空间上给人以"远"的感受。简言之，"远"是通向"道"的。另一方面，在中国文化中，"远"不仅仅是指距离上的遥远，还指心灵空间之"远"。而山水中的"道"是无形的，它不能直接用眼睛看到，需要用"心"来观，所以，山水画的"远"观照法能够超越人的视觉限制而直达山水中的"道"。

二、山水画之"形势气象"

山水之"道"主要体现在哪些方面呢？郭熙进一步解释说："须远而观之，方见得一障山川之形势气象。"②由此可知，观山水应该着重观其"形势气象"，"形势气象"也是无形之"道"在山水上的显现。从古代画论可以看出，"形势气象"不仅是评判一件山水画作品优劣的基本条件，也是区别不同画家艺术风格的关键。例如：郭若虚在《图画见闻志》中评价李成的作品："夫气象萧疏，烟林清旷，毫锋颖脱，墨法精微者，营丘之制也。"③从中可以看出古人对山水画作品的评判主要依据两个方面：一是"毫锋颖脱，墨法精微者"，这是指的笔法和墨法；二是"气象萧疏，烟林清旷"这即是指山水"气象"所带来的审美感受。又如：王原祁在《雨窗漫笔》中描述了山水画的作画步骤："作画于搦管时，须要安闲恬适，扫尽俗肠，默对素幅，凝神静气，看高下，审左右，幅内幅外，来路去路，胸有成竹；然后濡毫吮墨，先定气势，次分间架，次布疏密，次别浓淡，转换敲击，东呼西应，自然水到渠成，天然凑泊，其为淋漓尽致无疑矣。"④从中可以看出，对于山水画的空间布局而言，"定气势"是首先要做的事。因此，对于山水画而言，"形象气势"是艺术家要关注的空间问题，它与"远"有着直接联系。

需要注意的是，"形势气象"不是一个词，而是由"形""势""气""象"四个

---

① 《老子·二十五章》，参见(魏)王弼注、楼宇烈校释《老子道德经注校释》，中华书局2008年版，第63页。

② (宋)郭熙：《林泉高致》，山东画报出版社2010年版，第15页。

③ (宋)郭若虚：《图画见闻志》，人民美术出版社1963年版，第20~21页。

④ (清)王时敏等：《清初四王山水画论》，山东画报出版社2012年版，第142页。

字组成，每个字都是表示山水的一个方面的特性。下面我们就来分析一下山水画中的“形”“势”“气”“象”与空间的关系。

（一）山水画之“形”

在中国画中，“形”指的是可见之形。荀子曾说，“行无隐而不形”①，杨倞注：“形，谓有形可见。”②这里的“形”就是可以被人的视觉看到的形象。《庄子·人间世》中说：“容将形之。”成玄英疏：“形，见也。”③可见，形侧重于人眼中可以看到的视觉形式。

尽管山水画中的形可以理解为山水的外形，或者是山水在人眼中呈现的视觉形式。尽管西方绘画中也有“形”，特别是传统写实绘画也重视事物的视觉形象。但是两者仍然存在显著的差异，差异主要体现在两个方面：

第一，中国画的形是不同空间视角形象的综合体，而西方绘画的形则是某一个固定视角的形。在《林泉高致》中，郭熙是这样论述山水之“形”的：“山近看如此，远数里看又如此，远十数里看又如此，每远每异，所谓‘山形步步移’也。山正面如此，侧面又如此，背面又如此，每看每异，所谓‘山形面面看’也。如此是一山而兼数十百山之形状，可得不悉乎！”④从空间变化来看，其一，不同的远近距离会产生不同的视觉形象；其二，不同的位置，不同的视觉角度，山水的形也会发生变化。因此，自然界中山水之形并不是一个静态的影像，而是随着观者的位置变化，处在不断运动变化之中。简言之，“形”是一个动态的综合体。这种对形的理解有点类似于西方现象学中的“侧显”，胡塞尔说：“物体必然只能在一个侧面中被给予。”⑤按照胡塞尔的观点，尽管事物有不同的视角，有不同方向的面，但每次只能显示一个视角。例如一个立方体有六个面，但是我们每次只能看到其中三个面，另外三个面必须通过其他视角才能看到。看不到的三个面在我们的意识中依然能够把握它，因为意识中的本质直观依赖的是侧显，侧显是将事物的各个侧面以变化的显现方式被直观到，因此对同一对象的无穷侧显就会接近它的本质。可见，西方直到20世纪

① 《荀子·劝学》，参见（清）王先谦撰，沈啸寰，王星贤点校《荀子集解》，中华书局2013年版，第12页。

② （唐）杨倞注：《荀子》，上海古籍出版社2010年版，第5页。

③ （清）郭庆藩撰，王孝鱼点校：《庄子集释》，中华书局2012年版，第144页。

④ （宋）郭熙：《林泉高致》，山东画报出版社2010年版，第26页。

⑤ ［德］胡塞尔：《纯粹现象学通论》，李幼蒸译，商务印书馆1997年版，第121页。

才明白这个道理，西方艺术也只有到了塞尚及之后的立体主义绘画才彻底颠覆了传统的静观方法。如果将透视法理解为一种观念的话，立体主义则是另一种理解事物的方式，它似乎更符合现代心理学和视知觉的看法：在观者的头脑里事物的形象不是某个固定位置的一瞥，而是由无数个瞬间的一瞥加以整理后的形象。立体主义这种对形的理解类似于郭熙的“一山而兼数十百山之形状”。

然而，中国画虽然是多视点的综合，但却并没有将牺牲掉事物的外观真实性，而立体主义则为了追求一种内在的真实，将事物分解成一个个碎片。也就是说，在西方画家那里，视觉的真实与艺术家头脑中的真实总是存在着矛盾，两者只能选择其一。而这种矛盾在中国画家那里就不存在，中国画家用一种虚实手法轻松化解了这种矛盾。

众所周知，西方透视法的最大贡献是统一了空间，即画面中所有景物都处于同一个空间体系之中。这样，画面中各物体之间就不仅仅是具有相对的位置关系，而是拥有了一个绝对的空间坐标。于是，画面就与现实产生了对应关系，因为现实中的事物也处在一个绝对空间之中。因而运用透视法的绘画能够带来一种现实世界的真实感。然而一旦这种绝对空间体系被打破，画面中出现了多个视点，这种真实感也就不存在了。在西方现代绘画史上，最先打破焦点透视空间效果的是塞尚。在塞尚的许多静物作品中，台面与上面的静物都不处于同一个空间体系之中，因此台面看起来似乎有一种向前倾倒的感觉。于是，塞尚陷入了由真实感和画面感之间的矛盾所带来的焦虑之中，最终他还是毅然放弃了这种在西方延续多年的透视法传统，随之而来的就是放弃了画面的真实感。西方绘画开始由摹仿现实走向对画面形式的探索。立体主义者所追求的是在作品中表现出事物的真实性，为了摆脱视觉上的局限，他们尽可能地从多角度来观察事物，并将这些视角忠实地呈现在画面上。于是，画面上出现了一些被肢解得零零碎碎的事物碎片，每个碎片都服从与不同的空间系统。尽管立体主义绘画在观念中表现了真实的事物，但是在视觉上并没有带给人们现实感，反而离现实越来越远。总之，从西方艺术家们的艺术实践可以看出，焦点透视是与视觉上的真实感紧密联系在一起的，它能感带来统一的空间感，而一旦艺术家试图在画面上出现多个视点时，这种统一的空间现实感就会马上消失得无影无踪。多视点与画面现实感似乎是一对矛盾，两者只能选其一。

然而在中国的山水画中，两者却能很好地结合。中国山水画的空间构架是“游”，它追求的是“面面看”“步步移”，画面中不可能局限在一个固定的视觉焦点上。但同时中国画家们又不准备像西方现代艺术家那样牺牲掉现实感，因为山水画的意境依赖真实的山水形象来营造，这样才能引导人们的想象进入到一个虚拟的精神世界。那么他们是如何处理这种在西方艺术家看来几乎是不可能解决的矛盾的呢?

王伯敏先生就对这一问题进行过思考。他认为中国画是用“远”来减弱这种多视点带来的空间冲突的。当人们从很远的位置来眺望物体时，由于物体的形象变得很小，透视产生的变形就会小很多。这种说法是有一定的道理的。但是笔者认为，除此之外，中国的山水画家更多的是用虚实手法来解决这一矛盾。如果像西方绘画那样完全用“实”的手法来表现，即使透视变形很小，但透视冲突依然存在，矛盾依然没有得到解决。而用“虚”的手法来处理冲突的地方，情况就很不一样了。中国山水画家在处理空间时是虚虚实实，有的物体是精心描绘的，是“实”的；而有些地方则用留白的手法来表现，这是“虚”的。“虚”的地方依赖人们的想象来补充，想象与现实的一个不同就是它不是死板的、具体的，而是可以根据具体的情境灵活地变化。比如：一块空白根据情境不同，在有些时候会被想象成流水，在有些时候又会被想象成天空，在有些时候还可能会被想象成云雾，等等。这样，在想象中，空间矛盾的地方就会被模糊和忽略掉，或者用想象中的另一事物所替代。因此，中国画家通过“虚”的手法充分利用了人们的想象，纠正和弥补了画面中出现的空间不协调感，使画面呈现出统一的空间效果。

第二，中国山水画的“形”还是时间的综合。郭熙说：“山春夏看如此，秋冬看又如此，所谓‘四时之景不同’也。山朝看如此，暮看又如此，阴晴看又如此，所谓‘朝暮之变态不同’也。如此是一山而兼数十百山之意态，可得不究乎!”①其一，从不同季节来看，春夏秋冬山水呈现出不同的静观。其二，从一天中不同的时间来看，同一座山在清晨与黄昏都有区别。其三，不同的天气条件下，晴天与阴天，光线的强弱变化会带来不同的形体感受。西方艺术直到印象派才意识到时间和光线对事物的视觉效果(尤其是色彩)会产生巨大的影响，莫奈提出了“与时间赛跑”的口号，试图用最快的速度定格住对事物的瞬间印象。他曾对同一个事物在不同时间和光线条件下描绘了多幅作品，由于每次的时间不同，画面也呈现出不同的效果。这与郭熙的“一山而兼数十百山之意态”异曲同工。

然而，西方印象派画家虽然意识到了事物的“形”不是永恒不变的，而是

① (宋)郭熙：《林泉高致》，山东画报出版社2010年版，第26页。

处在不断变化之中的，但是他们无法在静态的画面中呈现出这种运动变化，只能尽可能快地定格住事物的瞬间形态。也就是说，不管对事物的理解如何，西方的绘画永远都是静止的。因为在他们的头脑中，空间与时间始终是相互分离的。绘画属于空间艺术，自然无法表现时间的流逝。而中国画则可以将时间与空间巧妙地融合在一张作品中来表达。

总之，中国古代艺术家很早就意识到了，在空间与时间的变化中，同一个景物可以在空间维度上呈现出不同的"形状"，在时间维度上呈现出不同的"意态"。两者相互叠加，可以产生无穷的山水意象。这些山水意象最后通过艺术家的剪裁最终在画面上呈现。简言之，中国山水画的"形"是自然事物之形的提炼与升华。

(二)山水画之"象"

山水中的"象"又指的是什么呢？象的概念最早来自《周易》，《周易·系辞》中说："易者，象也，象也者，像也。"①唐代孔颖达在《周易正义》对这句话做了进一步的解释，他说："易卦者，写万物之形象，故云：'易者象也。''象也者，像也'者，谓卦为万物象者，法像万物，犹若乾卦之象，法像于天也。"②《易经》中的"象"有两层含义：一是指卦象，即由各种卦的图形所代表的事物的形象，所谓"八卦成列，象在其中矣"③，就是这个意思。二是指天地万物的形象，比如："在天成象，在地成形。"④用卦象来模仿天地万物之象是《周易》的主要方法，《周易》中的各种卦象就是来源于对天地自然的观察和领会。《周易·系辞下》中说："古者包栖氏之王天下也，仰则观象于天，俯则观法于地。观鸟兽之文与地之宜，近取诸身，远取诸物。于是始作八卦，以通神明之德，以类万物之情。"⑤这种"观物取象"的方法无疑对中国山水画影响极大，与西方艺术家相比，中国的画家更加注重事物对人的内心感受，而不局

---

① 《周易·系辞下》，参见(清)李道平：《周易集解纂疏》，中华书局1994年版，第634页。

② (唐)孔颖达：《周易正义》，九州出版社2004年版，第675页。

③ 《周易·系辞下》，参见(清)李道平撰，潘雨廷点校《周易集解纂疏》，中华书局1994年版，第615页。

④ 《周易·系辞上》，参见(清)李道平撰，潘雨廷点校《周易集解纂疏》，中华书局1994年版，第542页。

⑤ 《周易·系辞下》，参见(清)李道平撰，潘雨廷点校《周易集解纂疏》，中华书局1994年版，第621~623页。

限于视觉形象。比如唐志契在《绘事微言》中说："画烟便要得昏昏沉沉，朦胧不明意象。"①"画雪最要得蹙发栗列意象"②，"象"在山水画中，可以理解为事物呈现出的整体印象，有时甚至没有明确的形，但却可以被人所感知。

在山水画中，"象"比"形"的含义更广，且更加有深度。郭熙在谈到"三远"法时，还对"三远"之象做了解释："高远之色清明，深远之色重晦，平远之色有明有晦；高远之势突兀，深远之意重叠，平远之意冲融而缥缥缈缈。"③这里的"清明""重晦"是指的颜色和清晰度上的变化，这些都不是有形的东西，而是事物呈现出的"象"。这也进一步证明中国画的"三远"法不能等同于西方的透视法，中国画的空间观念不仅包括事物比例和形象关系，还包括色彩、清晰度等要素。

"象"同时也是《老子》中的重要概念。在老子那里，象与道相关。《老子》第三十五章说："执大象，天下往。"④河上公注："象，道也。"⑤显然，这里的"大象"就是指的"大道"，"象"与"道"本质上是相通的。但是"象"又不完全等于"道"。"象"与"道"的区别在于"道"是形而上的，它超出了人的感官，是不可见的。按照《老子》的说法是："视之不见名曰夷，听之不闻名曰希，搏之不得名曰微。此三者不可致诘，故混而为一。"⑥"夷""希""微"都是用来形容道的特性的，河上公注："无色曰夷，无声曰希，无形曰微。"⑦可见，道无形无色，也就没有办法被人的视觉感官所把握；而象则是可见的，是可以被人们把握的。因此，"道"可以通过"象"来表达。《老子》说："道之为物，惟恍惟惚。惚兮恍兮，其中有象；恍兮惚兮，其中有物。"⑧王弼在《周易略例·明象》中也解释说："夫象者，出意者也。"⑨"象者，意之筌也。"⑩他借用《庄子》

---

① (明)唐志契：《绘事微言》，人民美术出版社1984年版，第21页。

② (明)唐志契：《绘事微言》，人民美术出版社1984年版，第22页。

③ (宋)郭熙：《林泉高致》，山东画报出版社2010年版，第51页。

④ 《老子·三十五章》，参见(魏)王弼注、楼宇烈校释《老子道德经注校释》，中华书局2008年版，第87页。

⑤ 王卡点校：《老子道德经河上公章句》，中华书局1993年版，第139页。

⑥ 《老子·十四章》，参见(魏)王弼注、楼宇烈校释《老子道德经注校释》，中华书局2008年版，第31页。

⑦ 王卡点校：《老子道德经河上公章句》，中华书局1993年版，第52页。

⑧ 《老子·二十一章》，参见(魏)王弼注、楼宇烈校释《老子道德经注校释》，中华书局2008年版，第52页。

⑨ (魏)王弼注，楼宇烈校释：《周易注》，中华书局2011年版，第414页。

⑩ (魏)王弼注，楼宇烈校释：《周易注》，中华书局2011年版，第415页。

中的“鱼与筌”的关系来说明道与象。“筌”是鱼篓，是捕鱼的工具，而“象”则是为了让人理解“道”，而借用的传达道的工具。可以说，象与筌一样，本身都是工具，都是有一定的目的。筌是为了鱼，而“象”则是为了传达出“道”之意。因此，象虽然也是可见的，但更侧重于可见形的含义。形与象的区别有点类似于符号学中的“能指”和“所指”。形是“能指”，即符号本身，在山水审美中侧重于从视觉形式上来理解山水；而象则是“所指”，即符号所指代的意思，在山水审美中则侧重于从意义方面来理解山水。

西方的风景画只有“形”没有“象”，而中国山水画则形象兼备。郭熙《林泉高致》中说：“大山堂堂为众山之主，所以分布以次冈阜林壑，为远近大小之宗主也。其象若大君赫然当阳，而百辟奔走朝会，无偃蹇背却之势也。长松亭亭为众木之表，所以分布以次藤萝草木，为振契依附之师帅也，其势若君子轩然得时而众小人为之役使。无凭陵愁挫之态也。”①郭熙的意思是，在看自然山川时，应该将最大的山看作山之主，就像古代的帝王一样，而旁边的山峰则像簇拥朝拜的群臣；在看树木花草时，应将挺拔的长松看作是军队中的元帅，有一种君子的气质，而周围的草木则像它的随处。这里郭熙并不是像西方风景画家那样按照事物的形式美感来欣赏山水的，而是赋予了自然山水更多的人文内涵。《宣和画谱》对郭熙的观点进行了评点：“至其所谓‘大山堂堂为众山之主，长松亭亭为众木之表’，则不特画矣，盖进乎道欤。”②可见，古代山水画界非常认同郭熙的看法，认为他的观点将山水画提升到了“道”的层次。类似的看法在古代画论中经常出现，比如：

> “山有主客尊卑之序，阴阳逆顺之仪。其山布置各有形体，亦各有名。习乎山水之士，好学之流，切要知之也。主者，众山中高而大者是也。有雄气而敦厚，旁有辅峰丛围者岳也。大者尊也，小者卑也。大小冈阜朝揖于主者顺也。不如此者逆也。客者其山不相下而过也。”③
>
> “山以水为血脉，以草木为毛发，以烟云为神彩，故山得水而活，得草木而华，得烟云而秀媚。水以山为面，以亭榭为眉目，以渔钓为精神，

① （宋）郭熙：《林泉高致》，山东画报出版社2010年版，第26页。

② 王群栗点校《宣和画谱》，浙江人民美术出版社2012年版，第119页。

③ （宋）韩拙：《山水纯全集》，参见俞剑华《中国古代画论类编》，人民美术出版社2014年版，第662~663页。

故水得山而媚，得亭榭而明快，得渔钓而旷落。此山水之布置也。”①

“石者，天地之骨也，骨贵坚深而不浅露。水者，天地之血也，血贵周流而不凝滞。”②

“山借树而为衣，树借山而为骨。”③

……

总之，形与象是密切联系在一起的——形是象之形，象是形之象。《周易·系辞下》中说：“在天成象，在地成形。”天上的星星形成天象，而地上的山川草木形成地形，两者是相辅相成的一对概念，都是可见的。但是不同的是形侧重于事物的外观形状，也就是人的视觉形式；而象则侧重于事物的内涵和意义。

（三）山水画之“气”

荆浩在《笔法记》中说：“山水之象，气势相生。”④可见，气和势是山水之象的主要构成要素。也就是说，如果将山水理解为象的话，其中的气和势是不可忽略的。

“气”是中国哲学的基本概念，也是中国文化最有特色的地方。因为气在自然界中是无形的，不可见的，因此，西方艺术多注重描绘可见的实体，而对于无形的“气”基本上没有引起关注。而中国艺术则不是这样，谢赫的“六法”中就将“气韵生动”排在首位。同样在山水画中，荆浩提出了山水画的“六要”，也就是山水画的最重要的六个方面——气、韵、思、景、笔、墨，同样也是把“气”排在首位。气比形还要重要，荆浩说：“似者得其形遗其气，真者气质俱盛。”⑤在中国画家看来，一幅绘画作品尽管已经达到形似，但是没有表达出事物的内在气韵还不能算作是好的作品。因此，观山水不能不观“气”。

---

① （宋）郭熙：《林泉高致》，山东画报出版社2010年版，第49页。

② （宋）郭熙：《林泉高致》，山东画报出版社2010年版，第50页。

③ （唐）王维：《山水论》，参见俞剑华《中国古代画论类编》，人民美术出版社2014年版，第597页。

④ （五代）荆浩：《笔法记》，参见俞剑华《中国古代画论类编》，人民美术出版社2014年版，第607页。

⑤ （五代）荆浩：《笔法记》，参见俞剑华《中国古代画论类编》，人民美术出版社2014年版，第605页。

古代画家对天地之中气的观察是非常细致入微的。沈宗骞在《芥舟学画编》中说："天地之气，各以方殊，而人亦因之。南方山水蕴藉而萦纡，人生其间，得气之正者，为温润和雅，其偏者则轻佻浮薄。北方山水奇杰而雄厚，人生其间，得气之正者，为刚健爽直，其偏者则粗厉强横。此自然之理也。于是率其性而发为笔墨，遂亦有南北之殊焉。"①在沈宗骞看来，由于南北方山水之气不同，因而使得南北方人的性格也有差异，体现在绘画上便是南北二宗的绘画风格差异。可见，"气"是山水画的根本要素之一。

绘画中对"气"的重视与传统文化——特别是道家哲学——中的气本体论有很大关系。《老子》中说："万物负阴而抱阳，冲气以为和。"②中国古代画家也是带有这样一种宇宙观来理解自然山水的。六朝时期的山水画家王微曾说："灵无所见，故所托不动；目有所极，故所见不周。于是乎以一管之笔，拟太虚之体；以判躯之状，画寸眸之明。"③太虚即气。这段话的意思是说，视觉是有局限性的，不可能把握自然山水的全貌，因此我们不能把山水当成一个物体来描绘，而是应该将其理解为气，画山水就是画气。布颜图在《画学心法问答》中曾引用庄子的话说："庄子曰：'野马也，尘埃也，生物一息相吹也。'夫大块负载万物，山川草木动荡于其间者，亦一息相吹也，焉有山而无气者乎？如画山徒绘其形，则筋骨毕露，而无苍茫絪缊之气，如灰堆粪壤，乌是画哉？又何能取赏于烟霞之士？"④可见，传统山水画"远"空间观的背后是古人"气"化的宇宙观，如果我们带着现代西方天文学和物理学的眼光来看待这个世界，则会将"远"限定在实体的视觉范围里，看不到事物的变化和隐含的力的结构，也就不能真正理解山水画所追求的"远"。

气虽然是无形的，但是在自然界却可以通过许多形式体现出来。"气"在中国汉字中就是一个象形文字。许慎《说文解字》说："气，云气也，象形。"⑤可见，"气"的本义是模仿云气升腾的样子。气与云本质上是一样的。"云"在

① (清)沈宗骞：《芥舟学画编》，山东画报出版社2013年版，第3页。

② 《老子·四十二章》，参见(魏)王弼注、楼宇烈校释《老子道德经注校释》，中华书局2008年版，第117页。

③ (南朝)王微：《叙画》，参见俞剑华《中国古代画论类编》，人民美术出版社2014年版，第585页。

④ (清)布颜图：《画学心法问答》，参见俞剑华《中国古代画论类编》，人民美术出版社2014年版，第204页。

⑤ (汉)许慎：《说文解字》，天津市古籍书店1991年版，第14页。

《说文解字》中的解释是："云，山川气也，象云回转形。"①显然，在自然界云是气的基本形态。韩拙在《山水纯全集》中也说："夫通山川之气，以云为总也。"②因此，在山水画中，云的表现不可忽略。

除了云气之外，雾气、烟气都是气在自然界中的表现。《说文解字》说："雾，地气发，天不应。"③如果说云气是天上之气的话，雾气就是地面之气。古代人认为雾是地气所发。韩拙认为，雾气、烟气等都是云气的一种形态。他说："然云之体，合散不一焉。轻而为烟，重而为雾，浮而为霭，散而为气。其有山岚之气，烟之轻者，云卷而霞舒。烟者气之所聚也。凡画者分气候，别云烟为先。"④

烟云的重要性在古代画论中是经常被强调的。例如郭熙说："山无烟云如春无花草。"⑤董其昌也说："画家之妙，全在烟云变灭中。"⑥宋代米芾和米友仁父子开创的"米氏云山"山水画风格就是以描绘山中之云气的典范。王时敏评价说："韩纯全论画曰：'通山川之气，以云为总。'所状闲逸舒畅，叆叇灭没之致，不可以笔墨蹊径求之。古今得此关捩者，惟海岳父子。"⑦

除了自然界的各种可见之气之外，气在古代传统观念里还与生命相关。庄子说："人之生，气之聚也。聚则为生，散则为死。"⑧庄子把人的生命看成气的凝结，死亡看成气的消散。一旦呼吸停止，没有了气息，也说明生命的结束。管子《枢言》中也说："有气则生，无气则死。"⑨自然界在古代人看来，也像人的生命一样，是一个生生不息的世界。归根结底，天地万物有着共同的本质——气，即"通天下一气耳"⑩。

---

① （汉）许慎：《说文解字》，天津市古籍书店1991年版，第242页。

② （宋）韩拙：《山水纯全集》，参见俞剑华《中国古代画论类编》，人民美术出版社2014年版，第670页。

③ （汉）许慎：《说文解字》，天津市古籍书店1991年版，第242页。

④ （宋）韩拙：《山水纯全集》，参见俞剑华《中国古代画论类编》，人民美术出版社2014年版，第670~671页。

⑤ （宋）郭熙：《林泉高致》，山东画报出版社2010年版，第51页。

⑥ （明）董其昌：《画禅室随笔》，山东画报出版社2007年版，第26页。

⑦ （清）王时敏等：《清初四王山水画论》，山东画报出版社2012年版，第91页。

⑧ 《庄子·知北游》，参见（清）郭庆藩撰，王孝鱼点校《庄子集释》，中华书局2012年版，第730页。

⑨ 《管子·枢言》，参见黎翔凤《管子校注》，中华书局2004年版，第241页。

⑩ 《庄子·知北游》，参见（清）郭庆藩撰，王孝鱼点校《庄子集释》，中华书局2012年版，第730页。

清代画论家沈宗骞在《芥舟学画编》中说：“天下之物，本气之所积而成。即如山水，自重岗复岭，以至一木一石，无不有生气贯乎其间。是以繁而不乱，少而不枯，合之则统相联属，分之又各自成形。万物不一状，万变不一相，总之统乎气以呈其活动之趣者，是即所谓势也。”①显然，道家哲学的气本体论思想深深地影响了中国的山水画，之所以世界在古代人眼中是一个生生不息的世界，其主要原因就在于古代人用一种气化的宇宙观来理解整个世界。董其昌也说：“画之道，所谓宇宙在乎手者，眼前无非生机，故其人往往多寿。至如刻画细谨，为造物役者，乃能损寿，盖无生机也。”②在董其昌看来，好的山水画家不会被山水的细节所束缚，而是应该注重对宇宙中生机的观察和把握，这才是绘画之道。而那些平庸的画家却总是被物体的形象外观所束缚，刻画虽然细致入微，但是没有生气。董其昌所说的“生机”就是天地间的生生之气。有了气，整个世界就有了生机。对宇宙生气的观察是中国山水画区别于西方风景画的重要特征。

此外，气的特点在于无定形，不断地运动变化。因此，对气的重视可以使画面活泼灵动，生“气”盎然。例如：王原祁对米家山水的灵动赞赏有加，认为其成功之处在于对气的运用别具一格。他说：“宋元各家，俱与实处取气，惟米家于虚中取气，然虚中之实，节节有呼吸，有照应，灵机活泼，全要于笔墨之外有余不尽，方无罣碍。”③山水画的灵动活泼主要靠气。

（四）山水画之“势”

郭熙说：“真山水之川谷，远望之以取其势，近看之以取其质。”④可见，山水审美中采用“远”的观察方式与“势”有很大关系。自郭熙之后，山水画中“势”的问题越来越受到重视，清代笪重光在《画筌》中说：“得势则随意经营，一隅皆是；失势则尽心收拾，满幅都非。”⑤显然，“势”的掌握关系到一幅山水画的成败。清代唐岱在《绘事发微》中还特意增加了“得势”一章，来说明和

① （清）沈宗骞：《芥舟学画编》，山东画报出版社2013年版，第84页。

② （明）董其昌：《画禅室随笔》，山东画报出版社2007年版，第70页。

③ （清）王时敏等：《清初四王山水画论》，山东画报出版社2012年版，第178页。

④ （宋）郭熙：《林泉高致》，山东画报出版社2010年版，第26页。

⑤ （清）笪重光：《画筌》，参见俞剑华《中国古代画论类编》，人民美术出版社2014年版，第814页。

强调“势”的重要性。他说，“夫山有体势，画山水在得体势”①，认为体会山水中的“势”是山水画的关键之处。清代另一位画论家沈宗骞也在《芥舟学画编》中说：“布局先须相势。盈尺之幅，凭几可见。若数尺之幅，须挂之壁间，远立而观之，朽定大势，或就壁，或铺几上，落墨各随其便。当于未落朽时，先欲一气团炼，胸中卓然已有成见，自得血脉贯通，首尾照应之妙。”②他认为，作画首先要布局，但是布局的核心是“相势”。显然，中国画的布局并不简单等同于西方绘画的“构图”。西方构图主要是从画面形式角度来安排景物，画家关注的是可见的形，而中国画的布局则讲究画中景物的“血脉贯通”和“首位照应”，画家关注的则是画面隐含的气脉和体势。画面中的“气”和“势”并不是直接能够被观察到的，而是需要欣赏者达到一定的审美境界后用心才能体会的。

那么什么是势呢？如果从字源学角度看，“势”与力相关。《说文解字》说：“势，盛力，权也。从力，执声。”③周易《坤》卦曰“地势坤”，李鼎祚集解引虞翻曰：“势，力也。”④由此可见，“势”应该理解为一种力。比如笪重光在《画筌》中说：“一收复一放，山渐开而势转；一起又一伏，山欲动而势长。”⑤这里的“收”“放”“开”“转”“起”“伏”“动”都是动词。可见，山在古代画家眼中并不是静止的事物，而是其中蕴含着力的运动变化。由于图画不像动画或者电影那样可以表达动态的影像，因此，这种力，这种运动感如果要在静止的画面上来表现的话，就要借助于“势”，即要通过山水的形象让人体会出其中的张力。又如郭若虚评价范宽的作品“峰峦浑厚，势壮雄强”⑥，就是说范宽的山水画作品表现出一种刚劲雄壮的力量感。与事物的外形相比，力是不可见的，但是可以感受到。正如前面所言，中国画不能仅从视觉上来理解，“势”再次证明了这个看法。尽管事物的“势”最终是通过视觉表现的，但是仅仅靠视觉，不能体会出这种不可见的力。它需要调动起想象力，用心去体会。“古人运大

① （清）唐岱：《绘事发微》，山东画报出版社2012年版，第101页。

② （清）沈宗骞：《芥舟学画编》，山东画报出版社2013年版，第84页。

③ （汉）许慎：《说文解字》，天津市古籍书店1991年版，第293页。

④ （清）李道平：《周易集解纂疏》，中华书局1994年版，第75页。

⑤ （清）笪重光：《画筌》，参见俞剑华《中国古代画论类编》，人民美术出版社2014年版，第806页。

⑥ （南宋）郭若虚：《图画见闻志》，人民美术出版社1963年版，第21页。

轴，只三四大分合，所以成章。虽其中细碎处多，要之取势为主。”①董其昌认为山水中的一些细碎之处，并不是画家为了描绘这些细节而画的，而是为了“取势”，是为了表达山的“势”而描绘的。因此，我们不能仅从视觉上来理解这些细节，要通过这些“细碎”之物来感受到画面中隐含的“势”。

从力的角度讲，山水画中的“势”有点类似于西方完形心理学中的“场”。西方十九世纪的完形心理学就是侧重于研究图形与审美心理的关系。阿恩海姆在《艺术与视知觉》中通过大量的视知觉实验来证明图形中也隐含有引力，这种视觉引力实际上就是图形带给人的心理感受。也就是说，我们在看图形时会感觉到画面中力的存在，但是这种力本身是看不到的。而中国艺术早在一千多年前就已经开始重视事物隐含的张力。

“势”也可以理解为事物的一种趋势。苏东坡在看了文同画的竹子后感叹道：“此竹数尺耳，而有万尺之势。”②虽然受到画幅限制，文同所画的竹子的实际尺寸只有“数尺”，但是给人的感觉却有“万尺”之高。这说明艺术家通过艺术作品充分表达出了竹子高耸挺拔的趋势。中国画家并不是像西方写实绘画那样对实物的复制，而是要画出事物的特征。因此，“势”比形更重要，从“势”可以看出中国画采用的艺术手法是比较夸张的。为了活得这种“势”，艺术家可以运用一些手法，郭熙说：“山欲高，尽出之则不高，烟霞锁其腰，则高矣。”③黄公望进一步总结道：“山腰用云气，见得山势高不可测。”④且不论真实的山间有没有云气，画家在创作山水画作品时为了突出山的高大雄伟之势，则需要画出山腰之烟霞。

为什么山水画如此强调“势”？是因为山水画表现的空间过于广大，而画幅通常是有限的，如果不借助“势”，则难以在“咫尺”的画幅中表现出“千里之遥”的空间感。清代王夫之说：“论画者曰：‘咫尺有万里之势。’一‘势’字宜着眼。若不论势，则缩万里于咫尺，直是《广舆记》前一天下图耳。”⑤山水画不是地图，其区别就是：地图主要是将地形方位按照比例缩小，而山水画则是比较夸张地表达出万里之遥地空间效果。因此，对事物“势”的观察和领会是

① （明）董其昌：《画禅室随笔》，山东画报出版社2007年版，第25页。

② （宋）苏轼：《东坡画论》，山东画报出版社2012年版，第16页。

③ （宋）郭熙：《林泉高致》，山东画报出版社2010年版，第56页。

④ （元）黄公望：《写山水诀》，参见俞剑华《中国古代画论类编》，人民美术出版社2014年版，第701页。

⑤ （明）王夫之：《船山全书》（第十五卷），岳麓书社2011年版，第838页。

古代画家的必备素质。

其实山水画从一开始出现就在思考自然空间的无限与画幅的有限之间的矛盾。南朝时期的画家宗炳在《画山水序》中曾说："且夫昆仑山之大，瞳子之小，迫目以寸，则其形莫睹；迥以数里，则可围于寸眸。诚由去之稍阔，则其见弥小。今张绢素以远映，则昆阆之形，可围于方寸之内。竖划三寸，当千切之高；横墨数尺，体百里之远。是以观画图者，徒患类之不巧，不以制小而累其似，此自然之势。如是，则嵩华之秀，玄牝之灵，皆可得之于一图矣。"宗炳这段话一直以来被认为是中国也有类似于西方焦点透视法的证据。特别是"张绢素以远映"与西方文艺复兴时期画家研究透视法的过程类似，"去之稍阔，则其见弥小"。就是说，离得越远，看到的视觉形象就越小。从这一点来说，中国早在魏晋时期就发现了视觉上的"近大远小"的道理是毫无疑问的。那么，为什么中国后来的绘画没有像西方那样追求视觉上的真实呢？显然，这种说法无法解释这个现象。其实，宗炳的这段话中有一点是与西方根本不同的，就是"势"的观念。宗炳虽然最早发现了"近大远小"的视觉原理，但是他并不局限于视觉，他说："竖划三寸，当千切之高；横墨数尺，体百里之远。"这里的"当"和"体"都不是视觉上的，而是人的身心体验。也就是说要通过作品给人以"千仞之高""百里之远"的感觉，"千仞之高""百里之远"可以理解为事物的一种"势"。"是以观画图者，徒患类之不巧，不以制小而累其似，此自然之势。"在作画时不一定要按照视觉上的大小来画，而是可以主观地夸张处理，艺术家要处理的"巧"而不是"累其似"，其关键就是要抓住自然的"势"。宗炳认为，只要这样，才能将天地自然的造化表现出来。与西方的艺术家不同，中国画家不一定完全按照事物的视觉形象描绘出来，而是表达出事物的"势"。顾恺之也把山水画的布局称作"置陈布势"①，并且在《画云台山记》中多次提到"势"这个词，比如："夹冈乘其间而上，使势婉嬗如龙"；"画险绝之势"；"根下空绝，并诸石重势"；"作一白虎匍石饮水，所为降势而绝"。② 可见，画"势"而不是画"视"，在魏晋南北朝时期画家们已达成共识。需要指出的是，"势"的概念在西方是没有的，它不是一个视觉上的术语，它是看不见的，但是又可以通过事物的"形"被人们所感受到，它根源于中国传统的气本

① 顾恺之《论画》中说："若以临见妙裁，寻其置陈布势，是达画之变也。"参见周积寅《中国画论辑要》，江苏美术出版社 1998 年版，第 414 页。

② （东晋）顾恺之：《画云台山记》，参见俞剑华《中国古代画论类编》，人民美术出版社 2014 年版，第 581~582 页。

体论思想。因此，“势”的观念使得中国画与西方绘画在空间处理方面走上了两条不同的道路。

“势”的思想也与《庄子》有一定关系。庄子认为，事物的大小是相对的，不是绝对的。任何一个事物都比它大的东西小，比它小的东西大。“天下莫大于秋毫之末，而大山为小。”①一个在常人看来极大的东西(比如：泰山)，如果将其放置在无穷的空间上来衡量，却显得十分渺小；相反，一个在常人看来极其细微的东西(比如：秋毫之末)，如果离近看，却可发现丰富的内容。在这一点上，儒道两家体现出了不同的认识：孔子以泰山为高，而庄子则以“大山为小”。事物的大小既然是相对的，那怎么在绘画中表现它的大小特征呢？庄子说：“夫精，小之微也；垺，大之殷也；故异便。此势之有也。”②精，是最微小的，垺，是最广大的，这是“势”造成的。这里，庄子提出了“势”这个概念。从空间上讲，“势”是指事物给人的大小远近的感觉。在绘画中，如果想表现出事物的绝对大小是不可能的，但是，可以表现出大小之势。虽然画幅是有限制的，但是仍然能够表现出无穷远的空间感。需要注意的是，中国古代画家在表现空间时与西方画家不同，他们不会像西方古典画家那样按照透视原则认真地将空间远近换算成大小，而是会有所夸张，因为他们的主要目的是要将事物的远近之势表现出来，而不是表现出事物的绝对空间大小。

(五)“形象气势”与“远观”的关系

为什么郭熙认为“须远而观之，方见得一障山川之形势气象”？“远观”作为一种空间观照法，与事物的形、象、气、势有什么关系呢？

第一，远观可以看出事物的大形。

在中国的山水画中，远观和近察都是常用的空间观照方法，两者各有特点。庄子说：“夫自细视大者不尽，自大视细者不明。”③“大视”和“细视”是两中观看事物的方式，即近看事物的细节特征和远观事物的整体面貌。庄子反对从一个固定距离来观看事物，而应该无论远近都观照得到，这样才能更加全面

---

① 《庄子·齐物论》，参见(清)郭庆藩撰，王孝鱼点校《庄子集释》，中华书局2012年版，第85页。

② 《庄子·秋水》，参见(清)郭庆藩撰，王孝鱼点校《庄子集释》，中华书局2012年版，第571页。

③ 《庄子·秋水》，参见(清)郭庆藩撰，王孝鱼点校《庄子集释》，中华书局2012年版，第571页。

地把握事物。如果距离太近，看大的事物就不全面；如果距离太远，则又看不清楚细节。因此，在表现事物时，应兼顾不同的观看方式，在中国画中，画面的视点是不固定的，忽远忽近，就是这个道理。

对于事物的整体形象来说，就必须用远观才可把握。南朝画家宗炳说："且夫昆仑山之大，瞳子之小，迫目以寸，则其形莫睹，迥以数里，则可围于寸眸。诚由去之稍阔，则其见弥小。今张绢素以远映，则昆阆之形，可围于方寸之内。竖划三寸，当千仞之高；横墨数尺，体百里之迥。"①中国早在南北朝时期就明白了"近大远小"的视觉原理，要想更全面地把握事物，就必须远看。况且与人物画和花鸟画不同，山水画的所要表现的对象在空间体积上更大。因此，面对如此巨大的事物，"远"观可以更好地把握事物的整体形象。

此外，山水画中的形是多角度的、变化的形。如前所述，郭熙提出"山形步步移""山形面面看"②，对于这样一种对形的要求，远观比近察更为重要。因为，事物的运动变化形态以及不同视角的形象差异，从远处要比近处更容易把握。

第二，远观可以欣赏烟、云等气象。

在中国的山水画中，烟、云等气体的表现至关重要。这些既无常形又摸不着的气，尽管西方的风景画家不够重视，但是在中国画家看来，却蕴含着无限的妙处。一方面，正是因为有云烟，才使得空间的呈现出远近次序。正如王维的《山水诀》中所说："远景烟笼，深岩云锁。"③远处的景物由于有烟云的遮挡使得不如近处的景物清晰，空间的远近层次利用云气可以很好地表现出来。另一方面，正是因为有云雾，才使得事物的形象并不全部可见，体现出若隐若现、虚虚实实的意趣。因此，董其昌曾感叹："画家之妙，全在烟云变灭中。"④对于烟云等不断变化的气体来说，只有远观才能看得见其全形，也只有远观才能看到其变化。

第三，远观可以品味山水的气象韵味。

所谓山水中的气象，实际上是观者对山水的一种整体的主观体验。在欣赏

① （南朝宋）宗炳：《画山水序》，参见俞剑华《中国古代画论类编》，人民美术出版社2014年版，第583页。

② （宋）郭熙：《林泉高致》，山东画报出版社2010年版，第26页。

③ （唐）王维：《山水诀》，见俞剑华：《中国古代画论类编》，人民美术出版社2014年版，第592页。

④ （明）董其昌：《画禅室随笔》，山东画报出版社2007年版，第26页。

山水或山水画时，如果拘泥于一草一木的细节，难免会看不到山水(画)所呈现出的气象韵味。对此，郭熙说得好：“真山水之风雨，远望可得，而近者玩习不能究一川径隧起止之势，真山水之阴晴，远望可尽，而近者拘狭，不能得明晦隐见之迹。”①他还说：“山春夏看如此，秋冬看又如此，所谓‘四时之景不同’也。”②当春天来临，万物呈现出勃勃生发的景象；到了夏天，万物又呈现出茂盛之象；而秋冬时节，万物有收敛之象。生机勃勃之气象与萧疏清旷气象，虽然离不开事物的“形”，但都不是仅仅依靠“形”所能传递的，它需要观众的宏观体验。山水画的妙处也正是在于它超出了对自然事物的外观形式上的审美，而产生出对宇宙生命的主体感悟。因此，像西方绘画那样，对某一个事物细致入微的静观方法是无法体会出中国山水画所隐含的整体气象的，必须采用宏观的、游动的“远”观法才能体验的出。

第四，远观可以把握山水的体势。

清代画论家沈宗骞在谈到山水画欣赏时说：“画须要远近都好看。有近看好而远不好者，有笔墨而无局势也。有远观好而近不好者，有局势而无笔墨也。”③中国画的观察法是一会儿拉近看，一会儿推远看。④ 但是远看与近看的侧重点是不同的，近看主要是看笔墨，即笔法和墨法；远看则笔墨细节模糊了，这时主要看画的布局和气势。空间和笔墨分别是山水画的两个重要方面，在欣赏时分别对应远观和近察两种不同的欣赏方式。

同样，自然山水的审美也是如此，郭熙说：“真山水之川谷，远望之以取其势，近看之以取其质。”⑤同一座山，远望和近看会给人不同的感受，当离山很近或身在其中时，山的一草一木、石头的质地纹理都观察得很清楚，但是山的大形以及与其他山的关系则不容易把握，要欣赏山的气势，必须远观才可领会。

因此，对于山水画创作来说，空间布局主要就是布“势”。沈宗骞说：“布局先须相势。盈尺之幅，凭几可见。若数尺之幅，须挂之壁间，远立而观之，朽定大势，或就壁，或铺几上，落墨各随其便。当于未落朽时，先欲一气团

① (宋)郭熙：《林泉高致》，山东画报出版社2010年版，第26页。

② (宋)郭熙：《林泉高致》，山东画报出版社2010年版，第26页。

③ (清)沈宗骞：《芥舟学画编》，山东画报出版社2013年版，第34页。

④ 王伯敏：《山水画纵横谈》，山东美术出版社2010年版，第202~203页。

⑤ (南宋)郭熙：《林泉高致》，山东画报出版社2010年版，第26页。

炼，胸中卓然已有成见，自得血脉贯通，首尾照应之妙。”①山水画在布局时首先要“相势”，所谓“相势”，就是从山水的“势”出发来布局山水的位置。如果是大幅作品，必须远观才能把握。对山水之势的重视可以避免过早地陷入局部中去，使画中各事物失去联系。因为整个自然界在古代画家眼中都是一个相互联系在一起的整体，事物之间有气脉相通，饶自然在《绘宗十二忌》中认为“山无气脉”②为山水画之大忌。郑绩在《梦幻居画学简明》也支持饶自然的观点，他说：“山无气脉者，所谓琐碎乱叠也。凡山皆有气脉相贯，层层而出，即耸高跌低，闪左摆右，皆有馀气，连络照应，非多览真山，不能会其意也。若写无脉之山，不独此山，固为乱砌，即通幅章法，亦是乱布耳。无气脉当为画学第一病。”由于各种事物之间的关联主要靠气。因此，要想避免这种问题，首先就必须运用山水画中的“远”观照法对山水之“势”有深刻的理解。

从以上分析可以看出，山水画中的“远”法与“大”“形”“象”“气”“势”等词语相关，而这些术语又都是道家哲学的核心概念。可以说，山水画与道家哲学有着千丝万缕的联系，是实践化了的道家哲学。在这些要素中，除了“形”是视觉要素之外，其余几个都是没有固定形象的。对于超出视觉范围的“象”“气”“势”，更多的是需要体验式的审美方式，即需要人们用心去体会和感悟。

三、“远”与庄子的空间境界

徐复观先生说：“老庄思想当下所成就的人生，实际是艺术的人生，而中国的纯艺术精神，实际系由此一思想系统所导出。”③从中可以看出中国艺术深受老庄哲学的影响，至于脱胎于魏晋时期的山水画，更是这样，因为魏晋时期正是玄学盛行的时代，《老子》《庄子》和《周易》作为“三玄”，备受文人们的青睐，文人士大夫们对自然山水的喜爱正是受玄学的影响。于是，山水画之“远”与道家哲学——特别是《庄子》——有着不容忽视的密切联系。

---

① (清)沈宗骞：《芥舟学画编》，山东画报出版社 2013 年版，第 84 页。

② “三曰：山无气脉。画山于一幅之中先作定一山为主，却从主山分布起伏，余皆气脉连接，形势映带。如山顶层叠，下必数重脚，方盛得住。凡多山顶而无脚者，大谬也。此全景大义如此。若是透角，不在此限。”(元)饶自然：《绘宗十二忌》，参见俞剑华《中国古代画论类编》，人民美术出版社 2014 年版，第 695~696 页。

③ 徐复观：《中国艺术精神》，九州出版社 2014 年版，第 57~58 页。

(一)庄子的空间观

道家哲学充满了对时间和空间的思考。方东美先生说：“在运思推理之活动中，儒家是以一种‘时际人’(Time-man)之身分而出现者(故尚‘时’)；道家却是典型的‘太空人’(Space-man)(故崇尚‘虚’‘无’)；佛家则是兼时、空而并遣(故尚‘不执’与‘无住’)。”①方东美将道家比喻为“太空人”是非常形象而贴切的。在道家哲学那里，人与自然相比是渺小的，老子和庄子经常从宇宙之外来看待整个自然界。所以，庄子所理解的空间是无穷无尽的空间，是超越人们常识的“六合之外”的空间。他在《秋水》篇中曾质疑过“大”的极限：“又何以知天地之足以穷至大之域?”②人们常识的空间是“六合”，即“上下东西南北”，而庄子却经常用“六合之外”来描述他的空间观，可见，庄子所言的空间是超越人感官范围以外的空间，是没有边界的无限空间。

对于这种空间的感知就不能单靠身体感官了，而应该用“游”来体会。在《则阳》篇中庄子有一段戴晋人与魏惠王的对话：“曰：‘……君以意在四方上下有穷乎?’君曰：‘无穷。’曰：‘知游心于无穷，而反在通达之国，若存若亡乎?’君曰：‘然。’”③在庄子看来，“四方上下”(即东西南北上下)都是无穷无尽的，对于无穷的境域，应该是“游心于无穷”。“游”在庄子中多次出现，可以说是庄子的核心思想之一。庄子所说的“游”不是身体之游，而是“游心”，即精神上的游。在《人间世》中庄子首次提出了“乘物以游心”的重要命题，陈鼓应说：“‘游心’，这是最具有庄子思想特色的概念，首出于此。它不仅是精神自由的表现，更是艺术人格的流露。”④庄子在《外物》篇中说：“人有能游，且得不游乎？人而不能游，且得游乎?”⑤在庄子看来，人如果能游心自适，那么怎么会不悠游自得呢？反之，人如果不能游心自适，那么怎么会悠游自得呢?

---

① 方东美：《生生之美》，北京大学出版社2009年版，第141页。

② 《庄子·秋水》，参见(清)郭庆藩撰，王孝鱼点校《庄子集释》，中华书局2012年版，第568页。

③ 《庄子·则阳》，参见(清)郭庆藩撰，王孝鱼点校《庄子集释》，中华书局2012年版，第885页。

④ 陈鼓应注释：《庄子今注今译》，中华书局2009年版，第139页。

⑤ 《庄子·外物》，参见(清)郭庆藩撰，王孝鱼点校《庄子集释》，中华书局2012年版，第929页。

那么，怎么样才能做到游心自适呢？庄子说：“人能虚己以游世，其孰能害之！”①可见，“虚己”是“游”的前提。所谓“虚己”就是“无己”，也就是必须去除以自我为中心的偏见，进入与天地往来的精神境界。布颜图在《画学心法问答》中说：“制大物必用大器，故学之者当心期于大，必先有一段海阔天空之见，存于有迹之内，而求于无迹之先。无迹者鸿蒙也，有迹者大地也。”②由此看来，学习山水画不能拘泥于一山一草的画法，这些画法都属于技巧；而要真正想学会山水画，就必须把山水当成“大物”来看，要看到山水形象背后无形的东西，即“鸿蒙”。所谓“鸿蒙”，就是宇宙形成之前的一团混沌的元气。所谓“制大物必用大器”，如果艺术家没有像庄子《逍遥游》中所描述的广大的眼界和开阔的心胸，是不可能理解山水中无形的“道”之美。

（二）“远”与“逍遥游”

“远”，这个概念在《庄子》中多次提到。在《逍遥游》中开篇庄子极富想象力地描述了一只几千里大的鹏，它“水击三千里，抟扶摇而上者九万里”③。庄子用鹏的大衬托出了一个广大无穷的空间，然后他发出了感慨：“天之苍苍，其正色耶？其远而无所及邪？其视下也，亦若是则已矣。”④庄子在这里对天地空间的范围进行了追问：天空的高远是没有穷极的吗？至少从大鹏鸟的角度看，也就是这样。换句话说，只有大鹏鸟才能看到天地之远，也只有达到了一定的高度才能理解空间之远，而地面上的燕雀无法体会。

中国画中对“远”的追求，应该与此有关。徐复观先生在阐释宗炳的《画山水序》时说：“自己之精神，解放于形神相融之山林中，与山林之灵之神，同向无限中飞越，而觉‘圣贤映于绝代’，无时间之限制；‘万趣融其神思’，无空间之间隔；此之谓‘畅神’，实即庄子之所谓逍遥游。”⑤《逍遥游》是《庄子》的首篇，也是庄子思想的一条红线，其重要性不言而喻。庄子试图通过大鹏鸟

---

① 《庄子·山木》，参见（清）郭庆藩撰，王孝鱼点校《庄子集释》，中华书局2012年版，第673页。

② （清）布颜图：《画学心法问答》，参见俞剑华《中国古代画论类编》，人民美术出版社2014年版，第195页。

③ 《庄子·逍遥游》，参见（清）郭庆藩撰，王孝鱼点校《庄子集释》，中华书局2012年版，第5页。

④ 《庄子·逍遥游》，参见（清）郭庆藩撰，王孝鱼点校《庄子集释》，中华书局2012年版，第5页。

⑤ 徐复观：《中国艺术精神》，九州出版社2014年版，第229页。

来描绘出道家追求的一种豁达宽广的人生境界，这种境界不是世俗的景象，是斥鴳、学鸠之类所无法理解的，只有飞到大鹏的高度，才能体会到这种境界。古代画家精心描绘的山水之远景，不正是大鹏眼中的景象吗？因此，山水画对空间之“远”的追求，其实是对道家人生境界的追求。

类似的比喻在《秋水》篇中也可以看到。浅井中的蛤蟆认为它在井中的生活非常快乐，独占一口井非常了不起，于是邀请东海的大鳖去其井中看看，可是东海之鳖左脚还没有进去，右脚就已经被绊住了。东海之鳖向它描述了大海的情形，它说：“夫千里之远，不足以举其大；千仞之高，不足以极其深。”①庄子用“远”来描述海面的宽阔。从空间上看，大海的宽广与浅井的狭小，前者显然是庄子所推崇的，它与道家追求的宽阔心胸相一致。同样这种境界只有见过“大世面”的东海之鳖才能够体会。从这里可以看出，“远”与“大”是联系在一起的。由空间之“远”引出“大”的境界。“远”是视觉上的，是可见的，而“大”则是精神层面的，是道的境界。因此，庄子理解的空间是无穷无尽的空间，只有这种空间才能让人体会到至大的精神境界。方东美说：“庄子之形而上学，将道投射到无穷之时空范畴，俾其作用发挥淋漓尽致，成为精神生命之极诣。”②

这种大的境界只有在摆脱世俗功名利禄的束缚，精神极度自由的状态中才能体会出，为了说明这两种不同层次的境界，庄子提出了“小大之辩”。他说：“穷发之北，有冥海者，天池也。有鱼焉，其广数千里，未有知其修者，其名为鲲。有鸟焉，其名为鹏，背若太山，翼若垂天之云，抟扶摇羊角而上九万里，决云气，负青天，然后图南，且适南冥也。斥鴳笑之曰：‘彼且奚适也？我腾跃而上，不过数仞而下，翱翔蓬蒿之间，此亦飞之至也，而彼且奚适也？’此大小之辩也。”③正如大和小有差别，斥鴳和大鹏在认知上有距离，因而无法体会这种精神境界。古代文人对这种极度自由的精神境界是非常向往的，这种精神境界在空间上的体现就是无限辽阔和广大的“远”空间。明代陈继儒说：“半窗一几，远兴闲思，天地何其寥阔也；清晨端起，亭午高眠，胸襟何

---

① 《庄子·秋水》，参见（清）郭庆藩撰，王孝鱼点校《庄子集释》，中华书局 2012 年版，第 597 页。

② 方东美：《中国哲学精神及其发展》，中华书局 2012 年版，第 134 页。

③ 《庄子·逍遥游》，参见（清）郭庆藩撰，王孝鱼点校《庄子集释》，中华书局 2012 年版，第 17 页。

其洗涤也。"①天地的寥阔对应的是澄明的胸襟。山水画正是这种自由精神境界的最好载体。通过看山水画，感悟到空间之"远"；再通过绘画的空间之"远"，上升到无限广阔的心胸，上升到摆脱世俗功名利禄的自由之境。山水画的意义就在于此。陈继儒说："作泉石烟霞之主，日远俗情。"②对于中国古代画家而言，山水不是一般的自然物，是人类的精神寄托之物；山水画的空间也不是物理意义上的空间，而是引导人们的精神向上提升的阶梯。

(三)庄子的"无何有之乡"

在《逍遥游》中惠施与庄子有一段经典对话："惠子谓庄子曰：'吾有大树，人谓之樗。其大本臃肿而不中绳墨，其小枝卷曲而不中规矩，立之途，匠者不顾。今子之言，大而无用，众所同去也。'庄子曰：'子独不见狸牲乎？卑身而伏，以候敖者；东西跳梁，不避高下；中于机辟，死于罔罟。今夫斄牛，其大若垂天之云。此能为大矣，而不能执鼠。今子有大树，患其无用，何不树之于无何有之乡，广莫之野，彷徨乎无为其侧，逍遥乎寝卧之下？不夭斤斧，物无害者，无所可用，安所困苦哉！'"③在惠施眼中无用的大树，在庄子那里却有大用，它可以使人逍遥而无所牵绊。值得注意的是，庄子提出了"无何有之乡"。并且将其与"无用""游""逍遥"等词语联系在一起，这些词语都是道家哲学特别是庄子哲学的核心概念。因此，"无何有之乡"是道家空间观的缩影。从语义上讲，"无何有"就是什么都没有，"无何有之乡"是指没有功名利禄烦扰的清静无为的境界。其空间特征就是"广莫之野"，也就是无边无际的旷野。

显然，"无何有之乡"在生活中是不存在的，它只能存在于人们的理想之中，它是对世俗空间环境的超越。余英时先生认为："早期道家，尤其是庄子竭力向我们表示，在我们通过感官和智力所了解到的现实世界之上，还存在着一个更高的精神世界。不必说，这就是'道'的超越世界。"④在庄子看来，"道"的世界不是现实中的自然界，而是一种比现实世界更高的精神世界，它是看不见的；同时它又不同于西方宗教中的天堂，"因为这种天堂有时只不过

---

① (明)陈眉公：《小窗幽记》，中州古籍出版社2008年版，第188页。

② (明)陈眉公：《小窗幽记》，中州古籍出版社2008年版，第171页。

③ 《庄子·逍遥游》，参见(清)郭庆藩撰，王孝鱼点校《庄子集释》，中华书局2012年版，第45~46页。

④ 余英时：《论天人之际：中国古代思想起源试探》，中华书局2014年版，第105~106页。

是此世的延长，仅仅略去了此世的痛苦和挫败而已。”①但是，这种理想的“道”却是可以通过山水空间营造让人体会出来。宗炳说：“闲居理气，拂觞鸣琴，披图幽对，坐究四荒，不违天励之藂，独应无人之野。”②“无人之野”应当是庄子的“无何有之乡”的另一种描述。通过对绘画上的无限广阔的天地之美的欣赏，使人在精神上达到“无何有之乡”的境界。因此，古代文人描绘的山水是理想化的山水，它不是现实山水的摹仿，它体现的是对人的精神的提升和超越。

总之，山水画的空间之“远”通向“道”，中国艺术与中国哲学关系密切。宗白华先生说得好：“中国哲学是就‘生命本身’体悟‘道’的节奏。‘道’具象于生活、礼乐制度。道尤表象于‘艺’。灿烂的‘艺’赋予‘道’以形象和生命，‘道’给予‘艺’以深度和灵魂。”③

（作者单位：武汉大学哲学学院）

① 余英时：《论天人之际：中国古代思想起源试探》，中华书局 2014 年版，第 107 页。

② （南朝宋）宗炳：《画山水序》，参见俞剑华《中国古代画论类编》，人民美术出版社 2014 年版，第 584 页。

③ 宗白华：《艺境》，商务印书馆 2011 年版，第 193 页。

“吟咏情性”作为欲、技、道的游戏

——严羽诗学新论

徐 璐

《沧浪诗话·诗辩》道：“夫诗有别材，非关书也；诗有别趣，非关理也。然非多读书，多穷理，则不能极其至。所谓不涉理路、不落言筌者上也。诗者，吟咏情性也。盛唐诸人，惟在兴趣，羚羊挂角，无迹可求。故其妙处，透彻玲珑，不可凑泊，如空中之音，相中之色，水中之月，镜中之象，言有尽而意无穷。”①这是严羽对诗歌本质的界定，其旨在说明诗歌是一种吟咏个体情性的艺术。然而，前人研究严羽的诗歌本质论时，多以“兴趣”为核心词，对于“吟咏情性”常常一语带过。至于“兴趣”的研究②，往往探讨四个问题：第一，何为“兴”。或言“兴”是“比兴”，或言“兴”是“感兴”。第二，何为“别材”。或言人之才能，或言诗之材料。第三，何为“别趣”，“趣”与“理”的关系如何。第四，何为“无迹可求”，部分学者将其解释为“含蓄美”，然这种解释是否正确还有待讨论。③

---

① （宋）严羽著，张健校笺：《沧浪诗话校笺》，上海古籍出版社 2012 年版，第 129~157 页。

② “兴趣”这一范畴一直受到学者的关注，除中国学者外，日本学者对此亦有研究。日本学者须山哲治在其论文《〈滄浪詩話〉の“興趣”に関する先行研究について》中介绍了日本学术界对于“兴趣”研究的几种观点：第一种是将“兴趣”解释为“诗的情绪，诗的快乐”；第二种是将“兴趣”解释为“余韵”；第三种是将“兴趣”解释为“感兴”。随后，须山哲治在论文《〈滄浪詩話〉における“興趣”範疇の“趣”および“別趣”範疇について》中提出了自己的观点。他认为“兴趣”指诗人超越了言筌，且把余韵注入诗中，使诗歌呈现出玄妙的境界。

③ “羚羊挂角，无迹可求”指羚羊夜眠时将角挂在树上，足不着地，无迹可寻。严羽借此说明意在言外的虚空之境。陆家桂言：“要像羚羊为防患，夜晚悬角木上一样找不到痕迹。这表明严羽审美情趣所倾向的是一种含而不露、耐人寻味的含蓄美。”（见陆家桂：《不袭牙后，清音独远——〈沧浪诗话〉独特的审美标志》，中共福建省邵武市、福建师范大学中文系编：《严羽学术研究论文选》，鹭江出版社 1987 年版。）“无迹可求”强调的是“不言说”，而“含蓄美”指委婉地言说。所以，两者意思不能等同。

总体而言，前人学者对这些概念的阐释着力甚多，但似乎缺乏对严羽论诗思路进行透彻的分析。因此，本文试图跳出惯常的研究模式，从欲、技、道三方面来解构严羽的诗歌本质论。力图揭示出严羽诗歌本质论的隐含逻辑，将模糊不清的概念阐释清楚，使我们对严羽诗学思想有一种新的认识。

因为，在“诗者，吟咏情性也”这种界定中包含了三个方面。第一，欲的方面(“欲”即欲望，它是由人的身体机能和心理机制所生发出的某种渴求)。就严羽诗学理论而言，诗歌的本质是个体情性的呈现，情性是由心理机制所生发的欲望，因此，诗歌创作是以个人欲望为动机的艺术活动。第二，技的方面(“技”即技艺，它是建立在人、物关系中的某种技能)。就严羽诗学理论而言，吟咏的技艺是“兴趣”，它包括“不涉理路”和“不落言筌”两个手法。该技艺规定了人、景、情三者的关系，且揭示了言与意的运用法则。如果没有这种技艺，情性将无法呈现。由于本文主要探讨诗歌本质论，而不涉及严羽的参诗理论，所以文中将不论述“妙悟”、“识”等参诗技艺。第三，道的方面。“道”即大道。它是关于人之规定的某种智慧，它指出何为存在，何为真理。在艺术活动中，欲望和技艺都必须接受大道的指引。就严羽诗学理论而言，个体的情性与吟咏的技艺都必须接受大道的指引。如果没有大道的指引，个体的情性将扩大为放纵的欲望，吟咏的技艺也难以达到高妙超绝的境界。因此，在“吟咏情性”这种界定中，欲望、技艺、大道三者共同在场且自由互助。所谓“诗者”，实则是一种个体情性、吟咏技艺与大道三者共同“游戏”①的艺术活动。

一、个体的情性

“情”者，“人之阴气有欲者”②，它是人内心的欲望，是不需后天学习就能拥有的本能。“情”作为一种欲望，有多种表现形态，如喜、怒、哀、

① “游”指一种随意自如的身体活动，“戏”指玩耍嬉戏，“游戏”作为一个日常用词，有随意玩耍之意。这里的“游戏”是一种自由活动。欲、技、道三者在艺术创作中交互运行、彼此依赖。欲望通过技术来实现自身，同时又需要智慧的指引；技术满足欲望，同时它也能载道，而且还接受着智慧的指引；智慧划定着欲望和技术的边界。三者中没有主导者，否则将导致极端状态发生。若欲望成为主导，就会导致享乐主义；若技术成为主导，就会导致技术主义；若智慧成为主导，就会导致教条主义(参见彭富春：《美学原理》，人民出版社2011年版，第21~56页)。

② (汉)许慎撰，(宋)徐铉校定：《说文解字》，中华书局1963年版，第217页。

乐、惧等。“性”者，“人之阳气，性善者也”①，它是人天生所具有的善良本能。若将“情”“性”二字结合，便作“情性”或“性情”。这里主要讨论“情性”。

（一）哲学范畴里的“情性”

“情性”的含义与“性情”类似，但“情性”更突出“情”字。《庄子·庚桑楚》言：“老子曰：向吾见若眉睫之间，吾因以得汝矣，今汝又言而信之。若规规然若丧父母，揭竿而求诸海也。女亡人哉，惘惘乎！汝欲反汝情性而无由入，可怜哉！”②这里的“情性”强调了“情”的状态。老子与南荣对话，指出南荣眉目神色茫然，仿佛是一个迷失了自我而到处流亡的人。“情性”与南荣的这种情貌状态相呼应。《韩非子·五蠹》言：“人之情性，莫先于父母，父母皆见爱而未必治也，虽厚爱矣，奚遽不乱？”③这里的“情性”强调是感情，与“爱”相呼应，指出兼爱天下而未必能治国。

除上述含义外，还有第二种含义。《荀子·性恶》言：“古者圣王以人之性恶，以为偏险而不正，悖乱而不治，是以为之起礼义、制法度，以矫饰人之情性而正之，以扰化人之情性而导之也。”④这里的“情性”可解释为“情”与“性”，指人的常情与本性。古之圣王用礼仪和法度矫正人的情感和本性，孝子之道亦是顺应常情和本性的。

可见，在不同的文本里，“情性”有不同的解释。所谓“情性”，可视作偏正结构，即情之本性，它强调的是“情”；也可视作并列结构，解释为“情”与“性”。

（二）诗学范畴里的“情性”

汉代《毛诗序》言：“诗者，志之所之也，在心为志，发言为诗……国史明乎得失之迹，伤人伦之废，哀刑政之苛，吟咏情性，以风其上，达于事变而怀其旧俗也。故变风发乎情，止乎礼义。发乎情，民之性也；止乎礼义，先王之泽也。”⑤此处，将“志”与“情”合二为一，阐明了诗歌言志抒情的本质。文中

---

① （汉）许慎撰，（宋）徐铉校定：《说文解字》，中华书局1963年版，第217页。

② 陈鼓应注释：《庄子今注今译》，中华书局1983年版，第641页。

③ 刘乾先、张在义注译：《韩非子选译》，巴蜀书社1990年版，第8页。

④ 安小兰译注：《荀子》，中华书局2007年版，第268~270页。

⑤ 郭绍虞：《中国历代文论选》（第一册），上海古籍出版社2001年版，第63页。

指出诗歌必须为统治阶级服务，必须被“礼”规定。因此，所谓“吟咏情性”，是在吟咏一种受到限定的、不超乎礼义的情性，这种“情性”可能并非诗人的原始欲望。

陆机《文赋》言：“诗缘情而绮靡。”①这里的“情”指一般的情感，没有哀乐、好恶之分。“绮”指一种素白色织文的缯，“靡”则指细致精美。“绮靡”是用织物的细致精美来比喻诗文的精致。所以，陆机并没有强调诗歌的政教功能，他彻底抛弃了“言志”的成分，使诗歌脱离先秦儒家政教系统而独立出来，成为一种专门表达主体真情实感的文学体裁。

钟嵘《诗品》言：“若乃经国文符，应资博古……至乎吟咏情性，亦何贵于用事？”②钟嵘表示，用来谈论国事的文章应多用古事，而用来抒发情感的诗歌，则不需要使用典故。这里的“情性”不是人内心自生的感情，而是人与客观外界交流的产物。“气之动物，物之感人，故摇荡性情，形诸舞咏……若乃春风春鸟，秋月秋蝉，夏云暑雨，冬月祁寒，斯四候之感诸诗者也。”③这里表示，自然界的变化能够触动人的情思，从而感发作诗。“嘉会寄诗以亲，离群托诗以怨……凡是种种，感荡心灵，非陈诗何以展其义？非长歌何以骋其情？”④这里表示，生死离别、沙场苦难、官场失志等各种人生遭遇都可以触发人的情思，从而借诗歌抒发哀怨之情。可见，钟嵘不仅强调诗歌的本质是吟咏情性，并对“情性”的内涵作出了明确的规定，这其中既包括感物之情，也包括感事之情。

（三）严羽的“情性”

严羽的“情性”不同于《毛诗序》的“情性”，它与《文赋》《诗品》的“情性”类似，也跳出了先秦儒家政教系统。论据有二。第一，《沧浪诗话》中找不到任何与先秦儒家政教相关的理论，他从未提及过诗歌与政治的关系；第二，《诗经》是我国第一部诗歌总集，在我国古典文学史上具有极其崇高的地位。然而，《沧浪诗话》却将《诗经》一笔带过。严羽不过是从诗歌体式的角度，指出了《诗经》是我国诗歌的起源，然并无其他论述。相反，严羽对《楚辞》则是格外赞誉。他在谈论学诗的秩序时，指出应首先学习《楚辞》。“工夫须从上做

① （晋）陆机著，张少康集释：《文赋集释》，人民文学出版社2006年版，第99页。
② （南朝梁）钟嵘著，周振甫译注：《诗品译注》，中华书局1998年版，第24页。
③ （南朝梁）钟嵘著，周振甫译注：《诗品译注》，中华书局1998年版，第15~20页。
④ （南朝梁）钟嵘著，周振甫译注：《诗品译注》，中华书局1998年版，第20~21页。

下，不可从下做上。先须熟读《楚词》，朝夕讽咏，以为之本。”①接着，他指出读《骚》的方法，“读《骚》之久，方识真味。须歌之抑扬，涕洟满襟，然后为识《离骚》。”②读屈原作品，必须反复体会，被其作品深深感染以至痛哭流涕，方算获得其中真味。随后，他指出柳宗元、韩愈、李观等人都曾学习屈原作品，其中以柳宗元最得屈原之精神。严羽忽略《诗经》而多谈《楚辞》，起码可以说明：他虽与《诗经》一样讲究诗歌的抒情特质，可他的“情性”不受先秦儒家政教系统的束缚，它是个体真实的精神与情怀。

另外，严羽的“情性”也跳出了两宋理学系统。两宋时期，苏轼、黄庭坚等人的诗学主张有三大特点：一是用字必有来历，押韵必有出处；二是作诗需多用典；三是在诗中大发议论之辞或大谈理学之道。而严羽则认为，语言上的过分讲究会影响诗歌情感的表达，用典过多的诗歌缺乏韵致，以议论入诗无非是“叫噪怒张”。因此，严羽道：“近代诸公乃作奇特解会，遂以文字为诗，以才学为诗，以议论为诗。夫岂不工，终非古人之诗也。盖于一唱三叹之音，有所歉焉。且其作多务使事，不问兴致；用字必有来历，押韵必有出处；读之反复终篇，不知着到何在。其末流甚者，叫噪怒张，殊乖忠厚之风，殆以骂詈为诗。诗而至此，可谓一厄也，可谓不幸也。”③在严羽看来，诗歌至苏、黄开始，便走上了错误的道路，这是诗歌的灾难。

以上论据证明：严羽的“情性”既不是被先秦儒家政教系统束缚的“情性”，也不是被两宋理学系统束缚的“情性”。他的“情性”具有一唱三叹的特质，是诗人自身的精神追求和生命情怀，是一种自然真实的欲望。那么，这种欲望如何接受大道的指引呢？本文将在第三部分中对此进行探讨。

二、吟咏的技艺

“情性”是诗人自身的精神追求和生命情怀，若要将其吟咏出来，便需要

---

① （宋）严羽著，张健校笺：《沧浪诗话校笺》，上海古籍出版社2012年版，第73页。

② （宋）严羽著，张健校笺：《沧浪诗话校笺》，上海古籍出版社2012年版，第622页。

③ （宋）严羽著，张健校笺：《沧浪诗话校笺》，上海古籍出版社2012年版，第173页。

一定的技艺。严羽就此提出了"兴趣"①这种技艺。

许慎《说文解字》言："兴，起也。从舁从同。同力也。"②段玉裁注："起也。广韵曰：盛也、举也、善也。周礼六诗，曰比、曰兴。兴者托事于物。"③"兴"读作一声，它首先有"起来"的含义，表示一种举动。随后，引申出"产生""开始""举办""使旺盛""使流行"等含义。《论语·阳货》言："诗，可以兴、可以观、可以群、可以怨。"④此处的"兴"具有"使联想"的含义，它强调的是诗歌的社会作用。《毛诗序》言："故诗有六义焉：一曰风，二曰赋，三曰比，四曰兴，五曰雅，六曰颂。"⑤所谓"赋"即辅陈直叙，所谓"比"即以彼物喻此物，而"兴"则表示客观事物触发了诗人的情感，使人与外物进行了情感交流，此处的"兴"兼有"产生"和"使联想"的含义，强调的是一种诗歌创作手法。另外，当"兴"读作四声时，它表示某种情绪状态，如高兴、败兴等。

许慎《说文解字》言："趣，疾也。从走取声。"⑥段玉裁注："疾也。大雅：来朝趣马。……大郑曰：趣马，趣养马者也。……后人言归趣旨趣者，乃引伸

① 朱自清言："兴趣的兴是比兴的引申义，都是托事于物，不过所托的一个是教化，一个是情趣罢了。比兴的兴是借喻，兴趣的说明也靠着形似之辞，是极其相近的。"（见《朱自清全集·第八卷》，江苏教育出版社1993年版，第150页）叶嘉莹言："兴趣应该并不是泛指一般所谓好玩有趣的'趣味'之意，而当是指由于内心的兴发感动所产生的一种情趣，所以他才首先提出'诗者，吟咏情性'之说，便因为他所谓的'兴趣'，原是以诗人内心的情趣之感动为主的。而'兴'字所暗示的感兴之意，当然也包含了外物对内心的感发作用（见《王国维及其文学批评》，中华书局香港分局1980年版，第320页）。张少康言："严羽所讲的'兴趣'，就是指诗歌艺术'言有尽而意无穷'的特点所引起的人的审美趣味。"（见《古典文艺美学论稿》，中国社会科学出版社1988年版，第389页）陈伯海言："兴趣，是指诗歌的'情性'熔铸于诗歌形象整体之后所产生的那种蕴藉深沉、余味曲包的美学特点。"（见《严羽和沧浪诗话》，上海古籍出版社1987年版，第58页）张健言："兴趣的定义是：作品中所表现的悠远的韵味。"（见《沧浪诗话研究》，台湾大学文学院1966年版，第25页）王运熙言："所谓兴趣，是指抒情诗所以具有感染力量的艺术特征。"（见《中国古代文论管窥》，上海古籍出版社2006年版，第237页）笔者认为，以上学者的观点有其可取之处，但只看到了"兴趣"的某一个方面，并没有诠释出"兴趣"的完整含义。

② （汉）许慎撰，（宋）徐铉校定：《说文解字》，中华书局1963年版，第59页。

③ （汉）许慎撰，（清）段玉裁注：《说文解字注》，上海古籍出版社1988年版，第105页。

④ 杨伯峻译注：《论语译注》，中华书局2009年版，第183页。

⑤ 郭绍虞：《中国历代文论选》（第一册），上海古籍出版社2001年版，第63页。

⑥ （汉）许慎撰，（宋）徐铉校定：《说文解字》，中华书局1963年版，第35页。

之义。辄读为七句，以别于七苟。非古义古音也。从走。取声。”①“趣”首先表示“跑”“奔赴”“追逐”，读作一声。后引申为“旨趣”、“意味”，读作四声。魏晋南北朝时期的画论、诗论中已开始使用“趣”，它表示艺术作品所蕴含的意味，或表示艺术家、欣赏者所追求的情感价值。

将“兴”“趣”二字结合，便为“兴趣”。可作两种解释。当“兴”读一声，“兴趣”指外物触发了主体的情感，从而生发出一种独特的意味。当“兴”读四声，“兴趣”指人对某些事物的喜好或关切的情绪。严羽道：“盛唐诗人，惟在兴趣。”即是指：盛唐诗人作诗的时候，通晓“兴趣”这种手法。此“兴趣”当取第一种解释。

在严羽看来，“兴趣”作为一种诗歌创作的技艺，它包括两种手法。第一，主体的情感必须由外物触兴而生，这种触兴与理论无关，与书本无关，与典故无关。因此，严羽提出“不涉理路”。第二，“趣”既然是独特的意味，则必须超越语言的限制，营造出言外之境。因此，严羽提出“不落言筌”。诗歌创作的过程中，若将这两个手法达成，“兴趣”也就达成了。

(一)不涉理路

所谓“不涉理路”，即是莫在诗中谈理用事或大发议论。换言之，诗歌创作不应用“书”和“理”，而应用“别材”和“别趣”，因此，严羽道：“夫诗有别材，非关书也；诗有别趣，非关理也。”

对于“别材”②，大致有两种理解。一为诗人的特殊才能，与学问无关；二为作诗的特殊材料，与书本、典故无关。前者主张天才与学问无关，后者主张作诗不需多用典故。学界一般认为后者较贴近严羽的思想。原因有二。第一，严羽旨在反对苏、黄的用典之习，却从未反对过读书和学习。第二，严羽

---

① (汉)许慎撰，(清)段玉裁注：《说文解字注》，上海古籍出版社1988年版，第63页。

② “别材”的“材”往往有两种解释。一种是人的才能。张少康言：“‘别材’不是讲的诗歌创作的源泉问题，二是讲的诗歌创作不能只靠书本学问，而需要诗人有不同于学者的一种特别才能。”(见《中国文学理论批评史下册》，北京大学出版社2005年版，第87页)郭绍虞亦认为“别材”指诗人特别的才能(见《沧浪诗话校释》，人民文学出版社2006年版)。另一种解释是诗的材料。郭晋稀言：“‘材’是指诗中的题材事义，古人作诗，题材采自前人典籍，严羽反对作诗掉书袋。”(见《从中国诗论的发展谈严羽“别材”、“别趣”说的涵义》，载《西北师大学报·社会科学版》1985年第3期)成复旺等人认为“别材”是特殊的题材，亦即下文所说的“情性”(见《中国文学理论史二》，北京出版社1987年版，第482页)。

也指出过“然非多读书，多穷理，则不能极其至”。此处表明，作诗的工夫来源于读书和学习，它是一个长期的修炼过程，与学问有关，并不是某种特殊的才能。严羽所反对的只是在诗歌中运用过多的书本知识和典故。因此，“别材”当指作诗的特殊材料。

既然“别材”不是书本知识、不是历史典故，那就应该是书本之外的某些东西。王达津认为“诗之别材，实指社会生活和大自然”①。《诗评》言：“唐人好诗，多是征戍、迁谪、行旅、离别之作，往往能感动激发人意。”②《诗评》又言：“晋以还方有佳句，如渊明‘采菊东篱下，悠然见南山’，谢灵运‘池塘生春草’之句。”③严羽一方面赞扬以社会生活为诗材的诗歌，认为这类诗歌能感动人意，另一方面也赞扬以自然景物为诗材的诗歌，认为这类诗歌质朴自然。由此可推断，严羽的“别材”应当包括社会生活和自然景物两方面。

然而，钟嵘早就提出过类似的理论，认为自然景物和社会生活可以兴发人的感情。那么，严羽为何把这些诗材称为“别材”呢？所谓“别”，即“不一样”或“不同于”。江西诗派常常以书本知识和历史典故为诗材，严羽为了反驳他们的诗学主张，便强调以社会生活和自然景物为诗材，社会生活不同于书本知识，自然景物不同于历史典故，故称之为“别材”。

与“别材”同时提出的概念还有“别趣”④。顾名思义，“别趣”是不一样的趣，不一样的意味。《诗辩》言：“诗有别趣，非关理也。”这里的“理”指抽象的理论和概念。苏轼常常以议论为诗，严羽便指出抽象的理论和概念不能进入诗歌。那么，“别趣”应当是：与抽象理论、抽象概念无关的诗歌意味。

---

① 王达津：《王达津文萃》，南开大学出版社2006年版，第138页。

② （宋）严羽著，张健校笺：《沧浪诗话校笺》，上海古籍出版社2012年版，第667页。

③ （宋）严羽著，张健校笺：《沧浪诗话校笺》，上海古籍出版社2012年版，第533页。

④ 张少康言“别趣”指“诗歌必须要有的美感形象，能引起人的审美趣味，不能是抽象的理论概念。趣，也叫作兴趣，或称兴致，都是一个意思。”（见《中国文学理论批评史下册》，北京大学出版社2005年版，第88页）吴调公言：“别趣有广狭二义：就广义言，它表示诗歌形象的特色和形象的魅力；就狭义言，它意味着最富于形象魅力的诗歌即唐诗的特色。”（参见《古代文论今探》，陕西人民出版社1982年版，第148～153页）日本学者市野泽寅雄言“别趣”是“诗歌特有的风味。”（见日译《沧浪诗话》，东京明德出版社1976年版，第37页）顾易生言“别趣”是“说诗歌的内涵有自己独特的情性兴趣，它与文章大发议论地说‘理’是根本区别的”（见《宋金元文学批评史上册》，上海古籍出版社1996年版，第383页）。

这种意味应当来源于感兴。感兴的过程是先有“触”，再生“情”。首先，外物触发诗人。外物应是上文所说的自然景物与社会生活，即“别材”。第二，诗人内心的情感受到触动后，急需向外呈现。可见，感兴实则是情景交融的过程。那么，“别趣”也即是由景情合一而生发出来的，自然真实的意味。

不过，严羽在《诗评》中说：“诗有词理意兴。南朝人尚词而病于理，本朝人尚理而病于意兴，唐人尚意兴而理在其中。”①此处，严羽却提倡诗中该有“理”和“意兴”，这似乎和“不涉理路”的主张有所矛盾。就此段话而言，他强调辞彩、理、意兴三者必须共同存在。南朝诗人只看重文辞形式，两宋诗人只看重理的表达，只有唐人做到了三者的融合。其实，这里的“理”不是抽象的理论和概念，而是自然之理和人伦之理。它是一种融入主体情感、融入诗歌意象的价值取向。严羽首先强调“别趣”非关“理”，是指诗中不能有以抽象理论和概念形式出现的“理”；他随后强调“意兴”与“理”的融合，是指诗中必须有价值取向，实则是强调了感性与理性的融合。如此，严羽并不矛盾。而且，由此可知，“别趣”是一种由景情合一所生发出来的，自然真实的，具有价值取向的意味。

综上所述，“不涉理路”作为“兴趣”的一个手法，它强调诗人应以自然景物和社会生活为诗材，而不应以理学知识、书本典故为诗材。诗人应注重情景交融的心理过程，使诗歌呈现出一种自然真实的、具有价值取向的意味，而不应在诗中大谈抽象理论，大发议论之辞。

（二）不落言筌

所谓“不落言筌”，即运用语言却不执着于语言。严羽旨在强调语言只是表意的工具，不可被过分雕琢或钻研，以致忽略了作为目的的“意”。如果诗人掌握了“不落言筌”的手法，其诗歌将呈现出一种语言无迹、意蕴无穷的审美境界。关于这种审美境界，严羽这样描述：“羚羊挂角，无迹可求。故其妙处，透彻玲珑，不可凑泊，如空中之音，相中之色，水中之月，镜中之象，言有尽而意无穷。”

“羚羊挂角，无迹可求”是一个禅学典故。《五灯会元》卷七中，雪峰义存禅

---

① （宋）严羽著，张健校笺：《沧浪诗话校笺》，上海古籍出版社 2012 年版，第 525 页。

师言:"我若东道西道,汝则寻言逐句;我若羚羊挂角,汝向什么处扪摸?"①羚羊在夜晚睡觉时,将角挂在树枝上,足不着地,则无迹可寻。雪峰义存禅师是想表明"说"与"不说"的对立关系,"说"则可被他人寻到踪迹,"不说"则他人无法寻迹。羚羊把角挂在树上,试图营造一个虚空的假象;而禅师"不说",是试图给听者一个联想或想象的空间,听者将在联想或想象的过程中领悟到无穷的、无边界的智慧。王士禛在《分甘馀话》卷四中,将这个禅学典故理解为"不着一字,尽得风流"②,其旨在说明:不直接描述所要表达的内容,但又能使内容得到充分的展现。严羽借用此禅典,旨在强调:诗歌创作时,不要对表现主题作直接的描绘,而要借助语言营造一种虚空的意境,使读者产生联想或想象,并感受到无穷的、无边界的韵味。这即是:语言在此已尽,意在言外无穷延伸。

后文中的"透彻玲珑,不可凑泊"是对这种虚空意境的补充解释。"透彻玲珑"有光亮透明之意。荒井健注《沧浪诗话》时表示,"透彻"有极度透明之意。③ 陈国球表明:"透彻可指通透,玲珑指明晰;意思是说盛唐诗的好处是:能够将作者的美感经验毫无窒凝的、充分的传达,让读者在读体味这份美感经验。"④朱熹曾把"透彻玲珑"和"虚静"联系在一起,《朱子语类》卷十八言:"所谓虚静者,须是将那黑底打开成个白底,教他里面东南西北玲珑透彻,虚明显敞,如此,方唤做虚静。"⑤综合三家之言,"透彻玲珑"当有虚空透亮之意。"不可凑泊"指不可凑近、不可止泊。此处可引申为不可指认、不可界定的意思。荒井健认为,"凑泊"有集中、凝集、把握之意⑥,"不可凑泊"即是不可把握。钱锺书在《谈艺录》中说:"似隐如显,望之宛在,即之忽稀,正沧浪所谓'不可凑泊'。"⑦在钱钟书这里,"不可凑泊"与虚幻空灵类似。如此,

① (宋)释普济著,苏渊雷点校:《五灯会元(中册)》,中华书局1984年版,第385~386页。

② (清)王士禛:《分甘余话》,中华书局1989年版,第86页。

③ (宋)严羽著,张健校笺:《沧浪诗话校笺》,上海古籍出版社2012年版,第163页。

④ 陈国球:《镜花水月——文学理论批评论文集》,东大图书股份有限公司1987年版,第4~5页。

⑤ (宋)黎靖德编:《朱子语类(八)》,中华书局1986年版,第2937页。

⑥ (宋)严羽著,张健校笺:《沧浪诗话校笺》,上海古籍出版社2012年版,第164页。

⑦ 钱锺书:《谈艺录》,生活·读书·新知三联书店2007年版,第679页。

在严羽文本中，“透彻玲珑，不可凑泊”恰好也是虚空意境的面貌之一。

此后，严羽用四个比喻对虚空意境做了再一次的补充解释，“空中之音”，听之而不可寻；“相中之色”，见之而不可触；“水中之月”，月在水中实为虚幻；“镜中之象”，象在镜中也为虚幻。这里的“音”“色”“月”和“象”都是若有若无、非假非真、似虚似实的。这即对应了前文的“无迹可求”和“不可凑泊”。人作为审美主体，听空中之音，则欲寻更多的音；见相中之色，则欲探更多的色；望水中之月，便联想起天上之月；窥镜中之象，便想象起镜前之人。于是，象外有了象，景外有了景。就诗歌艺术而言，诗人并没直接表达自己想要表达的东西，读者似乎可以感觉到一些踪迹，但又无法执着地认定什么。这种虚空的诗境，能使读者产生无尽的联想或想象，从而酝酿出无穷的意蕴。

综上所述，“不落言筌”作为“兴趣”的一个手法，它强调诗人运用语言但不执着于语言。诗人应借助有限语言营造一种无限的意境，借助有形的审美对象烘托出无形的人物情感，在虚实结合中推进读者的想象力，使诗歌展现出无穷的、无边界的韵味。

一言以概之，“兴趣”是一种这样的技艺：一方面，诗人受到自然景物和社会生活的触发，生出情感，并将这些自然景物和社会生活作为诗歌的材料，在情景交融的过程中，使诗歌呈现出一种自然真实的、具有价值取向的意味；另一方面，诗人运用语言时，不对表现主题作直接的描绘，而把情感隐藏在意象中，营造一种虚空的意境，使读者产生联想或想象，并感受到无穷的、无边界的韵味。

三、大道的指引

艺术是欲望、技艺、大道三者的游戏，大道即是规定事物的某种智慧，欲望若不被大道指引，则会迷失边界，使艺术沦为个体极端思想的产物。技艺若不被大道指引，则会丢失精神内涵，使艺术沦为炫技的工具。大道若是与欲望无关、与技艺无关，则会变得教条化，使艺术沦为抽象道理的述说。诗歌艺术亦是如此，个人的情性若不接受智慧的指引，就会陷入庸俗、低俗、媚俗的不堪之境；吟咏的技艺若不接受智慧的指引，则会使诗歌语言化作一堆绚丽却空洞的文字符号。

(一)心学智慧对“情性”的指引

严羽的“情性”，毋庸置疑，是被大道所指引的一种欲望，但它不被先秦儒家政教指引，也不被两宋理学思想指引。严羽虽没有明确指出自己的价值取向，但却在言语中给出了暗示。

《沧浪诗话》中，严羽对屈原、孟浩然、李白、杜甫等诗人格外赞誉。屈原的诗篇情致绵缈、意象奇美、蕴藉生动。抒情主人公坚贞高洁、爱国忠君。诗中尖锐地批判了政治的黑暗，且表现了屈原傲岸不屈的斗争精神。李白的诗歌如行云流水般奔腾回旋，飘逸潇洒、自由自适。严羽也赞其“天才豪逸，语多卒然而成者”①。李白本有着强烈的入世思想，他渴望济苍生、安社稷，但他偏偏鄙弃科举之途，只寄希望于“平交王侯”。虽然他在现实生活中不断受挫，但却始终保持着内心的自信与自负，保持着一份豁达昂扬、傲世独立的精神风貌。杜甫的诗歌沉郁顿挫、倾尽人生百味。严羽亦称“子美沉郁”。杜甫讲究炼字炼句和平仄押韵。他虽锤炼字句，却可以使语言浑融流转，无迹可寻，仿佛自然天成。杜甫是一个丰儒守素的诗人，他的诗歌写尽民生疾苦，在他身上体现了忧国忧民、仁民爱物的伟大情怀。孟浩然的诗歌自然平淡，纯净明透。严羽认为孟浩然对“兴趣”的领悟最到位。孟浩然秉性孤高狷洁，也曾有过济时用世的志向，但却求仕无门，最终归隐于山水，以表不流于俗的高洁情操。

这四人身上有个共同点。他们皆具有入世建功的人生追求和兼爱苍生的伟大情怀，但他们都不随波逐流，不管经历多少困难，依旧保存着自己内心的真我。无论是屈原的孤高独立，还是李白的桀骜不驯，或是孟浩然的高洁恬淡，他们都将主观精神推向了极致。

进一步看，严羽之所以推崇这四人，是因其受到了心学理论的影响。心学是儒学的一个派别，最早可追溯到孟子的心性论，北宋程颢是其开端，时至南宋，陆九渊的心学与朱熹的理学分庭抗礼。南宋心学者有这样两个特点：第一，他们重视仁义之心，主张积极地入世，强调每个人都应该在社会实践中发挥自身的作用；第二，心学与先秦孔子的儒学不同，它更强调主观精神的作用，而不夸大政教与礼教的重要性，其理论与禅学有相通之处。

---

① (宋)严羽著，张健校笺：《沧浪诗话校笺》，上海古籍出版社2012年版，第593页。

严羽生活在动荡纷乱的南宋后期，且师从心学大师包扬，他一直都怀揣着经世致用、达济天下的理想。他自小“尚奇节”，并信奉纵横之策。其诗《梦中作》云：“少小尚奇节，无意缚圭组。远游江海间，登高屡怀古。”①《剑歌行赠吴会卿》云：“到处犹吟然诺心，平时错负纵横策。”②严羽天资极高却不肯事科举，一身英风剑气，希望自己如纵横之士那般为国家献策、平步青云、一步登天。但现实生活中，他却历尽了漂泊、闯荡和冷遇。最终归隐家园、结社论诗。严羽的一生，其实充分展现了一位心学者的特质。他心怀天下，渴望建功立业，又格外强调主观精神的独立和高洁。就严羽的诗学理论而言，一方面，他所称赞的诗歌大都表达了诗人入世建功、达济苍生的理想；另一方面，他的“情性”与儒学政教、理学思想无关，他特别强调了个体情性的真实性，对主观精神作出了充分的肯定。由此看来，严羽的“情性”正是受到了心学智慧的指引。换句话说，在严羽的诗学理论里，是心学之道规定了诗人的欲望。

（二）禅学智慧对技艺的指引

在《答出继叔临安吴景僊书》中，严羽道：“妙喜，自谓参禅精子，仆亦自谓参诗精子。”③“妙喜”指南宋临济宗大师大慧宗杲，“参禅精子”指对禅学参悟透彻之人，“参诗精子”则指对诗歌和诗学参悟透彻之人。此处，严羽是借用宗杲的造诣和地位来烘托自己的造诣和地位。其实，严羽不仅借用了宗杲的身份，更借用了宗杲的禅学智慧。他借用了宗杲的教判体系，提出了辨体说，将不同历史时期的诗歌划分为多个等级，从而确立了学诗的标准。他还借用了宗杲的妙悟说，提出“诗道亦在妙悟”，借用看话禅参悟的方式，指出了参诗的方式。除此之外，“不涉理路”和“不落言筌”这两种技艺也与宗杲的禅学智慧紧密相关。

关于“不涉理路”，大慧宗杲言：“不识左右别后，日用如何做工夫。若是曾于理性上得滋味，经教中得滋味，祖师句中得滋味，眼见耳闻处得滋味，举足动步处得滋味，心思意想处得滋味，都不济事。若要直下休歇，应是从前得滋味处，都莫管他，却去没捞摸处、没滋味处试着意看。若着意不得，捞摸不得，转觉得没把柄可把捉，理路义路、心意识都不行，如土木瓦石相似时，莫

① （宋）严羽著，陈定玉辑校：《严羽集》，中州古籍出版社 1997 年版，第 87 页。

② （宋）严羽著，陈定玉辑校：《严羽集》，中州古籍出版社 1997 年版，第 105 页。

③ （宋）严羽著，张健校笺：《沧浪诗话校笺》，上海古籍出版社 2012 年版，第 776 页。

怕落空，此是当人放身命处，不可忽，不可忽。”①大慧宗杲认为，“理路”、“义路”和“心意识”都是认识事物的障碍。知识渊博、聪明伶俐的人往往思维心太重、疑虑心太重，且喜好玩弄语言，故此而无法顿见真正的智慧。若能将理路文字、思维意识都放下，归还一颗无障碍的心，反而更容易悟得真理。很明显，严羽借鉴了宗杲的观点，他提出“不涉理路”，旨在强调“感兴”这种非逻辑的思维，它是主体与外物直接接触以获得感性认识的观照过程。这个过程中不需要书本知识、历史典故和抽象理论的参与。

关于“不落言筌”，其实最早提出类似观点的是庄子。《庄子·外物》言：“筌者，所以在鱼，得鱼而忘筌；蹄者，所以在兔，得兔而忘蹄；言者，所以在意，得意而忘言。”②“筌”“蹄”“言”都是工具，而“鱼”“兔”“意” 都是目的。目的一旦达到，工具则不再具有价值。两宋之际，文字禅兴盛，诸人喜借文字表达禅机、禅理。这种慕文之风逐渐走向极端，从而远离了“禅”的本来面貌。大慧宗杲对这种慕文之风不大认同，与此同时，他还极力反对曹洞宗的“默照禅”。于是，他指出：“才涉唇吻，便落言诠。不落言诠，即沉寂默。沉寂默则成诳。滞言诠则成谤。”③他既反对落言诠，也反对沉寂默，认为不离文字且不执于文字才是最佳的修禅方法。《五灯会元》卷十二中，谷隐言：“才涉唇吻，便落意思，尽是死门，终非活路。”④也是在强调不应执于语言。严羽正是借鉴了宗杲的观点，提出了“不落言筌”。作为语言艺术的诗歌，故不会“沉寂默”，但有可能“落言筌”，只有不执着于文字的考究，才有可能生出言外的意境。

结　　语

“吟咏情性”是严羽对诗歌本质的界定，“情性”属欲望的范畴，“兴趣”属技艺的范畴，心学智慧和禅学智慧属大道的范畴。“情性”是一种个体原有的、

---

① （宋）释蕴闻：《大慧普觉禅师语录》，日本大正一切经刊行会编：《大正新修大藏经（第九十四册·诸宗部四）》，中华佛教文化馆影印大藏经委员会 1957 年版，第 934 页。

② 陈鼓应译注：《庄子今注今译》，中华书局 1983 年版，第 772~773 页。

③ （宋）释蕴闻：《大慧普觉禅师语录》，日本大正一切经刊行会编：《大正新修大藏经（第九十四册·诸宗部四）》，中华佛教文化馆影印大藏经委员会 1957 年版，第 839 页。

④ （宋）释普济著，苏渊雷点校：《五灯会元（中册）》，中华书局 1984 年版，第 719 页。

自然的、真实的欲望。它受到了心学智慧的指引，便在诗歌中呈现出一种入世建功、兼爱天下，保持真我、固守心灵的精神特质。“兴趣”这种技艺包括“不涉理路”和“不落言筌”两个步骤，“不涉理路”是借用“别材”“别趣”表达情性，“不落言筌”是言外藏意，它们都受到了禅学智慧的指引。

通过这种隐藏在《沧浪诗话》内部的逻辑结构，可以发现，个体的情性、吟咏的技艺、心学智慧、禅学智慧四者是和谐共存且自由互助的。假如缺少了其中任何一个方面，诗歌的本质就会发生变化；假如改变其中任何一个方面，严羽的诗学主张就会发生转变。只有当它们共同存在且自由互助时，读者所面对的文字符号才能被称为诗歌艺术。一言以蔽之，“吟咏情性”作为诗歌的本质，其实质就是欲、技、道三者的游戏。

（作者单位：武汉大学哲学学院）

环境美学的“参与模式”“科学认知模式”及其焦点论争

史建成

审美模式的论争在当代受到广泛关注，不同模式理论的阐发者基于各自视角对理想的环境审美作出了解释。其中，影响最为深远且具有典范意义的是阿诺德·伯林特的“参与模式”和艾伦·卡尔松的“科学认知模式”。彭锋从环境美学对18世纪经验主义以至康德“无利害性”观念的批判出发，将伯林特与卡尔松的审美模式定义为后现代审美模式。关于两者的异同，他认为：“与柏林特相似，卡尔松也强调欣赏者无法从自然环境中超越出来将自然作为对象来静观，但不同的是，卡尔松还强调我们需要将自然放在适当的范畴下来感知。由此我们可以说，卡尔松的环境模式中的介入比柏林特的介入模式中的介入要更深刻，同时他也说出了比柏林特更为丰富的内容。”①事实上，环境美学的模式之争远比这一单一化对比复杂。这体现在，“参与模式”以一种现象学视角还原人参与环境审美的浑融过程，集中体现于“文化有机体”的“身体化”、审美感知与日常感知的融合以及“人性化”的追求；“科学认知模式”则从一种规范性诉求出发强调严肃、科学的环境审美，突出体现于客观主义的二元论、科学认知基础的伦理倾向以及后期功能主义思想。两种模式的争论焦点集中于介入与分离、一元化与二元化。

一、阿诺德·伯林特的“参与模式”

（一）美学的“身体化”

伯林特试图建构一种全新的美学范式，即“参与美学”（aesthetics of

① 彭锋：《环境美学的审美模式分析》，载《郑州大学学报》（哲学社会科学版）2006年版第6期。

engagement)。这一美学范式并不仅仅以环境的审美参与作为其理论落脚点，而是扩大到整个艺术领域。在《环境美学》中他这样提道：

“在此情形下，一般形成两派截然对立的选择。通常的选择是把环境审美看作与艺术审美不同的另一类鉴赏活动，另一派则主张环境与艺术的审美从根本上一致。前者遵循传统美学，后者则要摒弃传统，追求同等对待环境与艺术的美学。这种新的美学，我称之为‘参与美学’(aesthetics of engagement)，它将会重建美学理论，尤其适应环境美学的发展。人们将全部融合到自然世界中去，而不像从前一样仅仅在远处静观一件美的事物或场景。”①

伯林特从西方的审美无功利、静观等传统艺术欣赏出发，抨击了西方文化唯智主义传统所导致的审美活动对象化、客观化，认为这种主客割裂最终歪曲了审美活动的多维度参与。伯林特首先质疑了传统审美感官的区分，因为在西方人的感官系统部被划分为远感受器(distance receptors)和近感受器(contact receptors)，远感受器以视、听为主，被认为是审美专属感官，而近感受器所包括的触觉、嗅觉、味觉则仅仅是我们的日常感知，并且不具有审美属性。在伯林特眼里，他认为应当打破这一传统界限，引入这些感官参与审美。他认为：

“近感受器的感官是人类感觉中枢的一部分，在环境体验中扮演积极的角色。比如嗅觉，它在空间、时间意识的生成过程中时刻存在着，即使味觉也有份，普鲁斯特独有的玛德琳蛋糕就无可辩驳地证明了这一点。触摸的体验，属于触觉系统，更不像平常理解的那么简单。当感知物体的肌理、轮廓、压力、温度、湿度、痛觉及内脏感觉时，既产生表皮触觉，又有皮下感觉。它还包含一些经常被忽略或隐藏起来的感官通道，彼此各不相同。”②

① [美]阿诺德·伯林特：《环境美学》，张敏、周雨译，湖南科学技术出版社2006年版，第12页。

② [美]阿诺德·伯林特：《环境美学》，张敏、周雨译，湖南科学技术出版社2006年版，第18页。

那些物理性的环境布局在伯林特看来是“由身体和感官在动觉性(kinesthetically)中所感受到的邀请或敌意、恐吓或关心、压迫或舒适以及所有这些对立情形之细微差别的物理在场”①。伯林特这种对感官参与多维性的强调可能让人误解，即环境审美是否仅仅是流于生理快感和对自然刺激的被动感受。显然，这并不是伯林特所认同的。伯林特的美学“身体化”正是基于对外在体验与内在灵魂二元分割的反驳。

要理解伯林特的“身体化”，我们要从他的环境感知谈起。他所认同的环境感知绝不是通过视、听、嗅、触、味等器官对外部现象界的感觉输入，因为从来不存在纯粹的感觉。感知具有主动性并且积极参与到环境中去。个体社会文化因素中的习惯、信仰、生活方式、行为模式、价值判断等都会作用于感知并且形成一定的刺激反射和行为制约。因此，这种环境感知观念显然殊异于哲学对于认知二元论的划分，在传统观念里外在感知同内在精神相对立，正如同康德对物自体同现象界的划分。环境感知必须摆脱这种划分，“让感觉能回复到一个涵容自然、文化背景的整合人所具有的一体状态”②。对于这种文化因素对感知的作用，他认为不同个体，由于个性、文化、职业、宗教信仰和居住地的差异，人们彼此对时间快慢、速度、效率的理解都不同。在空间感方面，情况同样如此，人们对空间大小、舒适与否的感受也大相径庭。由此，我们可以知道伯林特所认同的环境审美的“身体化”实际上是一个文化有机体(cultural organism)的环境感知，并且处于交互性的整体之中。交互性体现在，我们的多维感官一直处于同环境的动态关系之中，即我们运动的身体对环境产生影响并得到回应。而整体性则着眼于我们的身体与环境的不可分割，伯林特认为没有脱离文化环境而存在的身体。因而，伯林特认为，“文化和历史的内涵同感官知觉的材料融为一体，进而形成了几乎流动的感觉(sensibility)媒介”③。

(二)审美感知与日常感知

伯林特认为审美感知源于一种文化有机体的感性体验，并且这一感性体验

① Arnold Berleant, Allen Carlson, *The Aesthetics of Human Environment*, Ontario: Broadview Press, 2007, pp. 85-86.

② [美]阿诺德·伯林特:《环境美学》，张敏、周雨译，湖南科学技术出版社2006年版，第19页。

③ Arnold Berleant, Allen Carlson, *The Aesthetics of Human Environment*, Ontario: Broadview Press, 2007, p. 86.

无疑是一个非常广阔的感知领域。他谈道："人类环境，说到底，是一个感知系统，即由一系列体验构成的体验链。从美学角度而言，它具有感觉的丰富性、直接性和当下性，同时受文化意蕴及范式的影响，所有这一切赋予环境体验沉甸甸的质感"①。由此我们可以知道，审美的感性体验在根本上是与人的生存经验相连的。环境之审美感知要求我们时刻关注环境体验的在场，在现代艺术领域审美被有意地孤立在同日常感知不同的地方，比如画廊、展览馆、音乐厅等，但伯林特所试图重建的美学——参与美学则有意探讨环境审美感知的普遍性。

伯林特强调一种审美感知与日常感知的连贯与交融。这源自于他现象学的哲学思维，正如海德格尔"此在在世"的"因缘整体"观念，伯林特从根本上反对客观化对象世界的区分。此外，约翰·杜威的经验论美学也为他的美学阐述提供了较好的理论基础。在《艺术即经验》中约翰·杜威认为审美经验在根本上是不与日常经验存在差异的，因而应当"恢复审美经验与生活的正常过程间的连续性"。在《环境美学》中，伯林特在提出"新美学"三大特征的时候，首先提到"艺术与生活的连续性"，他强调"或许新的艺术形式所主张的最旗帜鲜明的一点，是艺术活动和艺术对象与日常生活的活动和物体之间的连续性和相似性"②。邓军海认为："哲学假定则是分离的形而上学。连续性作为环境美学所理解的环境的形而上根基，最明显地表现在阿诺德·伯林特的自然观上。"③邓军海所论述的就是伯林特在审美感知与日常感知连接上所做的努力，他将这一理论逻辑思路称为"连续性的形而上学"。

伯林特一直强调建立一门包含环境审美与艺术审美的参与美学，因为两者都应被审美地欣赏并且更重要的是它们都能够与欣赏者进行互动交流，引导参与者进入一种整体的感知情境之中。柏林特希望建立一套当代最为广泛的美学体系，这种美学体系与我们上节所提到的"身体化"密切相关，"身体化"恰恰是一个文化有机体广泛参与环境感知的基础。为了进一步探讨参与美学的广泛价值，伯林特从城市生活入手，具体概括出四种城市中环境审美的范例，即马

---

① [美]阿诺德·伯林特：《环境美学》，张敏、周雨译，湖南科学技术出版社2006年版，第20页。

② [美]阿诺德·伯林特：《环境美学》，张敏、周雨译，湖南科学技术出版社2006年版，第54页。

③ 邓军海：《连续性形而上学与阿诺德·伯林特的环境美学思想》，载《郑州大学学报》(哲学社会科学版)2008年第1期。

戏团、教堂、帆船和日落。在伯林特眼中，城市显然是充满生活和艺术的环境，是一个人类全部体验可能发生的场所，而在这些日常感知当中恰恰就隐含着极为丰富的环境审美因子。

我们这里仅撷取一例进行探讨，即帆船。帆船有一个船体，而且还有操作它的人来引导它的航行，船身、水面、风、帆以及水手控制下的各种船上设施构成了一种功能性环境。一方面，人的全部感官和物理环境需要很好地融合在一起，水手要将全部身体投入到功能性过程之中。他的眼睛、耳朵和皮肤捕捉风向的每一次转变和风力的逐渐变化，通过这些变化不断改变着对帆船的操控以获得帆船行驶的最大效率。另一方面，有关大海、天空、航行以及船舶操作技术的知识也在强化水手获得感知的丰富性。当然这一切并非无用，而是推动了一种人性化功能环境的建立。如果我们从对象化认知的视角来解读帆船环境范式的话，当然可以理直气壮地认为帆船中的帆、桅不过是为了保证船体在风浪中正常行驶，水手对于天空、水面甚至雾霭的气味的感知无非是具体功能利害性的认识。但在真正的环境参与过程中，功利和无功利本身就是相互交融、不可分离的，在帆船这一例中，水手感知的丰富性已经和帆船行驶的整体功能融合，由此产生的体验是直接的、在场的、强烈的，因此我们可以说是一种环境审美的。伯林特提倡的“参与美学”模式正逐渐打破传统审美感知与日常感知的界限，强调一种统一于文化有机环境中的互动参与。

（三）“人性化”追求

伯林特所提倡的“参与美学”具有极强的建构性，这种建构性显然不仅仅是指导我们建一处公园、保护一片湿地那样简单。特别是在城市环境中，他强调环境应当更有利于感知的多样性、活动的多样性和意义的多样性，因为在这种多样性之中，个体才能体验到生存丰富的可能性，进而取得伯林特所谓的“社会和文化进步的丰富可能性”。在这里，环境已经成为综合审美、道德的生活世界，伯林特更将这种环境关注看作一种“人类生态系统”的关怀。其实，人类在改造自然形成社会环境之后，也在形成生态系统，而我们社会生态并不仅仅是由物理条件所维持，文化体验和需求才使社会成为适于人居住的家园。因此，在城市设计与规划之中必须依据人的尺度，并使之成为人的补充，这样的环境才会具有“家园感”。“家园感”的理念对陈望衡的环境美学观产生重大影响，并被其定义为环境美的本质。如果说家园感作为一种环境美学建构的目的的话，那么作为家园感环境建设推动力的环境批评则具有较强的指导价值。

伯林特认为“获得一个以人的尺度为参照的城市环境最为重要的一点是决定和控制那些影响感知模式的条件”①。因此我们就可以通过这些条件的调整与规划来丰富、增强人的环境感知，进而建构一种“人性化”环境。其中，我们不仅要注重城市中的道路、节点、区域、边界和标志物等凯文·林奇所谓的“意象性”视觉体验，还要更加重视听觉、触觉、嗅觉环境的建设。在伯林特那里，听觉的环境绝不仅仅是交通的嘈杂声、机器的轰鸣声、录音带的音乐声，触觉的感知也不仅仅是人造建筑表面的质地，嗅觉也不仅仅是腐败、燃料燃烧的气味。伯林特认同的这些体验方式应当是内在于有吸引力的参与性环境，例如滨河区域、市场、餐馆、公园等，人的多感官融合使这种参与成为可能。总而言之，这种人性化的环境扩大了我们体验的范围、深度，并使之更加鲜明，同时使人获得情感上的慰藉以及文化记忆，使人“能够真正像人一样生活”。正如伯林特所说：“为了让世界更加完整，调动所有感觉的能力，就是为了增强我们的经验、我们的人类世界以及我们的生活。”②

二、艾伦·卡尔松的“科学认知模式”

（一）二元论与严肃的审美

关于环境的内涵，卡尔松认为环境作为我们的鉴赏对象，就是环绕我们的一切。他提道：“既然它是我们周围的环境，鉴赏对象也强烈地作用于我们的全部感官。当我们栖居其内抑或活动于其中，我们对它目有凝视、耳有聆听、肤有所感、鼻有所嗅，甚至也许还舌有所尝。”③卡尔松同伯林特同样意识到人对环境全身性参与的重要意义，但卡尔松始终确信在环境审美中有确切能指的对象。卡尔松明确分析了环境美学研究的两个取向，一个是主观主义和怀疑论的取向，另一个是客观主义的取向。他认为主观主义和怀疑论的取向是在认识

---

① ［美］阿诺德·伯林特：《环境美学》，张敏、周雨译，湖南科学技术出版社 2006 年版，第 63 页。

② Arnold Berleant, *Aesthetics Beyond the Arts*: *New and Recent Essays*, Surrey: Ashgate, 2012, p. 58.

③ Allen Carlson, *Aesthetics and the Environment*: *The Appreciation of Nature*, *Art and Architecture*. London: Routledge, 2000, p. 12.

到环境的无框架、无规律之后所采取的一种审美泛化或者是否定环境审美的倾向，在这里卡尔松将环境与艺术的存在机制进行了对比，并据此抽象化出一条极端路径，即要么“心随意愿地回应，欣赏所能欣赏之物”，要么认定“不存在一个名副其实的环境审美鉴赏”。客观主义的取向在卡尔松这里同样被拿来同艺术鉴赏相比较。如果说传统艺术中往往包含“设计者”“设计”两个角色的话，那么在环境之中我们也可以找到两种资源主体来承担这样的任务，在卡尔松看来，环境审美参与中的人恰恰就是“设计者”，因为人在面对环境时要选择与环境鉴赏相关的感官，同时将活动限定在特定时空，而环境则是在艺术审美中呈现给我们的“设计”。依据卡尔松的认识，环境的这种作为“设计”的角色将为我们的审美鉴赏提供必然的指导，使我们像欣赏艺术一样在欣赏环境中获得美感。

在卡尔松的环境观念中，有着明显的二元化区分，即主体、客体间的明确界限。通过他对于客观主义的青睐我们可以知道，客观环境的科学本质在他的观念中对环境鉴赏具有决定性的影响。例如在他对参与模式进行批驳的时候就提到“没有主体/客体的区分，自然的审美经验就面临着一种蜕化的危险，即仅仅蜕化为一种飞速飘失的主观幻象”①，“试图消除主体与客体的二元区分，参与模式也可能失去那种可能性，即区分琐碎肤浅的鉴赏与严肃恰当的鉴赏的可能性”②。作为一个环境审美的二元论者，卡尔松将鉴赏的核心要素放在了认知性的客观对象上，即以一种科学认知的模式来鉴赏一种确定的、和谐的、集中的经验，也即一种严肃的审美。

卡尔松的严肃审美首先关注的是欣赏什么的问题。尽管卡尔松非常赞赏伯林特所强调的环境参与的全方位投入，并且和他一样支持对对象模式与景观模式等传统环境审美的反驳，但卡尔松所不能接受的是，参与模式放弃了二元对立同时也使环境审美放弃了任何程度的严肃性。其实，卡尔松这里严肃的审美等同于客观性。卡尔松引用了人文地理学家段义孚(Yi-Fu Tuan)的一段话对环境鉴赏对象进行了讨论：

> “一个成年人要想欣赏自然的多姿多彩，必须学会像孩子那样的温顺

---

① ［加］艾伦·卡尔松：《环境美学：自然、艺术与建筑的鉴赏》，杨平译，四川人民出版社2006年版，第20页。

② ［加］艾伦·卡尔松：《环境美学：自然、艺术与建筑的鉴赏》，杨平译，四川人民出版社2006年版，第20页。

和粗心。他需要穿上旧衣服，这样他才能充分体验到大踏步地行走在小溪岸边干草上的自由，沉浸在全方位生理感官的体验之中：有干草和马粪的味道，大地的温暖及其鲜明或柔和的轮廓，微风送来的阳光的温暖，蚂蚁那纤弱的小腿探路时给你瘙痒，飘飞的树叶在你的脸上留下投影。流水冲刷大小石块所发出的声音，蝉鸣与远处汽车的声音。这样的环境可能打破了所有悦耳和审美的正常规划，以混乱代替秩序，却能给人以全方位的满足。”①

卡尔松从严肃审美的立场出发，显然是无法赞同这种审美体验的。他认为这种“自然感觉的一种混合”是没有任何意义和含义的。因而，在卡尔松这里，环境作为一种审美对象绝不是模糊的、无所不包的背景，而是一种清晰的前景，一种被突出出来、更为集中、确定且直观的对象。

环境审美的对象得以规范之后，卡尔松全面阐述了“如何欣赏”的理论，即科学认知模式。这种科学认知模式建立于同传统艺术类比的基础之上。我们知道传统艺术往往具有自足性，并且其形式框架规定了艺术欣赏的范围，例如在绘画中有画框的限定并且色彩被视为欣赏的重点，而到了环境审美中，卡尔松显然更希望有一种方式来使环境审美参与得到规范，使之成为严肃的审美。科学知识因之就成为一个核心概念。科学知识包含了地理学、生物学、生态学知识，卡尔松希望以科学的环境知识给我们看似纷乱的环境经验以限制，从而使我们的环境审美成为一种客观严肃的，而不是任意、粗糙、散乱的经验。这种科学知识的参与最终形成了一种同艺术知识相类比的范畴基础。

(二)环境伦理的指向

科学认知主义强调，自然必须被作为自然，而不是艺术来欣赏，并且应“如其本然”地被欣赏，即以自然史、自然科学特别是地质学、生物学和生态学为依托的欣赏。这种自然科学认知基础上的环境审美有着很强的环境伦理倾向。

客观性立场在环境审美中有伦理维度。科学认知主义强调以当代生态

① [加]艾伦·卡尔松：《从自然到人文——艾伦·卡尔松环境美学文选》，薛富兴译，广西师范大学出版社2012年版，第50页。

学、博物学、地质学知识作为恰当环境审美的核心要素，这样的话就在一定程度上抑制了人类中心主义的立场，达到一种“真实对待自然”的严肃欣赏。当然，这里的问题在于人类所获得的科学知识是否具有人类中心主义的傲慢视角呢？我们认为如果这种科学知识以现代环境科学为主要来源而不是将环境仅视作人类可以任意开采的资源的话，就是可以避免偏激的人类中心主义的。一定程度上讲，客观化视角可以产生更多环境关切的反应。我们首先要肯定的是科学认知模式是一种强调功利性参与的模式，卡尔松在批判传统画意(picturesque)观念以及形式主义欣赏模式的时候认为，环境审美中运用艺术参与模式并不能有效解决环境恶化以及培养人们的环境伦理意识。与之相反，卡尔松支持一种自然全美的“肯定美学”观念以增进人们对环境价值的理解。

何为自然全美呢？即所有野生自然物，本质上均有审美之善。这是卡尔松极力倡导的观点，因为这样不仅能确立自然自身完整的伦理价值属性，同时也是对传统“肯定美学”观念的发扬。肯定美学在19世纪景观艺术家和环境改革者那里已经变得清晰，特别是乔治·马什(George Marsh)的《人与自然》突出强调了“只有在一切美好的处女地，自然美方可被完满、普遍地欣赏”①。当代哲学家对于“自然全美”也同样给予了重要关切，例如环境伦理学家罗尔斯顿说“我们说我们发现了所有生命之美”。肯定美学的立场在当代西方学者的讨论中，特别是生态学领域的话题中较为普遍。卡尔松继承了这一观念，并从与艺术审美的比较开始对其进行论证。

首先，在卡尔松那里，建基于自然科学知识之正确范畴基础之上的审美必定是积极的、肯定的，就是说“全美的”。而与之相比较的艺术审美则未必都是积极的、都是美的。这里的关键问题是如何判定假设的正确范畴与客观对象产生的先后。按照卡尔松的理解，艺术的范畴往往是先于艺术对象而成为一种评判正确与否的先在，因而“在艺术中，范畴及其正确性之确定在总体上将优先并独立于审美之善的考虑”②。因此，在艺术审美中，并不总是肯定的审美判断，因为人所运用的审美范畴是有差异的，比如凡·高的《星夜》在一种印象主义范畴下欣赏要比在表现主义范畴下欣赏好得多，而人所运用的范畴视野

① [加]艾伦·卡尔松：《从自然到人文——艾伦·卡尔松环境美学文选》，薛富兴译，广西师范大学出版社2012年版，第87页。

② [加]艾伦·卡尔松：《从自然到人文——艾伦·卡尔松环境美学文选》，薛富兴译，广西师范大学出版社2012年版，第106页。

未必是卡尔松所谓的"正确范畴"。与艺术不同的是，自然作为一种已然存在物，它只等人去"发现"而不是去"创造"，自然范畴作为被发现自然的描述、概括、理论化之物而存在，因而用这种范畴进行审美欣赏必然是积极的、全美的。

其次，承认科学正确性与审美之善关系的复杂性与偶然性。卡尔松一方面正如我们上面所述认定科学知识范畴下的环境审美可以获得正面的经验，另一方面也承认了科学知识本身的变易性，体现了一定的灵活性。他认为："我们将科学发展解释为通过持续自我修正，旨在使自然界对我们似乎越来越易于理解，即使有时未被我们所全面理解，我们仍能解释肯定美学的发展。"①因此，卡尔松没有完全确定科学认知的完善性，并且为其与肯定美学的完全对接留有余地。我们运用科学对客观自然世界秩序、规律、和谐、平衡、张力、稳定的揭示使得世界对我们来说"变得可理解"，从而为自然审美范畴提供支持，使人可以获得自然全美的感受。

在卡尔松的著作中，他多次提到了他的理论顺应了当代环境运动的时代潮流，为环境保护和建设提供理论指导。他认为，依据环境保护论应该有五个条件对审美进行衡量，即"非中心的、聚焦环境的、严肃认真的、客观性的、关涉道德的"②，"科学认知主义"较其他理论更为符合和贴切。在卡尔松看来，这种环境审美的规范性建构可以为环境伦理奠定基础。因为无论是在利奥波德还是罗尔斯顿那里，卡尔松看到了科学知识奠基之上的审美范式为环境伦理学带来了重要动力。

（三）向融合与功能主义的转变

关于卡尔松后期思想的转变与发展主要从两个方面来探讨：一是对参与美学的认同；二是对功能之美的探索。

早年卡尔松曾批评伯林特的参与模式，认为参与经验所要求的一种全身心的投入存在两个难题：一是主客体距离的消除会使最终经验成为非审美经验；二是主客二元区分的取消会使琐碎肤浅的鉴赏同严肃恰当的鉴赏混为一谈。卡尔松总结道："没有主体/客体的区分，自然的审美经验就面临着一种蜕化的

① ［加］艾伦·卡尔松：《从自然到人文——艾伦·卡尔松环境美学文选》，薛富兴译，广西师范大学出版社2012年版，第109页。

② ［加］艾伦·卡尔松：《当代环境美学与环境保护论的要求》，载《学术研究》2010年第4期。

危险，即仅仅蜕化为一种飞速飘失的主观幻象。”①从卡尔松与伯林特理论观点来看确实存在较大的差异，但在这种差异背后实际上也有着互相认同的契机。卡尔松在2007年发表的论文《恰当自然美学的要求》中认为，当代自然美学理论要努力结合五项要求，其中就包含伯林特的美学模式。他认为“消除艺术与自然审美间之鸿沟”是值得赞赏的，并且认为建立一门统一美学学科是至为关键的。在卡尔松眼里，参与美学的非人类中心视角和环境聚焦的视野同科学认知的严肃伦理介入是应当统一在一起的，并且有利于当代环境审美与环境伦理更加协调的发展。对参与美学的认同是卡尔松思想的一个转变。

另一个重要的思想转变是对功能之美的重视。正如卡尔松自己所说，从20世纪70年代至90年代，他主要致力于自然美学，只有少数论文涉及建筑、公园和环境艺术，2000年后他开始在人类影响环境和人类构造环境领域做更多工作。2008年同格林·帕森斯(Glenn Parsons)合著的《功能之美》(*Functional Beauty*)由牛津大学出版社出版。这本书可以说是卡尔松思想由“科学认知主义”向“功能主义”转变的重要标志，这种“功能主义”强调功能知识对于普遍审美的重要作用。首先，在人类环境和工艺对象中我们参与其中的功能性较为明显，例如在农业景观和城市建筑景观中。其次，在自然环境之中这种功能知识的了解依然重要，在这里，功能概念同其在人类环境之中有所不同，卡尔松强调一种“选择性效应功能”，这种“选择性效应功能”阐释了这种功能主体为何能够在自然之中生存下去此，这种功能在卡尔松这里就成为一种恰当的功能，并且在人对环境进行审美过程中能够起到积极作用。再次，这种功能主义与他的科学认知主义紧密相连，正如他所说，“‘功能主义’与对审美经验的认知视野紧密相关，只有当它强调事物的功能知识在人们恰当的审美欣赏中尤为重要时，它才是独特的”②。因此，卡尔松这里的功能主义可以和他先前所强调的自然、社会的科学知识紧密相连，共同构成对于环境恰当审美欣赏的范畴判断。当然，功能之美也有其内在的逻辑着力点，卡尔松将“不确定问题”(the problem of indeterminacy)作为重点。他认为“在评估以功能为基础的相对主义价值时，有两个重要论题需要

---

① [加]艾伦·卡尔松：《环境美学：自然、艺术与建筑的鉴赏》，杨平译，四川人民出版社2006年版，第20页。

② [加]艾伦·卡尔松：《从自然到人文——艾伦·卡尔松环境美学文选》，薛富兴译，广西师范大学出版社2012年版，第335页。

考虑。第一个是其视野，或它所产生之处的准确语境，第二个是这种相对主义出现的范围”①。“不确定问题”是造成相对主义的来源，并构成了卡尔松这一阶段理论的主要阐发点。

综上，尽管卡尔松是一位环境美学的奠基者、开拓者，但其思想仍然有着很大的发展可能。其理论上的独特性在于，始终将二元论划分和科学认知作为理论的核心要素。尽管他部分地承认了其他学者思想的合理性，但其根本立场上的分裂还是造成了统一环境美学理论建构的遥遥无期。

三、两大模式论争焦点探究

伯林特与卡尔松作为环境美学体系建构的代表，其理论存在巨大反差是不争的事实。一方面，伯林特强调环境审美的多感官参与；另一方面，卡尔松强调科学知识在恰当环境审美中的核心地位。我们认为以获取愉悦的审美经验为目的的环境审美活动应当更加侧重于伯林特的“参与模式”，同时卡尔松的“科学认知模式”应当成为一种审美参与活动的有益指导。下面，我们将从介入与分离、一元化与二元化两个维度来探讨两位学者的论争焦点。

(一)介入与分离

介入与分离概念首先见于史蒂文·布拉萨(Steven C. Bourassa)的《景观美学》：

> “一方面，景观的概念，像它在历史上已经形成的那样，往往暗含着一种分离的外在者(outsider)的观点。另一方面，一个人要想充分地领略景观的日常经验，他就必须参考积极地沉浸在景观之中的、存在论意义上的内在者(insider)的看法。”②

布拉萨在上文中所使用的“景观”一词不仅仅是传统地理学意义上的，同时它还包含了文化景观的意义，因而从宽泛的意义上讲，它就是我们所感知并

---

① [加]格林·帕森斯、[加]艾伦·卡尔松：《功能之美——以善立美：环境美学新视野》，薛富兴译，河南大学出版社2015年版，第41页。

② [美]史蒂文·布拉萨：《景观美学》，彭锋译，北京大学出版社2008年版，第40页。

鉴赏的环境。正如上文所述，人们对景观的审美被分为外在者(即分离模式)以及内在者(即介入模式)，它们的差别在于前者以审美无利害心态欣赏景观的外在形式，而后者则将审美经验建基于最为广泛的日常经验。因而，在当今环境审美的讨论中，人们很自然地将柏林特的“参与模式”归为介入模式，而把卡尔松的“科学认知模式”归为分离模式。但这里似乎有一个问题，也是关涉到伯林特与卡尔松思想论争的一个重要因素，即卡尔松的“分离”是真的以一种无功利的心态同环境保持距离吗？我们知道卡尔松是反对传统如画性和形式主义的，所以卡尔松的观念肯定不是只强调形式特征的外在欣赏，但是问题出在哪里呢？

彭锋认为卡尔松的环境模式也是一种介入模式，但他所介入的不是环境而是“知识界”，即地理学、生物学、生态学的科学知识的理论氛围。这和我们前面提到的恰当的审美范畴相关，但仔细深究，我们会发现卡尔松的科学认知模式只能归为分离模式。

首先，从环境审美经验的角度来看，伯林特的参与模式从“身体化”到审美感知与日常感知的交融再到“人性化”追求，是从现象学视角还原我们的环境审美经验，是从经验核心出发来区别传统艺术审美经验。而卡尔松的科学认知模式则是以类比的方式，从艺术审美模式与环境审美实践的错位出发，指出我们应当以一种更加合理的方式参与到环境审美之中，但并没有从审美经验出发来论证环境参与过程。所以从本质上讲，卡尔松的理论没有指涉环境审美介入，因而只能被认定为一种分离模式。

其次，从精神意识参与度来看，这个角度的论述是回击这样一个观点，即认为卡尔松的理论本质上是介入的而非分离的。如果要对其本质上属于分离还是介入进行判断，我们必须考察什么才是介入和分离。按布拉萨的原意，分离模式指 18 世纪以来艺术领域的无利害审美观，按斯托尔尼兹的话说即“为观照而观照”的审美态度，而介入模式则强调一种与日常实践经验相连并对之进行加强的综合性参与经验。如果按这一解释，我们是无法把卡尔松的“科学认知”理论划归到任何一方的，因为卡尔松既不认同“为关照而关照”，也不赞成一种完全参与性经验。这里卡尔松的理论具有相对独立性，如果我们在介入模式的内涵中加入一种精神意识的参与度视角，情况就会变得明朗。假如将审美意识参与度作为一个评判标准，并且只有达到较高的参与度才可以被认定为一种介入模式，那么“科学认知模式”是难以达到的。卡尔松本人也承认这一点，他认为“当一个人全身心地投入到所欣赏对象而又想同时关注相关的科学知识时，也存在实践上的困难”①。因此，在这样一种介入视角中，卡尔松的理论被认定为一种分离模式。

(二)一元化与二元化

同伯林特与卡尔松理论论争密切相关的另外一个焦点是一元化与二元化之关系。综观二人观点，伯林特“参与模式”的美学理论更加侧重于一元化，而卡尔松侧重于二元化。这种一元化在伯林特这里是身体与环境的一元、文化与自然的一元、审美与日常经验的一元，在卡尔松那里人与环境始终是二元化的。

伯林特认为“没有一个身体是单独存在的”，这个观念精确概括了伯林特身体与环境的一元化观念。在生理意义上，我们从环境中认识了身体，同时也通过这种背景找到了身体的生命、意义和存在；在文化意义上，文化环境塑造了身体，没有脱离文化而存在的身体，正如伯林特所说，“文化环境极大地影响了人的体型、面部表情、行为举止和行动……比如一个人的穿着不仅是身体的外部形象，还是身体的一部分”②。总而言之，在伯林特那里身体是全面语境中的身体。

伯林特否认纯粹自然的存在，因为我们人类很难接触到未受人类影响过的自然。我们现在所认识到的野生自然其实自古至今都有人类的烙印，例如采矿、造林、侵蚀、改装地表等。伯林特认为“地球上没有一处地方能对人类免疫”。另一方面，我们对环境的审美参与也是一种多元感觉能力的融洽，其中“利用了所涉及的对象的知识，利用了我们过去的记忆和我们在想象中这些经验的拓展”③，因而既有自然感官的体验也有心理、精神的文化内涵。所以，无论是在生存境遇还是审美交融中都是文化与自然的一元化。

正如我们前文提到的，伯林特认为环境审美同我们的日常经验紧密相连，并且提出了一种文化美学概念来意指审美领域的跨经验维度。他特别提到了中国和日本的传统文明、印尼巴厘岛和美国土著文化，并认为这些远古文明中的

---

① [加]艾伦·卡尔松：《从自然到人文——艾伦·卡尔松环境美学文选》，薛富兴译，广西师范大学出版社2012年版，第332页。

② [美]阿诺德·伯林特：《环境与艺术：环境美学的多维视角》，刘悦笛等译，重庆出版社2007年版，第175页。

③ [美]阿诺德·伯林特：《环境与艺术：环境美学的多维视角》，刘悦笛等译，重庆出版社2007年版，第17页。

宗教仪式、精美的宴会、园林等生活、功用性场所都蕴含着审美参与。总而言之，伯林特肯定了审美与日常经验的一元化。

与之形成鲜明对比的是卡尔松理论的二元化追求。二元化源自于卡尔松对环境审美规范性的诉求，即强调一种恰当合理审美方式的指向，这种诉求与指向贯穿其理论发展的始终。像早期的二元论和严肃的审美，卡尔松明确提出了客观主义的立场以反对非认知立场，使得环境审美成为他所认同的“法则鉴赏”。但如我们所知，人在参与环境审美时并不能排除主观的经验、记忆、历史甚至想象。卡尔松的二元化追求实际上割裂了环境审美经验同环境审美规范模式间的有机联系，从理想的规范模式入手重新架构科学的主观知识与环境对象，使得二者处于一种断裂的二元状态。

从环境审美参与的视角来看待两者的冲突，我们更赞同伯林特的一元化视角，但不应否认的是卡尔松的二元化追求始终是有着较为明确的现实意义与伦理指向的，在我们的环境审美中能够起到科学理性的指导意义。

结　语

从伯林特与卡尔松两位代表学者的理论中可以看出当今环境审美模式论争的多样化，但就其理论的合理性来讲则各有专长，不可厚此薄彼。伯林特的“身体化”强调一种“文化有机体”的交互性参与，重视自然与人文的融合过程，卡尔松的严肃审美强调一种以自然对象客体为导向的“如其本然”的鉴赏。伯林特重过程，卡尔松重对象，伯林特批评卡尔松主客二分以及将环境审美同传统艺术审美相类比，卡尔松批评伯林特主客浑融的参与模式以及使环境审美成为“自然的一种混合”。但就两种理论的倾向来讲，其实是存在着某种可以相互借鉴与补充的契机，这一契机不在于对过程与对象的强调，而在于同环境审美密切相关的环境审美经验。对这一要素的强调也许是我们进一步探讨环境美学的重要指向。

（作者单位：武汉大学哲学学院）

学术访谈

由中国古典美学探寻文艺评论的根脉与未来

——访美学家刘纲纪

刘　耕　王海龙

刘纲纪(见图 1)，著名哲学家、美学家和美术史论家。现为武汉大学人文社会科学资深教授、博士研究生导师，并入选中共湖北省委命名表彰的首批“荆楚社科名家”，任中华美学学会顾问、国际易学研究会顾问、湖北省美学学会名誉会长。1960 年出版了个人第一部专著《“六法”初步研究》，引起了很大反响。著有多本哲学美学专著：《美学与哲学》《艺术哲学》《美学对话》《传统文化、哲学与美学》《中国书画、美术与美学》等。所著《中国美学史》(一、二卷)，填补了中国很长时期以来没有一部系统的中国美学史著作的空白。著有《书法美学简论》《龚贤》《黄慎》《刘勰》《文征明》等多本书画理论专著，2008 年被中国美术家协会授予“卓有成就的美术史论家”称号。主编多种著作、丛刊，如《王朝闻文艺论集》(共三卷)《美学述林》《中西美学艺术比较》《现代西方美学》《邓以蛰美术文集》《马克思主义美学研究》(年刊)等。参编《〈实践论〉〈人的正确思想史从哪里来的?〉解说》《〈矛盾论〉解说》《美学概论》(王朝闻主编)《中国大百科全书·哲学卷》《中国大百科全书·美术卷》《中国儒学百科全书》等。所著《书法美学简论》荣获中南五省优秀教育读物一等奖；《中国美学史》第一卷，荣获湖北省社会科学优秀成果奖一等奖；《〈周易〉美学》荣获教育部全国高校人文社科优秀成果二等奖。

一、马克思主义文艺理论和美学是文艺评论的根本原则

刘耕、王海龙(以下简称：刘、王)：先生您好！受《中国文艺评论》杂志委托，我们为您作一次专访。您是我国著名的美学家，能否先请您谈一谈文艺评论与美学的关系这个问题?

刘纲纪(以下简称刘)：这个问题很重要，十分值得研究。我感到，习近平总书记在文艺工作座谈会上的讲话中，已对文艺评论的重要作用，它和文艺理论、美学的关系作了全面深入的说明。因此，我想依据我学习这个讲话的体会，回答一下你们提出的问题。

要回答这个问题，我们首先应该明确文艺评论的功能与任务。我认为文艺评论肩负着两个相互联系的任务。首先要推动我们的文艺家创作出能够传播当代中国价值观，体现中国文化精神，反映中国人审美追求，思想性、艺术性、观赏性有机统一的优秀作品，并及时发现和向群众推荐这样的作品；其次，还要通过评论，有充分说服力地讲出这些作品的优点、美点在哪里，不断提高广大群众对文艺的欣赏能力，其中也包含对古代、外国优秀文艺作品的欣赏能力。此外，对于一切有害于人民的作品，要敢于鲜明表态，作出有充分说服力的批评。

图1　刘纲纪采访照

马克思主义的文艺理论与美学是文艺评论的根本指导原则。在文艺评论中，每个评论家都是依据他所认同的某种文艺观、美学观去评论他所要评论的作品的，不论他自己是否明确地意识到或者是否承认这一点。所以，我很赞同俄国19世纪的革命民主主义者别林斯基的观点，他把文艺评论叫作“运动中的美学”。但是，从古至今的文艺观、美学观是各式各样的。其中，只有产生于19世纪40年代的马克思主义，才第一次把对文艺和美学的认识变成了一门科学。因此，只有坚持以马克思主义的文艺观、美学观为指导，我们才能以同实践相符合的，历史的、人民的、艺术的、美学的观点去评判鉴赏各种各样的作品，得出符合时代发展要求的、正确深刻的论断。当然，在特定的条件下，历史上的某些非马克思主义的文艺观、美学观也有它的进步性，但又有历史局限性，如18世纪法国启蒙主义的文艺观、美学观就是这样。当时的启蒙主义者们不仅进行文艺创作，还写过与文艺评论相关的著作，如狄德罗写的《论绘画》(1765年)、《论戏剧诗》(1758年)。他把文艺看作是反对封建贵族的有力武器，主张文艺家要关心社会问题，担负起教育人民的任务。为此，他还主张文艺家要到乡村的茅屋里去仔细观察人民的生活。马克思、恩格斯都曾给狄德罗以高度的评价。但即使像狄德罗这样激进的启蒙主义者，也还认识不到马克思主义所说的人民群众是历史的创造者这一伟大真理，反而把社会进步的希望寄托在领导反封建革命的新兴资产阶级身上。马克思、恩格斯的划时代的贡献就在于他们既继承了启蒙主义，又超越了启蒙主义，提出只有通过全世界联合起来的无产阶级的斗争，最终实现科学社会主义、共产主义，广大人民群众才能得到真正彻底的解放。因此，马克思主义的文艺观、美学观从它产生的第一天开始，就是和科学社会主义、共产主义的实现不可分离地联系在一起的。离开了它，就不会有马克思主义的文艺观、美学观。当今，文艺的发展是和建设中国特色社会主义，弘扬社会主义核心价值观，实现“两个一百年”的奋斗目标和中华民族伟大复兴的中国梦分不开的。它将带来中国文艺空前的繁荣，并使中国文艺在当代世界文艺的发展中占有不可取代的重要地位。

刘、王：将马克思主义的文艺理论与美学作为文艺评论的根本原则，具体应当怎样理解并体现在文艺研究和评论中呢？

刘：我认为，当前最重要的是在马克思主义指导下，继承创新中国古代文艺评论，这就要求我们对中国古代文艺评论进行细致、系统的梳理，首先要认识到中华美学的独特性。

我认为世界古代美学有三大系统：中国美学、希腊美学、印度美学。其他文明古国，例如埃及，虽然在文艺上有不可否认的贡献，但除了中国、希腊、印度之外，没有任何一个国家有关于文艺与美学的著作流传到后世，并在世界范围内产生显著影响。就三大美学系统而言，中国美学不仅在产生的时间上早于希腊和印度，而且在思想的合理性与深刻性上也有超越希腊、印度的地方。但直到现在，由于西方至上主义的存在，也就是习近平总书记作了生动概括的“以洋为尊”“以洋为美”“唯洋是从”的思想的存在，使一些人看不到中国古代美学所作出的重要贡献，而把发端于古希腊的西方美学放在最高位置。2015年10月14日，《参考消息》曾登了一篇译自英国《卫报》网站的一篇文章。文章对秦始皇时期的大型陶塑兵马俑持肯定态度，但又说它是在希腊雕塑家的帮助和指导下完成的。这是极其荒诞的无稽之谈。首先，从艺术上说，古希腊的雕塑是石雕，表现的男性都是裸体的，目的是为了表现男性身体的强壮；而兵马俑是陶塑，每个人都穿上了战士所穿的盔甲，与真人一样高，目的是要表现秦国自商鞅变法之后培养出来的许多质朴、勤劳、英勇的“耕战之士”。这说明古希腊再好的雕塑家都不可能指导兵马俑的创作。其次，在中国史籍中，从未有秦始皇时期希腊人曾到过中国的记载。即使有DNA鉴定说明那时曾有欧洲人到过中国，也不能证明到来的人必定是希腊人，而且还正好是一位雕塑家。秦始皇时代面临国内种种紧急的问题需要处理，他没有必要也不可能去和他一无所知的希腊人交往。实际上，中国和欧洲的交往，始于汉代丝绸之路开通后，与罗马帝国(当时中国人称之为“大秦国”或“海西国”)在商业上的交往。如果说古希腊雕塑在东方也曾产生了影响，那绝不是对中国兵马俑制作的影响，而是对印度雕塑的影响。只要把印度雕塑和希腊雕塑加以比较，就可以发现两者的相似之处是很明显的。原因很简单，公元前327年，马其顿时代的希腊人入侵和占领了印度河流域的上游地区，把古希腊文化带到了印度。直至公元前317年，马其顿的希腊驻军方全部撤离印度。除希腊人外，曾入侵和占领印度某些地区的还有属于印欧语系的印度雅利安人(后成为古印度的主要居民)、波斯人、安息人、塞种人、大月氏人。因此，曾有人认为上古时代的印度好像是一个“人种博物馆”。当然，从文化上看，古印度也有自己的文化，这就是以婆罗门教的教义及其后释迦牟尼在反婆罗门教过程中创立的以佛教教义为中心的文化。但这种文化又深受希腊文化的影响，就像前面所指出的，印度的宗教雕塑就深受希腊雕塑的影响。再如婆罗门教所讲的诸神类似于希腊人信仰的众神，因此马克思认为，从印度“婆罗门身上我们可以看到希腊人的原型”。印度古代著名的史诗《摩诃婆罗多》与希腊荷马史诗《伊利亚特》也很相似，被马克思称为“印度的《伊利亚特》”。

反观中国，比印度历史更早的中国古代文化的发展与印度古文化的发展有根本性的不同。它是在没有遭受任何外族入侵占领的情况下独立地发展起来的，这就形成了中华民族所特有的“中国文化基因”和与之密切相连的“中华审美风范”，并取得了为古希腊、古印度所不及的更高成就。深入研究“中国文化基因”和“中华审美风范”，对我们今天继承创新中国古代的文艺评论，具有十分重大的意义。但这种研究，涉及和中国古代社会发展相关的种种复杂问题，这里暂时略而不谈。

刘、王：那么，中国的文艺评论的传统是如何在历史中形成的呢？

刘：文艺评论的发展与文艺的发展分不开，而中国文艺的发展又与上古时代“乐”的发展分不开。这里所说的“乐”，不仅包含声乐和声乐的唱词诗歌，还包含古代的各种乐器，其中最重要的又是中国古代特有的打击乐器的伴奏。在伴奏下演唱的同时，还有舞蹈表演，舞又分为文舞与武舞两大类。这种“乐”，可以说是中国古代的一种综合性的艺术，演出的场面十分壮观。它是在国家举行祭祀天地、先祖和庆功的隆重典礼上演出的，目的是为了激发君主统领下的百官、臣民对国家的热爱和自豪感。据《书经》记载，至迟在虞舜时代(我推断为公元前2030年至前2069年)就曾举行了一次十分成功的演出，并由舜所委任的乐官夔专门管理此事。舜之后，到了夏、商、周三代，在举行重大的祭祀典礼时，都各有代表自己国家的“乐”的演出。正因为中国古代文艺的发展离不开“乐”的创作与演出，所以中国古代文艺评论最初的发展，是与后世对“乐”的评论分不开的。如《左传》记载了季札“观于周乐”，不断用“美哉”来形容他对“周乐”(包含歌与舞)的感受。但这还只表达了季札对《周乐》的感受，缺乏更深入的评论。

季札之后，同样是生活于春秋时代的孔子，把对古“乐”的评论大大向前推进了一步。孔子注意吸取了《老子》一书提出的“味”的概念。老子谈到“道”时说：“道之出口，淡乎其无味”，但他又认为只有这种“味”才真正值得品尝，因此又提出了“味无味”的说法。老子的这种说法并不是针对文艺而提出的，但我们可以看到，不仅孔子在讲到古“乐”的美时使用了“味”这一概念，而且在后世的中国文艺评论中还成了一个占据中心地位的概念。这不仅因为中国古代很早就讲到了“五味”“五色”“五声”的美，而且还因为文艺评论是同评论者对作品的美的品味欣赏分不开的。《老子》一书虽然一开始就对“五味”“五色”“五声”的美统统予以否定，但在使人深入体验领会他所说的“道”这个意义上，又仍然保留了“味”这个概念。孔子在讲到他对古乐之美的看法时使用了这个概念，也与孔子认为对古乐之美的欣赏与品位有关。此外，孔子对季札连声不断地赞美的《周乐》是有保留意见的。《论语》中记载：“子在齐闻《韶》，三月不知肉味，曰：不图为乐之至于斯也。”“三月不知肉味”，是说三个月中吃起肉来也感到没有什么味道了。“不图为乐之至于斯也”，是说想不到对《韶》乐的欣赏引起的快乐会这么大，也就是一种超越了满足口腹之欲的“肉味”引起的生理感官上的愉快，即一种审美上的精神的快乐。由此还可以见出，孔子借用了老子所说的“味”的概念，既与他认为对古乐之美的欣赏和品位有关，也与孔子主张的治国之道有关。因为在孔子的思想中，“艺”是不能脱离“道”的。反观老子所说的“味无味”，也不只是指对食物的“味”的品尝，而是指体验把握老子的治国之道。但孔子的治国之道不同于老子的“无为而治”，孔子高度推崇的是古代的尧、舜之治。《韶》乐之所以引起了孔子极大的快乐，就因为它是舜时期的乐。由于孔子认为古乐的美和古代帝王的治国之道相关，因此孔子又曾将舜代的《韶》乐和周代的《武》乐加以比较，认为“《韶》，尽美矣，又尽善也”；“《武》，尽美矣，未尽善也”。这是因为在孔子看来，舜是由于尧授位而得天下的，周却是通过武力征伐而得天下的，所以前者要高于后者，从而舜的《韶》乐也要高于周的《武》乐。但从文艺评论的观点来看，重要的不在于孔子对《韶》乐与《武》乐的比较，而在于他区分了“美”与“善”，提出了乐既要“尽美”，又要“尽善”的思想。与此同时，由于古代的乐是一种综合性的艺术，因此也可以说孔子认为各门艺术的创造都既要“尽美”又要“尽善”。这是一种极为重要的思想，它对后世文艺的创作、欣赏与评论产生了十分深远的影响。另外，还要看到，孔子说周的《武》乐“尽美矣，未尽善也”，这不是说周代的乐只有“美”，没有“善”，而是说在“善”的方面尚未达到应有的高度。因此，孔子对周代的文化仍然持充分肯定的态度，并说：“郁郁乎文哉，吾从周。”孔子编《诗经》，选入的诗绝大部分是周代的诗，只有少数几首属于商代，这也证明了孔子对周代文化是充分肯定的。实际上，生活在春秋时代的孔子完全知道要返回他向往的尧舜时代已不可能，他只能立足于西周去实现他的理想。所以，后世把孔子的思想概括为“祖述尧、舜，宪章文、武”(指周文王与周武王)，这种说法符合孔子思想。

孔子不仅区分了“美”与“善”，并指出两者必须统一起来，而且还讲到了真的问题。在孔子的思想中，最高的善就是“仁”，“仁”的完满实现就是美，而“仁”的实现又离不开“知”，即人对外部世界(包含自然与社会)的认识。孔子曾两次讲到“未知，焉得仁”。在“知”的问题上，孔子曾教导他的学生子路说：“知之为知之，不知为不知，是知也。”孔子在讲到他自己时，又曾说过：“我非生而知之者，好古敏以求之者也。”又说：“盖有不知而作之者，我无是也。”由此可见，对于孔子来说，对外部世界的真知是实现他所说的最高的善——“仁”的根本，从而也是实现由“仁”而来的美的根本。因此，真、善、美在孔子的思想中是相互统一而不可分离的。习近平总书记说：“追求真善美是文艺的永恒价值。”从全世界古代思想和美学的发展来看，文艺的永恒价值与真善美不能分离，这是从中国古代的思想家孔子开始的。

孔子的思想为后世的文艺评论奠定了基础。孔子之后，我国古代文艺评论又经历了漫长的发展过程。为了继承发扬我国古代文艺评论的优秀传统，我认为需要在马克思主义哲学、美学的指导下写出一部中国古代文艺评论发展史，并且坚持从中国的历史实际出发，去除一切将马克思主义简单化、教条化、公式化的做法。在这里，我只能就和文艺评论发展相关的几个重要问题，概略地说一下我国古代文艺评论在解决这些问题上，直至今天仍然值得我们借鉴学习的地方。这些问题，总的来看又可以概括为文艺评论与文艺的社会功能的关系、文艺评论与文艺创作的关系、文艺评论与文艺欣赏的关系等问题。在这些问题上，我国古代文艺评论为我们留下了至今仍值得仔细深入研究的宝贵遗产，而且就是放到世界古代文艺评论发展史上去看，也有不可否认的重要价值。

二、文艺评论应为“经国大业”

刘、王：在先生看来，我国古代文艺评论是如何处理文艺评论与文艺的社会功能之间的关系的？

刘：不论古今中外，文艺评论家对文艺作品的评论都和他对文艺的社会功能的看法分不开，这种看法又和他对美与艺术的看法分不开。凡是他认为成功地实现了文艺的社会功能的作品，就予以充分的肯定；反之，则加以批判和否定。孔子通过对上古时期综合性的文艺——“乐”的分析得出了文艺既要“尽美”，又要“尽善”的结论，同样是因为只有这样作品才符合孔子所说“兴于诗，立于礼，成于乐”的治国理念，从而对国家的治理具有最佳的社会功能。但在孔子的时代，文艺评论还不可能得到充分独立的发展。到了西汉初年，由于“赋”这种文体获得了空前迅速的发展，而战国时代楚国屈原所写的“赋”又被绝大多数人公认为是最成功的，于是就在《史记》的作者司马迁和《汉书》的作者班固之间，引起了一场如何评价屈原的“赋”和看待“赋”的写作的激烈争论。从中国古代文艺评论的发展史来看，这也是第一次围绕着如何评价历史上一个极负盛名的作家而展开的争论。争论中的分歧集中到一点，就是“赋”的写作要怎样才能有利于君主对国家的治理。生活在春秋时代的孔子还不知道“赋”，只知道“诗”与“乐”，但他已提出了“诗”与“乐”都要符合“礼”才能有助于君主对国家的治理，这就是孔子对文艺的社会功能的根本看法。汉代关于“赋”的争论，本质上就是汉赋大为兴盛之后，对“赋”这种新兴的文体的社会功能的争论，它是不能脱离孔子对文艺的社会功能的根本看法的。

司马迁在《史记·屈原贾生列传》中，极为热情地赞美了屈原的伟大精神，指出他是一个“正道直行，竭忠尽智以事其君”的人。虽然他因楚怀王的臣下向楚怀王进谗言而被疏远，最后又被流放，但他仍然不改为国效力的初衷。司马迁说：“推此志也，虽与日月争光可也。”为了充分说明这一点，司马迁还全文转载了屈原所写的《怀沙》赋，说明屈原被怀王流放后，颜色憔悴，行吟江畔，哀怨万端，最后抱着石头投汨罗江而死。接着又说屈原死后，楚国的宋玉、唐勒、景差等人虽然也善于辞赋，但无人“敢直谏”，结果是“楚日以削，数十年竟为秦所灭”。

和司马迁对屈原的看法根本相反，班固在他所写的《离骚序》中认为司马迁对屈原的种种赞美都是夸大之词。在他看来，屈原实际上是一个不知“明哲保身”、只求“露才扬己”的人，“非明智之器”，虽然他也不能不承认屈原有作赋的“妙才”。班固对屈原的这种看法是十足的误判，根本不能成立。但是，不论班固无端给屈原加上了多少罪名，他否定屈原的重要原因，仍然与他对“赋”这种文体写作的社会功能的看法分不开。班固在《两都赋序》中对汉赋的发展大为称赞，指出“奏御者千有余篇，而后大汉文章炳焉与三代同风”。但在他看来，“赋”的作用在于“或以抒下情而通讽谕，或以宣上德而尽忠孝。雍容揄扬，著于后嗣”。而屈原的“赋”却根本不符合班固提出的标准。如司马迁所言，他“敢直谏”，在赋中毫无顾忌地批评楚怀王及其臣下的不智与无能，这就成了班固所不能容忍的冒犯圣上，“露才扬己”的表现了。司马迁与班固之间展开的关于“赋”的争论，还一直延续到东汉初年。在历史上第一个写了《楚辞章句》的王逸在《楚辞章句序》中直接批评了班固认为屈原“露才扬己”是根本不对的。他说：“且人臣之义，以忠正为高，以伏节为贤。故有危言以存国，杀身以成仁。”相反，“若夫怀道而迷国，详愚而不言，颠则不能扶，危则不能安，婉娩以顺上，逡巡以避患，虽保黄耇，终寿百年，盖志士之所耻，愚夫之所贱也。”这些话很好地说出了屈原的《离骚》等赋的可贵之处。此外，他还引了见于《诗·大雅·抑》中的“呜呼小子，未知臧否”，以及“匪面命之，言提其耳”等语，以证明“屈原之词，优游婉顺，宁以其君不智之故，欲提携其耳乎?”因此，班固认为屈原“露才扬己，怨刺其上”的说法是完全错误的，不能成立的。总的来看，王逸的《楚辞章句序》有力地肯定了屈原的伟大贡献，批驳了班固的谬说，对西汉以来关于楚辞的讨论作了一个不错的总结。

但是，我们要从两个相互联系的方面来估计这次讨论所取得的成果。一方面，这次讨论大为加深了我们对屈原的"赋"的价值的认识，并且充分证明了人们对某个文学家的评价与其对文学社会功能的认识分不开。以王逸来说，如果他不充分肯定屈原具有忠贞报国的精神，他能对屈原的"赋"的价值作出有力的论证，并彻底驳倒班固强加在屈原身上的谬说吗？当然不能。另一方面，我们又要看到这次讨论虽然取得了不可否认的成绩，但终究又只局限于对"赋"这种文体的认识。冲破这一局限，从中国自古以来的"文章"出发，全面认识文艺的社会功能，展开对文艺评论的看法，这是东汉末年出现的建安文学理论开始的。

从曹丕立为太子开始直至建安二十五年曹操去世，迎来了中国文学史上一个前所未见的新时期，即"建安文学"发展时期，而曹丕就是推动建安文学发展的领导人。为了推动建安文学的发展，曹丕写下了我国古代文艺评论史上第一篇篇幅最长而又很有系统性的文章——《典论·论文》，从下述几个方面有力地推动了我国古代文艺评论的发展。

第一，从文艺的社会功能来看，曹丕第一次指出："盖文章，经国之大业，不朽之盛事。"尽管在曹丕之前，孔子在《论语》中热烈赞颂尧治国的业绩时也曾说过："巍巍乎！其有成功也。焕乎，其有文章"这样的话，但极为明确和直截了当地把"文章"看作是"经国之大业，不朽之盛事"，却是始于曹丕的。其所以如此，又是因为建安文学的奠基人曹操写诗，始终是和抒发他的"起义兵，为天下除暴乱"的壮志豪情联系在一起。在曹操的影响和教育下，不但写诗而且还写赋的曹丕和曹植，特别是从小就跟随曹操南征北战的曹丕，也同样是把诗赋的写作和他们的父亲曹操平定北方的斗争联系在一起的。因此，在曹丕看来，包含诗赋的写作在内的各种"文章"，都是和"经国之大业"，即治国之大业不能分离的，不可能设想有什么"文章"可以脱离"经国之大业"而存在。为此，曹丕一再勉励建安时代的文人们要懂得"年寿有时而尽，荣乐止乎其身，未若文章之无穷"的道理。爱惜光阴，抓紧时间，努力写出有助于"经国之大业"完成的好文章，这样就能使自己的文章流传于后世而获得不朽的名声。相反，如果只关注如何解决与自己的"饥寒"与"富贵"有关的"目前之务"，而抛弃有"千载之功"的文章的写作，其结果只能是"日月逝于上，体貌衰于下，忽然与万物迁化，斯志士之大痛也"。这也就是曹丕何以把文章既看作是"经国之大业"，又看作是"不朽之盛事"的根本原因。这两个方面是互相联系在一起的，但前者是从“文章”和“经国之大业”的关系来看的，后者则是从深知“文章”对完成“经国之大业”的重要性，在自己短暂有限的一生中，写出有助于“经国之大业”完成的好文章，使自己生存的意义与价值获得最高肯定的文人而言的。在曹丕看来，他们也是一些爱国的志士仁人。今天看来，曹丕的上述看法最值得我们肯定的地方，就是他第一次明确地把“文章”的写作和国家的强盛联系起来，体现了在中国古代建安文学发展过程中产生的一种真挚热烈的爱国主义精神。中国自古以来的全部文学史已充分证明了凡是能在历史上流传的不朽的作品，都是在艺术上成功地表现了中华民族百折不挠的爱国主义精神的作品。这其中也包含了建安文学最重要的代表人物曹操、曹丕、曹植的作品。

曹丕的《典论·论文》的第二个贡献在于他第一次对中国自古以来所说的“文章”作出了具体的分析。最早见于中国古籍中的“文章”一词，从词源学上考证起来是和线条、花纹、色彩的美分不开的，而且这种美的感受最初又是和人们对动物的皮毛、花纹、色彩的美的感受分不开的。直到孔子的时代，孔子所说的与君子应有的“质”相对应的“文”也有美的含义，主张“文”与“质”要恰到好处地统一起来，避免“文”胜于“质”或“质”胜于“文”。这就是孔子所说的“文质彬彬，然后君子”。但在许多情况下，古代所说的“文章”一词又指用文字写成的各种典籍著作，曹丕就是在这个意义上使用“文章”一词的。为了把能给人以审美感受的文学作品从古代典籍中区分出来，曹丕提出了“文本同而末异”的观点。“本同”指一切“文章”都是“经国之大业”，“末异”指不同的文体有不同的特征、功能和作用。曹丕把自古以来的文体分为“四科”，并指出“奏议宜雅，书论宜理，铭诔尚实，诗赋欲丽”。前三种文体都是政治性、应用性、说理性的文体，这里略而不谈。最重要的是曹丕讲到第四种文体——诗赋时，斩钉截铁地说“诗赋欲丽”，肯定了诗赋的根本特征在于它能引起人们的审美感受。这是一个十分重要的观点。曹丕之所以能提出这样的观点，首先是因为他认为他所说的广义的“文章”是“经国之大业，不朽之盛事”，即要能推动人们为建设一个强盛的国家而奋斗。而包含在他所说的“文章”中的“诗赋”这一体裁，由于具有美丽的文采，因此也正好具有从情感上推动人们为建设一个强盛的国家而奋斗的力量。其次，和这一看法相关联，曹操写诗和曹丕、曹植写诗与赋又受到汉代的乐府诗和东汉末年产生的《古诗十九首》的强烈影响。它是和东汉末年与国家兴衰密切相关的个人的种种遭遇直接联系在一起的，具有强烈的抒情性，而没有生硬的说教。在诗体上又产生了与《诗经》

的四言诗不同的五言诗，在情感的抒发上就更为自由。正是在上述种种情况下，曹丕直截了当地提出了“诗赋欲丽”这一要求，在我们今天看来，不论曹操所写的诗或是曹丕、曹植所写的诗和赋，都符合这一要求。以曹操所写的《短歌行》一诗为例，它学的是《诗经》的四言诗的写法。诗中曹操深感人生苦短，并为他在统一北方的斗争中碰到的种种困难而感慨万分。“月明星稀，乌鹊南飞。绕树三匝，何枝可依?”但最后仍不失去信心，坚信“山不厌高，水不厌深，周公吐哺，天下归心”。这正是一首极富抒情性、写得悲而能壮、气势磅礴的好诗。它不仅符合曹丕所说的“诗赋欲丽”的要求，而且还“丽”而能“壮”，这也正是曹操诗作的一大特点。

从历史上看，虽然在班固所著的《汉书·艺文志》中已把诗赋与古代其他典籍分开，列为一类，但从班固对《艺文志》的说明来看，他还远未达到曹丕所说的“诗赋欲丽”的观点。班固首先讲到诗，最终把诗的作用归结为“别贤不肖而观盛衰”，不提诗也有它的美。接着又讲到赋，说从荀子以至“楚臣屈原离谗忧国，皆作赋以讽，咸恻隐古诗之义”，但从屈原之后楚国的宋玉、唐勒开始，直至汉代的枚乘、司马相如以及扬雄，又“竞为侈丽闳衍致辞，没其讽喻之义。是以扬子悔之曰：诗人之赋丽以则，辞人之赋丽以淫，如孔氏之门用赋也，则贾谊升堂，相如入室矣，如其不用何”。这样一来，又把孔子之后产生的赋这种新兴文体的美否定了。最后，班固又讲到汉武帝时采集的“乐府”诗，认为它“皆感于哀乐，缘事而发，可以观风俗，知厚薄”。这是对的，但班固完全不提“乐府”诗特有的美以及它对后世中国文学发展产生的重要影响。总体来看，在班固的思想中，诗赋的伦理道德教育作用和诗赋的美是相互对立而无法统一的。曹丕则不同，他提出“诗赋欲丽”恰好同他肯定“文章”是“经国之大业”分不开的，两者完全能够而且必须统一在一起。另外还要说一下，班固在《艺文志》中对屈原的赋基本上是持肯定态度的，但到了他后来所写的《离骚序》中，却对屈原的赋作了根本否定的猛烈的批判。

三、提高社会大众的欣赏水平是文艺评论的重要任务

刘、王：先生从汉代初年围绕对屈原的“赋”的争论一直讲到曹丕的《典论·论文》，生动地说明中国古代评论的优秀传统之一就是把文艺评论和文艺的社会功能紧密地结合在一起，那么，中国古代文艺评论又是如何处理与文艺创作、文艺欣赏之间的关系呢?

刘：到了曹丕，把“文章”看作是“经国之大业，不朽之盛事”，这可以说是对文艺的社会功能的最高概括，具有划时代的重大意义。而且曹丕在阐明他的这一看法怎样才能得到实现时，又已经深入到了和文艺的创造、欣赏相关的种种问题之中，取得了不少重要成果。但他之所以能取得这些成果，仍然又是和他把文艺的社会功能提到了“经国之大业，不朽之盛事”的高度分不开的。下面我想再从文艺评论与文艺创作及文艺欣赏这两个角度，概略地说一下中国古代文艺评论所作出的贡献，因为曹丕尽管已涉及了这两个方面的问题，但还未对这两个问题分别作出专门的探讨。

没有文艺创作就不会有文艺评论，而且文艺评论的一个重要任务就是要推动文艺创作的发展。正因为如此，如果文艺评论家对文艺创作的基本规律一无所知，他就不可能完成这一重要任务。在我国历史上，分门别类地研究各门类文艺的创作规律的著作非常之多，堪称洋洋大观。无论从事哪一个部门的文艺评论的人都需要了解各门文艺创造的最普遍的规律。从这个角度来看，我认为刘勰的《文心雕龙》是最值得注意的一本著作。尽管它所讨论的只是文学问题，而且还是把各种政治性、说理性、应用性的文体都包含在内的广义的文学，但由于它经常能从宽广的中国哲学的高度去观察思考问题，这就使得这部本来是讨论广义的文学的书提出了不仅限于文学，而且还可以通于其他各门文艺创造的普遍原理。其中最为重要的又是两大问题，一个是“文”与“道”的关系问题，另一个是文艺的发展变化问题。从“文”与“道”的关系来看，刘勰依据《周易》“一阴一阳之谓道”的理论，得出了“道”是推动整个世界万物产生发展的最根本普遍的原理，同时“道”又产生了在自然和人类社会生活中都有美的意义与价值的“天文”与“人文”。这样“道”与“文”在最高的“形而上”的层面和直接诉诸人们感官的“形而下”的层面都是不能分离而统一在一起的。由此刘勰又提出了“观天文以极变，察人文以成化”，然后能“彪炳辞义”的说法，并指出“道沿圣以垂文，圣因文而明道”，“辞之所以能鼓天下者，乃道之文也”。正因这样，文学家们才能“雕琢情性，组织辞令”，创作出能“写天地之辉光，晓生民之耳目”的伟大作品。今天来看，刘勰所说的“道”与“文”的不可分离的统一，相当于文艺的思想性与艺术性的统一。这是一切优秀的文艺作品的根本特征。用思想性来否定艺术性，或用艺术性来否定思想性都是错误的。宋代的理学家重“道”轻“文”，用“道”来否定“文”，把“文”看作是用来说理的工具，甚至宣称“作文害道”，这是根本错误的。但它终究不可能取消“文”，阻挡文艺的发展，所以这种理论在宋代严羽所著的《沧浪诗话》中遭到了有力的批判。在文艺的发展变化的问题上，刘勰也提出了有价值的理论。他把《周易》的“系辞”所说的“穷则变，变则通，通则久”的理论运用到了文艺创作上，认为文艺的发展变化是永无止境的。如果有的文艺家认为文艺已到了再也不能变化创新的地步，那并不是因为事情真的如此，而是因为他们“通变之术疏”，即缺乏创新的能力。因此，刘勰鼓励文学家要明白“文律运周，日新其业”的道理，“趋时必果，乘机无怯。望今制奇，参古定法”。这在当时是一种难能可贵的正确看法。

文艺作品要在社会生活中发生作用，只有当它能为人们所欣赏时才有可能。因此，如何不断提高广大群众的文艺欣赏水平，是文艺评论的一个不能忽视的重要任务。文艺批评家卢那察尔斯基曾说过，“批评家是美的博物馆的导游者”，这话是对的。从这方面来看，在我国古代齐梁时期出现的一系列和文艺的欣赏品评相关的著作非常值得我们仔细深入地加以研究。齐梁时期，由于门阀士族的地位趋于下降，寒门庶族的地位上升，再加上社会相对稳定，因此许多出身庶族的文人纷纷参与各门文艺的创作，由此又引出了如何欣赏各门文艺作品和判别不同文艺家作品的优劣高下的问题。在这种情况下，各门文艺都出现以“品”为名的著作。按先后次序而言，如南齐谢赫的《画品》，梁代庾肩吾的《书品》，钟嵘的《诗品》。这里的“品”包含两重相互联系的意思，一是要对不同文艺家进行品味欣赏，二是要通过这种品味欣赏划分出不同文艺家的作品的优劣高下的等级品第。这种划分又采取了两种不同的方法，一是按政治上的“九品论人”的方法来划分，即把人划分为上、中、下三品，每品又再细分为上、中、下三品，合起来就是九品。庾肩吾的《书品》，钟嵘的《诗品》都是采取这种划分方法的。谢赫的《画品》则有所不同，由于他提“六法”作为评定画家优劣的标准，所以只分为六品。所有这些品评又都深受刘宋时期刘义庆所著记述魏晋“人物品藻”的《世说新语》一书的影响，能用简明生动的语言，说出不同文艺家作品的个性风格。在这一时期，老子提出的“味”的概念成了文艺欣赏评论的中心概念。如钟嵘在《诗品》序中说，好的诗要能使“味之者无极，闻之者动心”，不取“理过其辞，淡乎寡味”的作品。这里所说的“味之者”指的就是诗的欣赏者，如果他能恰切地把握住不同诗人的作品特有的“味”，那他就是一个对诗有很高欣赏水平的人了。这个“味”不仅适用于诗的欣赏，也适用于对书法、绘画的欣赏。上述这种对作品的优劣高下品第的划分还有一个很值得注意的地方，那就是对列入下品的文艺家也要讲出他有什么优点，不是简单地加以否定。这是一种有包容性的公正的做法，直至现在也值得我们参考借鉴，避免那种认为好就是绝对的好，坏就是绝对的坏的简单化的看法。中国自古以来就有对人不应“求全责备”的说法，这也很充分地表现在齐梁时期的文艺评论中。此外，由于评论者必然要受到个人的知识、文化素养、审美爱好、时代条件的限制，因此不可能要求齐梁时期的文艺评论对不同文艺家的作品的优劣高下等级的判定都是完全正确的。如钟嵘在《诗品》中评论建安文学时，把曹植列为上品，曹丕列为中品，曹操列为下品，这显然是不对的。但他对列为下品的曹操写下了一句评语：“曹公古直，甚有悲凉之句。”这说明了钟嵘对诗的欣赏感受能力还是很敏锐的，只不过他还看不到他所说的“古直悲凉”正好是同曹操的诗具有真切、诚挚、悲壮的特色密切相关的，特别是在悲壮这一点上，是曹植、曹丕的诗所不能及的。

四、汲取古人智慧，培养文艺评论领军人才

刘、王：您从文艺评论与文艺的功能、文艺创作、文艺欣赏三者的关系角度，梳理了中国古代文艺评论的发展脉络及其重要贡献，让我们深受启发。您在教育事业耕耘多年，桃李满天下，能否谈谈对文艺评论人才培养的看法？

刘：我还是从古代文艺评论谈起，古人在这方面已经贡献了许多智慧，前面我提到了曹丕的《典论·论文》。曹丕把他所说的“文章”划分为“奏议”“书论”“铭诔”“诗赋”这“四科”，同时又指出：“此四科不同，故能之者偏也，唯通才能备其体。”为了解决何以会有“能之者偏”的问题，曹丕又提出了“文以气为主”的观点。这里所说的“气”，实际就是指不同作者天赋的气质、个性、才能。他曾以“音乐”的演唱为比譬，指出“曲度虽均，节奏同检，至于引气不齐，巧拙有素，虽在父兄，不能以移子弟”，就清楚地说明了这一点。在世界文艺评论史上，这是第一次明确地指出了天才在文艺创作中的重要作用，并且去除了古希腊认为诗人是在有“神灵”凭附的状态下进行创作的神秘主义说法。此外，尽管曹丕很强调天才在创作中的作用，但并不因此忽视作家后天学习的作用。

曹丕认为作家具有天赋上的不同的气质、个性、才能，因此，不同作家的作品自然也就会具有不同的风格和成就。为了促进建安文学的发展，曹丕从建安时代的文学家中挑选出各有不同风格和成就的七个文学家，并一一加以评论。这七个文学家是孔融、陈琳、王粲、徐幹、阮瑀、应玚、刘桢，也就是后世所说的“建安七子”。在一一评论这七个文学家之前，曹丕又讲了他已说过

的由于文学家天赋的个性气质不同，因此“文非一体，鲜能备善”，而许多人不懂得这个道理，“各以所长，相轻所短”，而“七子”却没有这种文人相轻的恶习。曹丕说：“斯七子者，于学无所遗，于辞无所假，咸以自骋骥騄于千里，仰齐足而并驰，以此相服，亦良难矣”，是说“七子”就像是一群能奔驰千里的骏马，齐足并驰而又相互心服，是很难得的。

七子之中除孔融外，其他的人原来都是曹操的部下，而孔融又是曹丕在即太子位之前九年被曹操杀了的。但曹丕把他列为七子之首。据《后汉书·孔融传》及其他有关材料看来，曹操与孔融之间的关系是复杂的。孔融的《六言诗三首》中谴责了董卓乘汉家中衰作乱，还肯定了曹操起兵讨董卓的功绩。由于孔融早年在政治思想上与曹操有一致之处，因此曹操在决定杀孔融之前，曾让他的军事参谋路粹代他给孔融写了一封信，内容是劝他与御史大夫郗虑(字鸿豫)和好，实际是要孔融归顺曹操。因为这个郗虑正是汉献帝派去封曹操为魏王的特使，而且献帝还曾经接见过他和孔融。在接见时，献帝问孔融认为郗虑有什么优点，孔融回答说：“可以适道，未可与权。”这是来自《论语》中的话，意为虽知“道”，但办事不知看实际情况作出不同的、恰当的处理。郗虑立即加以反驳，说孔融在治理北海时，搞得“政散民流”，他有什么“权”可言？曹操要路粹代他写信给孔融，其实就是要促使孔融反省自己，不要与曹操对抗。但从《汉书·孔融传》中我们可以看到，在董卓大乱过去之后，孔融对曹操始终是持反对态度的。道理很简单，孔融看到了随着曹操势力的不断发展，他完全可能取汉朝而代之。尽管如此，由于孔融与曹操的关系的复杂性，再加上前面讲到的孔融的《六言诗三首》确实写得不错，明白晓畅而又很有抒情性和气势，和曹操的诗有类似之处，因此曹丕就把他列为建安七子的第一人(这也可能与孔融年长于其他六人有关)，并作出了这样的评语：“孔融体气高妙，有过人者；然不能持论，理不胜辞，至于杂以嘲戏。及其所善，扬、班俦也。”这个评语大致是恰当的，特别是“体气高妙”一语，就前述孔融的《六言诗三首》来说，是当之无愧的。

对其他六人，曹丕也一一作了评论。这些评论虽然涉及曹丕所说诗赋之外的其他政治性、应用性文体，如“章表”“书记”的写作，但主要还是讲诗赋的写作。曹丕说：“王粲长于辞赋，徐干时有齐气，然粲之匹也。”“齐气”指文章风格舒缓，实际也含有气势不足的意思。曹丕又说：“应玚和而不壮，刘桢壮而不密。”总的来看，曹丕不仅要求诗赋的写作要有一种雄壮的气势，而且要“和”而“壮”，“壮”而“密”。“密”指诗赋的写作要有一种细密紧凑的条理结构

（包含对仗与押韵），而不是松散、杂乱无章的，前言不对后语。曹丕的上述看法，已明显包含了后来梁代刘勰在《文心雕龙》中集中阐述的“风骨”问题，而且刘勰的阐述也明确地引用了曹丕《典论·论文》中对建安七子的评论作为他立论的依据。刘勰所说的“风”，就是曹丕所说的诗赋的写作要有和情感的表现相连的雄壮气势，所以刘勰说，“深于风者，述情必显”；相反，“索莫乏气”正是“无风之验”。曹丕说诗赋要“壮”而能“密”，这就是刘勰所说的“骨”，即“结言端直”“析辞必精”，没有“繁杂失统”的毛病。但刘勰没有像曹丕那样明确提出“和”与“壮”的统一问题，但他要求文章要“意新而不乱”大致可以包含“和”的问题。不过，这仍然与曹丕不同。曹丕提出“和”的问题，是与他在东汉末年天下大乱，曹操统一北方，使社会初步安定下来之后所下的《禁复仇诏》密切相关的。他在诏书中指出，“丧乱以来，兵葛纵横，天下之人多相残害”，现在天下初定，禁止任何人为报过去的仇怨而相杀，人人都必须“相亲爱，养老长幼”。这是很有见地的看法。就曹丕讲到的诗赋的写作而论，如果只“壮”而不“和”，这种“壮”就有可能走到暴虐的道路上去。曹操、曹丕、曹植在文学创作上，都是“和”而能“壮”，“壮”而能“密”的。到了唐代初年，陈子昂提倡“汉魏风骨”，就是从建安文学而来的。当然，曹丕尚未使用“风骨”一词，陈子昂使用这个词应当是受到刘勰的影响，但他一语不提刘勰。

我认为，曹丕的这些看法，实际上是提出了作为一个文艺评论家应坚持的品行以及应掌握的技能。用今天的话说，也就是德与艺两个方面。汲取古人的智慧，结合我本人的思考，我想就文艺评论人才培养提出以下几条看法以供参考：

第一，分门别类地培养各门文艺的批评人才。这不仅包含文学、书法、绘画、戏剧、音乐、舞蹈等文艺部门，还应包含电影、电视、动漫等创作。如中央电视台综艺频道播出的，歌颂各行各业的凡人善举，很有幽默感而又伴随着善意的规劝，很受观众欢迎的小品剧作，就很值得我们的文艺评论家加以研究，充分肯定其取得的成就，促进它的不断发展、提高。还有我看到的表现长征的绘画，有的比较好，但也有的构图杂乱，人物主次不分，对于背景、色彩、明暗的处理也存在不少问题，需要进一步研究提高。第二，除了分门别类地培养各门文艺的评论人才外，我以为还要培养密切追踪当代文艺评论的发展，能对当代中国文艺评论发展的趋势、前景提出有深度见解的人才，以引领、推动当代文艺评论的发展。第三，为了培养文艺评论的人才，我们还要研究自“五四”新文艺以来我国文艺评论的发展所取得的成果。仅就中华人民共和国成立后的文艺评论而言，我认为王朝闻同志是一位杰出的文艺评论家，至今仍值得我们研究学习。他的第一部著作《新艺术创作论》出版后曾得到毛泽东主席的肯定不是偶然的。第四，我们的文艺评论要走出国门，不仅要评论我国的文艺，还要对世界公认的历史上的文艺大家写出高质量、有深度、有创见的文艺评论，以促进我国和世界各国的文化交流。

（作者单位：刘耕，武汉大学哲学院；王海龙，武汉大学哲学学院）

采访手记：

刘师纲纪先生虽已八十有三，却依然精神矍铄，很是健谈，尤其是对“中西马”的经典非常熟悉。访谈中，我们甫一提出一个问题，先生马上就能追根溯源，将它的来龙去脉娓娓道来，且间有自己的思考和判断，每有发人深省之语。这种旁征博引、信手拈来的自信和大气，非有几十年如一日的学术热忱和勤思笃学是不可能达到的。在先生看来，美学研究应以马克思主义哲学作为理论基础，从实践本体论出发，美和艺术不能脱离它背后的社会基础和生产实践活动。中国美学和古希腊美学、印度美学共同构成美学的三大系统，它有自己独特的价值。对于中国美学，我们应有民族自信心。先生同我们交谈了一个多小时。在先生的谆谆教导下，我们对一些问题的理解终于渐渐明晰起来。临别之时，先生还对我们殷殷寄语，盼望我们能坚持学术探索的精神，将美学研究继续推进，为文艺的繁荣贡献青年的力量。

目击道存，见素抱朴

——艺术人生访谈录

周益民

2016年12月3日，由湖北美术学院、湖北省美学学会、湖北省美术家协会共同主办的“见素抱朴——周益民作品展”在湖北美术学院美术馆(武昌美术馆)正式开幕。展出了我40余年来的书画作品共110件，其中不仅有我近年创作的书法和绘画作品，还包括我20世纪七八十年代的部分习作。此次展览得到了学界同仁的热忱关怀和大力支持，同时也引起了多家社会媒体的高度关注，其中包括“人民网”“新浪网”“雅昌艺术网”“湖北日报新媒体”“武汉电视台”“艺术+”“睿杂志”等媒体，他们不仅派出记者就艺术与美学、艺术与人生、艺术与社会等诸多问题对我进行了较深入的访谈和讨论，还在媒体上进行了大量的专题报道，产生了一定的社会影响。为了进一步理清我的艺术历程和艺术思想，特将部分带有共性的访谈内容整理辑录如下，祈望更好的得到学界同仁和社会的批评与帮助。

记者：湖北省美学学会会长邹元江教授在开幕式上对您的这次展览给予了很高的评价，能否谈谈您的作品与美学的关系？

周：好的，首先要感谢湖北省美学学会对这次展览的大力支持和对艺术创作的高度重视。把艺术作品展作为美学学会年会暨学术研讨会的一个重要组成部分，这可能在国内美学界是前所未有的，至少在湖北省美学学会的历史上是第一次。

回想起我的艺术经历，早在20世纪80年代末就和哲学与美学结下了不解之缘。当时的我还是湖北美术学院的一名研究生，研究方向是“西方美术历史及理论”。为了使我们具备更深厚的理论基础和更宽阔的学术视野，我的导师汤麟①

① 湖北美术学院教授，著名美术理论家。擅长美学、西方美术史。2008年以其在美学、西方美术史研究上的造诣和贡献，荣获中国文联、中国美协颁发的“中国卓有成就的美术史论家”称号。

先生特意为我们安排了一门由武汉大学著名教授刘纲纪先生主讲的“艺术哲学”课程。当年我们跟随刘先生漫步武大的樱花大道，聆听刘先生关于美与社会实践、美的心理距离，以及艺术与哲学的关系等问题的精辟论述。尽管当时还是似懂非懂，却感觉十分新鲜，好像久旱遇甘露，黑夜见光明，“脑洞”大开，眼前一片灿烂。斯情斯景，至今仍历历在目，恍如昨日。

图 1　寻觅　纸本水墨(2016)

图 2　三馀图　纸本水墨(2016)

至于我的作品和美学的关系其实就是艺术与美学的关系，二者之间有着千丝万缕的联系。美学离不开艺术，但艺术不一定等于美。记得英国艺术批评家和美学家赫伯特·里德在《艺术的真谛》里指出：严格地说，美学是一种知觉科学，仅限于对观照对象的物质特性和情感价值的知觉组合过程，而艺术则是一个更为广阔的范畴，旨在传达感受和认识，创造有愉悦性的形式并借此来表现主客观世界的内在精神。可见，艺术与美或美学的特质不完全是一回事。

美学之所以离不开艺术，是因为美学是从人对现实的审美关系出发，以艺术作为主要对象之一，研究美的本质、意义和美、丑、崇高等审美范畴，以及人的审美意识、美感经验和美的创造、发展及其规律的科学。虽然美学研究的主要对象是艺术，但并不研究艺术中的具体表现问题，而是研究艺术中的哲学问题。所以黑格尔说：“总之，其实真正适合我们这门科学的名词应该是艺术的哲学，更加准确地说，美是艺术的哲学。”

图 3　志在千里 纸本水墨(2015)

一方面，自人类社会有史以来，艺术就伴随着社会人生携手共进。人们在艺术实践中用能动的方式进行美的表现和创造，通过一定的技艺来表达思想、创造财物、丰富生活，引发美的意境和情感。正是在这样的进程中，人们不仅认识到了美，也为美学的产生和发展增添了风采。

另一方面，美学对人的审美意识，美感经验和美的创造、发展及其规律的研究成果也对艺术活动的开展具有重要的审美指导作用和意义。

总之，艺术与美学就像鸟的双翼，相辅相成，互促互进。遗憾的是，我们的现代美学研究与艺术活动的结合还不够紧密和深入，不能满足快速发展的文化艺术活动的需要。希望这次美学年会与艺术实践相结合的方式能够延续下去，为美学研究与艺术创作齐头并进开创一片新的天地。

记者：能否和我们分享一下您学习艺术的简要经历？

周：我幼时受家庭熏陶(舅舅毕业于中南“美专”，曾为我画过像，当时我三岁)，喜爱绘画，小学时就频频获得绘画奖。中学阶段跟随著名国画家赵合俦(1902—1982 年，别名回龙山人，湖北黄冈人。1926 年肄业于北京“美专”，1934 年留学日本。曾任武昌“美专”教授，擅国画)学习写意花鸟画。从那时开始临摹《芥子园画谱》《华山庙碑》和柳公权、颜真卿的书法，并知道中国绘画

图4　一花独放　纸本水墨(2016)

史上有郑板桥、八大山人、任伯年、吴昌硕、黄宾虹、齐白石等历代大师。当时尤对八大山人和吴昌硕的绘画偏爱有加且受益匪浅。至今作品里偶有显现的笔墨、气韵、厚重与灵动应该与他们有着密切的关系。有一次笔会上，著名画家乐建文看了我的画，调侃道："你这是九大山人啊！"

图5　乙未写菊　纸本水墨(2015)

后来上山下乡，出国留学，攻读硕士学位研究生，虽然没有太多的时间画画，却从未中断过对于中国画尤其是写意花鸟画的关注与研究，直到留任湖北美术学院从事美术史论研究与教学，为我把美术史、美术理论同绘画实践结合起来，实现“知行合一”的理想，提供了得天独厚的环境与空间。众多优秀的学者和艺术家经常光顾我的画室，探讨学术、切磋技艺、交流思想。可以说我的书画艺术创作的每一次进步都是他们言传身教、无私奉献的结果。

记者：很多优秀的艺术家都是从小就对画画表现出非同一般的兴趣，您也是这样的，您认为这是“灵感”或“天赋”吗？

周：是的，我不否认艺术创作过程中存在“灵感”现象，有的艺术家的确具有“天赋”。但其实所有人都具有这样的“天赋”，因为所有人在童年时代都会对色彩、声音、形状等感性的东西具有浓厚的兴趣。只是随着年龄的增长，大部分人偏重理性知识的训练，而忽略了对直觉和感性能力的保护和培养，渐渐就丧失了作为艺术创造最为珍贵的直觉想象与视觉感悟能力，得不偿失。例如我们可以从史前三万年的旧石器时代的阿尔塔米拉洞穴壁画中轻易看到大量描绘动物形象的激动人心的“天赋”之作，同时我们也可以看到三万年之后新石器时代更为规范却十分呆板、缺乏“天赋”的程式化的洞穴壁画。我想这种现象恐怕就是“不当教育”的结果。所以我非常反对过早地对小孩进行过于理性和规范的素描学习，反对那种拔苗助长的小大人似的“天才”教育。

图6　旧石器时代的原始洞穴壁画

图 7　新石器时代的原始壁画

记者：中国绘画史上历代都有大师，您为什么唯独对八大山人和吴昌硕的绘画偏爱有加，能否结合作品具体谈谈其中的原因？

周：对吴昌硕的偏爱除了对他的文人气质、表现能力、艺术风格、艺术成就的仰慕外，很大程度上受我中学时代的启蒙老师赵合俦先生的影响。记得当年每次拿着自己的习作去请教老师时，先生总会把吴昌硕的作品作为范例一笔一划地为我们讲解，常常对吴昌硕作品中诗、书、画、印的完美结合赞不绝口，给我留下深刻的印象。至今我不仅热衷于写意花鸟，同时也喜好研习书法和篆刻，应该与赵先生的影响和教诲有着直接的关系。

图 8　秋菊　吴昌硕(1913)

至于对八大山人的偏爱，应该和后来走上社会后的学习、生活、工作经历以及对中国绘画史和艺术创作的思考与研究有关。在中国绘画史上，八大山人之前的确是大师云集，仅唐代有著录的画家就有80余人。五代时期还出现了“徐黄异体”这一具有重要意义的两大流派，确立了花鸟画发展史上两种不同的风格类型。宋代是中国花鸟画发展史上的高峰，在《宣和画谱》所载的宫廷收藏中就有北宋30位画家的近2000件作品。到了元代，水墨花鸟普遍流行，开始表现文人的“士气”，如王冕的梅花“不要人夸好颜色，只留清气满乾坤”。明代也是花鸟画的盛世，连以画山水著称的“明四家”也都擅长花鸟画，他们把山水的笔墨运用到花鸟画中，从而使花鸟画的表现手法更加丰富和多样。毫无疑问，中国绘画尤其是花鸟画至此在笔墨气韵、表现技法、艺术风格、画意诗情及文人趣味诸方面似乎都达到了前所未有、不可超越的高度。

然而，时势造英雄，愤怒出诗人。随着明代的灭亡，生于明、成于清的八大山人却另辟蹊径，把写意花鸟画推向另一座更为雄奇的高峰。

图9　朱耷(八大山人)像

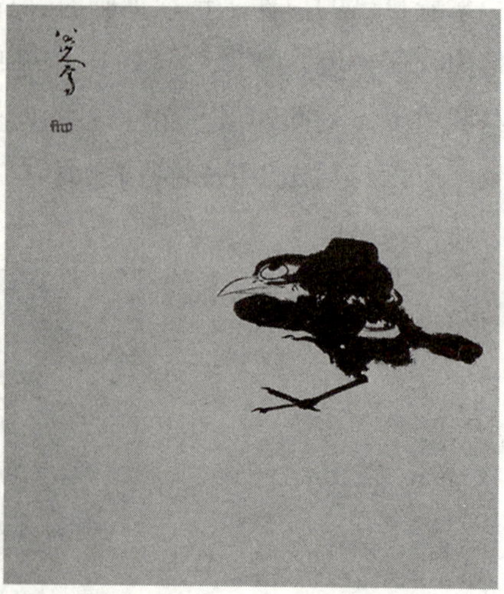

图10　朱耷作品　纸本水墨(1694)

明亡之后，八大山人怀着国破家亡的痛苦落发为僧，以明朝遗民自居，誓死不肯与清廷合作。他的作品往往以精练放纵的笔墨，直抒心意，且一扫之前花鸟画中寒江独钓、孤芳自赏的狭隘文人趣味或儿女情长的小资情调，以自己的人生遭际和家国之大爱而苍凉入画。所画鱼、鸭、鸟等，皆以白眼向天，充满倔强之气。笔墨特点以放任恣纵见长，大气磅礴，苍劲孤奇，风骨卓然，不落俗套，在不完整中求完整，其章法结构与画风对后世影响极大。他的作品不论大幅或小品，都以表现他那倔强傲岸的性格，抒发国破家亡的悲愤心情为核心，凸显出痛苦人生中的复杂情感和撼人心魄的强烈生命意识。名画家郑板桥在题八大山人的画时称赞说：“横涂竖抹千千幅，墨点无多泪点多。”

可以说，八大山人在中国绘画史上的地位和意义绝不逊于任何一个时代的任何一位大师，恰如马克思所说：艺术的一定的繁盛时期绝不是同社会的一般发展成正比例的，因而也不是同物质基础的发展成正比例的。就希腊艺术来说，虽然它跟社会发展的特殊形式结合在一起，但是在一定的方面它对我们仍然是“一种规范和高不可及的范本”，并具有“永久的魅力”。这种看法也就表明，不论出于什么原因，有些类型的艺术不是严格地由社会的物质基础决定的，它们具有永久的、超历史的价值。

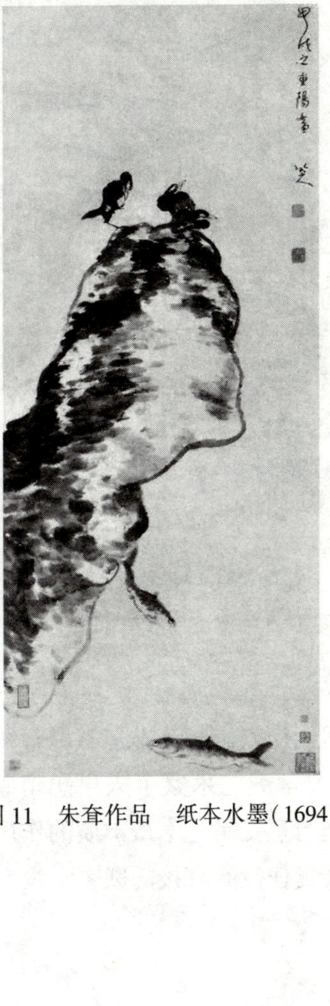

图 11　朱耷作品　纸本水墨(1694)

记者：能否谈谈您的艺术创作方法和艺术追求？

周：也许和我的人生经历有关，从20世纪70年代至今，我已经在学习和研究绘画艺术及其理论的道路上走过了40余年较为曲折的人生历程，随着知识、技能、阅历的不断丰富和更新，艺术创作方法和思想追求也发生了巨大的变化，表现在作品中是逐渐从写实到写意，从客观到主观；表现在艺术观念上则是越来越崇尚老庄的道家哲学思想，企盼能够像石涛在《画语录·远尘章》中所说："物随物蔽，尘随尘交，则心不劳，心不劳则有画矣。"从而达到目击道存、见素抱朴的自由情态，忘却机变与智巧，回归那宁静和谐的太始。

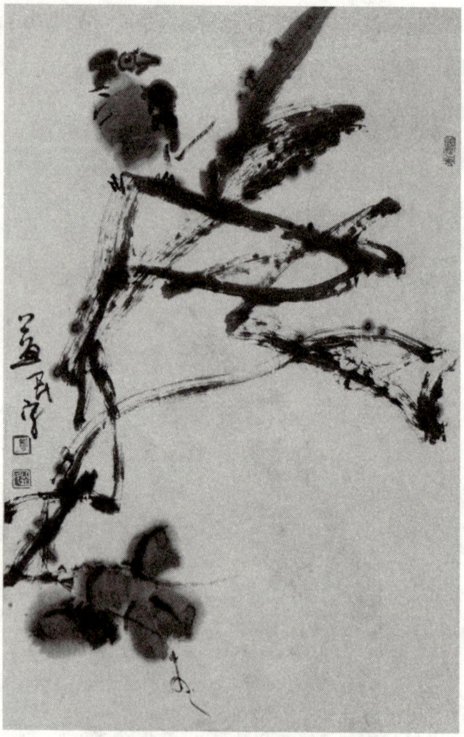

图12　枯藤小鸟　纸本水墨(2015)

具体而言，我的艺术创作方法和艺术追求可归纳为以下几点：

(1)绘画或书法首先是承载艺术家个人思想情感的视觉图式。陶冶心智、怡情养性，追求美的情趣与享受是艺术最本质的作用之一。与主义、流派或政治、宗教、法律甚至社会责任没有直接的联系。没有艺术家个人的真情实感的作品，题材再宏大也不可能是一件好的艺术品。

图 13　乙未写荷　纸本水墨(2015)

(2)回归传统，感受和领悟传统文人画笔墨、表现技法和写意精神是学好中国画尤其是写意花鸟的必经之路。因为绘画和书法离不开艺术与技术的结合，技进乎道。诗书画印，融会贯通，相得益彰。当然，习古不泥古，走进去是为了走出来，这也是成功的秘诀。

(3)外师造化，中得心源。现实生活永远是艺术的源泉，艺术家应当师法自然，但是自然的美并不能够自动地成为艺术的美，对于这一转化过程，艺术家自身的学养与内心深处的情思和灵感也是不可或缺的。所以好的艺术不仅要贴近生活，还要能够澄怀见道，充分表达艺术家对人、社会及生命、宇宙，或者说是对于“道”的诉求与感悟。

(4)见素抱朴、道法自然。“素”如一张白纸，毫不沾染任何颜色，人的思想观念要随时保持纯净无杂，亦如佛家禅宗所说的“不思善，不思恶”。心地胸襟，应该随时怀抱原始天然的朴素，以此态度来待人接物、处理事务。个人拥有这种修养，人生一世便是最大的幸福；如果人人秉有这种生活态度，天下自然太平和谐。

一个优秀的艺术家，其艺术感悟和人生经历往往是相辅相成的。所历愈困，所悟愈深，而其心愈善，用情愈真，言愈简，意愈赅。表现在创作上，画面往往更简淡素雅、飘逸冲和。总之，火树银花、灯红酒绿，一切绚烂终会归于平淡，回到朴素的原本。好的艺术，自然也无需张灯结彩、画蛇添足。只有默默体会、用心感悟，那种寄情山野、只闻天籁的自然状态，那种良友默相对、携琴不用弹的人生境界自然会到来。

（作者单位：湖北美术学院）

图书评论

云龙风虎，气逾霄汉

——评欧阳巨波、欧阳雨梦的《中国瓷上虎文化》

黄思华

作为一名水彩画家，欧阳巨波教授在钻研绘画技法的同时，还热衷于中国传统文化艺术研究及收藏，尤其是具有虎纹饰的中国古代瓷器。近十年来，他专注收藏的中国虎纹饰瓷器聚集成了一个系列，形成了中国瓷上虎纹饰与虎文化的专题性研究。

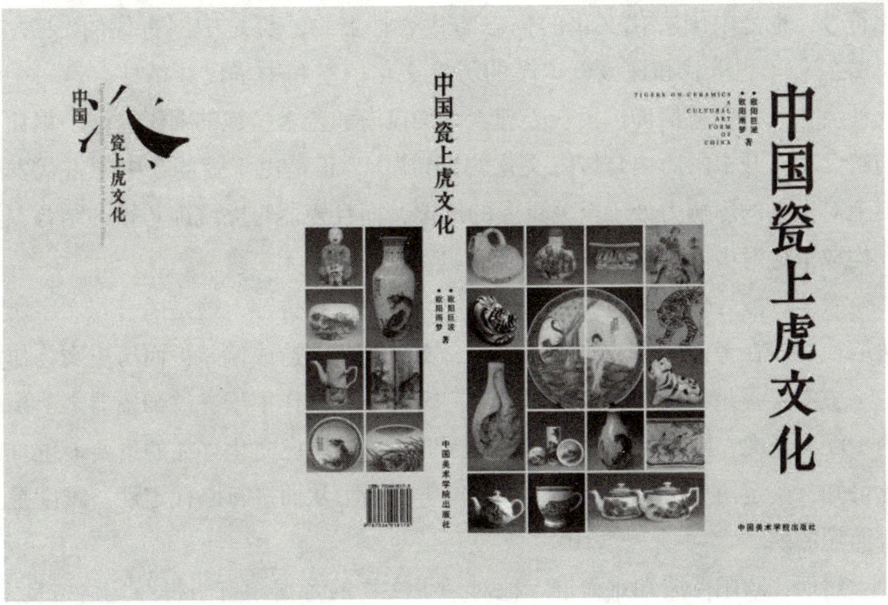

欧阳巨波、欧阳雨梦的合著《中国瓷上虎文化》由中国美术出版社于 2016 年 8 月正式出版发行，填补了中国虎文化研究领域及中国瓷上虎文化研究的空白。作为一本集学术性与通俗性为一体的文化推广读物，他的新著采取了集结

图版并配以文字的方式，以简明深刻的语言，深入浅出地向读者揭示了中国瓷上虎文化的具体内涵。

在此之前，学术界内对中国虎文化系统研究并著有专著的，主要有两位学者代表。汪玢玲先生的《中国虎文化》(中华书局2007年版)是以民俗学、文献学、宗教学、文化考古学等角度去探讨中国虎文化的，从文化考古、宗教民俗、文史艺术及传播养护四方面，介绍并论述了有关虎的各种知识与文化。

而曹振峰先生的《虎文化》(上海锦绣文章出版社2009年版)是以民俗学的角度来探讨中国虎文化的，其中的民俗民艺就涉及民间虎纹饰剪纸、布艺、门神、青铜器等诸多方面，他认为虎是人民的吉祥物与保护神，乃至与人的生命产生了关联。其余关于虎文化的单篇论文方面更是零零散散。

欧阳巨波则与他们的研究角度都不同，他是以最能代表中国古代传统文化符号的器物——中国古代瓷器及瓷上的虎纹饰作为切入点，从文物学、社会学、艺术学等角度来探讨研究中国虎文化及其源流。在欧阳巨波看来，在诸多中国古代发明之中，只有瓷器(china)才足以代表中国传统文化，中国的英文名China，亦是瓷器之意。瓷器不仅是代表中国传统文化与国家形象的重要文化符号，也是中国古代文化的标志与代表性器物，更是中国古代的“五大发明”之一，“它承载和深藏着丰厚的历史文化信息和中华民族精神，是一个时代社会状况、宗教信仰、民众心理、审美风尚和艺术精神的缩影，是一扇让我们解读和打开中国历史与传统文化的窗口”①。正是由于瓷器在中国古代发明史上对世界的影响力处于至关重要的地位，而且瓷器与虎纹饰巧妙的结合，这才构成了他对中国虎文化研究主题的切入点的独一无二。

欧阳巨波著作中的虎纹饰瓷器，作为一种实物佐证，这是语言与文字所无法取代的。在考古研究的史实证明中，文献难免会造成偏差，而历史文物作为一手史实，是超越言传与文字的讨论范畴的。而著作中于虎纹饰瓷器之上出现的100只老虎，则从历史的维度，实际证明了中国虎文化存在的重要地位。由此可知，鉴定历史文物是需要独到的审美判断力从而进行断代定性，难度是不言而喻的。

然而，欧阳巨波知难而进。他对一手文物的考据颇有心得，且建树良多，致使这项研究工作处于艺术界、收藏界与学术界三者的交集之中；而在学界内其他学者往往进行的是单一针对的研究，收藏界的专家往往较少谈文物背后的

① 欧阳巨波、欧阳雨梦：《中国瓷上虎文化》，中国美术出版社2016年版，第1页。

文化与历史意义，而学术界的学者不一定拥有用于文物实证的收藏品。以此可见，学界中对中国瓷上虎文化领域研究的其他学者，极少有人能够企及欧阳巨波的高度。

这样的话，汪玢玲、曹振峰与欧阳巨波的学术专著就构成了研究中国虎文化的首要代表。这种倒三角状的构成关联到了中国虎文化的不同层面的阐释，无可质疑的是，由于聚焦在最具有代表性的虎纹饰瓷器之上，欧阳巨波对于研究主题的拿捏显得最为切中。

在大众的观点上来看，中国传统文化是以龙凤相合为象征的。实际上，中国传统文化是龙虎文化作为始源的，而龙虎文化的来源则始于虎文化，这是因为，“在距今约一万年前的中国内蒙古阴山岩画上的虎纹，距今9000年的黑龙江岩画，距今7000年的河南‘中华第一虎’以及先秦神话地理志《山海经》中对虎的宗教崇拜中都体现得清清楚楚”①。由此可见，龙虎文化是先于龙凤文化的，欧阳巨波在序中就指出，“中华文化不仅是龙文化，也是虎文化，是龙虎文化”②。这样就得以与大众的观点相区分，并指明了源头问题的关键，才得以对中国传统文化的内涵进行再阐释。

龙虎文化的生成就涉及龙与虎的相感应。龙虎相生的关系在历史上都有所记载，古语有曰：“云从龙，风从虎，圣人作而万物睹。”(《周易·乾》)在此就说明了龙虎共生的亲密关系，在当代成语中的“云龙风虎”正是源于《周易》，意为虎啸生风、龙起生云，指的是同类事物的感应。由此可知，龙虎精神不仅是指生殖崇拜，更由此形成了龙虎文化的精神内涵，在龙虎共生的关系下，龙虎生风云，风云汇聚为气象逾越云霄与银河，才得以超越时空。

值得注意的是，中国虎文化在不同历史时期都呈现出了不同的气象。在欧阳巨波看来，从东汉末年的“动势之气”，到中华人民共和国成立后的“王者之气”等，都构成了不同历史时期的精神气象，这种气象正是从瓷器上的虎纹饰来加以体现的。尤其是“动势之气”紧密关涉到汉文化，“东汉末年青瓷虎子正是以这种‘古拙美’‘动势美’‘速度美’‘力量美’‘气势美’的艺术品格，反映了当时的时代风貌和精神风貌”③。汉代虎子作为虎纹饰瓷器在历史上的开端，恰是印证了汉代推崇的天人合一与元气自然论。

---

① 欧阳巨波、欧阳雨梦：《中国瓷上虎文化》，中国美术出版社2016年版，第5~6页。

② 欧阳巨波、欧阳雨梦：《中国瓷上虎文化》，中国美术出版社2016年版，第1页。

③ 欧阳巨波、欧阳雨梦：《中国瓷上虎文化》，中国美术出版社2016年版，第13页。

中国历史上许多思想家都受到元气论的深刻影响，在中国传统思想里，“气”是重要的概念范畴，“阮籍、嵇康都认为，天地万物的根源是元气，天地万物统一于元气。元气有阴有阳，阴阳二气变化而产生天地万物”①。龙与虎正是阴与阳的对应，其中瓷上虎像生成的气象，正是通过艺术来展现一种感性层面的意象，而众多单一意象的聚集，则生成了每一历史时期独特的整体气象。

这种由瓷上虎像而生的气象，还折射出古时文人雅士的人格特质与精神风貌。譬如，在著作描述的宋末金初磁州窑系白釉黑花虎纹梅瓶的残片中，显现出宋朝诗酒文化的兴盛，“将善饮豪饮者，称为‘酒仙’‘酒龙’。将善诗善词者，称为‘诗虎’”②。酒与诗的紧密联系，造就了龙虎文化深刻内涵，“酒龙诗虎”透露出的正是文人雅士豪放豁达、正直率真的精神风貌。

这种由瓷上虎而生的诗酒文化的气象，与西方思想也有共通之处。相似的是，苏格拉底区分出的迷狂来自于缪斯，而柏拉图谈到诗的时候，也引入了迷狂与灵感。③ 古希腊所讲的酒神精神，与狄奥尼索斯的狂热联系在一起，正是一种个体内在情绪的抒发，从而在陶醉于艺术的激情中赞美生活，接受生命的反复无常，最终达到一种对人生境界的升华。

① 叶朗：《中国美学史大纲》，上海人民出版社 1985 年版，第 217 页。

② 欧阳巨波、欧阳雨梦：《中国瓷上虎文化》，中国美术出版社 2016 年版，第 62 页。

③ [美]门罗·C. 比厄斯利：《西方美学简史》，高建平译，北京大学出版社 2006 年版，第 21~22 页。

欧阳巨波何尝不是在热爱中国传统文化的前提下，才得以陶醉于虎纹饰瓷器系列整理，并细致谨慎地进行断代定性？这恰是体现了他的人生态度，即对待艺术的孜孜不倦乃至对生活的深深热爱。在当下有几分浮躁的学界，恰是需要这种慎独的态度，才得以让文字在历史的长河中慢慢发酵而获得沉淀。

可以说，“云龙风虎，气逾霄汉”正是他的新著的内在精神写照与学术态度的缩影，他的文字让内心有所共鸣的读者相互感应。艺术也亦此，伟大的艺术何尝不是在内心有所共鸣的人那里，才有所触动的呢？

欧阳巨波将文化、艺术与文物收藏融为一体，他的研究成果将为涉及中国虎文化研究的进一步深入起到基础性作用，并为中国虎文化研究提供了一个新的研究角度及方法，即以最具代表中国古代传统文化符号的器物——瓷器及瓷上的虎纹饰作为研究中国虎文化的切入点进行研究，以瓷器文物实证来研究中国虎文化。他也为收藏界提供了一套系列专题化收藏与历史文化研究的范例，引导人们认识到文物收藏的历史与文化价值才是真正意义上的价值，并为收藏界的专著出版树立了一种新的范式。

更加重要的是，他为思想层面的理论研究提供了抛砖引玉的深刻启迪，正如同虎纹饰瓷器在历史的长河中，悄无声息地渗透到了中国传统文化的各个层面，在无声言说自身的同时也言说了历史，也为召唤一种新的智慧提供了可能性。

这是因为，“道路的道路特性却必须在另一个角度来寻找：一条道路通过某个领域，敞开自身并且开启这个领域。于是，道路就如同从某物到某物的通道，是作为在途中(unterwegssein)的道路”①。此道路乃是思想的道路，欧阳巨波的《中国瓷上虎文化》则为切入中国传统文化的思想路径提供了新的视角。

在这里，我们才得以获得一种沉思，中华文明的源头又在何处？它是以何种方式来传承？再者，如何进一步揭示中华文明与中国传统文化的内在关联？这是在当下需要我们去细致思考的衍生问题。

（作者单位：武汉纺织大学艺术与设计学院）

① ［德］海德格尔：《路标》，孙周兴译，商务出版社2000年版，第339页。

学术信息

“‘美学与美术学的当代性’学术研讨会暨湖北省美学学会2016年年会”综述

魏东方

2016年12月3日，由湖北省美学学会、湖北美术学院共同主办的“‘美学与美术学的当代性’学术研讨会暨湖北省美学学会2016年年会”在湖北美术学院昙华林校区举行。来自北京大学、清华大学、浙江大学、武汉大学、华中科技大学、华中师范大学、中南民族大学、湖北大学、湖北美术学院、武汉纺织大学、武汉科技大学等高校的专家学者，以及硕士、博士研究生两百余人参加了此次研讨会。此次研讨会主要围绕着以下几个主题：

一、美学与艺术的当代性

由于美学与美术学的当代性是此次研讨会的主旨，因此，与会学者最集中地讨论了何为当代性，以及当代的美学研究与艺术现象等问题。湖北省美学学会会长、武汉大学邹元江教授发表主题讲话，阐述了为什么要提出和探讨“美学与美术学的当代性”这个问题。原因主要有三个。第一，学界目前有一些人用西方“图像学”的理论来解释中国的文人画。但中国的文人画并不具有现代西方绘画意义上的绘画性，因此这种做法存在着过度诠释的嫌疑。第二，目前学界对中国传统美学资源的挖掘和阐释仍不充分，例如，对作为中国画最本质的空间知觉方式的“游观”“流观”，并没有从学理上准确地厘定或理解。第三，当代艺术家在自我定位和理念追求上存在着误区或偏差，例如，有些人标榜“新文人画”，但现实中并没有古代意义上的“文人”。这些问题使我们必须思考美学与艺术的“当代性”问题。他认为，刘纲纪早先的文章《东方美学的历史背景和哲学基础》对我们仍有启发，即我们不应该盲目抬高西方而贬低东方，在接受、消化西方美学资源的同时，还要发掘、阐释中国传统美学思想资源。

华中科技大学邓晓芒教授分析了现代艺术中的美。针对有些人认为现代艺术不再关心美的说法，他认为现代艺术所表现的主题仍然是美，美就是对象化了的情感，审美活动则是一种传达情感的活动。他区分了情绪、情感和情调：情绪是由本能、疾病或环境等因素导致的下意识的情绪波动；情感如爱、恨、怜悯等，是有意识的并且指向一个对象；情调是由情感引发并建立在情感之上的，是更高层次的、形而上的感动，甚至可以提升为人生感、世界感。他指出，现代艺术不再是直白的情感传达，而是致力于传达情调。现代艺术仍然要把艺术家自身的情感，连同这情感所带有的情绪或情调，表达在一个对象上，并且通过这个对象使这种情感和情调在人们心中造成共鸣。只要现代艺术在观众中造成了情感或情调的共鸣，它就是美的。因此，美在现代艺术中并没有缺失。他用他的"传情说"解释了凡·高、高更、罗丹、蒙克等人的作品。浙江大学沈语冰教授分析了现代艺术史上的著名事件，即杜尚的《泉》的展出。他根据德·迪弗的《杜尚之后的康德》来解释这个事件。这本书的理论依据不是黑格尔的艺术哲学，而是康德《判断力批判》中的"共通感"的理论。共通感保证了鉴赏判断的普遍可传达性，由此，人人都是鉴赏家。小便器作为一个现成品，之所以能放在博物馆，根本原因在于它表达了情感，只不过这不是愉悦的情感，而是厌恶感、排斥感。他认为，这本书不仅从理论上回答了现成品的艺术史意义问题，而且从知识考古学的视角，发掘了现成品作为唯名论艺术观的范式的意义。

北京大学李松教授阐述了艺术的当代性与对当代性的超越。他认为，当代性是当代社会的自然精神、价值观等文化境况，代表着当前时代的特殊性，当代的艺术家应该在他的作品中反映出这种当代性。他同时也对"当代性"这个提法提出了质疑，理由是艺术家生活在当代，他的作品中总会体现出当代的意识和价值观。他用"顺风耳"比喻顺势，即艺术家要吸收当代的信息，用"千里眼"比喻超越，即艺术家要有一种大视野，去批评和超越当代。武汉大学彭富春教授阐述了如何立足于当代性从而在思想和艺术上有所创新的问题。他认为，一要结合中西，二要准确把握当代的特点。西方有五个时代：古希腊是诸神的时代，中世纪是上帝的时代，近代是理性的时代，现代主要讲个人的存在，后现代是多元的时代。中国的思想主要是儒道禅。要解决当代的问题，不能仅仅靠西方或中国的思想，必须中西交融。当代性的本质特点是虚无主义、技术主义、享乐主义，我们只有准确地把握当代性，才可能有思想和艺术上的创新。华中师范大学胡亚敏教授分析了当代的"碎片化"现象。她指出，碎片化带来的改变有很多种，比如知识和信息的权威性的丧失，对世界的知觉方式不再是直线型或螺旋型而是发散型、空间型，主体的同一性被粉碎而变成了多重主体。对于这些改变，我们要改变自己的认识方式，多角度地认知；要改变自己的观念，要有新的价值判断；要改变自己的思维方式，从因果律转变到关系律。

湖北美术学院院长、湖北省美学学会副会长徐勇民教授结合故宫日历和湘江战役，阐述了视觉文本的当代意义。他认为，视觉艺术具有非语言阐释的直观性和媒介传播的普及性，直接形成了艺术教育和创作形态的多元特性。视觉文本如故宫日历中的图画、书法、二十四节气等包含很多有价值的成分，我们应积极对这些艺术样式的意涵予以当代性阐发，发扬民族文化价值中追求博大向上的精神，形成艺术批判和选择的独立精神，而不是仅仅用西方的标准来衡量自己。湖北大学聂运伟教授通过米开朗基罗的《大卫》分析了经典艺术在当代的接受问题。他认为，佛罗伦萨的《大卫》雕塑所并置存在的三种空间形态，从时序上看，可以视为文艺复兴后西方雕塑艺术逐渐成为城市公共空间符号的产物。这样一个演进过程生动地揭示出经典艺术在当代接受域中的困境，即经典的符号化传播和接受过程中的意义消亡，也即是大众对《大卫》背后的米开朗基罗本人以及文艺复兴的历史几乎一无所知。米开朗其罗的作品流传到了今天，但他本人却"死掉"了。

武汉大学王杰红副教授论述了当代中国观念艺术的现实取向问题。他认为，观念艺术标举"生活化"的介入立场，以对抗精英主义"陌生化"的艺术自律主张。但生活化和陌生化实际上不但不矛盾，反而能互相补充。中国的观念艺术应该摆脱生活化和陌生化的两极之争，立足本土和当代，创化西方资源，深入发掘出一种兼具普适性和地方性、审美自律性和社会开放性的"公共艺术"精神。华中师范大学陈晓娟副教授提出要重构中国当代艺术批评的"意境"标准。她指出，在中国当代艺术呈现繁荣现象的同时，艺术批评理论却处于相对缺失的状态。中国当代艺术批评理论不能直接借用西方的批评术语或参照西方的艺术思潮，只能采用符合中国艺术实践行为和实践心理的术语。中国传统美学的"意境"具有鲜明的当代性，在当代艺术批评中重构意境标准，对于传统理论的当代转型和艺术批评学的学科建构都具有重要意义。

武汉纺织大学刘凡副教授阐释了高科技化的公共艺术。她认为，由于数字技术、网络技术的发展，公共空间的性质也发生了改变，它从真实、静态的空间变成了虚拟、现实动态的空间，以至于公共艺术从传统固定的位置变成了动态的、遥在的转场呈现。她通过分析数字新媒体艺术给观众带来的多层次、多维度的艺术视知觉现象，阐释了传统公共艺术与数字媒介化公共艺术的根本不同。湖北大学梁艳萍教授分析了日本当代美学的存在相。她认为，战后日本美学界主要从三个方面进行研究：第一，在学术上与西方学者良性互动，及时地翻译、介绍西方美学、艺术学的重要著作；第二，创建美学会和美学期刊，在教学方面实行研究室、美学会的例会，建立与年会结合的学术交流模式；第三，关注和研究东方美学的发展进程以及明治维新以来日本近代美学的发展历史。

二、美术理论与批评

此次研讨会也比较集中地讨论了美术学的问题，特别是中西美术理论。著名哲学家、美学家、武汉大学资深教授刘纲纪提纲挈领地阐释了美术与美学的关系。他认为，美术学包括美术史、美术理论、美术批评三个部分，这三个部分都与美学有着非常密切的关系。美术史的研究者越是关注美学，越是注意研究某一时代的美术和审美意识之间的关系，就越可能对该时代的美术做出深层次的、有重大价值的说明。美术理论是对美术史的理论总结，要从美术史的事实中把美术理论抽取出来，不能没有美学的帮助。美术的兴盛往往与杰出的美术批评家的出现分不开。有深度、有价值的美术批评既要从作品的实际出发，又要密切注意审美意识和美学思潮的变化对美术创作的影响，而不能仅仅根据个人好恶、行帮意识等不负责任地评价。

湖北大学张建军教授论述了中国早期书画观念的转变。他认为，中国早期书画艺术的观念演进，几乎经历了一个同步的过程，即从对“形”的关注和伦理功用的关注，转移到对技法的关注，再由对技法的关注转变到对精神性的因素即气、骨、神、韵的追求。武汉纺织大学齐志家教授认为，现象和本质也正构成“存在”的全称。正是在这样的转变中，诞生了现代的知觉经验与现代绘画。湖北美术学院桑建新副教授通过对人的意识形态中的三重意识机能与知、觉、应的探究，和对能应的生命体与氤氲、意蕴关涉的追问，以及对“应物象形”之“应”在绘画艺术造型方面的应用经验的剖析，试图充分挖掘“应”的隐秘内涵。武汉大学刘乐乐博士分析了两汉墓葬壁画的用笔。她指出，邓以蛰和石守谦认为汉代用笔唯尽生动而未至于神的评价并不切中。虽然汉代绘画从未特别追求象外之韵的呈现，而以线条呈现出生命运动的极致，但是汉代人所理解的"生动"，未必仅仅指整个画面的动感或韵律感，而是由"动"入"生"，具体而言即是立骨生气与由气入生。"骨"并非仅仅是笔法的一种表现或要求，其本身具有某种神秘的精神意义。"神"的本意为生机，这意味着"神"由人物的具体个性精神扩展到"神采""气韵"时必须由"神"回归于"生气"（"生机"）。"生气"是"神"的原生状态，亦是由全"神"所应达致的境界。因此，以"神"的生机本意看，汉画因用笔所达至的生动未尝不几于神。

武汉科技大学江澜副教授分析了元代文人画中的"平淡天真"之意。她指出，"平淡天真"是宋代米芾提出来的美学观念，却在元代文人画中得到了最为彻底的实现。这一点既离不开庄子美学的奠基作用，更离不开禅学的渗透和推动作用。禅学作为文人画的精神内核，使绘画的表达方式发生了重要转变，"平淡天真"的图式被元代文人画家以更为典型的图式所替代，同时"逸品"这一评价体系也被赋予了新的内涵。武汉理工大学曹贵博士论述了文人画的发展历程、美学特征和影响。他指出，文人画孕育于两汉魏晋南北朝，滥觞于唐代，发展于五代两宋，成熟于元代，繁荣于明清，换新貌于现当代。文人画的美学特征表现在三个方面：一是表现形式上，诗书画印相结合，特别注重笔墨；二是描写对象上，以山水、花鸟为主，多表现梅兰竹菊、枯木怪石等；三是内在追求上，多抒发个人的出世情怀。文人画对民间青花瓷绘画、木版画、宫廷画也产生了重大影响。

武汉大学裴瑞欣博士阐释了明清时期的纵横画风。他认为，明清画坛存在着一种气势雄健飞扬、笔墨磅礴恣肆、章法摇曳动荡，以力感、动感、出奇为尚的纵横画风，其主要品格可以概括为"气盛""无法""草草""是自真宰"。纵横画风的审美旨趣被董其昌——四王的正统文人画学誉为"纵横习气"。纵横习气指出了纵横画风末流的空疏躁动、狂怪霸悍等问题，也被用来攻击与董其昌——四王正统文人画风相左的有力、动、奇倾向的审美旨趣。纵横画风与董其昌——四王的正统文人画风，构成了明清画坛的两极。武汉大学魏华博士分析了中国山水画中的"远"。他认为，中国山水画的空间追求是"咫尺千里"，也就是在不大的画面中追求千里之远的景深，简言之，就是追求"远"。之所以要追求"远"，是因为山水是"大物"，需要远观才能把握，同时，远观才能领会自然山川的形势气象。这两个原因都与道家哲学有关。"大物"渊源于老庄关于"大"的思想，"势""气""象"也都是道家的概念。因此，观中国山水画应该用道家哲学的眼光。这是中国山水画区别于西方绘画的独特之处。

湖北美术学院肖世孟副教授论述了色彩对生活世界的塑造。他认为，不同的文化会形成不同的色彩知识，中国的色彩知识包括三个部分：一是色彩的语言分类，如青赤黄白黑；二是色彩与色彩之间的关系，如尊卑关系、相生相克关系；三是色彩与万物之间的关系，如在不同的场合，色彩会被赋予不同的象征意义。这些色彩知识构成了塑造生活世界的一种方式。武汉大学李松副教授分析了“文革”期间的样板画的特点：样板画是根据主流意识形态和政治需要而创作出来的，主题突出，政治意味浓厚；颜色以鲜艳的红色、黄色为主；构图中心突出、对称均衡；通过逆光的手法表现幸福、光明、庄严的氛围，通过仰视的角度塑造人物伟岸的形象，同时吸取了民间年画粗犷、豪放、纯朴的风格，体现了革命现实主义和革命浪漫主义的结合。湖北美术学院陈晶副教授论述了20世纪八九十年代湖北美术的媒体传播生态。她认为，湖北新潮美术是思想解放运动的一个具体反映，它的酝酿和形成与文化思想、美术理论有着密切的联系。在湖北新潮美术的发展中，美术刊物和青年理论家是两支重要的推动力量。她以《美术思潮》和《美术文献》两个美术刊物为例，梳理了20世纪八九十年代湖北新潮美术理论、美术批评的发展演变，并探究了其沿革的语境和原因。

三、图像与语言的转向及互动

此次研讨会也讨论了图像与语言方面的问题。华中师范大学娄宇教授讨论了多雷木刻插画与《圣经》的互文关系。她认为，克里斯特瓦对“文本”的广义理解，使绘画、音乐、电影甚至宗教、历史等具有语言符号性质的构成物都成为“文本”的一个种类，并且没有“中心”和“高低”之分；她的“互文性理论”也为“语言”和“图像”的相互作用关系提供了一个平等对话的平台，为我们研究“语—图”合体的插画提供了理性分析与对比的工具。根据“互文性理论”，多雷插画与《圣经》文本之间存在着必然的“语—图”互文关系。他运用纯熟的刀刻技法使《圣经》插画成为“文图绝配”的范本，两者相互辉映，给读者与众不同的美感。

东南大学安汝杰博士论述了插图批评何以可能的问题。他认为，明清插图本小说是插图、评点与文字构成的三位一体的世界。明代中后期的社会与之前的任何时期相比，其运转速度明显加快。刻工和绘工为了节约时间，提高书籍出版的效率，很容易使插图紧紧依附于小说评点。小说评点是评点者在鉴赏之后的评论，与文本已经有了一段距离，因此插图与文本的关系显然是“隔了两层”。小说插图与文本之间存在着一致与完全相反两种情况，无论何种情况，小说插图都能折射出刻工和绘工所处时代的精神风貌与社会风尚。插图与文本之间的话语方式的不同，反映出民间叙事与文人叙事之间的二元对立。插图之所以屏蔽掉小说文本中着力描述的诸多细节，选取最具有包孕性的片刻，一方面是出于技术等方面的原因，另一方面是出于刻工和绘工的价值选择。

捷克查理大学黄子明博士论述了艺术中对图像主题呈现方式的摹仿。他首先概述了胡塞尔的图像意识现象学，指出图像意向活动包含三个客体，即图像事物、图像客体、图像主题。图像客体的呈现奠基于对图像事物的感知，借助于对图像主题的想象。图像主题不等于其外形，任何视觉对象都是在共现的方式中，在“活的当下”的体验交流中呈现的。写实主义的视觉艺术不能只是对瞬间外形片面的摹仿，而应摹仿事物本来的呈现方式。他在图像意识现象学的框架下指出，从西方文艺复兴初期单纯追求造型精确的局限性，到巅峰期艺术作品对人物形象的成功表现，艺术家成功解决了立体深度、时间性等难题，艺术创作由外形转向对事物呈现方式的摹仿。

湖北美术学院鲁红霞博士论述了图像对叙事语境的还原和重构。她认为，尽管图像叙事在画面上是固定的，但在其意义的表达上，却同时呈现出确定性和不确定性。这种确定性和不确定性，都受到语境的影响。就创作者而言，其创作背景与被创作对象的历史语境在统一中存在着某种复杂性；就受众而言，其阅读的时空及个体的阅历又为作品重新建构出一种语境。这必定导致图像在被解读过程中不断产生意义分歧。徐勇民、李全武的彩绘连环画《月牙儿》对经典小说《月牙儿》在图像化的过程中不断进行“语境还原”，使得原著立体起来，产生一种历史的共时性；而曾梵志《最后的晚餐》则从形式上借助西方圣经作品《最后的晚餐》，重构叙事语境，讲述了一个让西方人能听懂的中国故事。无论是对原文本叙事语境的还原抑或重构，都让图像的意义在一种互文的语境中呈现出一种开放性。

四、现代设计与民间工艺

此次研讨会还讨论了设计美学和民间工艺方面的问题。武汉理工大学潘长学教授分析了中国设计业的现状。他指出，中国目前的设计业是以产品为导向，没有品牌，附加值低，价格低廉，整个设计制造业在国际上缺乏竞争力。意大利、德国、北欧等国家或地区是设计的楷模，在设计的取向上具有先进性和创新性。我们应该借鉴它们的经验，实现从产品导向向问题导向的转变。武汉纺织大学张贤根教授论述了创意的视觉化和设计的拟像表现。他认为，设计不仅涉及观念、理念的创意和建构，而且离不开理念的视觉化及其表现方式，以及与之相关的造物活动及其在特定语境中的实现。理念的视觉化转换可以为设计的拟像生成奠定基础。视觉化所提供的可视物及其造物，成为一种拟像和仿真，取代了真实与原初的东西，设计所制造的器物世界也因此发生了拟像化。拟像本身不是对象性的存在，但又以极其仿真的形式存在着。我们应对诸多二元对立所生成的交互式幻象方式加以警惕和批判。湖北美术学院李梁军副教授论述了中国古代的器道关系及其对中国设计美学的意义。他认为，中国古代的器与道的思想对中国古代制器思想的影响主要有三个方面：第一，强调材美工巧，即目的性和规律性的统一；第二，强调大象无形，制器中的“形”是器与道所包容的整体；第三，促进设计之道的形成，器道关系可以说是有关生命设计美学的哲学思想。他认为，我国当代设计美学可以从中国古代器道关系中获得理论启示。

武汉纺织大学钟蔚教授分析了着装中的藏与露。她认为，着装是一种文化、一种艺术，也是一种形象的表达，即对自己身体的修饰和美化。裸露的服饰文化是一种时尚现象和象征符号，人们运用服饰设计的原理，通过藏和露的技巧，将自己的身体设计得更为适宜。她从自我表达、时尚影响、消费手段等方面对当代女性着装的裸露现象进行了解读。武汉纺织大学郭丰秋副教授论述了楚人的身体审美和服饰时尚。她认为，先秦时期地处南方的楚人在身体审美上既不同于中原地区的政治伦理身体观，也不同于以老庄为代表的“得意忘形”的身体观，而是追求长、细、丽的身体形象，表现出强烈的感官性和娱神性的特征。相应地，楚人的服饰时尚呈现出瘦长、绮丽、新奇的特点。这个现象主要是由楚地特有的自然环境、宗教信仰以及时代裂变过程中民族身份意识造成的。

湖北美术学院张昕教授分析了鄂东蕲春竹编工艺的审美特征。他指出，鄂东蕲春地区是长江中游的竹编之乡，其竹编工艺传承有序，发育完整，地域工艺特色鲜明。尤其以绞纹编织、凌纹编织、螺旋编织最具地域特色，呈现出鄂东地区竹编特有的题材美、艺匠美、功能美。他根据地理因素分析了竹编工艺的三个审美特征，即过渡性、折中性、对冲性。湖北美术学院陈日红副教授梳理了中国手工艺文化的变迁。他认为，中国手工艺文化源远流长，从最初的“百工”到现在的“工艺美术”，走过了千年历史，其行业称谓随着历史的演进而发生变化，但其手工造物的本质内涵却未曾改变。他对我国手工艺文化的变迁进行了探讨，并梳理了我国不同历史阶段手工艺名称的演变及其行业传承和发展。武汉纺织大学尹应芬硕士分析了汉绣色彩的审美情感表达。她指出，汉绣是荆楚地区的传统民间工艺，是一种区域性绣种，是楚文化的产物。汉绣绣品种类丰富，用色大胆绚丽，多为红色、金色、青色。创作者借五行色描绘自然风光、民俗文化，以表达作者的感情、思想、生活经验以及对历史的理解。

五、其他主题

此次研讨会还讨论了其他主题，如中西艺术史、中国美学、环境美学、书法美学、雕塑美学等。

（一）中西艺术史

清华大学陈池瑜教授论述了中国艺术史学的当代建构。他指出，中国艺术史的研究有两个有利条件，一是中国古代的史学比较发达，二是中国古代艺术创作取得了辉煌的成就。但是具有中国特色的艺术史理论却不多。他认为，中国当代艺术史学的研究，要注重艺术史学科和其他人文学科的交互作用，应当欢迎哲学家、美学家、艺术理论家、历史学家等参与艺术史的研究。武汉大学刘耕博士介绍了潘诺夫斯基的艺术史研究。他认为，潘诺夫斯基通过对“理念”的意义史的揭示，确立了艺术和理念之间的关系，体现出一种“观念史”的艺术史倾向；强调对图像深层意义的解读，重视艺术所体现的时代精神和哲学；强调艺术史对往昔的复现，以及它与人的意义和价值的关联。

（二）中国美学

武汉大学范明华教授阐述了中国美学与时间意识的关系。他认为，西方的宇宙观偏重空间，主要探究宇宙的构成、结构、要素，而中国的宇宙观偏重时间、节奏和变化，是时间主导的宇宙观。中国古代的术语如气、阴阳、五行、宇宙、造化等本身就包含时间的维度。重视时间导致中国哲学重视内省和妙悟，同时经常把人、大自然与时间联系起来。相比起来，儒家侧重时间的政治、伦理、军事、礼乐意义，道家着重时间对个人生命的意义。受时间意识的影响，中国的文艺作品总是试图表现宇宙天地的节奏、韵律以及生生不息、一气运化的生命力。这主要通过两种方式，一是静观的方式，二是移情或同情的方式。湖北大学杨黎博士论述了先秦儒家仁学思想中的艺术精神。她认为，根据孔子、孟子、荀子对“仁”的论述，可以肯定儒家推崇仁者之乐、生命真谛之乐。在这种思想的滋养下，中国艺术将人生作为艺术精神的起点和归宿，在人与人之间、人与自然之间寻求平衡一体的和谐，在艺术的审美意境中探求一种道德与审美并存的“乐”的体验。

（三）环境美学

武汉大学陈望衡教授分享了他对生态文明时代城市发展的哲学和美学思考。他指出，在当前的工业社会，西方国家的城市中已经出现了城市农业，而中国的城市却没有这一现象。对此，他认为应该让生态进城、荒野回城，具体做法包括保护好城市中现有的荒野，以及风景区不要过于文明化和艺术化等。对于中国古代强调的交感和谐，他认为应该提倡守界和谐，也即是让城市中的文明和生态荒野互不干扰，让荒野保持住它原本的天然美、朴素美。湖北大学丁利荣副教授论述了张载的环境美学思想。她认为，张载虽然没有明确的环境美学思想，但他的横渠四句却具有环境美学的意义。前两句“为天地立心，为生民立命”，如果从环境美学的角度分析，则直接相关于环境美学的逻辑基础，并在此基础上构成了张载对自然环境和社会环境的审美方式和审美理想。她认为，张载的环境美学体系是：以天地之心为逻辑基础，通过对自然环境、社会环境对人的涵养，持性反本，达于为生民立命的理想。

（四）书法美学

武汉大学罗积勇教授比较了“瘦硬”在宋代书法和诗歌中的表现方式的异同。他指出，“瘦”指洗尽铅华、屏绝绮艳、瘦至骨立，“骨”指刚健挺拔、力矫柔弱、峻峭劲健。黄庭坚、宋徽宗的书法就具有瘦硬之美。黄庭坚在诗歌中也追求瘦硬，主要体现为四个方面：命意的新奇；谋篇的避熟；声律的拗拙，即有意打破既有格律，避唐诗之“滑熟”；字句的生新，即在先秦典籍、魏晋小说、佛家内典中搜求典故词语，避熟避俗，以显生僻古硬。诗歌的瘦硬和书法的瘦硬差别很大，但也有共同点：二者都强调一以贯之的“气”，都强调立“骨”，都强调出其不意、不落俗套。湖北美术学院许伟东副教授阐释了书法与益寿的关系。他认为，虽然很多人相信书法具有益寿的功能，但通过唐宋两朝著名书法家的年寿对比来看，不能确切地认为书法具有益寿的功能，因此书法益寿只是一种信念。但这种信念并不是荒谬的，因为它可以得到书家在创作中的体会的印证。

(五)雕塑美学

武汉大学祝凡淇博士分析了亨利·摩尔的雕塑艺术中的“自然”特点。她指出，摩尔的雕塑作品强烈地表现出艺术的内在情感和精神，具有“自然”的特点，这个特点是他的雕塑作品具有永恒生命力的关键。她从中国美学的“自然”概念出发，以研究摩尔的文本为基础，从表现形式、内容和创作心灵等方面解读了摩尔的雕塑艺术。

此次研讨会还举行了湖北美术学院周益民教授的作品展开幕式，让与会学者在论道的同时也品尝了一次艺术盛宴。此次研讨会既注重了哲学、美学与艺术的结合，也注重了思想、艺术与现实的关联，讨论深入，成果丰富，有助于拓宽哲学和艺术的研究者的学科视野，有助于把理论研究和艺术欣赏结合起来。与会学者一致对本次学术研讨会的成功举办表示肯定。

（作者单位：武汉大学哲学学院）

编后记

2016 年 12 月 3 日，“美学与美术学的当代性”学术研讨会暨湖北省美学学会年会在湖北美术学院昙华林校区召开。会议的主要议题是：(1)美学与美术理论和批评；(2)图像与语言的转向及互动；(3)美学与民间工艺；(4)设计美学的当代视野；(5)海外美术理论的前沿问题。来自北京、浙江、广西及湖北武汉地区的250余位美学艺术界的专家学者向大会提交了约120篇论文。本辑的第一个栏目“美学与美术理论”的论文就是从这些在大会上宣读的文章中选用的。

本文集除了第一个栏目的论文外，其他栏目的论文质量也可圈可点，这既得益于海内外知名学者的赐稿襄助，也有赖于武汉地区青年才俊和博士生的聪明智慧。

《美学与艺术研究》作为湖北省美学学会的专门性文集，是湖北美学与艺术理论研究和湖北省美学学会主要工作展示的重要窗口。湖北省美学学会自1982 年成立以来的 30 多年间，在人才培养、审美教育与科学研究等方面成绩斐然，被学界誉为有与北京、上海的美学研究成“三足鼎立”之势。近年来，湖北省美学学会特别关注生活的审美化与审美的生活化，非常注重与艺术创作、艺术史论、艺术批评的紧密结合。

本文集的出版，以学术交流、思想探讨与文化建构为宗旨，设有“美学与美术学的当代性”“中国美学”“西方美学”“艺术美学”“博士论坛”“学术访谈”“图书评论”及“图书信息”等栏目。恳切希望海内外美学艺术界专家学者和青年才俊踊跃参与讨论，共同促进美学与艺术学的研究。

《美学与艺术研究》编委会

2017 年 7 月 8 日

图书在版编目(CIP)数据

美学与艺术研究. 第8辑/邹元江,张贤根主编. —武汉: 武汉大学出版社,2017.12
ISBN 978-7-307-19851-7

Ⅰ.美… Ⅱ.①邹… ②张… Ⅲ.①美学—文集 ②艺术美学—文集 Ⅳ.①B83-53 ②J01-53

中国版本图书馆CIP数据核字(2017)第290527号

责任编辑:韩秋婷　　责任校对:李孟潇　　版式设计:汪冰滢

出版发行: **武汉大学出版社** (430072 武昌 珞珈山)
(电子邮件: cbs22@ whu. edu. cn 网址: www. wdp. com. cn)
印刷:湖北恒泰印务有限公司
开本:720×1000 1/16 印张:36 字数:625千字 插页:2
版次:2017年12月第1版 2017年12月第1次印刷
ISBN 978-7-307-19851-7 定价:79.00元